Applied
Information
Technology
Engineer

令和**06**年 【春期】【秋期】

応用情報

技術者

合格教本

大滝みや子＋岡嶋裕史 共著

技術評論社

はじめに ……………………………………………………▶

　応用情報技術者試験は，情報処理技術者試験制度のスキルレベル3に相当する試験です。午前試験における出題範囲は，IT技術者への登竜門といわれている基本情報技術者試験(スキルレベル2)とほぼ同じですが，当然のことながら応用情報技術者試験では，より深い知識と応用力が試されます。また，午後試験においてはその多くの設問が記述形式になっています。そのため，単に「AならばB」といった暗記的学習だけでは合格が難しく，基本情報技術者試験に合格できても，楽々と合格できる試験ではありません。基本情報と応用情報の間には，高く厚い壁があることに注意してください。

　本書は，その高く厚い壁を乗り越えることができるよう，合格に必要となる知識や応用力をつけることを目的としたテキストです。試験の出題範囲や傾向を十二分に分析したうえで，用語の暗記だけで事足りる部分，計算能力が求められる部分，しっかり理論を理解しなければいけない部分を明確にし，それに従って解説しています。したがって，本書による学習を進めることで必ずや"合格証書"を手にすることができると信じています。途中であきらめることなく頑張ってください。読者のみなさんが応用情報技術者試験に"合格"し，真のIT技術者への第一歩を踏み出すことを心よりお祈り申し上げます。

令和5年10月　著者代表　大滝みや子

目　次

第1章　基礎理論

第2章　アルゴリズムとプログラミング

第3章　ハードウェアとコンピュータ構成要素

第4章 システム構成要素

第5章　ソフトウェア

第6章　データベース

第8章 セキュリティ

第9章　システム開発技術

第10章 マネジメント

第11章 ストラテジ

本書で使用する記号・アイコン

AM / PM ：午前試験出題項目

AM / PM ：午後試験出題項目

AM / PM ：午前・午後試験出題項目

🔍 参考 ：具体事例，追加解説など

参照 ：本書内の参照箇所を明示

試験 ：試験出題のポイント事項

用語 ：用語の補足説明

【ご購入特典】DEKIDAS-WEB の使い方

「DEKIDAS-WEB」はスマホや PC で学習できる問題演習用の Web アプリで，平成 25 年以降の午前問題に挑戦できます。Edge，Chrome，Safari に対応しています。

スマートフォン，タブレットで利用する場合は以下の QR コードを読み取り，エントリーページへアクセスしてください。なお，ログインの際にメールアドレスが必要になります。QR コードを読み取れない場合は，下記 URL からアクセスして登録してください。

- URL：https://entry.dekidas.com/
- 認証コード：gd068237jckLapV6

※本アプリの有効期限は，2025 年 12 月 4 日です。

学習の手引き

■ 応用情報技術者試験の概要

　応用情報技術者試験は，ITを活用したサービス，製品，システム及びソフトウェアを作る人材に必要な応用的知識・技能をもち，高度IT人材としての方向性を確立した人を対象に行われる，経済産業省の国家試験です。試験は，年に2回(春：4月，秋：10月)実施され，午前試験，午後試験の得点がすべて合格基準点以上の場合にのみ合格となります。

	午前試験	午後試験
試験時間	9：30〜12：00(150分)	13：00〜15：30(150分)
出題形式	多肢選択式(四肢択一)	記述式
出題数と解答数	出題数は問1〜問80までの80問 解答数は80問(すべて必須解答)	出題数は問1〜問11までの11問 解答数は5問(問1が必須解答，問2〜問11の中から4問を選択し解答)
配点割合	各1.25点	各20点
合格基準	100点満点で60点以上	100点満点で60点以上

※注意：出題内容などが変更される場合がありますので，受験の際は，情報処理技術者試験センターのホームページ「https://www.ipa.go.jp/shiken/」をご確認ください。

■ 午前試験の出題

　午前試験では，受験者の能力が応用情報技術者試験区分における"期待する技術水準"に達しているかどうかを，応用的知識を問うことによって評価されます。出題は，下表に示す三つの分野に分類されていて，各分野からの出題数は，次のようになっています。

分野	大分類	出題数	本書の対応する章
テクノロジ系	基礎理論	50問 (問1〜問50)	第1章 基礎理論 第2章 アルゴリズムとプログラミング
	コンピュータシステム		第3章 ハードウェアとコンピュータ構成要素 第4章 システム構成要素 第5章 ソフトウェア
	技術要素		第6章 データベース 第7章 ネットワーク 第8章 セキュリティ
	開発技術		第9章 システム開発技術
マネジメント系	プロジェクトマネジメント	10問 (問51〜問60)	第10章 マネジメント
	サービスマネジメント		
ストラテジ系	システム戦略	20問 (問61〜問80)	第11章 ストラテジ
	経営戦略		
	企業と法務		

※注意：年度によって，各分野からの出題数が若干前後する場合があります。

■ 午後試験の出題

　午後試験では，受験者の能力が応用情報技術者試験区分における"期待する技術水準"に達しているかどうかを，知識の組合せや経験の反復により体得される課題発見能力，抽象化能力，課題解決能力などの技能を問うことによって評価されます。午後試験の分野別出題数は下表のとおりです。問1の情報セキュリティ分野の問題のみが必須解答問題です。

分 野		問1	問2〜11
ストラテジ系	経営戦略	―	○
	情報戦略	―	○
	戦略立案・コンサルティング技法	―	○
テクノロジ系	システムアーキテクチャ	―	○
	ネットワーク	―	○
	データベース	―	○
	組込みシステム開発	―	○
	情報システム開発	―	○
	プログラミング(アルゴリズム)	―	○
	情報セキュリティ	◎	―
マネジメント系	プロジェクトマネジメント	―	○
	サービスマネジメント	―	○
	システム監査	―	○
出題数		1	10
解答数		1	4

◎：必須解答問題　○：選択解答問題

■ 本書の活用法

- 本書は，午前試験及び午後試験に対応したテキストです。学習の際には，本文の他，**側注やCOLUMN**も見落とさずに学習することをお薦めします。
- 各章の最後に，**得点アップ問題**として，その章の代表的な午前問題と午後問題を掲載※しています。学習の理解度チェック，並びに午後問題対策の第一歩としてお役立てください。解答ミスをしてしまった問題や忘れてしまった知識があれば，本文に戻り再度学習することで知識の定着が望めます。
- **サンプル問題**は，過去に出題された問題を厳選して掲載しています。学習の総仕上げとして是非チャレンジしてみてください。「サンプル問題を解く→解答を確認する→解説を読む」といった流れで学習することにより，合格に必要な＋αの知識・実力をつけてください。

※午前問題：応用情報以外の問題も掲載しています。この場合，出典年度の末尾に試験区分名を記しています。
　　　　　例えば，基本情報問題なら「R01秋問10-FE」，ネットワークスペシャリスト問題なら「R03春問1-NW」。
　　　　　なお，高度試験の午前Ⅰは応用情報と同じ問題であるため，本書掲載問題は午前Ⅱのみです。また，各試験の区分名については次ページに掲載しています。
　午後問題：紙面の都合上，一部の設問を除いた抜粋問題を掲載している場合もあります。

シラバス内容の見直し，及び実施試験区分

シラバスの一部内容見直し

近年における，シラバスの主な見直し内容は，次のとおりです。

令和2年5月	① サービスマネジメント分野における，規格「JIS Q 20000-1:2012」が，「JIS Q 20000-1:2020」に改訂されたことに伴う，当該分野の構成・表記の変更
令和3年10月	① システム開発技術分野における，規格「JIS X 0160:2012」が「JIS X 0160:2021」に改訂されたことに伴う，当該分野の構成・表記の変更 ② 「ディジタル」表記が「デジタル」表記に変更
令和4年8月	① 一部用語における音引き(長音記号)の付加 例えば，「センサ ⇒ センサー」，「ユーザ ⇒ ユーザー」に変更 (なお，本書では過去問題を鑑みこれまで通りの表記としている)
令和5年8月	① システム監査分野における，経済産業省の「システム監査基準」及び「システム管理基準」の令和5年4月26日改訂を踏まえた表記の変更 ② その他，用語の整理など

令和2年5月①と令和3年10月①における見直しは，情報処理に関する主要なJISとの整合を高めることを目的としたものです。また，令和5年8月①における見直しは，改訂後のシステム監査基準及びシステム管理基準*との整合を高めることを目的としたものです。いずれの改訂においても，シラバスの構成や表記(名称)が若干変更されてはいますが，試験で問われる知識や技能の範囲そのものに変更はありません。なお，令和6年度春期試験から適用される最新シラバス(Ver.6.3)については，下記を参照してください。

https://www.ipa.go.jp/shiken/syllabus/t6hhco000000ijdp-att/syllabus_ap_ver6_3.pdf

※システム監査を取り巻く環境の変化へのより迅速な対応が可能となるよう，実施方法などの実践部分が本編から外れ「ガイドライン」として別冊化されています。

実施試験区分

現在，情報処理技術者試験(12区分)と情報処理安全確保支援士試験の計13区分の試験が実施されています。各試験の区分名は次のとおりです。

情報処理技術者試験	
IP：IT パスポート試験	PM：プロジェクトマネージャ試験
SG：情報セキュリティマネジメント試験	NW：ネットワークスペシャリスト試験
FE：基本情報技術者試験	DB：データベーススペシャリスト試験
AP：応用情報技術者試験	ES：エンベデッドシステムスペシャリスト試験
ST：IT ストラテジスト試験	SM：IT サービスマネージャ試験
SA：システムアーキテクト試験	AU：システム監査技術者試験
SC：情報処理安全確保支援士試験	

※応用情報技術者試験の前身試験には，SW：ソフトウェア開発技術者試験(平成13年から20年まで実施)，1K：第一種情報処理技術者試験(平成12年まで実施)があります。

第1章
基礎理論

　本章で学習する内容は，今後，試験対策学習を進めるうえで必要となる基礎事項です。章タイトルである「基礎理論」とは，基本的かつ初歩的な内容という意味ではなく，コンピュータ技術のほか，システム開発，ネットワーク，データベースさらにAI，IoT，セキュリティなどにおける様々な技術で使用されている基本的な仕組み及び理論のことです。従いまして，学習内容は，論理的かつ抽象的なものが中心になります。

　理数系を不得意とされている方にとっては決して易しい内容ではありません。そこで，「本章＝難しい」と感じた場合，まずは斜め読み程度でスルーしておき，ほかの章の学習を進めていく中で必要なときに辞書的な使い方をすることをお勧めします。「第1章でつまずいて次に進めない！」なんてことは絶対に避けてくださいね。

1.1 集合と論理

1.1.1 集合論理 AM/PM

部分集合とべき集合

集合とは，ある条件を満たし，他のものとは明確に区別できるものの集まりのことです。ある1つの集合Uについて，それに属するものを**要素**あるいは**元**といい，要素数が0である集合を**空集合**といいます。空集合は記号ϕ（ファイ）で表します。

また，要素が有限個である集合を**有限集合**，無限個の要素をもつ集合を**無限集合**といいます。さらに，1つの集合の中でいくつかの集合を考えることができますが，これを**部分集合**といいます。

例えば，数1，2，3からなる集合Uの場合，その部分集合は，空集合ϕ及び集合U自身を含めて全部で$8＝2^3$個あります。つまり，要素数がN個である集合の部分集合は，全部で2^N個ということになります。また，部分集合を集合の要素とした集合をその集合の**べき集合**といいます。

参考 集合Aが集合Bの部分集合であり，AとBが一致しないとき，AをBの真部分集合という。

集合U＝{1，2，3}
集合Uのべき集合＝{ϕ，{1}，{2}，{3}，{1，2}，{1，3}，
　　　　　　　　　　{2，3}，{1，2，3}}

差集合と対称差

ある集合AとBがあるとき，集合Aの要素であって，集合Bの要素ではない集合を集合AとBの**差集合**といい，A−Bで表します。

参考 ∩は積集合，∪は和集合を表す。一般に，集合Aの補集合は$\overline{A}$と表すが，A^Cと表すこともある。

差集合A−Bは$A \cap \overline{B}$と表現することもできる

▲ **図1.1.1** 差集合

また，集合Aの要素であってBの要素でないか，又は，集合Bの要素であってAの要素でない集合を集合AとBの**対称差**といい，A△Bで表します。

対称差は，論理演算でいう排他的論理和(p.21参照)に相当する。

対称差は差集合A−BとB−Aの和集合なので，
$$A \triangle B = (A-B) \cup (B-A)$$
$$= (A \cap \overline{B}) \cup (B \cap \overline{A})$$
と表現することができる

▲ **図1.1.2** 対称差

集合の要素数

集合Aの要素数を表すとき，一般に，n(A)と表します。集合Aと集合B，及び集合Cが有限集合であれば，それぞれの和集合の要素数は以下の公式で求めることができます。

> **P O I N T** 和集合の要素数を求める公式
> ① $n(A \cup B) = n(A) + n(B) - n(A \cap B)$
> ② $n(A \cup B \cup C) = n(A) + n(B) + n(C) - n(A \cap B) - n(B \cap C)$
> $\qquad - n(C \cap A) + n(A \cap B \cap C)$

例えば，100戸の世帯についてA，Bの2つの新聞の購読状況を調べたところ，Aをとっている世帯が66戸，Bをとっている世帯が54戸，両方ともとっていない世帯が6戸あったとき，A，B両方をとっている世帯は，以下のように求められます。

Aをとっている：$n(A) = 66$

Bをとっている：$n(B) = 54$

両方ともとっていない：
$$n(\overline{A} \cap \overline{B}) = n(\overline{A \cup B}) = 100 - n(A \cup B) = 6$$

「$\overline{A} \cap \overline{B} = \overline{A \cup B}$」はド・モルガンの法則(p.21参照)。

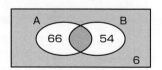

▲ **図1.1.3** ベン図での表現

$$n(A \cup B) = 100 - 6 = n(A) + n(B) - n(A \cap B)$$
$$= 66 + 54 - n(A \cap B)$$

∴ A，B両方をとっている世帯 $= n(A \cap B) = 26$戸

1.1.2 命題と論理 AM/PM

命題

命題とは，1つの判断や主張を記号や文章で表したもので，それが正しい(真：True)か正しくない(偽：False)かがはっきり区別できるものをいいます。

例えば，「3はいい数字だ」は，主観的で真偽がはっきりしないので命題とはいえません。一方，「3は素数である」は真の命題，「10は素数である」は偽の命題となります。一般に，命題は，p，qといった記号で表されます。

命題の中には，変数が指定されてはじめて真偽が明確になるものがあります。例えば，集合U＝{1，2，3}における任意の部分集合をX，Yとして，このX，Yに対して，「X∩Y＝Xである」という主張は，X＝{1}，Y＝{1，2}であれば，{1}∩{1，2}＝{1}で真となりますが，X＝{1，2}，Y＝{3}の場合は，{1，2}∩{3}＝φで偽となります。

このように，命題にある変数xを含み，そのxの値によって真偽が決まる命題を**条件命題**あるいは**命題関数**といい，一般にp(x)，q(x)と表します。

参考 変数がx，yと2つある場合，命題p(x，y)と表す。

複合(合成)命題

複数の命題を「かつ」，「又は」などで結んでつくられる命題を**複合命題**あるいは**合成命題**といいます。

▼ **表1.1.1** 複合命題の種類

	意　味	論理記号	真理値
連言命題 (合接命題)	pかつq	p∧q	命題p，qがともに真のとき真，それ以外は偽
選言命題 (隣接命題)	p又はq	p∨q	命題p，qの少なくとも一方が真であれば真，ともに偽のときは偽
否定命題	pでない	¬p	命題pが真であれば偽，偽であれば真
条件文 (含意命題)	pならばq	p→q	命題pが真で命題qが偽のとき偽，それ以外は真
双条件文	pならばq かつ qならばp	p↔q (p≡q)	命題pとqの真理値が同じとき真，それ以外は偽

> **例**　下記2つの命題が与えられているとき，「中古の外国車」という複合命題は論理式「¬q∧¬p」で表すことができ，真理値は図1.1.4のようになる。
>
> 　　命題p：国産車である　，　命題q：新車である

真をT，偽をFで表す場合もある。

p	q	¬q	¬p	¬q∧¬p
1	1	0	0	0
1	0	1	0	0
0	1	0	1	0
0	0	1	1	1

真理集合

1：真（True），0：偽（False）

▲ **図1.1.4**　¬q∧¬pの真理値表と真理集合

条件文（含意命題）

条件文「p→q」のpを条件文の前件，qを後件という。

　複合命題「pならばqである」という命題を**条件文**といい，「p→q」と表します。"→"は，「真→偽」となるときに限り結果が偽となる演算で，これを**含意**といいます。

　p→qの結果の真偽（真理値）を考えるときには，"pであってqでないことはない"と考えます。つまり，p→qの真理値は，論理式¬(p∧¬q)と論理的に同値となります。

　また，この論理式をド・モルガンの法則を用いて展開すると，

　¬(p∧¬q)＝¬p∨q

となることから，p→qの真理集合は，図1.1.5のようになります。

論理式の真理値は，それを構成するpやqといった論理式（これを**原子論理式**という）の真理値によって定まる。なお，原子論理式の真理値に係わらず常に真となる論理式を**トートロジー**といい，常に偽となる論理式を**矛盾式**という。

p	q	¬	p	∧	¬q	p	→	q
0	0	1	0	0	1	0	1	0
0	1	1	0	0	0	0	1	1
1	0	0	1	1	1	1	0	0
1	1	1	1	0	0	1	1	1

（p∧¬q）の否定　　　　　p→qの真理値

真理集合

1：真（True），0：偽（False）

▲ **図1.1.5**　p→qの真理値表と真理集合

　ここで，図1.1.5の真理値表を見ると，p→qの結果が偽となるのは，pが真，qが偽のときだけです。このことからも，"→"は「真→偽」のときに限り，結果が偽となる演算だとわかります。

条件文「p→q」の逆・裏・対偶

ある条件文「p→q」に対しての逆・裏・対偶は図1.1.6のように
なり，元の条件文と対偶の真偽は一致します。

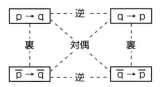

p	q	p→q	q→p	$\overline{p}$→$\overline{q}$	$\overline{q}$→$\overline{p}$
0	0	1	1	1	1
0	1	1	0	0	1
1	0	0	1	1	0
1	1	1	1	1	1

1：真（True），0：偽（False）

▲ **図1.1.6** 逆・裏・対偶

では，この性質を利用し，次の前提条件から論理的に導くこと
ができる結論は，どちらであるかを考えてみましょう。

〔前提条件〕
　受験生は毎朝，紅茶かコーヒーのどちらかを飲み，両方
を飲むことはない。紅茶を飲むときは必ずサンドイッチを食
べ，コーヒーを飲むときは必ずトーストを食べる。
〔結論〕
① 受験生は朝，サンドイッチを食べるときは紅茶を飲む。
② 受験生は朝，サンドイッチを食べないならばコーヒーを
　飲む。

前提条件である「紅茶を飲むときは必ずサンドイッチを食べ
る」，つまり「紅茶を飲むならば必ずサンドイッチを食べる」と
真偽が一致する**対偶命題**は，「サンドイッチを食べないならば紅
茶を飲まない」となります。ここで，紅茶かコーヒーのどちらか
を飲むことに注意すると，この対偶命題は「サンドイッチを食べ
ないならばコーヒーを飲む」となります。したがって，前提条件
から論理的に導くことができる結論は②です。
　一方，①の「サンドイッチを食べるときは紅茶を飲む」は，前
提条件「紅茶を飲むならば必ずサンドイッチを食べる」の逆命題
です。前提条件が真でも，その逆命題は必ずしも真とはならない
ため，論理的に導くことができる結論とはいえません。

参考 前提条件には，
「サンドイッチ
とトーストを両方食べ
るときはない」という
記述がない。そのため，
「サンドイッチを食べ
るとき，トーストも食
べ，コーヒーを飲む」
ことも考えられる。つ
まり，前提条件が真で
も，逆である①は必ず
しも真とはならない。

1.1.3 論理演算 `AM`/`PM`

論理演算と集合演算

　基本論理演算には，論理積演算(AND演算)，論理和演算(OR演算)，否定演算(NOT演算)があり，この3つの演算を行う基本論理回路を組み合わせることにより，様々な論理回路を作ることができます。

　ここでは，論理演算で用いられる記号や演算の種類(演算則)を確認し，これら演算則を用いた式の簡略化ができるようにしておきましょう。また，集合演算との対応も重要です。どちらの演算記号が用いられても演算できるようにしておきましょう。

参照 論理式の簡略化については，次ページを参照。

参考 排他的論理和

A	B	A$\oplus$B
0	0	0
0	1	1
1	0	1
1	1	0

〔例〕**ビットの反転**
ビットを反転させる場合，「1」との排他的論理和演算を行う。例えば，8ビットのデータの下位4ビットを反転させるには，$0F_{(16)}$との排他的論理和を求めればよい。

データA : 1011 0110
$0F_{(16)}$: 0000 1111
　　　　 1011 1001

用語 べき等
同じ操作を何度繰り返しても，同じ結果が得られること。例えば，論理演算においては，「A・A・A = A・A = A」が成り立つ。

▼ **表1.1.2** 演算記号

	論理演算	集合演算
論理積	・ 又は $\wedge$	$\cap$
論理和	＋ 又は $\vee$	$\cup$
否定	‾ 又は ¬	‾ 又は ^{c}
排他的論理和	$\oplus$	Δ　$A \Delta B = (A \cap \overline{B}) \cup (\overline{A} \cap B)$

▼ **表1.1.3** 演算則

	論理演算	集合演算
べき等則	$A \cdot A = A$	$A \cap A = A$
	$A + A = A$	$A \cup A = A$
交換の法則	$A \cdot B = B \cdot A$	$A \cap B = B \cap A$
	$A + B = B + A$	$A \cup B = B \cup A$
結合の法則	$(A \cdot B) \cdot C = A \cdot (B \cdot C)$	$(A \cap B) \cap C = A \cap (B \cap C)$
	$(A + B) + C = A + (B + C)$	$(A \cup B) \cup C = A \cup (B \cup C)$
分配の法則	$A \cdot (B + C) = (A \cdot B) + (A \cdot C)$	$A \cap (B \cup C) = (A \cap B) \cup (A \cap C)$
	$A + (B \cdot C) = (A + B) \cdot (A + C)$	$A \cup (B \cap C) = (A \cup B) \cap (A \cup C)$
吸収の法則	$A + (A \cdot B) = A$	$A \cup (A \cap B) = A$
	$A \cdot (A + B) = A$	$A \cap (A \cup B) = A$
ド・モルガンの法則	$\overline{A \cdot B} = \overline{A} + \overline{B}$	$\overline{A \cap B} = \overline{A} \cup \overline{B}$
	$\overline{A + B} = \overline{A} \cdot \overline{B}$	$\overline{A \cup B} = \overline{A} \cap \overline{B}$
その他	$A + 0 = A$　　$A \cdot 0 = 0$	$A \cup \phi = A$　　$A \cap \phi = \phi$
	$A + 1 = 1$　　$A \cdot 1 = A$	$A \cup U = U$　　$A \cap U = A$
	$A + \overline{A} = 1$　　$A \cdot \overline{A} = 0$	$A \cup \overline{A} = U$　　$A \cap \overline{A} = \phi$

ϕ：空集合，U：全体集合

1.1.4 論理式の簡略化 AM/PM

与えられた論理式を簡略化する(等価な論理式を求める)方法を以下に示します。

演算則を用いた簡略化

まず、次の論理式を演算則を用いて簡略化してみましょう。

参考 $\overline{A}\cdot\overline{B}$を追加しても、べき等則により、式の値は変わらない(等価)。

参考 $\overline{B}+B=1$、
$A+\overline{A}=1$

$$\overline{A}\cdot\overline{B}+\overline{A}\cdot B+A\cdot\overline{B}$$
$$=\overline{A}\cdot\overline{B}+\overline{A}\cdot B+A\cdot\overline{B}+\overline{A}\cdot\overline{B}$$
$$=\overline{A}\cdot(\overline{B}+B)+\overline{B}\cdot(A+\overline{A})$$
$$=\overline{A}+\overline{B}$$
$$=\overline{A\cdot B}$$

— $\overline{A}\cdot\overline{B}$を追加
— 第1、2項を$\overline{A}$で括り、第3、4項を$\overline{B}$で括る
ド・モルガンの法則により、2式は等価

カルノー図を用いた簡略化

論理式を図的に表現したものが**カルノー図**です。では、上と同じ論理式をカルノー図を用いて簡略化してみましょう。まず、図1.1.7のような図を用意し、論理式の各項に対応するマス(セル)に「1」を、対応しないマスには「0」を入れます。

参考 論理変数がA, B, C, Dと4つある場合は、変数A, Bと変数C, Dとに分けた下図のようなカルノー図で考える。なお、下図のカルノー図と等価な論理式は、
「$\overline{A}\cdot\overline{B}\cdot\overline{D}+B\cdot D$」

Cの真偽に関係なく
$\overline{A}\cdot\overline{B}\cdot\overline{D}$であれば真

〈例〉
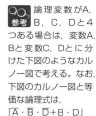

※「0」は省略

A, Cの真偽に関係なく
B・Dであれば真

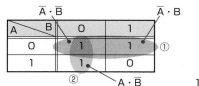

▲ **図1.1.7** 論理式$\overline{A}\cdot\overline{B}+\overline{A}\cdot B+A\cdot\overline{B}$を表したカルノー図

次に、「1」が横あるいは縦に連続したマスをまとめます。図1.1.7では、①と②の部分が連続しているので、それぞれの部分をまとめます。

①の部分は、Bの真偽に関係なく$\overline{A}$であれば真なので、$\overline{A}$

②の部分は、Aの真偽に関係なく$\overline{B}$であれば真なので、$\overline{B}$

以上から、論理式$\overline{A}\cdot\overline{B}+\overline{A}\cdot B+A\cdot\overline{B}$は、$\overline{A}+\overline{B}$と簡略化できることになります。

1.2 情報理論と符号化

1.2.1 情報量 AM/PM

処理の対象となる事柄はすべて、有限長のビット列に符号化される。この符号化されたデータに何らかの意味（ある特定の目的について、適切な判断を下したりするために必要となる知識）を付加したものが"情報"である。

情報には、「その内容が妥当かどうか、正当かどうか」という"情報の質"と「情報量が多いか少ないか」という"情報の量"の両面があります。ここでは、情報の量について説明します。

情報量（I）

一般に、"情報の量"は、情報量（information content）という情報の大きさを定量化した値で表します。具体的には、ある事象Jが起こったときに伝達される情報の大きさを情報量（単位はビット）といい、次の式で求めることができます。

> **POINT 情報量**
>
> **情報量 $I(J) = -\log_2 P(J)$**
>
> * P(J)は事象Jの生起確率：$0 \leq P(J) \leq 1$

対数の重要公式
a>0, a≠1, M>0, N>0とする。
・$\log_a a = 1$
・$\log_a 1 = 0$
・$\log_a M^k = k \times \log_a M$
・$\log_a M = \dfrac{\log_b M}{\log_b a}$
　（底のbは任意）
・$\log_a \dfrac{M}{N}$
　$= \log_a M - \log_a N$
・$\log_a MN$
　$= \log_a M + \log_a N$
なお、$\log_{10} 2 = 0.301$, $\log_2 10 = 3.32$は暗記しておこう。

100円玉を投げて表が出るという事象が起こる確率は1／2なので、この事象が起ったときの情報量は、

$$\text{情報量 } I = -\log_2 \frac{1}{2} = -\log_2 2^{-1} = 1 \text{〔ビット〕}$$

となります。また、サイコロを投げて1が出る事象が起こる確率は1／6なので、このときの情報量は、

$$\text{情報量 } I = -\log_2 \frac{1}{6} = -\log_2 6^{-1} \fallingdotseq 2.58 \quad \rightarrow \quad 3 \text{〔ビット〕}$$

となります。つまり、確率1／2で起こる事象のもつ情報量は1ビット、1／6で起こる事象のもつ情報量は3ビットということになり、このことから次のことがわかります。

- ・事象の生起確率が大きくなれば、情報量は小さくなる。
- ・事象の生起確率が小さくなれば、情報量は大きくなる。

さらに別の言い方をすれば，情報量は「何ビットでどのくらいの情報を表現することができるか」又は「ある情報を表現するのに何ビット必要か」という尺度ともいえます。

例えば，大文字の英字2文字を並べてできるすべてのパターンを，とり得る状態の数とした場合，これを表現するためには少なくとも何ビット必要となるか，公式に当てはめてみましょう。

英字大文字はA～Zまで26文字あるので，この2文字を並べてできるパターンは全部で26×26＝676通りです。この676通りのうち，1つのパターンが起こる確率は1／676なので情報量は，

$$情報量 I ＝ -\log_2 \frac{1}{676} ＝ -\log_2 676^{-1} ≒ 9.4 \quad → \quad 10 〔ビット〕$$

となり，676通りの表現に10ビット必要となることがわかります。

参考 $-\log_2 676^{-1}$ の簡易計算方法
$-\log_2 676^{-1}$
$＝(-1)×(-\log_2 676)$
$＝\log_2 676$
また，$2^9＝512$であり，$2^{10}＝1024$であるから，
$\log_2 2^9 ＜ \log_2 676 ＜ \log_2 2^{10}$
つまり
$9 ＜ \log_2 676 ＜ 10$
が成り立つ。このことから，$\log_2 676$の値，すなわち$-\log_2 676^{-1}$の値は「9.…」とわかる。

情報量の加法性

ある事象J_aとJ_bが互いに独立に起こるとしたとき，事象J_aとJ_bが同時に起こったときの情報量$I(J_{ab})$は，それぞれの情報量の和で表すことができます。例えば，前ページで説明した，「100円玉を投げて表が出る」を事象J_a，「サイコロを投げて1が出る」を事象J_bとしたとき，これらは互いに独立ですから，2つが同時に起こったときの情報量$I(J_{ab})$は，次のようになります。

$$情報量 I(J_{ab}) ＝ I(J_a) ＋ I(J_b) ≒ 1 ＋ 2.58 ＝ 3.58 \quad → \quad 4〔ビット〕$$

平均情報量（H）

すべての事象$(J_1～J_n)$の平均的な情報量を**平均情報量（エントロピー）**といい，次の式で求めることができます。

POINT 平均情報量

$$平均情報量 H ＝ \sum_{k=1}^{n} \{P(J_k) × I(J_k)\}$$

＊$P(J_k)$：事象J_kの生起確率　$I(J_k)$：事象J_kの情報量

平均情報量は曖昧さの程度を表します。平均情報量が小さいほど曖昧さがなく，どの事象が起こるのか予測しやすいことを示し，逆に，大きいほど曖昧で，どの事象が起こるのか予測が難し

いことを示します。例えば，50％の確率で晴れ，50％の確率で雨が降るという天気予報(情報)がもつ曖昧さは，

$$平均情報量H=0.5×("晴"の情報量)+0.5×("雨"の情報量)$$
$$=0.5×(-\log_2 0.5)+0.5×(-\log_2 0.5)$$
$$=2×0.5×(-\log_2 0.5)$$
$$=2×0.5×1=1〔ビット〕$$

となり，求められた平均情報量(1ビット)は，事象が2つであるときの**最大平均情報量**と一致するので，晴れか雨かの予測が最も難しいことを示します。もし，100％の確率で晴れるという予報であれば，

$$平均情報量H=1.0×("晴"の情報量)$$
$$=1.0×(-\log_2 1.0)$$
$$=1.0×0=0〔ビット〕$$

となり，この情報のもつ曖昧さはないことになります。

参考「60％の確率で晴れ，40％の確率で雨」の場合，平均情報量はおよそ0.97となり，若干曖昧さがなくなる。
H=0.6×(-\log_2 0.6)
+0.4×(-\log_2 0.4)
≒0.97

参考 事象の個数がKのときの最大平均情報量は，
$-\log_2\frac{1}{k}=\log_2 k$
なので，K=2なら，
$-\log_2\frac{1}{2}=\log_2 2$
=1

1.2.2　情報源符号化　AM/PM

　情報は，通信路や記憶媒体を通して受信者に伝達されますが，その際，情報を正しく伝達するための**通信路符号化**や，情報が膨大である場合，できるだけ短く(小さく)する**情報源符号化**が行われます。ここでは，情報源符号化の代表的な方法であるハフマン符号化とランレングス符号化について説明します。

参照 通信路符号化の代表的な方法に，パリティチェック，CRC，ハミング符号などがある。これらについては，p.412を参照。

ハフマン符号化

　情報を表す際は，最も少ないビット数で一意に符号化することが重要となります。例えば，文字 'a' ～ 'd' の4文字を符号化する場合，1文字当たり2ビットあればそれを一意に識別できますが，各文字の出現確率が異なるときは，1文字当たりの平均ビット数を2ビットより少ないビット数で表現することができます。

　ハフマン符号化は出現度の高い文字は短いビット列で，出現度の低い文字は長いビット列で符号化することで，1情報源記号(文字)当たりの平均ビット長を最小とする圧縮方法です。例えば，

参考 情報源　情報を記号の系列(一定の順序に従って並べられた一連のもの)とみなしたとき，その記号を次から次へと発生する源のこと。

25

文字 'a' ～ 'd' をハフマン符号化したときのそれぞれのビット表記とその出現確率を表1.2.1に示します。このとき，1文字当たりの平均ビット数はどのくらいになるか計算してみましょう。

▼ **表1.2.1** 'a' ～ 'd' のビット表記と出現確率

文字	ビット表記	出現確率（%）
a	0	50
b	10	30
c	110	10
d	111	10

文字 'a' ～ 'd' のビット表記は，ハフマン符号化によって符号化したもの。

確率変数Xのとり得る値（x_1, x_2…）に対して，確率Pがそれぞれ表1.2.2のように定まっているとき，確率変数Xの**期待値E(X)** は次の式で求められます。

$$E(X) = x_1p_1 + x_2p_2 + x_3p_3 + \cdots + x_np_n = \sum_{i=1}^{n} x_ip_i$$

Σ記号は，和を表す。例えば，$\sum_{k=1}^{5} 2k$は，「kを1～5まで1ずつ増やしながら2kを加算する」という意味。
〔Σ記号の性質〕
・$\sum_{k=1}^{n}(a \times k) = a \times \sum_{k=1}^{n} k$
・$\sum_{k=1}^{n} a = n \times a$
※aは定数

▼ **表1.2.2** 確率変数Xと確率Pの値

確率変数X	x_1	x_2	x_3	…	x_n
確率P	p_1	p_2	p_3	…	p_n

$(p_1 + p_2 + p_3 + \cdots + p_n = 1)$

したがって，表1.2.1のハフマン符号化における1文字当たりの平均ビット数（期待値）は，

$1 \times 0.5 + 2 \times 0.3 + 3 \times 0.1 + 3 \times 0.1 = 1.7$ビット

となります。これは，10文字表現したとき17ビット，100文字表現したとき170ビット程度になることを意味するので，1文字当たりを2ビットで表現した場合に比べて，少ないビット数ですむことになります。

◯ハフマン符号化の手順

ハフマン符号化においては，まず，各文字の出現確率を参照しながら次ページに示す手順に従って，**ハフマン木**を葉から根へとボトムアップに作成します。

次に，作成したハフマン木を根から葉（目的文字）に向かって進み，節で左に進む場合は「0」，右に進む場合は「1」と読むことで，その目的文字を符号化します。

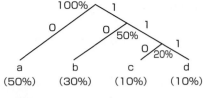

文字	出現確率（%）
a	50
b	30
c	10
d	10

a (50%) b (30%) c (10%) d (10%)

▲ **図1.2.1** ハフマン木

参考 図1.2.1のハフマン木において，目的文字aを根からたどると"0"，bは"10"，cは"110"，dは"111"となる。

P O I N T ハフマン木の作成手順
① 文字の種類を木構造の葉とした，葉だけからなる木を作る。ここで，各々の木の重みは文字の種類の出現確率とする。
② 木の重みの大きい順に，木を並べ替える。
③ 並べ替えの結果，重み最小の木を2つ選んで，両者を子にもつ木を作る。この木の重みは両者の和とする。
④ 以上，②，③の操作を1つの木になるまで繰り返す。

試験 試験では，出現確率が与えられた文字 'a' ～ 'd' をハフマン符号化する問題がよく出題される。

ランレングス符号化

　データ列の冗長度に着目し，同じデータ値が連続する部分をその反復回数とデータ値の組に置き換えることによって，データ長を短くする圧縮方法を**ランレングス符号化**といいます。

　例えば，「連続する同一の文字（1バイトコードとする）の長さから1を減じたものを1バイトで表し，その後に当該文字を配置する」という方式では，次のようになります。

圧縮前（12バイト） | A | A | A | A | A | B | C | C | C | C | C | C |

圧縮後（6バイト） | 4 | A | 0 | B | 5 | C | 　 ＊圧縮率50%

▲ **図1.2.2** ランレングス符号化の例

参考 図1.2.2の方式では，一度に256バイト（256の同じ文字）を2バイトに圧縮できるときが最大の圧縮率となる。

　また，ランレングス符号化は，文字データ列だけでなく2値画像の圧縮にも利用されます。この場合，同じ色（値）が連続した個数だけを記録するという方法で，例えば，白を「0」黒を「1」で表した「000000000000111111111100」は「12，10，2」という情報を使った表現に置き換えます。

参考 最初の画素は白で始まるものとする。ただし，その画素が黒の場合は，先頭に0個の白があるものとして符号化を行う。

1.2.3 デジタル符号化

　ここでは，情報伝達のもう1つの技術として，アナログデータをデジタル符号に変換する**パルス符号変調**(PCM：Pulse Code Modulation)について説明します。PCMでの符号化手順は，次のとおりです。

POINT PCMによる符号化手順

① 標本化(サンプリング)：アナログ信号を一定時間間隔で切り出す。1秒間にサンプリングする回数を**サンプリング周波数**という。

② 量子化：サンプリングしたアナログ値をデジタル値に変換する。このとき，1回のサンプリングで生成されるビット数を**量子化ビット数**といい，例えば，量子化ビット数が8ビットであれば，0〜255の数値に変換される。

③ 符号化：②の量子化で得られたデジタル値を2進符号形式に変換し，符号化ビット列を得る。例えば，デジタル値が180なら10110100に，165なら10100101に符号化される。

　では，音声をサンプリング周波数10kHz，量子化ビット数16ビットで4秒間サンプリングした場合，得られる音声データのデータ量は何kバイトとなるか計算してみましょう。

　サンプリング周波数が10kHzなので，1秒間に10×10^3回のサンプリングが行われます。また，量子化ビット数が16ビットなので，1回のサンプリングで得られたアナログ値は16ビットで符号化されます。したがって，4秒間に生成されるデータ量(kバイト)は，次のようになります。

$$(10 \times 10^3) \times 16 \times 4 〔ビット〕$$
$$= (10 \times 10^3) \times 16 \times 4 \div 8 〔バイト〕$$
$$= 80k バイト$$

POINT 1秒間に生成されるデジタルデータ量

1秒間に生成されるデジタルデータ量
＝サンプリング回数×量子化ビット数
＝サンプリング周波数×量子化ビット数

参考 PCMを改良した方式に，DPCMやADPCMがある。DPCM(差分PCM)は，直前の標本との差分を量子化することでデータ量を削減する方式。ADPCM(適応的差分PCM)は，DPCMを更に改良し，標本の差分を表現するビット数をその変動幅に応じて適応的に変化させる方式。主に音声信号に用いられ，PCMに比べて1/4程度に圧縮できる。

参考 **標本化定理**では，「元の信号波形に含まれる周波数成分が，**サンプリング周波数**の1/2未満なら標本点の値を使うだけで元の信号を完全に復元できる」としている。

参考 サンプリングの時間間隔を**サンプリング周期**といい，サンプリング周期は，サンプリング周波数の逆数で求められる。

1.3 オートマトン

1.3.1 有限オートマトン AM/PM

順序機械

1つの入力値によって1つの出力値が決まるのではなく，入力値と入力されたときの状態によって出力値が決まるという**順序機械**があります。順序機械は，フリップフロップ回路や自動販売機などのように，過去の状態を記憶(保持)できる回路や機械をモデル化したものです。この順序機械における，入力値とその状態によって決まる出力値及び次の状態は，図1.3.1に示すような状態遷移表や状態遷移図で表すことができます。

参照 フリップフロップ回路については，p.124を参照。

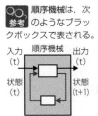
参考 順序機械は，次のようなブラックボックスで表される。

入力 (t) → 順序機械 → 出力 (t)
状態 (t) → → 状態 (t+1)

*tは時刻を意味し，状態(t+1)は次の状態を意味する。

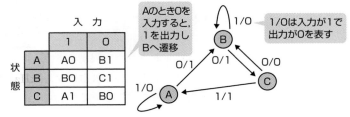

▲ **図1.3.1** 順序機械の状態遷移表と状態遷移図の例

有限オートマトン

有限オートマトン(FA：Finite Automaton)は，順序機械に言語を認識するアルゴリズムを与えた数学的なモデルです。

有限オートマトンは，『有限個の状態の集合K，入力記号の有限集合Σ，Σに属する各入力記号と現在の状態が引き起こす状態遷移関数σ，さらに，状態Kの集合の一要素である初期状態q_0，状態Kの部分集合である受理状態集合F』によって定義されます。

次ページの図1.3.2に，「0を奇数個含んで1で終わるビット列」を検査する有限オートマトンを示します。図1.3.2の状態遷移図は，系に入力を加えたときに，その系が次にどういう状態になるかを表したもので，初期状態からスタートし受理状態で終了すれば，その入力ビット列は「0を奇数個含んで1で終わるビット列」であると判断され，受理されます。

例えば，状態a
で入力"0"を受
けたとき状態bに遷移
する**状態遷移関数**δは，
次のように表される。
　δ(a，0)＝b
なお，K×Σとは，集
合Kと集合Σの直積集
合を意味する。

例　「0を奇数個含んで1で終わるビット列」を検査する有限オートマトン

　　有限オートマトンA＝<K，Σ，δ，q_0，F>

　　　　状態の有限集合K＝{a，b，c}

　　　　入力記号の有限集合Σ＝{0，1}

　　　　状態遷移関数δ：δはK×ΣからKへの写像

　　　　初期状態q_0＝a

　　　　受理状態集合（受理集合）F＝{c}

一般に，状態遷
移図では，初期
状態を「➡」で示し，
受理状態を「◎」で表
す。

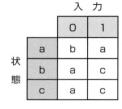
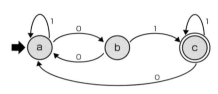

▲ **図1.3.2**　有限オートマトンAの状態遷移表と状態遷移図

　このように定義された有限オートマトンAは，図1.3.3に示すように，テープ上に書かれた入力ビット列を読み込むことができる有限状態機械とみなすことができます。

入力テープは右
に延びた半無限
長の（長い）テープで，
入力ビット列が左から
順に1マスに1ビットず
つ書かれている。なお
空白は，ビット列の区
切りを表す。

▲ **図1.3.3**　有限オートマトンAのモデル

　有限オートマトンAは，入力ヘッドをテープ上の左端のマスに置き，有限状態部を初期状態aにして動作を開始します。そして，テープから1マスのビット記号を読むと，その入力により状態遷移関数で定義された状態へと遷移し，同時に入力ヘッドを1マス右に進めます。次に，移動した先のマスを読み込み，同様な動作を繰り返します。有限オートマトンAが入力ビット列の最後のビット記号を読み込んで遷移した先が受理状態集合Fに属していれば，それまでに入力したビット列を受理し，そうでなければ受理しません。

例えば，入力ビット列が「0101」の場合，最後の状態がaなので受理されませんが，入力ビット列が「100101」の場合，最後の状態がcなので受理されます。

1.3.2 有限オートマトンと正規表現

正規表現については，p.38を参照。

正規表現のメタ記号の意味は，次のとおり。
①r1 | r2
　r1又はr2
②(r)*
　rの0回以上の繰返し

正規表現によって表される言語を**正規言語**といい，有限オートマトンは，正規言語を認識するために利用されます。

例えば，正規表現(0 | 10)*1によって表される正規言語が生成する文(列)は，1，01，101，00101，1000101，…といった，「最後が1，最後の1を除く1の次は必ず0」の文であり，これらの文は，図1.3.4の有限オートマトンで認識できます。

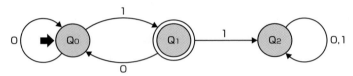

▲ **図1.3.4** (0 | 10)*1で表される文を受理する有限オートマトン

ここでは，正規表現から有限オートマトンへの作成方法については出題範囲外なので省略しますが，試験では，「有限オートマトンが受理する正規表現」が問われることがあります。図1.3.4の有限オートマトンが，正規表現(0 | 10)*1によって表される文全体を受理することを確認しておきましょう。

その他のオートマトン　　🍵 **COLUMN**

・**プッシュダウンオートマトン**

　文脈自由文法(次節参照)から生成される文脈自由言語を認識するオートマトンです。有限オートマトンに，プッシュダウンストアというスタックを付加し，入力記号とプッシュダウンストアの最上位記号と現在の状態によって，次に遷移する状態を決めます。

・**チューリング機械(チューリングマシン)**

　プッシュダウンオートマトンより高い能力をもつ，ノイマン型コンピュータの動作原理の理論的基本モデルで，句構造言語を認識するオートマトンです。

1.4 形式言語

1.4.1 形式文法と言語処理　AM/PM

言語には、日常私たちが使用している自然言語と特定の目的のためにつくられた人工言語があります。人工言語のうち、特に、コンピュータ処理のためにつくられた言語が**プログラム言語**で、そのほとんどの構文は、**文脈自由文法**（形式文法）で表すことができます。

文脈自由文法（形式文法）

文脈自由文法は、「書換えを行う対象となる非終端記号の集合N、書換えを行うことができない終端記号の集合T、書換え（生成）規則の集合P、そして書換えを開始する最初の非終端記号となる（開始記号）S」によって、G＝(N, T, P, S)で定義されます。

> **例**
> G＝(N, T, P, S)
> N＝{K, S}, T＝{a, b}, P＝{S→ε, S→aK, K→bS}
> ＊文法Gによって、次のような文が生成（導出）される。
> ① S ⇒ aK ⇒ abS ⇒ ab
> ② S ⇒ aK ⇒ abS ⇒ abaK ⇒ ababS ⇒ abab

記号→は、生成の実行、つまり左辺の非終端記号を書換え（生成）規則に従って、右辺で置き換えることを表します。右辺は、長さ0以上の非終端記号と終端記号の記号列です。これにより、非終端記号の集合Nのそれぞれは、終端記号によって再帰的に生成される文の集合を表すことになります。

このように、書換え（生成）規則において、左辺が必ず1つの非終端記号となっているのが文脈自由文法です。なお、文脈自由文法によって生成される文の集合を**文脈自由言語**といいます。

言語処理

言語の構成要素を小さいものから順に並べると、「文字＜字句（トークン）＜文＜言語」となります。そして、文字から字句を構

成(生成)するための規則を**字句規則**といい，字句の正しい並べ方の規則を**構文規則**といいます。

ある言語で記述されたプログラムを実行(解釈)する際は，前もって，その文法に基づいた翻訳(コンパイル)が行われます。このコンパイル処理で行われる字句解析と構文解析を自動化するためには，その言語の字句規則と構文規則を適切に定義する必要があります。例えば，評価順序を表す括弧を用いない，四則演算からなる数式の字句規則と構文規則は，次のようになります。

> **例** indata＊2＋cnt
>
> 〔字句規則〕
> ・数は，数文字0〜9からなる長さ1以上の列
> ・変数は，a〜zの英小字からはじまる長さ1以上の列
> ・演算子は，"＋"，"－"，"＊"，"／"のいずれか
>
> 〔構文規則〕
> ・数は，式
> ・変数は，式
> ・式と演算子を「式　演算子　式」と並べたものは，式

参照 コンパイルについては，p.265を参照。

参考 数式は，文脈自由文法で生成される文脈自由言語の1つ。
右の例の数式を生成する文脈自由文法は，次のとおり。
N＝{式，S}
T＝{数，変数，演算子}
P＝{S→式，
　　式→数，
　　式→変数，
　　式→式 演算子 式}

◆ 字句解析

字句規則に基づいた字句の検査と切出しを行うのが**字句解析**です。字句規則は，**正規表現**を用いて表すことができ，正規表現には，それと等価な有限オートマトンが存在します。したがって，例えば，上記例の「数」は，正規表現[0-9]＋で表すことができるので，側注の図のような有限オートマトンを用いて，「数」であるか否かの判断(認識)ができます。つまり字句解析では，字句規則で定義された正規表現と等価な有限オートマトンによって，字句の検査と切出しが行われるわけです。

参考 正規表現[0-9]＋と等価な有限オートマトン。

なお，正規表現については，p.38を参照。

◆ 構文解析

字句解析によって切り出された字句を構文規則に従って解析し，文法的正当性を検査するのが**構文解析**です。構文規則は，**文脈自由文法**を用いて表すことができ，文脈自由文法を形式的に記述する代表的な表記法がBNF表記です。次項1.4.2より，構文規則の記述方法や構文解析の技法について説明していきます。

1.4.2 構文規則の記述 AM / PM

BNF記法

QQ、BNF記法は，文
参考 脈自由文法を形
式的に記述する代表的
な方法。構文規則だけ
でなく，字句規則を記
述するときにも使用さ
れる。

BNF記法は，Algol60の構文規則を記述するのに用いられた表記法で，現在多くのプログラム言語の構文規則の記述に用いられています。

BNF記法では，例えば，1桁の数字と1文字の英字(小文字)，また，1桁の英数字を以下のように定義します。

> ＜英数字＞::=＜英字＞｜＜数字＞
> ＜数字＞::=0｜1｜2｜…｜7｜8｜9
> ＜英字＞::=a｜b｜c｜…｜x｜y｜z

> **P O I N T** BNF記法の記号
> ① "::=(is defined as)"は，左辺と右辺の区切りを意味する
>   (右辺で左辺を定義する)
> ② "｜"は，「又は(or)」を意味する
> ③ 非終端記号は，"＜ ＞"でくくる(＜数字＞，＜英字＞)
> ④ a，b，c…や0，1，2…，9を終端記号という

● 算術式の構文

試験には次のような算術式(四則演算)を表現する構文規則が出題されています。

> ＜式＞::=＜項＞｜＜式＞＜加減演算子＞＜項＞
> ＜項＞::=＜因子＞｜＜項＞＜乗除演算子＞＜因子＞
> ＜因子＞::=数
> ＜加減演算子＞::=+｜−
> ＜乗除演算子＞::=＊｜／

試験では，括弧
試験 '('，')' を追
加する場合の＜因子＞
書換え問題が出題され
る。

算術式の評価順序を明示的に記述するための括弧"("，")"を追加する場合，＜因子＞は次のような定義に書き換える必要があります。

> ＜因子＞::=数｜'('＜式＞')'

BNF記法の再帰的な読み方

　算術式を表現する構文規則では，＜式＞を定義するために自分自身である＜式＞を用います。このように「自分の定義に自分を用いる」ことを**再帰的定義**といいます。

> **P O I N T　再帰的定義**
> 　　＜式＞::=＜項＞｜＜式＞＜加減演算子＞＜項＞
> 　　　　　　　　　　　　└── 式の定義に自分自身を用いる

試験 BNF問題ではこの再帰的定義がよく問われるので，解釈できるようにしておくこと。

　再帰的に定義された構文は，図1.4.1のように構文図に書き換えると，解釈しやすくなります。

例．次のBNFで定義される＜DNA＞に合致するものは？

```
<DNA> ::=
  <コドン> |
  <DNA> <コドン>
<コドン> ::=
  <塩基><塩基>
  <塩基>
<塩基> ::= A|T|G|C

ア　ACGCG
イ　AGC
```

〈答え〉イ
構文図は，次のようになる。

<DNA> ::=

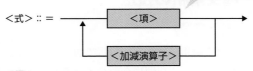

▲ **図1.4.1**　再帰的定義の構文図

　構文図では，矢印の順に進んでいきながら，「＜項＞1つでも＜式＞となる」，「＜項＞から＜式＞となったものに＜加減演算子＞，さらに＜項＞が続いたら＜式＞となる」，「＜式＞となったものに…」というように，読み進めます。

構文図

　基本構文図には次のようなものがあります。

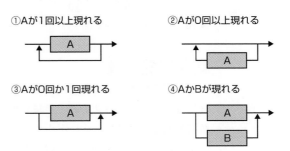

▲ **図1.4.2**　基本構文図

基本構文図を用いて前述した構文規則を表現すると，図1.4.3のようになります。

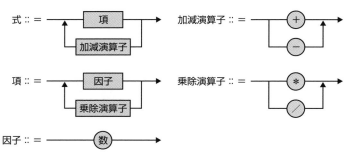

▲ **図1.4.3** 算術式を表現する構文規則の構文図

1.4.3 構文解析の技法 AM/PM

構文木

構文解析では，字句解析で切り出された字句（トークン）が，定義された構文規則に合致しているかどうかを構文解析表を用いて解析し，同時に，字句を構文規則に従い，図1.4.4のような木構造で表現します。これを**構文木**，あるいは解析木といいます。

参考 算術式を構成した構文木を特に算術木という。

参考 文法に沿って構文木を上から下へと作成する方法を**下降型構文解析法**，逆に，下から上へと作成する方法を**上昇型構文解析法**という。

$$<X=2*3+4*7-5>$$

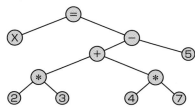

▲ **図1.4.4** 構文木の例

構文木の利用

参照 意味解析については，p.265を参照。

構文解析により，構文規則に合致した文であると判断された場合には，次のフェーズである**意味解析**に進みます。そして，構文解析の結果を受けて，次に示す3つ組み，4つ組み，逆ポーランド表記法などの手法を利用し，構文木から**中間語**（中間コード）を生成します。

⊃3つ組み

3つ組みでは，構文木を下位レベルの部分木から順に「演算子」，「左の項」，「右の項」という記述にまとめ上げていきます。

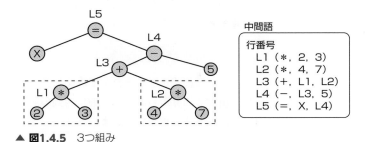

中間語

行番号
L1 (＊, 2, 3)
L2 (＊, 4, 7)
L3 (＋, L1, L2)
L4 (−, L3, 5)
L5 (＝, X, L4)

▲ **図1.4.5**　3つ組み

⊃4つ組み

3つ組みの表現に対し，各部分木の演算結果を何にするか（何に置き換えるか）を追加したものが4つ組みです。

中間語

演算結果

行番号
L1 (＊, 2, 3, EX1)
L2 (＊, 4, 7, EX2)
L3 (＋, EX1, EX2, EX3)
L4 (−, EX3, 5, EX4)
L5 (＝, EX4, φ, X)

4と7を乗算した結果を
EX2に代入する
$4 * 7 → EX2$

 φは空値を意味する。

⊃逆ポーランド表記法

逆ポーランド表記法は，演算子を演算の対象である演算数の右側に記述する記法です。このため，**後置表記法**とも呼ばれます。構文木から逆ポーランド表記に変換する場合は，構文木を深さ優先順で，**後行順序木**（帰りがけのなぞり）として走査します。

 木の走査については，p.84を参照。

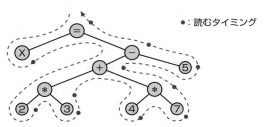

●：読むタイミング

図1.4.6の構文木から得られる逆ポーランド表記については，次ページを参照。

▲ **図1.4.6**　構文木の走査

後行順とは，1つの部分木に対し「左→右→節」という順でなぞることをいいます。図1.4.6では，点線に従ってなぞるなかで，そのノードを最終に出るときにノードの値を読めばよいので，後行順序木として走査した結果(逆ポーランド表記)は，次のようになります。

$$X \quad 2 \quad 3 \quad * \quad 4 \; 7 \quad * \quad + \quad 5 \quad - \quad =$$

なお，算術式を逆ポーランド表記に変換する方法として，最後に作用する演算から始めて，順に内側の演算へと変換を進めていく下記の方法も覚えておきましょう。

 参考 ここでは，変換途中で変換済みの演算は"［演算数,演算数］演算子"と表す。演算数の間に演算子がなくなった状態で，括弧(［ ］)とカンマ(,)を取り除く。

```
X=2*3+4*7-5
[X, (2*3+4*7-5)] =
[X, [(2*3+4*7), 5] -] =
[X, [[(2*3)、(4*7)] +、5] -] =
[X，[[[2, 3] *、[4, 7] *] +、5] -] =
          ↓括弧とカンマを取り除く
  X  2  3  *  4 7  *  +  5  -  =  ← 逆ポーランド表記
```

1.4.4 正規表現　　　　AM / PM

参考 正規表現を正規式ともいう。

正規表現は，字句記号や探索記号の定義など，広く使用されているパターン定義法で，その基本となるのが記号列です。

記号列

記号列とは，0個以上のn個の記号を並べたもので，一般に「$a_1 a_2 a_3 \cdots a_n$」と表します。この記号列を構成する記号の個数を記号列の長さといいます。また，長さ0の記号列を空列(empty string)といい，ϕあるいはεで表します。

記号列は，アルファベットと呼ばれる有限集合Vからいくつかの要素を重複可能に取り出し，作成されたもので，これをV上の記号列といいます。また，V上の記号列すべての集合をV*と表します。つまり，私たちが取り扱う字句は，V*の部分集合ということになります。

> **例** アルファベットV＝ {a, b, c}
>
> V*＝{{a}, {ab}, {abc}, {aabbc}, {bcca}, {bbbbaabc}, ……}

正規表現の例

記号列すべての集合V*のなかで，どのような規則をもったものを字句として取り扱うかを定義したものが正規表現です。正規表現では，次のような**メタ記号**(メタ文字)が用いられます。

 メタ記号の意味
試験 は，試験問題に示される。

> **P O I N T** 正規表現に用いるメタ記号
> ① [m−n]：m 〜nまでの連続した文字の中の1文字を表す
> ② ＊：直前の正規表現の0回以上の繰返しを表す
> ③ ＋：直前の正規表現の1回以上の繰返しを表す
> ④ ？：直前の正規表現が0個か1個あることを表す
> ⑤ r_1 | r_2：正規表現r_1又は正規表現r_2であることを表す

 メタ記号＊，＋，
参考 ？の違いは，次のとおり。
・ABX＊
 ⇒AB，ABX，
  ABXXなど
・ABX＋
 ⇒ABX，ABXX，
  ABXXXなど
・ABCD？
 ⇒ABC又はABCD

例えば，「英大文字のA〜Zが1回以上繰り返され，続いて0〜9の数字が0回以上繰り返される」という規則をもった字句は，次のように定義されます。

> 正規表現：[A−Z] ＋ [0−9] ＊
> ＊ "IKATO0410"，"A6240"，"AB" などは，この正規表現が定義する集合の要素となる。

● 正規表現の短縮

例えば，"kimi" と "kami" を集合の要素とする正規表現は，上記POINTの⑤に示した「｜」を用いて「kimi｜kami」と定義できますが，この2つの字句の違いは2文字目だけです。そこで一般には，2文字目に「｜」記号を用いて，「k(i｜a)mi」と定義します。また，"kimi"，"kami"，"keami" の3つの字句を集合の要素とする場合は，「k(i｜e?a)mi」と定義します。

> 正規表現：kimi｜kami　　　　　⇒ k(i｜a)mi
>   kimi｜kami｜keami ⇒ k(i｜e?a)mi

1.5 グラフ理論

1.5.1 有向グラフ・無向グラフ   AM / PM

参考 グラフにおいて，頂点(Vertex)のことを節点ともいう。また，辺のことを枝(Edge)ともいう。

グラフ(Graph)は，頂点の集合Vと2つの頂点を連結する辺の集合Eからなる図形で，一般に，G＝(V，E)と表します。また，グラフにおいて，頂点v_iとv_jを連結する辺をv_i，v_jの順に捉えれば，辺に「$v_i \rightarrow v_j$」という向きができ，グラフは**有向グラフ**となります。一方，頂点v_iとv_jに順序をもたせなければ，グラフは**無向グラフ**となります。

有向グラフ　　　　　　　　　　　　　　無向グラフ

頂点v_i　　　　頂点v_j　　　　　　頂点v_i　　　　頂点v_j

▲ **図1.5.1**　有向グラフと無向グラフ

有向グラフにおいて，頂点v_iとv_jを連結する辺eは，その順序を順序対(v_i, v_j)で表現することができます。このとき，頂点v_iを辺eの始点，v_jを終点といい，v_iとv_jは隣接しているといいます。

参考 v_iをv_jの先行点，v_jをv_iの後続点ともいう。

‑‑‑‑ 隣接している ‑‑‑‑

入次数＝2　　　出次数＝1

v_i(始点)　　辺e　　v_j(終点)

順序対（v_i，v_j）

▲ **図1.5.2**　有向グラフの構成

図1.5.2では，頂点v_iに2つの辺が入り，1つの辺が出ています。有向グラフでは，頂点に入ってくる辺の数をその頂点の**入次数**，出て行く辺の数を**出次数**，その和を**次数**といいます。

参考 自己ループと多重辺の例

自己ループ　　多重辺

また，グラフには，「始点と終点が同一である辺」や「始点と終点を共有する複数の辺」がありますが，前者を自己ループ，後者を多重辺，あるいは並列辺といいます。

1.5.2 サイクリックグラフ AM/PM

　有向グラフは，閉路をもつ**サイクリックグラフ**と閉路をもたない**非サイクリックグラフ**に分けられます。図1.5.3のサイクリックグラフを見ると，頂点②からスタートし，③，④とたどると，再び頂点②に戻ることができます。これが**閉路**(cycle)です。

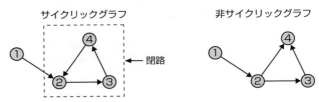

　サイクリックグラフ　　　　　　　　非サイクリックグラフ

←閉路

▲ **図1.5.3** サイクリックグラフと非サイクリックグラフ

🔍 **参考** 1つの非サイクリックグラフに対して，いくつかのトポロジカル順序が存在することがある。

　閉路をもたない非サイクリックグラフでは，すべての辺(v_i, v_j)について頂点番号iが頂点番号jの前方になるように，頂点番号を一列に並べることができます。この頂点番号の並びを，**トポロジカル順序**(topological order)といいます。図1.5.3の非サイクリックグラフでは，①－②－③－④がトポロジカル順序となります。

小道(trail)と経路(path) ☕ COLUMN

　グラフにおいて連続した頂点と辺を結んだものを**歩道**といい，頂点とそれに隣接する辺を交互に記述して，「歩道＝$(v_1, e_1, v_2, e_2, \cdots, e_i, v_i)$」と表します。この歩道には，すべての辺が異なる**小道**とすべての頂点が異なる**経路**があります。

小道＝$(v_1, e_1, v_2, e_3, v_3, e_4, v_4, e_5, v_2)$　　経路＝$(v_1, e_2, v_3, e_3, v_2, e_5, v_4)$

▲ **図1.5.4** 小道と経路の例

　また，ある頂点から同じ頂点に戻る歩道が存在するとき，それが，すべての辺が異なる小道であれば，それを**回路**(circuit)といい，さらに，すべての頂点が異なる経路であれば**閉路**(cycle)といいます（次ページの表1.5.1を参照）。

1.5.3 グラフの種類 AM/PM

代表的なグラフを表1.5.1にまとめておきます。

▼ **表1.5.1** 代表的なグラフ

📖 **参考** 自己ループや多重辺をもたないグラフを単純グラフという。

📖 **参考** 2部グラフについて，V_1とV_2には次のような関係がある。
$V_1 \cup V_2 = V$
$V_1 \cap V_2 = \phi$

✎ **試験** 2部グラフとハミルトン閉路は午前試験で，オイラーグラフは午後試験で出題されている。

多重グラフ	始点と終点が一致する自己ループや，同じ始点から出て同じ終点に入る多重辺をもつグラフ	自己ループ　多重辺
完全グラフ	どの2頂点間も1つの辺で結ばれているグラフ。頂点の数がnである完全グラフをKnと表す	
2部グラフ	頂点の集合Vを2つの部分集合V_1とV_2に分割でき，グラフのどの辺も一方の端点はV_1に，他方の端点はV_2に属するグラフ	
オイラーグラフ	始点と終点が等しく，グラフを構成するすべての辺をただ1回だけ通る回路（オイラー回路）をもち，一筆書きが可能なグラフ	
ハミルトングラフ	始点と終点が等しく，グラフを構成するすべての頂点をただ1回だけ通る閉路（ハミルトン閉路）をもつグラフ	閉路をたどる
正則グラフ	各頂点の価数（その頂点を端点とする辺の本数）が等しいグラフ	

1.5.4 グラフの表現 AM/PM

グラフを表現する方法には，配列表現，行列表現，リスト表現があります。

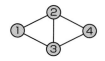

・配列表現

グラフを構成する辺eの端点 v_i，v_j をそれぞれの配列に格納する

v_i　① ① ② ② ③

v_j　② ③ ③ ④ ④

▲ **図1.5.5** 配列表現

行列表現

行列表現では，グラフの構造を**隣接行列**と呼ばれる正方行列で表現します。例えば，前ページ図1.5.5のグラフの場合，頂点数が4個なので，4行4列の正方行列を使います。そして，各行及び列にそれぞれの頂点を対応させ，v_iとv_jを端点とする辺があれば，行列の要素(i, j)に1を，なければ0を格納します。

用語 行列表現には，**接続行列**を用いる方法もある。接続行列とは，各行が頂点に，各列が辺に対応した行列のこと。頂点viと辺ejが接続していれば，行列要素(i, j)に1，それ以外は0が格納される。

i＼j	①	②	③	④
①	0	1	1	0
②	1	0	1	1
③	1	1	0	1
④	0	1	1	0

$$M = \begin{pmatrix} 0 & 1 & 1 & 0 \\ 1 & 0 & 1 & 1 \\ 1 & 1 & 0 & 1 \\ 0 & 1 & 1 & 0 \end{pmatrix}$$

2行3列の要素の1は，②と③を端点とする辺があることを意味する

▲ **図1.5.6** 行列表現

行列表現では，頂点の数が多くなると隣接行列も大きくなり，使用する記憶域が膨大になります。また，グラフアルゴリズムの多くは行列の乗算計算を必要とするため処理時間もかかります。

ここで，行列要素のほとんどが0であるような行列を「疎である」といいます。隣接行列が疎である場合は，動的なデータ構造を使って表現できるリスト表現の方が効率的です。

リスト表現

参照 線形リストについては，p.76を参照。

リスト表現は，行列表現の各行を**線形リスト**で表現したものです。例えば，図1.5.6の1行目を見ると，頂点①を端点とする辺は2つあり，1つは②，もう1つは③が端点です。リスト表現では，これを「①－②－③」の順につなげた線形リストで表現します。この方法は，隣接行列の対角要素の右上部分のみを表現することになるので，行列表現に比べて記憶域が節約できます。

参考 リスト表現されたものを**隣接リスト**という。

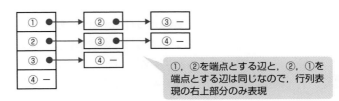

①，②を端点とする辺と，②，①を端点とする辺は同じなので，行列表現の右上部分のみ表現

▲ **図1.5.7** リスト表現

行列表現の応用例

　頂点の個数がnのグラフを，n行n列の行列Mで表現するとき，i行j列の要素m_{ij}を頂点v_iとv_jを直接結ぶ辺の本数とするならば，この行列Mの積M^2のi行j列の要素は，次のことを表します。

参考 頂点v_iとv_jが1つの頂点をはさんで結ばれている場合，その経路の辺の数は2本である。

$$v_i \text{—}\bigcirc\text{—} v_j$$

> **P O I N T** 隣接行列M^2の要素がもつ意味
>
> 　頂点v_iとv_jが1つの頂点をはさんで結ばれる経路の数，すなわち，頂点v_iとv_jが結ばれる経路のうち経路上の辺の数が2となる経路の数

　図1.5.6の行列表現されたグラフの場合，4×4(4行4列)の行列Mを2乗すると，図1.5.8のような4×4の行列となります。

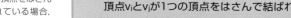

$$M^2 = \begin{pmatrix} 0 & 1 & 1 & 0 \\ 1 & 0 & 1 & 1 \\ 1 & 1 & 0 & 1 \\ 0 & 1 & 1 & 0 \end{pmatrix} \times \begin{pmatrix} 0 & 1 & 1 & 0 \\ 1 & 0 & 1 & 1 \\ 1 & 1 & 0 & 1 \\ 0 & 1 & 1 & 0 \end{pmatrix} = \begin{pmatrix} 2 & 1 & 1 & 2 \\ 1 & 3 & 2 & 1 \\ 1 & 2 & 3 & 1 \\ 2 & 1 & 1 & 2 \end{pmatrix}$$

▲ **図1.5.8** 4×4の行列

参考 2行3列の要素は，点線でくくられた部分の乗算(ベクトルの内積)で求めることができる。

　ここで，M^2行列の2行3列の要素は，図1.5.9の式で求められることに着目し，各項それぞれのもつ意味を探ってみます。

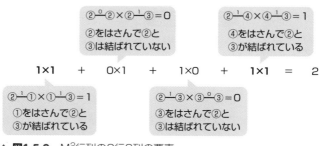

②─②×②─③＝0
②をはさんで②と③は結ばれていない

②─④×④─③＝1
④をはさんで②と③が結ばれている

　　1×1　　＋　　**0×1**　　＋　　**1×0**　　＋　　**1×1**　　＝　　**2**

②─①×①─③＝1
①をはさんで②と③が結ばれている

②─③×③─③＝0
③をはさんで②と③は結ばれていない

▲ **図1.5.9** M^2行列の2行3列の要素

参考 ②と③が1つの頂点をはさんで結ばれる経路は2つ。

　図1.5.9の式の1つ目の項は，「②と①を結ぶ辺の数×①と③を結ぶ辺の数」を表し，この値が1ということは，「②─①─③」の経路が1つ存在するということです。また，4つ目の項の値も1なので，「②─④─③」経路が1つ存在することになります。つまり，図1.5.9の式で求められるのは，②と③が1つの頂点をはさんで結ばれる経路の数です。

1.5.5　重みつきグラフ　AM / PM

参考 重みつきグラフを重みつきネットワークということもある。

　グラフの辺に値をもたせたグラフを**重みつきグラフ**といいます。そして，重みつきグラフに処理の開始点である始点が与えられ，始点から目的点までの最短経路を求める問題を**最短経路問題**といいます。最短経路を求めるアルゴリズムで代表的なのは，ダイクストラ法です。

ダイクストラ法

　ダイクストラ法では，各頂点への最小コスト（最短距離）を，始点の隣接点から1つずつ確定し，徐々に範囲を広げていき，最終的にすべての頂点への最小コストを求めます。図1.5.10に，始点Aから目的点Dに至るまでの最小コストを求める手順を示します。

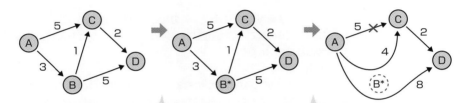

①始点Aに隣接する頂点のうち最小コストとなる頂点を選んで＊をつける

②＊をつけた頂点を経由する経路のコストを再計算し，また，始点Aから出て同じ頂点に入る経路のうち，コストの大きいほうを削除する

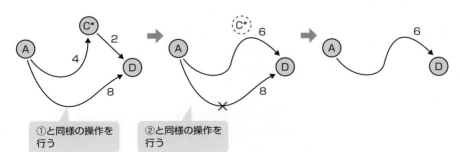

①と同様の操作を行う

②と同様の操作を行う

▲ **図1.5.10**　最小コストを求める手順

試験 試験では，目的点までの最小コストの他，各頂点までのコストが確定していく順番が問われる。

　この操作の結果，始点Aから，B，C，Dの順にコストが確定していき，目的点Dまでの最小コストは6と求められます。

　最小コストとなる経路：A→B→C→D

1.6 確率と統計

1.6.1 確率 AM / PM

場合の数

確率を考えるとき，「場合の数」という言葉が頻繁にでてきます。場合の数とは，ある事柄(事象)の起こり方のことで，その起こり方が全部でm通りあるとき，このmを場合の数といいます。例えば，サイコロを投げたときの目の出方は，1，2，3，4，5，6の6通りなので，出る目の場合の数は6通りであるといいます。

> **POINT** 積の法則と和の法則
>
> **・積の法則**
> 2つの事象A，Bがあって，Aの起こり方がm通りあり，その各々に対してBの起こり方がn通りであるとき，AとBがともに起こる場合の数はm×n通り
>
> **・和の法則**
> 同時には起こらない2つの事象A，Bがあって，Aの起こり方がm通り，Bの起こり方がn通りであるとき，A，Bいずれかが起こる場合の数はm＋n通り

組合せ

参考 組合せに対して順列がある。順列は，取り出したものを順に並べる並べ方で，「$_nC_r \times r!$」で求められる。

n個の異なるものの中から任意にr個($r \leqq n$)とってできる組の1つひとつを，「n個からr個とってできる**組合せ**」といい，その組合せの数を$_nC_r$で表します。

> **POINT** n個の中からr個選ぶ選び方（組合せ）
>
> $$_nC_r = \frac{n!}{r! \times (n-r)!} \qquad *{}_nC_1 = n, \ _nC_n = 1, \ _nC_0 = 1$$
>
> ―n個の中から
> ―r個を選ぶ

$$_5C_2 = \frac{5!}{2! \times (5-2)!} = \frac{5 \times 4 \times 3 \times 2 \times 1}{2 \times 1 \times 3 \times 2 \times 1} = 10$$

確率の定義

起こり得るすべての場合がn通りあり，どの場合も同様に確からしく起こるとするとき，n通りの中である事象Aが起こる場合の数がa通りであれば，事象Aの起こる確率P(A)は，次の式で求められます。

参考 一般に，確率は記号Pで表す。

> **POINT** 確率の求め方
>
> $$P(A) = \frac{a}{n}$$

確率には次のような基本的な性質があります。

▼ **表1.6.1** 確率の基本性質

必ず起こる事象Uの確率	$P(U) = 1$
事象Aの起こる確率P(A)	$0 \leq P(A) \leq 1$
事象Aの起こらない確率P($\bar{A}$)	$P(\bar{A}) = 1 - P(A)$
決して起こらない事象(ϕ)の確率	$P(\phi) = 0$

参考 決して起こらない事象を空事象といい，ϕで表す。

加法定理と乗法定理

事象Aと事象Bの起こる確率が，それぞれP(A)，P(B)であったとき，事象A又はBの起こる確率は，この2つの事象が互いに排反であるかないかで異なります。

用語 **排反** 一方の事象が起こったとき，もう一方の事象は起こらないこと。

> **POINT** 確率の加法定理
>
> ・事象AとBが互いに排反事象である場合
> $$P(A \cup B) = P(A) + P(B)$$
> ・事象AとBが互いに排反事象でない場合
> $$P(A \cup B) = P(A) + P(B) - P(A \cap B)$$

また，事象Aと事象Bがともに起こる確率を**同時確率**といい，この確率は事象AとBが独立であるか従属であるかで異なります。

事象AとBが互いに**独立事象**であるとき，2つの事象AとBがともに起こる確率はP(A)とP(B)の積で求められます。一方，事象Aが起こることを条件として事象Bが起こる場合，すなわち事象

用語 **独立** ある事象の起こり方が，他の事象の起こり方に互いに影響しないこと。

Bが事象Aの従属事象であるとき，事象Bが起こる確率を，Aを条件とするBの条件付き確率といい，これを$P_A(B)$又は$P(B\mid A)$と表します。そして，事象Aと事象Bがともに起こる確率は$P(A)$と$P_A(B)$の積になります。

> ***P O I N T*** 確率の乗法定理
> ・事象AとBが独立事象である場合
> $$P(A\cap B)=P(A)\times P(B)$$
> ・事象Bが事象Aの従属事象である場合
> $$P(A\cap B)=P(A)\times P_A(B)$$

1.6.2 確率の応用 AM/PM

原因の確率

互いに排反である2つの事象E_1，E_2のそれぞれの結果として，1つの事象Nが起こるとき，Nが起こった原因がE_1，あるいはE_2である確率を原因の確率といいます。例えば，事象Nが起こった原因がE_1である確率Pは，**ベイズの定理**により次のように求められます。

参考 ベイズの定理の一般化
事象E_1，E_2，…，E_nが互いに排反であるとき，任意の事象Nについて次の式が成り立つ。
$$P_N(E_k)=\frac{P(E_k)\times P_{E_k}(N)}{\sum_{i=1}^{n}\{P(E_i)\times P_{E_i}(N)\}}$$

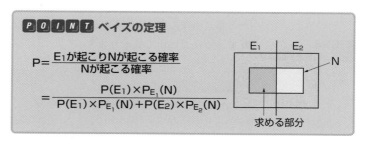

> ***P O I N T*** ベイズの定理
> $$P=\frac{E_1が起こりNが起こる確率}{Nが起こる確率}$$
> $$=\frac{P(E_1)\times P_{E_1}(N)}{P(E_1)\times P_{E_1}(N)+P(E_2)\times P_{E_2}(N)}$$

具体的な例で考えてみましょう。

A社，B社，C社からそれぞれ製品全体の50%，30%，20%を購入している。各社の製品の不良率は，それぞれ1%，3%，3%であった。購入した製品1個を任意に抽出したところ不良品であった。これがA社から購入したものである確率はいくらか。

まず，次の3つのケースに分けて考えます。ここで，不良品である事象をNとします。

・A社の製品が抽出され，それが不良品である確率

$$P(A) \times P_A(N) = 0.5 \times 0.01 = 0.005$$

・B社の製品が抽出され，それが不良品である確率

$$P(B) \times P_B(N) = 0.3 \times 0.03 = 0.009$$

・C社の製品が抽出され，それが不良品である確率

$$P(C) \times P_C(N) = 0.2 \times 0.03 = 0.006$$

次に，上記の3つのケースから不良品である全確率を求めると，

$$P(A) \times P_A(N) + P(B) \times P_B(N) + P(C) \times P_C(N) = 0.02$$

となり，求める確率は次のようになります。

$$\frac{\text{A社の不良品である確率}}{\text{不良品である確率}} = \frac{0.005}{0.02} = 0.25$$

参考 確率木を描くとわかりやすくなる。

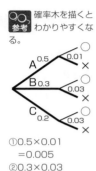

① 0.5×0.01
 =0.005
② 0.3×0.03
 =0.009
③ 0.2×0.03
 =0.006

マルコフ過程

マルコフ過程とは，いくつかの状態があり，その中のある状態が現れる確率は，その直前の状態にのみ関係する確率過程のことです。直前の状態がAであったとき，状態Bが現れる（すなわち，状態Bに遷移する）確率を**推移確率**といい，p_{AB}と表します。

例えば，S_1，S_2の2つの状態がある場合，状態S_iからS_jへの推移確率はp_{ij}（i, j=1～2）と表すことができ，これを**推移行列**Pに表すと図1.6.1のようになります。

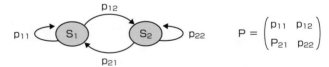

▲ **図1.6.1** 推移行列P

ここで，$P \times P(=P^2)$で求められる2段階推移行列（図1.6.2）の網掛け部分（$p_{11}p_{12} + p_{12}p_{22}$）の示す意味を考えてみます。

$$P^2 = \begin{pmatrix} p_{11} & p_{12} \\ p_{21} & p_{22} \end{pmatrix} \times \begin{pmatrix} p_{11} & p_{12} \\ p_{21} & p_{22} \end{pmatrix} = \begin{pmatrix} p_{11}p_{11} + p_{12}p_{21} & \boxed{p_{11}p_{12} + p_{12}p_{22}} \\ p_{21}p_{11} + p_{22}p_{21} & p_{21}p_{12} + p_{22}p_{22} \end{pmatrix}$$

▲ **図1.6.2** 2段階推移行列

p_{11}はS_1からS_1への推移確率，p_{12}はS_1からS_2への推移確率なの

で，$p_{11}p_{12}$は$S_1 \rightarrow S_1 \rightarrow S_2$となる確率です。同様に考えると，$p_{12}p_{22}$は$S_1 \rightarrow S_2 \rightarrow S_2$となる確率です。

したがって，2段階推移行列の1行2列の要素$p_{11}p_{12}+p_{12}p_{22}$は，状態$S_1$から，状態$S_1$あるいは状態$S_2$のどちらかの状態を経て，状態$S_2$へ2段階で推移する確率といえます。このことから，$P \times P$（$=P^2$）で求められた2段階推移行列の各要素$P^2_{ij}$は，状態$S_i$からある状態を経て状態$S_j$へ推移する確率を表すことになります。

具体的な例で見てみましょう。例えば，図1.6.3の表において，天気の移り変わりはマルコフ過程であると考えたとき，雨の2日後が晴れである確率は，状態S_3から状態S_1へ2段階で推移する確率です。したがって，この確率は，2段階推移行列で求められる3行1列の要素から得られます。

別解

参考 雨の2日後が晴れになる過程は，次のいずれかである。
① 「雨→晴れ→晴れ」
② 「雨→曇り→晴れ」
③ 「雨→雨→晴れ」
したがって，それぞれの確率を求め，それを加算すればよい。
①の確率＋②の確率＋③の確率
$=(0.3 \times 0.4)+(0.5 \times 0.3)+(0.2 \times 0.3)$
$=0.33$

		S_1 翌日晴れ	S_2 翌日曇り	S_3 翌日雨
S_1	晴れ	40	40	20
S_2	曇り	30	40	30
S_3	雨	30	50	20

$$\begin{pmatrix} 0.4 & 0.4 & 0.2 \\ 0.3 & 0.4 & 0.3 \\ 0.3 & 0.5 & 0.2 \end{pmatrix} \times \begin{pmatrix} 0.4 & 0.4 & 0.2 \\ 0.3 & 0.4 & 0.3 \\ 0.3 & 0.5 & 0.2 \end{pmatrix} = \begin{pmatrix} \square & \square & \square \\ \square & \square & \square \\ \blacksquare & \square & \square \end{pmatrix}$$

$0.3 \times 0.4 + 0.5 \times 0.3 + 0.2 \times 0.3 = 0.33$

▲ **図1.6.3** マルコフ過程の例

モンテカルロ法 ☕ COLUMN

モンテカルロ法は，数値モデルとして定義された問題（確率過程を含む）の解を，乱数を用いて推定する手法の総称です。もともとは，確率を伴わない問題を確率問題に置き換えて解決する方法として考案された手法で，その代表例が「円周率πの近似計算」です。現在では，AIの強化学習など様々な分野に応用されています。

① 0.0～1.0までの乱数を2つ発生させ，1つをx，もう1をyとした座標位置に打点する。これをN回繰り返す。
② 四分円内（円周上含む）の点を数える（ここでは，p個とする）。
③ 円の面積$\pi r^2 = \pi \times 1.0^2 = 4 \times (p / N)$より$\pi$の値を求める。

▲ **図1.6.4** 円周率πの近似計算

1.6.3 確率分布 AM/PM

代表値

データの性質やそのデータの分布の特徴を数値的に表したものを**代表値**といい，次の3つがあります。

> **P O I N T** 代表値
>
> ・平均値…データの分布のバランスポイント
>
> $$平均値\ \overline{x} = \frac{1}{n}\sum_{i=1}^{n} x_i = \frac{1}{n}\ (x_1 + x_2 + x_3 + \cdots + x_n)$$
>
> ・中央値（メジアン：Me(median)）…データの中央の値
> データ数nが奇数の場合：(n÷2)＋1番目の値
> データ数nが偶数の場合：
> (n÷2)番目の値と(n÷2)＋1番目の値の平均
> ＊データの並びは昇順又は降順
> ・最頻値（モード値）…並の値，データの中で最も出現度の多い値

参考 (n÷2) の小数点以下は切捨て。

散布度

参考 $\overline{x}$管理図のUCL，LCLは，分布の中心を表すCLから±3σを表す線であるが，標本数が少ない場合，σの代わりに標本から求めたレンジ(R)の平均$\overline{R}$が用いられる。

データの性質を見るためには，データ全体がどのような分布をしているのかという，データのばらつきの大きさも重要となります。このばらつきを測る尺度として最もよく知られているのが，レンジ，分散及び標準偏差です。

レンジは，データのばらつきの範囲を意味し，データ中の最大値から最小値を引いて求められる値です。また，**分散**と**標準偏差**は，次の式で求めることができます。

> **P O I N T** データ$x_i(i=1, 2, \cdots, n)$における分散
>
> $$分散\ \sigma^2 = \frac{1}{n}\sum_{i=1}^{n} (x_i - \overline{x})^2 \qquad 標準偏差\ \sigma = \sqrt{\sigma^2}$$

参考 $(x_i - \overline{x})$ を偏差という。したがって，分散は「偏差の2乗の平均」という意味をもつ。

この式で求められる分散 σ^2 は，平均値を中心とする分布の広がりの程度を示す値です。つまり，σ^2が小さければデータは平均値のまわりに，σ^2が大きければ平均値から離れたところにデータが多いということになります（次ページ図1.6.5）。

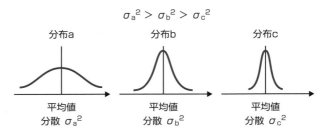

▲ **図1.6.5** 分散

平均値と分散・標準偏差の性質

平均値と分散・標準偏差には，表1.6.2のような性質があります。

▼ **表1.6.2** 平均値と分散・標準偏差の性質

$\overline{x+a}=\overline{x}+a$	すべてのデータに定数aを加えたときの平均は，もとの平均+a
$\overline{a\times x}=a\times \overline{x}$	すべてのデータを定数a倍したときの平均は，もとの平均×a
$\sigma^2_{x+a}=\sigma^2_x$	すべてのデータに定数aを加えても分散は変わらない
$\sigma^2_{x\times a}=a^2\times \sigma^2_x$	すべてのデータを定数a倍したときの分散は，もとの分散×a^2
$\sigma_{x\times a}=|a|\times \sigma_x$	すべてのデータを定数a倍にしたときの標準偏差は，もとの標準偏差×$|a|$

＊$\overline{x+a}$は変量(x+a)の平均，σ^2_{x+a}は変量(x+a)の分散
$\overline{x\times a}$は変量(x×a)の平均，$\sigma^2_{x\times a}$は変量(x×a)の分散

確率分布の種類

ある集団の性質や特性を調べるために，その一部分だけを調べて全体を推測することを**標本調査**といいます。標本調査では，全体の集団を**母集団**，調査のため無作為に抜き出した集団を**標本**（サンプル）とします。

参考：母集団の平均を母平均，標本の平均を標本平均という。

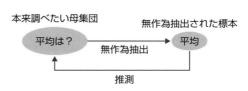

▲ **図1.6.6** 標本調査

　無作為に抜き出された標本は，母集団の性質をそのまま小さくしたものと考えられます。そこで，標本の分布に確率を導入したのが**確率分布**です。確率分布は，その確率変数によって，連続型確率分布と離散型確率分布の2つに分かれます。

参考 待ち行列理論では，指数分布とポアソン分布が重要。

用語 ポアソン分布
二項分布B(n, p)において，平均npを一定とし，nを無限大とした場合の確率分布(非常に大きなサンプルにおいて，発生する確率pが極めて小さい場合の確率分布)。

参考 正規分布は，ドイツの数学者ガウス(Gauss)が土地測量の結果を整理するために考案したもの。

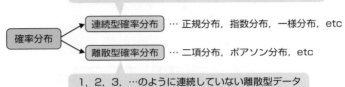

▲ **図1.6.7**　連続型確率分布と離散型確率分布

正規分布の性質

　正規分布(Normal distribution)は**ガウス分布**とも呼ばれ，統計では最も重要となる確率分布です。図1.6.8のように，正規分布の形は平均を中心とした左右対称型で，釣鐘型になることが知られています。

参考 正規分布の曲線を表す関数(確率密度関数)は次の式により表される。

$f(x) = \dfrac{1}{\sqrt{2\pi}\,\sigma}e^{-t}$

$t : \dfrac{(x-\mu)^2}{2\sigma^2}$

π：円周率
(3.14159…)
e：自然対数の底
(2.71828…)

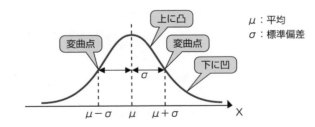

▲ **図1.6.8**　正規分布

　正規分布の形は，平均 μ と標準偏差 σ によって決まります。ある確率変数Xの平均が μ ，標準偏差が σ である場合の正規分布はN(μ, σ^2)と表します。特に，平均が0，標準偏差が1である正規分布N(0, 1^2)を**標準正規分布**といいます。また，次ページの図1.6.9に示す正規分布の性質は大切なので，覚えておきましょう。

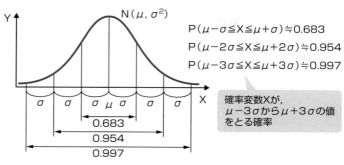

P$(\mu-\sigma\leqq X\leqq\mu+\sigma)\fallingdotseq 0.683$

P$(\mu-2\sigma\leqq X\leqq\mu+2\sigma)\fallingdotseq 0.954$

P$(\mu-3\sigma\leqq X\leqq\mu+3\sigma)\fallingdotseq 0.997$

確率変数Xが，$\mu-3\sigma$から$\mu+3\sigma$の値をとる確率

▲ **図1.6.9** 正規分布の性質

参考 図1.6.9の数値は，「$\mu\pm\sigma$の範囲に全体の約68.3％，$\mu\pm 2\sigma$の範囲に全体の約95.4％，$\mu\pm 3\sigma$の範囲に全体の約99.7％が含まれる」ことを意味する。

標本平均と標本合計の分布

　母集団が，平均μ，分散σ^2の正規分布に従うとき，ここから無作為に抽出された大きさnの標本の平均$\bar{x}$の分布は，nが大きくなるにつれて，平均がμ，分散はσ^2/nの正規分布に近づくことが知られています。

　また，標本の合計Σxの分布は，nが大きくなるにつれて，平均がn$\times\mu$，分散がn$\times\sigma^2$の正規分布に近づきます。

参考 母集団が正規分布でない場合でも，n＝50以上になると$\bar{x}$の分布はほぼ正規分布になる。

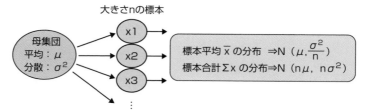

▲ **図1.6.10** 標本平均と標本合計

正規分布の加法性

　2つの確率変数X，Yが互いに独立で，それぞれが正規分布N(μ_x, σ_x^2)，N(μ_y, σ_y^2)に従うとき，2つの変数の和と差はそれぞれ次の正規分布に従います。

参考 正規分布の加法性を再生性ともいう。

参考 分散は，和，差に関係なく，2つの正規分布の分散を加えた値となることに注意。

> **POINT 正規分布の加法性**
> 和：X＋Y　　N$(\mu_x+\mu_y, \sigma_x^2+\sigma_y^2)$
> 差：X－Y　　N$(\mu_x-\mu_y, \sigma_x^2+\sigma_y^2)$

1.7 回帰分析

　ある変量とその要因となる変量間の関係性を統計的に分析して，それをy＝f(x)という数式モデルに当てはめることを**回帰分析**といいます。回帰分析は，1つ，あるいは複数の要因から目的変量の値を推測・予測したり，目的変量に影響を与えている要因を探してその影響度を図ったりする場合に用いられます。

1.7.1 単回帰分析 AM / PM

単回帰分析とは

　回帰分析のうち，目的変量に影響を与える要因が1つの場合の分析方法を**単回帰分析**といいます。なかでも，目的変量をy，目的変量に影響を与える要因をxとしたとき，xとyの関係がy＝ax＋bといった式で表されるなら，これを**線形回帰**といいます。

　なお，回帰分析では，目的変量を表す変数yを目的変数（従属変数）といい，要因となる変数xを説明変数（独立変数）といいます。

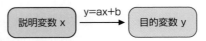

▲ **図1.7.1** 単回帰分析（線形回帰）

線形回帰の例

　表1.7.1は，ある商品の，地域別の販売高yと地域所得xを観測した結果です。このデータを，縦軸に販売高y，横軸に地域所得xをとったグラフ上にプロットして**散布図**に表すと，次ページの図1.7.2のようになり，10個の点の分布がほぼ直線状になります。

▼ **表1.7.1** 販売高と地域所得

（販売高：千万円，地域所得：百億円）

販売地域	1	2	3	4	5	6	7	8	9	10
販売高y	15	14	8	12	16	8	15	5	9	16
地域所得x	20	18	10	18	18	8	18	8	10	20

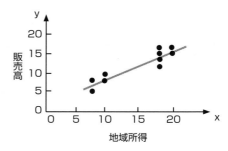

▲ **図1.7.2** 地域所得xと販売高yの散布図

地域所得xと販 売高yの間に直 線的関係が想定できる とき，「販売高yの地 域所得xに対する回帰 は直線と想定できる」 という。

このように，地域所得xと販売高yの間に直線的関係が想定できる場合，線形回帰モデル「y＝ax＋b」を適用します。そして，「y＝ax＋b」が，点（x，y）の分布に最もよく合うよう（よい近似となるよう）に，係数a，bを推測していきます。このとき用いられる最も代表的な手法が**最小二乗法**です。

係数a，bのこと を回帰係数あるいは回帰パラメータという。

○ 最小二乗法

最小二乗法とは，点と直線の残差の2乗和が最小となるように係数a，bを決定する方法です。いま，任意の点$P_i(x_i, y_i)$から y 軸に平行に引いた直線が「y＝ax＋b」と交わる点をQ_iとすると，点$P_i(x_i, y_i)$と直線の残差は，「$e_i = y_i - (ax_i + b)$」となります。最小二乗法では，この残差の2乗和$\sum_{i=1}^{n} e_i^2 = \sum_{i=1}^{n} \{y_i - (ax_i + b)\}^2$を最小とする係数a，bを次の式から求めます。

係数a，bは，残 差の2乗和，
$S = \sum_{i=1}^{n} \{y_i - (ax_i + b)\}^2$
をa及びbで偏微分して，それを0とおいた次の式から求められる。
$\dfrac{\partial S}{\partial a} = 0, \ \dfrac{\partial S}{\partial b} = 0$
※式の詳細は省略なお，この方程式を**正規方程式**という。

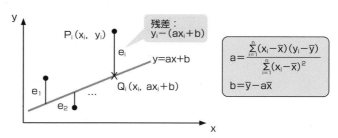

▲ **図1.7.3** 最小二乗法

$$a = \dfrac{\sum_{i=1}^{n}(x_i - \bar{x})(y_i - \bar{y})}{\sum_{i=1}^{n}(x_i - \bar{x})^2}$$
$$b = \bar{y} - a\bar{x}$$

このようにして求めたy＝ax＋bを，「yのxへの**回帰直線**」といいます。回帰直線は，分布の中心的傾向を示したものなので，x とyの間に強い相関がある場合には，xの任意の値に対するyの中

心的な値を予測することができます。なお、「yのxへの回帰直線」を用いて、yの値からxの値を予測することはできません。これを行う場合には、xとyを入れ替えて、yの各値に対する x の中心的傾向を示す「xのyへの回帰直線」を求める必要があります。

相関係数

回帰直線が分布の中心的傾向を示すのに対し、**相関係数**は分布の広がりの程度を示します。すなわち、変数xとyの関係性の度合いを測る尺度となるのが相関係数です。

全体の点が回帰直線の近辺に集中して分布している場合、相関係数の絶対値は1に近い値となります。このとき回帰直線は有効となりますが、分布が広がってしまっている場合は、相関係数の絶対値が0に近い値になり、回帰直線は有効とはいえません。

相関係数の求め方と解釈方法を下記POINTに示します。ここで、相関係数の取りうる値の範囲は、「$-1 \leqq$ 相関係数 $\leqq 1$」です。また、相関係数の符号（＋、－）は回帰直線の傾きの符号と一致します。

参考 xyの共分散は、一般に記号C_{xy}で表され、次の式で求められる。

$$\frac{1}{n}\sum_{i=1}^{n}(x_i-\bar{x})(y_i-\bar{y})$$

また、x及び y の標準偏差の式は次のとおり。

xの標準偏差
$$=\sqrt{\frac{1}{n}\sum_{i=1}^{n}(x_i-\bar{x})^2}$$

yの標準偏差
$$=\sqrt{\frac{1}{n}\sum_{i=1}^{n}(y_i-\bar{y})^2}$$

POINT 相関係数（r）

$$r=\frac{xyの共分散}{xの標準偏差 \times yの標準偏差}=\frac{\sum_{i=1}^{n}(x_i-\bar{x})(y_i-\bar{y})}{\sqrt{\sum_{i=1}^{n}(x_i-\bar{x})^2} \times \sqrt{\sum_{i=1}^{n}(y_i-\bar{y})^2}}$$

・すべての点が回帰直線上にある：$|r|=1$（完全相関）
　例えば、すべての点が正の傾きをもつ回帰直線上にあるとき、rの値は+1。
・分布が回帰直線に近い：$|r|$は1に近い値（強い相関）となる。
・分布が広がっている：$|r|$は0に近い値（弱い相関）となる。
・直線的傾向が見られない：r＝0（相関なし）となる。

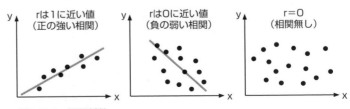

▲ **図1.7.4** 相関係数

1.7.2 　重回帰分析　　AM / PM

> **参考** 重回帰分析は，**多元回帰分析と**もいう。

　単回帰分析が，1つの目的変数を1つの説明変数で推測・予測するのに対し，1つの目的変数を複数の説明変数を用いて推測・予測しようというのが**重回帰分析**です。

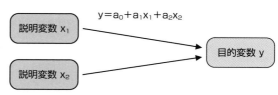

▲ **図1.7.5**　重回帰分析

> **参考** 説明変数がn個ある場合のモデル式は，次のようになる。
> $$y=a_0+a_1x_1+a_2x_2+\cdots+a_nx_n$$

　先の例(図1.7.2)において，販売高を左右する，その他の要因(地域所得以外の要因)，例えば，各地域の平均気温を加えて分析する場合は重回帰分析になります。この場合，地域所得をx_1，地域平均気温をx_2とし，次の回帰式の係数$a_0 \sim a_2$を求めます。係数の求め方は，最小二乗法を用います。

$$y=a_0+a_1x_1+a_2x_2$$

偏相関係数

　偏相関係数は，当該2変数間の関係の度合いを測る尺度です。2変数間の関係の度合いを，他の変数の影響を取り除いて知りたい場合に利用します。例えば，地域所得x_1と販売高yの間に相関が認められても，もしかしたら他の変数(平均気温x_2)の影響を受けた見かけ上の相関関係かもしれません。この見かけ上の相関を**擬似相関**といい，擬似相関が考えられる場合は，影響を与えている変数の影響を取り除いた上での，偏相関係数を求める必要があります。

> **参考** 偏相関係数 $r_{yx_1 \cdot x_2}$は，次の式で求められる。
> $$\frac{r_{yx_1}-r_{yx_2}r_{x_1x_2}}{\sqrt{1-r_{yx_2}^2}\sqrt{1-r_{x_1x_2}^2}}$$

　x_2をまったく考慮しなかった場合の，yとx_1の間の相関係数を**単相関係数**といいr_{yx_1}と表します。また，x_2の影響を考慮してこの影響を除いた上での，yとx_1の間の**偏相関係数**を$r_{yx_1 \cdot x_2}$と表します。下付記号$yx_1 \cdot x_2$は，y及びx_1からx_2の影響を除いたことを表しています。単相関係数r_{yx_1}と偏相関係数$r_{yx_1 \cdot x_2}$は，一般には等しくならないことに注意が必要です。

1.7.3 ロジスティック回帰分析 AM/PM

ロジスティック回帰分析は，目的変数の値が「1 or 0」の2値のときに利用される分析法です。ある事象が発生するか否かを判別する場合，その事象の生起を説明する変数群X(x_1, x_2, …, x_n)を用いて当該事象が発生する確率を算出する回帰モデル(図1.7.6)を適用します。そして，入力に対する出力値(確率)が閾値以上(一般には0.5以上)ならば「1(発生する)」，そうでなければ「0(発生しない)」と判断します。

例えば，「この人(新規顧客)は商品を購入するか否か」を判別する場合，既存顧客についての情報(例えば，年齢，年収，性別)と購入の有無との関係を調べ，購入するかどうかを判別するモデル式を作ります。そして，このモデル式を使って，新規顧客の情報から，新規顧客の購入の有無を判別します。

○○ eは自然対数の
参考 底。ネピア数ともいう。値は2.71828…と続く超越数。

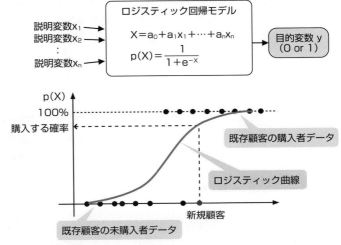

*a_0, a_1, …a_nは最小二乗法などを用いて求める。

ロジスティック回帰モデル

説明変数x_1
説明変数x_2
：
説明変数x_n

$$X = a_0 + a_1 x_1 + \cdots + a_n x_n$$
$$p(X) = \frac{1}{1 + e^{-x}}$$

目的変数 y
(0 or 1)

p(X)
100%
購入する確率

既存顧客の購入者データ

ロジスティック曲線

既存顧客の未購入者データ

新規顧客

▲ **図1.7.6** ロジスティック回帰分析

🔍 機械学習について
参照 ては，p.67を参照。

このようにロジスティック回帰分析は，2値分類を行うための分類モデルでもあります。そのため，**機械学習**においては，判別認識の手法として用いられています。

1.8 数値計算

ここでは，非線形方程式の数値的解法(二分法，ニュートン法)と定積分の数値的解法，さらに連立一次方程式の解法といった，数値計算に関する基本的な内容を説明します。

1.8.1 数値的解法 AM/PM

二分法

二分法は，$f(x) = 0$の近似根を求める1つの方法です。$f(x)$がxの連続関数であり，区間$[a,\ b]$の間で単純に増加する場合，「$f(a)$と$f(b)$が異符号，すなわち$f(a) < 0$かつ$f(b) > 0$」であれば，求める根は$a < x < b$の範囲に存在します。そこで，この範囲を二分割すれば，根の範囲を半分に狭められることから，**二分法**では，根の範囲を二分割する操作を繰返し行って，範囲を十分に狭めていくことで近似根を求めます。

参考 区間$[a,\ b]$は，下図の閉区間を表す。

閉区間

a   b

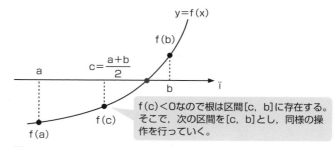

f(c) < 0なので根は区間[c, b]に存在する。そこで，次の区間を[c, b]とし，同様の操作を行っていく。

▲ **図1.8.1** 二分法

参考 POINTに示した手順の前提条件⇒関数$f(x)$が区間$[a,\ b]$で単調に増加する連続関数であり，「$f(a) < 0$かつ$f(b) > 0$」を満たす。

参考 ε(イプシロン)は収束判定に用いる，十分に小さい正の値。

> **POINT** 二分法
>
> 区間$[a,\ b]$内で$f(x) = 0$となるxの値を近似的に求める手順
>
> ① $c \leftarrow (a+b) / 2$
> ② $|a-b| < \varepsilon$なら，cの値を近似根として終了する。
> ③ $f(c) < 0$ならば$a \leftarrow c$，そうでなければ$b \leftarrow c$とする。
> ④ ①に戻る

ニュートン法

ニュートン法は，$y=f(x)$ の接線を利用して近似根を求める方法です。ニュートン法では，「ある値x_0における接線とx軸とが交わるx_1は，x_0より真の根に近くなる」という考え方に基づいて反復計算を行うため，二分法よりも速く収束します。

具体的な方法としては，まず，あらかじめ予測できる近似値を初期値x_0とし，点$(x_0, f(x_0))$における$y=f(x)$の接線とx軸とが交わる点のx座標x_1を求めます。次に，このx_1を新たなx_0として同様の操作を繰り返していき，$|x_1-x_0|<\varepsilon$（εは収束判定値）となったところで計算を止め，そのときのx_1を近似根とします。

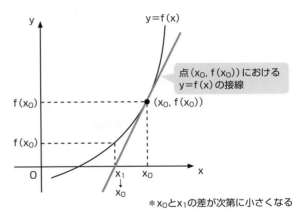

点$(x_0, f(x_0))$における
$y=f(x)$の接線

＊x_0とx_1の差が次第に小さくなる

▲ **図1.8.2**　ニュートン法

参考　その他の方法に，**はさみうち法**がある。はさみうち法は**線形逆補間法**とも呼ばれる方法で，根を含む区間[a, b]において，点$(a, f(a))$と点$(b, f(b))$を通る直線と，x軸との交点xを求め，xを新たな区間の端として，同様の操作を繰り返し行い近似根を求めていく。

◯ 接線とx軸とが交わる点x_1の求め方

点$(x_0, f(x_0))$における接線は，次のように表すことができます。

$$y-f(x_0)=f'(x_0)(x-x_0)$$

そこで，この接線とx軸とが交わる点x_1は，上式のxにx_1，yに0を代入し，次のように求めることができます。

$$0-f(x_0)=f'(x_0)(x_1-x_0)$$
$$-f(x_0)=f'(x_0)\times x_1-f'(x_0)\times x_0$$
$$-f'(x_0)\times x_1=f(x_0)-f'(x_0)\times x_0$$
$$x_1=\frac{f'(x_0)\times x_0-f(x_0)}{f'(x_0)}=x_0-\frac{f(x_0)}{f'(x_0)} \cdots ①$$

参考　$f'(x)$は，$f(x)$を微分して求めた導関数。

試験　試験では，①に示した，x_1とx_0の関係式が問われることがある。

数値積分

用語 **数値積分**
積分公式を使わ
ずに関数の描く曲線で
囲まれた面積の近似値
を求める方法。

関数f(x)について，x＝aからx＝bまでの定積分を数値的に計算する方法に**台形公式**があります。台形公式は**台形則**とも呼ばれる方法で，考え方は，「区間[a，b]内でf(x)を一次関数で近似し，それによってできた台形の面積を求めれば，そこそこの近似値が得られる」というものです。一次関数で近似するとは，区間[a，b]の両端における関数上の点を直線でつなげるということです。

参考 台形の面積の求め方。
（上底＋下底）× $\dfrac{高さ}{2}$

$$\int_a^b f(x)\,dx \doteqdot \frac{b-a}{2}(f(a)+f(b))$$

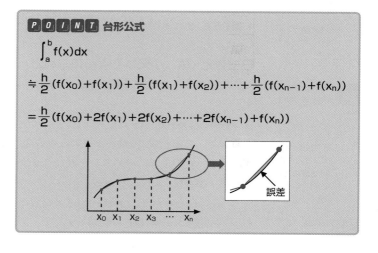

▲ **図1.8.3** 数値積分

区間[a，b]をn等分して，さらに微小な区間に狭めていくことで，よりよい近似値が得られるとしたのが**台形公式**です。台形公式を使うと，定積分 $\int_a^b f(x)\,dx$ は，次の式で近似できます。ここで，区間[a，b]をn等分した微小区間幅をh(＝(b−a)／n)とし，各区間の端点を x_0，x_1，x_2，…，x_n とします。

参考 誤差をさらに少なくするために工夫された方法に**シンプソン法**がある。シンプソン法では，微小区間を一次関数ではなく，二次関数で近似することによって，$\int_a^b f(x)\,dx$ の近似値を得る。

P O I N T **台形公式**

$$\int_a^b f(x)\,dx$$

$$\doteqdot \frac{h}{2}(f(x_0)+f(x_1)) + \frac{h}{2}(f(x_1)+f(x_2)) + \cdots + \frac{h}{2}(f(x_{n-1})+f(x_n))$$

$$= \frac{h}{2}(f(x_0)+2f(x_1)+2f(x_2)+\cdots+2f(x_{n-1})+f(x_n))$$

誤差

台形公式を用いた数値積分では，区間$[a, b]$を$n=2^k(k=1,$ $2, \cdots)$等分していき，台形公式でS_kを順次求めていきます。そして，$|S_k-S_{k-1}|<\varepsilon$となったところで計算を止め，そのときの$S_k$の値を積分値とします。

誤差

　代数方程式や定積分の数値的解法(近似計算法)では，収束判定式の値がε(収束判定値)より小さくなったところで計算を打ち切るため，εの値が大きければ真値に近づくことなく計算は打ち切られ，εの値が適切に小さければ誤差はあるものの，よい近似値を得ることができます。いずれにしても，この打切りにより近似値と真値との間には誤差が発生します。これを**打切り誤差**といいます。

　計算過程で生じる誤差には，打切り誤差のほかに，丸め誤差，情報落ち，桁落ちがあります。表1.8.1にそれぞれの誤差の特徴をまとめます。

▼ **表1.8.1**　誤差の種類

丸め誤差	数値を有限ビット数で表現するため，最下位桁より小さい部分について四捨五入や切上げ，切捨てが行われることにより発生する誤差
情報落ち	絶対値の非常に大きな数と小さな数の加減算を行ったとき，指数部が小さいほうの数の仮数部の下位部分が計算結果に反映されないために発生する誤差
桁落ち	絶対値のほぼ等しい2つの数の差を求めたとき，有効桁数が大きく減るために発生する誤差
打切り誤差	計算処理を途中で打ち切ることによって発生する誤差

参考 指数部の値が異なる2つの数の加減算では，指数部を大きいほうに揃えてから演算する。そのため，指数部の小さいほうの数の仮数部の値が右にシフトされ，情報落ちが発生する。

◯絶対誤差と相対誤差

　近似値と真値との差，$|$近似値$-$真値$|$を**絶対誤差**といいます。一方，絶対誤差と真値との比，$|$絶対誤差$\div$真値$|=|$(近似値$-$真値)$\div$真値$|$を**相対誤差**といいます。

　また，誤差が越えることのない範囲を**誤差限界**といい($|$近似値$-$真値$|\leqq\varepsilon$であればεが誤差限界)，誤差限界$\div$真値を**相対誤差の限界**といいます。

参考 A，Bの近似値をa，b，それぞれの絶対誤差(誤差限界)をd_a，d_bとして，A，Bの積を求めたときの相対誤差の限界を評価する式は次のようになる。

$$\left|\frac{d_a}{A}\right|+\left|\frac{d_b}{B}\right|$$

1.8.2　連立一次方程式の解法　AM/PM

　前節で述べた最小二乗法など，多くのデータから新しい情報を得るために，複数の未知数からなる多元連立一次方程式を解くことがあります。連立方程式の解法については，いくつかの方法がありますが，ここではその代表的な解法の1つを説明します。

連立一次方程式の行列による表現

　多元連立一次方程式(以下，連立方程式という)は，図1.8.4に示すように，xの項の係数及びyの項の係数からなる行列と，定数項からなる列ベクトルを用いて表すことができます。

$$\begin{cases} 2x+3y=4 \\ 5x+6y=7 \end{cases} \implies \begin{pmatrix} 2 & 3 \\ 5 & 6 \end{pmatrix}\begin{pmatrix} x \\ y \end{pmatrix}=\begin{pmatrix} 4 \\ 7 \end{pmatrix}$$

▲ **図1.8.4**　連立方程式と行列表現

　ここで，xの項とyの項の係数からなる行列 $\begin{pmatrix} 2 & 3 \\ 5 & 6 \end{pmatrix}$ をA，解を表す列ベクトル $\begin{pmatrix} x \\ y \end{pmatrix}$ を α，定数項からなる列ベクトル $\begin{pmatrix} 4 \\ 7 \end{pmatrix}$ を b とおけば，上記の連立方程式は，

$$A\alpha=b$$

と書き替えることができ，$A\alpha=b$ から α を求めることができれば，同時に連立方程式の解が求められることになります。

◯単位行列と逆行列

参考　単位行列は，一般に，E又はIと表す。

　単位行列とは，対角要素が1で，他はすべて0となる行列のことです。例えば，2×2の単位行列は，$\begin{pmatrix} 1 & 0 \\ 0 & 1 \end{pmatrix}$ となります。この単位行列をEと表したとき，行列Aに対して，

$$AB=BA=E$$

参考　Aが逆行列 A^{-1} をもつとき，A を**正則行列**という。

を満たすBが存在するとき，BをAの**逆行列**といい A^{-1} と表します。

◯ $A\alpha=b$ から α を求める

　「$A^{-1}A=E$」となる性質を利用します。つまり，先の式 $A\alpha=b$

の両辺にA^{-1}を掛けると，

$$A^{-1}A\alpha = A^{-1}b \qquad *両辺にA^{-1}を掛ける$$
$$E\alpha = A^{-1}b$$
$$\alpha = A^{-1}b$$

となり，αは$A^{-1}b$で求められます。

$A = \begin{pmatrix} 2 & 3 \\ 5 & 6 \end{pmatrix}$ の逆行列A^{-1}は，$-\dfrac{1}{3}\begin{pmatrix} 6 & -3 \\ -5 & 2 \end{pmatrix}$ です。したがって，これを$\alpha = A^{-1}b$に代入すると，

$$\alpha = A^{-1}b = -\frac{1}{3}\begin{pmatrix} 6 & -3 \\ -5 & 2 \end{pmatrix}\begin{pmatrix} 4 \\ 7 \end{pmatrix} = \begin{pmatrix} -1 \\ 2 \end{pmatrix}$$

という解が得られます。このように，行列Aに逆行列があれば$A\alpha = b$の解αは，一意に決まります。

掃き出し法

$A\alpha = b$の両辺にA^{-1}を掛け，$A^{-1}A\alpha = A^{-1}b$とすることで，解αを求める操作は，$A\alpha = b$の左辺のAを単位行列に変換することを意味します。この考え方に基づいた方法が**掃き出し法**です。

掃き出し法では，行列Aとbをまとめて，$(A \mid b)$という行列を作り，この行列を$(E \mid c)$の形に変形します。このとき，cが解となります。なお，行列と列ベクトルをまとめ，両者の間に「$\mid$」を引いた行列を**拡大係数行列**又は拡大行列といいます。

$$(A|b) = \begin{pmatrix} 2 & 3 & \mid & 4 \\ 5 & 6 & \mid & 7 \end{pmatrix} \quad\Rightarrow\quad (E|c) = \begin{pmatrix} 1 & 0 & \mid & -1 \\ 0 & 1 & \mid & 2 \end{pmatrix}$$

▲ **図1.8.5** 掃き出し法のイメージ

参考 逆行列の求め方
$A = \begin{pmatrix} a & b \\ c & d \end{pmatrix}$の逆行列$A^{-1}$は次のとおり。
$$A^{-1} = \frac{1}{ad-bc}\begin{pmatrix} d & -b \\ -c & a \end{pmatrix}$$
なお，$ad-bc$を行列Aの**行列式**といい，$|A|$あるいは$\det A$と表す。

参考 連立方程式に，掃き出し法を適用して，係数と定数項からなる行列を変形しても，$(E \mid c)$の形にならないことがある。このような場合には，連立方程式は解をもたない（不能）か，無数に多くの解をもつ（不定）か，いずれかであることが知られている。

P O I N T 掃き出し法
〔手順〕
① x及びyの項の係数からなる行列Aと定数項からなる列ベクトルbをまとめて，$(A \mid b)$という行列を作る。
② この行列に対して，基本変形(1)〜(3)のいずれかを順次施して，$(E \mid c)$の形に変形する。このとき，cが解となる。
〔基本変形〕
(1)ある行をk倍する($k \neq 0$)。
(2)ある行のk倍を他の行に加える。
(3)ある行と他の行を入れ替える。

図1.8.6に，掃き出し法による解法例を示します。ここでは，拡大係数行列を表形式で表すこととします。

	連立方程式	拡大係数行列とその操作	
1	2x+3y=4 5x+6y=7	2 3 4 5 6 7	1行目を−2倍し，2行目に加える 2行目は「1　0　−1」となる
2	2x+3y=4 x+0y=−1	2 3 4 1 0 −1	行を入れ替える
3	x+0y=−1 2x+3y=4	1 0 −1 2 3 4	1行目を−2倍し，2行目に加える 2行目は「0　3　6」となる
4	x+0y=−1 0x+3y=6	1 0 −1 0 3 6	← 2行を1／3倍する
5	x+0y=−1 0x+y=2	1 0 −1 0 1 2	

▲ **図1.8.6** 掃き出し法による解法

参考 行列式を用いても解が得られる。

$$\begin{cases} ax+by=p \\ cx+dy=q \end{cases}$$

に対して，

$$D=\begin{vmatrix} a & b \\ c & d \end{vmatrix} \neq 0$$

であれば，解は次のとおり。

$$x=\frac{1}{D}\begin{vmatrix} p & b \\ q & d \end{vmatrix}$$

$$y=\frac{1}{D}\begin{vmatrix} a & p \\ c & q \end{vmatrix}$$

図1.8.6に示した掃き出し法は，**ガウス・ジョルダン法**とも呼ばれる方法です。この他，連立方程式の解法には，**ガウスの消去法**という解法もあります。ガウスの消去法では，拡大係数行列の行列Aに対応する部分を，対角要素より左下の各要素がすべて0となる三角行列に変形した後（これを前進消去という），後退代入を行って解を得ます。

AIとGPU

GPU（Graphics Processing Unit）は，3Dグラフィックスなどの画像描画計算を高速に行うためのプロセッサです。GPUが得意とするのは，膨大かつ単純な演算処理で，GPUは「単純な演算処理を，多数のデータに，並列に，繰り返し適用する」ことを得意とする高性能演算装置です。近年では，GPUの高い演算性能を活用して，画像処理以外の用途で利用される**GPGPU**も数多く登場しています。その1つが**AI**を急速に発展させた**ディープラーニング**です。ディープラーニングでは，大量のデータを基に膨大な計算処理を行います。また計算処理の大部分が行列計算であることから，CPUの代わりにGPUを搭載したGPUサーバが活用されています。

なお，GPGPUは"General-Purpose computing on Graphics Processing Units"の略で，「GPUコンピューティング」「GPUによる汎用計算」などと呼ばれています。

1.9 AI（人工知能）

　AI（Artificial Intelligence：人工知能）とは，人間の"知能"を実現させるための技術です。ここでは，試験出題用語を中心にAIの概要を説明します。

1.9.1 機械学習とディープラーニング　AM / PM

機械学習

　機械学習は，AIを実現するためのアプローチの1つであり，コンピュータを教育する方法の総称です。具体的には，特定のタスク（判別，分類，予測など）を行うために，「大量のデータ」と「データを解析し，その結果からタスクを実行する方法を学習できるアルゴリズム」を使って，コンピュータをトレーニングするというのが機械学習です。学習の仕方には，表1.9.1に示す3つがあります。

参考 AIにおける **過学習**
学習データにだけ最適化されてしまい，未知のデータに対しての精度が下がってしまう現象。**過適合**ともいう。

参考 回帰で用いられる代表的なアルゴリズムに，**線形回帰**，ベイズ線形回帰などがある。また，分類・判別で用いられる代表的なアルゴリズムには，**ロジスティック曲線**，決定木などがある。

参考 次元削減で用いられる代表的なアルゴリズムに，**主成分分析**（p.73参照）がある。

▼ **表1.9.1** 機械学習の学習の仕方

教師あり学習	入力と正解がセットになったトレーニングデータを与え，未知のデータに対して正解を導き出せるようトレーニングする。用途としては，過去の実績から未来を予測する回帰や，与えられたデータの分類・判別などがある
教師なし学習	膨大な入力データを与え，コンピュータ自身にデータの特徴や規則を発見させる。用途としては，類似性を基にデータをグループ化する**クラスタリング**や，データの意味をできるだけ残しながら，より少ない次元の情報に落とし込む**次元削減**（例えば，データの圧縮，データの可視化など）がある
強化学習	試行錯誤を通じて，"価値（報酬）を最大化する行動"を学習する。この学習手法には，「環境，エージェント（学習者），行動」という3つの主な構成要素があり，ある環境内におけるエージェントに，どの行動を取れば価値が最大化できるかを学習させる。"環境"に使用される最も基本的なモデルは，**マルコフ決定過程（確率モデル）**であり，これを用いて最終的に最も高い価値（報酬）が得られる状態遷移シーケンスを見つける。用途としては，将棋や碁などのソフトウェア，株の売買などがある。なおマルコフ決定過程とは，**マルコフ過程**を基に各状態で報酬が与えられるようにした確率モデル

ディープラーニング（深層学習）

　機械学習をさらに発展させたものが**ディープラーニング**です。ディープラーニングでは，人間の脳の神経回路網を模したニューラルネットワークが用いられます。**ニューラルネットワーク**とは，脳の神経細胞（ニューロン）を数理モデル化した形式ニューロンをいくつか並列に組合せた入力層と，出力を束ねる出力層の間に，隠れ層と呼ばれる中間層をもたせた数理モデルです。このネットワークに，大量の学習用データを与え，出力と正解（目標値）の誤差が最小になるように信号線の重みを自動調整することによって，入力に対して最適な解が出せるようにします。なお，最適な重みに調整するために**誤差逆伝播法（バックプロパゲーション）**というアルゴリズムが使われます。これは，簡単にいうと，出力層から入力層に向かって順に，各重みの局所誤差が小さくなるよう調整していくというものです。

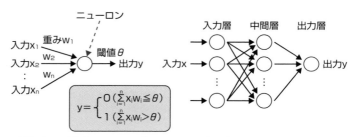

▲ **図1.9.1**　形式ニューロンとニューラルネットワーク

　ほぼ毎回，正解が出せるようになるまで，すなわちニューロンの入力に対する重みが最適化されるまでの学習段階を経て，ニューラルネットワークは，正解にたどり着くためのルール（例えば，犬か猫かを区別するための目の付けどころ）が独習できるようになります。また，これは，学習用データが多ければ多いほど精度が高くなります。

　ディープラーニング（深層学習）は，このニューラルネットワークを多層化し，中間層とニューロンを増やした**DNN（Deep Neural Network：ディープニューラルネットワーク）**を利用して，膨大なデータを処理することで，より複雑な判断ができるようトレーニングを行うというものです。

参考　ニューラルネットワークというと，一般には，3層からなる**多層パーセプトロン**のことを指す。なお，入力層と出力層の2層からなるものを，単に**パーセプトロン**，あるいは単純パーセプトロンという。ニューラルネットワークについては，第2章「チャレンジ午後問題2」も参照のこと。

参考　出力層のニューロンの数は，解くべき問題に応じて適宜決める必要がある。例えば，クラス分類を行う問題であれば，出力ニューロンの数は分類したいクラスの数に設定するのが一般的。

参考　その他のNNには，画像認識処理でよく利用される畳み込みNN（CNN）や，時系列データを扱えるようにした再帰型NN（RNN）などがある。

得点アップ問題

解答・解説はp.71

問題1 (R04春問2)

全体集合S内に異なる部分集合AとBがあるとき、$\overline{A} \cap \overline{B}$に等しいものはどれか。ここで、A∪BはAとBの和集合、A∩BはAとBの積集合、$\overline{A}$はSにおけるAの補集合、A−BはAからBを除いた差集合を表す。

ア $\overline{A}-B$　　イ $(\overline{A} \cup \overline{B})-(A \cap B)$　　ウ $(S-A) \cup (S-B)$　　エ $S-(A \cap B)$

問題2 (R03春問3)

サンプリング周波数40kHz、量子化ビット数16ビットでA/D変換したモノラル音声の1秒間のデータ量は、何kバイトとなるか。ここで、1kバイトは1,000バイトとする。

ア 20　　イ 40　　ウ 80　　エ 640

問題3 (R02秋問3)

式A+B×Cの逆ポーランド表記法による表現として、適切なものはどれか。

ア ＋×CBA　　イ ×＋ABC　　ウ ABC×＋　　エ CBA+×

問題4 (H30秋問3)

受験者1,000人の4教科のテスト結果は表のとおりであり、いずれの教科の得点分布も正規分布に従っていたとする。90点以上の得点者が最も多かったと推定できる教科はどれか。

教科	平均点	標準偏差
A	45	18
B	60	15
C	70	8
D	75	5

ア A
イ B
ウ C
エ D

問題5 (H08春問95-1K改変)

外的規準となる変数(従属変数)を二つ以上の変数(独立変数)から推定する一次結合式を、最小二乗法によって求める技法はどれか。

ア 因子分析　　イ クラスタ分析　　ウ 重回帰分析　　エ 判別分析

問題6 (R03秋問3)

AIにおけるディープラーニングに最も関連が深いものはどれか。

ア ある特定の分野に特化した知識を基にルールベースの推論を行うことによって、専門

家と同じレベルの問題解決を行う。

イ　試行錯誤しながら条件を満たす解に到達する方法であり，場合分けを行い深さ優先で探索し，解が見つからなければ一つ前の場合分けの状態に後戻りする。

ウ　神経回路網を模倣した方法であり，多層に配置された素子とそれらを結ぶ信号線で構成され，信号線に付随するパラメタを調整することによって入力に対して適切な解が出力される。

エ　生物の進化を模倣した方法であり，与えられた問題の解の候補を記号列で表現して，それらを遺伝子に見立てて突然変異，交配，とう汰を繰り返して逐次的により良い解に近づける。

チャレンジ午後問題 (H22秋問2抜粋)　　　　　　　　解答・解説p.73

構文解析に関する次の記述を読んで，設問1～3に答えよ。

宣言部と実行部からなる図1のような記述をするプログラム言語がある。その構文規則を，括弧記号で表記を拡張したBNFによって，図2のように定義した。

```
short   aa  ;
long   b1  ;          } 宣言部
long   c  ;
aa  =  3  ;
b1  =  aa  -  1  ;     } 実行部
c  =  aa  +  2  *  b1  ;
```

図1　プログラムの記述例

図2において，引用符「'」と「'」で囲まれた記号や文字列，＜数＞，及び＜識別子＞は終端記号を表す。そのほかの「＜」と「＞」で囲まれた名前は非終端記号を表す。＜数＞は1文字以上の数字の列を表し，＜識別子＞は英字で始まる1文字以上の英字又は数字からなる文字列を表す。また，A｜BはAとBのいずれかを選択することを表し，{A}はAを0回以上繰り返すことを表す。

＜プログラム＞　::=＜宣言部＞＜実行部＞
＜宣言部＞　::=＜宣言部記述＞{＜ [ア] ＞}
＜実行部＞　::=＜文＞{＜文＞}
＜宣言部記述＞　::=＜宣言記述子＞＜ [イ] ＞';'
＜宣言記述子＞　::='short'｜'long'
＜文＞　::=＜識別子＞'='＜式＞';'
＜式＞　::=＜項＞{'+'＜項＞｜'-'＜項＞}
＜項＞　::=＜ [ウ] ＞{'*'＜因子＞｜'/'＜因子＞}
＜因子＞　::=＜数＞｜＜識別子＞

図2　構文規則

　例えば，図1の最初の行 "short aa ;" は，図2の＜宣言部記述＞の定義に従っていて，
＜宣言記述子＞と 'short'，＜　イ　＞と 'aa'，更に ';' 同士がそれぞれ対応している
ことが分かる。

設問1　図2中の　ア　～　ウ　に入れる適切な非終端記号又は終端記号の名前を答え
よ。

設問2　次のプログラム記述には，図2で示した構文規則に反するエラーが幾つか含まれて
いる。構文規則に反するエラーを含む行の番号をすべて答えよ。

```
short  abc  ;           ・・・・・ ①
short  def  ghi  ;      ・・・・・ ②
long  mno  ;            ・・・・・ ③
abc  =  def  +  34  ;   ・・・・・ ④
ghi  =  -  2  *  mno  ; ・・・・・ ⑤
mno  =  abc  /  0  ;    ・・・・・ ⑥
xyz  =  def  -  7  ;    ・・・・・ ⑦
```

設問3　"d=a*(3+b)；" のように，式の演算子の評価順序を明示的に記述するため，「(」
及び「)」を使えるように構文規則を拡張したい。図2の構文規則の中の＜因子＞の行を，
次のように書き換えた。　エ　に入れる適切な字句を答えよ。
＜因子＞::=＜数＞|＜識別子＞|'('　エ　')'

解説

問題1
解答：ア
←p.16を参照。

　差集合A－Bは，「AからBを除いた集合」すなわち「Aの要素である
がBの要素ではない要素の集合」のことなのでA∩B̄と表現できます。
このことを参考に考えれば，Ā∩B̄は，集合ĀからBを除いた差集合Ā
－Bと等しいことがわかります。

問題2
解答：ウ
←p.28を参照。

　サンプリング周波数が40kHzなので，1秒間に$40×10^3$回のサン
プリングが行われます。また，1回のサンプリングで得られた値は，
16ビットで符号化されます。したがって，1秒間のデータ量は，

　　$(40×10^3×16)÷8$ビット

　$=80×10^3$バイト＝80kバイト

になります。

◀p.37, 38を参照。

問題3　　　　　　　　　　　　　　解答：ウ

　式A＋B×Cは，「A」と「B×Cの結果」を加算する演算です。これを構文木にすると，下図のようになります。逆ポーランド表記を得るためには，この構文木を後行順に走査します。

後行順に探索　　ABC×＋

◀p.54を参照。

問題4　　　　　　　　　　　　　　解答：イ

　正規分布$N(\mu, \sigma^2)$では，下記に示すように，平均μからの隔たりが大きくなるほど，その範囲に含まれる得点者が多くなります。
　・$\mu \pm \sigma$に全体の約68％が含まれる
　・$\mu \pm 2\sigma$に全体の約95％が含まれる
　・$\mu \pm 3\sigma$に全体の約98％が含まれる
　このことは，平均μからの隔たりが小さいほど，それ以上の得点者が多いことを意味します。そこで，各科目の得点分布における得点90の平均点からの隔たりが，標準偏差の何倍であるかを計算すると，
　　科目A：$(90-45)/18=2.5$　　科目C：$(90-70)/8=2.5$
　　科目B：$(90-60)/15=2.0$　　科目D：$(90-75)/5=3.0$
となり，科目Bの値が一番小さいので，90点以上の得点者が最も多いと推測できるのは科目Bです。

◀p.58を参照。

問題5　　　　　　　　　　　　　　解答：ウ

　従属変数を2つ以上の独立変数から推定する一次結合式を，最小二乗法によって求める技法は重回帰分析です。重回帰分析では，従属変数yを推測するための，「$a_0+a_1x_1+a_2x_2+\cdots+a_nx_n$」という一次結合式の係数を，残差平方和$S=\sum_{i=1}^{n}\{y_i-(a_0+a_1x_1+a_2x_2+\cdots+a_nx_n)\}^2$が最小となるよう最小二乗法によって求めます。

ア：**因子分析**は，観測された変数間の相関関係を基に，共通して存在する潜在的な因子（仮定される変数）を導出する手法です。

イ：**クラスタ分析**は，分類対象のデータを，互いに似たものを集めた集団（これをクラスタという）に分類する手法です。**クラスタリング**ともいいます。

エ：**判別分析**は，分類のわかっている既知のデータの属性値に基づいて，未知のデータがどの分類に入るのかを判別する手法です。

※因子分析とよく混同される手法に主成分分析（補足を参照）がある。

〔補足〕

　主成分分析とは，多くの変数を，これらの変数がもつ情報をできる
だけ失わないように統合して，より少ない変数(これを主成分という)
に要約する方法です。主成分分析の主な目的は「情報を縮約して見通
しをよくすること」です。これに対して，**因子分析**は「共通因子を見
つけること」を目的とした分析手法です。

問題6
←p.68を参照。

解答：ウ

　ディープラーニングに最も関連が深い記述は〔ウ〕です。

ア：エキスパートシステムに関連する記述です。

イ：木の深さ優先探索によって解を求める，バックトラック法(後戻り
　　法)に関連する記述です。**バックトラック法**とは，しらみつぶし的
　　な探索を，組織的にかつ効率よく行うための技法の1つです。

エ：遺伝的アルゴリズム(Genetic Algorithm:GA)に関連する記述です。

※ここでいう"木"とは，
処理や解法手順を表現
した仮想的なもの。

チャレンジ午後問題

設問1	ア：宣言部記述　イ：識別子　ウ：因子
設問2	②，⑤
設問3	エ：＜式＞

●設問1

空欄ア：図1のプログラムを見ると，宣言部及び実行部にはそれぞれ
　　複数行の記述があり，これを図2の構文規則では，

　　　＜宣言部＞：：＝＜宣言部記述＞{＜ 　ア　 ＞}

　　　＜実行部＞：：＝＜文＞{＜文＞}

　　と定義しています。＜実行部＞は，「＜文＞と0個以上の＜文＞から
　　構成される」すなわち「1個以上の＜文＞から構成される」と解釈
　　できるので，＜宣言部＞の定義も同様に，「1個以上の＜宣言部記述
　　＞から構成される」と定義すればよく，そのためには空欄アに**宣言
　　部記述**を入れます。

空欄イ：図1の"short aa ;"の'aa'は，何に対応するのかを考え
　　ます。実行部を見ると"aa＝3 ;"と記述されていて，この"aa＝
　　3 ;"は1つの＜文＞です。そこで，＜文＞の定義を見ると，

　　　＜文＞：：＝＜識別子＞'='＜式＞';'

　　と定義されていることから，'aa'は＜識別子＞だとわかります。
　　したがって，空欄イには**識別子**が入ります。

←p.34を参照。

※図1のプログラム
宣言部
short aa ;＜宣言部記述＞
long b1 ;＜宣言部記述＞
long c ;　＜宣言部記述＞
実行部
aa＝3 ;　　　＜文＞
b1＝aa-1 ;　＜文＞
c＝aa＋2 * b1 ;＜文＞

空欄ウ：＜式＞の定義を見ると，

　　　＜式＞：：＝＜項＞{'＋'＜項＞|'－'＜項＞}

と定義されています。これは，「＜式＞は，1個の＜項＞あるいは，'＋'又は'－'で分離された複数の＜項＞から構成される」と解釈でき，例えば，1つの項しかなくても＜式＞，また1＋2，1＋2－3といった式が＜式＞であることを意味します。

　そこで，＜項＞及び＜因子＞の定義を見ると

　　　＜項＞　：：＝＜　ウ　＞{'＊'＜因子＞|'／'＜因子＞}
　　　＜因子＞：：＝＜数＞|＜識別子＞

と定義されています。ここでのポイントは，1つの数あるいは識別子だけでも＜項＞，また1＊2，1＊2／3といった'＊'と'／'だけの式が＜項＞であることです。つまり「＜項＞は，1個の＜因子＞あるいは，'＊'又は'／'で分離された複数の＜因子＞から構成される」と定義すればよいので，空欄ウには**因子**が入ります。

　なおこの構文規則により，例えば図1の"c ＝ aa ＋ 2 ＊ b1;"の＜式＞部分は，次のように評価されることになります。

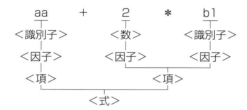

●**設問2**

　図2で示された構文規則に反する行が問われています。まず，＜宣言部記述＞は，「＜宣言記述子＞＜　イ：識別子　＞';'」と定義されているため，1つの＜宣言記述子＞に対し，2つの＜識別子＞が記述されている②の"short def ghi ;"は構文規則に反します。

　次に，演算子'＋'，'－'，及び'＊'，'／'は二項演算子として使用されているので，'－'を単項演算子として使用している⑤の"ghi ＝ － 2 ＊ mono ;"は構文規則に反します。

●**設問3**

　"d ＝ a ＊ (3 ＋ b);"の網掛け部分は，'a'→＜因子＞，"(3 ＋ b)"→＜因子＞と評価された後，"a ＊ (3 ＋ b)"→＜項＞，さらに＜式＞と評価されなければなりません。つまり，括弧記号でくくられた部分を＜因子＞と評価する必要があるので，次のように定義します。

　　　＜因子＞：：＝＜数＞|＜識別子＞|'('＜　エ：式　＞')'

※＜式＞，＜項＞は，下記のように書き換えることができる。
＜式＞：：＝
　＜項＞
|＜式＞'＋'＜項＞
|＜式＞'－'＜項＞
＜項＞：：＝
　＜因子＞
|＜項＞'＊'＜因子＞
|＜項＞'／'＜因子＞

※c＝a＋2＊b1;
　|　　＜式＞
＜識別子＞

※「1＋2」のように，演算子の左右にある2つの項を演算するのが二項演算子。一方，＋2，－2というように単独で使われるのが単項演算子。単項演算子は，直後の定数や変数の値に符号を与えるときに使う。

第2章
アルゴリズムとプログラミング

　本章で学習するデータ構造とアルゴリズムは，プログラムを設計，あるいはプログラミングするうえで重要な要素です。データ構造には，配列型をはじめとした基本データ構造と，リスト，スタック，キュー，木など，与えられた問題を解決するための問題向きデータ構造があります。また，代表的なアルゴリズムとしては，探索アルゴリズム，整列アルゴリズムなどがあります。

　応用情報技術者試験では，基本情報技術者試験と比較して，問われる知識範囲が広く，応用力も求められます。データ構造とアルゴリズムを個別に捉えるのではなく，「データ構造＋アルゴリズム＝プログラム」という立場から，両者を学習する必要があります。単なるアルゴリズムの操作ではなくその計算量が問われるため，常に処理効率（計算量）を意識するよう心がけてください。午後問題でも必ず出題されるテーマなので，基礎力はここで完全なものにしておきましょう。

2.1 リスト

2.1.1 リストの実現方法 AM / PM

🔍 一般に, **リスト**
参考 といったときは
連結リストを指すこと
が多い。

順序づけられたデータの並びのことを**リスト**といい, リストを
表現できる主なデータ構造に**配列**と**連結リスト**があります。

配列

🔍 **配列**は, 同じ型
参考 のデータを決ま
った個数だけ並べた形
の構造をもつ。記憶装
置の連続した番地に要
素を順に格納するため,
要素番号(添字)を用い
てのダイレクトアクセ
スが可能。

配列は, 個々の要素の位置を固定して, 要素が格納されている
番地(アドレス)を簡単に計算できるようにしたデータ構造です。
任意の要素への参照が可能である反面, 要素を挿入したり削除し
たりする場合には, 当該位置以降の要素を1つずつ後ろ(あるいは
前)にずらす必要があるため処理効率が悪くなります。

また, 配列でリストを実現する場合, 対象とするデータすべて
が収まるように, あらかじめ最大データ数に対応した領域を確保
する必要があります。このため, 実際のデータ数が確保した大き
さよりも少なければ無駄が発生してしまいます。

連結リスト

連結リストは, 各要素をポインタでつないだデータ構造です。
ポインタをどのようにもたせるかにより次の3つに分けられます。

▼ **表2.1.1** 連結リストの種類

🔍 単方向リストの
参考 ことを一般に**線**
形リストという。

🔍 **連結リスト**は,
参考 要素を格納する
データ部のほかに, 次
の要素を指し示すため
のポインタ部が別途必
要となる。このため,
データ1個当たりの記
憶域必要量は, 配列の
方が小さい。

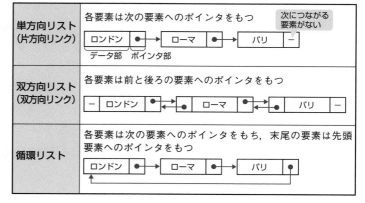

単方向リスト (片方向リンク)	各要素は次の要素へのポインタをもつ
双方向リスト (双方向リンク)	各要素は前と後ろの要素へのポインタをもつ
循環リスト	各要素は次の要素へのポインタをもち, 末尾の要素は先頭 要素へのポインタをもつ

連結リストの特徴は，個々の要素の位置（記憶装置上の位置）が固定されていないことです。このため要素番号を用いた，任意の要素への参照はできません。しかし，要素の追加・削除においては少数のポインタ値の付け替え（変更）だけで行えます。例えば，表2.1.1の単方向リストにおいて，「ローマ」を削除する場合，「ローマ」のポインタ部の値を，「ロンドン」のポインタ部に付け替えるだけですみます。

また，連結リストでは，使用するデータの個数だけ動的に領域を確保することができるため無駄な領域は発生しません。

 動的確保のための記憶領域には，通常**ヒープ領域**が使用される（p.103参照）。

2.1.2 連結リストにおける要素の追加と削除 AM/PM

試験では，先頭要素へのポインタ（Head）と末尾要素へのポインタ（Tail）をもった連結リスト（以降，単にリストという）が出題されます。ここでは，図2.1.1のリストを基に，要素の追加と削除を，リストの先頭及び末尾で行ったときの処理量を説明します。

リストの先頭と末尾における，要素の追加と削除の処理量が問われる。

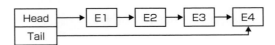

▲ **図2.1.1.** HeadとTailをもつリスト

要素の追加

要素の追加は，リストの先頭で行っても末尾で行っても，その処理量は同じです。

・**新しい要素E0をリストの先頭に追加する場合**
　① E0のポインタ部にHeadがもつE1のアドレスを設定する。
　② HeadにE0のアドレスを設定する。

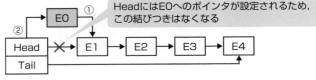

▲ **図2.1.2** リストの先頭に要素を追加

・**新しい要素E5をリストの末尾に追加する場合**

① TailからたどったE4のポインタ部にE5のアドレスを設定する。

② TailにE5のアドレスを設定する。

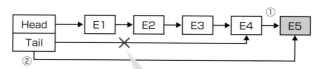

Tailには E5 へのポインタが設定されるため，
この結びつきはなくなる

▲ **図2.1.3** リストの末尾に要素を追加

⟩ 要素の削除

要素の削除（読出しのあとで削除）は，リストの先頭で行うより
末尾で行う方が処理量が多くなります。

・**リストの先頭要素E1を削除する場合**

① HeadからたどったE1のポインタ部の値（E2のアドレス）を
Headに設定する。

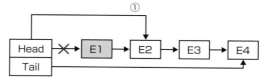

▲ **図2.1.4** リストの先頭要素を削除

・**リストの末尾要素E4を削除する場合**

① Headから順にE3までたどる。

② E3のポインタ部をNULL（空値）に設定する。

③ TailにE3のアドレスを設定する。

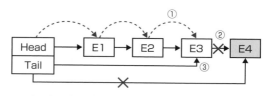

▲ **図2.1.5** リストの末尾要素を削除

HeadとTailをもつリストの用途

　先頭要素へのポインタ（Head）と末尾要素へのポインタ（Tail）をもつリスト（図2.1.1）は，要素の追加及び削除の処理量から，「要素の追加は末尾で行い，取り出しは先頭で行う」**キュー**（FIFO）の実現に適しているといえます。もちろん，要素の追加と削除を先頭で行うスタックとしても使用できますが，この場合，末尾要素へのポインタ（Tail）は不要です。

参考 リストでキューを実現する場合，単方向リストより双方向リストの方が途中への要素追加・削除を容易に行える。

2.1.3 リストによる2分木の表現 AM/PM

　リスト構造を用いて2分木を表現することができます。このときの各ノードのデータ構造は次のようになります。

例 2分木を表現するときの，ノードのデータ構造

| data | Parent | Left | Right |

・data ：ノードがもつデータ値
・Parent：自分の親のノードを指すポインタ
・Left ：自分の左側の子のノードを指すポインタ
・Right ：自分の右側の子のノードを指すポインタ

▲ **図2.1.6** ノードのデータ構造

参考 配列で表現した場合，次のようになる。ここで，表中の「P」は"Parent"，「L」は"Left"，「R」は"Right"，「－」は指し示す先がないことを意味する。

	data	P	L	R
1	25	－	2	3
2	18	1	4	5
3	28	1	－	－
4	15	2	－	－
5	19	2	－	－

例えば，ノードnの親ノードがもつ左側の子ノードへのポインタはLeft[Parent[n]]，親ノードがもつ右側の子ノードへのポインタはRight[Parent[n]]で表す。

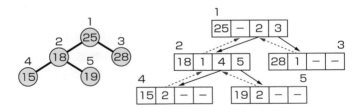

▲ **図2.1.7** リストで表現した2分木

　このような構造をもつ2分木において，例えば，データ値19をもつノード⑲の右部分木にデータ値20をもつ新たなノード⑳を追加する場合，次の2つの処理を行います。

　・ノード⑲のRightに，ノード⑳を指すポインタを設定する
　・ノード⑳のParentに，ノード⑲を指すポインタを設定する

2.2 スタックとキュー

2.2.1 スタックとキューの基本操作 `AM`/`PM`

スタック

　スタックは，最後に格納したデータから順に取り出せる**LIFO**（Last In First Out：**後入れ先出し**）方式のデータ構造です。データの挿入は**PUSH**（プッシュ），取出しは**POP**（ポップ）操作で行い，これらの操作は常にスタックの最上段（頂上）で行われます。

参考 スタックは，配列かリストを用いて実現される。配列を用いる場合，スタックのトップ位置を表す変数top（初期値0）だけを使って操作する。

```
S □□□□□□
    top┘
```

・PUSH(x)：
　　top←top+1
　　S[top]←x
・POP：
　　top←top−1
　　S[top+1]を返す

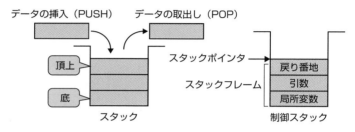

▲ **図2.2.1**　スタックと制御スタック

　スタックは，関数呼出しの実現（**再帰的処理**を含む）に欠かせないデータ構造です。関数呼出しの際には，戻り番地や引数，局所変数をスタックに積み上げ，戻るときにスタックから取り出すという方式で，実行途中の状態を制御します。なお，関数呼出しの際に使用されるスタックを**制御スタック**（コールスタック）といい，関数ごとに積まれるデータのまとまりを**スタックフレーム**といいます。スタックフレーム内のデータは，スタック最上段の位置を指す**スタックポインタ**や，フレーム内の特定の位置を指す**フレームポインタ**を使ってアクセスできます。

用語 局所変数
関数（手続）内だけで使用できる**ローカル変数**。これに対して，プログラム（コンパイル単位）内のどの手続からでも参照することができる変数を**グローバル変数**という。

キュー

　キューは，最初に格納したデータから順に取り出せる**FIFO**（First In First Out：**先入れ先出し**）方式のデータ構造です。データの追加を常に一方の端，取出しを他方の端で行うことによって，最も古いデータから処理できます。データの挿入は**ENQ**（エ

2

アルゴリズムとプログラミング

参考　キューは，格納位置を表すxと処理位置を表すyを使って操作する。

＊配列の最後まで格納したら，先頭に戻る。

ンキュー），取出しはDEQ（デキュー）操作で行います。

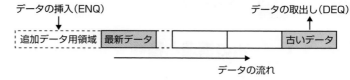

▲ 図2.2.2　キューの仕組み

2.2.2　グラフの探索　AM/PM

　スタックやキューを用いた操作に，グラフの探索処理があります。ある出発点から目的点までの経路を調べるとき，深さ優先探索ではスタックを，幅優先探索ではキューを使用します。一般に，深さ優先探索の方が保持する情報が少なく，記憶域消費という観点から効率のよい探索ができるといわれていますが，局所的に探索していくため，最適経路での探索とならない場合があります。

参照　深さ優先探索，幅優先探索については，p.84を参照。

スタックを使った演算　COLUMN

例

算術式　　　　　　　(2+3)＊8
逆ポーランド表記　　2 3＋8＊

　逆ポーランド表記（後置表記）で表された式は，スタックを用いて，次の規則で左端から右へ順に演算を進めることができます。

・規則1：数値（オペランド）が読み込まれると，その数値をスタックに格納する
・規則2：演算子が読み込まれると，スタックから取り出した数値を次に取り出した数値に演算し，結果を再びスタックへ格納する

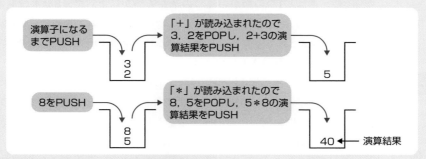

▲ 図2.2.3　スタックを使った演算の手順

2.3 木構造

2.3.1 木の構造と種類 AM / PM

木の基本構造

木(tree)は，データの親子関係など階層的な構造を表現するのに適したデータ構造です。図2.3.1に，代表的な木の構造を示します。

図中の○で表したものを**節**といいます(節点ともいう)。木構造では，節と節の間に親子関係を定義し，親子間を**枝**で結びます。このとき枝の上側の節が親，下側の節が子です。

節の中には，親が存在しないものや子をもたないものがあります。前者を**根**，後者を**葉**といい，根以外の各節に存在する親は1つだけですが，葉以外の各節がもつ子の数には制限がありません。

参考 1つの節から出ている枝の数，すなわち子の数をその節の**分節数**といい，分節数が0である節は葉となる。

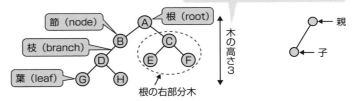

根からある節に到達するまでの枝の数を「節の深さ」，根から最も深い節の深さを「木の高さ」という

▲ **図2.3.1** 木の構造

木の種類

木は，1つの節がいくつの子をもつかによって，2分木(2進木)と多分木(n進木)に分けられます。**2分木**は，各節の子の数が高々2である木です。これに対して，各節の子の数がn(n>2)である木を**多分木**といいます。

また，木は節の順番に意味があるかないかによって，順序木と非順序木に分けられます。**順序木**とは，親と子の間，その親の子同士の間に何らかの順序が指定されている木のことです。非順序木の場合，子の節が左右どちらにあっても同じ(等価な)木として認識されますが，順序木の場合，左右の子が入れ替われば別の木として認識されます。

参考 下図の2分木において，BとCの間に順序関係があるなら，2つは別の2分木。順序関係がないなら同じ2分木。

2.3.2 完全2分木

AM / PM

葉以外の節はすべて2つの子をもち，根から葉までの深さ（根から葉に至るまでの枝の個数）がすべて等しい木を**完全2分木**といいます。ここでは，完全2分木における根から葉までの深さと，葉及び葉以外の節の個数の関係について説明します。

完全2分木の葉の個数

例えば，根から葉までの深さHが3である図2.3.2の完全2分木における葉の個数は8です。これは，深さ3を用いて2^3と表すことができます。つまり，木の深さがHならば，葉の個数は2^Hです。

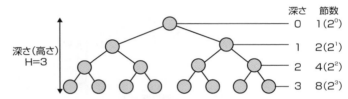

深さ（高さ）
H=3

深さ	節数
0	$1(2^0)$
1	$2(2^1)$
2	$4(2^2)$
3	$8(2^3)$

▲ **図2.3.2** 深さHが3である完全2分木

葉以外の節の個数

葉を除いた深さH−1までの節の個数は，「$2^0+2^1+\cdots+2^{H-1}$」で表すことができます。ここで，上記の式が「初項が$2^0(=1)$，公比が2」の**等比数列**の和であることに着目すると，葉以外の節の個数は，次のように求めることができます。

> **等比数列**
> 隣り合う2項の比が一定である数列。例えば，「5，15，45，135，…」という数列は初項が5，公比が3の等比数列である。

$$葉以外の節の個数 = \frac{初項 \times (1-公比^H)}{1-公比} = \frac{2^0 \times (1-2^H)}{1-2}$$

$$=2^H-1$$

つまり，木の深さがHならば，葉以外の節の個数は2^H-1です。

> **試験** 試験では，完全2分木における，葉の個数と葉以外の節の個数の関係が問われる。

POINT 木の深さHの完全2分木の特徴
- 葉の個数＝2^H
- 葉以外の節の個数＝2^H-1
（葉の個数がnならば，葉以外の節の個数はn−1）

2.3.3 2分木の走査法（巡回法） AM / PM

木の各節を1つずつ調べることを木の**走査**(巡回)といい，走査の系統的な方法には，幅優先探索と深さ優先探索があります。

幅優先探索（幅優先順）

根に近い節から順に調べていく方法です。同じ深さの節は「左→右」の順に調べます。図2.3.3の2分木の場合，探索順は「①→②→③→④→⑤→⑥」となります。

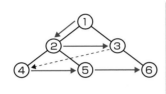

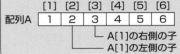

```
*配列の先頭要素A[1]を根とし，A[i]
 の左の子をA[2i]，右の子をA[2i+
 1]とした配列を先頭から順に調べる
 ことで幅優先探索を行える。
```

	[1]	[2]	[3]	[4]	[5]	[6]
配列A	1	2	3	4	5	6

└─ A[1]の右側の子
└─ A[1]の左側の子

▲ **図2.3.3** 幅優先探索

深さ優先探索（深さ優先順）

根から葉へ向かって，できるだけ分岐せずに枝をたどり，葉に達したら1つ前の節に戻って他方をたどります。節の値を調べるタイミングにより，次の3つの方法があります。

・先行順(行きがけ順)：「**節**→左部分木→右部分木」の順に調べる。
・中間順(通りがけ順)：「左部分木→**節**→右部分木」の順に調べる。
・後行順(帰りがけ順)：「左部分木→右部分木→**節**」の順に調べる。

参考 深さ優先探索

先行順：節Aを調べてから，子を順に調べる(A→B→C)
中間順：最初の子を調べてから，節Aを調べ，その後に残りの子を調べる(B→A→C)
後行順：子をすべて調べてから節Aを調べる(B→C→A)

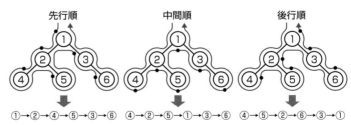

①→②→④→⑤→③→⑥　　④→②→⑤→①→③→⑥　　④→⑤→②→⑥→③→①

＊●印は値を調べるタイミング

▲ **図2.3.4** 深さ優先探索

2.3.4 2分探索木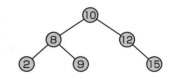

参考 2分探索木を深さ優先探索の中間順で走査すると，昇順に整列されたデータを得ることができる。例えば，図2.3.5の2分木の場合であれば，「②→⑧→⑨→⑩→⑫→⑮」が得られる。

2分探索木とは，2分木の各節に大小比較可能なデータ（値）をもたせた木であり，どの節nから見ても，左部分木の節（左子孫節）がもつデータはすべて節nのデータよりも小さく，逆に右部分木の節（右子孫節）がもつデータはすべて節nのデータよりも大きいという関係が成り立つ木のことです。

▲ **図2.3.5** 2分探索木

2分探索木における探索

2分探索木における探索では，まず，根のデータと探索データを比較し，根のデータより探索データが小さければ，左部分木の頂点となる節へ進み，根のデータより探索データが大きければ，右部分木の頂点となる節へ進みます。次に，進んだ先の節に対しても同様な比較を行い，これを探索データが見つかるか，あるいは進む節がなくなるまで繰り返します。

参考 最大比較回数をSとすると，n個の要素は，まず半分，さらにその半分…とS回行われる。つまり，n=2^{S}が成立する。この式からS=log₂nが得られる。

2分探索木における探索の計算量は，枝分かれしている節の深さに依存します。つまり，すべての葉が同じ深さであり，かつ，葉以外のすべての節が2つの子をもつ要素数nの完全2分木である2分探索木においては，あるデータを探索するときの最大比較回数は最良の$\log_2 n$となりますが，片方のみに偏った2分探索木では最悪計算量nとなります。

試験 試験では，最良及び最悪計算量の式が問われる。また，どのような場合に最悪計算量となるのか問われることもある。

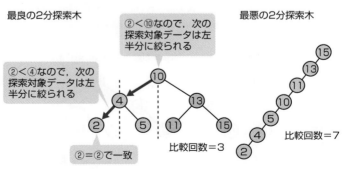

▲ **図2.3.6** データ②の探索

2分探索木における節の挿入と削除

○ 節の挿入

　新たな節(ノード)を挿入するには，まず，探索と同じ方法で挿入するデータ値を根から順に探索していき，たどる部分木がなくなったところに挿入します。挿入するデータが複数ある場合は，その挿入の順序によって作成される木の形が異なります。

参考 21，23の順に挿入すると，

という形になる。

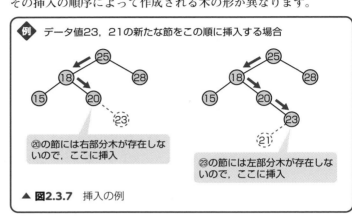

▲ **図2.3.7** 挿入の例

○ 節の削除

　節の削除は，節がどの状態かによって処理が異なります。

P O I N T 削除処理
・削除する節が葉の場合：単純にその葉を削除する。
・削除する節が左右どちらかの部分木しかもたない場合：削除する節をその子で置き換える。
・削除する節が左右の部分木をもつ場合：削除する節を左部分木中の最大値をもつ節か，右部分木中の最小値をもつ節で置き換える。

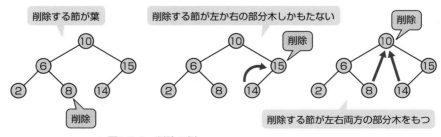

▲ **図2.3.8** 削除の例

2.3.5 バランス木

2分探索木からあるデータを探索する場合，1回の比較で左右どちらの部分木を探索すればよいかが決まるため，左右のバランスがとれた2分探索木であれば探索効率はよいですが，左右のバランスの悪い2分探索木であれば探索効率は悪くなります。そこで，根から葉までの深さがほぼ一定になるようにつくられた木が**バランス木**(平衡木)です。バランス木には，2分木をベースにしたAVL木と多分木をベースにしたB木がありますが，両者とも，要素の追加や削除によって左右のバランスが悪くなる場合は，バランスを保つように木を再構成する機能をもちます。

AVL木

参考 AVL木の再構成法には，1重回転，2重回転がある。

・1重回転

→追加

左部分木の根を中心として木全体を右方向に回転させる。

AVL木は，任意の節において左右の部分木の高さの差が1以下の木です。例えば，図2.3.9において，左の2分木は，どの節においても左右部分木の高さの差が1以下なのでAVL木ですが，右の2分木は，★印のついた節において，左部分木の高さが2，右部分木の高さが0で2の差があるため，AVL木とはいえません。

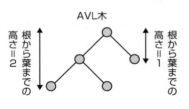

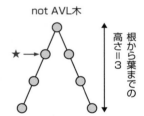

▲ **図2.3.9** AVL木とnot AVL木

B木

参考 B木のイメージ

索引部

データ部

B木は，外部記憶装置にデータを格納するために考えられた，木構造(多分木)のデータ構造です。B木の実現方法にはいろいろあり，2分探索木と同様に各節にデータをもたせる方法もあります。しかしここでは，データを格納するのは葉のみとし，節には，枝と枝の境目を示すキーの値のみをもたせたB木を例に説明します。

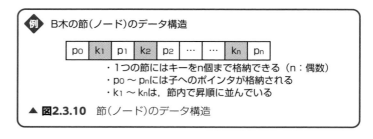

参考

$p_0 \sim p_n$ の補足

・p_0が指す部分木内
のキーは，すべてk_1
より小さい。

・$p_i (1 \leqq i < n)$ が指す
部分木内のキーは，
すべてk_iより大きく，
かつk_{i+1}より小さい。

・p_nが指す部分木内の
キーは，すべてk_nよ
り大きい。

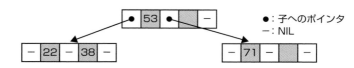

▲ **図2.3.11** B木の例（キーの個数≦2の場合）

参考

B木の種類には，
次のものがある。

〔B*木〕
①データを葉に格納し，
葉以外の節にキーを
格納する。
②節が満杯のとき，兄
弟節が空いていれば，
それを利用し，2つ
の兄弟節とも満杯の
とき分割を行う。

〔B⁺木〕
B*木において最下位
の葉同士をポインタで
結んだもの。なお，
B⁺木を用いたインデ
ックスをB⁺木インデ
ックスという(p.346
参照)。

◯キーの探索

　B木における探索は，2分探索木の場合とほぼ同じです。根か
ら順に，各節に格納されているキーと探索キーを比較し，ポイン
タをたどることで目的のキーが存在する節を探索します。

◯新しいキーの挿入

　B木に新しいキーを挿入する場合，まず，挿入対象となる節を
探索します。例えば，図2.3.11のB木にキー46を挿入する場合，
キー22と38が格納されている節が挿入対象となります。しかし，
この節には新たにキーを挿入できないので，新しく節を作成し，
キー22，38，46を昇順に並べて再配置します(①の操作)。そし
て，中央のキー38を新しい節へのポインタとともに親のノードの
適切な位置に格納します(②の操作)。

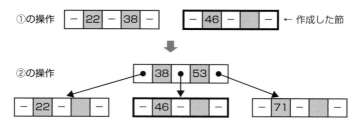

▲ **図2.3.12** 節の分割例

2.4 探索アルゴリズム

2.4.1 線形探索法と2分探索法 `AM`/`PM`

線形探索法

　線形探索法（逐次探索法ともいう）は，探索対象データの先頭から順に探索していく方法です。探索対象データがn個のとき，探索が終了するまでの最小比較回数は1回，最大比較回数はn回なので，平均して(n+1)／2回の比較で探索ができます。このとき，線形探索法の計算量のオーダは$O(n)$であるといいます。これは，「探索に必要な時間は，データの個数nに比例する」という意味です。

参考 nが十分大きい場合の平均比較回数はn／2と考える。

用語 計算量 アルゴリズムが答えを出すまでにどの程度の計算時間を必要とするかといった概念（p.93を参照）。

◆番兵法

　線形探索法では，探索の終了を「探索データが見つかったか」，「データの最後まで探索したか」の2つで判定します。この2つの判定を，比較1回ごとに行うと時間的な無駄が生じます。そこで，探索データと同じデータを探索対象データの末尾に追加し，終了判定を「探索データが見つかったか」だけに簡素化します。これを**番兵法**といいます。

参考 番兵を用いても計算量のオーダ自身は変わらないが，終了判定を1つにすることで実行ステップ数が減るため，実際の計算速度が向上する。

▲ **図2.4.1**　番兵法の例

2分探索法

　2分探索法は，大小比較を使う探索法のうちで最もシンプルな探索法です。昇順あるいは降順に整列されたデータに対してのみ用いることができます。2分探索法では，整列されたデータの中央の位置midにあるデータ（以降，中央の値という）と探索データとを比較し，「探索データ＞中央の値」なら次の探索範囲をmidより右とし，「探索データ＜中央の値」なら次の探索範囲をmid

より左として，1回の比較ごとに探索範囲を1／2ずつ狭めていきます。そのため，探索対象データがn個なら，$\log_2 n$回比較すれば探索範囲が1以下になって，探索は終了します。したがって，2分探索法の計算量のオーダは$O(\log_2 n)$となります。

参考 探索範囲が1以下，すなわちデータが1つになるまでの比較回数をaとすると「$2^a=n$」が成立する。この式の，2を底とする対数を取ることで「$a=\log_2 n$」が導き出せる。なお，底の2を省略して$O(\log n)$と表すことが多い。

◯ 線形探索法との比較

2分探索法は，一般に，線形探索法に比べて探索効率がよいとされています。例えば，昇順に整列された1,000個のデータから，ある値を探索する場合，線形探索法では平均で約500回の比較が必要ですが，2分探索法では$\log_2 1{,}000$回，すなわち約10回の比較ですみます。

$$\log_2 1{,}000 = \log_2 10^3 = 3 \times \log_2 10 \fallingdotseq 3 \times 3.32 = 9.96$$

参照 対数の計算については，p.23の側注を参照。

ただし，2分探索法の方が，常に速く探索できるとは限らないことに注意してください。例えば，探索データが探索対象データの先頭にあった場合は，断然，線形探索の方が速く探索できます。

2.4.2 ハッシュ法 AM/PM

ハッシュ法とは

探索時間のスピードを上げる探索方法に**ハッシュ法**があります。ハッシュ法は，探索データのキー値により，そのデータの格納場所（アドレス）を直接計算する方法です。一意探索に優れていて，線形探索法や2分探索法に比べて探索時間が短くて済みます。しかし，連続したデータの探索には向きません。

参考 ハッシュ関数から得られる値の範囲をハッシュ関数の値域という。

格納場所の算出に用いる関数を**ハッシュ関数**，あるキー値からハッシュ関数により求められる値を**ハッシュ値**（ハッシュアドレス）といいます。「異なる2つ以上のキー値から，同一のハッシュ値は得られない」というのがハッシュ法の理想ですが，これを実現するのは難しいとされています。異なるキー値から同一のハッシュ値が求められることを**衝突**あるいは**シノニムの発生**といい，シノニムの発生を最少に押さえるためには，キー値によって算出されるハッシュ値が，次ページ図2.4.2の左図のグラフのように，偏りがない一様分布となるようハッシュ関数を決める必要があります。

用語 シノニム
衝突が起き，本来格納すべき場所に格納できないデータのこと。なお，その場所に先に格納されているデータを**ホーム**という。

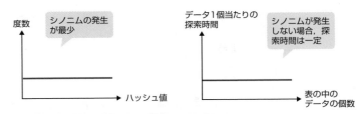

試験では，図2.4.2の右図のグラフが問われる。

▲ **図2.4.2** ハッシュ値の分布と探索時間

　図2.4.2の右図に示すように，ハッシュ法を用いた探索では，シノニムの発生がないと仮定した場合の探索時間は，データの個数に関係なく一定ですが，シノニムの発生がある場合の探索時間は，その格納領域の使用率に依存することになります。

　ハッシュ法を用いてデータを格納する場合，前述のように，どのようなハッシュ関数を用いてもシノニムの発生を防ぐことはできません。そこで，シノニム発生時の対応策として，オープンアドレス法とチェイン法の2つの方法があります。

オープンアドレス法

　オープンアドレス法は，シノニムが発生したとき，別のハッシュ関数を用いて再ハッシュを行う方法です。一般には，「求められたハッシュ値＋1」を新たなハッシュ値として，その場所が空いていればそこに格納し，空いていなければ同様の操作で次の格納場所を探します。なお，領域の最後までいっても格納場所が見つからなければ先頭に戻って探します。この方法では，ハッシュ表を十分に大きくとることで，ハッシュ表の中にデータをすべて格納できるというメリットがあります。

ハッシュ表は，環状につながっていると考えて，後続の空き要素を順次探索し，空いている要素にデータを格納する。空き要素が1つだけになったときは，格納せずにオーバフローとする。

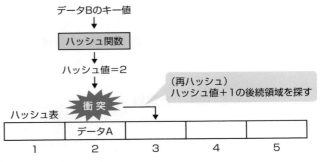

▲ **図2.4.3** オープンアドレス法の仕組み

ここで，オープンアドレス法における問題点を考えておきましょう。図2.4.4の12個の要素からなるハッシュ表において，白い部分は空いている要素を示し，色の部分はデータが格納されている要素とします。

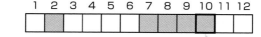

1　2　3　4　5　6　7　8　9　10 11 12

ここに格納されているデータのハッシュ値は7，8，9，10のいずれか

▲ **図2.4.4**　ハッシュ表

🔍
参考 図のように，使用中の要素が連続する現象を**クラスタリング**(clusterling)という。

🔍
参考 要素番号10に格納されているデータのハッシュ値が10ではなく，7〜9のいずれかであれば，本来格納されるべき場所ではなく，後ろにずれて格納されていることになる。

要素番号7〜10に連続してデータが格納されていますが，要素番号10に格納されているのは，ハッシュ値が7〜10のいずれかであるデータです。そのため，もし要素番号7，8，9，10に格納されているデータのハッシュ値がすべて等しく7であった場合，途中のデータ，例えば，要素番号9のデータを削除すると，要素番号10に格納されているデータの探索ができなくなります。

オープンアドレス法では，これを避けるために，データを削除した場合，それによって探索できなくなるデータを1つずつ前方にずらすといった処理が必要となります。

チェイン法

🔍
参考 チェイン法(チェーン法)のことを**連鎖法**(chaining)とも呼ぶ。

チェイン法は，同じハッシュ値をもつデータをポインタでつないだリストとして格納する方法です。次ページの図2.4.5に示すように，データAとデータBが同じハッシュ値をもった場合，最初のデータAへのポインタをハッシュ表に格納し，データBは，データAの次にポインタでつなげます。この方法では，ハッシュ表は，ハッシュ値のとり得る値の数だけの大きさをもち，ハッシュ表には最初のデータへのポインタを入れるだけとなります。

◗探索の計算量

全データ数がN，ハッシュ表の大きさがM，ハッシュ表につながるリストの長さがいずれもほぼ等しく$N／M$個であったとします。データの探索は，まず，ハッシュ関数によりハッシュ値hを

参考 ハッシュ表[h]は，ハッシュ表のh番目の要素を意味する。

求め，ハッシュ表[h]の指すデータから，リストを順次たどり，目的のデータを探すことになるので，目的のデータを見つけるまでには，最小1回，最大N／M回の比較が必要となります。このことから，探索に要する計算量は，N／Mに依存することになり，ハッシュ表の大きさMが大きければ計算量は少なく，小さければ計算量は大きくなります。

参考 ハッシュ表の大きさMをデータ数Nに対して十分に大きくすれば，計算量は最良の$O(1)$となる。

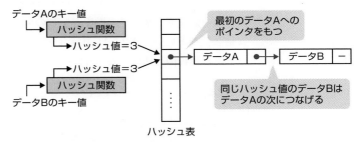

▲ **図2.4.5** チェイン法の仕組み

オーダ(order)：O記法 　　　　　　　　　 ☕ **COLUMN**

　オーダは，アルゴリズムの評価に用いる計算量を表す方法の1つです。O(ビッグオー)という記号を用いて，問題の大きさ(処理するデータ件数)によって計算量がどう増加し，上限値はどのくらいかを示します。例えば，データ件数nが2倍，3倍，…となると，アルゴリズム実行時間が2^2倍，3^2倍，…となるアルゴリズムの計算量は$O(n^2)$であるといい，これはn件のデータを処理する最大実行時間がn^2で抑えられることを意味します。

　O記法では，定数や係数を除外したうえで，最も増加率の大きな項だけで評価します。したがって，計算量を表す関数$f(n)$が2^n+n^2であっても，n^2より2^nの増加率の方が大きいので，このときの計算量は$O(2^n)$と表します。

n	10	20	40
2^n	1,024	1,048,576	約1.1×10^{12}
n^2	100	400	1,600

　計算量の評価に用いられる関数の大小関係を覚えておきましょう。

　　$O(1)<O(\log_2 n)<O(n)<O(n\times\log_2 n)<O(n^2)<O(2^n)<O(n!)$

　なお，一般にいう計算量とは，アルゴリズムの実行時間を表す尺度で，正確にはこれを**時間計算量**といいます。これに対し，アルゴリズムの実行に必要な領域の大きさを表すものを**領域計算量**といいます。

2.5 整列アルゴリズム

2.5.1 基本的な整列アルゴリズム AM/PM

1列に並べられたデータをある規則に従って並べ替える処理を整列（**ソート**）といいます。いくつかの整列アルゴリズムの中で，同じキー値をもつデータの順序が整列の前後で変わらないものを安定な整列といい，表2.5.1に示す3つの基本整列法のうちバブルソートと単純挿入法は，安定な整列法とされています。

単純選択法は，実装するアルゴリズム次第で安定に整列することが可能。

▼ **表2.5.1** 3つの基本整列法とその特徴

バブルソート	隣り合う要素の値を比較し，大小関係が逆順となっていれば交換する。この比較・交換の操作を必要がなくなるまで繰り返す。隣接交換法ともいう
単純選択法	未整列の要素の中から最も小さい（大きい）要素を選択し，未整列部分の先頭の要素と入れ替える。この操作を最後から2番目の場所に正しい要素が入るまで繰り返す。最小値（最大値）選択法ともいう
単純挿入法	未整列要素の並びの先頭の要素を取り出し，その要素を整列済みの要素の中の正しい位置に挿入していく

シェルソート（改良挿入法）ある一定間隔おきに取り出した要素から成る部分列をそれぞれ**単純挿入法**で整列し，さらに間隔を狭めて同様の操作を行い，間隔が1になるまでこれを繰り返す。

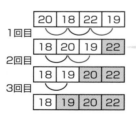

▲ **図2.5.1** バブルソート（昇順）

バブルソート，単純選択法における全比較回数は，データ数nのとき，$n(n-1)/2$となる。

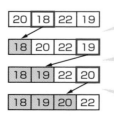

▲ **図2.5.2** 単純選択法（最小値選択法：昇順）

参考 単純挿入法における全比較回数は，データ数nのとき，
最悪：n(n−1)／2
最良：n−1
となる。

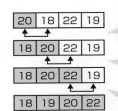

:整列された部分

20 | 18 | 22 | 19
20を整列済みの要素とみなす。
20と18を比較し，18を整列済みの正しい位置に挿入

18 | 20 | 22 | 19
20と22を比較。大小の順が正しいので，そのまま

18 | 20 | 22 | 19
22と19を比較。大小の順が逆なので，19を順次
1つ前の要素と比較し，正しい位置に挿入

18 | 19 | 20 | 22

▲ **図2.5.3** 単純挿入法（昇順）

整列の計算量は，比較回数で評価します。バブルソートや単純選択法における比較回数は，データ数nのとき，n(n−1)／2回なので，どちらも計算量は$O(n^2)$となりますが，単純挿入法では，平均及び最悪の場合$O(n^2)$，最良の場合$O(n)$の計算量となります。なお，整列の計算量が$O(n\log_2 n)$である高速な整列として，2.5.3項で説明するクイックソート，ヒープソート，マージソートがあります。

参考 元々のデータがほぼ正しい順に並んでいる場合，単純挿入法における計算量は$O(n)$に近くなる。

2.5.2 整列法の考え方

参考 このほかに，ランダム化法という考え方もある。

データ整列法の考え方には，大きく分けて「逐次添加法」，「分割統治法」，「データ構造の利用」の3つがあります。

逐次添加法

逐次添加法では，n個の要素を整列する過程で，(k−1)個が整列済みであるとき，それに1つの要素を加えて整列済みの要素をk個にし，これを，k＝2，3，4，…，nまで繰り返し行います。バブルソート，単純選択法，単純挿入法は，逐次添加法の考え方に基づいた整列法であるといえます。

分割統治法

分割統治法とは，大きな問題を小さな問題に分割し，各問題ごとに求めた解を結合することによって，全体の解を求めようとする考え方です。ここでいう分割とは，対象とする集合や定義領域を分けるという意味で，分割処理の多くは再帰的な処理によって行われます。クイックソートやマージソートは，この分割統治法

の考え方に基づいた整列法であるといえます。

データ構造の利用

○○ 挿入する箇所を
参考 2分探索法で探
す方法を二分挿入法と
いう。

　整列の効率を上げるためにデータ構造を利用するという考え方
です。データ構造を利用した最も代表的な整列法はヒープソート
ですが、単純挿入法においても、整列済みのデータを2分探索木
で表現することで、計算量が$O(n\log_2 n)$となります。

2.5.3　高速な整列アルゴリズム　AM／PM

クイックソート

○○ 基準値のことを
参考 軸、又はピボッ
ト(pivot)という。

　クイックソートは、まず、整列対象データの中から中間的な基
準値を決め、その基準値よりも大きな値を集めた区分と、小さな
値を集めた区分とに整列対象データを分割します。次に、それぞ
れの区分の中で再度基準値を決め、同様の処理をデータ数が1つ
になるまで繰り返し行うという方法です。

　クイックソートは、分割統治の考え方を利用した整列法であ
り、高速に整列できますが、安定ではなく、分割のアルゴリズム
に再帰処理を利用しているところに特徴があります。

✏ 試験では、「ど
試験 のようなときに
計算量が最悪になるの
か」が問われる。

　なお、平均計算量は$O(n\log_2 n)$です。ただし、あらかじめ整
列されたデータに対し、最小値あるいは最大値を基準値とした場
合の計算量は最悪の$O(n^2)$となります。

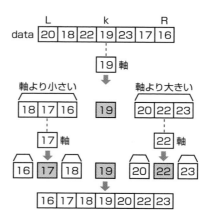

▲ **図2.5.4**　クイックソートのイメージ

ヒープソート

参考 ヒープは，完全2分木か，完全2分木の葉を右のほうからいくつか取り除いた形になる。

参考 ヒープは，親と子についてのみ順序が指定されるため，厳密には**半順序木**である。

ヒープソート(降順の場合)では，まず，未整列のデータを，ヒープ(heap)と呼ばれる，各節の値に「親がもつデータ≦子がもつデータ」という関係をもたせた**順序木**に作成し，これを配列で表現します。そして，ヒープの根(配列の先頭)となった最小値を取り出し，既整列の部分に移し，ヒープを再構成します。

ヒープソートは，このような「根の取出し」→「ヒープ再構成」という操作を繰り返して，未整列部分を徐々に縮めていく整列法です。高速に整列することができ，どんなデータ列に対しても計算量は$O(n\log_2 n)$と変わりませんが，安定ではないところに特徴があります。

参考 昇順ソートの場合，「親≧子」という関係をもたせたヒープを構成する。

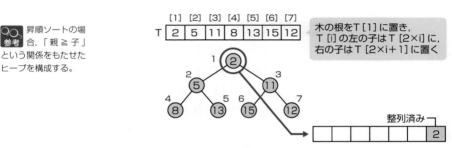

▲ **図2.5.5** ヒープと根の取出し

◯ヒープの再構成

取り出された根の部分にヒープの最後のデータ⑫を移動して，根から「親がもつデータ≦子がもつデータ」の関係が成立するように，ヒープを再構成します。次ページに，ヒープ再構成の処理概要を示すので，図2.5.6と照らし合わせ，ヒープ再構成処理を理解しておきましょう。

参考 実際は，データ⑫を根に移動して空いた部分に，取り出された根を整列済みとして格納する。

| 12 | 5 | 11 | 8 | 13 | 15 | 2 |

↑
取り出された根

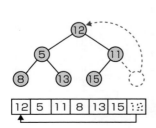

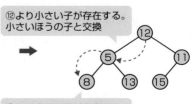

⑫より小さい子が存在する。小さいほうの子と交換

⑫より小さい子が存在する。小さいほうの子と交換

▲ **図2.5.6** ヒープの再構成

最初にヒープを作成する処理

①i＝節数÷2

②i＜1になるまで，次の処理を繰り返す
・T[i]を根として，ヒープ再構成
・iを1減らす
〔例〕節数＝7の場合
　i＝1で再構成

i＝2で再構成　　i＝3で再構成

P O I N T ヒープソートの処理概要

① nにヒープの大きさ（節数）を設定する。
② nが1になるまで，次の処理③〜⑥を繰り返す。
③ T[1]とT[n]を入れ替える。
④ nを1減らす。　　　←ヒープの大きさを1つ減らす
⑤ rに1を設定する。
⑥ T[r]に，T[r]より小さな値をもつ子が
　存在する間，次の処理を繰り返す。　　　　　　　　｝ヒープ再構成（⑤，⑥）
　・小さいほうの値をもつ子とT[r]を交換する。
　・rに，交換した子の添字を設定する。

マージソート

マージソートは，外部記憶装置上における大量のデータ整列に用いられる。

マージソートは，整列対象データ列の分割と併合（マージ）を繰り返して，最終的に1つの整列済みデータ列を作る整列法です。

図2.5.7に，データ列を大きさm（＝1）になるまで分割を繰り返し，その後，比較しながら併合して整列を完成させる例を示します。この例では，データ列を前半と後半に分割し，前半，後半の順でそれぞれ再帰的にマージソートを行います。したがって，分割，併合の処理順序は，「①→②→④→③→⑤→⑥」となります。

mの大きさは，場合によって異なる。ここでは，m＝1として説明する。

マージソートは分割統治の考え方を利用した整列法です。アルゴリズムに再帰処理を利用し，計算量はどんなデータ列に対しても$O(n\log_2 n)$であり，安定な整列法です。また，データ数の半分程度の作業領域を必要とするのが特徴です。

大きさが1なら整列済み（整列完成）とみなす。

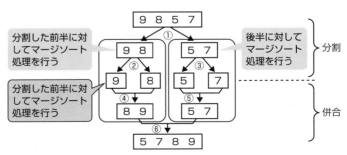

▲ **図2.5.7**　マージソート（昇順）

2 アルゴリズムとプログラミング

2.6 再帰法

2.6.1 再帰関数 `AM / PM`

再帰関数の定義

再帰関数は，関数の定義の中で自分自身を使用して定義を行うものです。例えば，再帰関数の代表である階乗関数(n!)は，次のような2つの方法で定義されます。

参考 定義2の式を，数学では**漸化式**という。漸化式とは，「f(1), f(2), …, f(n), …」といった関数列において，f(1) 〜f(n)のいくつかを用いてf(n+1)を導く法則を与える式のこと。

> ### P O I N T 階乗関数の定義
>
> 階乗関数：n！＝n×(n−1)×(n−2)×…×2×1
>
> 関数が受け取ったnの値が0なら1を返し，それ以外ならn×(n−1)！を返す
>
> ・定義1
>
> f(n)：if n=0 then return 1
>   else return n×f(n−1)
>
> ・定義2
>
> n>0のとき   f(n)＝n×f(n−1) ＞自分自身を用いて定義
>
> n=0のとき   f(n)＝1

試験 次の問題は頻出。

F(x, y)
・y =0 のときx
・y >0 のとき
    F(y, x mod y)
F(231, 15)の値は？
〈答え〉
  F(231, 15)
=F(15, 231 mod 15)
=F(15, 6)
=F(6, 15 mod 6)
=F(6, 3)
=F(3, 6 mod 3)
=F(3, 0)
=3

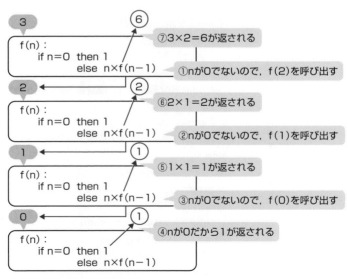

▲ **図2.6.1** ３！を求める例

2.6.2 再帰関数の実例 AM/PM

参考 自分自身の一部が，自分自身と同じ形をしている構造を再帰的な構造といい，木構造はその代表である。

木を用いた探索には再帰処理を用いると便利です。ここでは，指定したデータをもつノードが2分探索木内に存在するか否かを判定する関数lookupを紹介します。図2.6.2に，ノードの情報を保持するデータ構造nodeとnode間の関係を示します。

value	… ノードがもつデータ
left	… 自分の左側の子のノードを指すポインタ
right	… 自分の右側の子のノードを指すポインタ

＊子がない場合はnil

参考 変数pはnode0へのポインタであり，node0のメンバleft，rightは，それぞれnode1，node2へのポインタである。このときnode0の各メンバは，それぞれp->value，p->left，p->rightと表す。また，図2.6.2に示す状況でp->leftの値をpへ代入すると，変数pはnode1へのポインタとなる。

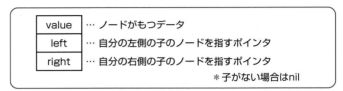

▲ **図2.6.2** データ構造nodeとnode間の関係

試験 試験では，再帰呼出の際の引数が問われる。左(右)部分木を探索するためには，左(右)部分木の根となるノードへのポインタを引数として自分自身lookupを呼び出せばよいことを理解しておくこと。

〔再帰呼出を用いた関数lookupの例〕
```
function lookup( x, t )
// x：探索するデータ，t：探索を始めるノードへのポインタ
 if ( tがnilである )
    return FALSE     // 探索するデータが見つからず，探索終了
 endif
 if ( xがt->valueに等しい )
    return TRUE      // 探索するデータが見つかり，探索終了
 else
  if ( xがt->valueよりも小さい )
    return lookup( x, t->left )        // 左部分木を探索
  else
    return lookup( x, t->right )       // 右部分木を探索
  endif           └─ 再帰呼出し
 endif
endfunction
```

2.7 プログラム言語

2.7.1 プログラム特性

再入可能

 再入可能プログラムの実現方法がよく出題されている。

　再入可能(リエントラント)プログラムは，複数のタスクから同時に呼び出されても，それぞれに対して正しい結果を返すことができるプログラムです。実行によって内容が変化するデータ部分と内容が変化しない手続部分とにプログラムを分離し，手続部分は複数のタスクで共有し，データ部分は各タスク単位に用意することで，再入可能プログラムを実現することができます。

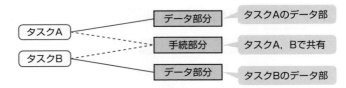

▲ 図2.7.1　再入可能プログラムの実現方法

再帰

　再帰(リカーシブ)プログラムは，手続の中で自分自身を呼び出して使うことができるプログラムです。下記に特徴をまとめます。

参照 再帰処理とスタックについては，p.80を参照。

> **POINT 再帰プログラムの特徴**
> ・自分自身を呼び出すことができる
> ・実行途中の状態は，スタックを用いてLIFO方式で制御される
> ・再入可能である

再使用可能

参考 再使用可能は，逐次再使用可能(シリアリリユーザブル)ともいう。

　再使用可能(リユーザブル)プログラムは，一度実行したプログラムをロードし直さずに再度実行しても，正しい結果を返すことができるプログラムです。プログラムの最初あるいは最後で各変

逐次処理(シリアライジング)の実現には，**セマフォ**などが用いられる。

数の値を初期化することでプログラムを逐次使用できるようにしています。再使用可能プログラムは，再入可能特性をもたないため，あるタスクが使用している間は，他のタスクは待たされます。

再配置可能

再配置可能については，p.136も参照。

再配置可能(リロケータブル)**プログラム**とは，プログラムを主記憶上のどのアドレスに配置しても実行できるようにしたプログラムです。具体的には，ベースレジスタに主記憶上のプログラムの先頭アドレスを設定し，命令を実行する際，このベースレジスタの値をアドレス部のアドレスの値に加え，それを有効アドレスとすることで，プログラムがどのアドレスに配置されてもプログラムを変更せずに実行できます。

2.7.2 プログラム制御　AM/PM

手続の呼出し

ある特定の目的のためにとる一連の動作を，**手続**(プロシージャ)として定義しておき，必要なときにそれを呼び出して処理を行うことがあります。その際の呼び出し方には，**値呼出し**(call by value)と**参照呼出し**(call by reference)があります。

図2.7.2の手続addを例に説明します。ここで，手続addの仮引数Xは値呼出し，仮引数Yは参照呼出しであるとします。

用語 **仮引数**
手続内で定義された引数。

参考 手続addを呼び出すと，1行目の「X=X+Y;」では，手続add内の変数Xに4(=2+2)が代入されるだけ。しかし，2行目の「Y=X+Y;」では，主プログラム内の変数Yに6(=4+2)が代入される。

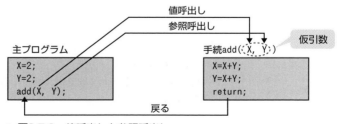

▲ **図2.7.2** 値呼出しと参照呼出し

値呼出しとは，主プログラムから値そのものを引数として渡す方法です。手続add内において変数Xの値を変更しても，主プログラム内の変数Xには一切影響しません。一方，**参照呼出し**は，主プログラムからその変数のアドレスを渡すという方法です。手

続add内において変数Yの値を変更すると，主プログラム内の変数Yの値も変更されます。

変数の記憶期間

　変数には，その記憶場所と存続期間を指定することができます。例えば，staticをつけて宣言された変数は**静的変数**と呼ばれ，プログラムの実行を通して（プログラムが終了するまで）記憶域が存在し，初期化はプログラム実行前に一度だけ行われます。

　一方，autoをつけて宣言された変数は**自動変数**と呼ばれ，手続が呼び出された際に記憶域が確保され，手続が終了すると自動的に解放されます。自動変数の初期化は記憶域が確保された時点でその都度行われます。

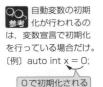
自動変数の初期化が行われるのは，変数宣言で初期化を行っている場合だけ。
〔例〕auto int x = 0;

0で初期化される

主プログラム	手続func(u)

``
    :
x=func(10);
y=func(10);
``
	``
	auto int u;
	static int v=0;
	v=v+u;
	return v;
	``

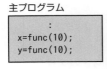
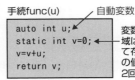
自動変数

変数vは静的変数なので，記憶域はプログラムの実行を通して存在する。そのため，変数vの値は1回目の呼出しで10に，2回目の呼出しで20になる

▲ **図2.7.3**　変数の記憶期間（staticとauto）

動的メモリの割り当て

　プログラムの実行中に領域を動的に確保する場合があります。この動的確保のための領域には，通常，**ヒープ**と呼ばれる領域が使われます。ヒープを使用することで必要な領域をその都度，確保できるという利点がありますが，領域の確保を繰り返していると，どこからも参照（利用）されない領域が発生してしまうことがあります。例えば，不要になった領域は解放すべきですが，これを怠った場合，どこからも参照されないままいつまでも残ります。このような領域をゴミ（garbage：**ガーベジ**）といい，ゴミが多くなるとヒープ上の空き領域が不足し，領域確保ができなくなってしまいます。そこで，プログラム言語（Javaなど）には，ゴミとなった領域を解放・回収して再び使用可能にする機能があります。これを**ガーベジコレクション**といいます。なお，ガーベジコレクション機能が備わっていたとしても，領域を動的確保する際は，確保が成功したか否かの確認処理は記述しなければいけません。

不要になった領域を解放せずそのままにしておくこと，あるいは，これにより空き領域が不足することを**メモリリーク**という。

ガーベジコレクションにより，解放された領域は空き領域リスト（p.256）に追加される。このとき，隣接している空き領域があればそれを結合して1つの大きな空き領域にすることがある。

2.7.3 言語の分類 AM/PM

現在，多種多数のプログラム言語が存在しています。ここでは，プログラム言語を「手続型，関数型，論理型，オブジェクト指向」に分類したときのそれぞれの特徴について説明します。

手続型言語

参考 代表的な手続型言語には Fortran, COBOL, PL/I, Pascal, BASIC, Cなどがある。

手続型言語では，問題解決のための処理手順（アルゴリズム）を，1文（命令）ずつ順を追って記述します。記述する文の種類には，変数などを宣言する宣言文，変数に値を設定する代入文，分岐や繰返しを表現する制御文などがあります。制御文を記述すると，単に1文ずつ逐次的に実行するだけでなく，変数の値によって命令の実行順序を変更することができます。

関数型言語

参考 関数型言語の Lispでは，リストや2分木などの再帰的データ構造を直接定義する仕組みが用意されていて，自分自身のプログラムもリストで表現できる。

関数型言語は，再帰処理向きのプログラム言語です。関数の定義とその呼出しによってプログラムを記述します。最も基本的な関数定義の記述は，「関数（引数の並び）＝式」ですが，右辺の式の中に「if 条件 then 式 else 式」といった条件式も記述できます。また，関数定義の中ですでに定義されている関数や自分自身を使用した定義ができます。

論理型言語

参考 代表的な論理型言語の1つに，Prologがある。

論理型言語では，述語論理を基礎とした論理式によってプログラムを記述します。「〜ならば…である」という推論を必要とする問題に適していて，プログラムに"事実"と"規則"を記述すれば，言語の処理系がもつ導出原理によって結論（"質問"に適合する事実）を導き出せます。

こうした推論処理で重要な役割を果たしているのが，**ユニフィケーション**（単一化）と**バックトラック**（後戻り）です。ユニフィケーションとは，推論のための規則に対して質問のパターンを比較し，変数に値を代入するなど同じ形のものを作っていく操作です。また，バックトラックとは，途中で単一化に失敗した場合，それまでの単一化の効果をすべて元に戻し，再度異なるパターン

で比較・単一化していく操作です。

なお，論理型言語は，**エキスパートシステム**の開発に使用されます。エキスパートシステムとは，知識ベースを利用して推論を行うというもので，その分野に精通していない人でも，正しい結論を導くことができるシステムです。知識ベースと推論エンジンから構成されています。

用語 知識ベース 様々な事象の事実や常識，人間の知識や経験則を，「もし〜ならば…」という形式で蓄積した特殊なデータベース。

参照 オブジェクト指向については，p.514を参照。

オブジェクト指向言語

"オブジェクト"をプログラム構成の基本とするのが，**オブジェクト指向言語**です。すべてのデータはオブジェクトであり，また，すべての計算はオブジェクトにメッセージを送ることで実現されます。代表的なものにC++やJavaがあります。

その他の言語

文書の一部を**タグ**（<…>と</…>）と呼ばれる特別な文字列で囲うことにより，文書の構造や文字の大きさなどの修飾情報を記述していく言語を**マークアップ言語**といいます。その代表である**XML**（Extensible Markup Language）では，利用者が目的に応じて任意のタグを定義することができます。

XMLと比較される規格に**YAML**があります。YAMLではタグの代わりにインデントを使ってデータの構造を表現します。

また，類似の規格として**JSON**（JavaScript Object Notation）があります。JSONは，JavaScriptの言語仕様のうち，オブジェクトの表記法などの一部の仕様を基にして規定されたもので，「名前と値との組の集まり」と「値の順序付きリスト」の2つの構造に基づいてオブジェクトを表現します。オブジェクトは，"｛"で始まり"｝"で終わります。｛…｝の中に，ダブルクォーテーション（"）で囲んだ名前と値をコロン（:）で区切り，{"age"：44}という形式で記述します。また，名前と値の組が複数ある場合は，"，"で区切って記述します。

参考 YAMLは，「YAML Ain't a Markup Language（YAMLはマークアップ言語ではない）」の略。

参考 JSONの記述例 ※[]は配列
```
{
 "No":"7",
 "名前":"RAI",
 "年齢":44,
 "関連":
  ["VET","GIO"]
}
```

JavaScriptは，**スクリプト言語**（比較的容易にコード記述や実行ができるプログラミング言語）の1つで，動的なWebサイトの作成に用いられます。この他，スクリプト言語には，近年AI開発に適した言語としても注目を浴びているPython，Webアプリ

ケーション開発に適したPHPやRuby，Perlなどがあります。

では最後に，JavaやXMLに関連する試験出題用語・技術を表2.7.1にまとめておきます。

▼ **表2.7.1** Java・XMLに関連する用語

Javaアプレット （アプレット）	Webサーバ上のJavaバイトコードをWebブラウザがダウンロードし，Java仮想マシン（Java VM：Java Virtual Machine）で実行するプログラム
Javaサーブレット （Servlet）	Webクライアントの要求に応じて，Webサーバー上で実行されるJavaプログラム。一度ロードされるとサーバに常駐し，スレッドとして実行される
JavaBeans	Javaで開発されたプログラムをアプリケーションの部品（コンポーネント）として取り扱うための規約
EJB	Enterprise JavaBeansの略。JavaBeans規約にエンタープライズ向け（サーバ側の処理）の機能を追加したもの
J2EE	Java 2 Platform, Enterprise Editionの略。Webベースの大規模企業システムにおけるサーバ側アプリケーション構築の枠組み，あるいはプラットフォーム技術に関する仕様。構成技術として，Servlet, JSP, EJB, JDBCなどがある
Ajax	Asynchronous JavaScript＋XMLの略。JavaScriptの非同期通信の機能を使うことで，画面遷移が起こらない動的なユーザインタフェースを実現する技術
DTD	Document Type Definitionの略。XMLの文書構造（データ記述方法）を定義するスキーマ言語，又はXMLの文書構造を定義するための記述
CSS	Cascading Style Sheetsの略。HTMLやXML文書の文字の大きさ，文字の色，行間などの視覚表現の情報を扱う仕様。HTMLなどから，文書表現に関する定義を分離し，効率的な文書作成や管理を実現
XSLT	XML Stylesheet Language Transformationsの略。XML文書を別の文書形式をもつXML文書やHTML文書などに変換するための仕様
SVG	Scalable Vector Graphicsの略。W3Cで作成された，矩形や円，直線などの図形オブジェクトをXML形式で表現するための規格。ベクタ形式の画像フォーマットなので拡大縮小しても輪郭が粗くならない。また，メモ帳などのテキストエディタでも作成ができる
SMIL	Synchronized Multimedia Integration Languageの略。動画や音声などのマルチメディアコンテンツのレイアウトや再生のタイミングをXMLフォーマットで記述するためのW3C勧告。SMILでは，「○秒ごとに動画を切り替える」といった制御が可能
ebXML	XMLを用いたWebサービス間の通信プロトコルやビジネスプロセスの記述方法，及び取引情報のフォーマットなどを定義する一連の仕様

用語 Java バイトコード
Javaソースコードのコンパイルによって生成された中間コード。

用語 Java 仮想マシン
Javaバイトコードを解釈し，プラットフォームに対応するオブジェクトコード（機械語）に変換して実行するプログラム。

用語 スレッド
プロセスよりも細かい並行処理の実行単位（p.253参照）。

参考 W3Cは，Webで使用される技術の標準化を行う非営利団体。

用語 ベクタ形式
画像を，点や線などの図形を表す数値（計算式）の集合で表現する形式。

得点アップ問題

解答・解説はp.114

問題1　(R02秋問5)

ポインタを用いた線形リストの特徴のうち，適切なものはどれか。

ア　先頭の要素を根としたn分木で，先頭以外の要素は全て先頭の要素の子である。

イ　配列を用いた場合と比較して，2分探索を効率的に行うことが可能である。

ウ　ポインタから次の要素を求めるためにハッシュ関数を用いる。

エ　ポインタによって指定されている要素の後ろに，新たな要素を追加する計算量は，要素の個数や位置によらず一定である。

問題2　(R03春問6)

配列A[1]，A[2]，…，A[n]で，A[1]を根とし，A[i]の左側の子をA[2i]，右側の子をA[2i+1]とみなすことによって，2分木を表現する。このとき，配列を先頭から順に調べていくことは，2分木の探索のどれに当たるか。

ア　行きがけ順(先行順)深さ優先探索　　　　イ　帰りがけ順(後行順)深さ優先探索

ウ　通りがけ順(中間順)深さ優先探索　　　　エ　幅優先探索

問題3　(H28秋問5)

あるB木は，各節点に4個のキーを格納し，5本の枝を出す。このB木の根(深さのレベル0)から深さのレベル2までの節点に格納できるキーの個数は，最大で幾つか。

ア　24　　　イ　31　　　ウ　120　　　エ　124

問題4　(H19春問11-SW)

n個のデータを整列するとき，比較回数が最悪の場合で$O(n^2)$，最良の場合で$O(n)$となるものはどれか。

ア　クイックソート　　イ　単純選択法　　ウ　単純挿入法　　エ　ヒープソート

問題5　(R03春問7)

アルゴリズム設計としての分割統治法に関する記述として，適切なものはどれか。

ア　与えられた問題を直接解くことが難しいときに，幾つかに分割した一部分に注目し，とりあえず粗い解を出し，それを逐次改良して精度の良い解を得る方法である。

イ　起こり得る全てのデータを組み合わせ，それぞれの解を調べることによって，データの組合せのうち無駄なものを除き，実際に調べる組合せ数を減らす方法である。

ウ　全体を幾つかの小さな問題に分割して，それぞれの小さな問題を独立に処理した結果

をつなぎ合わせて，最終的に元の問題を解決する方法である。
　エ　まずは問題全体のことは考えずに，問題をある尺度に沿って分解し，各時点で最良の解を選択し，これを繰り返すことによって，全体の最適解を得る方法である。

問題6　(H28春問7)

リアルタイムシステムにおいて，複数のタスクから並行して呼び出された場合に，同時に実行する必要がある共用ライブラリのプログラムに要求される性質はどれか。

　ア　リエントラント　　イ　リカーシブ　　ウ　リユーザブル　　エ　リロケータブル

問題7　(H31春問17)

プログラムの実行時に利用される記憶領域にスタック領域とヒープ領域がある。それらの領域に関する記述のうち，適切なものはどれか。

　ア　サブルーチンからの戻り番地の退避にはスタック領域が使用され，割当てと解放の順序に関連がないデータの格納にはヒープ領域が使用される。
　イ　スタック領域には未使用領域が存在するが，ヒープ領域には未使用領域は存在しない。
　ウ　ヒープ領域はスタック領域の予備領域であり，スタック領域が一杯になった場合にヒープ領域が動的に使用される。
　エ　ヒープ領域も構造的にはスタックと同じプッシュとポップの操作によって，データの格納と取出しを行う。

問題8　(R05秋問7)

JavaScriptのオブジェクトの表記法などを基にして規定したものであって，"名前と値との組みの集まり"と"値の順序付きリスト"の二つの構造に基づいてオブジェクトを表現する，データ記述の仕様はどれか。

　ア　DOM　　イ　JSON　　ウ　SOAP　　エ　XML

チャレンジ午後問題1　(H21春問2抜粋)　　　　　　　　　　　　　解答・解説：p.116

探索アルゴリズムであるハッシュ法の一つ，チェイン法に関する次の記述を読んで，設問1〜3に答えよ。

配列に対して，データを格納すべき位置(配列の添字)をデータのキーの値を引数とする関数(ハッシュ関数)で求めることによって，探索だけではなく追加や削除も効率よく行うのがハッシュ法である。通常，キーのとり得る値の数に比べて，配列の添字として使える値の範囲は狭いので，衝突(collision)と呼ばれる現象が起こり得る。衝突が発生した場合の対処方

法の一つとして，同一のハッシュ値をもつデータを線形リストによって管理するチェイン法（連鎖法ともいう）がある。

8個のデータを格納したときの例を図1に示す。このとき，キー値は正の整数，配列の添字は0〜6の整数，ハッシュ関数は引数を7で割った剰余を求める関数とする。

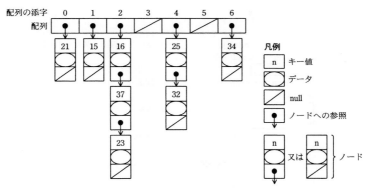

図1　チェイン法のデータ格納例

このチェイン法を実現するために，表に示す構造体，配列及び関数を使用する。

表　使用する構造体，配列及び関数

名称	種類	内容
Node	構造体	線形リスト中の各ノードのデータ構造で，次の要素から構成される。 key…キー値 data…データ nextNode…後続ノードへの参照
table	配列	ノードへの参照を格納する。この配列をハッシュ表という。配列の各要素は，table[n]と表記する（n は配列の添字）。配列の添字は0から始めるものとする。各要素の初期値は null である。
hashValue(key)	関数	キー値 key を引数として，ハッシュ値を返す。

構造体を参照する変数からその構造体の構成要素へのアクセスには“.”を用いる。例えば，図1のキー値25のデータはtable[4].dataでアクセスできる。

〔探索関数 search〕

探索のアルゴリズムを実装した関数searchの処理手順を次の（1）〜（3）に，そのプログラムを図2に示す。

（1）探索したいデータのキー値からハッシュ値を求める。
（2）ハッシュ表中のハッシュ値を添字とする要素が参照する線形リストに着目する。
（3）線形リストのノードに先頭から順にアクセスする。キー値と同じ値が見つかれば、そのノードに格納されたデータを返す。末尾まで探して見つからなければnullを返す。

```
function search(key)
  hash ← hashValue(key);      // 探索するデータのハッシュ値
  node ← table[hash];         // 着目する線形リストへの参照
  while(node が null でない)
    if(    ア    )
      return node.data;       // 探索成功
    endif
         イ      ;            // 後続ノードに着目
  endwhile
  return    ウ   ;            // 探索失敗
endfunction
```

図2　探索関数 search のプログラム

〔チェイン法の計算量〕
　チェイン法の計算量を考える。計算量が最悪になるのは、　エ　場合である。しかし、ハッシュ関数の作り方が悪くなければ、このようなことになる確率は小さく、実際上は無視できる。チェイン法では、データの個数をnとし、表の大きさ（配列の長さ）をmとすると、線形リスト上の探索の際にアクセスするノードの数は、線形リストの長さの平均n／mに比例する。mの選び方は任意なので、nに対して十分に大きくとっておけば、計算量が　オ　となる。この場合の計算量は2分探索木による$O(\log n)$より小さい。

設問1　衝突（collision）とはどのような現象か。"キー"と"ハッシュ関数"という単語を用いて、35字以内で述べよ。

設問2　〔探索関数 search〕について、（1）、（2）に答えよ。
（1）図1の場合、キー値が23のデータを探索するために、ノードにアクセスする順序はどのようになるか。"key1→key2→…→23"のように、アクセスしたノードのキー値の順序で答えよ。
（2）図2中の　ア　～　ウ　に入れる適切な字句を答えよ。

設問3　〔チェイン法の計算量〕について、（1）、（2）に答えよ。
（1）　エ　に入れる適切な字句を25字以内で答えよ。
（2）　オ　に入れる計算量をO記法で答えよ。

チャレンジ午後問題2 (R01秋問3抜粋)

解答・解説：p.118

ニューラルネットワークに関する次の記述を読んで，設問1，2に答えよ。

AI技術の進展によって，機械学習に利用されるニューラルネットワークは様々な分野で応用されるようになってきた。ニューラルネットワークが得意とする問題に分類問題がある。例えば，ニューラルネットワークによって手書きの数字を分類（認識）することができる。

分類問題には線形問題と非線形問題がある。図1に線形問題と非線形問題の例を示す。2次元平面上に分布した白丸（○）と黒丸（●）について，線形問題（図1の(a)）では1本の直線で分類できるが，非線形問題（図1の(b)）では1本の直線では分類できない。機械学習において分類問題を解く機構を分類器と呼ぶ。ニューラルネットワークを使うと，線形問題と非線形問題の両方を解く分類器を構成できる。

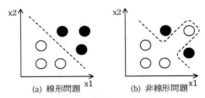

図1　線形問題と非線形問題の例

2入力の論理演算を分類器によって解いた例を図2に示す。図2の論理演算の結果（丸数字）は，論理積（AND），論理和（OR）及び否定論理積（NAND）では1本の直線で分類できるが，排他的論理和（XOR）では1本の直線では分類できない。この性質から，前者は線形問題，後者は非線形問題と考えることができる。

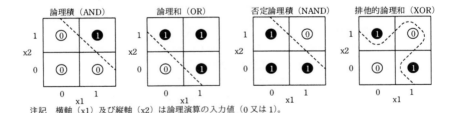

注記　横軸（x1）及び縦軸（x2）は論理演算の入力値（0又は1）。
　　　丸数字は論理演算の出力値（演算結果）。破線は出力値を分類する境界。

図2　2入力の論理演算を分類器によって解いた例

〔単純パーセプトロンを用いた論理演算〕

ここでは，図2に示した四つの論理演算の中から，排他的論理和以外の三つの論理演算を，ニューラルネットワークの一種であるパーセプトロンを用いて，分類問題として解くことを考える。図3に最もシンプルな単純パーセプトロンの模式図とノードの演算式を示す。ここ

では，円をノード，矢印をアークと呼ぶ。ノードx1及びノードx2は論理演算の入力値，ノードyは出力値（演算結果）を表す。ノードyの出力値は，アークがもつ重み（w1，w2）とノードyのバイアス（b）を使って，図3中の演算式を用いて計算する。

$$y = \begin{cases} 0 \ (x1 \times w1 + x2 \times w2 + b \leqq 0 の場合) \\ 1 \ (x1 \times w1 + x2 \times w2 + b > 0 の場合) \end{cases}$$

図3　単純パーセプトロンの模式図とノードの演算式

　単純パーセプトロンに適切な重みとバイアスを設定することで，論理積，論理和及び否定論理積を含む線形問題を計算する分類器を構成することができる。一般に，重みとバイアスは様々な値を取り得る。表1に単純パーセプトロンで各論理演算を計算するための重みとバイアスの例を示す。

　例えば，表1の論理和の重みとバイアスを設定した単純パーセプトロンにx1＝1，x2＝0を入力すると，図3の演算式から1×0.5＋0×0.5−0.2＝0.3＞0となり，出力値はy＝1となる。

表1　単純パーセプトロンで各論理演算を計算するための重みとバイアスの例

論理演算	w1	w2	b
論理積	0.5	0.5	a
論理和	0.5	0.5	− 0.2
否定論理積	− 0.5	− 0.5	0.7

〔単純パーセプトロンのプログラム〕

　単純パーセプトロンの機能を実装するプログラムsimple_perceptronを作成する。プログラムで使用する定数，変数及び配列を表2に，プログラムを図4に示す。simple_perceptronは，論理演算の入力値の全ての組合せXから論理演算の出力値Yを計算する。ここで，関数に配列を引数として渡すときの方式は参照渡しである。また，配列の添え字は0から始まるものとする。なお，2次元配列Xの要素は"X[行番号][列番号]"の形式で表記すること。

表2　プログラム simple_perceptron で使用する定数，変数及び配列

名称	種類	説明
NI	定数	入力ノードの数を表す定数。 表1の論理演算では，2入力なので，2となる。
NC	定数	論理演算の入力値の全ての組合せの数を表す定数。 表1の論理演算では，4となる。
X	配列	論理演算の入力値の全ての組合せを表す2次元配列。 表1の論理演算では，[[0,0], [0,1], [1,0], [1,1]]が設定されている。
Y	配列	論理演算の出力値（演算結果）を格納する1次元配列。 表1の論理和では，入力値 X に対応して[0,1,1,1]となる。
WY	配列	ノード y のアークがもつ重みの値を表す1次元配列。 表1の論理和では，[0.5, 0.5]を与える。
BY	変数	ノード y のバイアスの値（b）を表す変数。 表1の論理和では，−0.2を与える。

```
function simple_perceptron(X, Y)
  for( out を 0 から NC−1 まで 1 ずつ増やす )
    ytemp ←    ア
    for( in を 0 から NI−1 まで 1 ずつ増やす )
      ytemp ← ytemp +    イ    ×    ウ
    endfor
    if( ytemp が    エ    )
      Y[out] ← 1
    else
      Y[out] ← 0
    endif
  endfor
endfunction
```

図4　単純パーセプトロンのプログラム

設問1　表1中の □ a □ に入れる適切な数値を解答群の中から選び，記号で答えよ。

　　解答群
　　　ア　−0.7　　　　イ　−0.2　　　　ウ　0.2　　　　エ　0.7

設問2　図4中の □ ア □ ～ □ エ □ に入れる適切な字句を答えよ。

||||| **解説** |||||

問題1　　　　　　　　　　　　　　　　　　　　解答：エ　　←p.76を参照。

ア：木構造(多分木)に関する記述です。

イ：線形リストは，先頭要素から順に探索する線形探索には適しますが，2分探索には不向きです。配列を用いた方が効率的に行えます。

ウ：線形リストの各要素がもつポインタは，次の要素の格納場所(アドレス)です。ハッシュ関数を用いて計算する必要はありません。

エ：ポインタによって指定されている要素の後ろに，新たな要素を追加する操作は次のようになり，このときの計算量は，線形リストを構成する要素の個数や，追加位置に関係なく一定です。

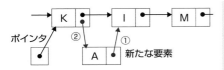

①ポインタで指定された要素('K'の要素)のポインタ部の値を，新たな要素のポインタ部に入れる。
②'K'の要素のポインタ部に，新たな要素の格納場所(アドレス)を設定する。

問題2　　　　　　　　　　　　　　　　　　　　解答：エ　　←p.84を参照。

A[1]を根とし，A[i]の左側の子をA[2i]，右側の子をA[2i+1]とみなした2分木は，下右図のようになります。したがって，配列Aの先頭から走査することは，2分木を幅優先探索で走査することと同じになります。

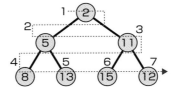

問題3　　　　　　　　　　　　　　　　　　　　解答：エ　　←p.87，88を参照。

本問のB木の各節点の構造は，次のようになります。

| p1 | k1 | p2 | k2 | p3 | k3 | p4 | k4 | p5 |

* k1～k4：キー
p1～p5：子へのポインタ

深さのレベル0から深さのレベル2までの節点数は，

・深さのレベル0の節点＝1個　　(←木の根)

・深さのレベル1の節点＝5個

・深さのレベル2の節点＝5×5＝25個

となり，全部で1＋5＋25＝31個です。そして，各節点に4個のキーが格納されるので，キーの個数は，31×4＝124個となります。

問題4
解答：ウ
←p.95を参照。

n個のデータを整列するとき，比較回数が最悪の場合で$O(n^2)$，最良の場合で$O(n)$となる整列法は**単純挿入法**です。

単純挿入法は，未整列データ列の先頭要素を，整列済みデータ列の中の正しい位置に挿入するという操作を繰り返すことによってデータを整列する方法です。一般に，大きさnのデータ列を整列する場合，未整列データ列の先頭であるi(i＝2～n)番目の要素の挿入位置を決めるために，i－1番目から1番目の要素に向かって順に比較していきます。そのため，i番目の要素の正しい挿入位置が見つかるまでの比較回数は最大(最悪)でi－1回，最小(最良)で1回です。

単純挿入法では，この操作をi＝2番目の要素からi＝n番目の要素まで行うので，整列完了までの比較回数は最悪でn(n－1)／2回(側注参照)，最良でn－1回となり，これをオーダ記法で表すと最悪で$O(n^2)$，最良で$O(n)$となります。

i	最大比較回数
2	1
3	2
…	…
n	n－1

↓

和＝n(n－1)／2

問題5
解答：ウ
←p.95を参照。

分割統治法は，大きさNの問題を大きさN/aのb個に分割し，それぞれを再帰的に解いた結果を利用して，元の問題の解を作るといったアルゴリズム設計法です。〔ア〕は局所探索法，〔イ〕は分枝限定法(最適化問題をバックトラック法で解くための手法であり，バックトラック法における枝刈りの手法の一種)，〔エ〕は貪欲法の説明です。

※問題の計算量f(N)が，「b×f(N/a)＋cN(cは定数)」を満たすように，問題を再帰的に分割していく。

問題6
解答：ア
←p.101を参照。

共用ライブラリとは，複数のプログラムが共通して利用するライブラリのことです。共用ライブラリに含まれるプログラムは，複数のプログラムから同時に呼び出されても，待たせることなく，かつ正しく実行できなければいけないので，**再入可能(リエントラント)**なプログラムである必要があります。

問題7
解答：ア
←p.80，103を参照。

スタック領域は，サブルーチンや関数からの戻り番地の退避，また関数内で定義された引数(仮引数)や局所変数の格納に使用されます。一方ヒープ領域は，プログラムの実行中に必要となった領域を動的に割当てたり，不要となった領域を解放したりできる領域です。

※スタック領域への退避は，**スタックポインタ**を使って，PUSH操作で行われる。

問題8
解答：イ
←p.105を参照。

問題文に示されたデータ記述の仕様はJSONです。

チャレンジ午後問題1

設問1		異なるキーの値でも，ハッシュ関数を適用した結果が同じになること
設問2	(1)	16→37→23
	(2)	ア：node.keyがkeyと等しい　　イ：node ← node.nextNode　　ウ：null
設問3	(1)	エ：すべてのキーについてハッシュ値が同じになる
	(2)	オ：$O(1)$

●設問1

　本問の図1のハッシュ関数は，引数を7で割った剰余をハッシュ値とする関数です。これをhashValue(key)=mod(x，7)と定義し，キー値25と32のハッシュ値を求めると，

　　hashValue(25)=mod(25，7)=4
　　hashValue(32)=mod(32，7)=4

となり，同じハッシュ値になります。この現象が衝突です。つまり，衝突(collision)とは，**異なるキーの値でも，ハッシュ関数を適用した結果が同じになること**をいいます。

※ 設問1と設問2の(1)は得点源。あわてず正確に解答しよう。

●設問2(1)

　キー値23のハッシュ値は，hashValue(23)=mod(23，7)=2なので，配列の添え字2の要素(table[2])が参照する線形リストを順にアクセスすることになります。したがって，アクセスするノードのキー値の順序は，**16→37→23**です。

●設問2(2)

　関数searchでは，まずキー値(key)からハッシュ値(hash)を求め，このハッシュ値を添字とする要素(table[hash])を変数nodeに代入します。そして，このnodeを使って線形リストのノードを順に探索していきます。ここで，変数nodeは，構造体(ノード)を参照する変数であり，線形リストのノードのキー値はnode.key，データはnode.dataでアクセスすることに注意します。

空欄ア：処理手順(3)に，「キー値と同じ値が見つかれば，そのノードに格納されたデータを返す」とあるので，空欄アには「キー値と同じ値が見つかった」という条件，すなわち「**node.keyがkeyと等しい**」を入れればよいでしょう。

空欄イ：現在，nodeが参照しているノードのキー値がkeyと等しくなければ，次のノードをアクセスする必要があります。そのためには，現在，nodeが参照しているノードがもつ後続ノードへの参照(nextNode)をnodeに設定します。つまり，空欄イには「**node ← node.nextNode**」を入れます。

※プログラムの条件文を解答する場合，他の部分でどのように記述されているかをチェックしよう。本問の場合，while文の条件が「nodeがnullでない」となっているので，「node.key=key」ではなく，「node.keyがkeyと等しい」あるいは「node.keyがkeyと同じ値」といった解答がベスト。

空欄ウ：プログラムの注釈に「探索失敗」とあるので，キー値と同じ
値が見つからなかったときの処理だとわかります。処理手順(3)を
見ると，「末尾まで探して見つからなければnullを返す」とあるの
で，空欄ウにはnullを入れます。

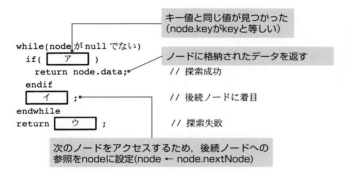

```
while(node が null でない)
  if(    ア    )
    return node.data;         // 探索成功
  endif
      イ      ;                // 後続ノードに着目
endwhile
return    ウ    ;              // 探索失敗
```

キー値と同じ値が見つかった
(node.keyがkeyと等しい)

ノードに格納されたデータを返す

次のノードをアクセスするため，後続ノードへの
参照をnodeに設定(node ← node.nextNode)

〔例〕ハッシュ値(hash)＝4，key＝32

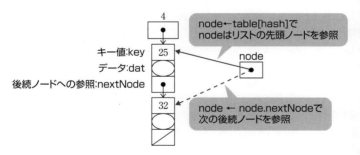

node←table[hash]で
nodeはリストの先頭ノードを参照

キー値:key
データ:dat
後続ノードへの参照:nextNode

node

node ← node.nextNodeで
次の後続ノードを参照

●設問3(1)

チェイン法では，同一のハッシュ値をもつデータを線形リストによ
って管理します。そのため，**すべてのキーについてハッシュ値が同じ
になる**場合は1本の線形リストを探索することになり，この場合，計
算量が最悪の$O(n)$になります。

●設問3(2)

データの個数をn，表の大きさをmとすると，線形リストの長さ(ノ
ードの個数)の平均はn／mです。また線形リスト上の探索は線形探索
となるため，計算量は線形リストの長さn／mに比例します。そこでm
を，nに対して十分に大きくとればn／mは1に近くなり，ほぼ1回の
ハッシュ計算で探索ができ，このときの計算量は$O(1)$になります。

※すべてのデータが
1本の線形リストにな
るとき，計算量が最悪
となる。

※チェイン法の計算量
については，p.92を
参照。

チャレンジ午後問題2

設問1	a：ア
設問2	ア：BY　イ：X[out][in]　ウ：WY[in]　エ：0より大きい

●設問1

単純パーセプトロンの出力値yは，演算式「x1×w1+x2×w2+b」で計算され，論理積の重みw1，w2はともに0.5です。論理積はx1とx2が両方とも1のときにのみ結果が1になる演算なので，x1=1，x2=1のときだけ演算式の値が0より大きくなるバイアスの値bを選択します。下記から，これを満たすバイアスの値bは〔ア〕の−0.7です。

   x1=0，x2=0：0×0.5+0×0.5+b=　0　+b≦0
   x1=0，x2=1：0×0.5+1×0.5+b=0.5+b≦0
   x1=1，x2=0：1×0.5+0×0.5+b=0.5+b≦0
   x1=1，x2=1：1×0.5+1×0.5+b=　1　+b>0

※解答群
ア −0.7
イ −0.2
ウ 0.2
エ 0.7

●設問2

空欄ア：空欄アには変数ytempに設定する初期値が入ります。空欄エを含むif文を見ると，変数ytempの値によってY[out]に1あるいは0を設定しています。このことから，変数ytempは演算式の値を格納する変数です。また，空欄イ，ウを含む式を見ると，この式ではバイアスの値を加算していません。そのため，変数ytempには初期値としてバイアスの値BYを設定する必要があります。

※Yは論理演算の出力値（演算結果）を格納する1次元配列。

空欄イ，ウ：ここでは，入力値[x1，x2]と重み[w1，w2]に対し，ytemp=ytemp+x1×w1+x2×w2を計算するわけですが，入力値[x1，x2]は，2次元配列XにNC組格納されています。そのため，変数outを使って外側のループ（for文）をNC回繰り返します。つまり，変数outは2次元配列Xの行番号（行の添字）表すことになります。これを踏まえて，上記の式を書き替えると，次のようになります。

※表1の論理演算では，NC=4。

   ytemp=ytemp + X[out][0]×w1 + X[out][1]×w2

次に，重みは，1次元配列WYに格納されているので，この式は，

   ytemp=ytemp + X[out][0]×WY[0] + X[out][1]×WY[1]

と表すことができ，さらに，列番号に変数inを用いれば，

$$ytemp=ytemp + \sum_{in=0}^{NI-1} X[out][in]×WY[in]$$

と表すことができます。したがって，空欄イにはX[out][in]，空欄ウにはWY[in]が入ります。

※表1の論理演算では，NI=2。したがって，内側のループ（for文）で，in=0のとき，ytemp←ytemp+X[out][0]×WY[0]を行い，in=1のとき，ytemp←ytemp+X[out][1]×WY[1]を行うことになる。

空欄エ：Y[out]には，変数ytempの値が0より大きければ1，そうでなければ（0以下であれば）0を設定します。したがって，空欄エには「0より大きい」が入ります。

第3章
ハードウェアとコンピュータ構成要素

　応用情報技術者試験では，1つひとつのコンピュータアーキテクチャについて一歩踏み込んだ知識が要求されます。基本情報技術者のレベルでは，コンピュータを構成するハードウェアの全体像をつかむことに主眼がおかれ，個々のアーキテクチャについてはその用途や設置の意味，動き方の概念を学習するに留まりましたが，応用情報技術者にはそれらの詳細な挙動，基礎理論，効率化のための技術といった知識が要求されます。

　通り一遍の知識で安心するのではなく，正確な用語や理論を一から確認し直すつもりで学習しましょう。また，基本情報技術者の知識を前提にスキル体系が構築されていますから，例えば，コンピュータの5大要素といった基礎知識に不安がある場合は，先にざっと復習しておくと効率よく対策ができます。

3.1 ハードウェア

3.1.1 組合せ論理回路 AM/PM

論理回路

コンピュータ内部では，論理演算を行う多くの論理回路が用いられています。論理演算を行うための最小の回路を**論理素子**といい，**論理回路**はこれらの論理素子の組合せで構成されます。

論理素子としては，すべての論理演算をその結合で表現できる論理積(AND)，論理和(OR)，否定(NOT)を含むいくつかの基本論理演算に対応するものがあります。

T 用語 論理演算
1(真:True)か0(偽:False)かの2通りの値しかとらない演算。

T 用語 論理素子
論理ゲート，あるいは単にゲートともいう。

▼ **表3.1.1** 基本論理演算に対応する論理素子

図記号	説 明	論理式
A B ⟩— Y	論理積素子(ANDゲート) 入力A，Bがともに1のときだけ出力Yが1になる	$A \cdot B$ (A AND B)
A B ⟩o— Y	否定論理積素子(NANDゲート) 入力A，Bがともに1のときだけ出力Yが0になる	$\overline{A \cdot B}$ NOT(A AND B)
A B ⟩— Y	論理和素子(ORゲート) 入力A，Bの少なくとも一方が1であれば出力Yが1になる	$A+B$ (A OR B)
A B ⟩o— Y	否定論理和素子(NORゲート) 入力A，Bがともに0のときだけ出力Yが1になる	$\overline{A+B}$ NOT(A OR B)
A B ⟩— Y	排他的論理和素子(XORゲート) 入力A，Bが異なるとき出力Yが1，同じときYが0になる	$A \oplus B$ (A XOR B)
A —▷o— Y	論理否定器(NOTゲート) 入力Aが1ならYは0，0なら1	$\overline{A}$ (NOT A)

◯◯ 参考 論理回路には，組合せ論理回路のほかに，**順序論理回路**(順序回路ともいう)がある(p.124参照)。

入力に対して出力が一意に決まる論理回路を**組合せ論理回路**といい，同じ機能をもつ論理回路でも，論理素子の組合せ方によって様々な構成の論理回路があります。

ここで，"入力AとBが1のときだけ，0を出力する"論理回路は，どのような構成で実現できるのかをみていきましょう。

論理回路の設計

論理回路は，「真理値表の作成→論理式を求める→論理回路の設計」といった流れで設計されます。

真理値表
条件の真偽（T，F）や入力（1，0）の組合せによって，論理式や論理回路がどのような値（出力値）をとるのかを表したもの。

⬤ 真理値表の作成

論理回路に必要な機能を真理値表で表します。この場合，機能は"入力AとBが1のときだけ，0を出力する"なので，これを真理値表に表すと表3.1.2のようになります。

▼ **表3.1.2** 真理値表

A	B	出力
0	0	1
0	1	1
1	0	1
1	1	0

入力AとBが1のときだけ，0を出力する

⬤ 論理式を求める

作成した真理値表と等価な論理式を求めます。この論理式は，出力が1になる入力条件すべての論理和（**加法標準形**）をとることで求められるので，表3.1.2からは次の論理式が得られます。

$$\overline{A} \cdot \overline{B} + \overline{A} \cdot B + A \cdot \overline{B} \ \cdots \ ①$$

論理式の簡略化
方法については，p.22を参照。

次に，①の論理式を簡略化します。

$$\overline{A} \cdot \overline{B} + \overline{A} \cdot B + A \cdot \overline{B} = \overline{A} + \overline{B}$$

⬤ 論理回路を設計する

ド・モルガンの法則
① $\overline{A \cdot B} = \overline{A} + \overline{B}$
② $\overline{A + B} = \overline{A} \cdot \overline{B}$

ド・モルガンの法則から，論理式$\overline{A} + \overline{B}$は$\overline{A \cdot B}$と等価です。したがって，"入力AとBが1のときだけ，0を出力する"論理回路は，次の2つの組合せ論理回路で実現できます。

等価回路
回路構成が異なっていても同じ結果を出力する論理回路。

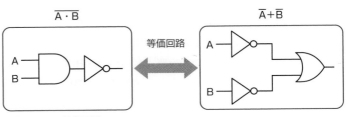

$\overline{A \cdot B}$　　等価回路　　$\overline{A} + \overline{B}$

▲ **図3.1.1** 等価回路

半加算器

"1桁の2進数AとBの加算を行う"論理回路(半加算器)を考えてみましょう。

まず,真理値表を作成します。ここで,AとBを加算したときの和の1桁目をS,桁上げをCとします。

S(和の1桁目)は,AとBがともに0のときは"0",どちらか一方のみが1のときは"1",そして,AとBがともに1のときは"0"で,このとき桁上げが発生します。また,C(桁上げ)は,AとBがともに1のときのみ"1"です。このことから,SとCの真理値表は次のようになります。

▼ **表3.1.3** SとCの真理値表

A	B	S (和の1桁目)
0	0	0
0	1	1
1	0	1
1	1	0

A	B	C (桁上げ)
0	0	0
0	1	0
1	0	0
1	1	1

次に,それぞれの真理値表から出力が1になる入力条件すべての論理和をとって,SとCを表す論理式を求めると次のようになります。

P O I N T 1桁の2進数の加算を表す論理式
・S(和の1桁目)を表す論理式=$\overline{A} \cdot B + A \cdot \overline{B}$
・C(桁上げ)を表す論理式=$A \cdot B$

以上から,"1桁の2進数AとBの加算を行う"半加算器は,論理積素子(ANDゲート)3つ,論理和素子(ORゲート)1つ,論理否定器(NOTゲート)2つを組み合わせた論理回路で実現できることがわかります(側注の図)。

ここで,論理式$\overline{A} \cdot B + A \cdot \overline{B}$は,排他的論理和(XOR)を表す論理式です。また,論理式$(A+B) \cdot \overline{A \cdot B}$とも等価です。このことから半加算器の実現方法としては,少なくても3つの方法があることになります(実際はもっと多い)。

このように，機能が複雑になるほど多くの論理式が求められますが，性能や設計のしやすさ，そしてコストなどの面から最適な論理式を採択し，論理回路を設計していく必要があります。

図3.1.2に排他的論理和素子（XORゲート）1つと論理積素子（ANDゲート）1つで構成される半加算器を示します。情報処理技術者試験では，この半加算器を構成する論理素子が問われます。覚えておきましょう。

全加算器
参考　入力A，Bの他に，下位桁からの桁上げを入力とする，複数桁の加算に使用される加算回路。

〔例〕リップルキャリー
　　　加算器

＊C_1には0を設定

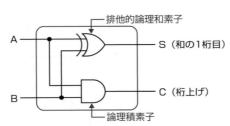

▲ **図3.1.2**　XORゲートとANDゲートを用いた半加算器

否定論理積（NAND）

すべての論理演算は，論理積（AND），論理和（OR），否定（NOT）を組み合わせた論理式で表現できます。そのAND，OR，NOTは，次のPOINTに示すように，**否定論理積（NAND）**のみで表現することができます。

試験　②の公式と，NANDゲートのみを用いて論理和を実現した下図の回路は頻出。覚えておこう。

> **P O I N T**　基本論理演算をNANDのみで表現した論理式
> ＊ XとYの否定論理積（X・Y）は，X NAND Yと表す。
> ① X AND Y ＝（X NAND Y）NAND（X NAND Y）
> ② X OR Y ＝（X NAND X）NAND（Y NAND Y）
> ③ NOT X ＝ X NAND X

つまり，すべての論理回路は**否定論理積素子（NANDゲート）**のみを用いて実現することが可能です。用いるゲートをNANDゲートに限定することで設計しやすくなるといった利点があり，近年，NANDゲートを多用した論理回路も増えています。なお，NANDゲートのみで論理回路を実現する一手法を**MA法**といいます。

3.1.2 順序論理回路 AM/PM

入力に対して出力が一意に決まる組合せ論理回路に対し，過去の入力による状態と現在の入力とで出力が決まる論理回路を**順序論理回路**(順序回路)といいます。コンピュータの基本機能は，演算と記憶です。しかし，組合せ論理回路では記憶ができないため，記憶ができる順序論理回路は必須です。そして，この順序論理回路の基本構成要素となるのが，SRAMなどで使われている**フリップフロップ**(Flip-Flop：FF)回路です。

フリップフロップ回路

1ビットの情報を記憶する論理回路です。フリップフロップ回路には，いろいろな種類がありますが最も基本となるのは，図3.1.3に示す**RSフリップフロップ**(RS-FF)です。

🔍 **参考** "RS"は，「リセット・セット」の意味。試験では，下図のNAND型RSフリップフロップも出題されている。

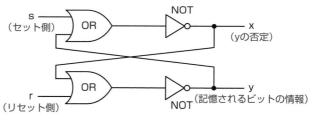

▲ **図3.1.3** 論理和素子(ORゲート)によるRS-FF

このRS-FFでは入力sとrに対し，yが記憶される1ビットの情報となります。つまり，**リセット**「s＝0，r＝1」を行うことでビットの0，**セット**「s＝1，r＝0」を行うことで1を記憶させることができます。また，「s＝0，r＝0」では，記憶された情報が保存されます(前の状態をそのまま維持する)。

✏️ **試験** 試験では，「x＝0，y＝1である状態からx＝1，y＝0に変える入力」が問われる。xはyの否定なので問題文を「y＝1である状態からy＝0に変える入力は?」と読み替えることがポイント。答えは『s＝0，r＝1』

▼ **表3.1.4** RS-FF回路の真理値表

	s	r	y
	0	0	0又は1(前の状態)
リセット→	0	1	0
セット→	1	0	1
	1	1	(出力が確定しないため入力禁止)

3.1.3　LSIの設計・開発　　AM/PM

用語 LSI
(Large Scale Integration)
加算器やメモリ(FF),
シフトレジスタ,さらに特定用途向けの様々な回路を組み込んだ大規模なIC(集積回路)。

ここでは,LSIの設計・開発に関連する技術(FPGA,SystemC,IPコア)を説明します。

FPGA(Field Programmable Gate Array)は,ユーザが自由に設計して使うLSI(フィールドプログラマブルロジックという)の代表的なものです。いくつかの種類がありますが,プログラムの記憶要素としてSRAMを採用したFPGAでは,回路の書換えを高速に行うことができ,また書換え回数に制限がありません。

参考 代表的なハードウェア記述言語
(HDL:Hardware Description Language)
に,VHDLやVerilog-HDLがある。なお,ハードウェア記述言語の他,回路図(ブロック図)を使うこともある。

> **P O I N T FPGAの設計フロー**
> ① 該当するFPGAが担う機能・動作を,ハードウェア記述言語を用いて記述する(機能の記述)。
> ② 記述したソース・コードを回路に変換する(論理合成)。
> ③ ②で変換した回路の配置位置や,回路同士をつなぐ配線経路を決定する(配置配線)。また,回路の入出力信号をFPGAのどのI/Oピンに割り当てるのかを決める。
> ④ 生成された回路情報をFPGAに書込み,動作検証を行う。
> ⑤ 動作不良や回路仕様の変更が発生したときは①へ戻る。

用語 システムLSI
機能や種類の異なるICを組み合わせ,全体として1つのシステムとして機能するようにしたもの。

SystemCは,C++をベースとしたシステムレベル記述言語です。ハードウェア記述言語よりも抽象度の高い記述ができるため,設計効率の向上が図れます。また,SystemCは,**システムLSI**のハードウェアやその上で動作するシステムソフトウェアを一貫して設計できる言語です。そのためSystemCを,システムLSI設計フローの初期段階で利用することで,ハードウェアとソフトウェア仕様の早期整合(コデザイン)が可能になります。

用語 SoC
System on a Chipの略。複数のチップで構成していた,システムに必要な機能を1つのチップで実現したもの。システムLSIの一種。

IPコア(Intellectual Property Core)は,SoCなどのLSIを構成するための,再利用可能な機能ブロックの回路設計情報です。ソフトウェアにおける"ライブラリ"に相当し,IPコアを利用することでLSI全体を始めから設計するよりも開発期間を短縮できます。

▼ **表3.1.5**　関連用語

ASSP	ある特定の機能に限定した集積回路。複数の顧客を対象に汎用部品として提供される
ASIC	ユーザの要求に合わせた複数機能の回路を1つにまとめた大規模集積回路(カスタムIC)

3.1.4 低消費電力LSIの設計技術 AM/PM

集積回路(LSI)の消費電力は，集積度の向上に伴い年々増加の一途をたどっています。消費電力の増大は，冷却の観点からも大きな問題になっていますし，センサネットワークのノードで使われるLSIやRFIDタグなどでは，バッテリーの充電や交換が非常に困難であるため，低消費電力化の実現が必須となっています。

このような背景から近年重要になっているのが，LSIの低消費電力化の設計技術です。ここでは，応用技術者として押さえておきたい「消費電力低減技術」の概要を説明します。なお，LSIの要求性能を低下させずに消費電力を抑えるには，不要不急の動作をする回路ブロックを停止させるか，あるいは低速に動作させるというのが基本設計方針です。

ダイナミック電力の低減

ダイナミック電力とは，回路ブロックの動作(スイッチング動作)に伴って消費される電力のことです。ダイナミック電力の大きさは，電源電圧Vの2乗と周波数fの積に比例するため，許される範囲で可能な限り電源電圧と周波数を低くすればダイナミック消費電力は低減できます。

しかし，電源電圧を下げると性能が低下し動作速度が遅くなります。そこで，この問題を解決しつつ，ダイナミック電力を低減する技術として，マルチV_{DD}技術や電源電圧の動的制御技術(DVS，DVFS)があります。

▼ **表3.1.6** ダイナミック電力低減化技術

マルチV_{DD}	高性能が必要な回路ブロックには従来の電源電圧を使い，さほど速い動作が必要ではない回路ブロックには低い電源電圧を使うことで消費電力の低減化を図る
DVS，DVFS	プロセッサLSIの負荷(仕事)量が動的に変化することに着目したもの。仕事量が少ない(負荷が軽い)ときには，LSIを高い性能で動作させなくてもよいので電源電圧や動作周波数を下げ消費電力の低減化を図る ・DVS(Dynamic Voltage Scaling) 　負荷量に応じて電源電圧を動的に変える技術 ・DVFS(Dynamic Voltage and Frequency Scaling) 　電源電圧と動作周波数の両方を動的に変える技術

T 用語 センサネットワーク
小型のセンサ付無線機器を分散配置し，それらを協調動作させることで，環境や物理的状況の観測などを行なう通信ネットワークのこと。IoTで使用するコア技術の1つ。

参考 LSIの消費電力は，ダイナミック電力とスタティック電力(リーク電力)に大別できる。

T 用語 スイッチング
信号を流したり切ったりする動作のこと。

参考 古くから利用されてきた手法に，**クロックゲーティング**がある。ダイナミック消費電力の30%~50%は，チップのクロック分配回路で消費されることに着目し，「クロックが不要ならばその回路へのクロック供給を停止し，省電力化を図る」というもの。

3

スタティック電力の低減

　スタティック電力とは，動作の有無にかかわらず漏れ出すリーク電流によって消費される電力のことで，**リーク電力**とも呼ばれます。リーク電力の低減技術として最も代表的な技術が，**パワーゲーティング**です。パワーゲーティングは，動作する必要がない回路ブロックへの電源供給を遮断することによって，リーク電流を削減しようという手法です。

　なお，パワーゲーティングの問題点の1つに，電源供給を遮断すると記憶データを保持できないという点が挙げられます。そこで，電源供給が遮断されているときにも記憶データを保持するため，リーク電流が小さいリテンション・フリップフロップと呼ばれる特別な回路を使います。具体的には，主要部分のフリップフロップ（**FF**）の横にリテンション・フリップフロップを配置し，ブロックへの電源供給を遮断する直前に，フリップフロップの出力をリテンション・フリップフロップに入力し記憶データを保持させます。

試験では，パワーゲーティングがよく問われる。

"リテンション"とは，「保持・記憶」という意味。

ブロックへの電源供給が再開されたとき，リテンション・フリップフロップから主要フリップフロップにデータを戻し，回路ブロックの状態を復元する。

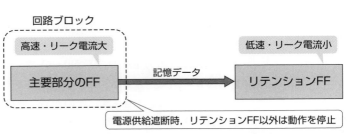

▲ **図3.1.4**　パワーゲーティング（記憶データ保持の仕組み）

関連技術

　その他，表3.1.7に示す関連技術も押さえておきましょう。

▼ **表3.1.7**　その他の関連技術

メモリの消費電力削減	未使用のメモリセグメントを停止する
スタンバイ時の電源制御	システムLSIのように1つのチップ上で多くの機能を実現する場合，すべてのモジュールが常に動作する必要がない。例えば，携帯電話の待受け時などは，着信処理に必要なモジュール以外は動作する必要がないため，それ以外のモジュールへの電源を遮断する

3.1.5 データコンバータ AM/PM

現在，オーディオ機器をはじめ，通信機器や計測機器，医療機器など様々な電子機器がデジタル化されています。そのため，アナログ信号を入力とする機器において欠かせない回路となっているのが**データコンバータ**（A/Dコンバータ，D/Aコンバータ）です。ここでは，A/Dコンバータの精度（分解能），及び電圧値とデジタル値の関係について説明します。

A/Dコンバータ

アナログ信号をデジタル信号に変換する電子回路です。**A/D変換器**とも呼ばれます。A/Dコンバータは，アナログ信号の振幅を一定時間間隔で切り出し，それをデジタル信号に変換して出力しますが，このA/D変換の際の精度（正確さ）を決める重要な要素となるのが，分解能と変換速度（サンプリング周波数）です。

分解能

分解能とは変換の細かさを意味し，この細かさは「入力電圧のレンジ（フルスケールレンジ）÷2^出力ビット数」で表すことができます。例えば，入力電圧レンジが0〜5Vで，出力ビット数が3ビットのA/Dコンバータでは，レンジ幅5Vを2^3（＝8）段階に分割してデジタル値に対応させます。そのため，変換の細かさは「5÷8＝0.625V」となり，入力電圧が0.625V変化すればデジタル出力値が1変化することになります。また，出力ビット数が8ビットに増えれば，2^8（＝256）段階になるので，変換の細かさは「5÷256≒0.0195V」となり，約0.0195Vの変化でデジタル出力値が1変化します。

したがって，同じレンジ幅であれば，出力ビット数が多ければ多いほどアナログ値を正確に変換でき，変換時の誤差（**量子化誤差**という）も少なくなります。

例 0〜5Vの電圧をA/D変換する際の最小単位

・分解能3ビット ➡ $5 \div 2^3 = 5 \div 8$ ＝ 0.625V

・分解能8ビット ➡ $5 \div 2^8 = 5 \div 256$ ≒ 0.0195V

参考 A/D変換の代表的な方式にPCMがある（p.28参照）。

参考 サンプリング周波数が低すぎると元のアナログ信号が復元できない。どの程度の速度でサンプリングするのかは，**標本化定理**（p.28参照）に従う。

参考 変換の細かさが0.625Vということは，アナログ値をデジタル値に変換する**量子化の単位**が0.625Vということ。

参考 **分解能**は，デジタル出力値を1変化させる入力信号値の最小変化ともいえる。

◯ 電圧値とデジタル値の関係

入力電圧が0～5Vであっても，実際に計測（変換）できる最大値は5Vではありません。例えば，分解能3ビットのA/Dコンバータの場合，デジタル出力値は「$000_{(2)}$～$111_{(2)}$」の8段階となるので，計測できる最大値は「$5-(5\div2^3) = 5-0.625 = 4.375V$」です。

LSB
A/D変換する際の最小単位。左記例のLSBは0.625V。LSBは"Least Significant Bit"の略で，最下位ビットを意味する。

参考 入力電圧が$-2.5V$～$2.5V$の場合，計測できる範囲は，$-2.5V$～$2.5-(5\div2^3)$Vとなる。

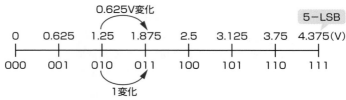

▲ **図3.1.5** 電圧値とデジタル値の関係

◯ A/Dコンバータに必要な最小のビット数

ここで，最下位ビットの重み（LSB）が$1/2,048$Vであり，負の値を2の補数表現として「$-1,024V$～$1,024-(1/2,048)V$」の範囲の電圧を計測できるA/Dコンバータに必要な最小ビット数を考えてみましょう。

負数を2の補数表現する場合，Nビットで表現できる範囲は，通常「-2^{N-1}～$2^{N-1}-1$」です。しかし，1ビットの重みが$1/2,048$なら，「$-2^{N-1}\times(1/2,048)$～$(2^{N-1}-1)\times(1/2,048)$」となります。したがって，次の式を満たすNが最小ビット数です。

① $-2^{N-1}\times(1/2,048) = -1,024$
② $(2^{N-1}-1)\times(1/2,048) = 1,024-(1/2,048)$

どちらの式からNを求めてもよいので，ここでは①式から求めます。$2,048=2^{11}$，$1,024=2^{10}$なので，①式は，

$$-2^{N-1}\times2^{-11} = -2^{10}$$

となり，指数部分を整理すると，

$$-2^{(N-1-11)} = -2^{10}$$

となります。左辺と右辺が等しくなるのは「$N-1-11=10$」のときなので，Nは22です。したがって，このA/Dコンバータに必要な最小ビット数は22ビットと求められます。

参考 **別解** この場合のLSBは，$(1,024\times2)\div2^N$。これが$1/2,048$であるということは，下記の式を満たす。
$(1,024\times2)\div2^N$
$=1/2,048$
↓
$(2^{10}\times2)\div2^N=2^{-11}$
↓
$2^{10+1-N}=2^{-11}$
∴N=22

参考 A/Dコンバータとは逆の変換を行うのがD/Aコンバータ（D/A変換器）。D/A変換の考え方は，A/D変換の逆と考える。つまり，3ビットのD/A変換器で出力電圧レンジが0～5V（実際には，0～5-0.625V）の場合，デジタル値が1変化すると出力が0.625V変化することになる。

3.1.6 コンピュータ制御 AM/PM

自動制御の種類

各種の機械や装置などに適切な操作を加えて，目的とする動作をとらせたり，目標とする状態に保持したりすることを制御といい，この制御が自動的に行われるものを**自動制御**といいます。

● シーケンス制御

制御対象となる機械・装置に，状態に対応した複数の異なる段階があるとき用いられる制御で，「あらかじめ定められた順序に従って，制御の各段階を逐次進めていく」という方式です。シーケンス制御を行うため，以前は，リレーと呼ばれる回路（スイッチ）が使用されていましたが，現在では，リレー回路の代替装置として開発された**PLC**（Programable Logic Controller）が多く使用されています。PLCは，パソコン上でプログラミングできる制御装置で，通常，**ラダー図**という言語を用いてシーケンスプログラムを記述します。

● フィードバック制御

与えられた目標値と，検出器やセンサから得られた測定値とを比較しながら運転し，目標値に一致させるよう制御を行う方式です。この方式では，外乱による影響をただちにフィードバックし修正するように動作します。

> 🔍 **参考** **ラダー図**とは，シーケンス回路図をラダーシンボル（記号）を使って図式化したもの。専用アプリケーションソフトを使ってラダー図を作成すれば，変換からPLCへの書込みまで行われる。なお，ラダーとは"梯子"という意味。記述された回路が梯子のように見えることからこの名前が付いた。

> 🔍 **参考** **フィードフォワード制御**とは，外乱による影響を極力なくすよう必要な修正動作を行うこと。外乱を検知し，その影響を解析して適切な出力（修正量）の決定を行う。通常，フィードバック制御と併用する。

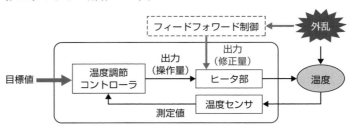

▲ **図3.1.6** フィードバック制御とフィードフォワード制御

センサの種類と特徴

センサには，温度センサをはじめ，様々なものがあります。次ページの表3.1.8に，試験に出題されているものをまとめます。

▼ **表3.1.8** 各種センサ

サーミスタ	温度の変化によって電気の流れにくさ（抵抗値）が変化する電子部品。温度検知や温度補償、又は過熱検知、過電流保護などの用途で用いられる
ジャイロセンサ	角速度センサとも呼ばれるセンサで、主な役割は、角速度や傾き、振動の検出
距離画像センサ	対象物までの距離を測定するセンサ。最もよく使われている方式が、家庭用ゲーム機や自動車の先端運転支援システム（ADAS：Advanced Driving Assistant System）などに使われているTOF（Time of Flight）方式。TOF方式では、光源から射出されたレーザなどの光が、対象物に反射してセンサに届くまでの時間を利用して距離を測定する
ひずみゲージ	変形（ひずみ）を感知するセンサ
ホール素子	ホール効果を用いた非接触型の磁気センサ
ウェアラブル生体センサ	ウェアラブルデバイスに取り付けられる生体センサ。ウェアラブルデバイスとは、腕や衣服など身体に装着して利用できるデバイスの総称

3

ハードウェアとコンピュータ構成要素

参考 TOF方式を採し、車の自動運転に使われるセンサにLiDAR（Light Detection And Ranging）がある。LiDARは、対象物までの距離はもちろん、対象物の方向や形状まで計測できる。

用語 **ホール効果** 物質中に流れる電流に垂直に磁場をかけると、電流と磁場に垂直な方向に起電力（電界）が現れる現象。

参考 **アクチュエータ** には、電気式の他、油圧によりシリンダ内のピストンを動かしたり、回転運動を得る**油圧式**や、空気の圧縮膨張によりピストンを動かしたり、空気圧によって回転運動を得る**空気圧式**がある。

アクチュエータ

アクチュエータは、電気エネルギーや、油圧・空気圧などの流体エネルギーを制御信号に基づき、回転や並進などの動きに変換する装置です。コンピュータ制御では、制御対象の状態をセンサで検出し、それを制御機器が判断して電気信号（制御信号）に変換し、アクチュエータを通して力学的・機械的な動きに変換します。

アクチュエータ（電気式）には、ロボットなどに使われていた**DCサーボモータ**（直流サーボモータ）や、パソコンのファンなどに使われる**DCブラシレスモータ**、プリンタの用紙送りなどに使われる**ステッピングモータ**などがあります。

◆アクチュエータ駆動回路

アクチュエータを駆動する回路には、期待する動き方に応じて単にアナログの電圧を出力するものと、電圧のON/OFFを繰り返すスイッチング型があります。例えば、PWM（Pulse Width Modulation：パルス幅変調）制御のアクチュエータでは、1周期に対するONの時間の割合（**デューティ比**）を変化させることによって、モータの速度を制御します。ONの時間（パルス幅）を長くすれば高い電圧となりモータは速く回転し、逆に短くすれば低い電圧となりモータはゆっくり回転します。

参考 **PWM制御**

3.2 プロセッサアーキテクチャ

3.2.1 プロセッサの種類と方式 　AM / PM

プロセッサの種類

CPU(Central Processing Unit)
データの演算・変換・転送、命令の実行、他の装置の制御などを担う、コンピュータの中心的な装置。

プロセッサというと、一般にはCPU(中央処理装置)のことを指しますが、必ずしも「プロセッサ＝CPU」ではありません。プロセッサは、処理装置の総称であり、データや命令を処理するハードウェアのことです。扱う処理の種類や構成によっていろいろなプロセッサがあります。

▼ **表3.2.1** プロセッサの種類

MPU	Micro Processing Unitの略。CPU の機能を1つのLSI(集積回路)に実装したもの。マイクロプロセッサともいう
マルチコアプロセッサ	プロセッサの内部に複数の処理装置(CPUコア)を実装したもの。それぞれが同時に別の処理を実行することによって、消費電力を抑えながら、プロセッサ全体の処理性能を高められる。なお、同タイプのCPUコアを多数搭載したものをホモジニアスマルチコアプロセッサといい、異なるタイプのCPUコアを複数搭載したものをヘテロジニアスマルチコアプロセッサという。ヘテロジニアスは異種混合という意味
DSP	Digital Signal Processor(デジタルシグナルプロセッサ)の略。デジタル信号処理に特化したマイクロプロセッサで、音声や画像の計算処理に使われる。DSPは積和演算の繰返しを高速に実行でき、必要な信号成分だけを抽出するデジタルフィルタを効率よく実現できる。なお、積和演算とは、乗算結果を順次加算する「S←S+A×B」で表される処理のこと
GPU	Graphics Processing Unitの略。3次元グラフィックスの画像処理などをCPUに代わって高速に実行する演算装置

近年用いられているデジタル信号処理システムは、「アナログ入力→A/D変換→DSP処理→D/A変換→アナログ出力」という形態が多い。

プロセッサの方式(命令セット)

プロセッサ(CPU)の命令セットアーキテクチャには、CISCとRISCがあります。

○ CISC

CISC
複合命令セットコンピュータ。

CISC(Complex Instruction Set Computer)は伝統的なCPUの方式です。CISCでは複雑で多機能な機械語命令が実装されていて、1つひとつの機械語命令が高度な処理機能をもち、プログラマの負担を軽減しています。そのため、プログラミング作業を比

較的容易に行うことができるという長所をもっています。また，新たな命令を追加するのも比較的容易です。

しかし，複雑で多機能な長い機械語命令を解釈するため，CPUへの負担は大きくなります。CPUは，1つひとつの命令の長さが同じで処理時間がそろっていると，それぞれの処理を並行して行いやすいため，全体の処理速度が上がりますが，CISCの命令は命令ごとに異なり処理時間がばらばらなので，結果として，CPUの処理効率が悪くなり，処理速度が低下するという欠点があります。

⬦RISC

RISC（Reduced Instruction Set Computer）は，CISCがもつ処理効率の悪さを改善するために提案された方式です。

RISCでは，極力単純で短い機械語命令だけを実装し，専用の論理回路で高速に実行できるようにしています。こうすることによって，各命令の処理時間を均一化し，**パイプライン処理**などの処理速度向上技術を実装しやすくしています。

しかし，用意される命令が単純で少ないため，プログラミングの手間はCISCに比べて増大します。また，単純な命令を実行する専用の論理回路によって構成されているため，拡張性に乏しい点もデメリットになります。プログラムを追加すれば機能を追加できるCISCに比べると，自由な拡張は困難です。

T 用語 RISC 縮小命令セットコンピュータ。

参考 RISCでは，ロードストアアーキテクチャを採用しているため，命令形式は，レジスターレジスタ間，レジスターメモリ間の操作をする形式だけである。

▼ **表3.2.2** CISCとRISCの特徴

	CISC	RISC
実装方式	マイクロプログラム	ワイヤードロジック
命令語長	命令ごとに異なる，長い	固定，短い
メリット	高機能命令を実装できる	1命令の処理が単純で高速化しやすい。パイプライン向き
デメリット	1命令の内部構造が複雑になる。パイプラインには不向き	1命令では単純な処理しかできない

参考 マイクロプログラムは，ハードウェアとソフトウェアの境界に位置し，ファームウェアと呼ばれている。ハードウェアで構成されるワイヤードロジックに比べて機能の追加が容易である点が特徴。

⬦実装方式

RISCでは，論理回路を組み合わせることで必要な処理を実現します。これを**ワイヤードロジック**（配線論理）といいます。ワイ

ヤードロジックは非常に高速に動作しますが，複雑な命令セットの構築には多大なコストがかかるため，単純な命令セットしかつくることができません。そこで，論理回路を制御するためのマイクロ命令を組み合わせて，**マイクロプログラム**という処理単位をつくります。この方法を採用しているのが**CISC**です。

🔎 **参考** プログラマは，マイクロプログラムを用いてプログラミングを行うため，自分で1から命令を組み合わせなくてすみ，工数の削減ができる。

▲ **図3.2.1** CISCとRISC

3.2.2 プロセッサの構成と動作 AM/PM

プロセッサ(CPU)の構成

プロセッサ(CPU)は制御装置，演算装置，レジスタ群で構成されています。**制御装置**は，主記憶に記憶されているプログラムの命令を1つずつ読み出して解読し，その命令の内容によって各装置を制御する装置です。**演算装置**は，制御装置からの指示に従って算術演算，論理演算，比較などの処理を行う装置です。**レジスタ**は，少量で高速な記憶装置です。プログラムカウンタ(PC)や命令レジスタ(IR)など，用途に応じて様々なレジスタがあります。表3.2.3に代表的なレジスタをまとめておきます。

🔎 **参考** 演算装置は，算術論理演算装置(ALU：Arithmetic and Logic Unit)とも呼ばれる。

🔎 **参考** プログラムカウンタは，プログラムレジスタ，命令アドレスレジスタ，命令カウンタとも呼ばれる。

▼ **表3.2.3** 代表的なレジスタ

プログラムカウンタ(PC)	次に読み出す命令の格納アドレスをもつ。命令が読み出されると自動的に＋1される
命令レジスタ(IR)	主記憶から読み出した命令を格納する
汎用レジスタ(GR)	データの一時的な保持や演算結果の格納など，使い方を自由に決められる
スタックポインタ(SP)	スタック領域の先頭アドレスを保持
グローバルポインタ(GP)	静的領域の先頭アドレスを格納する
インデックス(指標)レジスタ	アドレス修飾に使われる
ベース(基底)レジスタ	プログラムの先頭アドレスを保持

プログラムのロード

CPUがプログラムを実行するためには，補助記憶装置からプログラムを主記憶(メモリ)に読み込まなくてはなりません。まず主記憶上に領域を確保し，そこへプログラムをロードします。そして，プログラムを主記憶のどこに読み込んだのか，どこから実行するのかといったプログラムの実行に必要な情報をレジスタに格納した後，プログラムの実行を開始します。

命令の実行

CPUは主記憶に読み込まれたプログラムの命令を1つずつ，読み出して実行しますが，命令の実行は，いくつかの段階(ステージ)に分かれていて，一般に次の5つのステージを順に実行します。

参考 ○○ ストアド
プログラム方式
主記憶に格納されたプログラムをCPUが順に読み出しながら実行する方式。ノイマン型ともいう。この方式では，CPUと主記憶間のデータ転送能力が，コンピュータの性能向上を妨げる要因になる。これをフォンノイマンボトルネックという。

> **P O I N T** 命令実行の5つのステージ
> ①命令フェッチ(命令読出し) → ②命令解読 → ③オペランドのアドレス計算→ ④オペランドフェッチ → ⑤実行

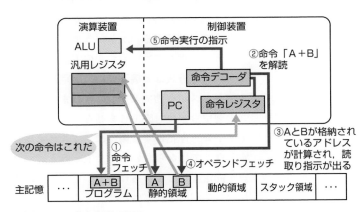

参考 ○○ 命令実行の
順序
①PCが指定したアドレスにある命令を命令レジスタに読み出す(命令フェッチ)。
②読み出した命令を命令デコーダで解読。
③処理対象データ(オペランド)の格納アドレスを計算する。
④計算されたアドレスからデータを汎用レジスタに読み出す。
⑤命令の実行。

▲ **図3.2.2** 命令実行の順序

CPUは，これら一連の手順を経て，1つの命令実行サイクルを終了し，続いて，プログラムカウンタ(PC)が指定する次の命令を読み出すことで，新たな命令実行サイクルに移行します。

3.2.3 オペランドのアドレス計算

　先にオペランドのアドレス計算について触れましたが，CPUが命令を実行するためには，実行に必要なデータが主記憶上のどこに格納されているのか，そのアドレスをCPUに正しく伝える（CPUが解釈できるように指示する）必要があります。

アドレス指定方式

　機械語の命令やその命令形式は，コンピュータによって異なりますが，一般には図3.2.3に示すように，命令や演算を指示する"命令部"と，処理の対象となる主記憶上のアドレスやアドレス修飾などに用いるレジスタを指定する"アドレス（オペランド）部"から構成されます。

T 用語 アドレス修飾 アドレス部で指定されているアドレスをレジスタの値で修飾（変更）すること。

| 命令部 | アドレス部（オペランド部） |

▲ **図3.2.3** 命令の構成（1アドレス方式）

参考 アドレス部の数によって，0アドレス方式〜3アドレス方式の4つがある。アドレス部をもたない0アドレス方式は，スタックポインタを用いた演算を行う旧方式。

　命令が解読されると，アドレス部に指定されているレジスタやアドレスから，実際にアクセスする主記憶上のアドレス（**有効アドレス**）が計算されます。レジスタとアドレスでどのように有効アドレスを計算するのかという指定が**アドレス指定**です。

　アドレス指定にはいくつかの方法がありますが，最も単純なアドレス指定方式は**直接アドレス指定方式**で，アドレス部で指定するアドレスが有効アドレスになります。しかし，これではアドレスの変更などに対応できません。つまり，直接アドレス指定方式でアドレスを指定する場合は，コンパイルの段階でアドレスを決定しなくてはならないため，主記憶上にプログラムを読み込む位置を固定する必要があります。もし，その位置が他のプログラムによって利用されていれば，そこが空くまで待たなくてはなりません。そこで，どのアドレスに配置されてもプログラムが実行可能（再配置可能：リロケータブル）となるように，**ベースアドレス指定方式**（**基底アドレス指定方式**ともいう）などのアドレス指定方式が考えられています。

　次ページの表3.2.4に，代表的なアドレス指定方式をまとめておきます。

3

▼ **表3.2.4** アドレス指定方式の種類

即値アドレス指定方式	アドレス部に，対象データ自体が入っている
直接アドレス指定方式	アドレス部に，対象データが格納されている主記憶上のアドレスが入っている。絶対アドレス指定方式ともいう
間接アドレス指定方式	アドレス部で指定するアドレスに，対象データが格納されている主記憶上のアドレスが入っている
インデックスアドレス指定方式 (指標アドレス指定方式)	アドレス部に，インデックス(指標)レジスタ番号と，基準となるアドレスが入っている **有効アドレス＝ 基準アドレス＋** **インデックスレジスタの内容** インデックスレジスタに基準アドレスからの増減値を入れることで，アドレス部の値を変えることなく配列などの連続したアドレスを参照できる
ベースアドレス指定方式 (基底アドレス指定方式)	アドレス部に，ベース(基底)レジスタ番号とプログラムの先頭からの差分値が入っている **有効アドレス＝** **ベースレジスタの内容＋差分値** ベースレジスタには，再配置可能プログラムを主記憶上に配置したとき，その先頭アドレスがOSにより設定される
相対アドレス指定方式	アドレス部に，プログラムカウンタ(命令アドレスレジスタ)からの変位が入っている **有効アドレス＝** **プログラムカウンタの値＋変位値**

参考 間接アドレス指定方式

参考 プログラムカウンタは，命令アドレスレジスタ，命令カウンタとも呼ばれる。

3.2.4 主記憶上データのバイト順序

　プロセッサ(CPU)が処理対象とするデータには，1バイトのデータもあれば複数バイトのデータもあります。そこで，主記憶上に格納された複数バイトのデータの場合，どちらを最上位バイト，どちらを最下位バイトと判断するかが問題になります。つまり，すべてのコンピュータシステムが同じバイト順序でデータを格納するわけではなく，これはプロセッサによって異なります。

ビッグエンディアンとリトルエンディアン

バイト順序（バイトオーダ）には，最上位／最下位どちらのバイトから順に格納するかによって，ビッグエンディアンとリトルエンディアンの2つの方式があります。例えば，2バイトで構成されるデータ$1234_{(16)}$を主記憶の1000番地から格納する場合，最上位バイトの$12_{(16)}$から順番に格納する方式が**ビッグエンディアン**（big endian）です。一方，**リトルエンディアン**（little endian）では，最下位バイトの$34_{(16)}$から順番に格納します。

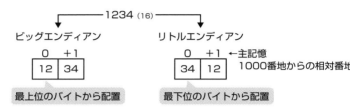

参考 $ABCD1234_{(16)}$ の場合
・ビッグエンディアン
| AB | CD | 12 | 34 |
・リトルエンディアン
| 34 | 12 | CD | AB |

参考 TCP/IPプロトコルでは，**ネットワークバイトオーダ**はビッグエンディアンと規定されている。そのため，ホストのバイトオーダからネットワークバイトオーダへの変換が必要になる。

▲ **図3.2.4** バイト順序

通常のプログラム作成においては，このようなバイト順序をそれほど気にする必要はありませんが，バイト順序の異なるコンピュータ（プロセッサ）間でデータをやり取りするネットワークプログラムにおいては，とても重要になります。

ウォッチドッグタイマ　　　　　　　　　☕ COLUMN

ウォッチドッグタイマはハードウェアタイマの一種であり，システムの異常や暴走など予期しない動作を検知するための時間計測機構です。最初にセットされた値から一定時間間隔でタイマ値を減少させ，タイマ値が0（タイムアップ）になったとき，**ノンマスカブル割込み**を発生させて例外処理ルーチンを実行します。一般に，この例外処理ルーチンによりシステムをリセットあるいは終了させます。

例えば，ウォッチドッグタイマをある一定値にセットしておき，この値が0になる前にタイマをリセット（初期値でクリア）するようにしておきます。もし，プログラムが無限ループなど異常な状態に陥り，タイマがリセットされなければ，タイマ値が0になるので，このとき異常とみなして割込みを発生させます。

3.2.5 割込み制御 AM/PM

> 割込み（Interrupt）とは，あるプログラムの実行中に何らかの要因により，実行中のプログラムを一時中断し，その割込み要因に応じた処理を行うことをいいます。

> 割込みは，その発生原因や優先度，割込み処理の方法でいくつかの種類に分類できます。

参考 割込み信号の受信をきっかけに起動されるプログラムを割込み処理ルーチン又は割込みハンドラという。

割込みの仕組み

> 現在のOSは基本的にいくつかのプログラムを同時に動かすことができるマルチタスクで動いています。

用語 マルチタスク 見かけ上複数のプログラムが同時に動いているように見せる処理形式。

> しかし，これはあくまで人間の目から見て擬似的に同時に動いているように見えるだけで，CPU内部では，1つの処理しか同時に実行することはできません。この処理時間を細かく割って，交互に実行するため，見かけ上，複数のプログラムが同時に動いているように見えるわけです。

> あるプログラムが実行されている間，他のプログラムは自分の割り当て時間がくるのを待っていますが，緊急に行わなくてはならない作業がある場合は，正規の順番を待っていられないことがあります。例えば，機械の故障など，すぐに対処しなければならない事態が発生した場合，一般のプログラムの処理に割り込んで問題の解決を最優先に図ります。このとき，割込み処理が終わったあと，速やかに元のプログラムに実行を引き継げるよう，元のプログラムの実行に必要な情報を保持するPSW（Program Status Word：プログラム状態語）をスタックに退避しておきます。

参考 プログラムの再開に必要な情報（プログラムのCPUの状態を保持するPSWなど）を退避するため，ハードウェア機構が必要となる。

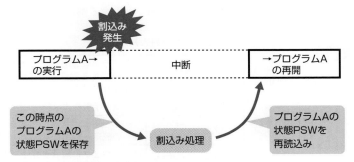

▲ **図3.2.5** 割込みの仕組み

また，割込みが同時に発生したり，あるいは，割込み処理中に別の割込みが発生する場合もあり，これを**多重割込み**といいます。そこで，割込みの処理に優先順位をつけ，割込みが同時に発生した場合には優先度の高い処理を先に実行します。なお，割込みには，その発生をマスク(抑制)できる割込みと，マスクできない割込みがあります。前者を**マスカブル割込み**，後者を**ノンマスカブル割込み**といいます。

🔍 **参考** マスクされた割込みは，それが解除された時点で，まだ要因が残っていれば発生する。

割込みの種類

割込みには，**内部割込み**と**外部割込み**があります。

⭕ 内部割込み

CPU内部の要因で発生する割込みで，次のものがあります。

▼ **表3.2.5** 内部割込みの種類

プログラム割込み	0での除算やオーバフロー，記憶保護例外など，不正な処理が行われた場合に発生する割込み
SVC割込み	スーパバイザコール割込み。カーネルに処理を依頼するために行われる割込みで，例えば入出力命令など，一般のプログラムからは制御できないOSの重要な機能をプログラムが利用したいときに発生する
ページフォールト	プログラムが，主記憶上に存在していないデータ(ページ)に対してアクセスした際に発生する割込み。補助記憶装置からデータの実体を読み込まなければ処理を続けられないため，割込み処理を行ってデータを主記憶上に読み込む

🔍 **参照** ページフォールトについてはp.260も参照。

⭕ 外部割込み

CPU外部の要因で発生する割込みで，次のものがあります。

🔍 **参考** 割込みコントローラ CPUとデバイスを中継する装置。CPUが直接デバイスに対して割込み処理を行うと待ち時間が非常に長くなるため，割込み専用の装置を置く。

▼ **表3.2.6** 外部割込みの種類

タイマ割込み	プログラムに割り当てられた所定時間が終了したときに発生する割込み。複数のプログラムによりマルチタスクを行う際に用いられる
コンソール割込み	操作員が手動により行う割込み
入出力割込み	キーボードなどの入力装置の操作や，ディスク装置からの読込み終了にともなって発生する割込み
機械チェック割込み	ハードウェアに障害が発生した際に行われる割込み。最も高い優先順位が割り振られる

3.3 プロセッサの高速化技術

3.3.1 パイプライン AM/PM

クロックについては，p.148を参照。

コンピュータ処理の高速化を考えるとき，CPUのクロックアップ，ハードディスクアクセスの高速化といった構成要素の性能の他，単位時間当たりの処理量(**スループット**)の向上やマルチCPUでの処理に着目する考え方があります。ここでは，スループットの向上に着目したパイプラインについて説明します。

パイプライン処理

パイプライン処理は，1つの命令を**ステージ**(段)と呼ばれる複数のステップに分割し，各ステージをオーバーラップ(並列に)して処理する方式です。逐次処理では1つの命令が実行し終わるまで次の命令は実行しないので，効率のよい処理ができません。そこで，命令実行を分業化するのがパイプライン処理です。分割されたステージは，それぞれに用意された装置で実行され，次のステージに処理を受け渡します。これによって1つの命令が終了する前に，次の命令の実行を可能にしています。

つまり，パイプライン処理では後続の命令を先読みし，ステージを次々とずらしながら複数の命令を同時に実行することで処理の高速化を図ります。

命令解読機構とは命令デコーダのこと。なお，ここでは説明上，3ステージとする。縦方向に命令をとると，命令1，2の実行は次のとおり。

命令1	解読	読出	実行		
命令2		解読	読出	実行	

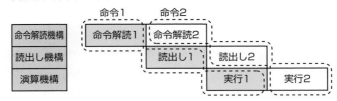

▲ **図3.3.1** パイプライン処理

パイプライン処理をスムーズに行うためには，各命令の実行時間が均一である必要があります。その点で，RISCアーキテクチャがパイプライン処理に向いています。

スーパパイプライン方式は，パイプラインのステージ数が多いため，各命令間の依存関係が発生しやすい。

なお，パイプラインをさらに細分化することによって高速化を図った**スーパパイプライン方式**もあります。

パイプラインハザード

パイプライン処理がスムーズに動作すれば，理論的にはステージ数と同じ数の命令が同時に実行でき，高速化が期待できます。しかし実際には，先読みした命令が無駄になったり，待ち合わせが発生したりして，パイプライン処理が乱れる場合があります。このようなパイプライン処理が乱れる状態，あるいはその要因をハザードといいます。

○ 制御ハザード（分岐ハザード）

パイプライン処理では，先の命令の実行が完全に終了しないうちに次の命令を実行しはじめる，つまり，先読みすることによって1命令の平均実行時間を短縮します。

これはプログラムが1本道の構造である場合は効果的ですが，途中に分岐命令があると，先読みした命令ではなく分岐先の別の命令が実行されることもあり得ます。この場合，先読みして実行している命令が無駄になります（無効化してしまう）。これを制御ハザードあるいは分岐ハザードといいます。

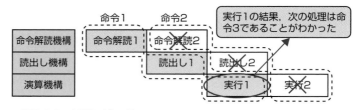

▲ **図3.3.2** 制御ハザード

パイプライン処理を効率よく行うためには，分岐命令を減らすなど，プログラムを構造化する必要がありますが，分岐を完全に無くすことはできません（forやwhileといった繰返し処理は，条件付分岐となる）。そこで，制御ハザード回避策（軽減策）として，分岐条件の結果（分岐する／分岐しない）が決定する前に，分岐先を予測して命令を実行する投機実行や，分岐命令の前にある命令の中で，分岐命令の後に移動しても結果が変わらない命令のいくつかを分岐命令の後に移動して，その命令を無条件に実行した後，実際の分岐を行う遅延分岐といった技法が用いられます。

●データハザード

データハザードは，データの依存関係に起因するハザードです。例えば，命令1でデータを書き換える前に，後続命令である命令2がそのデータを読み込んでしまうと整合性が保てなくなります。この場合，命令1がデータの書換えを終了するまで，命令2の読込みに待合せが発生し，パイプライン処理が乱れます。

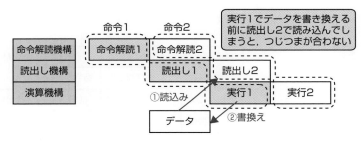

▲ **図3.3.3** データハザード

パイプライン処理効果

1つの命令を分けたステージの数を**パイプラインの深さ**といい，1ステージの実行に要する時間を**パイプラインピッチ**といいます。パイプラインの深さをD，パイプラインピッチをP秒とすると，N個の命令をパイプラインで実行するのに要する時間は，次の式で表すことができます（パイプラインハザードは考慮しない）。

> **P O I N T** **パイプライン処理時間の求め方**
>
> (D+N−1)×P　　D：パイプラインの深さ
> 　　　　　　　　 N：命令数
> 　　　　　　　　 P：パイプラインのピッチ(秒)

例えば，図3.3.1で示したパイプライン処理において，パイプラインピッチが1ナノ秒であったとします。パイプラインの深さが3，実行している命令数が2なので，公式にこれらの数値を代入すると，(3+2−1)×1=4ナノ秒となります。パイプラインを使用せずに2つの命令を実行した場合，6ナノ秒の時間がかかるため，30％以上の時間短縮が可能になることがわかります。

参考 このほかに，ハードウェア資源の競合によって発生する構造ハザードなどがある。

参考 パイプラインを深くするとクロック数が上げやすくなるが，ハザード発生時に発生する無効な処理は大きくなる。

試験 試験では，「1ステージの実行」を「1サイクル」と表現することがあります。この場合，Pを1として計算します。例えば，「命令ステージ数が5のとき，20命令を実行するには何サイクル必要か？」と問われたら，「(5+20−1)×1=24」と計算します。

スーパスカラ

　CPU内部に複数のパイプラインを用意して，これを並列に動作させることで高速化を図る技術を**スーパスカラ**といいます。

　パイプライン処理では，同じステージを並行して処理することはありませんが，スーパスカラ方式ではパイプラインが複数あるため，同じステージを並列に実行することができます。しかし，スーパスカラを実現するためには，各命令間の依存関係を把握する必要があり，そのためのオーバヘッドがかかります。

参考 縦方向に命令をとると，命令1～4の実行は次のとおり。

命令1	解読	読出	実行		
命令2	解読	読出	実行		
命令3		解読	読出	実行	
命令4		解読	読出	実行	

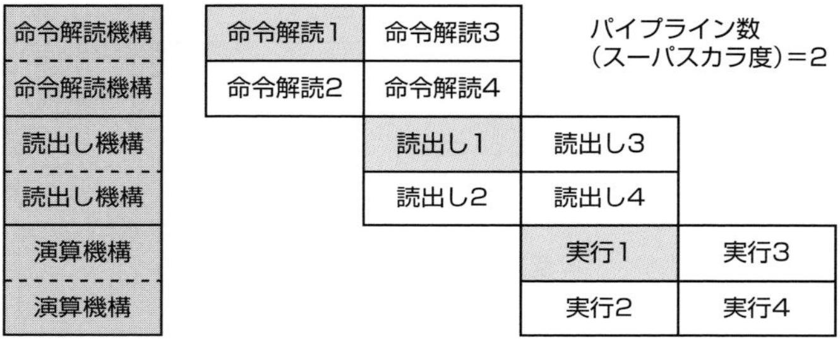

命令解読機構		命令解読1	命令解読3	パイプライン数
命令解読機構		命令解読2	命令解読4	（スーパスカラ度）=2
読出し機構		読出し1	読出し3	
読出し機構		読出し2	読出し4	
演算機構			実行1	実行3
演算機構			実行2	実行4

▲ **図3.3.4**　スーパスカラ方式

VLIW

用語 VLIW
Very Long Instruction Wordの略。

　VLIWは，プログラムをコンパイルする際にあらかじめ依存関係のない複数の命令を並べて1つの複合命令とし，同時に実行させる手法です。同時実行する命令の数を一定させるために，命令数が規定に満たない場合はダミーの命令（NOP命令）が挿入されます。これにより，パイプラインの乱れを抑制し，CPUの処理能力を向上させます。

用語 NOP命令
No OPeration の意味で，「何もしない」という命令。

　スーパスカラ方式では，どの命令同士であれば同時に実行しても差し支えがないか，どの順番で命令を実行すればハザードが起こる確率が低いかなどを実行時に判断します。

参考 依存関係がない命令を，プログラムに記述された命令順に関係なく実行する方式を**アウトオブオーダ実行**という。順序を守らないことで性能向上を図る。これに対して，命令順を守る方式を**インオーダ実行**という。

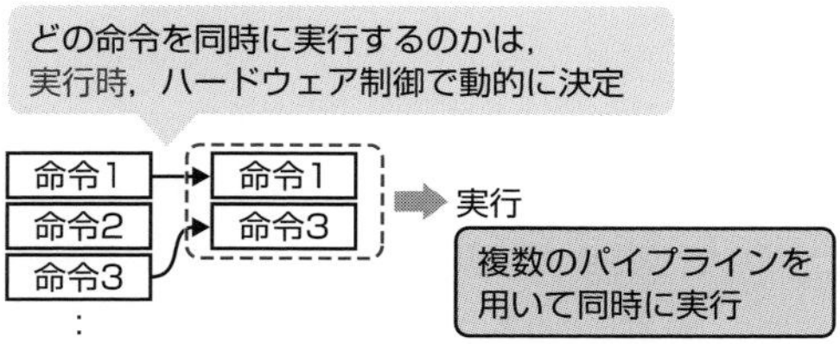

どの命令を同時に実行するのかは，実行時，ハードウェア制御で動的に決定

命令1	→	命令1	⇒ 実行
命令2		命令3	複数のパイプラインを
命令3			用いて同時に実行

▲ **図3.3.5**　スーパスカラ方式での実行

これに対して，VLIW方式を採用したCPUでは，あらかじめ依存関係がチェックされ，複合命令化されているので，実行時にはこうした判断を行う必要がなくなります。結果として，CPUのオーバヘッドが減り，高速化が可能となる一方，コンパイラの設計は難しくなります。

参考 VLIWでは実行（演算）ステージが多重化される。パイプラインと合わせた実行イメージは次のとおり。

*F：命令読出し
 D：命令解読
 R：オペランド読出し
 E：実行

コンパイルの段階で，並列実行が可能な複数の命令をまとめる

| 命令1 | | 命令1 | 命令3 | NOP | ➡ 実行 |

| 命令2 | | 命令2 | 命令4 | 命令5 |

| 命令3 |

1つの命令語で複数の命令を同時に実行

▲ **図3.3.6** VLIW方式での実行

参照 クロック，クロックサイクルについては，p.148, 149を参照。

スーパスカラやVLIWの特徴は，1クロックサイクルで複数の命令を並列実行することです。これにより，通常のパイプライン処理では，ステージ数を多くしても平均CPI（Cycles Per Instruction）の値は1より小さくすることができませんが，スーパスカラやVLIWでは，これを1より小さくすることが可能です。

なお，CPIは1命令の実行に必要なクロック数で，**クロックサイクル数**ともいいます。例えば，5ステージ制御で，各ステージが1クロックで実行される場合，CPIは5クロックとなります。

3.3.2 並列処理 AM / PM

参考 1つのプロセッサ内に複数の処理機能（コア：プロセッサの中核）をもたせ並列処理を行わせることで，プロセッサ全体の性能向上を果たす形態を**マルチコア**という。

近年，コンピュータによって扱われる情報量は極端に増えています。行列演算や流体計算など，大規模で複雑な演算を行うケースも増えてきました。こうした演算を支えるのはプロセッサ（CPU）能力の向上ですが，プロセッサ単独の処理能力向上には限界があります。そこで，複数のプロセッサを協調して動作させる技術が注目されています。これを**並列処理**といいます。

コンピュータは，並列に実行できる命令数とデータ数の関係から，次ページの表3.3.1に示す4つのアーキテクチャに分類できますが，このうちSIMDとMIMDが並列コンピュータに対応します。

▼ **表3.3.1** 4つのアーキテクチャ（Flynnの分類）

SISD	Single Instruction stream Single Data streamの略。1つの命令で1つのデータを処理する方式
SIMD	Single Instruction stream Multiple Data streamの略。1つの命令で複数のデータを処理する方式。複数の演算装置が，それぞれ異なるデータに対して同一の演算を同時並列に実行する。従来のベクトル型スーパコンピュータに用いられたアレイプロセッサが該当。また，近年では，音声，画像，動画などのマルチメディアデータを扱うプロセッサ（GPUなど）にも採用されている
MISD	Multiple Instruction stream Single Data streamの略。複数の命令で1つのデータを処理する方式
MIMD	Multiple Instruction stream Multiple Data streamの略。複数の命令で複数のデータを処理する方式。複数のプロセッサが，それぞれ異なる命令を，異なるデータに対して並列に実行する。MPP（Massively Parallel Processor）などが該当。MPPは，安価なマイクロプロセッサを並列につないで動作させることで，従来のベクトル型スーパコンピュータ並みの演算能力を実装した超並列コンピュータ

参考 スーパコンピュータは，アレイプロセッサ（ベクトルプロセッサ）を搭載したベクトル型と，マイクロプロセッサを多数並列につないだスカラ型に大別できる。なお，ベクトルプロセッサとは，配列中の複数のデータを同時に演算できるベクトル演算機能を備えたプロセッサ。

3.3.3 マルチプロセッサ AM/PM

参考 対称性による分類では，すべてのプロセッサを同等に扱う対称型マルチプロセッシング（SMP：Symmetric Multi Processing）と，それぞれに役割が決められている非対称型マルチプロセッシング（AMP：Asymmetric Multi Processing）に分けられる。

　複数のプロセッサ（CPU）を並列に動作させることによって処理能力の向上を図るのが**マルチプロセッサ**方式です。構成方法や利用方法によっていくつかの分類方法がありますが，その1つが**結合方式**による分類です。この方式では，主記憶を共有するかしないかによって密結合型と疎結合型に分けられます。

密結合マルチプロセッサ

　複数のプロセッサが主記憶を共有し，単一のOSで制御される方式です。基本的に各タスクはどのプロセッサでも実行でき，負荷分散による処理能力は向上しますが，これにはタスク間で同期をとる機能（OS）が必要になります。また，同じ主記憶を利用するため，プロセッサ数が増えると競合が発生しやすくなります。

用語 共通バス
CPUと周辺デバイスを汎用的に結ぶ通信路。競合する可能性があるため，専用のものに比べると，スループットが落ちる傾向にある。

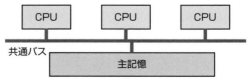

▲ **図3.3.7** 密結合マルチプロセッサ

3

疎結合マルチプロセッサ

複数のプロセッサが自分専用の主記憶をもつ方式です。密結合型に比べ，プロセッサの独立性が高いため競合が起こりにくく，プロセッサの数を増やすことができますが，プロセッサごとにOSが必要で，構成が複雑になります。

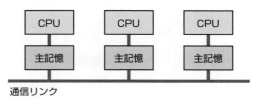

T・	通信リンク
用語	論理的な通信路

や，通信が確保されている状態。

▲ **図3.3.8** 疎結合マルチプロセッサ

並列化で得られる高速化率

マルチプロセッサでは，並列処理が行える部分は別々のプロセッサで同時に処理を行うため高速化が期待できますが，そもそも同時には実行することができない依存関係のある命令が存在しています。そのため，プロセッサ数と全体の性能は比例関係にはなりません。

そこで，並列処理によって得られる理論上の高速化率（性能比）を予測するのに使われるのが**アムダールの法則**です。アムダールの法則とは，「並列化できない部分がある場合，高速化率は，並列化が可能な部分の割合によって決まり，プロセッサ数をいくら増やしてもある値以上の高速化率は得られない」というものです。

それでは，実際に高速化率を計算してみましょう。

単一プロセッサでの処理時間を1，n個のプロセッサで並列処理をしたときの処理時間を1／nとすると，並列化後の処理時間は次のように求められる。

$(1-r)+r×1/n$
$=(1-r)+r/n$

> **P O I N T** 高速化率の求め方（アムダールの法則）
>
> $$E=\frac{1}{1-r+(r/n)}$$
>
> E：並列処理によって達成される高速化率（単一プロセッサのときと比べた倍率）
>
> n：プロセッサの台数（1≦n）
>
> r：対象とする処理のうち，並列化による高速化が可能な部分の割合（0≦r≦1）

まず，プロセッサの台数を10台として，並列化が可能な部分の割合が，40%の場合と90%の場合を考えてみます。

並列化が可能な部分の割合が40%の場合の高速化率は，

$$E = \frac{1}{1 - 0.4 + (0.4 / 10)} = \frac{1}{0.64} \fallingdotseq 1.56$$

これに対して，並列化が可能な部分の割合が90%であれば，

$$E = \frac{1}{1 - 0.9 + (0.9 / 10)} = \frac{1}{0.19} \fallingdotseq 5.26$$

参考 アムダール
の法則

$E = \dfrac{1}{1 - r + (r / n)}$

プロセッサ数nを大きくしていくと，分母にあるr／nが次第に0に近づき，高速化率は1／(1−r)に収束する。

$\displaystyle \lim_{n \to \infty} E = \frac{1}{1 - r}$

したがって，rが0.9であれば高速化率は最大でも10倍にしかならない。rが0.4であれば最大約1.7倍である。

となり，並列化可能部分の割合が大きい方が高い高速化率が得られることがわかります。しかし，10台のプロセッサを投入しても，その高速化率は10倍にはなりません。

では，プロセッサ数を100台，200台と増やしたらどうなるでしょう。並列化可能部分の割合を90%として計算してみると，次のようになり，プロセッサ数をいくら増やしても，高々10倍程度の高速化率しか得られないことがわかります。

$$E = \frac{1}{1 - 0.9 + (0.9 / 100)} = \frac{1}{0.109} \fallingdotseq 9.17$$

$$E = \frac{1}{1 - 0.9 + (0.9 / 200)} = \frac{1}{0.1045} \fallingdotseq 9.56$$

3.3.4 プロセッサの性能 （AM／PM）

参照 CPU性能評価に用いられるMIPS，FLOPSについては，p.197を参照。

参考 CPUのクロック周波数を**内部クロック**，周辺回路のクロック周波数を**外部クロック**，あるいは，FSB，バスクロック，などと呼ぶ。

プロセッサ(CPU)の性能を表すのによく利用されているのが**クロック周波数**です。**クロック**(Clock)とは，コンピュータ内の動作のタイミングをとるための，一定の周波数の信号(クロック信号又はクロックパルス)あるいはそれを出力する装置です。クロック信号の速さがクロック周波数で，単位は1秒間に出力されるクロック信号の数を10^6あるいは10^9単位で表した**MHz，GHz**が使われます。

CPUは1つの命令をいくつかのステージに分けて実行し，各ステージはクロック信号のもとで動作が進められます。そのため，クロック周波数が高いほどCPUの動作速度が速く，命令実行速度は速くなります。しかし，命令によって実行に必要なクロック数(CPI)が異なるため，**命令実行時間**はクロックサイクル時間(1

クロックに要する時間)とCPIで，次のように求めます。

**クロック
サイクル時間**
クロック周期ともいう。

クロックサイクル時間

P O I N T 命令実行時間の求め方

命令実行時間＝クロックサイクル時間×CPI
　　　　　　＝クロック周波数の逆数×CPI

参考 システム全体の
性能は，メモリ
やハードディスク，ネ
ットワークなどの性能
が加味されて決まるた
め，単純にCPUを速
くしても，それに比例
してシステム全体の性
能は向上しない。

　例えば，1命令の実行に5クロックを要する命令を，クロック周
波数が1GHzのCPUで実行すると，クロックサイクル時間は，

　　クロックサイクル時間＝1÷10^9＝10^{-9}秒

なので，命令実行時間は，

　　命令実行時間＝10^{-9}×5秒＝5ナノ秒

となります。

💭 COLUMN

クロックの分周

　図3.3.9は試験に出題された，ワンチップマイコンにおける**内部クロック発生器**の
ブロック図です。15MHzの**クロック発振器**とPLL1，PLL2及び分周器の組合せに
よって，CPUに240MHz，シリアル通信に115kHzのクロック信号を供給します。

　PLLは"Phase Locked Loop：位相同期回路"の略で，入力クロック周波数のN
倍の出力周波数を生成する回路です。8逓倍なら8倍，2逓倍なら2倍になります。
一方，**分周器**は入力クロック周波数を1／Nに下げる回路です。このブロック図の場
合，入力される120MHzのクロック信号を2^{10}分の1に下げることでシリアル通信
に115kHzを供給します。

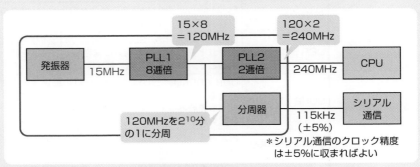

▲ **図3.3.9**　内部クロック発生器のブロック図

3.4 メモリアーキテクチャ

3.4.1 半導体メモリの種類と特徴 AM/PM

揮発性メモリ(SRAMとDRAM)

◯ SRAM

SRAM(Static RAM)は，フリップフロップ回路を用いて情報を記憶するRAMです。主に**キャッシュメモリ**に利用されます。フリップフロップ回路では**リフレッシュ**と呼ばれる再書込みの処理を行う必要がないため，高速な処理を実現できます。しかし，集積度を上げることが困難で記憶容量が小さく，1ビット当たりの記憶単価が高くなるという欠点もあります。

◯ DRAM

DRAM(Dynamic RAM)は，コンデンサ(キャパシタ)に蓄えた電荷の有無によって情報を記憶するRAMです。主に**主記憶装置**に利用されます。集積度を上げることが比較的簡単に実現できるため，記憶容量を大きく取ることができ，また，1ビット当たりの記憶単価を下げることもできます。ただし，コンデンサに蓄えた電荷は時間が経つと失われるので，**リフレッシュ**を随時行わなくてはならず，SRAMと比較すると，処理速度が遅くなります。

▼ **表3.4.1** DRAMの種類

SDRAM	Synchronous DRAMの略。バスクロック(外部クロック)に同期して，1クロックにつき1データを読み出す
DDR SDRAM	Double Data Rate SDRAMの略。クロック信号の立ち上がりと立ち下がりの両方に同期してデータを読み出すことで，SDRAMの2倍の転送速度を実現
DDR2 SDRAM	DDR SDRAMの2倍(SDRAMの4倍)の転送速度を実現したもの。また，CPUがデータを必要とする前にメモリから先読みして，4ビットずつ取り出すプリフェッチ機能を備えている
DDR3 SDRAM	転送速度はDDR2 SDRAMの2倍。8ビットずつのプリフェッチ機能を備えている
DDR4 SDRAM	DDR3 SDRAMと同様，8ビットずつのプリフェッチ機能を備え，転送速度はDDR3の2倍

3 ハードウェアとコンピュータ構成要素

不揮発性メモリ（フラッシュメモリ）

フラッシュメモリは，電源を切っても記憶内容を保持できる不揮発性メモリです。電気的に書換えが可能ですが，上書きができないため，データを書き換える際は「消去 → 書込み」の順に行われます。消去はブロック単位で行われ，消去回数には上限があります。このため同一ブロックの書換えが頻繁に行われるとそのブロックだけ劣化が進んでしまいます。そこで，各ブロックをなるべく均等に使うように制御し，フラッシュメモリ全体の寿命を延ばします。この技術を**ウェアレベリング**といいます。

フラッシュメモリには，NOR型とNAND型の2種類があります。NOR型フラッシュメモリは，信頼性が高く，読出しが高速で，ランダムアクセスが得意ですが，回路が複雑なので高集積化には不向きです。主にファームウェアの格納を目的として使用されています。一方，NAND型フラッシュメモリは，集積度が高く安価に大容量化でき，書込みも高速です。USBメモリやSSDといったデータストレージ用途に使用されています。なお，1セル当たりの記録ビット数によってSLC型とMLC型に大別できます。

参考 データの消去と読み書きの単位

	NOR	NAND
消去	ブロック	ブロック
読み書き	バイト	ページ

＊ブロック：ページを複数まとめたもの。

参照 USBメモリやSSDについては，p.160のコラムを参照。

▼ **表3.4.2** NAND型フラッシュメモリのタイプ

SLC型	Single-Level-Cellの略。1つのセルに1ビットの情報を記録する従来型の方式
MLC型	Multi-Level-Cellの略。記憶するセルの電子の量に応じて，1つのセルに複数ビットの情報を記録する方式。通常，1セルに2ビットの情報を記録するものをMLCといい，3ビットのものはTLC（Triple-Level-Cell），4ビットのものはQLC（Quad-Level Cell），さらに5ビットのものはPLC（Penta-Level Cell）と呼ばれる

不揮発性メモリ（FeRAM）

FeRAM（Ferroelectric RAM：強誘電体メモリ）は，強誘電体材料がもつ分極メカニズムをデータ記憶に用いた不揮発性メモリで，構造的にはDRAMによく似ているといわれています。

参考 その他の不揮発性メモリには，結晶状態と非結晶状態の違いを利用して情報を記憶する相変化メモリもある。

P O I N T FeRAMの特徴
- データの読み書き速度が速い（読み出し速度はDRAM並み）
- フラッシュメモリよりも書換え可能回数が多い
- DRAMやフラッシュメモリに比べ低消費電力

3.4.2　記憶階層　　AM/PM

記憶の階層化

　補助記憶装置に記録されているプログラムやデータは主記憶装置に読み込まれ，CPUはそのプログラムの命令を主記憶装置から順に取り出して実行します。また命令実行時には，CPUと主記憶装置との間でデータの読み書きが行われます。ここで問題になるのが，CPUの性能と各記憶装置のアクセス速度の差です。いくらCPUの性能が高くても，主記憶装置や補助記憶装置へのアクセス速度が遅ければ，処理の高速化は期待できません。

　CPUが記憶装置に期待するのは，高速かつ大容量です。しかし，一般に記憶装置は，高速なものほど容量が小さく高価で，大容量なものほど低速です。そこで，各記憶装置を図3.4.1のようにうまく階層化してCPUからはあたかも高速かつ大容量の記憶装置があるかのように見せます。これを**記憶階層**といいます。

参考 キャッシュメモリは複数設置されることがある。この場合，CPUに近く最初にアクセスされるものを**1次キャッシュ**（L1キャッシュ）といい，そこに必要な情報がない場合，次にアクセスされるものを**2次キャッシュ**（L2キャッシュ）という。

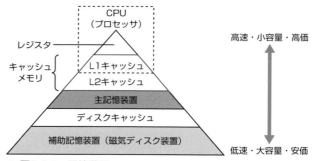

▲ **図3.4.1**　記憶階層

▼ **表3.4.3**　記憶装置の特徴

レジスタ	CPU内にある高速アクセスができる記憶装置。プログラム実行中に何度も繰り返し使うデータは，いちいち主記憶をアクセスすると効率が悪いのでレジスタに記憶し処理の高速化を図る
キャッシュメモリ	CPUの処理速度と主記憶へのアクセス速度の差を埋めるための，主記憶より高速にアクセスができる記憶装置。CPU がアクセスすると予想されるデータやプログラムの一部を主記憶からキャッシュメモリにコピーしておき，CPUはキャッシュメモリをアクセスするようにすることで処理の高速化を図る。なお，メモリアクセスの局所性をより有効に生かすために，プログラムだけを格納する命令キャッシュとデータ部分だけを格納するデータキャッシュを別に設けることがある
ディスクキャッシュ	磁気ディスク装置より高速にアクセスができる記憶装置。磁気ディスク装置に記録されているデータやプログラムの一部をディスクキャッシュにコピーしておくことで処理の高速化を図る

3.4.3 主記憶の実効アクセス時間 **AM / PM**

主記憶のアクセスにかかる時間

キャッシュメモリは主記憶より高速にアクセスできる記憶装置ですが，キャッシュメモリにはCPUがこれから利用すると予想されるデータしか記憶されていません。したがって，キャッシュメモリ上にCPUが利用するデータがある場合には高速にアクセスできますが，なければ主記憶にアクセスすることになります。

▲ **図3.4.2** 主記憶，キャッシュメモリへのアクセス

利用したいデータがキャッシュメモリに存在する確率を**ヒット率**といい，これを用いて，全体の実効アクセス時間(平均アクセス時間)は次のように表すことができます。

参考 利用したいデータがキャッシュメモリに存在しないことを**ミスヒット**といい，ミスヒットとなる確率を**NFP**(Not Found Probability)という。NFPは「1ーヒット率」で求められる。なお，ミスヒットが起きても割込みは発生しない。

> **P・O・I・N・T 実効アクセス時間の求め方**
> **実効アクセス時間＝TC×P＋TM×(1－P)**
>   TC：キャッシュメモリのアクセス時間
>   P ：ヒット率
>   TM：主記憶のアクセス時間

例えば，主記憶Aよりアクセスが低速な主記憶Bに，表3.4.4のようなキャッシュメモリを導入してみます。

参考 **SI単位系**
(国際単位系)
10^{-3}＝ミリ
10^{-6}＝マイクロ
10^{-9}＝ナノ

▼ **表3.4.4** 異なる主記憶装置の比較

アクセス時間とヒット率	主記憶A	主記憶B
主記憶アクセス時間(ナノ秒)	50	70
キャッシュアクセス時間(ナノ秒)	－	10
ヒット率	－	0.8

キャッシュメモリ導入

ヒット率が0.8(80％)なので，キャッシュメモリへ読みにいく

確率は80％，主記憶Bへデータを読みにいく確率は20％です。

したがって，主記憶Bの実効アクセス時間は，

10×0.8＋70×0.2＝22ナノ秒

となります。

試験 ヒット率ではなく，NFP（ミスヒットとなる確率）が出題されることもある。

キャッシュメモリの導入により，主記憶Bは，主記憶へのアクセスが高速な主記憶A以下の時間でデータにアクセスできるようになります。主記憶全体の高速化には大きなコストがかかるため，小容量のキャッシュメモリを用いて全体のスループットを上げるこの方法は，コストパフォーマンスの高い技術だといえます。

3.4.4 主記憶への書込み方式 AM/PM

キャッシュメモリ上のデータは，いずれ主記憶に書き出す必要がありますが，その書出しのタイミングにより**ライトスルー方式**と**ライトバック方式**という2つの方式があります。

ライトスルー方式

参考 ライトスルー方式では，キャッシュのデータが追い出されるとき，特別な処理を行う必要がないため，機構は単純化することができる。

CPUからデータの書込み命令が発生したとき，キャッシュメモリと同時に主記憶にも書込みを行う方式です。両者の内容が必ず一致するのでデータの一貫性（**コヒーレンシ**）は保持できますが，主記憶への書出しが終わるまでCPUは別の処理に移行できないため高速性といった面でのデメリットがあります。

すぐに反映　　　　　　　　　データの書出し

主記憶 ← キャッシュメモリ ← CPU

▲ **図3.4.3** ライトスルー方式

ライトバック方式

参考 コヒーレンシ問題など，考慮しなければならない事項が増えるため，ライトバック方式の機構は複雑になる。

CPUからデータの書込み命令が発生したとき，キャッシュメモリにだけデータを書き込んでおき，主記憶への書込みはキャッシュメモリからそのデータが追い出されたときに行う方式です。CPUは，主記憶へ書き込む時間を待たなくてすむためライトスルー方式に比べ高速性は得られますが，主記憶への書込み（キャッシュメモリ上の更新されたデータの主記憶への反映）は，後に

なるので，キャッシュメモリと主記憶間のデータの一貫性（コヒーレンシ）を保持できないといったデメリットがあります。

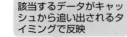

参考 ライトバック方式でキャッシュメモリ上のデータを主記憶に書き込むタイミングには，ほかにもシステムの処理空き時間などがある。

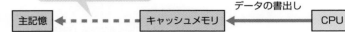

該当するデータがキャッシュから追い出されるタイミングで反映

データの書出し

主記憶 ◀━━━━ キャッシュメモリ ◀──── CPU

▲ **図3.4.4** ライトバック方式

⊃ ライトバック方式におけるLRUアルゴリズム

　ライトバック方式を有効に機能させるには，キャッシュメモリ上のどのデータをどのタイミングで主記憶に追い出す（書き出す）のか，という点が重要になります。タイミングは新たに必要データが発生した時点に設定するとしても，どのデータを追い出すかの選択を誤れば，いま追い出したばかりのデータがまた必要になり，すぐに主記憶から読み直さなければならず，これを繰り返すとヒット率が下がります。そこで，どのデータを追い出せば効率的なのかを判定するアルゴリズムが多数考案されています。

　その中で最もよく利用されているのがLRU（Least Recently Used）アルゴリズムです。これは「ここ最近で最も長い間利用されていないもの」を追出しの対象とするアルゴリズムですが，時間的局所性から，最近使われていないものは将来にも使われないという推測が成立するため，効果的だといえます。

用語 時間的局所性 一度アクセスされたデータが近い将来に再びアクセスされる可能性が高いという性質。

▼ **表3.4.5**　LRUアルゴリズムの例

データ	キャッシュに読み込まれた時刻	最後に参照された時刻
小滝	23:07	23:30
古岡	23:14	23:15
丘地	23:22	23:22

参考 その他のアルゴリズム
・FIFO：一番最初にロードされたデータを追い出す。
・LIFO：一番最後にロードされたデータを追い出す。
・LFU：最も使用頻度の小さいデータを追い出す。

　例えば，表3.4.5のようなデータの場合，最後に使用されてからもっとも経過時間が長いデータは古岡です。したがって，新たにデータが発生し，既存のデータが追い出される場合，対象になるのはデータ"古岡"ということになります。

マルチプロセッサにおけるデータ整合性

主記憶を共有するマルチプロセッサシステムで同じデータを各々のキャッシュメモリに保持している場合，他方により主記憶のデータが更新されると，自身のキャッシュメモリ上のデータと主記憶のデータに不一致が生じます。

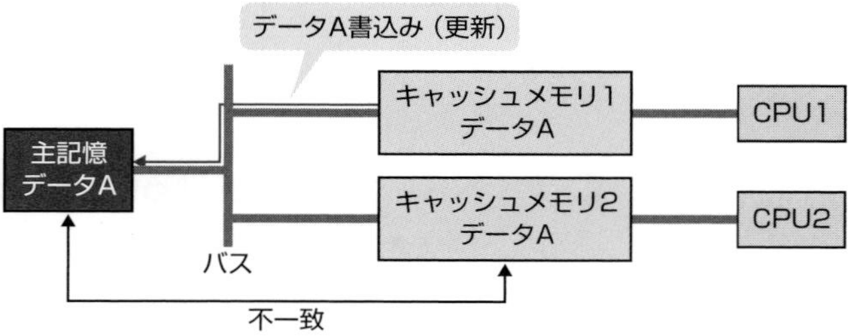

▲ **図3.4.5** 主記憶，キャッシュメモリへのアクセス

参考 ライトバック方式の場合は，主記憶に最新のデータが存在しない可能性があるため，主記憶上の古いデータを読み込む危険がある。
スヌープ方式では，これを回避するため，他のキャッシュと更新情報を交換することで，どのキャッシュに最新のデータが存在するかを知ることができる。

そこで，各キャッシュメモリの内容を正しく保つための方式に**スヌープ方式**があります。この方式では，共有する主記憶のデータが変更されたかどうかをバスを介して監視し（この動作を**バススヌープ**という），自身に影響を及ぼす変更があった場合，自身のもつ当該データを最新データで更新するあるいは無効にします。

3.4.5 キャッシュメモリの割付方式 AM/PM

主記憶上のデータがキャッシュメモリ上のどのデータと対応付けられるのか，その割付方式には次の3つがあります。

ダイレクトマッピング（ダイレクトマップ）方式

主記憶のブロック番号から，キャッシュメモリでのブロック番号が一意に定まる方式を**ダイレクトマッピング方式**といいます。具体的には，主記憶上のブロック番号にハッシュ演算を行い，一意に対応するキャッシュメモリのブロック番号を算出します。

用語 ブロック番号
8語（word）や16語といった単位でまとめたブロック単位のアドレスのこと。

POINT キャッシュメモリのブロック番号算出方法
（主記憶のブロック番号）mod（キャッシュメモリの総ブロック数）
＝ キャッシュメモリのブロック番号

3

ハードウェアとコンピュータ構成要素

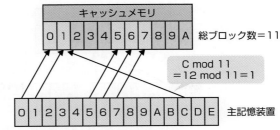

▲ **図3.4.6** ダイレクトマッピング方式

🔍 参考 modは商の余りを表す記号。例えば、「a mod b」は、aをbで割った余りを表す。

図3.4.6の場合，主記憶のブロック1とCは同じキャッシュブロックが与えられるため，CPUがこれらのデータを連続して読み込むと追出しが発生します。

フルアソシアティブ方式

主記憶のブロックがどのキャッシュブロックにも対応づけられる方式を**フルアソシアティブ方式**といいます。

🔍 参考 フルアソシアティブ方式は，ダイレクトマッピング方式よりオーバヘッドが多く，CPUのキャッシュシステムの仕組みも複雑になる。

ダイレクトマッピング方式と異なり，最初に書き込もうとしたブロックがふさがっていても，空いているブロックに書けるので，ヒット率が向上します。しかし，主記憶のどのブロックの内容がキャッシュのどのブロックに格納されているのか，すべて記憶しておく必要があり，また，検索にも時間がかかります。

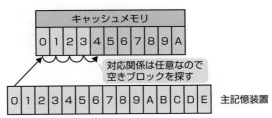

▲ **図3.4.7** フルアソシアティブ方式

セットアソシアティブ方式

🔍 参考 セット内のブロック数がN個のとき，Nウェイ・セットアソシアティブという。

ダイレクトマッピング方式とフルアソシアティブ方式の中間に位置する方式を**セットアソシアティブ方式**といいます。具体的には，連続したキャッシュブロックをセットとしてまとめ，そのセットの中であればどのブロックでも格納できる方式です（次ページ図3.4.8を参照）。

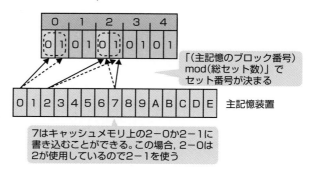

「(主記憶のブロック番号)
mod(総セット数)」で
セット番号が決まる

7はキャッシュメモリ上の2−0か2−1に
書き込むことができる。この場合、2−0は
2が使用しているので2−1を使う

▲ **図3.4.8** セットアソシアティブ方式

図3.4.8では，主記憶のブロック2と7は，どちらもキャッシュのセット2に対応していますが，セットアソシアティブ方式では，セット2の下に0と1のブロックが存在するため，追出しをせずに，どちらのデータもキャッシュに格納することができます。

3.4.6 メモリインタリーブ   AM/PM

CPUを待たせないためのアプローチとしてキャッシュ技術を説明しましたが，主記憶へのアクセスを擬似的に高速化することで解決を図る方法もあります。これが**メモリインタリーブ**です。

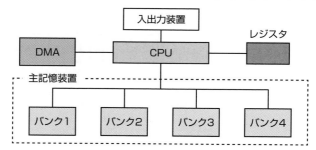

▲ **図3.4.9** メモリインタリーブのイメージ

メモリインタリーブでは，独立にアクセスできる複数のメモリバンク（主記憶をいくつかのアクセス単位に分割したもの）を用意します。これに並行してアクセスすることで，見かけ上のアクセス速度を向上させることができます。しかし，連続したアドレスへのアクセスでないと高速化の効果が薄くなります。

3.5 入出力アーキテクチャ

3.5.1 入出力制御　AM / PM

コンピュータに用意されている入出力インタフェースが適切に動作するように管理するのが入出力制御です。主に次の3つの方式があります。

プログラム制御方式（直接制御方式）

CPUが入出力制御コマンドを発行する方式です。シンプルな考え方ですが，入出力制御が行われるたびにデータがCPUのレジスタを経由するため処理効率を低下させる原因にもなります。

DMA制御方式

CPUを介さずに外部装置と主記憶装置との間で直接データのやり取りを行う方式です。プログラム制御方式に比べ，高速な伝送が可能です。DMA要求が発生すると，システムバスが遮断され，外部装置と主記憶装置の間にデータ伝送路が確保されます。

チャネル制御方式

DMA制御方式を拡張した制御方式です。チャネルと呼ばれる入出力専用の装置を介して，外部装置と主記憶装置のデータ伝送を行います。CPUがチャネルに開始命令を発行したあとは，チャネルがチャネルプログラムに従って入出力処理を行うため，CPUに負荷がかかりません。また，CPU処理と入出処理の並行処理が可能です。データ伝送の終了は，チャネル割込み（入出力割込み）によってCPUに通知されます。

ここで，チャネル制御方式の仕組みを簡単に説明しておきます。

チャネル指令語（CCW）を用いて，一連の入出力動作を定めたチャネル専用のプログラムをチャネルプログラムといいます。チャネルプログラムは，入出力要求が出されたとき，データ管理プログラムによって作成され，主記憶上に記憶されます。このチャ

DMA制御方式では，CPUがDMAコントローラ（DMAC）に指示し，DMACがCPUの動作とは独立にデータ伝送を行う。データ伝送の終了は，入出力割込み（外部割り込み）によって，DMACからCPUへ通知される。

ストリーミング方式
汎用コンピュータのチャネル制御方式を用いた補助記憶装置とのデータ転送において，確認信号を待たずに次々とデータを送ることによって，高速化を図る方式。

ネルプログラムが記憶されたアドレスを示すのが**チャネルアドレス語（CAW）**で，チャネルアドレス語は，主記憶上の所定の（決まった）領域に記憶されます。これにより，CPUから，入出力開始の指示を受けたチャネルは，所定領域にあるCAWを読み込むことで，どのような入出力を行えばよいのかが指令されているチャネルプログラムを1つずつ解釈し実行することができます。

参考 チャネル制御方式の種類
・**マルチプレクサチャネル方式**：チャネルが，複数の入出力装置を時分割により切替えながら同時に制御する方式。データ転送の単位により，バイトマルチプレクサチャネル方式とブロックマルチプレクサチャネル方式がある。
・**セレクタチャネル方式**：入出力処理の最初から最後まで1つの装置がチャネルを占有する方式。

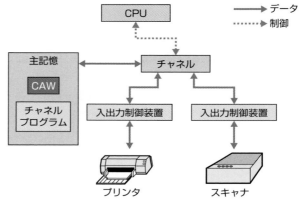

▲ **図3.5.1** バイトマルチプレクサチャネル方式

COLUMN

USBメモリとSSD

　USBメモリは，USBコネクタに接続して使う記憶装置です。直接コンピュータに差し込むだけでデータの読み書きができます。データの記憶には，不揮発性メモリであるフラッシュメモリが使われていて，電源を切っても記憶内容は消えません。

　SSD（Solid State Drive）は，ハードディスクの代替デバイスとして登場した，フラッシュメモリを用いた記憶装置です。ハードディスク同様のインタフェース（シリアルATAなど）で接続できます。SSDには機械的な可動部分が無く，既存のハードディスクに比べ，「高速，低消費電力で発熱も少ない，衝撃に強く軽量で動作音がない」といった特徴があります。現在パソコン市場では，ハードディスクとSSDの両方を搭載する機種があったり，特にノートPCやタブレットPCにおいては，SSDを搭載した機種も多くなってきました。また，サーバに採用されるといった使用例もあり，ハードディスクと比較してビット当たりの単価は高いものの，高速性・高信頼性，低消費電力という利点を生かして幅広く利用されています。

3.5.2 インタフェースの規格 AM / PM

コンピュータと周辺機器を接続するための規格や方式をインタフェースといいます。インタフェースは，データをやり取りする方式の違いにより，シリアルインタフェースとパラレルインタフェースに分類することができます。

シリアルインタフェースは，1本の信号線で1ビットずつ直列に伝送する方式です。一方，**パラレルインタフェース**は，複数の信号線を用いて同時に複数ビットを並列に伝送する方式です。シリアルインタフェースに比べ効率は良さそうですが，構造的に複雑になるため，現在では，単純でコスト的にも有利なUSBなどのシリアルインタフェースが主流になっています。

ここでは，試験での出題が最も多いUSB（Universal Serial Bus）の特徴を押さえておきましょう。なお，その他の主な規格については，次ページの表3.5.2にまとめています。

USB

キーボードやマウスをはじめ，様々なタイプの機器の接続を統一したシリアルインタフェース規格です。PCにプラグを差し込むだけで使える**プラグアンドプレイ**や，電源が入っている状態で機器の脱着が行える**ホットプラグ**に対応している点が特徴です。

USB規格は，「USB1.0→USB1.1→USB2.0→USB3.0…」の順に登場し，その都度，互換性を確保しながら，機能や性能向上が図られてきました。なお，USB2.0までの通信方式は半二重通信でしたが，USB3.0からは全二重通信になっています。また，コネクタのピン数が4本から9本に増えましたが，後方互換性を保っているのでUSB2.0のケーブルも指すことができます。

▼ **表3.5.1** USBの転送速度

転送モード	転送速度（ビット／秒）			
ロースピードモード(LS)	1.5M	USB1.0		
フルスピードモード(FS)	12M	USB1.1	USB2.0	USB3.0
ハイスピードモード(HS)	480M			
スーパースピードモード(SS)	5G			

参考 USBの転送方式

・**アイソクロナス転送**：リアルタイム性を重視した方式（データの送達確認は行わない）。音声や映像などのデータ転送に用いられる。

・**インタラプト転送**：一定周期で少量のデータを転送する方式。

・**コントロール転送**：デバイスの設定や制御のための方式。

・**バルク転送**：大量のデータを一括転送するための方式。なお，USB3.0には，更に大量のデータ転送を行う**バルクストリーム転送**がある。

参考 Wireless USB

USBを拡張した無線通信の技術規格であるが，有線USBとの互換性はない。

参考 現在，普及しているUSB3.1，USB3.2では10〜20Gbpsのデータ転送が可能。また新規格**USB4**では40Gbpsを実現。

▼ **表3.5.2** 主なインタフェース規格・通信規格

参考 パラレルATAを
シリアル転送方
式に変更したものを,
シリアルATAという。

参考 SCSIの後継規
格にSAS(Serial
Attached SCSI)があ
る。SASはシリアル
転送のSCSIであり,
シリアルATAに対して
上位互換性をもつ。接続
方式はPoint-to-Point。
なお,旧来のSCSIを
パラレルSCSIと呼ぶ
ことがある。

ATA	内蔵型のハードディスクを接続するためのパラレルインタフェース規格(パラレルATA)。当初はIDE規格として普及していたが,後にATAとして標準化された
ATAPI (ATA-4)	IDE(ATA)を拡張し,CD-ROM装置などハードディスク以外の機器も接続できるようにした規格(EIDE)の一部を規格化したものでATA/ATAPI-4としてATA規格に統合された
SCSI	ANSI(米国規格協会)によって制定されたパラレルインタフェース規格で,PCと周辺機器を接続するために利用される。7台までの周辺機器を数珠つなぎ(デイジーチェーン)に接続できる。高速化を図った規格にUltra SCSIがある
iSCSI	SCSIプロトコルをTCP/IPネットワーク上で使用できるようにした規格
IEEE 1394	音声や映像など,リアルタイム性が必要なデータの転送に適した高速なシリアルインタフェース規格。FireWireとも呼ばれている
PCI	IEEEが標準化したPC用の拡張バスISAに替わって普及した,パラレルインタフェース規格
AGP	ビデオカードとメインメモリを結ぶためのバス規格。ビデオカード用の専用バスであるためスループットが高い
PCI Express	シリアルインタフェースの拡張バス規格であり,PCIとAGPの後継規格に当たる
I²Cバス	組込みシステムで使用される,クロックとデータの2線式バス(双方向シリアルバス)。最大転送速度は3.4Mビット／秒
HDMI	映像信号と音声信号を1本のケーブルで送受信する,デジタル接続のインタフェース規格。デジタルテレビやDVDレコーダ,PCとディスプレイの接続などに使用される。なお,HDMIには,著作権で保護されたデジタルコンテンツの不正コピーを防ぐHDCP(デジタルコンテンツの著作権保護技術)対応のものがあり,HDCP対応のHDMI端子から出力される映像や音声は暗号化される
Display Port	HDMIの対抗となる規格。映像と音声をパケットに分割してシリアル伝送する。シングルモードとデュアルモードがあり,デュアルモードはHDMIに対応している。また,HDCPもサポート
IrDA	赤外線を利用してデータ伝送を行う無線通信規格。赤外線は直進する性質をもつため,遮蔽物のある環境では利用できない
Bluetooth	無線LANと同じ2.4GHz帯域の電波を使用する近距離無線通信の規格。電波到達距離は1〜100m程度であり,遮蔽物があっても問題なく通信できる。キーボードやマウス,携帯電話といった比較的低速度のデータ通信に利用されている
NFC	Near Field Communicationの略。数cm〜1m程度の極短距離で通信する,いわゆる"かざして通信"するための規格。ピアツーピアで通信する機能を備えている
PLC (電力線通信)	Power Line Communicationの略。コンセントからつながる電力線を通信回線として利用する技術
バスパワー	USBケーブル経由で周辺機器に電力を供給する方式

‖‖ **得点アップ問題** ‖‖

問題1 (R03秋問22)

解答・解説はp.166

1桁の2進数A，Bを加算し，Xに桁上がり，Yに桁上げなしの和（和の1桁目）が得られる論理回路はどれか。

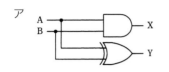

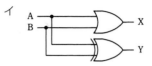

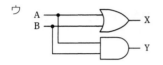

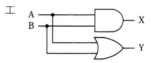

問題2 (R02秋問21)

FPGAなどに実装するデジタル回路を記述して，直接論理合成するために使用されるものはどれか。

　ア　DDL　　　イ　HDL　　　ウ　UML　　　エ　XML

問題3 (H26春問9)

メイン処理，及び表に示す二つの割込みA，Bの処理があり，多重割込みが許可されている。割込みA，Bが図のタイミングで発生するとき，0ミリ秒から5ミリ秒までの間にメイン処理が利用できるCPU時間は何ミリ秒か。ここで，割込み処理の呼出し及び復帰に伴うオーバヘッドは無視できるものとする。

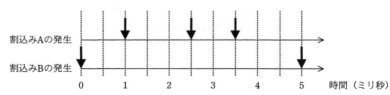

割込み	処理時間（ミリ秒）	割込み優先度
A	0.5	高
B	1.5	低

注記　🡇　は，割込みの発生タイミングを示す。

　ア　2　　　　イ　2.5　　　　ウ　3.5　　　　エ　5

問題4 (R02秋問24)

8ビットD/A変換器を使って，負でない電圧を発生させる。使用するD/A変換器は，最下位の1ビットの変化で出力が10ミリV変化する。データに0を与えたときの出力は0ミリVである。データに16進表示で82を与えたときの出力は何ミリVか。

ア　820　　　イ　1,024　　　ウ　1,300　　　エ　1,312

問題5 (H29春問22)

16ビットのダウンカウンタを用い，カウンタの値が0になると割込みを発生するハードウェアタイマがある。カウンタに初期値として10進数の150をセットしてタイマをスタートすると，最初の割込みが発生するまでの時間は何マイクロ秒か。ここで，タイマの入力クロックは16MHzを32分周したものとする。

ア　0.3　　　　イ　2　　　　ウ　150　　　　エ　300

問題6 (H26秋問7)

パイプライン方式のプロセッサにおいて，パイプラインが分岐先の命令を取得するときに起こるハザードはどれか。

ア　構造ハザード　　イ　資源ハザード　　ウ　制御ハザード　　エ　データハザード

問題7 (H24秋問9)

命令を並列実行するためのアーキテクチャであって，複数の命令を同時に実行するとき，命令を実行する演算器をハードウェアによって動的に割り当てる方式はどれか。

ア　SMP　　　　イ　VLIW　　　　ウ　スーパスカラ　　　　エ　スーパパイプライン

問題8 (R01秋問10)

容量がaMバイトでアクセス時間がxナノ秒の命令キャッシュと，容量がbMバイトでアクセス時間がyナノ秒の主記憶をもつシステムにおいて，CPUからみた，主記憶と命令キャッシュとを合わせた平均アクセス時間を表す式はどれか。ここで，読み込みたい命令コードがキャッシュに**存在しない確率**をrとし，キャッシュ管理に関するオーバヘッドは無視できるものとする。

ア　$\dfrac{(1-r) \cdot a}{a+b} \cdot x + \dfrac{r \cdot b}{a+b} \cdot y$　　　　イ　$(1-r) \cdot x + r \cdot y$

ウ　$\dfrac{r \cdot a}{a+b} \cdot x + \dfrac{(1-r) \cdot b}{a+b} \cdot y$　　　　エ　$r \cdot x + (1-r) \cdot y$

問題9 (H24春問13)

キャッシュメモリを搭載したCPUの書込み動作において，主記憶及びキャッシュメモリに関し，コヒーレンシ（一貫性）の対策が必要な書込み方式はどれか。

ア ライトスルー　　イ ライトバック　　ウ ライトバッファ　　エ ライトプロテクト

問題10 (R03秋問6-ES)

複数の同種のプロセッサが主記憶を共有することによって処理能力を高めるコンピュータシステムの構成はどれか。

ア オーバドライブプロセッサ　　　　　イ コプロセッサ
ウ 疎結合マルチプロセッサ　　　　　　エ 密結合マルチプロセッサ

問題11 (H31春問20)

DRAMのメモリセルにおいて，情報を記憶するために利用されているものはどれか。

ア コイル　　　　イ コンデンサ　　　　ウ 抵抗　　　　　　エ フリップフロップ

問題12 (R05春問11)

フラッシュメモリにおけるウェアレベリングの説明として，適切なものはどれか。

ア 各ブロックの書込み回数がなるべく均等になるように，物理的な書込み位置を選択する。
イ 記憶するセルの電子の量に応じて，複数のビット情報を記録する。
ウ 不良のブロックを検出し，交換領域にある正常な別のブロックで置き換える。
エ ブロック単位でデータを消去し，新しいデータを書き込む。

チャレンジ問題 (H26秋問21)

図の回路を用いてアドレスバスから$\overline{CS}$信号を作る。$\overline{CS}$信号がLのときのアドレス範囲はどれか。ここで，アドレスバスはA0〜A15の16本で，A0がLSBとする。また，解答群の数値は16進数である。

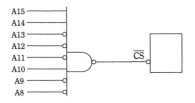

ア 3B00〜3BFF　　イ 8300〜9BFF
ウ A400〜A4FF　　エ C400〜C4FF

║║║ **解 説** ║║║

問題1

解答：ア

◆p.122を参照。

1桁の2進数AとBを加算したときの，桁上がりをX，和の1桁目をY
とすると，X及びYは次の論理式で表すことができます。

　・桁上がりX＝A・B
　・和の1桁目Y＝A・$\overline{B}$＋$\overline{A}$・B＝A⊕B

この2つの論理式から，1桁の2進数の加算を行う論理回路は，論理
積素子 ⊃— と排他的論理和素子 ⊃⟩ で構成される，〔ア〕の論理
回路であることがわかります。この回路を**半加算器**といいます。

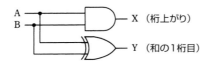

問題2

解答：イ

◆p.125を参照。

FPGAなどに実装するデジタル回路の記述に使用されるのは，ハー
ドウェア記述言語（**HDL**：Hardware Description Language）です。

問題3

解答：ア

◆p.139,140を参照。

CPUがメイン処理を実行しているとき，割込みA，Bが図のタイミ
ングで発生すると，CPUは発生した割込みに対応する処理を下図のよ
うに実行します。

ここで，「割込み処理の呼出し及び復帰に伴うオーバヘッドは無視で
きる」とあるので，CPUが割込みA，Bの処理をしていない時間がメ
イン処理を実行できる時間となり，その合計時間は，

　　0.5＋0.5＋1＝2ミリ秒

です。したがって，メイン処理を実行できる時間（メイン処理が利用で
きるCPU時間）は2ミリ秒です。

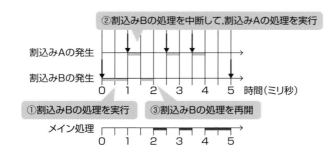

※多重割込みが許可さ
れているため，割込みB
の処理中に，割込みA
が発生すると，CPU
は割込みAの処理を行
う。

3

問題4　　　　　　　　　　　　　　　　　　解答：ウ

◀p.128,129を参照。

D/A変換器は，0と1のビット列であるデジタル値をアナログ信号に変換する機器です。本問のD/A変換器は，デジタル値の最下位ビットが1変化すると，出力が10ミリV変化します。また，データに0を与えたときの出力は0ミリVです。

したがって，データに16進表示で82，つまり10進数で130を与えたときの出力は，

130×10＝1,300［ミリV］

となります。

問題5　　　　　　　　　　　　　　　　　　解答：エ

カウンタは1クロックごとに値が1減少し，0になったとき割込みが発生します。またタイマの入力クロック（周波数）は，16MHzを32分周した，「16MHz／32＝(16×10^6)／32＝0.5MHz」です。

したがって，1クロックの時間は，

1／(0.5×10^6)＝2×10^{-6}秒＝2マイクロ秒

であり，最初の割込みが発生するまでの時間は，次のようになります。

2マイクロ秒×150＝300マイクロ秒

※周波数を1／Nにすることを分周という。32分周とは，周波数を1／32にすること。

問題6　　　　　　　　　　　　　　　　　　解答：ウ

◀p.142を参照。

パイプライン処理では，先読みした命令が無駄になったり，待ち合わせが発生したりして，パイプライン処理が乱れる場合があります。このようなパイプライン処理が乱れる状態，あるいはその要因をパイプラインハザードといい，主なものとして，制御ハザード，データハザード，構造ハザードがあります。このうち**制御ハザード**は，**分岐命令**の実行によって起こるハザードで，先読みした命令が無駄になるハザードのことです。

※パイプラインの乱れを制御し，性能向上を図る技法に，投機実行，遅延分岐がある。

問題7　　　　　　　　　　　　　　　　　　解答：ウ

◀p.144を参照。

選択肢にある4つの方式は，すべて命令を並列実行するためのアーキテクチャです。このうち，CPU内に複数の演算器をもつのは，スーパスカラとVLIWです。**スーパスカラ**は，パイプライン機構を複数もち，どの命令を並列実行するのか実行時に決める方式で，命令を実行する演算器は，ハードウェアによって割り当てられます。一方，VLIWは，コンパイルの段階で並列実行する命令を1語中にまとめる方式で，演算器を動的に割り当てることはしません。

※スーパスカラのキーワードは，
・複数のパイプライン
・実行時に（動的に）
VLIWのキーワードは，
・長い命令語
・1つの命令にまとめる

問題8

解答：イ

←p.153を参照。

命令キャッシュのアクセス時間がxナノ秒，主記憶のアクセス時間がyナノ秒，ヒット率(読み込みたい命令コードがキャッシュに存在する確率)がPである場合の平均アクセス時間を表す式は，

平均アクセス時間＝x・P＋y・(1－P)

です。本問で問われているのは，読み込みたい命令コードがキャッシュに**存在しない確率**をrとしたときの平均アクセス時間を表す式なので，上記の式のPを(1－r)で置き換えればよいことになります。つまり，次の式になります。

平均アクセス時間＝x・(1－r)＋y・r＝(1－r)・x＋r・y

※問題文に，命令キャッシュ及び主記憶の容量が示されているが，平均アクセス時間に容量は直接関係しない。惑わされないよう注意しよう。

※命令コードがキャッシュに存在しない確率がrなら，1－rがヒット率。

問題9

解答：イ

←p.154を参照。

キャッシュメモリ上のデータと，それに対応する主記憶のデータの一貫性を保証することを**コヒーレンシ**といい，両者のデータが一致している状態をコヒーレンシが保たれている状態といいます。

ライトスルー方式は，書込み命令が実行されたとき，キャッシュメモリと主記憶の両方を書き換える方式なのでコヒーレンシが保持できます。一方，**ライトバック方式**は，キャッシュメモリ上のデータだけを書き換えておき，主記憶上のデータの書換えは当該データがキャッシュメモリから追い出されたときに行う方式です。一時的にキャッシュメモリ上のデータと主記憶のデータとの間で不一致が生じるため，コヒーレンシ対策が必要です。

※ライトバッファは，ライトスルー方式における主記憶への書込み動作の高速を図るために，キャッシュメモリと主記憶との間に置くバッファメモリのこと。

問題10

解答：エ

←p.146

主記憶を共有した複数のプロセッサで構成されるのは，密結合マルチプロセッサです。

ア：**オーバドライブプロセッサ**とは，本来組み込まれているCPUの代わりに搭載する，より高性能なプロセッサのことです。

イ：**コプロセッサ**は，CPUの演算処理を補助する目的で搭載され，CPUと並行動作するプロセッサです。FPUなどがあります。

ウ：疎結合マルチプロセッサは，各プロセッサごとに主記憶装置をもちます。

※FPU
"Floating Point Unit"の略で，浮動小数点演算処理装置のこと。

問題11

解答：イ

←p.150を参照。

DRAMのメモリセルは，1個のコンデンサ(キャパシタ)と1個のトランジスタで構成されていて，コンデンサに蓄えた電荷の有無によって1ビットの情報を表します。

問題12

解答：ア

ウェアレベリングとは，各ブロックの書込み回数がなるべく均等になるようにして，フラッシュメモリ全体の寿命を延ばす技術です。

←p.151を参照。

チャレンジ問題

解答：エ

アドレスバスとは，CPUが読み書きしたいデータの，メモリ上のアドレス(番地)を伝達するための信号伝達経路のことです。本問は，このアドレスバスから送られてくる信号がどの値のとき，$\overline{\text{CS}}$がL(Low：0)になるかを考えれば解答できます。

図を見ると，NANDからの出力が$\overline{\text{CS}}$になっているので，NANDからの出力を0にすればよいことがわかります。ここで，NANDは入力がすべて1のとき0を出力すること，A8～A15の先にある○印はビットの反転を意味することに注意しながら，順に考えていきます。

※$\overline{\text{CS}}$(チップセレクト)の仕組みについては，次ページを参照。

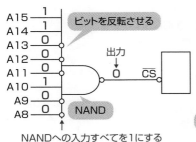

NANDの真理値表

x	y	y NAND y
0	0	1
0	1	1
1	0	1
1	1	0

入力がすべて1のとき0を出力

※NANDは否定論理積(p.120参照)。

①NANDからの出力が0になるのは，NANDへの入力がすべて1のときです。
②入力がすべて1になるのは，○印の付いているA13，A12，A11，A9，A8が0(Low)で，A15，A14，A10が1(High)のときです。
③つまり，下図のとき$\overline{\text{CS}}$がL(Low：0)になります。

A15	A14	A13	A12	A11	A10	A9	A8
1	1	0	0	0	1	0	0

C ← → 4

※A7～A0は，$\overline{\text{CS}}$には関係がないので，0(Low)／1(High)のどちらでもよく，その範囲は"00"～"FF"。

④以上から，上位8ビット(16進数で上位2桁)が"C4"になっている〔エ〕のC400～C4FFが正解となります。

〔補足〕

　$\overline{\text{CS}}$（チップセレクト）の仕組みを説明しておきましょう。$\overline{\text{CS}}$信号は，複数存在するデバイスに対して，どのデバイスをアクセスするのかを指定するための信号です。アクセスするデバイスを選択するには，そのデバイスの$\overline{\text{CS}}$信号をアクティブ（有効）にします。ここで，「$\overline{\text{CS}}$」の上の横線は，信号が0（L：Low）のときアクティブになることを意味します。では，もう少し具体的に見ていきましょう。

　CPUは，アドレスバスとデータバスによってROMやRAMなどの周辺デバイスと接続されています。そして，このアドレスバスを使ってアクセスするデバイスを指定し，データバスを使ってデータを書き込んだり，読み出したりします。

　例えば，CPUとメモリ1及びメモリ2を図のように接続したシステムがあるとします。このシステムでは，A15が0（L）のときメモリ1の$\overline{\text{CS}}$がアクティブになり，A15が1（H）のときメモリ2の$\overline{\text{CS}}$がアクティブになります。

　つまり，CPUが指定したアドレスが，16進数表記で0000〜7FFFのときはメモリ1をアクセスし，8000〜FFFFのときはメモリ2をアクセスすることになります。

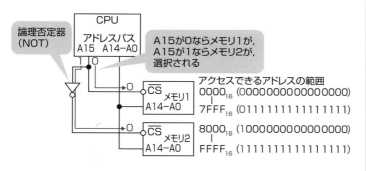

※図では，データバスを省略している。また，このシステムのアドレスバスはA0〜A15の16本で，A0がLSB（最下位ビット）。

　このように，$\overline{\text{CS}}$をうまく使うことによって，例えばメモリ1を命令（プログラム）格納用，メモリ2をデータ格納用といったメモリマップをいろいろに作ることができます。

第4章
システム構成要素

　本章で学習する,「システム構成方式」,「システムの性能評価」,「システムの信頼性」の多くが午前試験だけでなく,午後試験に出題されています。また,「待ち行列理論」については,ネットワークやシステム評価などの午後試験の問題でも,その知識が必要となるケースは多く,重要性の高いテーマといえます。「待ち行列理論」は,確率・統計的な要素が多く,理解が難しいテーマです。本来,第1章の基礎理論で学習するべきテーマですが,システムの性能評価に待ち行列理論を適用することから,本書では,この章で学習します。合格のための必須テーマですので,しっかり理解してください。

　この章に関連する問題は,午前試験と午後試験ともに,知識だけでなく計算力も求められるため,基礎知識に少しでも不安があると解答に時間がかかります。問題を読んだらすぐに計算に取りかかれるくらいの基礎力をつけておきましょう。

4.1 システムの処理形態

情報処理システムの基本的な処理形態は，集中処理と分散処理に大別できます。しかし実際には，両者が混在しているシステムも多くあります。ここでは，集中処理システムと分散処理システムの形態及び特徴を理解しましょう。

4.1.1 集中処理システム　AM / PM

集中処理システムの形態

集中処理システムは，情報資源や処理を1か所に集中させたシステムです。1台のホストコンピュータで複数の業務を行う図4.1.1のような構成がその代表です。

> **参考** 現在では，後述するクライアントサーバシステムやWebシステムなど，様々なシステムがあり，集中処理システムは過去のものと考えられがちだが，管理しやすく安全性が高いという特徴を理由に，現在でも利用されている。

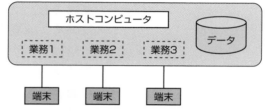

▲ **図4.1.1** 集中処理システム

図4.1.1は，いくつかの業務(基幹業務)を統括した構成です。この場合の処理方式は，データエントリとトランザクション処理が中心の**オンライントランザクション処理**となります。

> **用語** オンライントランザクション処理
> 座席予約や銀行でのお金の出し入れなど，通信回線を経由して発生したトランザクションを即時に処理する方式。

◆シンクライアント端末

集中処理システムでは，処理のほとんどをホストコンピュータで行うため，端末の機能は，通信や入出力など必要最低限ですみます。このように必要最低限の機能のみをもたせた端末を**シンクライアント端末**といいます。端末内にデータが残らないので情報漏えい対策にもなり，また，端末機器を交換する場合，アプリケーションやデータのインストール作業を軽減できるといったメリットがあります。

4.1.2　分散処理システム　AM / PM

分散処理システムの形態

　分散処理システムは，データや機能を各コンピュータに分散させ，利用者がネットワークを通してすべてのシステム資源を共有しながら効率よく処理できるように構築されたシステムです。次のような特徴があります。

> **POINT** 分散処理システムの特徴
> ・局所的な処理は，その近傍にある分散コンピュータで行う分散処理方式となる。
> ・システム横断的な処理は，中央コンピュータで行う集中処理方式となる。

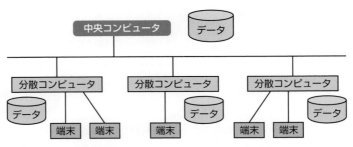

▲ **図4.1.2**　分散処理システム

　集中処理システムとの比較を表4.1.1にまとめます。

▼ **表4.1.1**　集中処理システムと分散処理システムの比較

	集中処理システム	分散処理システム
資源管理	容易	困難
セキュリティ確保	容易	困難
データの維持管理	容易	困難
ユーザ要望による機能追加や変更	困難（要望に即座に応じることができない）	容易（局所的な追加・変更は容易に行える）
障害による影響	一部の障害がシステム全体に影響する	障害発生による影響が局所化できる
障害原因究明	容易	困難

参考　集中処理システムでは，情報資源を1か所に集中させるため，災害に備えて，予備システムを離れた場所に設置するなどの対策が必要。

分散処理システムの形態

　分散処理システムは，システム構成の観点から「水平分散」と「垂直分散」，分散対象の観点から「機能分散」と「負荷分散」に分けられます。そして，これらの組合せによって，次の3種類の分散処理システム形態があります。

参考 垂直負荷分散システムは実在しない。

参考 水平負荷分散では，処理要求が発生するたびに，それぞれのコンピュータの負荷状況を見て処理を振り分ける。一部のコンピュータに故障が発生しても他のコンピュータで処理を継続できるため，システム全体の可用性の向上が期待できる。

▲ **図4.1.3** 分散処理システムの分類

▼ **表4.1.2** 分散処理システムの3つの形態

水平機能分散	業務の種類やデータベースの作成及び維持管理の責任によって，処理するコンピュータを分ける形態
水平負荷分散	同じアプリケーションを複数のコンピュータで実行可能にすることで，それぞれのコンピュータにかかる負荷を分散する形態
垂直機能分散	一連の処理機能を階層的に分割し，それぞれの階層にあるコンピュータごとに異なった処理を行う形態

VDI　　　　　　　　　　　　　　　☕ COLUMN

　シンクライアント端末をさらに発展させ，セキュリティの向上ならびにメンテナンスやコストの軽減を実現するものに**VDI**（Virtual Desktop Infrastructure：**デスクトップ仮想化**）があります。

　VDIは，デスクトップ環境を仮想化する仕組みです。利用者は，VDIサーバ上に用意された仮想的なデスクトップ環境を，あたかも手元の端末（PC，タブレットなど）で操作しているかのように扱えます。端末とVDIサーバ間の転送には，VDIの画面転送プロトコルだけが利用されるため，端末に転送されるのは画面だけです。

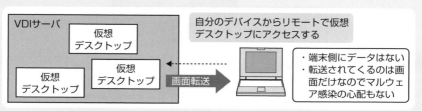

▲ **図4.1.4** VDI（デスクトップ仮想化）

4.2 クライアントサーバシステム

4.2.1 クライアントサーバシステムの特徴 AM/PM

> ダウンサイジン
> **参考** グとEUCという
> キーワードとともに,
> 情報処理システム構築
> の主流となった形態。

　クライアントサーバシステムは, 目的処理を, サービスを要求するクライアントとサービスを提供するサーバに機能分割することによって, 特定のアプリケーションやコンピュータに依存しない柔軟な分散処理(**垂直機能分散**)システムの構築を可能にするというシステム概念です。クライアントはそれぞれアプリケーションを実行する機能を備えていて, 必要に応じてサーバにサービスの要求を行います。

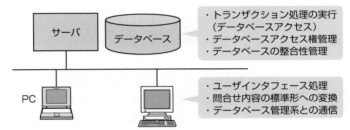

▲ **図4.2.1** クライアントサーバの構成例

　サーバの代表的なものとして, データベースサーバ, ファイルサーバ, プリントサーバ, 通信サーバがありますが, このように, サーバの機能を専用化することにより, 比較的容易に個々のサーバの性能を向上させることができるのが特徴です。

クライアントサーバの実体　　　　　　　　　　**COLUMN**

　本来, クライアントサーバは, サービスを要求する**プロセス**と, それを提供するプロセスとが相互に通信し合いながら処理を実現する仕組みのことをいいます。

　クライアントサーバのはじまりは, UNIXのX Window(Xウィンドウ)システムです。X Windowシステムでは, 同じコンピュータ上で動作するXサーバが, Xアプリケーションからの描画依頼を受けて実際に画面に描画したり, 利用者からのキーボードやマウスによる入力をXクライアントに通知するというサービスを提供します。

4.2.2 クライアントサーバアーキテクチャ AM / PM

2層クライアントサーバシステム

2層クライアントサーバシステムは，前ページの図4.2.1のように，「データベースサーバは，データベースの管理とクライアントから要求されたデータベースアクセスだけを実行し，その他の処理はクライアントがすべて行う」という，従来型のクライアントサーバ形態です。

2層クライアントサーバシステムでは，業務に依存するアプリケーション（業務ロジック）が，クライアント側にユーザインタフェースと一体化して組み込まれているため，アプリケーションの肥大化，アプリケーション間での相互矛盾などの問題が発生します。また，業務ロジック変更によるアプリケーションプログラムの修正時には，同時に何台ものクライアントコンピュータのプログラムを修正しなければなりません。

3層クライアントサーバシステム

3層クライアントサーバシステムは，2層クライアントサーバシステムの問題点を解決するため，クライアントから業務に依存するアプリケーション部分を分離し，システムを論理的に，GUI処理を行う**プレゼンテーション層**，業務に依存する処理を行う**ファンクション層**，データベース処理を行う**データベースアクセス層**の3層に分けたシステムです。

試験　3層クライアントサーバシステムの各層の名称や役割が問われる。

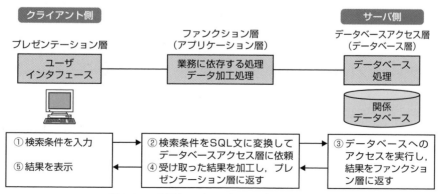

▲ 図4.2.2　3層クライアントサーバシステムの構成

これらの3層は論理的に分けられたものなので，3層とも同一コンピュータ上に実装しても構いませんが，プレゼンテーション層はクライアントコンピュータ(PC)，データベースアクセス層はサーバコンピュータに実装するというのが一般的です。ファンクション層に関しては，サーバコンピュータあるいは別途に設けた**アプリケーションサーバ**に実装します。

3層クライアントサーバシステムでは，クライアントから業務に依存するアプリケーション部分を分離し，それをファンクション層に任せるため，以下のような利点が生まれます。

📖用語 アプリケーションサーバ
データベースアクセス層への接続やトランザクションの管理機能をもち，ファンクション層として業務処理の流れを制御する機能をもつ。

> **POINT 3層クライアントサーバシステムの利点**
> ・業務ロジックの変更が発生しても，クライアントに与える影響が少ない。
> ・アプリケーションの修正や追加が頻繁なシステムでは導入効果が高い。
> ・各層の独立性が高く，層間の依存度が少ないので，開発作業を層ごとに並行して行うことができる。

4.2.3　Webシステムの3層構造　　AM / PM

図4.2.3は，Webシステムを3層クライアントサーバシステム構成で実現したものです。

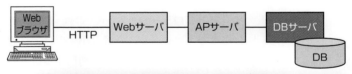

📝参考 HTTP/1.0通信は，リクエスト毎にTCPコネクションの接続・切断を繰り返し，持続的なコネクション維持はしない。これに対し，Webブラウザとサーバ間にソケット接続を確立し，その後はHTTPの手順に縛られず1つのTCPコネクション上で双方向通信を実現したものにWebSocketがある。

	Webサーバ	APサーバ	DBサーバ
役割	・HTTPリクエストの受付とレスポンスの返却 ・静的コンテンツの配信	・アプリケーション及び動的コンテンツの処理を実行	・データベース機能

▲ **図4.2.3**　Web3層構造

このように，Webサーバ，アプリケーションサーバ(APサーバ)，データベースサーバ(DBサーバ)を，それぞれを異なる物理サーバに配置する形態を**Web3層構造**といいます。

WebサーバとAPサーバを異なる物理サーバに配置する理由は，

両サーバの役割を分離して処理にかかる負荷を分散するためです。

Webサーバの主な役割は，クライアントとの通信（HTTPリクエストの受付とレスポンスの返却）ですが，両サーバを別々の物理サーバに配置し，静的HTMLや画像など負荷が軽い静的コンテンツの処理はWebサーバが行い，CGIプログラムなど負荷が重い動的コンテンツの処理はAPサーバが行うというように処理を分担します。こうすることで，WebサーバとAPサーバを同一の物理サーバに配置するよりも処理負荷の低減ができ，多くのリクエストを効率よく処理することができます。

Web3層構造をはじめ多くのWebシステムでは，バックエンドにデータベースをおき，Webブラウザからデータの検索や登録を行えるようにしています。汎用のWebブラウザを用いることでOSをはじめとしたクライアント側の環境を統一する必要がなく，クライアント環境の保守及びそれにかかるコストも軽減できます。また，クライアントコンピュータの性能に関係なく（非力でも），Webブラウザさえあればサービスを提供できる利点があります。

4.2.4 クライアントサーバ関連技術 　AM/PM

ストアドプロシージャ

一連のSQL命令からなるデータベース処理手続（プロシージャ）を，実行可能な状態でデータベース（DBMS）内に格納したものを**ストアドプロシージャ**といいます。クライアントは，必要なときに必要なプロシージャを呼び出すだけで目的の処理を実行できます。ストアドプロシージャを利用することの利点は，次のとおりです。

参考 ストアドプロシージャの利用による最も期待できる効果は，クライアントとサーバ間の通信量及び通信回数の軽減であるが，プロシージャ化する単位が細かすぎると通信回数が多くなりその効果は期待できない。

POINT ストアドプロシージャの利点
・クライアントから1つずつSQL文を送信する必要がない。
・クライアントとサーバ間の通信量及び通信回数を軽減できる。
・共通のSQL文によるデータベースアクセス手続をクライアントに提供できる（データ操作の標準化，共有化）。
・機密性の高いデータに対する処理をプロシージャ化することで，セキュリティを向上させることができる。

RPC

他のコンピュータが提供する手続を，あたかも同一のコンピュータにある手続であるかのように呼び出すことができる機能をRPC（Remote Procedure Call）といいます。RPCでは，手続を呼び出す側と呼び出される側のプロセスが，それぞれ独立したプロセスとして動作するので，異なるOS間でも手続呼出しができます。このため，分散プログラミングが可能となり，ネットワーク上のコンピュータ資源を有効利用できます。

参考 RPCをオブジェクトプログラミングに応用したものにCORBAがある。**CORBA**は，OMGが制定した分散オブジェクト技術の仕様。開発言語やプラットフォームに依存しない，オブジェクト間の連携を可能にしている。

NFS

NFS（Network File System）は，RPCの上に実現される技術で，主にUNIXで利用されるファイル共有システムです。離れた場所にあるコンピュータのファイルを，あたかも自分のコンピュータのファイルのように操作することができます。

▲ **図4.2.4** NFS

☕ **COLUMN**

MVCモデル

APサーバ上のアプリケーションを構築する際に用いられるデザインモデルに，MVCモデルがあります。**MVCモデル**は，ヒューマンインタフェースをもつシステムにおいて，機能とヒューマンインタフェースの相互依存を弱めることによって修正や再利用性を向上させることを目的としたアーキテクチャパターンです。システムやアプリケーションを下記の3つの論理的な層に分割して設計・実装します。

・**モデル層**（Model層）：処理の中核（業務処理，ビジネスロジック）を担当
・**ビュー層**（View層）：入力・表示を担当
・**コントローラ層**（Controller層）：モデル層，ビュー層の制御を担当（例えば，ビュー層からの入力に対するロジックの実行をモデル層に依頼し，その処理結果の表示をビュー層に依頼する）

4.3 システムの構成と信頼性設計

コンピュータシステムには，高い信頼性が求められます。どのようにそれを実現するのか，ここでは，信頼性の向上を実現する代表的な構成方式(デュアルシステム，デュプレックスシステム)と，信頼性設計の考え方を説明します。

4.3.1 デュアルシステム

> 参考 並列冗長型システムともいう。

デュアルシステムは，同じ処理を行うシステムを二重に用意し，処理結果を照合(クロスチェック)することで処理の正しさを確認するシステムです。照合結果が不一致の場合，再度処理を実行し直します。また，一方に障害が発生したら，それを切り離して処理を続行できるため，システムの信頼性は高くなります。

デュアルシステムの特徴

デュアルシステムを，次項で説明するデュプレックスシステムと比較した場合の特徴は，次のとおりです。

> 試験 デュアルシステムとデュプレックスシステムの特徴を問う問題が出題される。

POINT デュアルシステムの特徴
- MTTR(平均修理時間)は，障害が発生した系の切離し時間だけなので，デュプレックスシステムよりも短い。
- 2つの系で同じ処理を行って処理結果を照合する分，同一のハードウェア構成では，デュプレックスシステムよりスループットが落ちる。
- 高い信頼性が得られる反面，2組のコンピュータを必要とするため，高価なシステムとなる。

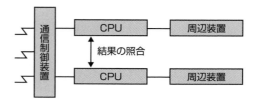

▲ **図4.3.1** デュアルシステム

4.3.2　デュプレックスシステム

> **参考** 待機冗長型システムともいう。

　デュプレックスシステムは，主系(現用系)と待機系の2つの処理系をもつシステムです。主系でオンライン処理などの業務処理を行い，主系に障害が発生した場合は待機系に切り替え，業務処理を続行します。

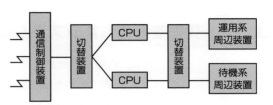

▲ **図4.3.2**　デュプレックスシステム

デュプレックスシステムにおける待機系の状態

　デュプレックスシステムは，正常時に待機系をどのような状態で待機させるかという観点から次の3つに分類することができます。

　なお，障害発生時における待機系システムへの切替えの速度は，速い順に「ホットスタンバイ方式，ウォームスタンバイ方式，コールドスタンバイ方式」となります。

●ホットスタンバイ方式

> **参考** 一般には，主系から待機系へ定期的にメッセージ送信され，それが途切れたとき主系に障害が発生したと判断し，待機系に切り替える。

　主系と同じ業務システムを最初から待機系でも起動しておき，主系に障害が発生したら直ちに(自動的に)待機系に切り替える方式です。障害発生を判断し，コンピュータシステムを自動的に切り替えるシステム監視機構が設けられています。

●ウォームスタンバイ方式

> **参考** 一般に，このような待機系のデータベースシステムをウォームスタンバイサーバ，**スタンバイデータベース**などと呼ぶ。

　システム(OS)は起動しますが，業務システムは起動しないで待機させる方式です。例えば，主系データベースとほぼ同じ状態のデータベースシステムを待機系に用意します。そして，主系データベースに対して行われた更新内容を，ログなどを利用して待機系データベースに反映させておき，主系データベースに障害が発生したら，待機系データベースに切り替えて業務を継続するという「データだけをバックアップする」方式です。

●コールドスタンバイ方式

　主系に障害が発生したとき，待機系を起動する方式です。待機系を，電源を落とした状態で待機させる場合もありますが，通常，バッチ処理やシステム開発などを行いながら待機させます。この場合，待機系で行っていた処理を中断し，システムを再起動した後，主系が行っていた業務システムを起動させます。

4.3.3　災害を考慮したシステム構成　AM/PM

参考　災害などで被害を受けた情報システムを復旧・修復すること，あるいは被害を最小限に抑えるための予防措置をディザスタリカバリという。ディザスタリカバリは，事業継続管理（p.576を参照）における概念の1つ。

参考　別の地域にバックアップサイトを設置する構成を地域分散構成という。

　地震，火災，台風などにより，コンピュータシステムが機能しなくなると，企業に大きな損害を与えることになります。そこで，このような非常事態の発生に備えて，あらかじめ，**バックアップサイト**を設置しておき，コンピュータシステムの機能を早期に回復させる方法がとられます。

　バックアップサイトは，本システムからできるだけ遠隔地に設置し，一地域での非常事態がバックアップサイトにまで影響を及ぼさないようにします。設置方式としては，次の3つの方式があります。

▼ **表4.3.1**　バックアップサイトの設置方式

ホットサイト	非常事態発生時，直ちにコンピュータシステムの機能を代行できるよう，常にデータの同期が取れているバックアップシステム（予備システム）を待機させておく方式。例えば，待機系サイトとして稼働させておき，ネットワークを介して常時データやプログラムの更新を行い，災害発生時に速やかに業務を再開する
ウォームサイト	非常事態発生時，バックアップシステムを起動してデータを最新状態にするなどの処理を行った後，処理を引き継ぐ方式。例えば，予備のサイトにハードウェアを用意して，定期的にバックアップしたデータやプログラムの媒体を搬入して保管しておき，非常事態発生時にはこれら保管物を活用してシステムを復元し，業務を再開する
コールドサイト	コンピュータシステムを設置できる施設だけを用意しておく方式。平常時は別の目的で使用し，非常事態が発生したら，必要なハードウェア，バックアップしておいたデータ及びプログラムの媒体を搬入し，業務を再開する

4.3.4 高信頼化システムの考え方 AM/PM

システム全体の信頼性を向上させようとする考え方には2つあります。1つは，故障の発生を前提とし，システムの構成要素に冗長性を導入するなどして，故障が発生してもシステム全体としての必要な機能を維持させようとする考え方です。これを**フォールトトレランス**(耐故障)といい，フォールトトレラントなシステムを**フォールトトレラントシステム**といいます。

一方，システムを構成する構成要素自体に故障しにくいものを選ぶなど個々の品質を高めて，故障そのものの発生を防ぐことで，システム全体の信頼性を向上させようとする考え方を**フォールトアボイダンス**(故障排除)といいます。

参考 信頼性のための解析手法
・**FMEA**：Failure Mode and Effects Analysisの略で故障予防を目的とした手法。システムの各構成要素に起こり得る故障モードを洗い出し，それらの影響をボトムアップで解析することによりシステムに対する影響度を評価し，対策を検討する。
・**FTA**：Fault Tree Analysisの略で発生し得る障害の原因を分析する手法。発生が好ましくない事象(故障)について，その引き金となる原因をトップダウンに洗い出し，それらの関係を樹形図で表す。

▲ **図4.3.3** 高信頼化システムの考え方

フォールトトレランスの実現方法

フォールトトレランスの実現方法には，いくつかあります。ここでは，代表的なものを説明します。

◆フェールソフト

参考 フェールソフトは「部分回復」を意味する。

障害が発生したとき，障害の程度により性能の低下はやむを得ないとしても，システム全体を停止させずにシステムの必要な機能を維持させようとする考え方です。また，フェールソフトにおいて，障害が発生した装置を切り離し，機能が低下した状態で処理を続行することを**フォールバック**(縮退運転)といいます。

◆フェールセーフ

参考 フェールセーフは「危険回避」を意味する。

システムの誤動作，あるいは障害が発生したときでも，障害の影響範囲を最小限にとどめ，常に安全側にシステムを制御するという考え方です。フェールセーフを説明する例として，「信号機が故障した場合には，すべての信号機を赤信号の状態にして事故が起きないようにする」というのは有名です。

●フェールオーバ

　障害が発生したとき，処理やデータを他のシステム(装置)が自動的に引き継ぎ，障害による影響すなわち切り替え処理を利用者に意識させないという考え方です。なお，障害が回復した後，元のシステムに処理を戻す(代替システムから処理を引き継いで元の状態に戻す)ことを**フェールバック**といいます。

参考 図4.3.4は，サーバAが稼働系サーバ，サーバBが待機系サーバ。このような構成を**アクティブ/スタンバイ構成**という。

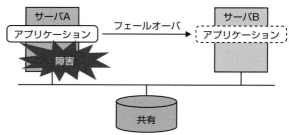

▲ **図4.3.4**　フェールオーバ

●フォールトマスキング

　障害が発生しても，その影響が外部に出ないようにするという考え方です。障害発生を他のシステム(装置)から隠ぺいしたり，障害発生時に，自律回復を行えるようにします。

●フールプルーフ

　誤った操作や意図しない使われ方をしても，システムに異常が起こらないように設計するという考え方です。具体的には，次のような設計を行います。

参考 フールプルーフを実現する安全装置・安全機構の考え方の1つに，**インタロック**がある。これは，「一定の条件を満たさなければ動作しないようにする」という考え方で，例えば「電子レンジのドアが空いたまま動作してしまうと危険なので，ドアが閉まっていなければ動作しないようにする」というもの。

POINT フールプルーフな設計
・誤入力が発生してもプログラムを異常終了させずにエラーメッセージを表示して次の操作を促すようにする。
・不特定多数の人が使用するプログラムには，より多くのデータチェック機能を組み込む。
・ベリファイ入力(異なる入力者が同じデータを入力し，その入力結果を照合する方式)を採用し，データ誤入力チェックを行う。
・使用権限のない機能は，実行できないようにする。
・オペレータが不注意による操作誤りを起こさないように，操作の確認などに配慮した設計を行う。

4.4 高信頼性・高性能システム

複数のコンピュータを組み合わせることによって，高い信頼性（高可用性）や高い計算能力を得られるようにする技術に，クラスタリングとグリッドコンピューティングがあります。

4.4.1 クラスタリングとクラスタシステム　AM / PM

複数の要素を連携させて，単体では実現できない能力を得られるようにする技術を**クラスタリング**といいます。

クラスタシステムとは，ネットワークに接続した複数のコンピュータを連携し，1つのコンピュータシステムとして利用できるようにしたシステムです。構成方式には様々な方式がありますが，最も代表的なのはHAクラスタ構成です。

試験 試験では，"クラスタリングシステム"とも出題される。

参考 クラスタシステムには，高い計算能力を得ることを目的としたものもある。これをハイパフォーマンスクラスタ(HPCC)という。

参考 広義に捉えると，デュプレックスシステムもフェールオーバクラスタの一種。ただし，フェールオーバクラスタは，原則としてホットスタンバイ方式であり，また拡張性も備えているという点が異なる。

HAクラスタ構成

HAクラスタ(High Availability Cluster)は，高可用性を目的とした構成です。次の2つの構成があります。

◉フェールオーバクラスタ構成

アクティブ／スタンバイ方式(ホットスタンバイ方式)のクラスタ構成です。同等な機能をもつサーバを複数用意して，うちいくつかを待機状態にしておき，アクティブサーバに障害が発生したら，待機サーバ(スタンバイサーバ)に切り替えて処理を継続します。ちなみに，前ページの図4.3.4の構成は，フェールオーバクラスタ構成の一種です。

◉負荷分散クラスタ構成

アクティブ／アクティブ方式のクラスタ構成です。特定のコンピュータに処理が集中しないように，複数のコンピュータに処理を振り分けます。**ロードバランシングクラスタ**ともいいます。

負荷分散クラスタ構成は，過剰な負荷によるサーバダウンを防ぎ高可用性を実現することに加えて，複数のサーバで処理を分担

することによる処理性能の向上も実現できます。Webサーバや
APサーバ，DBサーバでよく見られる構成です。

シェアードエブリシングとシェアードナッシング

クラスタシステムは，ネットワーク以外のリソースを共有する
か否かによって，次の2つに分類できます。ここでは，DBサーバ
を例に説明します。

シェアードエブリシング

複数のサーバが1つのストレージを共有し，負荷分散を行う構
成です。サーバリソースの有効活用が可能となり，さらにデータ
が共有されているので1台のサーバに障害が発生しても処理を継
続することができます。一方，同一ストレージにアクセスするこ
とになるので，ストレージに対するアクセス競合がボトルネック
となります。

参考 シェアードエブ
リシング方式で
は，ストレージの故障
が致命的になるため，
RAID10（p.190参照）
などの冗長構成にする
ことで稼働率を確保す
る。

シェアードナッシング

サーバごとに1つのストレージを割り当てる構成です。データ
を複数のストレージに分割配置し，サーバとストレージを1対1に
対応させているのでストレージに対するアクセス競合がなく，並
列処理が可能です。そのため，サーバを増やすことで理論上，シ
ステム全体の処理性能を無限に拡張することができます。一方，
サーバごとに管理する対象データが決まっているため1台のサー
バに障害が発生すると対象データを処理できなくなり，システム
全体の可用性が低下する可能性があります。

参考 データが分割さ
れていても，利
用者やアプリケーショ
ンはデータの配置を意
識せず，1つのデータ
ベースとして利用でき
る仕組みになっている。

参考 大量のデータを
扱うデータウェ
アハウスでは，より高
い処理性能（高速性）を
確保するため，シェア
ードナッシング方式が
使われることが多い。

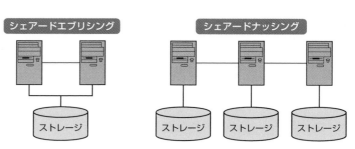

▲ **図4.4.1** シェアードエブリシングとシェアードナッシング

4.4.2　グリッドコンピューティング　AM / PM

スーパコンピュータで行うような，気象予報や科学技術計算といった膨大な量のデータ処理や計算を単位時間内に行うことをハイパフォーマンスコンピューティング（HPC：High Performance Computing）といいます。**グリッドコンピューティング**は，このHPCを実現する技術の1つです。具体的には，ネットワーク上にある複数のコンピュータ（プロセッサ）に処理を分散することによって，大規模な1つの処理を行います。グリッドコンピューティングを構成するコンピュータはPCから大型コンピュータまで様々なものでよく，この点がクラスタシステムとは異なります。例えば，中央のサーバで，処理を並列可能な単位に分割し，それらをネットワーク上にある複数の異なるコンピュータで並列処理することでHPCを実現するというのがグリッドコンピューティングです。

参考 ハイパフォーマンスクラスタ（HPCC）の場合，1つのコンピュータを制御用とし，その他のコンピュータに処理を振り分けたり，処理結果をとりまとめたりする。

☕ **COLUMN**

ロードバランサ（負荷分散装置）

　ロードバランサ（LB）は，サーバへの要求を一元的に管理し，同等の機能をもつ複数のサーバに要求を振り分け，負荷を分散する装置です。サーバへの振分け機能に加えて，サーバの稼働監視機能などをもっています。

〔サーバの稼働監視〕
・レイヤ3：ICMPパケットによる装置監視
・レイヤ4：TCPコネクション確立要求に対する応答を確認するサービス監視
・レイヤ7：アプリケーション監視

　負荷分散方式には，次の方式があります。

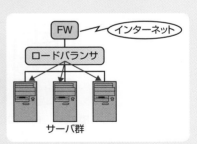

▲ **図4.4.2**　ロードバランサ

▼ **表4.4.1**　LBの負荷分散方式

ラウンドロビン方式	あらかじめ決めた順序で各サーバに振り分ける
加重ラウンドロビン方式	サーバの処理能力に応じて振り分ける
最少クライアント数方式	接続中のクライアント数が最も少ないサーバに振り分ける
最小負荷方式	CPU使用率が最も低いサーバに振り分ける

4.5 ストレージ関連技術

ここでは，磁気ディスク装置の信頼性や速度を向上させる RAIDと，ストレージの接続形態（NAS，SAN）を説明します。

4.5.1 RAID　AM/PM

参考 安価な磁気ディスク装置を複数組み合わせるという意味で，RAIDの"I"に「Inexpensive（安価な）」を当てはめる場合もある。

RAID（Redundant Arrays of Independent Disks）は，複数の磁気ディスク装置を並列に並べて，それらを論理的な1台のディスク装置（**ディスクアレイ**という）として利用することで，大容量化や入出力（読込み／書込み）の高速化，さらには信頼性の向上をも実現させる技術です。RAIDには，その実現方法によっていくつかのレベルがあります。

◯RAID0

データを複数のディスク装置に分散して配置する**ストライピング**により，入出力速度の向上のみを図った方式です。いずれか1台にでも障害が発生すると，ディスクアレイは稼働不可能になるため信頼性には欠けます。

＊図中の数字はデータの番号

ディスク1台の稼働率：R
ディスクアレイの稼働率＝R²

▲ **図4.5.1** RAID0のディスクアレイ構成と稼働率

◯RAID1

複数のディスク装置に同じデータを書き込む方式で，**ミラーリング**とも呼ばれます。いずれか1台のディスク装置に障害が発生しても，ディスクアレイとして稼働するため信頼性は高められますが，同じデータが複数のディスク装置に書き込まれることになるので冗長度（重複度）は高くなります。

＊図中の数字はデータの番号

ディスク1台の稼働率：R
ディスクアレイの稼働率
$= R^2 + 2R(1-R)$
$= 2R - R^2$

▲ **図4.5.2** RAID1のディスクアレイ構成と稼働率

4

◇RAID2

　RAID0にメインメモリなどで使用されている**ハミング符号**(エラー訂正符号)用の複数のディスク装置を追加することで障害が発生した際の復元ができるようにした方式です。

◇RAID3，RAID4

　RAID0に**パリティ**と呼ばれるエラー訂正情報を保持するパリティディスクを追加し，いずれか1台のディスク装置に障害が発生した場合，正常なディスク装置間で復元できる方式です。RAID3では**ビット**単位，RAID4では**ブロック**単位でストライピングを行います。

　読込みはストライピング効果で高速ですが，書込みはパリティディスクにアクセスが集中するためあまり速くありません。

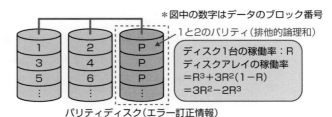

＊図中の数字はデータのブロック番号

1と2のパリティ(排他的論理和)

ディスク1台の稼働率：R
ディスクアレイの稼働率
$= R^3 + 3R^2(1-R)$
$= 3R^2 - 2R^3$

パリティディスク(エラー訂正情報)

▲ **図4.5.3** RAID4のディスクアレイ構成と稼働率

◇RAID5

　RAID4を改良し，データとパリティを分散させることで，パリティディスクへのアクセスの集中を防ぎ，高速化を実現した方式です。RAID5では**ブロック**単位でストライピングを行います。RAID4と同様に，1台のディスク装置の障害までは，正常なディ

スク装置間で復元することができます。

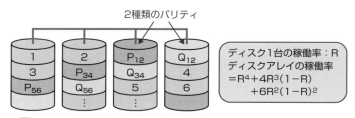

＊図中の数字はデータのブロック番号
1と2のパリティ（排他的論理和）

ディスク1台の稼働率：R
ディスクアレイの稼働率
$=R^3+3R^2(1-R)$
$=3R^2-2R^3$

▲ **図4.5.4** RAID5のディスクアレイ構成と稼働率

◯RAID6

RAID4やRAID5では，2台のディスク装置が故障すると稼働不可能となります。これに対応するため，通常のパリティ以外に，異なる計算手法を用いた別のパリティを付加した方式です。

2種類のパリティ

ディスク1台の稼働率：R
ディスクアレイの稼働率
$=R^4+4R^3(1-R)$
$+6R^2(1-R)^2$

▲ **図4.5.5** RAID6のディスクアレイ構成

◯RAID01（RAID0＋1）

各RAIDレベルを組み合わせて，高速性と高信頼性を実現することができます。例えば，RAID01（RAID0＋1）は，RAID0とRAID1を組み合わせた方式です。ストライピングしたディスク装置群を1つの単位としてミラーリングすることで，RAID0の高速性を保ちながら，高信頼性を実現します。

＊図中の数字はデータのブロック番号

ディスク1台の稼働率：R
ディスクアレイの稼働率
$=(R^2)^2+2R^2(1-R^2)$
$=2R^2-R^4$

▲ **図4.5.6** RAID01のディスクアレイ構成と稼働

4.5.2 ストレージの接続形態 AM / PM

ストレージの主な接続形態には，DAS（側注参照），NAS，SANの3種類があります。

参考 DAS（Direct Attached Storage）は，従来型の接続形態。サーバに直接接続する。

サーバ

用語 NFS 主にUNIX系OSで利用されるファイル共有システム（p.179を参照）。

用語 CIFS Common Internet File Systemの略。Windows系OSのファイル共有で使用されるSMBを拡張し，Windows以外でも利用できるようにしたもの。TCP/IPを利用してファイル共有を行う。

NAS

NAS（Network Attached Storage）は，LANに直接接続する形式のストレージです。ファイル共有に特化したOSやネットワークインタフェースなどを備えていることから，ファイルサーバ専用機ともいえます。従来のファイルサーバよりも高速なアクセスができ，また，**NFS**や**CIFS**などのファイル共有プロトコルに対応しているため，異なるOSのコンピュータ間でもファイルを共有することができます。一方，LAN上をストレージデータが流れるため，帯域を圧迫するという短所があります。

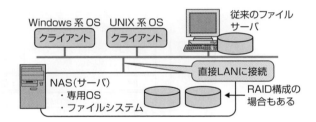

▲ **図4.5.7** NASの構成

SAN

SAN（Storage Area Network）は，サーバとストレージを，通常のLANとは別の高速ネットワークで接続した，ストレージ専用ネットワークです。次ページの図4.5.8に示すように，ストレージが統合されているので，各サーバからのディスク使用要求に柔軟に対応できます。また，専用ネットワークを使用するため高速で信頼性の高い通信が可能です。なお，アクセス（データ転送）はブロック単位です。

従来，SANの構築には，SCSI-3のサブセットであり，ギガビット級のデータ転送能力をもつ**ファイバチャネル**（FC：Fibre Channel）が多く用いられてきました。これを**FC-SAN**といいます。

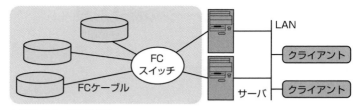

図4.5.8 FC-SAN

【参考】ファイバチャネル
ル(FC)は,電気
ケーブルや光ファイバ
ケーブルで構築可能。

現在では,SCSIコマンドをカプセル化してTCP/IPネットワーク
上で送受信するiSCSIを用いたIP-SANもあります。IP-SANは,
FC-SANに比べて安価に構築できるという利点はありますが,
TCP/IPを使うため処理のオーバヘッドが大きいといわれています。

また,LAN環境とFC-SAN環境を統合する技術として,TCP/
IPを使わずに直接FCフレームをイーサネットで通信するFCoE
(Fibre Channel over Ethernet)という技術もあります。

【参考】FCoEは,既存
のEthernetを
使用するのではなく,
高信頼・高性能な通
信を可能にした拡張
Ethernetを使用する。

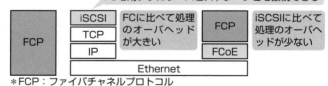

図4.5.9 SAN構築の種類

Hadoop

Hadoopは,大規模データを複数のサーバで分散処
理するためのミドルウェア(ソフトウェアライブラリ)
です。HDFS(Hadoop Distributed File System)に
より,複数のサーバに分散されたデータを論理的に取
りまとめた,大規模な分散ファイルシステム機能を提
供し,MapReduceによって分散並列処理を実現しま
す。MapReduceは,複数のサーバで分散処理を実行
するフレームワークです。

＊Hadoopで扱うデータは,ペタバイト(PB)級。ペタバイトは,
2^{50}(10^{15})バイト。

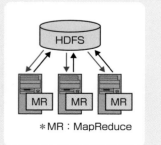

図4.5.10 Hadoop

4.6 仮想化技術

仮想化技術とは，物理構成とは異なる論理構成を提供する技術の総称です。ここでは，代表的な仮想化技術を説明します。

4.6.1 ストレージ仮想化 〔AM／PM〕

ストレージ仮想化とは，複数のストレージデバイスを論理的に統合して，それを1つのストレージとして扱う技術です。

シンプロビジョニング

参考 ストレージの集約（プール化）とシンプロビジョニングとの併用によって，ストレージ資源の利用効率の向上が期待できる。

ストレージ資源を仮想化して割り当てることでストレージの物理容量を削減できる技術です。利用者には要求容量の仮想ボリュームを提供し，実際には利用している容量だけを割り当てます。

例えば，数年先のデータ量を見込んだ要求容量が50Tバイトで実使用量が10Tバイトであった場合，仮想ボリューム（50Tバイト）を提供し，物理ディスクへの割当ては実使用量分の10Tバイトです。これにより物理ディスクは利用者要求容量の1/5ですみ，ストレージ資源の効率的な利用が可能になります。

参考 50TBの物理ディスク容量を割り当てた場合，40Tバイトが未使用で無駄になる。

ストレージ自動階層化

参考 ストレージの性能とコストは，トレードオフの関係。ストレージ階層化によりコストを抑え，必要な性能の確保が期待できる。

異なる性能のストレージを複数組合せて階層を作り，利用目的や利用頻度といったデータ特性に応じて，格納するストレージを変えるという考え方を**ストレージ階層化**といいます。

ストレージ階層化を実現するためには，日々更新されていくデータの特性（利用頻度など）を収集・分析し，手動でデータを移動しなければならないため運用に手間が掛かります。そこで，この階層化の制御を自動化したのが**ストレージ自動階層化**です。ストレージ自動階層化では，ストレージ階層を仮想化し，アクセス頻度が高いデータは上位の高速なストレージ階層に，アクセス頻度が低いデータは下位の低速階層にというように，データを格納するのに適したストレージへ自動的に移動・配置することによって，情報活用とストレージ活用を高めます。

4.6.2 サーバ仮想化 AM/PM

複数台の物理サーバで運用していたものを1台の物理サーバに統合（**サーバコンソリデーション**）することで，次の2つが期待できる。
・サーバの管理コストの削減
・コンピュータリソースの利用率の向上

サーバ仮想化は，1台の物理サーバ上で複数の仮想的なサーバを動作させるための技術です。サーバ仮想化の方式は，ホスト型，ハイパバイザ型，コンテナ型に大きく分けられます。

ホスト型仮想化

ホストOSの上に仮想化ソフトウェアをインストールし，その上で仮想サーバを稼働させる方式です。仮想化ソフトウェアによって，サーバ・ハードウェアをエミュレートすることで仮想サーバを実現します。

ホスト型は，仮想サーバ環境が手軽に構築できる。ただし，ソフトウェア的にサーバ・ハードウェアをエミュレートするため仮想化のオーバヘッドが大きくなり，全体として処理速度が出にくい。

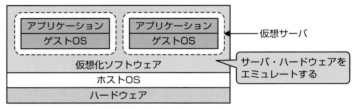

▲ **図4.6.1** ホスト型仮想化

ハイパバイザ型仮想化

仮想サーバ環境を実現するための制御プログラム（**ハイパバイザ**という）をハードウェアの上で直接動かし，その上で仮想サーバを稼働させる方式です。ハイパバイザは，ハードウェアリソースを細かく分割して複数のユーザに割り当てる機能をもった，**仮想OS**とも呼ばれるプログラムです。OSより上位の制御プログラムであるためホストOSを必要としません。

ハイパバイザ型は，ハイパバイザがハードウェアを直接制御するため，リソースを効率よく利用でき，ホスト型と比べて処理速度が向上する。

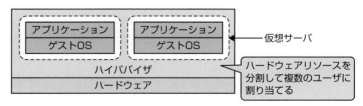

▲ **図4.6.2** ハイパバイザ型仮想化

4

コンテナ型仮想化

 コンテナ型は，オーバヘッドが少なく軽量で高速に動作する。ただし，ホスト型やハイパバイザ型では仮想サーバ毎に別々のOSを稼働させることができるが，コンテナ型は同じOS上で実現するため，すべてのコンテナは同じOSしか使えない。

　ホストOS上に論理的な区画（**コンテナ**）を作り，サーバアプリケーションの実行環境を提供する方式です。コンテナにはアプリケーションの動作に必要なライブラリなどが含まれていて，独立したサーバと同様の振る舞いをします。そのため，ホストOSから見ると1つのコンテナは1つのプロセスに見えますが，ユーザから見れば，あたかも独立した個別サーバが別々に動作しているように見えます。

 コンテナ型の仮想環境を実現する，すなわちアプリケーションの構築，実行，管理を行うためのプラットフォーム（コンテナ管理ソフトウェアに該当）を提供するOSSの1つにDockerがある。

▲ **図4.6.3**　コンテナ型仮想化

その他のサーバ仮想化に関連する技術

　その他，試験に出題されるサーバ仮想化に関連する技術には，次の2つがあります。

⮕ ライブマイグレーション

 ライブマイグレーションは，ハードウェアのメンテナンスや部品の交換が必要になったときに有効。

　仮想サーバ上で稼働しているOSやアプリケーションを停止させずに，別の物理サーバへ移し処理を継続させる仕組みです。移動対象となる仮想サーバのメモリイメージがそのまま移動先の物理サーバへ移し替えられるため可用性を損なうことがなく，また利用者は仮想サーバの移動を意識することなく継続利用ができます。

⮕ クラスタソフトウェア

　仮想サーバを冗長化したクラスタシステムの高可用性を実現するための仕組みであり，クラスタシステムを管理／制御するソフトウェアです。OS，アプリケーション及びハードウェアの障害に対応し，障害時に障害が発生していないサーバに自動的に処理を引き継ぐので，切替え時間の短い安定した運用が求められる場合に有効です。

4.7 システムの性能特性と評価

4.7.1 システムの性能指標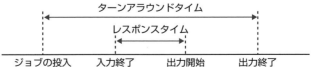

基本的な性能指標

ここでは，コンピュータシステムの性能を評価するための基本的な指標を整理しておきましょう。

⊃ スループット

スループットとは，コンピュータシステムが単位時間当たりに処理できる仕事量を指します。オンライントランザクション処理においてはトランザクション数（TPS：Transaction Per Sec），バッチ処理においてはジョブ数が仕事量となります。

⊃ レスポンスタイム

レスポンスタイム（応答時間ともいう）は，トランザクション処理や会話型処理に用いられる性能指標で，コンピュータシステムに対して処理要求を出してから，利用者側に最初の処理結果が返ってくるまでの時間です。オンラインシステムの性能を評価するとき，特に業務処理性能を評価する指標として重要です。

⊃ ターンアラウンドタイム

ターンアラウンドタイム（TAT：Turn Around Time）は，主にバッチ処理に用いられる性能指標で，ジョブを投入してからその結果がすべて出終わるまでの時間です。一般に，オーバヘッド時間を考慮しないものとすれば，「ターンアラウンドタイム＝処理待ち時間＋CPU時間＋入出力時間」となります。

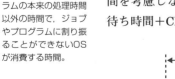
オーバヘッド
用語 ジョブやプログラムの本来の処理時間以外の時間で，ジョブやプログラムに割り振ることができないOSが消費する時間。

```
            ターンアラウンドタイム
    ┌──────────────────────────────┐
              レスポンスタイム
          ┌──────────────┐

  ジョブの投入   入力終了   出力開始   出力終了
```

▲ **図4.7.1** レスポンスタイムとターンアラウンドタイム

○MIPSとFLOPS

MIPSは，1秒間に実行可能な命令数を百万(10⁶)単位で表したものです。一般的には，設計法，構成部品で評価結果が異なるため，同一コンピュータメーカ，同一アーキテクチャのコンピュータシステム間のCPU性能比較に用いられます。

FLOPSは，1秒間に実行可能な浮動小数点演算回数を表したもので，ベクトルコンピュータ(ベクトル計算機)の演算性能指標として用いられます。**ベクトルコンピュータ**は，一次元的に並んだ複数のデータ(ベクトルデータという)をひとまとめに演算する高速な命令を使って並列処理を行う科学技術計算向けのコンピュータです。

> 一般にFLOPS
> 参考 は，メガ(M)，
> ギガ(G)，テラ(T)と
> いった接頭語をつけて，
> 10⁶FLOPSは1M
> FLOPS，10⁹FLOPS
> は1GFLOPSというように表す。

4.7.2 システムの性能評価の技法 AM/PM

命令ミックス

プログラムでよく使われる命令の，実行時間とプログラム中における出現頻度(出現率)を表したものを**命令ミックス**といいます。命令ミックスには，事務計算向けの**コマーシャルミックス**と科学技術計算向けの**ギブソンミックス**があります。

評価を行う際には，図4.7.2に示すように，対象となるコンピュータの命令実行時間を当てはめ，平均命令実行時間を求めます。求めた平均命令実行時間を**命令ミックス値**といい，命令ミックス値が小さいほど高性能であるといえます。

評価の対象となるコンピュータ
の命令実行時間

命　　令	実行時間(マイクロ秒)	出現率
加減算	0.3	45%
乗除算	1.1	25%
比較	1.5	20%
分岐命令	4.5	10%
合　　計		100%

→ 平均命令
実行時間

▲ **図4.7.2** コマーシャルミックスの例

命令ミックス値は，各命令の実行時間に出現率を乗じ，その和

を取ることで求めます。また，命令ミックス値の逆数を取ることでMIPS値を求めることができます。

命令ミックス値（平均命令実行時間）
$$= 0.3 \times 0.45 + 1.1 \times 0.25 + 1.5 \times 0.2 + 4.5 \times 0.1$$
$$= 1.16 \text{マイクロ秒} = 1.16 \times 10^{-6} \text{秒}$$

MIPS値（1秒間の平均命令実行回数）
$$= 1 \div (1.16 \times 10^{-6}) \fallingdotseq 0.86 \times 10^{6} \quad \therefore \text{約0.86MIPS}$$

ベンチマーク

ベンチマークとは，コンピュータの使用目的に適した，あるいは評価対象となる業務の典型的な処理形態をモデル化した標準プログラム（ベンチマークプログラム）を用いて実行時間などを計測し，その結果からコンピュータ性能の評価を行うことをいいます。

同じベンチマークプログラムを異機種で実行することで，異機種間の相互評価を行うことができ，機種選定の評価材料ともなります。代表的なベンチマークにSPECとTPCがあります。

◆SPEC

プロセッサの性能を評価するベンチマークテストとして，アメリカの非営利団体であるSPEC（Standard Performance Evaluation Corporation：システム性能評価協会）が定めたベンチマークです。整数演算性能を評価するSPECintと，浮動小数点演算性能を評価するSPECfpがあります。それぞれ制定された年度によって，SPECint95，SPECfp2000などと呼ばれます。これらは，1992年にUNIXの世界で業界標準だったDhrystone（整数演算性能）ベンチマークやWhetstone（浮動小数点演算性能）ベンチマークの代わりとして定められました。

◆TPC

オンライントランザクション処理（OLTP）システムの性能を評価するベンチマークテストとして，アメリカの非営利団体であるTPC（Transaction Processing Performance Council：トランザクション処理性能評議会）が定めたベンチマークです。TPCは，プロセッサの性能などコンピュータシステムの構成要素の性能評

参考 SPECintで示される評価値は，基準マシンと比較した処理時間の相対値。

参考 その他，浮動小数点演算性能を評価するベンチマークにLinpackベンチマークがある。

参考 Dhrystoneベンチマークで測定されたMIPS値をDhrystone/MIPSという。

価ではなく，コンピュータシステム全体の性能を評価するところに特徴があります。

【試験】これまでの試験で出題されたのはTPC-C。今後は，TPC-Eに注意。なお，当初（過去には），TPC-A,B,D,Wなどがあったが，旧式となり現在では利用されていない。

▼ **表4.7.1** 主なTPC

TPC-C	トランザクション処理やデータベースに関する性能評価用ベンチマークモデル。現実の受発注トランザクション処理に近い環境におけるOLTPシステムの評価用に使われる
TPC-E	TPC-Cの後継で，2007年に仕様が公開されたもの。証券会社の業務をモデルとして，複雑なデータベース（市場データ，顧客データ，証券会社データ）を基に，様々な種類のトランザクション処理を実行し，OLTPシステムのパフォーマンスを評価（測定）する
TPC-App	APサーバとWebサービス評価用
TPC-H	意思決定支援システム評価用

4.7.3 モニタリング AM/PM

【参考】ボトルネックとなっている部分を発見し，改善することをチューニングという。

コンピュータシステムの性能低下には様々な要因があります。何が原因なのか，システムの性能上ボトルネックとなっている部分はどこかを発見し改善することは，システム運用段階において重要となります。

モニタリングは，測定用ソフトウェアや特別なハードウェアを用いて，各プログラムの実行状態や資源の利用状況を測定することです。これにより，システムの性能を評価するためのデータが得られるとともに，システム性能低下の要因となっている部分，あるいはその兆候が現れている部分を発見することができます。

ソフトウェアモニタ

測定用のプログラムを用いて行われるのが**ソフトウェアモニタ**です。OSの一部に組み込まれた機能を利用する場合とモニタリング用の特別なソフトウェアを利用する場合があります。通常，プロセスごとの入出力回数やCPU使用時間の計測は，OSの機能として備えられています。

ソフトウェアモニタは，測定項目の追加や変更が比較的容易ですが，測定対象の資源を使用するため，その影響で測定誤差が生じやすくなります。次ページに，ソフトウェアモニタで測定される項目を示します。

> **POINT** ソフトウェアモニタの測定対象
> ・タスク（プロセス）ごとのCPU使用時間
> ・タスクごとの入出力回数
> ・仮想記憶システムでのページングの回数
> ・スーパバイザモードで動作する時間の割合
> ・メモリの使用状況
> ・応答時間

ハードウェアモニタ

　ハードウェアモニタは，測定対象となるCPUや主記憶装置などの資源を使用しないので，測定誤差の少ない厳密な測定が可能です。しかし，測定項目の追加や変更は困難となります。一般に，「ソフトウェアでは不可能」，「ソフトウェアでは効率が低下する」，「正確な値が必要」という項目の測定には，ハードウェアモニタが向いています。

> **POINT** ハードウェアモニタの測定対象
> ・キャッシュメモリのヒット率
> ・実行命令回数と所要時間
> ・命令種別の使用回数
> ・主記憶のアドレスごとのアクセス頻度
> ・チャネルの利用率

その他の性能評価方法　　　　　　　　　　 COLUMN

　ここでは，試験に出題される，その他の性能評価方法をまとめておきます。

▼ **表4.7.2**　3つの性能評価法

カーネルプログラム法	行列計算など標準的な計算プログラムを実行させ，得られたCPU処理速度と他のコンピュータにおける結果とを比較し評価する
カタログ性能	システムの各構成要素に関するカタログ性能データを収集し，それらのデータからシステム全体の性能を算出する
シミュレーション（模倣）	評価対象システムを模倣するモデルをコンピュータ上に実現し，システムの動作状況の把握，また，何をどれだけ用意すればよいかシステムパラメタのより適切な値やシステムの限界値を得る

4.7.4　キャパシティプランニング　AM/PM

　キャパシティプランニングとは，システムの新規開発や再構築において，ユーザの業務要件や業務処理量，サービスレベルなどから，システムに求められるリソース(CPU性能，メモリ容量，ディスク容量など)を見積り，経済性及び拡張性を踏まえた上で最適なシステム構成を計画することです。

　システムの再構築を検討する場合には，次の作業項目の順でキャパシティプランニングが実施されます。

POINT　キャパシティプランニングの手順

① 現行システムにおけるシステム資源の稼働状況データ(CPU使用率，メモリ使用率，ディスク使用率など)やトランザクション数，応答時間などを収集する。
② 将来的に予測される業務処理量やデータ量，利用者数の増加などを分析する。
③ 分析結果からシステム能力の限界時期を検討する。
④ 要求される性能要件を満たすためのハードウェア資源などを検討して，最適なシステム資源計画を立てる。

キャパシティ管理

　システムの負荷について現状分析と将来予測を行い，システムの安定稼働や性能維持のために，システム資源を適切に管理・調整する管理作業を，**キャパシティ管理**(キャパシティマネジメント)といいます。

　定期的にシステム資源の利用状況や性能を測定し，その結果を分析・評価して，システムの性能上，ボトルネックとなっている装置を特定したり，将来ボトルネックとなりそうな装置とその時期を予測します。例えば，次ページの図4.7.3は，あるサーバにおける，利用(トランザクション)が集中する特定の日時のシステム状態をレーダチャートで表したものです。この図から，CPU利用率が高く，CPU空き待ち時間が長くなっていることが読み取れます。これにより，トランザクション(TR)数がさらに増加すると，CPUネックによる処理遅延の発生が推測できます。

参考 測定項目には，CPU利用率，CPU空き待ち時間，ページング発生率，ディスク使用率，スループットやレスポンスタイムなどがある。

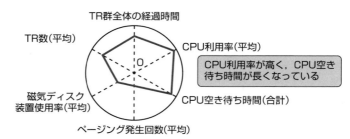

▲ **図4.7.3** キャパシティ性能評価例

サーバの性能向上策

　サーバの利用が集中するときの負荷や将来予測される負荷に対応するためには，サーバの処理能力を向上させる必要があります。そのための施策には，次の2つがあります。

スケールアウト

　既存のシステムにサーバを追加導入することによって，サーバ群としての処理能力や可用性を向上させます。**水平スケール**ともいいます。

スケールアップ

　サーバを構成する各装置をより高性能なものに交換したり，あるいはプロセッサの数やメモリを増やすなどして，サーバ当たりの処理能力を向上させます。**垂直スケール**ともいいます。

> **参考** 例えば，参照系のトランザクションが多く，複数のサーバで分散処理を行っているシステムの場合，サーバの台数を増やす**スケールアウト**により処理能力の向上が期待できる。

システムの動的な拡張性

　不特定多数のユーザからアクセスされるWebシステムの場合，ある時間帯，あるいは，特定の日時にのみ一時的にアクセス量が極端に増加することがあります。最大アクセス量に対応可能な処理能力を作り出すために，サーバを追加導入したり，高性能なサーバに交換するといった方策では最適な費用対効果が得られません。

　このようなシステムの場合，処理能力を必要に応じて動的に拡張する**スケーラビリティ**を考慮した方策をとります。その1つが，サーバの負荷に応じて自動的にクラウドサーバ数を増減させる**オートスケール**の構築です。アクセス集中時には自動的にサーバ数が増え（**スケールアウト**），平常状態に戻ったらサーバ数も元に戻る（**スケールインする**）ので，常に最適なサーバ数でシステムを稼働させることができます。

4.8 待ち行列理論の適用

4.8.1 待ち行列理論の基本事項 AM / PM

👁👁 待ち行列は，オ
参考 ンラインシステ
ムやWebシステム，通
信回線など，様々なと
ころで見られる。
例えば，オンラインシ
ステムにおいて，トラ
ンザクションがサーバ
の処理を待っている時
間が長くなると，当然
ながら応答時間も長く
なり，システム性能要
件を満たせなくなる。
そのため，システムの
性能評価の1つとして，
待ち行列理論を基に，
待ち時間の計算を行い，
あまりにも長い場合は，
その対応策を考えるこ
とが重要となる。

待ち行列とは，処理（サービス）を待つ "順番待ち行列" です。
ここでは，待ち行列理論の基本事項を説明します。

待ち行列のモデル

待ち行列理論は確率モデルに基づいた理論です。図4.8.1に示
すように，レジ（窓口）でサービスを受ける時間は1人ひとり異な
るため，自分の番がくるまで「あと何分待つの？」という待ち時
間は，○×□＝△といった計算式では求めることができません。

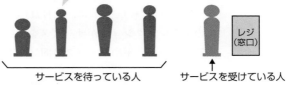

▲ **図4.8.1** 待ち行列

待ち行列理論を基に，待ち時間を求めるためには，その対象と
なる現象をモデル化する必要があります。待ち行列を表すモデル
にはいくつかありますが，最も基本となるのはM/M/1モデルで
す。M/M/1の意味については後述しますが，簡単にいうと，「客（ト
ランザクション）はランダムに到着し，1人の客がサービスを受ける
時間はバラバラで，サービスを行う窓口は1つ」というモデルです。

🔍 M/M/1の意味
参照 については，
p.209を参照。

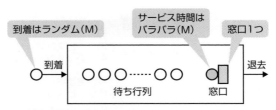

▲ **図4.8.2** 待ち行列モデルM/M/1

待ち時間を求めるための基本要素

待ち時間を求めるためには，以下の要素が重要になります。

◆ トランザクションの到着

単位時間当たりに到着するトランザクション数を平均到着率といい，一般に，記号λ（ラムダ）で表します。また，あるトランザクションの到着から次のトランザクションの到着までの平均時間を平均到着間隔といい，平均到着間隔は次の式で求めます。

> 例えば，1分間に5人の客がレジに到着する場合，
> 平均到着率
> ＝5[人／分]
> 平均到着間隔
> ＝1分／5＝12[秒]

> **POINT** 平均到着間隔の求め方
>
> $$平均到着間隔 = \frac{1}{平均到着率} = \frac{1}{\lambda}$$

◆ サービス時間

単位時間当たりにサービス可能なトランザクション数を平均サービス率といい，一般に，記号μ（ミュー）で表します。また，1つのトランザクションがサービスを受ける平均時間を平均サービス時間といい，平均サービス時間は，次の式で求めます。

> 例えば，1分間に4人の客に対して順番にサービス可能な場合，
> 平均サービス率
> ＝4[人／分]
> 平均サービス時間
> ＝1分／4＝15[秒]

> **POINT** 平均サービス時間の求め方
>
> $$平均サービス時間 = \frac{1}{平均サービス率} = \frac{1}{\mu}$$

◆ 利用率

利用率とは，単位時間に窓口を利用している割合です。利用率は，記号ρ（ロー）で表し，次の式で求めます。

> 利用率は，トラフィック密度ともいう（M/M/1のとき）。

> **POINT** 利用率の求め方
>
> $$利用率(\rho) = \frac{平均サービス時間}{平均到着間隔} = \left(\frac{1}{\mu}\right) \div \left(\frac{1}{\lambda}\right)$$
>
> $$= \frac{平均到着率}{平均サービス率} = \frac{\lambda}{\mu}$$

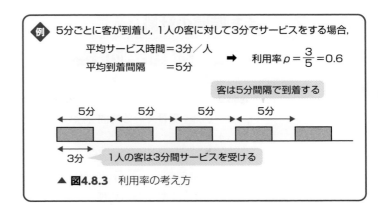

▲ **図4.8.3** 利用率の考え方

ここで，次の例題を考えてみましょう。

1台のプリンタを複数台のパソコンで共有するネットワークシステムがある。このプリンタに対する平均要求回数は毎分1回である。プリンタは，平均15秒の印刷時間で要求を処理する。プリンタの利用率はいくらか。

まず，時間の単位に注意して，次の①〜④の要素を計算します。

参考 計算をするときは，時間などの単位を確認すること。

プリンタに対する平均要求回数は毎分1回です。つまり，1分（60秒）間に平均1回の印刷要求がくるので，

　①平均到着率（λ）＝1回／60秒＝1／60［回／秒］
　②平均到着間隔（1／λ）＝60［秒］

また，プリンタは平均15秒で1回の印刷要求を処理するので，

　③平均サービス率（μ）＝1回／15秒＝1／15［回／秒］
　④平均サービス時間（1／μ）＝15［秒］

次に，計算した要素を用いて利用率を求めます。

$$利用率（\rho）＝\frac{平均到着率（\lambda）}{平均サービス率（\mu）}＝\frac{1}{60}÷\frac{1}{15}＝0.25$$

又は，

$$利用率（\rho）＝\frac{平均サービス時間（1／\mu）}{平均到着間隔（1／\lambda）}＝\frac{15}{60}＝0.25$$

4.8.2 待ち時間の計算 AM/PM

待ち時間と待ち行列の長さ

待ち時間とは，トランザクションが待ち行列内にいる時間です。サービスを受けている時間を含めたものを平均応答時間(W_w)といい，サービスを受けている時間を除いたものを平均待ち時間(W_q)といいます。

また，サービス中のトランザクションを含めた"待ち行列の長さ"を平均滞留数(L_w)といい，サービス中のトランザクションを除いた長さを平均待ち行列長(L_q)といいます。

参考 待ち行列は，「途中への割込みや途中での離脱がない」ことが前提であるため，FIFOのキュー構造となる。

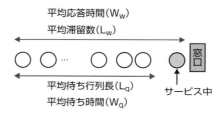

▲ 図4.8.4 待ち行列の長さと待ち時間

平均待ち時間と平均応答時間

平均待ち時間や平均応答時間は，利用率ρを用いた次の基本公式で求められます。

POINT 平均待ち時間と平均応答時間の基本公式

平均待ち時間$(W_q) = \dfrac{\rho}{1-\rho} \times$平均サービス時間

平均応答時間$(W_w) =$平均待ち時間$(W_q) +$平均サービス時間

$\qquad\qquad\qquad = \dfrac{\rho}{1-\rho} \times$平均サービス時間 $+$ 平均サービス時間

＊平均応答時間は，上記の基本公式を変形した次の式でも求められる。

平均応答時間$(W_w) = \dfrac{1}{1-\rho} \times$平均サービス時間

平均応答時間$(W_w) = \dfrac{1}{\mu - \lambda}$

平均応答時間$(W_w) = \dfrac{1}{\lambda} \times L_w$ （L_w：平均滞留数）

次の例題を考えてみましょう。

> 平均2件／秒の割合で発生するトランザクションを，1件当たり平均0.3秒で処理するシステムがある。トランザクションの発生及び処理がM/M/1待ち行列モデルに従うものとすると，システムの平均応答時間は何ミリ秒か。

まず，利用率を求めるために必要となる要素を問題文から見つけます。「平均2件／秒の割合で発生するトランザクション」とあるので，平均到着率 λ は2件／秒です。また，「1件当たり平均0.3秒で処理する」とあるので，平均サービス時間は0.3秒です。平均サービス率 μ はこの逆数の $1/0.3$ となります。このことから利用率 ρ は，

$$利用率(\rho) = \frac{平均到着率(\lambda)}{平均サービス率(\mu)} = 2 \div (1/0.3) = 0.6$$

以上から，平均応答時間は次のようになります。

$$平均応答時間(W_w) = \frac{\rho}{1-\rho} \times 平均サービス時間 + 平均サービス時間$$

$$= \underbrace{\frac{0.6}{1-0.6} \times 0.3}_{平均待ち時間(W_q)} + 0.3 = 0.75秒 = 750ミリ秒$$

利用率 ρ と平衡状態　　　　　　　　　📖 COLUMN

　利用率 ρ が「$\rho > 1$」である場合，平均的に見て到着するトランザクション数の方がサービスされるトランザクション数より多いため，だんだん待ち行列が長くなり，遂には収拾できなくなります。また，「$\rho = 1$」の場合は，到着間隔の分布とサービス時間の分布が規則型であるか否かで異なりますが，基本的には「$\rho > 1$」と同様，待ち行列が長くなり収拾できなくなります。したがって，前ページPOINTに示した基本公式は，利用率が「$\rho < 1$」であることを前提としています。

　待ち行列理論では，「$\rho < 1$ であり，待ち行列への途中割込みや途中離脱がない」ことを前提に，「時刻tのとき，待ち行列内のトランザクション数がNであれば，時刻 $t + \Delta t$ のときもNである（Δt は微小時間）」としています。これは，Δt 内に到着するトランザクション数とサービスを受けて待ち行列から去るトランザクション数が等しいことを意味し，この状態を**平衡状態**といいます。

4.8.3 ネットワーク評価への適用 　AM / PM

　ここで，通信回線上の電文の送受信にM/M/1の待ち行列モデルを適用した基本例題を考えてみましょう。

試験 頻出問題なので，しっかり理解しておこう。

> 　平均回線待ち時間，平均伝送時間，回線利用率の関係がM/M/1の待ち行列モデルに従うとき，平均回線待ち時間を平均伝送時間の3倍以下にしたい。回線利用率を最大何%以下にすべきか。

　この問題では，平均回線待ち時間，平均伝送時間，回線利用率が，待ち行列理論の次の要素に対応します。
- ・平均回線待ち時間　⇒　平均待ち時間
- ・平均伝送時間　　　⇒　平均サービス時間
- ・回線利用率　　　　⇒　利用率

　平均待ち時間の公式に上記の要素を当てはめると，平均回線待ち時間は，次のようになります。

P O I N T 平均回線待ち時間の求め方

$$平均回線待ち時間 = \frac{回線利用率}{1 - 回線利用率} \times 平均伝送時間$$

　そこで，平均回線待ち時間をW，平均伝送時間をT，回線利用率を ρ とし，「平均回線待ち時間Wが平均伝送時間Tの3倍以下」となる次の式①から，回線利用率 ρ を求めていきます。

$$W \leq 3 \times T \quad \Rightarrow \quad \frac{\rho}{1-\rho} \times T \leq 3 \times T \quad \cdots ①$$

$$\frac{\rho}{1-\rho} \leq 3$$

$$\rho \leq 3 \times (1-\rho)$$

$$\rho \leq 0.75$$

　以上から，回線利用率を最大75%以下にすればよいことがわかります。

4.8.4 ケンドール記号と確率分布 AM/PM

　ここでは，待ち行列モデルを表現するケンドール記号と確率分布について，その基本事項を学習しておきましょう。

ケンドール記号

　待ち行列理論では，「到着の分布」，「サービスの分布」，「窓口の数」の3つの要素により待ち行列モデルが決まります。そして，これらの組合せによって，いくつかの待ち行列モデルがあり，それぞれの待ち行列モデルは，**ケンドール記号**を用いて次のように表現されます。

「行列の長さの制限」は省略されることが多い。

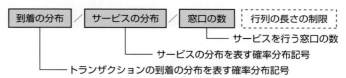

▲ **図4.8.5**　ケンドール記号による表現

▼ **表4.8.1**　確率分布記号（主なもの）

到着の分布，及びサービスの分布については，次ページを参照。

分布記号	到着の分布	サービスの分布
M（ランダム型）	到着間隔（指数分布） 到着個数（ポアソン分布）	サービス時間（指数分布） サービス数（ポアソン分布）
D（規則型）	一定分布（単位分布）	一定分布（単位分布）
G（一般型）	一般分布	一般分布

　例えば，M/M/1モデルは正確にはM/M/1（∞）と表記しますが，それぞれの記号には次のような意味があります。またこれは，M/M/1（∞）モデルが正確に適用されるための条件を示していることになります。

サービスを行う窓口が複数あるモデルをM/M/Sという。M/M/Sについては，p.211を参照。

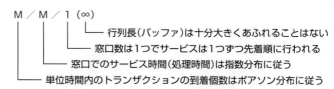

▲ **図4.8.6**　M/M/1のケンドール記号による表現

到着の分布とサービスの分布

確率分布については p.53も参照。

確率分布とは，確率変数がとる値とその値をとる確率（実現確率）を表したものです。確率分布には，確率変数が1，2，3，…といった数え上げることができる離散値をとる離散型確率分布と，時間や距離などのように連続値をとる連続型確率分布があります。

○到着の分布

試験では，到着の分布が問われる。到着数及び到着間隔の分布を理解しておくこと。

トランザクションの到着がランダムであるとき，単位時間当たりに到着するトランザクション数，すなわち平均到着率 λ は離散型確率分布であるポアソン分布となります。また，あるトランザクションが到着してから次のトランザクションが到着するまでの平均時間，すなわち平均到着間隔は連続型確率分布の指数分布となります。なお，到着がランダムであるとは，あるトランザクションが到着してから次のトランザクションが到着するまでの時間がマルコフ過程で表され，トランザクションの到着に一定の規則がないということです。

○サービスの分布

1つのトランザクションがサービスを受ける時間がランダムであるとき，平均サービス時間は指数分布となり，単位時間当たりのサービス数すなわち平均サービス率 μ はポアソン分布となります。

POINT 到着の分布とサービスの分布
・平均到着率 λ，平均サービス率 μ ⇒ ポアソン分布
・平均到着間隔，平均サービス時間 ⇒ 指数分布

正しいグラフを選択する問題が出題される。ポアソン分布と指数分布のグラフを間違えないようにする。

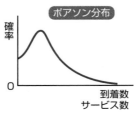
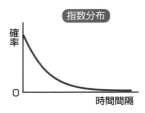

▲ **図4.8.7** ポアソン分布と指数分布

4.8.5 M/M/Sモデルの平均待ち時間 *AM / PM*

　ここで，複数窓口のM/M/Sモデルについて学習しておきましょう。M/M/Sモデルは，複数のWebサーバを並列に用いて負荷分散するシステムのアクセス待ち行列などに適用されます。

> **参考** 窓口が複数あるM/M/Sモデルでは，トランザクション(客)は待ち行列に並んだあと，空いた窓口でサービスを受けることになる。

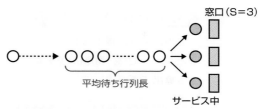

▲ **図4.8.8**　窓口数＝3，M/M/3モデルの模式図

正規化した待ち時間から求める

> **参考** λは平均到着率，μは平均サービス率，Sは同じ能力をもつ窓口の数を表す。

　M/M/Sモデルの利用率は「$\rho = \lambda \div (\mu \cdot S)$」で表され，窓口数がS個になると利用率は1／Sになります。そして，平均待ち時間は，平均サービス時間を単位として正規化した図4.8.9のグラフを用いて求めることになります。例えば，窓口が1つで，利用率ρが0.8のときの平均待ち時間は，S＝1のグラフから4です。これは，「平均待ち時間＝4×平均サービス時間」という意味です。

　ここで，平均サービス時間は変わらないとして平均到着率λが2倍になったとき，窓口数を2つに増やせば利用率ρは0.8と変わりません。では，このときの平均待ち時間はどのくらいになるでしょう。

> **試験** 試験では，利用率と平均待ち時間の関係を表すグラフが提示される。

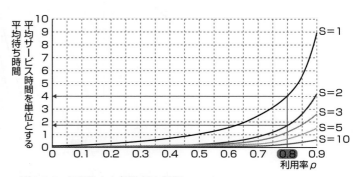

▲ **図4.8.9**　正規化した平均待ち時間

例えば，平均サービス時間が50ミリ秒である場合，S＝1のときの平均待ち時間は，

4×50×10⁻³
＝0.2秒
S＝2のときの平均待ち時間は，

1.8×50×10⁻³
＝0.09秒
したがって，

0.09÷0.2
＝0.45（45%）
に短縮できる。

窓口数Sが2なので，図4.8.9のS＝2のグラフを見ます。すると，利用率ρが0.8のときの平均待ち時間は，平均サービス時間のおよそ1.8であることがわかります。このことから，窓口が2つに増えると，平均待ち時間は，平均サービス時間の4倍から1.8倍，つまり45％（＝1.8÷4×100）に短縮できることになります。

公式を利用して求める

先の例では，提示されたグラフを用いて平均待ち時間を求めましたが，一般に，M/M/Sモデルにおける平均待ち時間は，次の式でも算出できます。

> **P O I N T** M/M/Sモデルにおける平均待ち時間の求め方
>
> $$平均待ち時間 = \frac{P \times t_s}{S - \lambda \times t_s}$$
>
> S：窓口数，λ：平均到着率，t_s：平均サービス時間

ここで上式で用いられるPは，すべての窓口がサービス中である確率であり，図4.8.10のグラフで表されます。

グラフ中の(1)〜(10)は窓口数を表す。

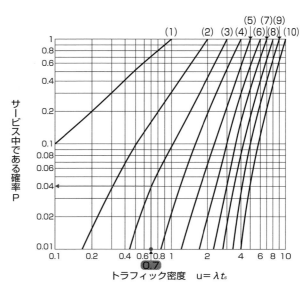

▲ **図4.8.10** S個の窓口がすべてサービス中である確率

試験 午後問題では，平均待ち時間や平均処理時間を求める手順（空欄あり）が示され，その空欄を埋めるという形式で出題される。公式は提示されるので，ここでは，どのように求めればよいのかを確認しておこう。

では，公式を用いて，窓口数が3，トランザクション数が1秒当たり平均10件，トランザクション1件の平均処理時間が70ミリ秒であるときの平均待ち時間を求めてみましょう。

まず，図4.8.10のグラフからPを求めるため，横軸のトラフィック密度uを求めます。平均到着率λは，単位時間当たりのトランザクション数なので$\lambda = 10$（件／秒）です。また，平均サービス時間t_sは，トランザクション1件当たりの平均処理時間なので$t_s = 70$（ミリ秒）$= 70 \times 10^{-3} = 0.07$（秒）です。したがって，トラフィック密度は，$u = \lambda t_s = 10 \times 0.07 = 0.7$となります。

次に，窓口数が3つなので，図4.8.10の(3)のグラフを見ます。すると，横軸のトラフィック密度uが0.7のときのPはおよそ0.04であることがわかります。

以上の結果を公式に代入すると，平均待ち時間は，

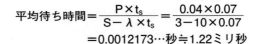

$$\text{平均待ち時間} = \frac{P \times t_s}{S - \lambda \times t_s} = \frac{0.04 \times 0.07}{3 - 10 \times 0.07}$$
$$= 0.0012173\cdots \text{秒} \fallingdotseq 1.22 \text{ミリ秒}$$

参考 小数点第何位までを求めるのかは，問題文に提示されている。

と求められます。また，待ち時間を含めた平均処理時間（平均応答時間）は，次のように求めることができます。

$$\text{平均処理時間} = \text{平均待ち時間} + \text{平均サービス時間}$$
$$= 1.22 + 70 = 71.22 \text{ミリ秒}$$

CPU利用率と応答時間のグラフ　☕ COLUMN

オンラインリアルタイムシステムにおけるCPUの利用率と応答時間の関係を表したグラフは次のようになります。ここで，トランザクションの発生はポアソン分布とし，その処理時間は指数分布とします（M/M/1待ち行列モデルに従う）。

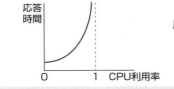

$$\text{応答時間} = \frac{\rho}{1 - \rho} \times t_s + t_s$$

$*\rho$：利用率

t_s：平均サービス時間

▲ **図4.8.11**　CPU利用率と応答時間

4.9 システムの信頼性特性と評価

4.9.1　システムの信頼性評価指標 (AM/PM)

　システムの信頼性とは，コンピュータシステムがどのくらい安定して稼働しているか，あるいは稼働するかを表す指標です。高度コンピュータ社会において高い信頼性を維持していくためには，常にシステムの信頼性を調査し評価する必要があります。

　ここでは，コンピュータシステムの信頼性評価指標であるRASISとハードウェア機器に対する信頼性管理手法であるバスタブ曲線について説明します。

RASIS

　RASISは，信頼性を評価する5つの概念，**信頼性**(Reliability)，**可用性**(Availability)，**保守性**又は保守容易性(Serviceability)，**保全性**又は完全性(Integrity)，**安全性**(Security)の頭文字をとった造語です。高信頼化システムの考え方には，フォールトトレランス(耐故障)とフォールトアボイダンス(故障排除)がありますが，RASISはシステムがフォールトトレラントシステムであるかどうかを評価します。

高信頼化システムについては，p.183を参照。

▼ **表4.9.1**　RASIS

信頼性 (Reliability)	システム全体が故障せずに連続的に動作することを示す。平均故障間隔(MTBF)が指標として用いられる。MTBFが大きいほど信頼性が高い
可用性 (Availability)	システムが使用できるという使用可能度を示す。MTBF／(MTBF+MTTR)で算出される稼働率(アベイラビリティ)が指標として用いられる。障害復旧が早ければMTTRは短くMTBFは長くなり，稼働率が高くなるため，可用性も向上する
保守性 (Serviceability)	システムが故障したときに容易に修理できること，つまり保守のしやすさを表す。平均修理時間(MTTR)が指標として用いられる
保全性 (Integrity)	コンピュータシステムに記録されているデータの完全性(不整合の起こりにくさ)を示す
安全性 (Security)	コンピュータシステムに記録されているデータの災害，障害，コンピュータ犯罪などに対する耐性を示す。機密性ともいう

4

システム構成要素

バスタブ曲線

バスタブ曲線は，ハードウェア機器に対する信頼性管理手法であり，フォールトアボイダンスを評価するものです。図4.9.1に示すように，横軸に経過時間，縦軸に故障率をとり，時間経過に対するハードウェア機器の故障率の推移を表したグラフがバスタブ曲線です。**故障率曲線**とも呼ばれます。

> **試験** 選択肢に出てくる用語に**ワイブル分布**がある。ワイブル分布は，時間とともに発生する故障現象を統計的にモデル化したもので，初期故障，偶発故障，摩耗故障を表す関数(ハザード関数という)のモデル化も可能。「ワイブル分布ときたらバスタブ曲線」と覚えておけばよい。

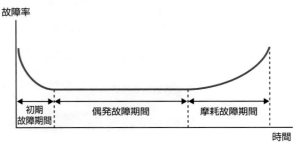

▲ **図4.9.1** バスタブ曲線

ハードウェア機器のライフサイクルは，故障の面から，**初期故障期間**，**偶発故障期間**，**摩耗故障期間**の3つの期間に分けることができます。

▼ **表4.9.2** ハードウェア機器のライフサイクル

初期故障期間	使用初期，製造不良や使用環境との不適合などによって故障の発生が高いが時間経過とともに減少する
偶発故障期間	初期に起こる故障や不具合が改善され，偶発的な故障だけが発生する。故障率は一定
摩耗故障期間	耐用寿命の終盤期，材料の劣化や接点部分の摩耗が進むため故障が多くなる

4.9.2 システムの信頼性計算 AM / PM

稼働率

> **試験** 稼働率はどの試験区分においても頻出項目である。公式を暗記するだけではなく，活用できるようにしておこう。

RASISの「A：可用性」の評価指標である**稼働率**は**アベイラビリティ**とも呼ばれ，システムの信頼性を評価する最も重要な尺度となります。稼働率は，システムが正常に稼働していた時間と故障して使用できなかった時間を用い，次の公式で求められます。

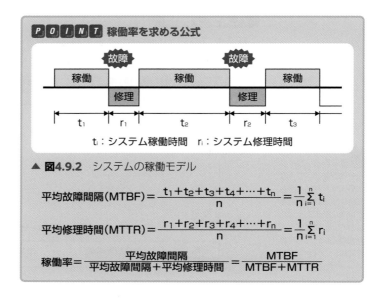

POINT 稼働率を求める公式

t$_i$：システム稼働時間　r$_i$：システム修理時間

▲ **図4.9.2** システムの稼働モデル

$$平均故障間隔（MTBF）＝\frac{t_1+t_2+t_3+t_4+\cdots+t_n}{n}＝\frac{1}{n}\sum_{i=1}^{n}t_i$$

$$平均修理時間（MTTR）＝\frac{r_1+r_2+r_3+r_4+\cdots+r_n}{n}＝\frac{1}{n}\sum_{i=1}^{n}r_i$$

$$稼働率＝\frac{平均故障間隔}{平均故障間隔＋平均修理時間}＝\frac{MTBF}{MTBF＋MTTR}$$

　例えば，あるシステムの10か月間における各月の稼働時間と修理時間が，表4.9.3のとおりで，各月の故障回数が1回ずつであったとすると，このシステムの稼働率は次のようになります。

▼ **表4.9.3** 各月の稼働時間と修理時間

月	1	2	3	4	5	6	7	8	9	10
稼働時間	100	200	100	100	200	200	200	100	100	200
修理時間	1	1	2	2	2	1	1	1	2	2

参考 「稼働→故障→修理」で1周期となっているので，10で割った平均を求めればよい。

平均故障間隔（MTBF）＝（100＋200＋…＋200）÷10＝150時間
平均修理時間（MTTR）＝（1＋1＋…＋2）÷10＝1.5時間
稼働率＝150÷（150＋1.5）≒0.99

参考 デュアルシステムやデュプレックスシステムのホットスタンバイ方式は，MTTRを短くするシステム構成である。

　MTBFを長くしてMTTRを短くすれば，稼働率が高くなります。そのための方法には，次のようなものがあります。

〔MTBFを長くする方法〕
・冗長度の高いシステム構成
・予防保守の実行
・自動誤り訂正機能などの導入

〔MTTRを短くする方法〕
・エラーログ情報の採取
・遠隔地保守
・保守センタの分散配置

故障率

故障率は，単位時間当たりに故障する確率，あるいは回数を表したもので，次の公式で求めることができます。

参考 JIS Z 8115
(信頼性用語)
では，「故障回数÷総
稼働時間」，つまり「1
／MTBF」で求められ
る故障率を平均故障率
と定義しているが，情
報処理試験では，これ
を故障発生数(故障発
生率)と表現している。

> **P O I N T** 故障率を求める公式
>
> $$故障率＝\frac{1}{平均故障間隔}＝\frac{1}{MTBF}$$

　また，複数の装置が直列に接続されたシステム全体の故障率は，それぞれの装置の故障率をλ_1，λ_2，…，λ_nとすると，次の式で求められます。

> **P O I N T** 直列接続システムの故障率を求める公式
>
>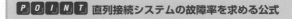
>
> 故障率：λ_1　故障率：λ_2　　　　故障率：λ_n
>
> システムの故障率＝$\lambda_1＋\lambda_2＋…＋\lambda_n$

故障率からMTBFを求める

> あるコンピュータシステムにおいて，周辺装置のMTBFは2,000時間である。処理装置は，1時間に故障する確率が10^{-8}のコンポーネント20万個から構成されている。このシステム全体のMTBFは何時間か。

　システム全体の故障率がわかればMTBFが求められます。この問題の場合，システム全体の故障率は，周辺装置における故障率と処理装置における故障率の和です。そこでまず，周辺装置及び処理装置の故障率をそれぞれ求めます。

参考 周辺装置が故障
するか，あるい
は処理装置が故障する
と，システム全体の故
障となる。

　周辺装置のMTBFは2,000時間なので，その故障率は，

$$周辺装置の故障率＝\frac{1}{2,000}$$

　次に，処理装置は，1時間に故障する確率が10^{-8}であるコンポーネント20万($＝2\times10^5$)個から構成されているので，その故障

率は，それぞれのコンポーネントの故障率の和で求められます。

$$処理装置の故障率＝10^{-8}×2×10^5＝\frac{2×10^5}{10^8}＝\frac{4}{2,000}$$

以上から，システム全体の故障率は，

システム全体の故障率＝周辺装置の故障率＋処理装置の故障率

$$＝\frac{1}{2,000}＋\frac{4}{2,000}＝\frac{1}{400}$$

となります。このことから，このシステムでは400時間に1回故障が発生し，MTBFは400時間であることがわかります。

参考 分母の数を同じにしておくと，周辺装置における故障率と処理装置における故障率の和が求めやすくなる。

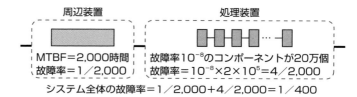

周辺装置　　　　　　　　処理装置

MTBF＝2,000時間　　故障率10^{-8}のコンポーネントが20万個
故障率＝1／2,000　　故障率＝10^{-8}×2×10^5＝4／2,000

システム全体の故障率＝1／2,000＋4／2,000＝1／400

▲ **図4.9.3**　故障率の求め方例

故障していない機器の平均台数を求める

　故障率 $λ$ が$1.0×10^{-6}$（回／秒）である機器が，いま1,000台稼働している。200時間経過後，故障していない機器の平均台数はどのくらいと予測できるか。

このような問題を考える場合，通常，故障率を$λ$（回／秒），稼働時間をt（秒）とする次ページ図4.9.4の指数関数のグラフを利用します。縦軸である$F(t)$は，横軸$λt$の値が0のとき$F(t)＝1$となることからもわかるように，故障していない確率を表します。

　まず，横軸の値$λt$を求めます。故障率$λ＝1.0×10^{-6}$回／秒，経過時間$t＝200$時間$＝200×60×60$秒$＝72×10^4$秒なので，

$$λt＝1.0×10^{-6}×72×10^4＝0.72$$

となります。そこで，図4.9.4のグラフから0.72に対応する$F(t)$の値を見ると，およそ0.5です。これは，200時間経過後，各機器が故障していない確率が0.5であることを意味します。したがっ

て，故障していない機器の平均台数は，

　　1,000台×0.5＝500台

と予測することができます。

 参考 故障率がλである機器の故障密度関数$g(x)$は，

　$g(x) = \lambda e^{-\lambda x}$

である。この故障密度関数$g(x)$を0からtまで積分することで，t時間経過後（0時間〜t時間の間）に機器が故障する確率を表す式「$-e^{-\lambda t}+1$」が得られる。これにより，t時間経過後，故障していない確率は，

　$1-(-e^{-\lambda t}+1)$
　$=e^{-\lambda t}$

である。

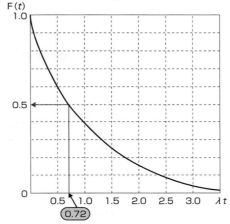

▲ **図4.9.4**　指数関数$F(t) = e^{-\lambda t}$のグラフ

4.9.3　複数システムの稼働率　AM / PM

　情報処理技術者試験でよく出題されるのは，システム（構成要素）が複数ある場合の稼働率です。その基本となる稼働率公式を整理しておきましょう。

稼働率の基本公式

➡ 直列接続の稼働率

　直列接続では，両方の装置がともに正常のときにのみシステムが稼働するので，システム全体の稼働率は，それぞれの装置の稼働率の積で求められます。なお，ここではシステムを構成する装置それぞれの稼働率をR_1，R_2とします。

P O I N T 直列接続の稼働率を求める公式

$$稼働率 = R_1 \times R_2$$

⭕ 並列接続の稼働率

並列接続では，どちらかの装置が稼働していればシステムは稼働します。言い換えれば，両方の装置が不稼働となったとき以外は稼働することになります。したがって，システム全体の稼働率は，「1－システムが稼働しない確率」で求められます。

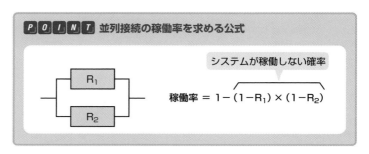

POINT 並列接続の稼働率を求める公式

システムが稼働しない確率

$$稼働率 = 1 - (1 - R_1) \times (1 - R_2)$$

例えば，図4.9.5に示すような3個の装置A，B，Cを直列と並列の組合せで構成したシステムの稼働率を考えてみましょう。なお，ここでは装置A，B，Cの稼働率はすべてRとします。

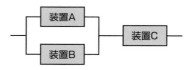

▲ **図4.9.5** システム構成図

このように直列と並列が組み合わさったシステムの稼働率を求めるときは，基本公式が適用できる部分から稼働率計算をし，徐々にシステム全体の稼働率へと計算していきます。

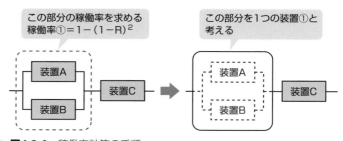

▲ **図4.9.6** 稼働率計算の手順

参考 **3個の構成要素**のうち2個以上が正常でなければいけないシステムを**2 out of 3 システム**といい，システムの信頼性(稼働率)は，次のように求められる。
①3個が正常である確率
　　$R \times R \times R = R^3$
②2個が正常，1個が故障である確率
　　$3 \times R \times R \times (1-R)$
　　$= 3 \times R^2 \times (1-R)$
以上から，システムの信頼性は，
　　$R^3 + 3R^2(1-R)$
　　$= 3R^2 - 2R^3$
となる。頻出公式なので覚えておこう！

4
システム構成要素

まず，点線部分は並列接続なので，稼働率は「$1-(1-R)^2$」です。この部分を1つの装置①と考えると，システムは装置①と装置Cが直列に接続された構成と考えられるので，全体の稼働率は次のように計算できます。

$$\text{システム稼働率} = \{1-(1-R)^2\} \times R = 2R^2 - R^3$$

最初に計算した部分（装置①）の稼働率

装置Cの稼働率

4.9.4 通信網の構成と信頼性 AM/PM

ここでは，通信システムを例に，システムが稼働する確率（正常に動作する確率：信頼度）を考えていきます。

不稼働率からみた稼働率

本来，「$1-$稼働率」は故障率ではなく，不稼働率（故障している時間の割合）であるが，情報処理試験ではこれを故障率と扱う場合がある。

ある装置の稼働する確率と稼働しない確率の間には，「稼働しない確率＝$1-$稼働率」という関係があります。ここでは，この「稼働しない確率」を「不稼働率」と言い換えて説明します。

不稼働率からシステム全体の稼働率を求めるには，必要に応じて与えられた不稼働率を稼働率に直し，先の基本公式を適用します。

直列接続の場合の不稼働率
＝$1-$稼働率
＝$1-(1-P_1)$
　$\times(1-P_2)$

並列接続の場合の不稼働率
＝$1-$稼働率
＝$1-(1-P_1\times P_2)$
＝$P_1\times P_2$

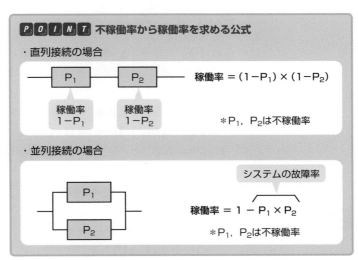

POINT 不稼働率から稼働率を求める公式

・直列接続の場合

稼働率 $= (1-P_1) \times (1-P_2)$

$*P_1$，P_2は不稼働率

・並列接続の場合

稼働率 $= 1 - P_1 \times P_2$

$*P_1$，P_2は不稼働率

具体例

図4.9.7は，東京〜札幌，東京〜新潟，東京〜福岡，新潟〜札幌，新潟〜福岡の5つの通信路から構成された通信システムです。各通信路の故障率をpとし，分岐点など，それ以外の箇所の故障は無視できるとしたとき，福岡〜札幌の通信が正常に機能する確率を考えてみます。

▲ **図4.9.7** 通信システムの通信路

まず，東京〜新潟の通信路が故障の場合と正常の場合とに分けて考えます。

・東京〜新潟が故障の場合

各通信路を1つのユニットと考えると，上図の通信システムから東京〜新潟を除いた通信システムは，図4.9.8のように書き換えることができます。

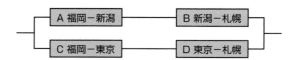

▲ **図4.9.8** 東京〜新潟を除いた通信システム

各通信路の故障率がp（通信が正常に機能する確率は1−p）なので，図4.9.8の通信システムの通信が正常に機能する確率は，以下のように求めることができます。

① 「A 福岡—新潟」と「B 新潟—札幌」間の通信が正常に機能する確率は，$(1-p) \times (1-p) = (1-p)^2$

② 「C 福岡—東京」と「D 東京—札幌」間の通信が正常に機能する確率は，$(1-p) \times (1-p) = (1-p)^2$

③ ①，②で求めた部分は並列に接続されているので，福岡〜札幌の通信が正常に機能する確率は，

$$1 - \{1 - (1-p)^2\} \times \{1 - (1-p)^2\}$$
$$= 1 - \{1 - (1-p)^2\}^2$$

・東京〜新潟が正常な場合

故障の場合と同様に，通信システムは，図4.9.9のように書き換えることができます。

▲ **図4.9.9** 「東京〜新潟」が正常な場合の通信システム1

しかし，この場合「E 東京—新潟」は正常で，必ず通信ができることから，さらに図4.9.10のように書き換えることができます。

このような書換えができることを理解しておこう。

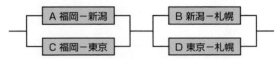

▲ **図4.9.10** 「東京〜新潟」が正常な場合の通信システム2

そこで，図4.9.10の通信システムの通信が正常に機能する確率は，以下のように求めることができます。

① 「A 福岡—新潟」と「C 福岡—東京」部分の通信が正常に機能する確率は，$1-p^2$

② 「B 新潟—札幌」と「D 東京—札幌」部分の通信が正常に機能する確率は，$1-p^2$

③ ①，②で求めた部分は直列に接続されているので，福岡〜札幌の通信が正常に機能する確率は，

$$(1-p^2) \times (1-p^2) = (1-p^2)^2$$

以上を整理すると，

・東京〜新潟が故障の場合，福岡〜札幌の通信が正常に機能する確率は，$1-\{1-(1-p)^2\}^2$

・東京〜新潟が正常の場合，福岡〜札幌の通信が正常に機能する確率は，$(1-p^2)^2$

となります。

そこで，東京〜新潟が故障する確率がp，正常に機能する確率が$(1-p)$であることを考慮すると，福岡〜札幌の通信が正常に機能する確率は，次のように求めることができます。

東京～新潟が故障する確率　　東京～新潟が正常に機能する確率

$$[1-\{1-(1-p)^2\}^2]\times p+(1-p^2)^2\times(1-p)$$

東京～新潟が故障のときの福岡～　　東京～新潟が正常のときの福岡～
札幌の通信が正常に機能する確率　　札幌の通信が正常に機能する確率

☕ COLUMN

通信システムの稼働率

N_1とN_3の間で通信を行うデータ伝送網で，N_1とN_3の間の構成について考えた3つの案の稼働率を高い順に並べると「C案＞B案＞A案」となります。ただし，P_1～P_5の故障する確率はすべて等しく，N_1～N_4は故障しないものとします。

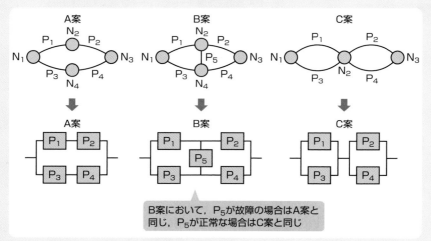

B案において，P_5が故障の場合はA案と同じ，P_5が正常な場合はC案と同じ

▲ **図4.9.11**　データ伝送網と稼働率

故障率を表す単位：FIT

システムの故障率を表す単位の1つに，FITがあります。1FITは，10^9時間に1回の故障が起きる確率です。例えば，10,000FITのシステムは，10^9時間に10,000回故障が発生すると考えられます。それでは，10,000FITのシステムのMTBFは何年でしょうか。

10,000FITのシステムの故障率は$10,000/10^9$なので，「MTBF＝1／故障率」から，MTBFは10^5時間と求められます。これを年に換算すると，

$$10^5\div(24\times365)\fallingdotseq11.4\text{年}$$

となります（1年は365日で計算）。

得点アップ問題

解答・解説はp.231

問題1　(H31春問12)

Webサーバ，アプリケーション(AP)サーバ及びデータベース(DB)サーバが各1台で構成されるWebシステムにおいて，次の3種類のタイムアウトを設定した。タイムアウトに設定する時間の長い順に並べたものはどれか。ここで，トランザクションはWebリクエスト内で処理を完了するものとする。

〔タイムアウトの種類〕
①APサーバのAPが，処理を開始してから終了するまで
②APサーバのAPにおいて，DBアクセスなどのトランザクションを開始してから終了するまで
③Webサーバが，APサーバにリクエストを送信してから返信を受けるまで

　ア　①，③，②　　　　イ　②，①，③　　　　ウ　③，①，②　　　　エ　③，②，①

問題2　(R04秋問13)

システムの信頼性設計に関する記述のうち，適切なものはどれか。

ア　フェールセーフとは，利用者の誤操作によってシステムが異常終了してしまうことのないように，単純なミスを発生させないようにする設計方法である。
イ　フェールソフトとは，故障が発生した場合でも機能を縮退させることなく稼動を継続する概念である。
ウ　フォールトアボイダンスとは，システム構成要素の個々の品質を高めて故障が発生しないようにする概念である。
エ　フォールトトレランスとは，故障が生じてもシステムに重大な影響が出ないように，あらかじめ定められた安全状態にシステムを固定し，全体として安全が維持されるような設計手法である。

問題3　(H25秋問13)

80Gバイトの磁気ディスク8台を使用して，RAID0の機能とRAID1の機能の両方の機能を同時に満たす構成にした場合，実効データ容量は何Gバイトか。

　ア　320　　　　イ　480　　　　ウ　560　　　　エ　640

問題4　(H25秋問23-SA)

磁気ディスク装置や磁気テープ装置などのストレージ(補助記憶装置)を，通常のLANとは別の高速なネットワークで構成する方式はどれか。

　ア　DAFS　　　　イ　DAS　　　　ウ　NAS　　　　エ　SAN

問題5 (H29秋問12)

1台のコンピュータで複数の仮想マシン環境を実現するための制御機能はどれか。

ア　システリックアレイ　　　イ　デスクトップグリッド
ウ　ハイパバイザ　　　　　　エ　モノリシックカーネル

問題6 (R04秋問15)

あるクライアントサーバシステムにおいて，クライアントから要求された1件の検索を処理するために，サーバで平均100万命令が実行される。1件の検索につき，ネットワーク内で転送されるデータは，平均$2×10^5$バイトである。このサーバの性能は100MIPSであり，ネットワークの転送速度は，$8×10^7$ビット／秒である。このシステムにおいて，1秒間に処理できる検索要求は何件か。ここで，処理できる件数は，サーバとネットワークの処理能力だけで決まるものとする。また，1バイトは8ビットとする。

ア　50　　　　イ　100　　　　ウ　200　　　　エ　400

問題7 (R01秋問14)

キャパシティプランニングの目的の一つに関する記述のうち，最も適切なものはどれか。

ア　応答時間に最も影響があるボトルネックだけに着目して，適切な変更を行うことによって，そのボトルネックの影響を低減又は排除することである。
イ　システムの現在の応答時間を調査し，長期的に監視することによって，将来を含めて応答時間を維持することである。
ウ　ソフトウェアとハードウェアをチューニングして，現状の処理能力を最大限に引き出して，スループットを向上させることである。
エ　パフォーマンスの問題はリソースの過剰使用によって発生するので，特定のリソースの有効利用を向上させることである。

問題8 (R01秋問3)

通信回線を使用したデータ伝送システムにM/M/1の待ち行列モデルを適用すると，平均回線待ち時間，平均伝送時間，回線利用率の関係は，次の式で表すことができる。

$$平均回線待ち時間 ＝ 平均伝送時間 × \frac{回線利用率}{1－回線利用率}$$

回線利用率が0から徐々に増加していく場合，平均回線待ち時間が平均伝送時間よりも最初に長くなるのは，回線利用率が幾つを超えたときか。

ア　0.4　　　　イ　0.5　　　　ウ　0.6　　　　エ　0.7

問題9 (R04春問14)

MTBFを長くするよりも，MTTRを短くするのに役立つものはどれか。

ア　エラーログ取得機能　　　　イ　記憶装置のビット誤り訂正機能
ウ　命令再試行機能　　　　　　エ　予防保守

問題10 (H30春問16)

　4種類の装置で構成される次のシステムの稼働率は，およそ幾らか。ここで，アプリケーションサーバとデータベースサーバの稼働率は0.8であり，それぞれのサーバのどちらかが稼働していればシステムとして稼働する。また，負荷分散装置と磁気ディスク装置は，故障しないものとする。

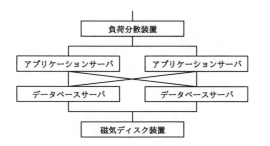

ア　0.64　　　　イ　0.77
ウ　0.92　　　　エ　0.96

チャレンジ午後問題 (H26春問4抜粋)　　　　　　　　　　　　解答・解説：p.233

　Webシステムの機能向上に関する次の記述を読んで，設問1～3に答えよ。

　医薬品商社であるX社は，顧客に医薬品の最新情報を提供することを目的として，Webサイトを開設している。図1に現在のWebサイトのシステム構成を示す。

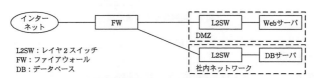

L2SW：レイヤ2スイッチ
FW：ファイアウォール
DB：データベース

図1　現在のWebサイトのシステム構成

〔現在のシステム構成及びアクセス件数〕
・Webサーバは，クライアントからのアクセスとその検索要求に応じて，社内ネットワークのDBサーバ上のデータベースを検索し，必要な医薬品の情報をクライアントに返す。

- 検索の多くは，医薬品の名称や記号から，その成分や効能を調べる内容である。Webサーバは，DBサーバで管理されている医薬品や成分，効能を表すコードを，顧客が理解しやすいように，図やグラフに変換して表示する。DBサーバの検索処理時間は，Webサーバの表示処理時間に比べて極めて短い。
- Webサイトの通常のアクセス件数は，平均毎秒16件である。ただし，特定疾病の流行などによって急増し，通常の100倍以上のアクセスが発生する場合がある。

〔医薬品共同Webサイトの構築〕

X社は，他の医薬品商社と連携して医薬品の情報を提供することになり，各社のWebサイトをX社のWebサイトに統合し，医薬品共同Webサイト(以下，共同サイトという)として運営することになった。共同サイトの要件は，次のとおりである。

- アクセス件数を，X社単独時の4倍と想定する。
- アクセス時の応答時間は，ネットワークの伝送時間を除き，65ミリ秒以下とする。
- アクセス急増時には"アクセスが集中しておりますので，後ほど閲覧してください。"と表示する。
- 24時間連続稼働を実現する。

〔共同サイトのシステム構成案〕

X社システム部のY部長は，部内のWeb担当者Z君に共同サイトの構成案作成を指示し，後日Z君から図2に示す構成案が提出された。

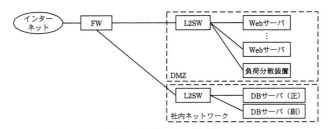

図2 共同サイトの構成案

- Webサーバは，現在と同じ処理能力の機器を利用し，共同サイトの要件を満たすために必要な台数を設置する。
- 負荷分散装置が，インターネットからのアクセス要求を監視し，各Webサーバの状況に基づいて，いずれかのWebサーバに振り分ける。
- 2台のDBサーバは，クラスタ構成とする。

〔現在のWebサイトの処理能力〕

　Z君は，共同サイトの構成案を決定するために，現在のWebサイトの処理能力や稼働率の調査を開始した。現在のWebサイトでは，ネットワークの伝送時間を除くと，1件当たりのアクセス処理時間は，平均50ミリ秒である。

　さらに，現在のWebサイトの処理能力を数値化して評価するために，アクセスに対するサイトの応答時間を，窓口が一つのM/M/1待ち行列モデルを適用し，計算することにした。待ち行列モデルの適用については，平均到着率を単位時間当たりのアクセス件数に，平均サービス時間をアクセス処理時間に読み替える。利用率はアクセス件数とアクセス処理時間を乗じた値となる。Z君は，現在のシステムの利用率，待ち時間，応答時間は，それぞれ0.8，200ミリ秒，250ミリ秒であると計算した。

〔共同サイトの処理能力〕

　Z君は，共同サイトのシステム処理能力を数値化して評価することにした。そこで，複数窓口の待ち行列モデルであるM/M/s待ち行列モデルを適用して，共同サイトの利用率と応答時間を計算し，設置が必要なWebサーバの台数を決定することにした。M/M/s待ち行列モデルの利用率と待ち時間比率の関係(図3)と次の式を利用して，必要なサーバ台数を求めることができる。

- 利用率＝アクセス件数×アクセス処理時間／サーバ台数
- 待ち時間比率＝待ち時間／アクセス処理時間
- 応答時間＝待ち時間＋アクセス処理時間

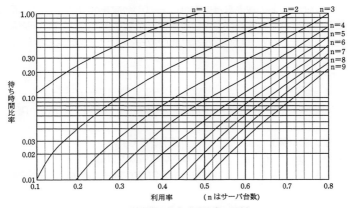

図3　利用率と待ち時間比率の関係

〔処理能力の計算〕

（1）M/M/s待ち行列モデルでの計算方法を確認する。現在のシステム構成及びアクセス件数のままで，Webサーバを1台追加したとすると，次のように計算できる。

- 利用率は　　a　　となるので，図3のサーバ台数が2（n＝2）の曲線と利用率との交点から待ち時間比率が分かる。
- アクセス処理時間が50ミリ秒であることから，待ち時間はおおよそ　　b　　ミリ秒で，応答時間は　　c　　ミリ秒である。

（2）次に，共同サイトに必要なサーバ台数を決定する。

- サーバ台数をnとすると，利用率は，式　　d　　で計算できる。サーバ台数が2，3，4，5，6，…のときの利用率をあらかじめ計算しておく。
- 応答時間は共同サイトの要件に従うので，待ち時間は　　e　　ミリ秒以下になり，これらによって待ち時間比率の目標値が分かる。

　Z君は，以上の結果をY部長に報告した。

〔共同サイトのシステム構成の見直し〕

　Y部長は，共同サイトの構成案と必要サーバ台数の報告内容を確認した後，構成案にアクセス急増時の対応が必要と判断し，Z君に修正案の作成を指示した。

　Z君は，負荷分散装置に，振分け先の全てのサーバが稼働しても処理が不能と判断した場合，振分けを中止し，全てのアクセスを特定の1台のサーバに接続させる機能があることを確認した。Z君は，この機能を利用することによって，構成案に①アクセス急増時専用の対策用サーバを追加し，アクセス急増時には全てのアクセスをこのサーバに接続することにした。Z君は修正案を作成し，Y部長に提出した。

設問1 現在のWebサイトの稼働率と，Webサーバの台数をnとしたときの共同サイトの構成案の稼働率を，それぞれ解答群の中から選び，記号で答えよ。なお，FW及び各サーバの稼働率をpとし，L2SW，負荷分散装置及び他のネットワーク機器の稼働率は1とする。

　　解答群

　　ア　p^3
　　イ　p^4
　　ウ　$(1-p^2)^2$
　　エ　$1-(1-p^n)^2$
　　オ　$p(1-(1-p)^n)(1-(1-p)^2)$
　　カ　$(1-p)(1-p^n)(1-p^2)$

設問2 〔処理能力の計算〕について，（1），（2）に答えよ。

（1）本文中の　　a　　～　　e　　に入れる適切な数式又は数値を答えよ。

（2）図3を利用して，共同サイトの要件を満たすために必要なWebサーバの最少台数を答えよ。

設問3 〔共同サイトのシステム構成の見直し〕について，本文中の下線①の対策用サーバの主な役割を15字以内で述べよ。

| 解 説 |

問題1

解答：ウ

←p.177を参照。

　Webサーバ，APサーバ，DBサーバが各1台で構成されるWebシステムの場合，処理手順は下図のようになり，各サーバの処理時間は長い順に「Webサーバ，APサーバ，DBサーバ」となります。したがって，設定するタイムアウト時間も長い順に「③，①，②」となります。

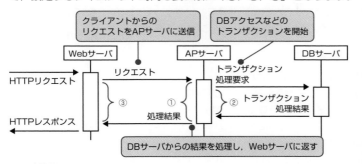

問題2

解答：ウ

←p.183を参照。

ア：フェールセーフではなくフールプルーフの説明です。
イ：フェールソフトは，故障が発生した場合に機能を縮退させても稼動を継続するという考え方です。
ウ：正しい記述です。
エ：フォールトトレランスではなくフェールセーフの説明です。

問題3

解答：ア

←p.188,190を参照。

　RAID0は，ストライピングにより入出力速度の高速化のみを図った方式であり，冗長構成ではないため実効データ容量はディスク容量と同じになります。一方，RAID1はミラーリングにより信頼性を高めた方式で，実効データ容量はディスク容量の半分になります。
　この両方の機能を同時に満たすRAID構成では，RAID1の機能(ミラーリング)のために，実効データ容量はディスク容量の半分となるので，次のように計算できます。
　　実効データ容量 = 80Gバイト×8台÷2 = 320Gバイト

※RAID0とRAID1の機能を同時に満たす構成は，RAID01とRAID10。

問題4

解答：エ

←p.191を参照。

　ストレージ(補助記憶装置)を，通常のLANとは別の高速なネットワークで構成するのはSANです。なお，〔ア〕のDAFS(Direct Access File System)は，クラスタシステムなどノード数が多いシステムに適したファイル共用プロトコルです。

問題5　　　　　　　　　　　　　　　　解答：ウ　　　←p.194を参照。

　仮想マシン環境を実現するための制御機能(ソフトウェア)は〔ウ〕の**ハイパバイザ**です。なお，〔ア〕の**シストリックアレイ**は並列計算機モデルの1つです。単純計算を行うプロセッサを多数個規則的に接続し，個々のプロセッサが「データ受け取り→データ送り出し」というパイプライン化された動作を繰り返すことで並列計算を行います。〔イ〕の**デスクトップグリッド**は，グリッドコンピューティングと同義です。

※〔エ〕のモノリシックカーネルについてはp.240を参照。

問題6　　　　　　　　　　　　　　　　解答：ア

　問題文に提示された条件は，次のとおりです。
- 1件の検索を処理するための平均命令数：100万($100×10^4$)命令
- サーバの性能：100MIPS($100×10^6$命令／秒)
- 1件の検索で転送されるデータ：平均$2×10^5$バイト
- ネットワークの転送速度：$8×10^7$ビット／秒

　問われているのは，このシステムで1秒間に処理できる検索要求の件数です。まず，サーバで1秒間に何件処理できるかを考えます。
　検索要求1件当たりのサーバでの処理時間は，
　　100万命令／100MIPS＝$100×10^4$／$100×10^6$＝1／100［秒］
になるので，サーバでは1秒間に100件の検索要求を処理できます。
　次に，1秒間に何件転送できるかを考えます。検索要求1件当たりのデータ転送時間は，
　　($2×10^5×8$ビット)／($8×10^7$ビット)＝2／100＝1／50［秒］
になるので，1秒間に転送できる検索要求は50件です。

※単位に注意。転送されるデータの単位(バイト)を，転送速度の単位(ビット)に合わせること。

　したがって，このシステムでは，サーバで100件処理ができても，ネットワークの処理能力がボトルネックになり，システム全体では50件しか処理できません。

問題7　　　　　　　　　　　　　　　　解答：イ　　　←p.201を参照。

　キャパシティプランニングでは，現在の状況を調査するだけでなく，将来予測される状況に対してもサービスレベルを維持できるよう，システムの性能や処理能力を計画します。この観点から，キャパシティプランニングの目的として適切なのは〔イ〕の「システムの現在の応答時間を調査し，長期的に監視することによって，将来を含めて応答時間を維持すること」です。〔ア〕，〔ウ〕，〔エ〕は，いずれも現在発生している問題への対応です。ボトルネックの低減や排除，スループットの向上やリソースの有効利用を検討することは重要ですが，これらに対応することがキャパシティプランニングの目的ではありません。

4

問題8
解答：イ

←p.208を参照。

平均回線待ち時間(W)が，平均伝送時間(T)より大きくなる回線利用率(ρ)は，次の式から求められます。

不等号「>」の両辺をTで割る

$$W = T \times \frac{\rho}{1-\rho} > T \longrightarrow \frac{\rho}{1-\rho} > 1$$

上記右の式からρを求めると$\rho > 0.5$となり，回線利用率が0.5(50%)を超えたとき，平均回線待ち時間が平均伝送時間よりも長くなります。

問題9
解答：ア

←p.216を参照。

MTTRは，システムの故障から復旧までの平均修理時間です。エラーログ取得機能を用いれば，故障箇所や原因を特定するための時間が短縮できるので〔ア〕が正解です。〔イ〕，〔ウ〕，〔エ〕は，いずれもMTBFを長くするのに役立ちますが，MTTRを短くするものではありません。

問題10
解答：ウ

アプリケーションサーバとデータベースサーバの稼働率は0.8です。そして，それぞれのサーバのどちらかが稼働していればシステムは稼働することから，それぞれ2台が並列に接続されているものと見なせます(側注の図を参照)。そこで，各サーバ部分の稼働率はともに，

$$1-(1-0.8)^2 = 1-0.04 = 0.96$$

であり，システム全体としての稼働率は，次のようになります。

$$0.96 \times 0.96 = 0.9216 \doteqdot 0.92$$

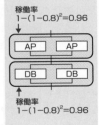

稼働率
$1-(1-0.8)^2=0.96$

稼働率
$1-(1-0.8)^2=0.96$

チャレンジ午後問題

設問1	現在のWebサイト：ア				
	共同サイト：オ				
設問2	(1)	a：0.4　　　　b：10　　　　c：60　　　　d：3.2／n　　　　e：15			
	(2)	5台			
設問3	サーバの状況を案内する				

●設問1

現在のWebサイトの稼働率と，Webサーバの台数をnとしたときの共同サイトの構成案の稼働率を求める問題です。設問文に「FW及び各サーバの稼働率をpとし，L2SW，負荷分散装置及び他のネットワーク機器の稼働率は1とする」とあるので，FW，Webサーバ，DBサーバの構成から，稼働率を考えていくことになります。

※稼働率が1の機器は必ず稼働するので，考慮しなくてもよい。

〔現在のWebサイト〕

　現在のWebサイトでは，FW，Webサーバ及びDBサーバの3つが稼働しないと，システムとしては機能しません。このことから，稼働率は次のように求められます。

　現在のWebサイトの稼働率
　＝FWの稼働率×Webサーバの稼働率×DBサーバの稼働率
　＝p×p×p＝p^3

〔共同サイト〕

　共同サイトでは，Webサーバがn台あるので，このうちいずれか1台が稼働していればクライアントからのアクセスに応じることができます。つまり，Webサーバ全体の稼働率は，

　　1－Webサーバ全体が稼働しない確率
　＝1－（1－p）×（1－p）×（1－p）×…×（1－p）
　＝$1-(1-p)^n$

となります。

　次に，DBサーバ部分は，2台のDBサーバ（正と副）のクラスタ構成になっていて，DBサーバ（正）が故障してもDBサーバ（副）による稼働が可能です。つまり，どちらか一方が稼働していればよいので，DBサーバ全体の稼働率は，

　　1－DBサーバ全体が稼働しない確率
　＝1－（1－p）×（1－p）
　＝$1-(1-p)^2$

となります。

　以上から，共同サイトの稼働率は次のように求められます。

　共同サイトの稼働率
　＝FWの稼働率×Webサーバ全体の稼働率×DBサーバ全体の稼働率
　＝$p×(1-(1-p)^n)×(1-(1-p)^2)$

●設問2（1）

　処理能力の計算問題です。問題文に沿って順に考えていきます。

空欄a：現在のシステム構成及びアクセス件数のままで，Webサーバを1台追加したときの利用率が問われています。利用率を求める式は，問題文の〔共同サイトの処理能力〕にある「利用率＝アクセス件数×アクセス処理時間／サーバ台数」を用います。

　現在のアクセス件数は平均毎秒16件で，1件当たりのアクセス時間は平均50ミリ秒（0.05秒）です。したがって，利用率は次のようになります。

　　利用率＝16×0.05／2＝**0.4**

※現在のWebサイトは，FW，Webサーバ，DBサーバが直列構成になっていると考える。

FW－Web－DB

※共同サイトのWebサーバは，n台が並列構成になっていると考える。

Web1
Web2
Web3

※待ち行列モデルでは，サーバ台数がnになると利用率は1／nになる（p.211参照）。問題文に「Z君は，現在のシステムの利用率は0.8であると計算した」との記述があるので，これを使って，
　0.8／2＝0.4
と計算してもOK。

空欄b：図3を使って，待ち時間と応答時間を求めます。まず，サーバ台数が2(n＝2)の曲線と利用率0.4(空欄a)との交点を見ると，待ち時間比率が0.20であることがわかります。待ち時間比率は，「待ち時間比率＝待ち時間／アクセス処理時間」で求められるので，この式を使うと，待ち時間は次のように求められます。

　　　待ち時間比率＝待ち時間／アクセス処理時間

　　　　0.20 ＝待ち時間／50ミリ秒

　　　待ち時間＝0.20×50ミリ秒＝10ミリ秒

空欄c：応答時間は，「応答時間＝待ち時間＋アクセス処理時間」で求められるので，

　　　応答時間＝待ち時間＋アクセス処理時間

　　　　　　　＝10ミリ秒＋50ミリ秒＝60ミリ秒

になります。

空欄d：共同サイトにおけるサーバ台数をn台としたときの利用率です。先の空欄aと同様，利用率は「利用率＝アクセス件数×アクセス処理時間／サーバ台数」で求められるので，この式を用いると，

　　　利用率＝(16×4)×0.05／n＝3.2／n

となります。

空欄e：共同サイトにおける待ち時間です。「応答時間は共同サイトの要件に従う」とあり，問題文の〔医薬品共同Webサイトの構築〕を見ると，「アクセス時の応答時間は，ネットワークの伝送時間を除き，65ミリ秒以下とする」とあります。このことから，待ち時間は，次のように求めることができます。

　　　応答時間＝待ち時間＋アクセス処理時間

　　　　　　　＝待ち時間＋50ミリ秒≦65ミリ秒

　　　待ち時間≦65ミリ秒－50ミリ秒＝15ミリ秒

●設問2(2)

　共同サイトの要件を満たすために必要なWebサーバの最少台数が問われています。ここで，空欄d，eで求めたことを整理しておきましょう。「利用率は3.2／n」，「待ち時間は15ミリ秒以下」です。

　まず待ち時間が15ミリ秒以下になる待ち時間比率を求めると，

　　　待ち時間比率＝待ち時間／アクセス処理時間

　　　　　　　　　＝15ミリ秒／50ミリ秒＝0.3

となり，待ち時間比率は0.3以下でなければなりません。

　次に，図3を使って，待ち時間比率が0.3以下になるサーバ台数nを求めていきます。

　ここで，「0≦利用率＜1」であることに気付けば，「利用率＝3.2／n」

※共同サイトではアクセス件数がX社独自の4倍になること，またWebサーバは現システムと同じ処理能力の機器を利用するため，アクセス処理時間は平均50ミリ秒(0.05秒)であることに注意。

から，nは4台以上とわかります。では，n=4，5，6，…のときの利用率から，待ち時間比率を見ていきます。

n=4のときの利用率は3.2／4＝0.8であり，このときの待ち時間比率は0.30より大きくなります。

n=5のときの利用率は3.2／5＝0.64であり，このときの待ち時間比率は0.30より小さくなります。したがって，必要なWebサーバの最少台数は**5台**ということになります。ちなみに，n=6のときの利用率は3.2／6＝0.5333で，このときの待ち時間比率も0.30より小さくなります。

※「利用者<1」より
 3.2/n<1
 n>3.2
よってnは4台以上

※M/M/s待ち行列モデルの問題では，このような見慣れないグラフが出題される。見た目の難しさに惑わされないことがポイント。

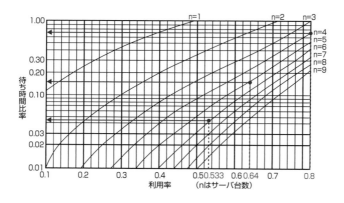

●設問3

アクセス急増時専用の対策用サーバの役割が問われています。

本文中の下線①には，「アクセス急増時専用の対策用サーバを追加し，アクセス急増時には全てのアクセスをこのサーバに接続することにした」と記述されています。アクセス急増時の対応については，〔医薬品共同Webサイトの構築〕に，「アクセス急増時には"アクセスが集中しておりますので，後ほど閲覧してください。"と表示する」との記述があります。

つまり，対策用サーバを追加するのは，アクセス急増時にこのメッセージを表示するためであり，このメッセージを表示するのが対策用サーバの役割です。したがって解答としては，「アクセス集中メッセージの表示」あるいは「アクセス急増メッセージの表示」とすればよいでしょう。なお試験センターでは解答例を**「サーバの状況を案内する」**としています。

第5章
ソフトウェア

　ソフトウェアを大別すると，システムソフトウェアと応用ソフトウェアとに分けることができます。システムソフトウェアは，ハードウェア資源を有効活用し，効率のよい処理を行うためには必要不可欠なものです。本章では，システムソフトウェア，特に，狭義のOSと呼ばれる制御プログラムを中心に学習していきます。制御プログラムの基本構造を知り，OSの中核であるカーネルの役割を理解します。カーネルの機能のうち，タスク(プロセス)管理や記憶管理は重要です。プログラムの実行が，カーネルによってどのように管理，実行されているのかを理解してください。

　また，本書で学習するリアルタイムOS，割込み処理，同期制御(排他制御)及びタスク間通信などは，午後試験の"組込みシステム開発"問題の出題テーマにもなっている重要な事項です。単に用語を覚えるのではなく，体系的な学習と理解を心がけてください。

5.1 OSの構成と機能

5.1.1 基本ソフトウェアの構成

広義のOS

T 用語 OS
オペレーティングシステム。

　広い視野で捉えたときの基本ソフトウェアを広義のOSといいます。広義のOSは，制御プログラム（狭義のOS）を中核として，言語プロセッサ，サービスプログラムで構成されています。

参照 言語プロセッサ
については，
p.264を参照。

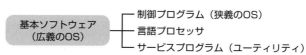

基本ソフトウェア
（広義のOS）
　── 制御プログラム（狭義のOS）
　── 言語プロセッサ
　── サービスプログラム（ユーティリティ）

▲ **図5.1.1** 広義のOSの構成

　サービスプログラムは，ユーティリティとも呼ばれ，テキストエディタ・分類併合プログラム・ソートプログラム・ファイル変換プログラムなど，業種や業務に関わらず必要となる処理を行うための実用的なソフトウェアのことをいいます。

5.1.2 制御プログラム

制御プログラムの基本構造

　制御プログラムは，カーネル，デバイスドライバ，ファイルシステムの3つから構成されています。

T 用語 ファイルシステム
記憶装置の中にファイルを記録する仕組み。統一的なファイル入出力インタフェースを応用プログラムに提供する。

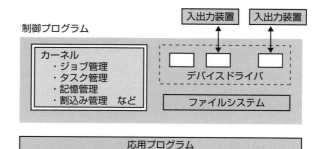

▲ **図5.1.2** 制御プログラムの構造

カーネル

カーネル(kernel)は，主記憶装置上に常駐する制御プログラムモジュール群で，**スーパバイザプログラム**とも呼ばれています。スケジューリング，資源の割振りなど，すべてのプログラムの実行を制御する機能をもち，OSの中核をなす部分といえます。

カーネルの主な機能には，ジョブ管理，タスク管理，記憶管理，割込み管理，入出力管理，そして応用プログラムへのシステムコールサービスなどがあります。

◯ジョブ管理

利用者からみた仕事の単位，つまりコンピュータで実行されるひとまとまりの処理を**ジョブ**といいます。ジョブは1つ以上のジョブステップから構成され，ジョブステップはCPUの割当てを受ける単位であるタスク又はプロセスから構成されます。

ジョブ管理の役割は，ジョブやジョブを構成するジョブステップの実行を監視，制御することです。JCL(Job Control Language：ジョブ制御言語)を介して，ジョブを連続的かつスムーズに処理させる機能や，低速の入出力処理とプログラムの実行を切り離し，効果的なコンピュータシステムの運用を可能にする**スプーリング機能**，さらには複数ジョブのスケジューリングを行う機能があります。

◯タスク管理と記憶管理

タスク管理の役割は，CPUの割当て単位であるタスクを管理し，同時に実行される複数のタスクに，CPU効率を考慮した適切な順番でCPU時間を与えること(CPUの有効活用)です。

記憶管理の役割は，プログラムを実行するアドレス空間を管理し，それを有効活用することです。なお，タスク管理，記憶管理については次節以降で，詳細を学習していきます。

デバイスドライバ

デバイスドライバは，入出力装置を直接操作・管理するプログラムです。各装置に依存した処理を行うため，装置の種類ごとに用意され，1つのデバイスドライバは1台又は複数台の装置を制御

参考 ジョブは，ジョブスケジューラを構成するリーダ，イニシエータ，ターミネータ，ライタによって順に処理される。

参考 スプーリングはスループット(単位時間当たりの仕事量)の向上に役立つ。

参考 デバイスドライバをカーネルに組み込んだ場合，新しいデバイスの追加の際にカーネルのリコンパイルが必要となるなど，柔軟性に欠ける点がある。そのため，カーネルからデバイスドライバを独立させている。

5

ソフトウェア

することになります。

デバイスドライバは, カーネルと入出力装置とのインタフェースであり, カーネルは最終的には入出力制御をデバイスドライバに任せることになります。つまり, 応用プログラムから出された入出力要求はカーネルが受け取りますが, カーネルはその処理要求をデバイスドライバに依頼し, すぐに次の処理にとりかかって, 他のタスクを実行します。

5.1.3　カーネルモードとユーザモード　AM/PM

あるプログラムが誤ってOSを壊してしまうのを避けるため, CPUには2つの異なる実行モードがあります。1つはユーザプログラムの実行を許す**ユーザモード**, もう1つはカーネルだけが実行できる, 入出力命令などのようないくつかの特殊命令の実行を許す**カーネルモード**(特権モード)です。

ユーザプログラムがファイルへの読み書きを必要とするとき, ユーザモードでは入出力命令を実行できないため, システムコール(スーパバイザコール:SVC)を呼び出します。システムコールを受けたカーネルは, ユーザプログラムが何を要求したのかを理解し, また, ファイルに対するパーミッションをもっているかどうかを確認したうえで, 要求された処理を実行します。

マイクロカーネルとモノリシックカーネル　☕ COLUMN

OSが担う機能すべてをカーネルにもたせるのではなく, タスク管理や記憶管理といった必要最小限の機能だけをカーネルにもたせ, その他の機能はサーバプロセスとして, 必要なときに呼び出して利用するというマイクロカーネルアーキテクチャを採用したOSを**マイクロカーネル**のOSといいます。

これに対して, OSが担うほとんどすべての機能をカーネルにもたせたOSを**モノリシックカーネル**のOSといいます。モノリシック(monolithic)とは"一枚岩的な"という意味で, 主記憶にOSの機能が一体化して常駐するため, マイクロカーネルのOSに比べて, サービスの実行に伴うプロセスの切替えの回数が少ない(処理が高速)といった利点がありますが, カーネルサイズが大きく主記憶を有効に使えない, また一枚岩ゆえに特定の機能だけを変更したりすることが困難といった欠点があります。

5.2 タスク（プロセス）管理

5.2.1 タスクとタスクの状態遷移　AM / PM

タスクとタスク管理

タスク（プロセス）はCPUから見た"処理の単位"です。つまり，タスクとは，CPUが実行する"プログラム"のことです。

コンピュータシステム内には複数のタスクが存在し，それぞれが自律的に動作して目的の処理を進めていきます。**タスク管理**では，このような複数のタスクを切り替えながら，CPUが有効活用できるように実行制御を行います。

参考 タスクのことを**プロセス**と呼ぶことがある。タスクとプロセスは，厳密には異なるが，試験においては「タスク＝プロセス」と考えてよい。なお，プロセスについては，p.253を参照。

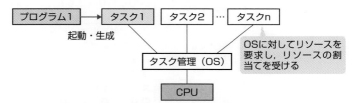

▲ **図5.2.1**　タスクとタスク管理

タスクの状態遷移

起動・生成されたタスクは，CPUが割り当てられるのを待ち（実行可能状態），CPUが割り当てられれば処理を実行します（実行状態）。また，タスクはCPUを必要とせず何らかの合図を待ち合わせる場合もあります（待ち状態）。つまりタスクは「実行可能状態，実行状態，待ち状態」の3つの状態の遷移を繰返しながら目的の処理を進めることになります。これを**タスクの状態遷移**といい，タスク管理では，各タスクの3つの状態を管理・制御することで複数のタスクを効率よく実行します（次ページ図5.2.2を参照）。

▼ **表5.2.1**　タスクの3つの状態

実行可能状態	タスクは実行できる状態にあり，CPU使用権が与えられるのを待っている状態
実行状態	CPU使用権が与えられ処理を実行している状態
待ち状態	入出力の完了，あるいは他のタスクからの合図を待っている状態

制御系の組込みシステムで使用されるリアルタイムOS（RTOS）では，右図の3つの状態に加えて"休止状態"がある。厳密なリアルタイム性が要求されるため，あらかじめタスクを生成して"休止状態"におき，起動システムコールによって"実行可能状態"へ遷移させる。

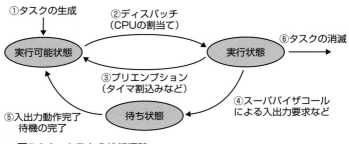

▲ **図5.2.2** タスクの状態遷移

▼ **表5.2.2** タスクの状態遷移

①タスクの生成	生成されたタスクは実行可能状態の待ち行列に加えられ，CPUが割り当てられるのを待つ
②実行可能状態⇒実行状態	ディスパッチャ（すなわちCPUスケジューラ）によってCPUが割り当てられたタスクは実行状態に移る（ディスパッチ）
③実行状態⇒実行可能状態	自分に割り当てられたCPU時間の終了，又は，より優先度の高いタスクが実行可能状態になると，強制的に実行を中断させられ実行可能状態に移る（プリエンプション）
④実行状態⇒待ち状態	スーパバイザコール（SVC）による入出力要求を行いその完了を待つ必要が生じたとき，又は，ある事象の待ち合わせが生じたとき，待ち状態に移り入，出力動作の完了（入出力割込み），あるいは事象の発生を待つ
⑤待ち状態⇒実行可能状態	待ちの原因となった事象が完了すると，実行可能状態に移る
⑥タスクの消滅	実行が完了したタスクは消滅する。このとき，タスクが使用していた資源（リソース）はすべて解放され，他のタスクが使用できるようになる

実行中のタスクが入出力処理を行うとCPUが空く。この空き時間を利用して別のタスクを実行することで，効率のよいマルチ（多重）プログラミング制御ができる。

タスク制御の方式　☕ COLUMN

　実行中のタスクのCPU使用権を奪い，実行を一時的に中断させる動作のことを**プリエンプション**といいます。プリエンプション機能を用いた制御方式を**プリエンプティブ方式**といい，この方式ではOSがCPU割当てを管理するため強制的にタスク切替えができます。一方，プリエンプション機能を用いない方式を**ノンプリエンプティブ方式**といい，ノンプリエンプティブ方式では実行中のタスクの中断は行えません。そのため，実行中のタスクが自らOSに制御を戻す命令を発行するか，あるいはタスクの実行が終了するまで，OSに制御が戻ることはなく，他のタスクを実行することができません。

5.2.2 タスクの切り替え

タスク情報の保持

参考 "タスク"の代わりに"プロセス"という用語を使うOSでは, PCB(Process Control Block：プロセス制御ブロック)でプロセス情報を管理する。データ構造はTCBとほぼ同じ。

タスクの実行に必要な情報は, TCB(Task Control Block：タスク制御ブロック)と呼ばれる主記憶内のデータ構造に保持されます。TCBの実装は様々ですが, 通常TCBには, タスクの識別子(ID)や優先度, 現在の状態(実行可能状態／実行状態／待ち状態), CPU使用時間, アドレス管理情報, そしてPSW(Program Status Word：プログラム状態語)退避領域などが含まれます。このうちタスク切り替えの観点から特に重要なのがPSWです。PSWは, タスクを再開するために必要となる情報(タスク切り替え時点のプログラムカウンタの値など)を保持する特殊なレジスタです。

コンテキストの切替え

参考 PSWはCPUがもつレジスタであるが, 他のレジスタのように専用の記憶装置をもたず, 情報は主記憶の特定の領域に記憶される。なお, プログラムカウンタについては, p.134を参照。

1つのCPUで複数のタスクを実行するためには, CPUが保有する実行中のタスク情報(PSW)及びレジスタ群の内容, そして主記憶アドレス空間の内容を交互に切り替えなければなりません。この切替え操作を**コンテキストスイッチング**(context switching)といいます。

参考 プログラムの同時並行処理(マルチプログラミング)をコンカレント処理という。コンカレントとは, "同時期"という意味。

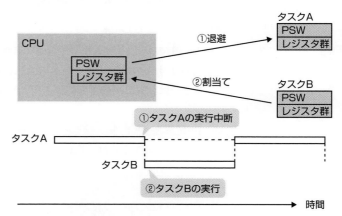

▲ **図5.2.3** コンテキスト切替えの例

タスクのコンテキスト切替えにおいて, PSWなど, レジスタ群の切替えは高速に行えますが, アドレス空間の切替えはオーバヘ

スレッドについ
ては，p.253を
参照。

ッドが大きくなり，マルチプログラミングの利点を最大限に引き出すことができません。一方，後述する**スレッド**は，アドレス空間は共有しているため，コンテキスト切替えのオーバヘッドは，大きく減少します。このことから，スレッドは，マルチプログラミング環境を有効に活用できるといえます。

タスク切り替えのタイミング

タスク切り替えの考え方には，次の2つがあります。多くのOSでは，この2つの方式を組み合わせて使っています。

▼ **表5.2.3** タスク切り替えの方式

イベントドリブン方式	「マウスがクリックされた」，「入出力要求が発生した」，「入出力が終了した」など，環境に変化が生じた際に発生する割込みによってタスクを切り替える
タイムスライス方式	一定時間ごと（周期的）にタスクを切り替える。各タスクに割当てられる時間をタイムクウォンタムといい，この方式ではインターバルタイマを使って，タイムクウォンタムが終了したら割込み信号（タイマ割込み）を発生させる

5.2.3 タスクのスケジューリング方式 〔AM/PM〕

参考　タスクのスケジ
ューリングは，
タスクスケジューラが
行う。

複数のタスクを（見かけ上）並行処理する場合，タスクに対する応答性とCPUの利用効率を考えた適切な**スケジューリング**を行う必要があります。スケジューリング方式には様々なものがありますが，ここでは試験に出題されている代表的な方式を説明します。

代表的なスケジューリング方式

スケジューリング方式は，次の2つに分類できます。

参考　プリエンプティ
ブなスケジュー
リング方式では，中断
されたタスクの処理は
中断された状態から再
開される。

> **P O I N T** スケジューリング方式の分類
> ・ノンプリエンプティブなスケジューリング方式
> 　⇒到着順方式
> ・プリエンプティブなスケジューリング方式
> 　⇒優先順位方式，ラウンドロビン方式，
> 　　フィードバック待ち行列方式，処理時間順方式

5

到着順方式

到着順方式は，FCFS（First Come First Served）方式とも呼ばれるスケジューリング方式です。タスクには優先度をもたせず，実行可能状態になった順に実行し，タスクの実行が終了するまでプリエンプションは発生しません。

優先順位方式

優先順位方式は，各タスクに与えた優先度の高い順に実行する方式です。この方式では，現在実行しているタスクよりも高い優先度をもつタスクが実行可能状態になると，タスクの実行はプリエンプションされます。

優先順位方式のうち，タスクの優先度を，あらかじめ決めた値から変えない方式を**静的優先順位方式**といいます。この方式では，優先度が固定化されるため，優先度の低いタスクにはCPU使用権が与えられず，なかなか実行できないという**スタベーション**（starvation）が起こる可能性があります。

このスタベーションを回避するため，待ち時間が一定時間以上となったタスクの優先度を動的に高くして，実行できるようにした方式が**動的優先度順方式**です。優先度を高くして実行の可能性を与えることを**エージング**（aging）ということから，**エージング方式**とも呼ばれます。

> **参考** 優先順位方式は，優先度順方式とも呼ばれる。

ラウンドロビン方式

ラウンドロビン方式は，実行可能待ち行列の先頭のタスクから順にCPU時間（**タイムクウォンタム**）を割り当て，そのタスクがタイムクウォンタム内に終了しない場合は，実行を中断して実行可能待ち行列の末尾に移し，次のタスクにCPUを割り当てる，ということを繰り返す方式です（次ページの図5.2.4参照）。実行可能待ち行列にあるタスクを平等に実行できるため，**タイムシェアリングシステム**（TSS：Time Sharing System）のスケジューリングに適しています。

なお，ラウンドロビン方式は，タイムクウォンタムの大きさを変えることでスケジューリングを調整できるという特徴をもちます。例えば，タイムクウォンタムを長くすれば到着順方式に近づき，

> **参考** ラウンドロビン方式では，インターバルタイマからのタイマ割込みを使用して一定時間ごとに強制的にプロセスの切替えを行う。

> **用語** タイムシェアリングシステム
> 複数のユーザが1台のコンピュータを，対話型で同時・平等に利用できるようにしたシステム。

短くすれば，処理時間(CPU使用時間)が短いタスクの応答時間が短くなるため，結果として処理時間順方式に近づくことになります。

▲ **図5.2.4** ラウンドロビン方式

◯ フィードバック待ち行列方式

フィードバック待ち行列方式は，ラウンドロビン方式に優先度を加えた方式であり，言い換えれば，多段のラウンドロビン方式です。優先度ごとに，タイムクウォンタムが異なる待ち行列をもつため**多重待ち行列方式**とも呼ばれます。

この方式では，最初に最も高い優先度を割り当て，処理が終了しない場合は，順次その優先度を低くしていきます。これはCPUを占有しやすいタスクの優先度を徐々に下げるという考えですが，これによりスタベーション問題が発生するので，エージング手法などを用いての対応が必要となります。

参考 優先度が低いほど，タイムクウォンタム(CPU割当て時間)が長くなる。

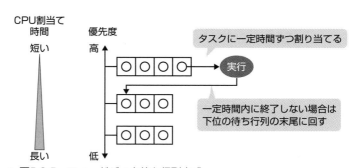

▲ **図5.2.5** フィードバック待ち行列方式

参考 SPT方式の変形型に，残余処理時間順(SRPT)方式がある。SRPT方式とは，残っている処理時間に従ってSPTを適用する方式。

◯ 処理時間順方式

処理時間順方式は，SPT(Shortest Processing Time First)方式とも呼ばれる方式です。この方式では，処理時間の短いタスクから順に実行します。ただし，処理時間を前もって予測できないため，実際にはフィードバック待ち行列方式として実現されます。

5 ソフトウェア

リアルタイムOSのスケジューリング方式

リアルタイム処理

即時処理ともいい，処理要求が発生すると即時に処理し，応答時間が一定の範囲内にあることが要求される処理。

リアルタイム処理のための機能を実装したOSを**リアルタイムOS（RTOS）**といいます。RTOSは，非同期に発生する複数の要求（事象）に対し，定められた時間内に，対応するタスクの処理を終わらせなければいけない制御系の組込みシステムで使用されています。リアルタイム性を実現するため，ほとんどのRTOSでは，静的優先度ベースのイベントドリブン方式（**イベントドリブンプリエンプション方式**）を用いていますが，時間内に処理を終了することを目的に優先度を動的に決定する**デッドラインスケジューリング方式**も用いられます。なお，タスク実行のきっかけは割込みです。つまり，割込みをトリガにタスク切替えが起こります。

参考 事象に対応した処理が一定時間内に終了しなかった場合，致命的ダメージが生じるシステムを**ハードリアルタイムシステム**という。例えば，エアバッグ制御システム，エンジン制御システムなど。

割込みハンドラ

割込み処理ルーチンともいい，割込み信号の受信をきっかけに起動されるプログラム。

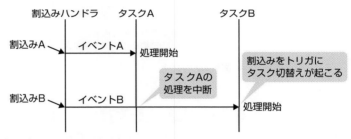

▲ **図5.2.6** タスク切替えのシーケンス例（優先度：タスクA＜タスクB）

5.2.4 同期制御 〔AM/PM〕

　同期制御とは，他のタスクと協調し合いながら処理を進める方法です。言い換えれば，他のタスクからの合図を待ち合わせる方法ともいえます。ここでは，同期制御に用いられる代表的な手法を紹介します。

イベントフラグ

　イベントフラグは，16ビット又は32ビットで構成されるビットの集合体です。1つのビットで1つのイベントの有無（1，0）を表現します。イベントフラグを用いた同期制御では，イベント発生時に当該ビットをオン（1）にするSETシステムコール，ビットをオフ（0）にするCLEARシステムコール，そしてビットがオン（1）に

なるまでタスクを待たせるWAITシステムコールを用います。

図5.2.7は，タスクB，CがWAITシステムコールでタスクAからの同期を待って，処理を再開する様子を示したものです。このように，イベントフラグを用いることで，条件の成立したタスクすべての待ち状態を同時に解除することができます。

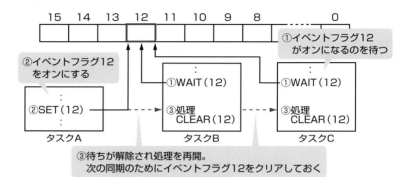

▲ **図5.2.7** 16ビットイベントフラグ

WAIT/POST命令

イベントごとに定義される**ECB**（Event Control Block：イベント制御ブロック）を用いてタスク間の同期をとる方法もあります。この場合，イベント待ちを行うタスクが**WAIT命令**を発行し，イベントの完了を通知するタスクが**POST命令**を発行することでタスク間の同期をとります。

▲ **図5.2.8** WAIT/POSTによるタスク間の同期

🔍 ECBの構成
参照 ・Wビット：イベント待ちの有無
・Pビット：イベント完了の有無
・POSTコード：イベントの詳細情報（リターンコード）を受け渡すための領域

タスク間の通信手段

🔍 タスク間の通信
参考 手段を，一般にはIPC（Inter-Process Communication：プロセス間通信）という。

タスク間でデータのやり取りを行うために使用される通信手段にはいくつかありますが，ここでは代表的な通信手段を表5.2.4に紹介しておきます。

▼ **表5.2.4** タスク間の通信手段

共有メモリ	あるタスクが獲得した共有メモリを他のタスクがマップ(アタッチ)することで，両タスクからの読込みや書込みができる	共有メモリ
メッセージキュー	送信側は，取得したキューに対してメッセージを送信し，受け取り側は当該キューのIDを指定してメッセージを受け取る	メッセージキュー
パイプ機構	ファイルやメモリを経由して，1つのタスクの出力を他方のタスクの入力とする。パイプラインともいう	出力 入力 パイプ

🔍 パイプについては，p.274も参照。

5
ソフトウェア

5.2.5 排他制御 AM/PM

クリティカルセクションと排他制御

　共有資源に対して複数のタスクが同時に更新処理を行うと，データの矛盾(すなわち，整合性のない状態)を引き起こす可能性があります。例えば，図5.2.9において資源Sを更新する2つのタスクPとQを並行に動作させたとき，タスクPが「Sの読込み」直後(★印時点)でタスクQによりプリエンプションされたとします。この場合，資源SはタスクQにより201に更新され，その後，タスクPの再開により再度201に更新されます。つまり，本来の正しい結果である202にはなりません。

🔍 **参考** 資源Sの正しい状態は，タスクPとQを順番に実行(直列実行)した結果，200+1+1=202である。

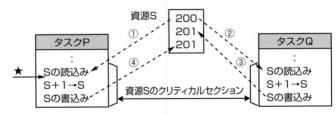

▲ **図5.2.9** クリティカルセクションの例

　このように，共有資源に対して同時に更新処理を行うと，データ不整合を引き起こすことになる処理部分を**クリティカルセクション**(危険領域)といいます。データ不整合問題は，「同時には1つのクリティカルセクションの実行しか許さない」とする排他制御

🔍 **参考** 排他制御のことを相互排除ともいう。

を行うことで解決できます。

　排他制御は，あるタスクがクリティカルセクションを実行している間は，他のタスクのクリティカルセクションへの進入を防ぐ仕組みであり，言い換えれば，共有資源を使用しているタスクのプリエンプションを発生させないように制御する仕組みです。

　プリエンプションを発生させないための最も簡単な方法は，割込みマスク（割込みの禁止）ですが，この方法はマルチCPU上，別々のCPUで実行されているタスクには有効ではありません。

　そこで，TSL（Test and Set Lock）という特殊なハードウェア命令を使います。TSL命令は，共有メモリ内の1ビットをフラグとして使用して，ビジーウェイト方式の**ロック／アンロック**のロジックを実現するものです。具体的には，フラグが0なら，それを1にしてタスクはクリティカルセクションに入り，フラグが1なら，フラグを繰り返しチェックするループに入ってフラグが0になるのをひたすら待ちます。

　フラグを繰り返しチェックする様が"回転"しているように見えるため**スピンロック**とも呼ばれます。この方法は，クリティカルセクションがごく短い場合は有効ですが，アンロック待ちのタスクが常にフラグをチェックすることによるCPU時間の消費が問題になります。

セマフォ

　ビジーウェイト方式の問題点を解決したのが**セマフォ**です。セマフォは，フラグの役割をもつ**セマフォ変数**と，それを操作する**P操作及びV操作**から構成される排他制御の仕組みです。表5.2.5に，セマフォ変数をSとしたときのP操作及びV操作の概要を示します。ここで，セマフォ変数は，共有メモリ内の非負整数型の変数で，タスクが共有資源を使用できるか否かを示します。1以上なら使用できる状態，1より小さいなら使用できない状態です。

▼ **表5.2.5**　セマフォ変数をSとしたときのP操作及びV操作の概要

P(S)	・S≧1：Sの値を1減らし，P操作を行ったタスクの実行を継続する。 ・S<1：P操作を行ったタスクを待ち行列に入れる。
V(S)	・待ちタスク数≧1：待ち行列からタスクを1つ取り出し実行可能状態にする。 ・待ちタスク数＝0：Sの値を1加算し，V操作を行ったタスクの実行を継続する。

セマフォを使って，2つのタスクA，Bが使用する共有資源Rの排他制御を行う場合，セマフォ変数Sの初期値を1に設定します。これにより，クリティカルセクションに入れるタスク数をただ1つに限定できます。

P操作は，資源の専有使用要求，V操作は，資源の解放に相当する。すなわち，P操作／V操作で，資源のロック／アンロックを実現できる。

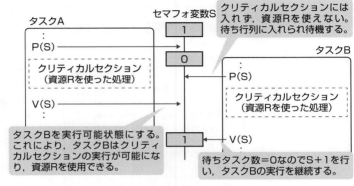

▲ **図5.2.10** セマフォを用いた排他制御

図5.2.10のように1つの共有資源の排他制御に使用されるセマフォ変数は1か0の2値しかとらないため，これを**2値セマフォ**といいます。これに対して，最大Nの値をとるセマフォを**ゼネラルセマフォ**といいます。ゼネラルセマフォは，N個の共有資源を複数のタスクで排他的に使用する場合などに用いられます。セマフォ変数の初期値を資源の総数Nに設定することにより，最大N個のタスクが共有資源を利用できることになります。

2値セマフォは，2進セマフォ，又はバイナリセマフォともいう。ゼネラルセマフォは，計数型セマフォ，又はカウンティングセマフォともいう。

◆ セマフォを使った同期制御

また，セマフォは，タスク間の事象の待合せ（同期）にも用いることができます。例えば，タスク間で通信を行うとき，データの作成者とデータの消費者（受け取り側）の動作を同期させる問題（**生産者／消費者問題**という）が発生しますが，この問題は，セマフォを利用することで解決できます。

1つの例としてここでは，N個ある棚を使って，タスクA（生産者）からタスクB（消費者）へメッセージを送る場合を考えます。

タスクAは1番目の棚から順に生成したメッセージを入れ，タスクBは1番目の棚から順にメッセージを取り出します。このと

生産者／消費者問題とは，例えば，共有メモリ内のバッファ（有限容量）を使ってタスク間で通信を行う場合，「バッファが空なら，消費者は生産者がデータを生成するのを待たなければならない」，「バッファが満杯なら，生産者は消費者がデータを消費するのを待たなければならない」という問題。**プロデューサ／コンシューマ問題**ともいう。

き，タスクAは，棚が満杯ならメッセージを入れるのを停止し，棚が空くのを待ちます。また，タスクBは，棚にメッセージが入っていなければ取り出せないので，メッセージが入るのを待ちます。このようにタスクAとBの動作を同期させるためには，空いている棚の数をセマフォS1（初期値N）に設定し，タスクBが処理すべきメッセージ数をセマフォS2（初期値0）に設定します。図5.2.11に処理概要を示したので確認してみましょう。

参考 図5.2.11の場合，V操作を事象の発生通知，P操作を事象の待合せに用いている。

参考 次の棚番号の求め方。
タスクA：(i%N)＋1
タスクB：(j%N)＋1
＊%：剰余演算子

タスクA（生産者）
①i←1
②メッセージの生成
③P（S1）
④i番目の棚にメッセージを入れる
⑤V（S2）
⑥次の棚番号iを決める
⑦②へ戻る

棚
1
2
3
⋮
N

タスクB（消費者）
①j←1
②P（S2）
③j番目の棚からメッセージを取り出す
④V（S1）
⑤次の棚番号jを決める
⑥メッセージの処理
⑦②へ戻る

▲ **図5.2.11** ゼネラルセマフォの使用例

デッドロック

参考 デッドロックは，タスクの実行に複数の共有資源を必要とする場合に発生する可能性がある（p.337も参照）。

資源に対する専有使用要求の順序が同じであればデッドロックは発生しない。

デッドロックとは，互いに相手のタスクが専有使用している資源の解放を待ち合って処理が先に進まなくなる状態のことです。

例えば，タスクT1，T2が，それぞれに2つの共有資源R1，R2を専有使用して処理を行う場合，R1，R2に対応させたセマフォ変数S1，S2を使って排他制御を行ったとします。このとき，タスクT1が「R1，R2」の順に専有使用要求を行い，タスクT2が，T1とは異なる順，つまり「R2，R1」の順に専有使用要求を行った場合，T1がR1を確保した時点で，T2がR2を確保すると，タスクT1とT2はデッドロック状態になります。

POINT デッドロックへの対策
① あらかじめ資源割当ての方法を決めておく（静的防止法）。
② デッドロックが発生しないよう，資源の割当て状況に応じて動的な割当てを行う（動的防止法）。
③ デッドロックが発生した時点でデッドロックを起こしているタスクを検出し，そのうちの1つのタスクを強制的に終了させるなどの対処をとる。

●デッドロックの検出方法

参考 データベースのようなトランザクション並行処理におけるデッドロック検出には**待ちグラフ**が用いられる。待ちグラフの"Ⓧ→Ⓨ"は,「Xは, Yがロックしている資源の解放を待っている」ことを表し, グラフが閉路をもてばデッドロック状態。下図の例では, A, C, B及びDがデッドロック状態。

デッドロックの検出方法の1つに, 資源とタスクとの関係を有向グラフで表した**資源グラフ**があります。資源グラフでは, 完全に簡約化できるか否かでデッドロックの存在を判断します。簡約化とは, すべての要求を満たすことが可能なタスクに対し, そのタスクを始点又は終点とする辺をすべて削除する操作です。簡約化ができない場合, デッドロックが発生していると判断できます。

〔例1〕簡約化不可能(デッドロック発生あり)

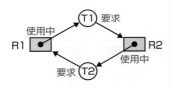

※凡例 タスクTが資源Rを要求
　　　　Ⓣ　　　→　●R
　　　　資源RをタスクTが使用中
　　　　Ⓣ　　　●R

〔例2〕完全に簡約化が可能(デッドロック発生なし)

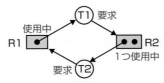

資源R2は2つあるのでT1の要求は満たされ, T1を始点又は終点とする辺を削除できる。これによりT2の要求も満たされ, T2を始点又は終点とする辺も削除できる。

▲ **図5.2.12** 資源グラフ

5.2.6 プロセスとスレッド `AM/PM`

参考 タスク, プロセス, スレッドの関係を集合で表すと,「タスク⊇プロセス⊇スレッド」になる。ただし, リアルタイムOSでは,「プロセス⊇タスク≒スレッド」。

"タスク"の同義語に"プロセス"があります。プロセスは, 主にUNIX系のOSで用いられる用語で広義には, タスクと同様「CPUが実行する1つの処理単位(プログラム)」を指し, これまでタスクとして説明した事柄はプロセスにも適用できます。スレッドは, プロセスを細分化した並行処理単位です。

ここでは, プロセスとスレッドの違いを,「ある時点で処理Aと処理Bを並行処理する」といったプログラムを例に説明します。

並行処理におけるプロセスとスレッド

プロセスは, CPUが実行する1つの処理単位なので, プロセスごとに, スタックとCPUレジスタ群を1セットもちます。

あるプロセスが別のプロセスを生成した場合，もとのプロセスを親プロセス，生成されたプロセスを子プロセスという。

　また，プロセスは，forkシステムコールによって自分自身をコピーし，子プロセスを生成できるので，図5.2.13に示すように，forkシステムコールを発行した親プロセスには処理Aを，生成された子プロセスには処理Bをというように，お互いに別のプロセスとして実行させることができます。しかしこの場合，親プロセスも子プロセスも，それぞれが独立したアドレス空間で実行されることになるので，主記憶の利用効率が悪くなります。また，親と子プロセスで協調動作をさせるためには同期制御やプロセス間通信が必要になります。

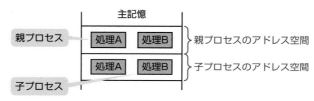

▲ **図5.2.13**　プロセスの並行処理

同一プロセス内で複数のスレッドが動作することをマルチスレッドという。

　一方スレッドは，1つのプロセスから生成される並行処理単位で，1つのプロセスの中に複数のスレッドを動作させることができます。また，スレッドはプロセスとは異なり，CPU資源のみが割り当てられ，その他の資源は親プロセスから継承し，プロセス内の他のスレッドと共有します（プロセス内の資源なら何の制限もなく利用できる）。そのため，**軽量プロセス**とも呼ばれます。つまり，スレッドは，自分のレジスタとスタックをもち，図5.2.14に示すように，スレッド1は処理Aを，スレッド2は処理Bをというように，互いに独立して，共有している1つのプログラムを実行できます。そのため，主記憶の利用効率はよく，スレッド間でのデータ交換も容易に行うことができます。ただし，スレッド間での排他制御は必要です。

スレッドは，すでに存在するプロセスから生成されるため，その生成に多くの時間はかからないが，プロセス生成には多くの時間がかかる。

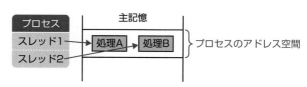

▲ **図5.2.14**　スレッドの並行処理

5.3 記憶管理

5.3.1 実記憶管理 　AM / PM

主記憶装置が作る記憶空間を**実アドレス空間**といいます。プログラムを実行するためには，実行に必要となる実アドレス空間を割り当てなければなりません。マルチプログラミング環境で実行される複数のプログラムにいかに効率よく実アドレス空間を割り当てるかがシステム全体の効率に大きく影響してきます。

実アドレス空間の割当て方式

ここでは，代表的な割当て方式を説明します。

◆ 単一連続割当て方式

参考 単一連続割当て方式では，下図αの空間に1つのプログラムを割り当てる。

主記憶領域を1つのプログラムにだけ割り当てる方式です。マルチプログラミングでは使用することができません。

◆ 固定区画方式

主記憶領域をあらかじめいくつかの固定長の区画に分割し，並行実行するそれぞれのプログラムに，そのプログラムが必要とする大きさをもつ区画を割り当てる方式です。固定長の区画をパーティションということから，**パーティション方式**ともいいます。

参考 固定区画方式は，各プログラムが，他の区画をアクセスすることを禁止する記憶保護機構だけあれば，特別なハードウェアがなくても実現でき，管理方法も簡単な方式。

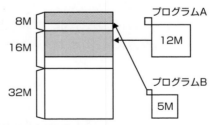

▲ **図5.3.1**　固定区画方式の仕組み

固定区画方式では，区画の大きさとそこで実行するプログラムの大きさが一致しなければ，区画内に未使用領域が発生します。これを**内部フラグメンテーション**といいます。

参考 フラグメンテーション＝断片化。

○可変区画方式

　プログラムの大きさに合わせて主記憶領域を割り当てていく方式です。**可変分割方式**ともいいます。固定区画方式に比べて，主記憶の使用効率がよいとされていますが，複数のプログラムの実行と終了，つまり，記憶領域の割当てと解放が繰返し行われると，主記憶上に不連続な未使用領域が発生します。これを**外部フラグメンテーション**といいます。

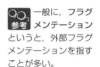
　合計値で十分な大きさの未使用領域があっても，それが不連続な領域では，プログラムを実行することはできません。そこで，未使用領域を1つの連続領域にまとめる操作が行われます。これを**メモリコンパクション**といい，メモリコンパクションによって実行中のプログラムが再配置されることを**動的再配置**といいます。

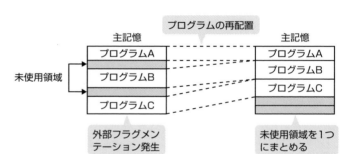

▲ **図5.3.2**　メモリコンパクション

記憶域管理アルゴリズム

　記憶領域の割当てにおいて重要となるのが，空き領域の管理です。この管理方式には，リスト方式，ビットマップ方式，メモリマップ方式がありますが，ここでは最も代表的なリスト方式を説明します。

　リスト方式とは，空き領域をリストで管理する方式です。空き領域リストへのヘッダ(すなわち，リストの先頭要素を指すポインタ)を設け，空き領域のアドレスと領域の大きさをもたせた要素をチェーンで繋いで管理します。例えば，現在「200kバイト，100kバイト，160kバイト，130kバイト」の空き領域があった場合は，図5.3.3のようなリストで管理されます。

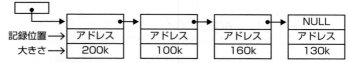

空き領域リストのヘッダ

記録位置→　アドレス　　アドレス　　アドレス　　アドレス
大きさ→　　200k　　　100k　　　160k　　　130k
　　　　　　　　　　　　　　　　　　　　　　　　NULL

▲ **図5.3.3**　空き領域のリストによる管理

> **参考** リスト要素の順序付け方式には，一般に，アドレスによる方式と，大きさによる方式がある。前者は，最初適合アルゴリズムで用いられ，後者は，最適適合アルゴリズムで用いられる。なお，**最適適合アルゴリズム**を用いる場合，空き領域を管理するためのデータ構造として，空き領域の大きさをキーとする2分探索木が用いられることもある。

　このリスト管理された空き領域から，プログラムの大きさ（以下，必要量という）に合った空き領域を探すわけですが，その際のアルゴリズムには次の3つがあります。

▼ **表5.3.1**　空き領域を割り当てるアルゴリズム

最初適合アルゴリズム (first-fit：ファーストフィット)	必要量以上の大きさをもつ空き領域のうちで，最初に見つかったものを割り当てる
最適適合アルゴリズム (best-fit：ベストフィット)	必要量以上の大きさをもつ空き領域のうちで，最小のものを割り当てる
最悪適合アルゴリズム (worst-fit：ワーストフィット)	必要量以上の大きさをもつ空き領域のうちで，最大のものを割り当てる

オーバレイ方式

> **用語** セグメント　プログラムを構成する関数，モジュールなどといった論理的な単位。

　オーバレイ方式は，主記憶を効率よく使うための方式の1つです。プログラムをあらかじめ，排他的に実行できる複数のセグメントに分割しておき，実行時に必要なセグメントを主記憶に読み込んで実行します。読み込んだセグメントは，不要なセグメントの上に配置されます。例えば，図5.3.4の左図のように，3つのモジュールで構成されるプログラムの各モジュールをセグメントとした場合，オーバレイ構造は図5.3.4の右図のようになります。すべてのモジュールを読み込んだ場合は10kバイトの主記憶領域が必要ですが，オーバレイでは7kバイトで実行できます。

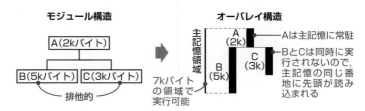

モジュール構造　　　　　　　　　　オーバレイ構造

A(2kバイト)

B(5kバイト)　C(3kバイト)

排他的

7kバイトの領域で実行可能

A(2k)──Aは主記憶に常駐
B(5k)　C(3k)──BとCは同時に実行されないので，主記憶の同じ番地に先頭が読み込まれる
主記憶領域

▲ **図5.3.4**　オーバレイのイメージ

5　ソフトウェア

257

▶ スワッピング

スワッピング(スワップイン／スワップアウト)は，主記憶の割当てに関連し，主記憶を効率よく利用する方法の1つです。

例えば，実行中のプログラムが何らかの理由で中断させられ，長い時間実行待ち状態になっている場合，そのプログラムを主記憶上に置いておくと，主記憶の利用効率が悪くなります。そこで，このようなプログラムを実行状態のまま，**スワップ**と呼ばれる補助記憶上の領域に退避(**スワップアウト**)し，別のプログラムを補助記憶から主記憶に読み込んで実行します。そして，中断されたプログラムの再開時には，退避した状態を読み込んで(**スワップイン**)，実行を再開します。

用語 スワップ (swap)
主記憶の容量不足を補うために確保されたハードディスク上の領域。Linuxでは，通常，主記憶容量の約2倍の領域をswapとしてハードディスク上に確保する。

🍵 COLUMN

メモリプール

メモリプールとは，プログラムからの領域獲得要求に素早く応じられるよう，ある程度の大きさの領域をあらかじめ一括で確保した領域のことです。ただし，単に"メモリプール"といってもその種類にはいくつかあります。プログラムの中で一括確保した領域もメモリプールですし，システムのメモリ管理機能を用いて確保するメモリプールもあります。また，プログラム起動時にシステムによって提供されるヒープ領域もメモリプールの一種です。いずれにせよメモリプールは，プログラムの実行に伴って動的な割当て及び解放を繰り返すことができるメモリ領域です。プログラムは，メモリプールから必要サイズの領域を獲得し，不要になったら返却します。

メモリプールは，通常，複数のメモリブロックから構成され，その管理方法には可変長方式と固定長方式があります。それぞれの特徴をまとめておきます。

▼ **表5.3.2** メモリプール管理方式

可変長方式	獲得要求量を満たす空きブロックを割り当て，余った部分を新たな空きブロックとして分割する。このため，獲得要求が繰り返されると，余った小さな空きブロックが多く発生することになり，これが**フラグメンテーション発生**の原因になる。また，獲得及び返却の処理速度は遅く一定しない
固定長方式	獲得要求量を満たす空きブロックをそのまま(あるいは，必要に応じて複数のブロックをリンクして)割り当てる。そのため，獲得及び返却の処理速度は速く一定であり，また可変長方式のようなフラグメンテーションは発生しない。ただし，非常に小さいサイズの獲得要求に対しても固定長のブロックが割り当てられるため，ブロック内に未使用領域(内部フラグメンテーション)が発生しメモリの使用効率は悪い

5.3.2 仮想記憶管理 AM/PM

仮想記憶方式は、磁気ディスクなどの補助記憶を利用することによって、主記憶の物理的な容量よりはるかに大きなアドレス空間（仮想アドレス空間あるいは論理アドレス空間という）を提供する方式です。プログラム実行の際には、**仮想アドレス**（論理アドレス）から主記憶上の**実アドレス**（物理アドレス）への変換が行われます。このアドレス変換を**動的アドレス変換**（DAT：Dynamic Address Translator）といい、実際にこれを行うハードウェア装置が**MMU**（Memory Management Unit：メモリ管理ユニット）です。

仮想記憶を実現する方式には、大きく分けて次の2つがありますが、一般に仮想記憶方式というとページング方式を指します。

▼ **表5.3.3** 仮想記憶方式

ページング方式	プログラムをページという固定長の単位に分割し、ページ単位でアドレス変換を行う。実行に必要なページのみ主記憶に読み込むので、主記憶の有効活用やフラグメンテーション問題の解決が期待できる
セグメンテーション方式	プログラムをセグメントという論理的な単位（大きさは可変）に分割し、セグメント単位でアドレス変換を行う。なお、ページング方式と組み合わせた方式もあり、これを**セグメンテーションページング方式**という

参考 プログラムで扱われるアドレスは、仮想アドレスであるため、命令実行の際には、主記憶上の実アドレスに変換される。

用語 MMU メモリ管理のための様々な機能を提供する装置。主な機能に、CPUが指定した仮想アドレスを実アドレスに対応させる（すなわち仮想記憶管理）機能の他、メモリ保護機能、キャッシュ制御機能などがある。

5.3.3 ページング方式 AM/PM

アドレス変換

ページング方式では、仮想アドレスと実アドレスの対応付け（マッピング）を、次ページの図5.3.5に示す**ページテーブル**というアドレス対応表を用いて行います。

仮想アドレスは、ページ番号とページ内の相対アドレス（変位）から構成され、ページテーブルには、そのページが配置されている主記憶上のアドレスが記録されています。また、ページフォールトビットが設けられ、主記憶上に存在しないページには1、存在するページには0といったフラグが設定されています。

MMUは、各命令の実行ごとにこのページテーブルをアクセスし、主記憶上に該当ページが存在するか否かを判断したり、仮想アドレスから実アドレスを算出します。

参考 命令実行時、ページテーブルを用いて動的にアドレスを変換することで、主記憶上バラバラに配置されているプログラムを順序正しく実行できる。

参考 記憶保護を容易に行うため、ページテーブルにページのアクセス権を設定する方式もある。

参考 図5.3.5では，1ページの大きさを100で表現している。

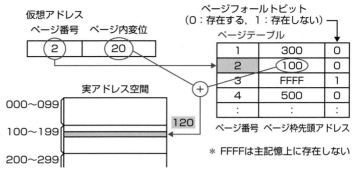

▲ **図5.3.5** 仮想アドレスから実アドレスへの変換

TLB
用語 (Translation Look-aside Buffer) アドレス変換バッファ，連想レジスタと呼ばれる。最近参照したページの変換履歴を記憶したもの。

しかし，主記憶上にあるページテーブルをアドレス変換のたびにアクセスすると，命令実行の処理速度が低下してしまいます。そこで，MMU内部にあるTLBという一種のキャッシュ（バッファ）を用いてアドレス変換の高速化を実現します。

◯ページフォールト

参考 ページフォールト割込みは，DATによるアドレス変換の過程で，ページテーブルのページフォールトビットが1のときに発生する。

プログラムの実行中，処理に必要なページが主記憶に存在しない状態が起きたとき，これを**ページフォールト**（ページ不在）が発生したといいます。実際には，内部割込みである**ページフォールト割込み**が発生します。そして，この割込みによって，該当ページを主記憶に読み込む動作（ページイン）が行われます。

ページインとページアウト（ページング）

参考 ページを主記憶に読み込むことをページインといい，主記憶から追い出して補助記憶に書き出すことをページアウトという。

ページインのアルゴリズムには，デマンドページングとプリページングの2つがあります。**デマンドページング**は，ページフォルトが発生した際に，該当ページを読み込む方式です。主記憶に空きページ枠があれば，そこに読み込みますが，なければページ置換え（リプレースメント）アルゴリズムにより決定された不要ページを追い出したあと読み込みます。一方，**プリページング**は，近い将来必要とされるページを予測し，あらかじめ主記憶に読み込んでおく方式です。ページフォールトの発生回数を少なくできるので，補助記憶へのページアクセスを原因とした処理の遅れを減少できますが，読み込むべきページの予測が難しく，実際には，デマンドページングと併用して用いられます。

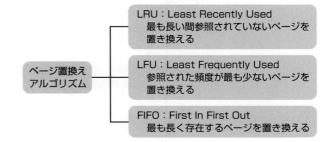

参考 LRUは効率の よいアルゴリズムであるといわれている。

▲ **図5.3.6** ページ置換えアルゴリズム

LRUによるページ置換えの例

主記憶のページ枠を3ページ，プログラムの大きさを6ページとし，プログラム実行時に決められた順にページが参照される場合のLRUによるページ置換えの様子を図5.3.7に示します。

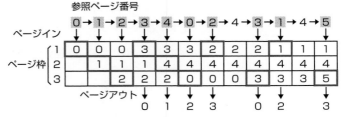

▲ **図5.3.7** ページ置換え例

LRU，FIFOの基本的な考え方

LRUは，「最も長い間参照されていないページを選択する」という方法で，最近参照されたページは再び参照される可能性が高い，言い換えれば，長い間参照されていないページを再び参照する可能性は低いということを根拠としています。また，FIFOは，「最も長く存在する（最も早くページインした）ページを選択する」という方法ですが，プログラムは一般に順次連続的に実行されることを考えると，最も早くページインしたページを再び参照する可能性は低いという考え方に基づいています。つまり，LRUやFIFOの基本的な考え方は，「その時点以降の最も遠い将来まで参照されないページがどれかを推測する」ことだといえます。

参考 「その時点以降の最も遠い将来まで参照されないページがどれかを推測する」最適（OPT）アルゴリズムは実現不可能であるため，代わりに実現可能なLRUやFIFOが用いられる。

割当て主記憶容量とページフォールトの関係

図5.3.8は，LRUにおける割当て主記憶容量とページフォール
ト発生率の関係をグラフに表したものです。ページ置換えアルゴ
リズムの一般的な特性として，このように，「割当て主記憶容量
を増やすと，ページフォールト発生率は減少する」傾向があります。

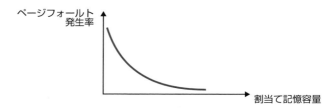

▲ **図5.3.8** 割当て記憶容量とページフォールト発生率

FIFOは，最も
長く存在するペ
ージを置き換える。

ここに示した
FIFOアルゴリ
ズムを採用したときの
現象は頻出。

しかし，FIFOでは「割当て主記憶容量を増やすと，逆に，ペ
ージフォールト回数が多くなる」場合があります。図5.3.9と
5.3.10に示すように，プログラムが参照するページ番号順が，「1
2 3 4 1 2 5 1 2 3 4 5」のとき，主記憶のページ枠を3から4に変更
すると，発生するページフォールトの回数は1回増加します。

・ページ枠3の場合 …ページフォールト回数は9回 ■：ページフォールト発生

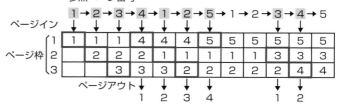

▲ **図5.3.9** ページ枠3の場合

・ページ枠4の場合 …ページフォールト回数は10回 ■：ページフォールト発生

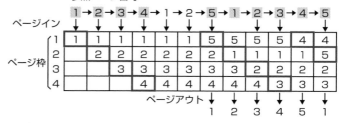

▲ **図5.3.10** ページ枠4の場合

5

ソフトウェア

スラッシング

　仮想記憶システムでは，プログラムの多重度が高く，各プログラムへの割当て主記憶容量が小さかったり，適切なページ置換え方法が採られなかったりすると，ページングが多発します。ページング(ページイン／ページアウト)の実行優先度はプログラムよりも高いため，ページングが多発すると，プログラムに割り当てられるCPU時間が少なくなります。これにより，処理速度(レスポンス)が極端に悪くなり，システム全体のスループットが急激に低下するという現象が発生します。この現象を**スラッシング**といいます。

参考
スループット

システム全体のスループットが急激に低下

プログラムの多重度

ワーキングセット

　プログラムには，局所参照性の性質があるといわれています。プログラムの**局所参照性**とは，参照された場所の近くが引き続き参照される可能性が高く，離れた場所が参照される可能性は低いというものです。

参考　ループによる反復実行のように，短い時間に主記憶の近接した場所を参照するプログラムの局所参照性は高くなる。一方，分岐命令などによって，主記憶を短い時間に広範囲に参照するほど，局所参照性は低くなる。

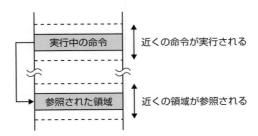

　実行中の命令　　近くの命令が実行される

　参照された領域　　近くの領域が参照される

▲ **図5.3.11**　プログラムの局所参照性

　主記憶の割当てに関して，プログラムの局所参照性を考慮して行う場合があります。この場合，OSは，個々のプログラムの局所参照性を前もって知ることができないため，プログラム実行時にその局所参照性を把握し，各時点で局所参照しているページの集合，すなわちそのプログラムの過去T時間に参照されたページの集合を管理し，主記憶内に保存するようにします。このページの集合を**ワーキングセット**といいます。

　ワーキングセットのもともとの概念は，「プログラムを効率よく実行するために，主記憶内に存在させるべきページの集合」です。

5.4 言語プロセッサ

5.4.1 言語プロセッサとは AM/PM

テキストエディタなどで記述されたプログラムは、そのままではコンピュータ上で実行できないので、何らかの処理を行い、実行できるようにします。これを行うプログラムを総称して、**言語プロセッサ**といいます。

▼ 表5.4.1 主要な言語プロセッサ

アセンブラ	アセンブリ言語で記述されたプログラムを機械語に翻訳する
コンパイラ	高水準言語で記述されたプログラムをコンパイル(翻訳)し、機械語の目的プログラムを生成する。高水準言語とは、コンピュータアーキテクチャに依存することがなく、人間の思考に近い形の文や数式でプログラムの記述ができるプログラム言語のこと
インタプリタ	プログラムの命令を1つずつ解釈し、その都度翻訳しながらプログラムを実行する
プリプロセッサ	ある高水準言語で記述されたプログラムを別の高水準言語のプログラムに変換する。あるいは、高水準言語に付加的に定義され、記述された命令をもとの高水準言語だけを使用したプログラムに変換する

参考 翻訳(変換)されるもととなるプログラムを原始プログラム、ソースプログラムという。

なお、コンパイラには、現在使用しているコンピュータ、あるいは同じアーキテクチャのコンピュータ上で実行できる目的プログラムを生成する**セルフコンパイラ**と、異なるアーキテクチャの(命令形式が異なる)コンピュータ用の目的プログラムを生成する**クロスコンパイラ**の2種類があります。

参考 ソフトウェアを実行する機器と同一の機器で開発を行うことを**セルフ開発**という。これに対して、例えば、携帯電話用のプログラムをパソコン上で開発するなど、実行する機器とは異なる開発専用の機器で開発を行うことを**クロス開発**という。

その他の言語プロセッサ

◆ジェネレータ(生成系)

ジェネレータは、手続を記述しなくても処理条件となる入力、処理、出力に関する引数(パラメータ)を指定するだけで自動的にプログラムを生成する言語プロセッサです。UNIX系の字句解析ツールであるLexや構文解析ツールYaccも、ジェネレータに分類されます。

◯ シミュレータ（実行系）

シミュレータは，他のコンピュータ用のプログラムの命令を解読しながら実行する言語プロセッサで，これを**ハードウェア**（マイクロプログラム）で行うものを**エミュレータ**といいます。シミュレータは，開発用のコンピュータにおいて，ターゲットコンピュータ上の動きをソフト的に再現するだけですが，エミュレータは内部動作までも模擬的に再現します。

5.4.2 コンパイル技法 　AM/PM

コンパイラの処理手順

コンパイラは，CやCOBOLといった高水準言語で記述されたプログラムを機械語の目的プログラムに変換・翻訳する言語プロセッサです。コンパイラの処理手順と内容は図5.4.1，表5.4.2のようになります。

▲ **図5.4.1** コンパイラの処理手順

▼ **表5.4.2** コンパイラの処理

字句解析	プログラムを表現する文字の列を，変数名，演算子，予約語，定数，区切り記号など，意味をもつ最小単位である字句（**トークン**）の列に分解する
構文解析	字句解析で切り出されたトークンをプログラム言語の構文規則に従って解析し，正しい文であるかを判定する。誤りがあれば文法エラーとする
意味解析	変数の宣言と使用との対応付けや，演算におけるデータ型の整合性チェックを行う。そして，文の意味を解釈し別の表現（同じ意味の文）に直す。一般には，後続の最適化処理を行いやすくするため，構文解析の結果を基に，3つ組み，4つ組み，逆ポーランドなどによる中間コードを生成する
最適化	実行時の処理時間や容量が少なくなるよう，レジスタの有効利用を目的とした変数のレジスタ割付や，不要な演算を省略するなどプログラム変換（再編成）を行う
コード生成	目的プログラムとして出力するコードを生成する

 字句解析については，p.33も参照。

 中間コードについては，p.36を参照。

 最適化手法については，p.266を参照。

コンパイラの最適化手法

コンパイラが行う最適化の考え方に，実行速度からみた最適化とコードサイズからみた最適化の2つがあります。

📖
参考 コンパイラに対して最適化レベルを指定することができる。

> **P O I N T** 2つの最適化手法の特徴
> ① 実行速度からみた最適化 ⇒ 実行時間を短縮する
> ② コードサイズからみた最適化 ⇒ プログラムサイズを小さくする

〔実行速度からみた最適化〕
・べき乗は乗算，乗算は加算に変換する。
・終始更新されることがない変数は，定数で置き換える。
・関数を呼び出す箇所に，呼び出される関数を取り込み，関数の呼出し時間を節約する（関数のインライン展開）。
・ループ中で値の変わらない式は，ループの外に出す。
・ループ中の繰返し処理を展開する（ループアンローリング）

📖
参考 ループアンローリングでは，ループの度に行われる終了判定回数を減らして実行時間を短縮する。**ループ展開**ともいう。例えば，二重ループの内側のループを展開して一重ループにしたり，あるいは配列の初期化を行う場合には，ループ内で複数の要素を初期化するようにしてループ回数を減らす。

〔コードサイズからみた最適化〕
・プログラムの冗長部分や不要・無用命令を排除する。
・変数の初期値や定数に共通部分があれば，それをまとめる。

〔実行速度及びコードサイズからみた最適化〕
・変数をレジスタに割り当てる。
・定数同士の計算式をその計算結果で置き換える。例えば，x＝1＋2はx＝3に置き換える（定数の畳込み）。

5.4.3 リンク（連係編集） AM / PM

コンパイラによって生成された目的プログラム（オブジェクトプログラム）を，実行可能なプログラム（**ロードモジュール**）にするためには，プログラムで使用しているライブラリモジュールなど，実行に必要なものをまとめ上げる必要があります。これを**リンク**（連係編集）といい，それを行うプログラムを**リンカ**といいます。

T
用語 **ライブラリ** 多くのプログラムが共通に使う機能を部品化し，まとめたファイル。

ライブラリは，リンクのタイミング（実行前に静的に行うか／

参考 **静的ライブラリ**は，リンク時において，各プログラムにリンクされるため，他のプログラムとの共有はできない。

参考 **共有ライブラリ**は，プログラム起動時に主記憶上にロードされ，その後，他のプログラムからも使用できるライブラリ。UNIX系OSでは，**動的ライブラリ**と区別される。

参考 **ロードモジュール**は，ローダにより主記憶上にロードされ実行される。

実行時に動的に行うか)や共有性によって，静的ライブラリと動的ライブラリ／共有ライブラリに分類できます。動的ライブラリ／共有ライブラリは，プログラムの実行時に，必要に応じてリンク(マップ)して使用する，主記憶にロードされたライブラリです。複数のプログラムから同時に利用可能なので，静的ライブラリより，主記憶の使用効率はよくなります。

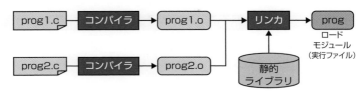

▲ **図5.4.2** 静的リンクの例

コンパイル・リンクの自動化ツール(make)

複数のソースプログラムから1つの実行ファイルを生成する場合，どのプログラムを修正したのか，コンパイルすべきプログラムは何かといった管理が大変になります。プログラムに修正を加えるたびに，すべてのプログラムをコンパイルするのは無駄な作業です。makeツールは，ソースプログラム，目的プログラム，実行ファイル間の依存関係と，各ファイルの生成方法を記述したmakeファイルを基にして，コンパイルすべきファイルは何かを求め，最小の手順で実行ファイルを生成するツールです。

例えば，ソースプログラムprog1.cとprog2.cから，実行ファイルprogを生成する場合，次のようなmakeファイルを作成し，makeコマンドを実行することで，prog1.cのみを修正したのであれば，prog1.cだけをコンパイルし実行ファイルを生成します。

参考 ccは，C言語コンパイラ。オプション "-o" を付けると実行ファイルを生成し，"-c" を付けるとコンパイルのみを行う。また，ライブラリのリンクを静的／動的のどちらにするか指定できる。

例 makeファイル(makefile)の例

```
prog : prog1.o  prog2.o      ← progはprog1.oとprog2.oに依存
       cc  -o   prog  prog1.o  prog2.o
prog1.o : prog1.c            ← prog1.oはprog1.cに依存
       cc  -c    prog1.c
prog2.o : prog2.c            ← prog2.oはprog2.cに依存
       cc  -c    prog2.c
```

5.5 開発ツール

5.5.1 プログラミング・テスト支援 AM/PM

プログラミングやテストを支援するツールを紹介します。

静的テストツール（静的解析ツール）

プログラムを実行することなく検証を行うツールです。表5.5.1に代表的なツールをまとめます。

▼ **表5.5.1** 静的テストツール

構文チェッカ	言語で定められた構文に従ってプログラムが記述されているかを検査する
コードオーディタ	ソフトウェア開発において独自に定めたプログラミング規約（コーディング規約）に違反していないかを検査する
モジュールインタフェースチェックツール	モジュール間のインタフェースの不一致，すなわち実引数と仮引数の個数や，対応する引数のデータ型の不一致を検出する。なお，実引数はモジュール（手続）を呼び出すときの引数。仮引数は手続内で定義された引数のこと

参考 車載製品のソフトウェアなど，C言語で記述する組み込みシステムの品質（安全性と信頼性）を確保するために，C言語のコーディング規則をまとめたものにMISRA-Cがある。

動的テストツール（動的解析ツール）

プログラムを実行しながら検証を行うツールです。

●アサーションチェッカ

プログラムの処理の正当性を検証するためのツールです。プログラムの任意の位置に**アサーション**（成立していなければならない変数間の関係や条件）を記述した論理式を埋め込むことで，実行時にその論理式が成立しているか否かを検証できます。

●トレーサ

トレーサは**追跡プログラム**とも呼ばれ，命令単位，あるいは，指定した範囲でプログラムを実行し，実行直後のレジスタの内容やメモリの内容など，必要な情報が逐次得られるツールです。実行順に命令とその実行結果を確認できるので，プログラム中の誤り箇所を特定できないときに効果があります。

参考 例えば，要素番号が1から始まる要素数100の配列を処理するプログラムの場合，変数iについて，プログラム開始直後の位置では「iの値は1である」とか，プログラム終了直前の位置では「iの値は100よりも大きい」といった条件がアサーション。

⭕ テストカバレージ(分析)ツール

テストカバレージには,C0(命令網羅),C1(分岐網羅),C2(条件網羅)などがある。自動車分野の機能安全規格ISO26262では,テスト指標としてC1カバレージが用いられている。

プログラムに存在するすべての命令あるいは経路のうち,テストによって実行できた部分の割合を**カバレージ**(網羅率)といいます。**テストカバレージツール**は,**カバレージモニタ**とも呼ばれ,ホワイトボックステストにおいてカバレージを測定するツールです。テストの進捗状況の確認,及びテストそのものの品質測定ができます。

⭕ プロファイラ

プログラムの性能を分析するためのツールです。プログラムを構成するモジュールや関数の呼出し回数,それにかかる時間,また実行時におけるメモリ使用量やCPU使用量など,プログラムの性能改善のための分析に役立つ各種情報を収集します。

プロファイラは,例えば,「プログラムの動作が遅い」,「"メモリ不足"エラーが出る」といった場合,プログラムのどの部分で処理が遅くなっているのか,何がメモリを消費しているのかなど,プログラムのボトルネックを検出するのに役立ちます。

⭕ ICE(インサーキットエミュレータ)

ソフトウェアやハードウェアのデバッグを行うための装置です。MPUをエミュレートする機能をもち,さらにプログラムを1ステップずつ実行する機能や,実行途中で一時停止させるブレークポイント機能,レジスタやメモリの値を表示したり変更したりするデバッグ機能などが備えられています。対象システムのボード上にMPUの代わりに接続し,MPUの動作をエミュレートすることでデバッグ作業を行います。

エミュレート
模擬的に動作させること。

▼ **表5.5.2** その他のプログラミング・テスト支援ツール

スナップショット	プログラムの特定の時点での,メモリやレジスタの内容を出力する
インスペクタ	実行中のプログラムのデータ(変数やオブジェクト)内容を表示する
テストデータ生成ツール	テストデータのデータ構造を与えることで自動的にテストデータを生成する
テストベッドツール	新しい技術の実証実験や,プログラムの一部分を隔離してテストする際に利用されるテスト環境(プラットフォーム)

5.5.2 開発を支援するツール　AM / PM

　開発を支援するツールには，前項で説明したプログラミング・テスト支援ツールのほかに様々なものがあります。ここでは，その中で試験に出題されているものを紹介します。

IDE

　IDEは"Integrated Development Environment"の略で，ソフトウェアの開発作業全体を一貫して支援する**統合開発環境**です。ソフトウェアを開発する場合，まずエディタでソースコードを書き，ソースコードからコンパイラとリンカを使って実行ファイルを作成し，そしてテスト支援ツールなどを使用してデバッグ作業を行います。IDEは，これらの作業を1つの開発環境で統一的に一貫して行えるようにしたものです。エディタやコンパイラ，リンカ，デバッガに加え，その他の支援ツール（バージョン管理など）をまとめて提供します。

リポジトリ

　リポジトリとは，ソフトウェアの開発及び保守における様々な情報を一元的に管理するためのデータベースです。各工程での成果物を一元管理することにより，用語を統一することもでき，開発・保守作業の効率を向上させることができます。

　なお，データの属性，意味内容などデータ自身に関する情報を**メタデータ**といい，メタデータを収集・登録，管理したものを**データディクショナリ**といいます。一般に，データディクショナリはデータの管理を基本としますが，リポジトリは，その対象をプログラムやシステムにまで拡大し，各開発工程での成果物をメタ情報として管理するデータベースであるといえます。

バージョン管理ツール

　バージョン管理ツールは，**ソースコード管理ツール**ともいい，ソースコードのバージョンや変更履歴を管理するためのツールです。代表的なものに，Subversion（Apache Subversion）やGitがあります。

Subversion(Apache Subversion)

QQ **参考** Subversionは,複数の開発者が1つのリポジトリを共有するため,変更点の競合が発生しやすいというデメリットがある。

中央集中型のバージョン管理機能を備えたソースコード管理ツールです。Subversionでは,ソースコードやソースコードの変更履歴はすべて中央リポジトリに記録され管理されます。各開発者はネットワーク経由で中央リポジトリに接続し,checkoutもしくはupdateコマンドで中央リポジトリからソースコードを取り出し,commitで中央リポジトリに変更点を反映します。

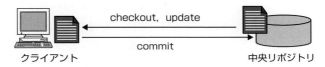

▲ **図5.5.1** Subversion

Git

分散型のソースコード管理ツールです。Gitでは,全履歴を含んだ中央リポジトリの完全な複製を各開発者,又は各開発セクションが利用できる作業用ディレクトリ(ローカルリポジトリという)にコピーして運用できます。各開発者は,ローカルリポジトリ上で開発し,新規に作成したソースや変更したソースをローカルリポジトリにcommitで反映した後,任意のタイミングでその新規・修正内容を中央リポジトリに反映します。

COLUMN

AIの開発に用いられるOSS

AIの開発に用いられる代表的なOSSには,表5.5.3のようなものがあります。

▼ **表5.5.3** AIの開発に用いられる代表的なOSS

Chainer	ニューラルネットワークを使用した機械学習を行うための機能が実装されたオープンソース・ライブラリであり,ディープラーニング(深層学習)のフレームワーク。Pythonでシンプルなコードを記述するだけでディープラーニングのモデルが作成でき,さらにGPUを使った高速化まで行える
OpenCV	Open Source Computer Vision Libraryの略で,画像処理や画像解析を行うのに必要な様々な機能が実装されたオープンソース・ライブラリ。ディープラーニングの画像認識でよく使用される。Pythonを始め,C/C++,Java,MATLAB用として公開されている。なおMATLABは,数値解析ソフトウェアであり,行列計算やベクトル演算などの豊富なライブラリをもった行列ベースの高性能なテクニカルコンピューティング言語
R	統計解析やデータ分析に特化したプログラミング言語。統計解析・データ分析を効率よく実装するためのソフトウェアパッケージが多数提供(公開)されている。現在は,機械学習やデータマイニングの現場で多く活用されている

5.6 UNIX系OS

5.6.1 ファイルシステムの構造とファイル AM/PM

ファイルシステムの構造

T 用語 ファイルシステム
記憶装置の中にファイルを記録する仕組み。

UNIXはファイル指向システムです。ファイルシステムの構造はディレクトリ構造をもった階層構造で，すべてのファイルは1つの木構造で階層的に管理されています。階層構造の最上位にあるディレクトリを**ルートディレクトリ**といい，ルートディレクトリ，あるいは任意のディレクトリから，すべてのファイルがたどれるようになっています。

目的のファイルをたどる経路（パス）を表記したものを**パス名**といいます。パス名には，絶対パス名と相対パス名があり，どちらも次々にたどるディレクトリを"/"で区切って指定します。

参考 階層構造の例

絶対パス名

絶対パス名は，ルートディレクトリから目的のファイルへのパスを指定したもので，パス名は"/"から始まります。例えば，側注の図のディレクトリD内にあるファイルhogeの絶対パス名は「/A/D/hoge」となります。

相対パス名

参考 アカウントをもつユーザには，**ホームディレクトリ**が割り当てられる。ログインすると，ホームディレクトリがカレントディレクトリとなり，ユーザはその作業の大部分をホームディレクトリ内で行う。

相対パス名は，カレントディレクトリ（現在，作業しているディレクトリ）から目的のファイルへのパスを指定したものです。相対パス名では，各ディレクトリが有する"."と".."の2つの特別なエントリを使います。"."はカレントディレクトリ自身を指す名前で，".."は親ディレクトリの名前です。例えば，カレントディレクトリがDであったとき，poiの相対パス名は「./poi（poiでもよい）」，また，ディレクトリC内にあるファイルhogeの相対パス名は「../C/hoge」となります。

ファイルの種類

UNIXではファイルを次の3つの種別に分類しています。

◯ 通常(ノーマル)ファイル

テキストやソースプログラムなどを格納するためのファイルです。一般に,ファイルというとこの通常ファイルを指します。

◯ ディレクトリファイル(ディレクトリ)

ディレクトリは,別のディレクトリ(サブディレクトリ)を含め,いくつものファイルを納めておくことができる"入れ物"ですが,実際には,そのディレクトリが管理するファイルの,ファイル名とファイルの実体とを対応づけるためのファイルで,これを**ディレクトリファイル**といいます。

ディレクトリファイルには,図5.6.1に示すように,ファイル名とiノード番号が保持されています。iノードとは,「ファイル種類,所有者,サイズ,作成日時/修正日時,アクセス権,データ領域へのポインタ」など,ファイルの実体を示す情報が格納された要素です。iノード番号はそれを識別する番号です。

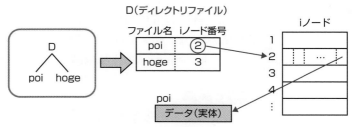

▲ **図5.6.1** Dのディレクトリファイルのイメージ

◯ 特殊ファイル(スペシャルファイル)

磁気ディスクなどの入出力装置にアクセスするためのファイルを**特殊ファイル**といいます。対応する装置がどのような単位でデータを処理するかによって,次の2つに分けられます。

> **P O I N T** **特殊ファイルの種類**
> ・キャラクタスペシャルファイル
> ⇒ 端末やプリンタなど文字単位で入出力を行う装置
> ・ブロックスペシャルファイル
> ⇒ 磁気ディスクなどブロック単位で入出力を行う装置

参考 ディレクトリは,Windowsでいえばフォルダに相当する。

参考 既存のファイルに別名を付けて,その名前でアクセスできる**リンク**という仕組みがある。例えば,ファイル/D/hogeに対してfugaとpiyoという2つの名前でリンクを定義すると,どちらの名前を使っても/D/hogeにアクセスできる。このファイルを**リンクファイル**という。

参考 UNIXでは,システムに接続されているすべての周辺装置をディレクトリ階層の中のファイルとして扱う。

5.6.2 UNIX系OSの基本用語 AM/PM

ここでは，UNIX系OSの基本用語をまとめておきます。

シェル

シェルは，ユーザとOS(カーネル)間のインタフェースとなるプログラムです。ユーザが入力したコマンドを解釈し，対応する機能を実行するようにOSに指示し，OSからの結果を待ってそれをユーザに返す(表示する)ことを主な役割とします。なお，シェルはシステムの中に固定して組み込まれているものではありません。ログイン時に起動される最初のシェル(**ログインシェル**)をはじめ，各ユーザは自分の好むシェルを指定することができます。

リダイレクション

リダイレクションは，コマンドの入力や出力を切り替える機能です。例えば，lsコマンドを実行すると，その結果は標準出力(通常，画面)に出力されますが，「ls ＞ out」とリダイレクションを行うことで，結果をoutという名前のファイルに出力できます。また，「ls ＞＞ out」と行うと，結果をoutファイルに追加できます。

> **用語 lsコマンド** ディレクトリ内のファイルの情報を表示するコマンド。オプション「-l」を付けると，ファイルの詳細を表示できる。

パイプ

パイプは，コマンド間でデータを受け渡す仕組みです。複数のコマンドでデータを連続的に処理する場合に使用します。例えば，カレントディレクトリ内に多数のファイルがあるとき，ファイル情報確認のための「ls -l」を発行すると，画面がスクロールしてしまう場合があります。このような場合は，パイプ機能とmoreコマンドを使用して，「ls -l｜more 」と実行すれば，1画面ずつ表示することができます。

> **用語 moreコマンド** ファイルを1画面分ずつ分割して表示するコマンド。

ソケット

ソケットは，アプリケーション間で通信を行うためのプログラムインタフェースで，通信の出入り口(エンドポイント)となるものです。「プロトコル(TCP，UDP)，IPアドレス，ポート番号」の組合せで通信に固有のエンドポイントを識別します。

> **参考 ソケット** ソケットAにデータを書き込むと，ソケットBに届けられ，ソケットBからデータを読むことができる。
>
> ソケットA ━ ソケットB

デーモン

　デーモン(Daemon)は，OSの機能の一部を提供するプロセス
で，**デーモンプロセス**とも呼ばれます。OSと同時に起動される
か，又は必要に応じて起動され，その後はバックグラウンドで常
に動作して特定のサービスを実行します。

5.6.3　OSS(オープンソースソフトウェア) AM/PM

　ソースコードをインターネットなどを通じて公開し，誰でもそ
のソフトウェアの利用や改変，また再頒布を行うことを可能にし
たソフトウェアを**OSS**(Open Source Software：**オープンソース
ソフトウェア**)といいます。

　OSSは，**Web-DB連携システム**を開発する際に使用される
LAMPやLAPPなどを中心に広く利用されています。**LAMP**は，
「Linux，Apache，MySQL，PHP／Perl／Python」の頭文字をと
った造語で，OSにLinux，WebサーバにApache，データベース
にMySQL，プログラム言語にPHP，Perl，Pythonのいずれかを
用いた**ソフトウェアバンドル**(組合せセット)です。また，データ
ベースにPostgreSQLを用いたものが**LAPP**です。

参考　OSSの核となる
ソフトウェア(特
にLinuxカーネル)にア
プリケーションソフト
を付加しパッケージと
して提供する組織を**デ
ィストリビュータ**とい
い，提供されるパッケ
ージを**ディストリビュ
ーション**という。Linux
ディストリビューショ
ンにはRedHat系や
Debian系がある。な
お試験で問われる用語
に**SELinux**(Security-
Enhanced Linux)があ
るが，これはディスト
リビューションではな
く，Linuxのセキュリテ
ィを強固にする拡張モ
ジュール。SELinuxに
よりrootという管理者
権限に制限をかけるこ
とによってroot権限を
奪われた際の影響を最
小限に抑えることがで
きる。

参考　OSSの定義は，
OSI(Open
Source Initiative)が
OSD(The Open
Source Definition)
で定めている。

> **POINT** OSSの定義(特徴)
> ・誰もが自由にソースコードを入手・解読・研究できる
> ・一定の条件の下で，ソースコードの改変(変更)ができる
> ・自由な再頒布(再配布)ができる
> ・元のOSSを利用し新しいソフトウェア(派生物)を作成できる
> ・派生物を他の利用者に再頒布できる
> ・再頒布した派生物にも，同じライセンスを適用(継承)できる
> ・ライセンス条件下で，作成した派生物を譲渡又は販売できる
> ・誰もがOSSを使用できる(個人や集団に対する差別の禁止)
> ・営利目的の企業での使用や特定の研究分野での使用も許可される
> 　(利用する分野に対する差別の禁止)
> ・再頒布において追加ライセンスを必要としない
> ・特定の製品に依存しない
> ・同じ媒体で頒布される他のソフトウェアを制限しない
> ・技術的に中立である

COLUMN

コンピュータグラフィックスの基本技術

コンピュータグラフィックス(CG：Computer Graphics)の基礎技術を問う問題も出題されます。表5.6.1に，近年出題されているものをまとめておきます。

▼ **表5.6.1** コンピュータグラフィックスの基本技術

レンダリング	物体のデータ(形状，表面の質感，光源など)から，ディスプレイに描画できる画像や映像などを生成する処理。バーチャルリアリティ(VR：Virtual Reality)におけるモデリングでは，仮想世界の情報をディスプレイに描画可能な形式の画像に変換する 〔主なレンダリング手法〕 ・レイトレーシング：視点からの光線(視線)をスクリーン上の画素ごとに1つずつ追跡し，物体との交差判定を行うことで見える物体を判断するというレイキャスティングを基本処理とした手法。レイトレーシングでは，視線と物体の交点だけでなく，その交点で起きる光の反射や散乱，透過をも再帰的に追跡するため，より現実に近い画像や映像を作り出すことができる ・ラジオシティ法：物体表面で拡散反射された間接光が他の物体を照らす効果を反映させる手法。各物体間の光エネルギーの放射・反射を計算することで拡散反射面の輝度を決定する ・Zバッファ法：視点から物体までの距離(奥行き)データを，Zバッファという一時的な記憶領域に記憶しておき，これを基に，視点に最も近い(最も手前)の交点を選択することで陰面消去を行う。深度バッファ法ともいう
アンチエイリアシング	斜め線や曲線を表示したときに発生する階段状のギザギザ(ジャギー)を目立たなくする手法。具体的には，描画色と背景色から中間色を計算し(平均化演算という)，斜め線や曲線の境界近くのピクセルに中間色を補うことで滑らかな線に見えるようにする
ディザリング	表現可能な色数が少ない環境で，より多くの階調を表現するための手法。表示装置には色彩や濃淡などの表示能力に限界があるが，ディザリングにより，いくつかの画素を使って見掛け上表示できる色数を増やし，滑らかで豊かな階調を表現することができる
シェーディング	立体感を感じさせるため，物体の表面に陰付けを行う処理
テクスチャマッピング	モデリングされた物体の表面に柄や模様などを貼り付ける処理
ブレンディング	画像を半透明にして，別の画像と重ね合わせる処理
モーフィング	ある形状から別の形状へ徐々に(滑らかに)変化していく様子を表現するために，その中間を補うための画像を複数作成すること
メタボール	メタボールと呼ばれる構造を使い，球体を変形させることによって得られる曲線で物体を表現する。メタボールとは，球や楕円といった単純な曲面をもつオブジェクトであり，メタボール同士を近づけると繋がって形が変わる特徴がある
サーフェスモデル	ポリゴンと呼ばれる三角形や四角形などの多角形，又は曲面パッチを用いて，物体の形状をその表面だけで表現する

得点アップ問題

問題1 (H24春問22)

解答・解説はp.283

プロセスを，実行状態，実行可能状態，待ち状態，休止状態の四つの状態で管理するプリエンプティブなマルチタスクのOS上で，A，B，Cの三つのプロセスが動作している。各プロセスの現在の状態は，Aが待ち状態，Bが実行状態，Cが実行可能状態である。プロセスAの待ちを解消する事象が発生すると，それぞれのプロセスの状態はどのようになるか。ここで，プロセスAの優先度が最も高く，Cが最も低いものとし，CPUは1個とする。

	A	B	C
ア	実行可能状態	実行状態	待ち状態
イ	実行可能状態	待ち状態	実行可能状態
ウ	実行状態	実行可能状態	休止状態
エ	実行状態	実行可能状態	実行可能状態

問題2 (H29秋問18)

CPUスケジューリングにおけるラウンドロビンスケジューリング方式に関する記述として，適切なものはどれか。

ア　自動制御システムなど，リアルタイムシステムのスケジューリングに適している。
イ　タイマ機能のないシステムにおいても，簡単に実現することができる。
ウ　タイムシェアリングシステムのスケジューリングに適している。
エ　タスクに優先順位をつけることによって，容易に実現することができる。

問題3 (R02秋問17)

三つの資源X〜Zを占有して処理を行う四つのプロセスA〜Dがある。各プロセスは処理の進行に伴い，表中の数値の順に資源を占有し，実行終了時に三つの資源を一括して解放する。プロセスAとデッドロックを起こす可能性があるプロセスはどれか。

プロセス	資源の占有順序		
	資源X	資源Y	資源Z
A	1	2	3
B	1	2	3
C	2	3	1
D	3	2	1

ア　B, C, D　　　イ　C, D　　　ウ　Cだけ　　　エ　Dだけ

問題4 (H30春問18)

セマフォを用いる目的として，適切なものはどれか。

ア　共有資源を管理する。
イ　スタックを容易に実現する。
ウ　スラッシングの発生を回避する。
エ　セグメンテーションを実現する。

問題5 (H29秋問29)

トランザクションA〜Gの待ちグラフにおいて，永久待ちの状態になっているトランザクション全てを列挙したものはどれか。ここで，待ちグラフのX→Yは，トランザクションXはトランザクションYがロックしている資源のアンロックを待っていることを表す。

〔トランザクション A〜G の待ちグラフ〕

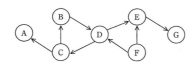

ア　A，B，C，D
イ　B，C，D
ウ　B，C，D，F
エ　C，D，E，F，G

問題6 (H27秋問17)

デマンドページング方式による仮想記憶の利点はどれか。

ア　実際にアクセスが行われたときにだけ主記憶にロードするので，無駄なページをロードしなくて済む。
イ　主記憶に対する仮想記憶の容量比を大きくするほど，ページフォールトの発生頻度を低くできる。
ウ　プロセスが必要とするページを前もって主記憶にロードするので，補助記憶へのアクセスによる遅れを避けることができる。
エ　ページフォールトの発生頻度が極端に高くなっても，必要な場合にしかページを読み込まないのでスラッシング状態を回避できる。

問題7 (R03秋問16)

ページング方式の仮想記憶において，ページ置換えの発生頻度が高くなり，システムの処理能力が急激に低下することがある。このような現象を何と呼ぶか。

ア　スラッシング　　　　　　　イ　スワップアウト
ウ　フラグメンテーション　　　エ　ページフォールト

5

ソフトウェア

問題8 (H29春問18)

　ホワイトボックステストにおいて，プログラムの実行された部分の割合を測定するのに使うものはどれか。

　　ア　アサーションチェッカ　　　　　イ　シミュレータ
　　ウ　静的コード解析ツール　　　　　エ　テストカバレージ分析ツール

問題9 (R03秋問18)

　分散開発環境において，各開発者のローカル環境に全履歴を含んだ中央リポジトリの完全な複製をもつことによって，中央リポジトリにアクセスできないときでも履歴の調査や変更の記録を可能にする，バージョン管理ツールはどれか。

　　ア　Apache Subversion　　　　　イ　CVS
　　ウ　Git　　　　　　　　　　　　　エ　RCS

チャレンジ午後問題 (H29秋問7)　　　　　　　　　　　　解答・解説：p.285

　ドライブレコーダに関する次の記述を読んで，設問1〜4に答えよ。

　H社は，カーアクセサリ用品の開発会社である。H社では，このたび，ドライブレコーダ（以下，レコーダという）を設計することになった。
　レコーダは，自動車運転時における周囲の状況を撮影し，急停止，衝突など（以下，衝撃という）を検出すると，衝撃までの最大10秒間及び衝撃後20秒間の動画に，GPS情報を含めて動画ファイルとしてSDカード（以下，SDという）に保存する。

〔レコーダの基本動作〕
　図1にレコーダのハードウェア構成を示す。

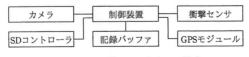

| カメラ | 制御装置 | 衝撃センサ |
| SDコントローラ | 記録バッファ | GPSモジュール |

図1　レコーダのハードウェア構成

（1）電源投入後の動作
　　各ハードウェアは，電源投入で起動し，次のとおり動作を開始する。
　①　制御装置は，衝撃センサの割込みを有効にし，カメラに撮影を指示する。
　②　GPSモジュールは，GPS情報の取得を開始する。取得したGPS情報を1秒ごとに制

御装置に通知し，GPS情報を取得できないときは通知しない。

GPS情報には，GPSから得られた位置及び時刻が含まれる。

③　制御装置は，最初のGPS情報を受け取ると，GPS情報から時刻を取り出してシステム時刻に設定し，その後，ソフトウェアでシステム時刻を逐次更新する。また，GPS情報を取得できるときは，GPS情報の時刻によって1時間ごとにシステム時刻を補正する。

④　制御装置は，カメラから1フレームごとの画像データを受け取り，記録バッファに書き込む。このとき，GPS情報があれば，画像データに含めて記録バッファに書き込む。

（2）衝撃検出時の動作

・衝撃センサは，衝撃を検出すると，制御装置に割込みで通知する。

・制御装置は，衝撃センサからの割込みを受けると記録バッファに書き込まれている画像データを動画ファイルとしてSDに保存する。

（3）電源断時の動作

レコーダは電源断となっても最低30秒間は動作を維持できる二次電池を内蔵している。電源断となったときには，衝撃センサからの割込みを禁止とし，二次電池から電力を供給する。この結果，レコーダが　a　しているときに電源断となっても，動画ファイルの破損を防止できる。

〔記録バッファ〕

記録バッファは，画像データを書き込むためのFIFO構成のメモリである。カメラで撮影した画像データが書き込まれ，動画ファイルをSDに保存するとき，その画像データが読み出される。読み出された画像データは記録バッファから削除される。

画像データが読み出されずに記録バッファの空き容量がなくなったときは，最も古い画像データから順に破棄され，常に最新の画像データが書き込まれていることになる。

カメラはFフレーム／秒で画像を撮影する。1フレームの画像データはGPS情報を含めてNバイトである。

記録バッファには，衝撃検出直前の10秒間分の画像データが書き込まれる。さらに，動画ファイルの保存の処理遅れを考慮して，10.5秒間分の画像データを書き込むことができる容量とする。

〔動画ファイルの保存〕

動画ファイルは，SDの空き容量が十分であれば，衝撃を検出したシステム時刻（YYYYMMDD_hhmmss）をファイル名として保存される。ここで，YYYY，MM，DD，hh，mm，ssは，それぞれ西暦年，月，日，時，分，秒を表す。

なお，システム時刻が設定されていないときは，動画ファイルを保存しない。

（ⅰ）制御装置は，衝撃センサからの割込みを受けると，記録バッファに書き込まれている最大10秒間分の画像データを圧縮して動画ファイルとしてSDに保存する。保存に要する時間は最大100ミリ秒である。

（ⅱ）以降20秒間，記録バッファに書き込まれる画像データを待ち受け，新しい画像データが書き込まれると，逐次，圧縮して動画ファイルに追記する。

（ⅲ）SDに動画ファイルを保存中に再度衝撃センサからの割込みを受けると，受けた時点から20秒間，（ⅱ）と同様に画像データを圧縮して動画ファイルに追記する。

〔レコーダのタスク構成〕

表1にレコーダのタスク構成を示す。

各タスクはイベントドリブン方式で制御され，イベントを受信すると必要な処理を行う。

衝撃センサが衝撃を検出すると割込みで通知し，割込み処理プログラムは保存タスクに衝撃イベントを送信する。

表1　レコーダのタスク構成

タスク	主な動作
録画タスク	・カメラからの画像データを1フレームごとに記録バッファに書き込む。このとき，GPS情報があれば画像データに含める。保存タスクに画像格納イベントを送信する。 ・GPSタスクからGPS取得イベントを受信すると，GPS情報を保存する。
保存タスク	・記録バッファの画像データを動画ファイルとしてSDに保存する。
GPSタスク	・1秒ごとにGPS情報を取得し，録画タスクにGPS取得イベントを送信する。 ・電源投入直後及び1時間ごとに，GPS情報の時刻をシステム時刻に設定する。
タイマタスク	・指定された時間が経過するとタイマ満了イベントを送信する。

〔保存タスクの動作〕

図2に保存タスクの状態遷移図を示す。

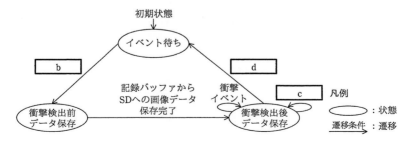

図2　保存タスクの状態遷移図

（1）イベント待ち
　　衝撃イベントを受信すると，衝撃検出前データ保存状態に遷移する。
（2）衝撃検出前データ保存
　　タイマに ▢e 秒を設定し，動画ファイルを生成する。次に，記録バッファに書き込まれている画像データを読み出して動画ファイルに追記する。記録バッファに書き込まれている最大10秒分の画像データを全て保存すると，衝撃検出後データ保存状態に遷移する。
（3）衝撃検出後データ保存
　　各種イベントを受信してイベントに応じた処理を行う。
　・画像格納イベントを受信すると，記録バッファから1フレーム分の画像データを読み出し，動画ファイルに追記する。
　・衝撃イベントを受信すると，設定してあるタイマ要求を取り消し，タイマに新たに ▢f 秒を設定する。
　・タイマ満了イベントを受信すると，動画ファイルの保存を終了し，イベント待ち状態に遷移する。

設問1　〔レコーダの基本動作〕について，本文中の ▢a に入れる適切な字句を答えよ。

設問2　〔記録バッファ〕について，記録バッファの容量を求める式を，カメラが1秒間に撮影するフレーム数F及びGPS情報を含む1フレームの画像データのバイト数Nを使って答えよ。

設問3　〔保存タスクの動作〕について，（1），（2）に答えよ。
　（1）図2中の ▢b ～ ▢d に入れるイベントを，本文中のイベントを用いて答えよ。
　（2）本文中の ▢e ，▢f に入れる適切な数値を答えよ。

設問4　現在のレコーダの設計では，電源投入後に衝撃を検出しても，動画ファイルをSDに保存しないことがある。どのような場合にこのようなことが起きるのか。40字以内で述べよ。ここで，SDには十分な空き容量があり，ハードウェアに故障はないものとする。

||| **解 説** |||

問題1

解答：エ

◀p.242を参照。

プリエンプティブなマルチタスクOSでは，実行中のタスクの優先度よりも高い優先度をもつタスクが実行可能状態になると，タスクの実行を中断し(実行可能状態へ移し)，優先度の高いタスクを実行します。そこで，Aが待ち状態，Bが実行状態，Cが実行可能状態のとき，優先度の一番高いプロセスAの待ちが解消されると，Aは実行可能状態になるので，実行中のプロセスBは中断され(実行可能状態へ移され)，Aが実行されます。したがって，Aが実行状態，B，Cが実行可能状態となります。

問題2

解答：ウ

◀p.245を参照。

ラウンドロビン方式は，実行可能待ち行列の先頭のタスクから順にCPU時間(タイムクウォンタム)を割り当て実行する方式です。タイムクウォンタムを適切に短くすれば，複数のタスクを短いサイクルで順次繰返し実行することができるため，タイムシェアリングシステムのスケジューリングに適します。

ア，エ：ラウンドロビン方式では，タスクに優先順位をつけないため，優先度に基づくリアルタイム性が要求されるリアルタイムシステムには適しません。

イ：ラウンドロビン方式では，タスクの実行時間が一定時間を超えたことを知らせるために，インターバルタイマからの割込みを利用します。

問題3

解答：イ

◀p.252を参照。

資源を占有(獲得)する順序が等しいプロセス間では，デッドロックは発生しません。したがって，プロセスAとデッドロックを起こす可能性があるプロセスはCとDです。

問題4

解答：ア

◀p.250を参照。

セマフォは，共有資源に対する排他制御のメカニズムです。整数型の共有変数であるセマフォ変数と，それを操作するP操作及びV操作を組み合わせて排他制御を実現します。

問題5

解答：ウ

◀p.253を参照。

待ちグラフは，トランザクション間でデッドロックが発生していることを検出するために使用される有向グラフです。グラフの中で閉路を構成しているトランザクションがデッドロック状態(永久待ちの状態)で

※閉路については p.41を参照。

5

ソフトウェア

あると判断できます。

　本問の待ちグラフで閉路状になっているのはB，C，Dです。したがって，この3つのトランザクションはデッドロック状態です。さらに，デッドロック状態にあるDがロックしている資源のアンロックを待っているトランザクションFもデッドロック状態となります。

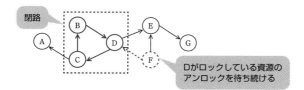

問題6　　　　　　　　　　　　　　　　　　解答：ア　◀p.260を参照。

　デマンドページング方式とは，ページフォールトが発生したときに，当該ページを主記憶に読み込む方式です。実際にアクセスが行われたときに，必要なページのみを主記憶に読み込むので，無駄なページを読み込まなくてすみます。

イ：主記憶に対する仮想記憶の容量比を大きくするとページ数が増え，ページフォールトの頻度は増加します。

ウ：**プリページング方式**の利点です。プリページング方式では，必要となるであろうページをあらかじめ予測して主記憶に読み込むので，ページフォールトの発生回数を少なくでき，補助記憶への，ページアクセスを原因とした処理の遅れを減少できます。

エ：ページフォールトの発生頻度が高くなると，ページング処理が多発するのでスラッシング状態に陥ります。

問題7　　　　　　　　　　　　　　　　　　解答：ア　◀p.263を参照。

　ページ置換えの発生頻度が高くなり，システムの処理能力が急激に低下する現象を**スラッシング**といいます。

問題8　　　　　　　　　　　　　　　　　　解答：エ　◀p.269を参照。

　ホワイトボックステストにおいて，プログラムの実行された部分の割合を測定するのに用いられるのは，**テストカバレージ分析ツール**（テストカバレージツール）です。

問題9　　　　　　　　　　　　　　　　　　解答：ウ　◀p.271を参照。

　問題文に示されたバージョン管理ツールは**Git**です。

チャレンジ午後問題

設問1	a：動画ファイルを保存		
設問2	10.5FN		
設問3	（1）	b：衝撃イベント　　c：画像格納イベント　　d：タイマ満了イベント	
	（2）	e：20　f：20	
設問4	電源投入後，システム時刻の設定が完了するまでの間に衝撃を検出した場合		

●設問1

〔レコーダの基本動作〕（3）電源断時の動作について，本文中の空欄a に入れる字句が問われています。レコーダは，衝撃を検出すると，衝撃までの最大10秒間及び衝撃後20秒間の動画に，GPS情報を含めて動画ファイルとしてSDに保存します。この動画ファイル保存中に電源断が生じると，動画ファイルに破損が生じる可能性がありますが，レコーダは，二次電池を内蔵することにより電源断から最低30秒間は動作を維持できます。このため，**動画ファイルを保存**（空欄a）しているときに電源断となっても，動画ファイルの破損を防止できます。

※空欄aは，「レコーダが　a　しているときに電源断となっても，動画ファイルの破損を防止できる」との記述中にある。

●設問2

記録バッファの容量を求める式が問われています。〔記録バッファ〕に，「10.5秒間分の画像データを書き込むことができる容量とする」とあります。また，カメラは1秒間にFフレームの画像を撮影し，1フレームの画像データはGPS情報を含めてNバイトです。したがって，10.5秒間分の画像データの大きさは「F×N×10.5バイト」であり，記録バッファの容量を求める式は**10.5FN**となります。

●設問3（1）

空欄b：空欄bは，イベント待ち状態から衝撃検出前データ保存状態への遷移条件となるイベントです。〔保存タスクの動作〕（1）にある「衝撃イベントを受信すると，衝撃検出前データ保存状態に遷移する」という記述から，空欄bは**衝撃イベント**です。

空欄c，d：空欄c，dは，衝撃検出後データ保存状態で受信するイベントです。まず空欄dから考えます。空欄dは，〔保存タスクの動作〕（3）の3つ目の項目にある「タイマ満了イベントを受信すると，動画ファイルの保存を終了し，イベント待ち状態に遷移する」という記述から**タイマ満了イベント**です。次に，空欄cですが，衝撃検出後データ保存状態で受信するイベントは，「画像格納イベント，衝撃イベント，タイマ満了イベント」の3つで，このうち，タイマ満了イベントは空欄d，また衝撃イベントは図2中に記載があります。したがって，残りの**画像格納イベント**が空欄cに入ります。

※空欄c，dの補足
画像格納イベントは，録画タスクから送信されるイベント。録画タスクが，カメラからの画像データを1フレームごとに記録バッファに書き込み，画像格納イベントを送信すると，保存タスクは，記録バッファから1フレーム分の画像データを読み出し，動画ファイルに追記する。保存タスクは，この動作を**タイマ満了イベント**を受信するまで繰り返す。

●設問3(2)

空欄e：空欄eは，衝撃イベントを受信し，衝撃検出前データ保存状態に遷移した直後に設定するタイマ値です。保存タスクは，衝撃検出前の最大10秒間分の画像データを動画ファイルに保存すると，衝撃検出後データ保存状態に遷移して，衝撃検出後20秒間の画像データを動画ファイルに追記する必要があります。この20秒を測るために使われるのがタイマです。したがって，衝撃検出前データ保存状態に遷移した直後に設定するタイマ値は**20**（空欄e）秒です。

空欄f：空欄fは，衝撃検出後データ保存状態で衝撃イベントを受信したときに設定するタイマ値です。動画ファイル保存中に再度衝撃イベントを受信した場合，受信時点から新たに20秒間，動画ファイルに追記する必要があるので，タイマ設定値は**20**（空欄f）です。

●設問4

電源投入後に衝撃を検出しても，動画ファイルをSDに保存しない現象は，どのような場合に起こるのか問われています。

〔動画ファイルの保存〕に，「システム時刻が設定されていないときは，動画ファイルを保存しない」とあります。システム時刻の設定については，〔レコーダの基本動作〕(1)電源投入後の動作の③に，「制御装置が最初のGPS情報を受け取ったとき，GPS情報から時刻を取り出して設定する」とあります。これらの記述から，電源投入後，最初のGPS情報を取得するまでは，システム時刻は未設定であり，この状態で衝撃を検出しても動画ファイルの保存は行われないことになります。したがって，解答としては，「電源投入後，最初のGPS情報を取得するまでの間に衝撃を検出した場合」，あるいは「**電源投入後，システム時刻の設定が完了するまでの間に衝撃を検出した場合**」とすればよいでしょう。なお試験センターでは後者を解答例としています。

※空欄eの補足
衝撃検出前の最大10秒間分の画像データ保存に要する時間は，最大100ミリ秒(0.1秒)なので，衝撃イベント受信後，100ミリ秒後には衝撃検出後データ保存状態に遷移する。そのため，タイマに20秒を設定すれば，衝撃検出後20秒間の画像データの追記が可能。

午後試験「組込みシステム開発」の対策 ☕ COLUMN

午後試験で，本章に関連する事項が問われるのは「組込みシステム開発」の問題です。ただし，ごりごりの"組込み"問題が出題されることは少なく，出題の多くは，ソフトウェア寄りの(処理内容を考える)問題となっています。また，次に示す午前知識を応用して解答する問題が多いのも特徴です。

・割込み(割込みハンドラ，割込み処理)　　・タスクの状態遷移
・同期制御(イベントフラグ，セマフォ)　　・タスク間通信

第6章
データベース

　応用情報技術者試験におけるデータベース分野からの出題は，基本情報技術者試験より，もう1歩踏み込んだレベルで出題されます。用語問題でもキーワードがわかれば解答できるという問題は少なく，正解を絞り込むためには，幅広い知識と正確な理解が必要となります。

　また，午後の試験においては，11問出題の中でデータベース問題が1問出題されます。これは，現在，ネットワーク技術とともにデータベース技術への要求もさらに高まってきていることを裏づけています。午後問題は午前問題を組み合わせた内容で応用力が求められます。基本情報技術者試験対策で十分に学習してきた方も，「1つひとつの知識をしっかり確認するように」学習を進めてください。

6.1 データベース設計

データベースは，データを体系的に整理し蓄積したデータの集まりですが，それは同時に，対象とする実世界の状態や構造を表現したものでもあります。ここでは，データベースの設計手順や，データベース設計における考え方を見ていきましょう。

6.1.1 データベースの設計 AM/PM

データベースの設計手順

データベースの設計は，「概念設計→論理設計→物理設計」の順に行われます。

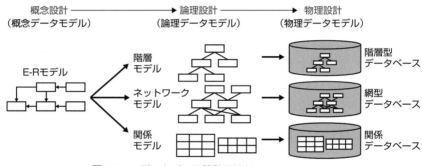

概念設計 ──────────→ 論理設計 ──────────→ 物理設計
（概念データモデル）　　　　（論理データモデル）　　　　（物理データモデル）

▲ **図6.1.1** データベース設計の流れ

概念設計

概念設計では，対象とする実世界のデータすべてを調査・分析して，抽象化した**概念データモデル**を作成します。概念データモデルは，コンピュータへの実装を意識せずに，単にデータのもつ意味とデータ間の関連をあるがままに表現することに重点がおかれたデータモデルです。そのため，概念データモデルの作成には，特定のDBMS（DataBase Management System：データベース管理システム）に依存せずにデータ間の関連が表現できる**E-R図**やUMLのクラス図が用いられます。

用語 データモデル
データ体系や業務ルールを一定の基準に従って表現（モデル化）したもの。

参照 E-R図について
はp.293を，UMLのクラス図についてはp.518を参照。

データ分析

 業務において十分に活用できるデータベースにするためには，データ分析の初期段階から，部門の管理者や業務担当者が検討に参加する。

概念設計のデータ分析では，業務で使用されている帳票や伝票，画面などを調査して，どのようなデータ項目があるのか，どのデータ項目が必要なのか，そのすべてを洗い出します。そして，洗い出されたデータ項目を一定の基準に従って標準化し（**データ項目の標準化**），異音同義語や同音異義語を排除します。また，各データ項目の関連を整理して**正規化**を行い，複数箇所に存在する同一データ項目（重複項目）を排除します。

正規化手順については，p.302を参照。

例えば，"日付"と"年月日"という2つの項目があり，これらが異なる実体であれば，それぞれの意味を定義し，異なる実体であることを明確にする。

> **POINT** データ項目の標準化と定義
> ① データ項目名の標準化
> ② データ項目の意味の定義
> ③ データ項目の桁数や型（タイプ）の統一
> ④ 各データ項目の発生源や発生量の明確化

トップダウンアプローチとボトムアップアプローチ

データの分析手法には，画面や帳票などから項目を洗い出し，データ分析を行った結果として現実型の概念データモデルを作成する**ボトムアップアプローチ**と，最初に理想型の概念データモデルを作成してからデータ分析を行う**トップダウンアプローチ**の2つがあります。いずれのアプローチによっても，最終的に作成されるデータモデルは，正規化され，かつ，業務上必要なデータ項目をすべて備えていなければなりません。

トップダウンアプローチかボトムアップアプローチのいずれかのみで分析・設計を行うのではなく，例えば，ボトムアップアプローチで作成したものをトップダウンアプローチで見直すなど，業務に応じた適切な方法を用いることが重要です。

論理設計

概念データモデルと論理データモデルを区別せずに，「概念データモデル＝論理データモデル」と扱われることもある。

E-R図やUMLのクラス図で表現された概念データモデルは，必ずしもデータベースに実装できる表現になっていません。そこで，概念データモデルを，データベースに実装できる形式，すなわち**論理データモデル**に変換します。

6
データベース

◯ 論理データモデル

論理データモデルは，データベース構造モデルとも呼ばれるデータモデルです。利用者とデータベース間のインタフェースの役割を担うデータモデルであるため，どのデータベースを用いて実装するかによって，用いられる論理データモデルが異なります。

参考 データがどのような形式で格納されているのかといった物理的な構造を一切意識せずにデータベース操作ができるのは，利用者とデータベースの間に，論理データモデルが介在するため。つまり，利用者は，論理データモデルを意識するだけでデータベース操作ができる。

▼ **表6.1.1** 論理データモデルの種類と特徴

階層モデル	**階層型データベースの論理データモデル**
	階層構造（木構造）でデータの構造を表現する。親レコードに対する子レコードは複数存在しうるが，子レコードに対する親レコードはただ1つだけという特徴がある。このため，親子間の"多対多"の関係を表現しようとすると冗長な表現となる
網モデル	**網（ネットワーク）型データベースの論理データモデル**
	レコード同士を網構造で表現する。親子間の"多対多"の関係も表現できる。ネットワークモデルともいう
関係モデル	**関係型データベースの論理データモデル**
	データを2次元の表（テーブル）で表現する。1つの表は独立した表であり，階層モデルや網モデルがもつ親レコードと子レコードという関係はもたない

参照 関係モデルについては，p.296も参照。

◯ 関係モデルへの変換

関係データベースを用いて実装する場合，概念データモデルを基に，主キーや外部キーを含めたテーブル構造を作成します。その際，テーブルの各列（データ項目）に設定される非NULL制約や検査制約などの検討も行います。**非NULL制約**とは空値（NULL）の登録を許可しないという制約，**検査制約**は登録できるデータの値や範囲を設定する制約です。

また，個々のアプリケーションプログラムや利用者が使いやすいように**ビュー**の設計（定義）を行うのもこの段階です。

参照 ビューについては，p.329を参照。

▲ **図6.1.2** テーブル構造

物理設計

物理設計は，データベースに要求される性能を満たすための設計です。データの量や利用頻度，さらに運用面も考慮して，最適なアクセス効率及び記憶効率が得られるよう，データベースの物理的構造を設計します。具体的には，ディスク容量の見積り，ブロック長やインデックス(索引)の設計，そして，アクセス効率の向上を図るための表の分割や複数ディスクへの分割の検討も行います。なお，物理設計の結果，十分な性能が得られないと判断された場合，論理設計に戻ってデータ構造の再検討(例えば，正規化によって分割された表を結合する非正規化)を行います。

参考 DBMSが読み書きするディスクI/Oの単位を**ブロック**という。ディスクI/Oが性能のボトルネックになることが多いため最適なブロック長を考える。なお，インデックスについてはp.345，表の分割についてはp.348を参照。

6.1.2 データベース設計における参照モデル AM/PM

3層スキーマ構造

3層スキーマ構造(3層スキーマアーキテクチャともいう)は，データベース設計における参照モデルです。

データベースは，環境の変化や時間の経過とともに実世界が変わると，少なからずその影響を受け，変更を余儀なくされることもあります。このような変更の多くは，データベース内のデータを変更することで対応ができますが，場合によってはデータ構造や物理的な格納構造の変更が必要な場合もあります。

そこで，データベースの構造を変更しても，その影響をアプリケーションプログラムが受けないようにするために，データの記述及び操作を行うための枠組み(スキーマ)を，外部，概念，内部の3層に分けて管理しようと考えられたのが**3層スキーマ構造**です。表6.1.2及び次ページの図6.1.3に示す3つのスキーマから構成され，これにより**データの独立性**を確保します。

参考 3層スキーマ構造は，ANSI(米国規格協会)のSPARC(標準化計画要求委員会)により提案されたものなので，ANSI/SPARC 3層スキーマモデルとも呼ばれる。

用語 **データの独立性**「データとアプリケーションプログラムを分離し，データベースの構造が変化してもアプリケーションプログラムの修正を必要としない」という特性。

▼ **表6.1.2** データベースの3層スキーマ

外部スキーマ	利用者やアプリケーションプログラムから見たデータの記述。関係データベースのビュー定義が外部スキーマ定義に相当する
概念スキーマ	データベース全体の論理的データ構造の記述。「概念スキーマ=論理データモデル」ではあるが，概念スキーマ定義の際には使用するDBMSの特性が加味される
内部スキーマ	概念スキーマをコンピュータ上に具体的に実現させるための記述。ブロック長や表領域サイズ，インデックスの定義などが内部スキーマ定義に相当する

　3層スキーマ構造におけるデータの独立性は，論理データ独立性と物理データ独立性に分けられます。**論理データ独立性**とは，実世界の変化に応じて概念スキーマを変更する必要が生じた場合でも，変更は，アプリケーションプログラムとは独立に行えるという特性です。**物理データ独立性**は，データの物理的な格納構造を変更してもアプリケーションプログラムに影響が及ばない，すなわちアプリケーションプログラムとは独立に内部スキーマの変更ができるという特性です。

試験 サブスキーマや記憶（格納）スキーマといった用語が選択肢に出ることがある。これらは3層スキーマ構造の原形となったCODASYLモデルにおける用語で，サブスキーマは「外部スキーマ」に，記憶（格納）スキーマは「内部スキーマ」に該当する。

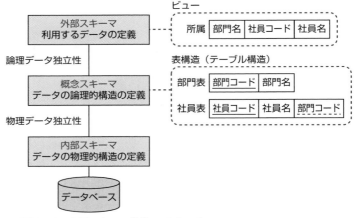

▲ **図6.1.3**　3層スキーマ構造のイメージ

COLUMN

インメモリデータベース

　インメモリデータベースは，データを直接メモリに配置することにより最速のパフォーマンスを得ることを可能とするデータベースです。従来のデータベースは，ディスクに記録されたデータをメモリに読み込んで処理するため，ディスク入出力がボトルネックになりますが，インメモリデータベースではディスク入出力がなく高速な処理ができます。また，最近のインメモリデータベースの多くは，データをカラム（列）型フォーマットでメモリに配置する**列指向（カラム指向）**を採用しているため，集計や分析処理などのクエリが高速化します。ただし，メモリ上のデータは電源を切ると失われてしまうという揮発性の問題があります。この問題を解決するため，インメモリデータベース・システムには，データを定期的にディスクに保存する機能や，別のスタンバイデータベースにデータの複製を取るレプリケーション機能などが搭載されています。

6.1.3 E-R図

E-R図の構成要素

E-R図は，対象世界にある情報を，実体(エンティティ)と実体間の関連(リレーションシップ)の2つの概念で表現した図です。

参考 E-R図(E-Rモデル)の特徴
①実体間の関係の意味表現ができる。
②様々なデータ構造が表現できる。
③関係モデルとの親和性が高い。

❖実体

実体(以下，**エンティティ**という)とは，実世界を構成する要素であり，実世界をモデル化するときの対象物です。エンティティには，"顧客"，"商品"といった物理的な実体を伴うものと，物理的実体を伴わない抽象的なもの(注文，受注などの事象)があります。いずれのエンティティもそれ自体の性質や特徴を表すいくつかの**属性**をもちます。そして，それぞれの属性が，ある具体的な値をもつとき，それを**インスタンス**といいます。つまり，エンティティの属性に具体的な値をもたせたものがインスタンスです。

ここで重要なことは，エンティティがもつ属性の中には，1つのインスタンスを一意に識別することのできる属性が必要だということです。この属性を**識別子**といいます。例えば，エンティティ"顧客"の属性としては，「顧客番号，顧客名，住所，電話番号」などが挙げられますが，このうち1つのインスタンスを一意に識別することができる属性は顧客番号です。なお，識別子は，関係データベースの表の**主キー**に相当するため，以降，「主キー」と表現することとします。

参考 同姓同名の顧客が存在する場合があるため顧客名は主キーに相応しくない。また，電話番号は主キーになり得るが，変わる可能性もあるので運用面から主キーには相応しくない。

参考 関係データベースに構築する際は，E-R図のエンティティ名を表名，属性名を列名にして適切なデータ型で表定義される。

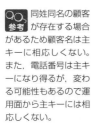

▲ **図6.1.4** エンティティとインスタンス

❖関連

関連(リレーションシップ)とは，「顧客は商品を注文する」，「社員は組織に所属する」といった業務上の規則やルールなどに

よって発生するエンティティ間の関係(意味的関係)のことです。エンティティ間の関連には,そのインスタンス同士がどのような対応関係にあるかによって,「1対1」,「1対多」,「多対多」の3つがあります。例えば,「一人の顧客は複数の商品を注文し,1つの商品は複数の顧客から注文を受ける」場合,"顧客"と"商品"の関連は「多対多」になります。

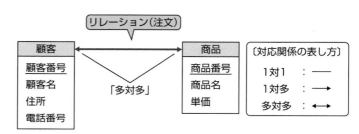

▲ **図6.1.5** エンティティ間の関連

参考 "顧客"の1つのインスタンスに対して"商品"の複数のインスタンスが対応し,"商品"の1つのインスタンスに対して"顧客"の複数のインスタンスが対応する場合,"顧客"と"商品"の関連は「多対多」になる。

なお,エンティティ間に存在するリレーションシップは1つとは限りません。「商品を注文する」,「商品を返品する」といった関連がある場合には,"顧客"と"商品"の間に2つのリレーションシップ("注文"と"返品")が存在することになります。

「多対多」から「1対多」への変換

エンティティ間に「多対多」の関連がある場合,関係データベースへの実装が難しくなります。そこで,「多対多」の関連を「1対多」と「多対1」の関連に分解します。例えば,図6.1.5の"顧客"と"商品"の場合,リレーションシップである注文を1つのエンティティとして捉え,その主キーに"顧客"の主キー(顧客番号)と"商品"の主キー(商品番号)をもたせます。こうすることで,"顧客"と"注文"は「1対多」,"注文"と"商品"は「多対1」となります(図6.1.6を参照)。

このように,「多対多」のエンティティ間に介入させたエンティティを**連関エンティティ**といいます。なお,連関エンティティ"注文"の顧客番号と商品番号を,それぞれ"顧客","商品"の主キーを参照する**外部キー**に設定することでデータの整合性(**参照制約**)が確保できます。

試験 午後問題におけるE-R図の空欄問題のポイント
下図のような場合は,連関エンティティである可能性が高い。連関エンティティの主キーは,双方の主キーの組であることに着目する。

参照 外部キーについては,p.298を参照。

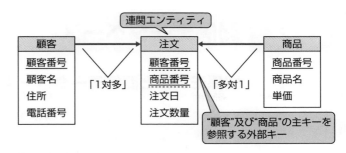

▲ **図6.1.6** 連関エンティティの導入

OQ 図6.1.6の注文
参考 日と注文数量は，
"顧客"と"商品"の
両方が特定されたとき
に発生するデータ。こ
れを**交差データ**という。
なお，顧客が同一商品
を別日に注文すること
を考慮する場合，注文
日を主キーに組み込む
必要がある。

独立エンティティと依存エンティティ

　一般に，エンティティ間に「1対多」の関連があるとき，「多」
側のエンティティは「1」側のエンティティの主キー項目を外部
キーとしてもちます。このとき，この外部キーが主キーの一部と
なる場合，そのエンティティは「1」側のエンティティに依存す
ることになります。つまり，図6.1.6の"注文"は，"顧客"及び
"商品"に依存するエンティティであり，両エンティティの存在
なしには存在できません（"顧客"又は"商品"のインスタンスが
存在しなくなれば，それに関連する"注文"インスタンスも存在
しなくなる）。このような，他のエンティティに依存するエンティ
ティを**弱エンティティ（弱実体）**といいます。一方，"顧客"と
"商品"は，どのエンティティにも依存せず独立に存在できるの
で，これを**強エンティティ（強実体）**といいます。

OQ "注文"を強エン
参考 ティティにする
方法：主キー項目に注
文番号を導入し，顧客
番号と商品番号を主キ
ーから外す。

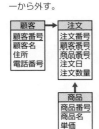

ループ構造の表現

　E-R図は，ループ（再帰的）構造を表現できます。例えば，
「（親）部品は複数の（子）部品から構成され，（子）部品は1つの（親）
部品に属する」という1対多の階層的な関連がある場合，図6.1.7
のような表現をします。

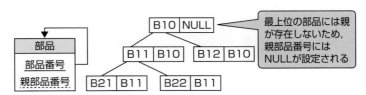

▲ **図6.1.7** ループ構造の表現

6.2 関係データベース

6.2.1 関係モデルと関係データベース　AM / PM

　関係データベース(RDB：Relational DataBase)は，1970年にコッド博士によって提案された関係モデルを基に，設計・構築されるデータベースです。ここでは，関係モデルを中心に，関係モデル及び関係データベースの基本事項を見ていきましょう。

関係モデル

　関係モデルは，集合論に基礎をおいた論理データモデルです。ひとまとまりとなるデータを2次元の平坦な表(テーブル)で表します。この表のことを関係モデルでは**関係**といい，表の各行に格納される1組のデータを**タプル(組)**といいます。また，タプルはいくつかの**属性**(アトリビュート)から構成されます。

2次元の平坦な表とは，行と列が交差するマスには1つの値しか入らない形の表のこと。正確にはこれを第1正規形(p.302参照)の表という。

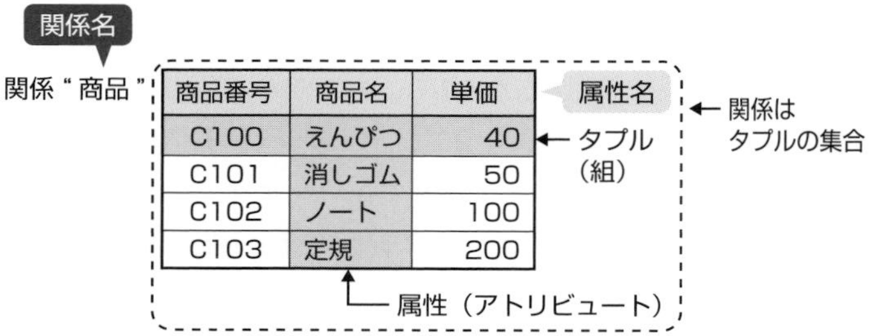

▲ **図6.2.1**　関係モデル

> **POINT** 関係モデルの規則
> ① 属性名の重複は許されない。
> ② タプル及び属性の並び順を入れ替えても同じ関係となる。
> ③ 関係内に同一のタプルの存在は許されない。

用語対応表

関係モデル	関係データベース
関係	表
タプル(組)	行
属性	列

本来，これらの用語は使い分けるべきであるが，厳密に捉えすぎるとかえって難しくなる。また，試験においては，両者を区別せずに用いている問題もあるため，本書でもこれらを特に区別せずに用いることとする。

関係データベース

　関係データベースは，関係モデルをコンピュータ上に実装したものです。関係モデルの"関係"は，関係データベースの"表"に対応付けられるため，「関係モデルの関係＝関係データベースの

表」と考えてよいでしょう。ただし，いくつかの相違点はあります。このうち最も注意したいのは，前ページに示したPOINT ③です。関係モデルでは，関係内に同一のタプルの存在を許していませんが，関係データベースでは，表内に同一の行の存在を許しています。

属性の定義域

理論的な観点から見れば，**タプル**は，同一特性をもった値の集合（**定義域**，**ドメイン**という）から一定の意味をもたせるために，1つずつ要素を取り出して作成されたデータの組みといえます。

用語 定義域（ドメイン：domain）
属性がとり得る値の集合のこと。

▲ **図6.2.2** 定義域（ドメイン）

◯定義域（ドメイン）の定義

関係データベースでは，データ型が定義域（ドメイン）に対応しますが，特定の制約によって規定される値域をもつもの，例えば，日付，金額，数量などを対象とし，これらの定義域を新たなデータ型として定義することで，異なったデータ項目でも同じ入力チェックや同じ出力編集ができるという利点が生まれます。

下記に，整数値，かつ非負（0以上）であるという特性をもつドメイン「金額（KINGAKU）」の定義例を示します。

参照 CREATE TABLE文については，p.326を参照。

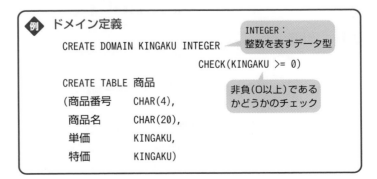

6.2.2 関係データベースのキー AM/PM

関係モデル及び関係データベースでは，表中の行を一意に識別するための**キー**（スーパキー，候補キー，主キー）と，別の表を参照し関連づけるための**外部キー**という概念が設けられています。

スーパキー

表中の行を一意に特定できる属性，あるいは属性の組を**スーパキー**（super key）といいます。極端な例ですが，表内に同一行が存在しなければ，スーパキーにすべての属性を指定してもかまいません。

候補キー

一般に，空値は重複値とは扱われないため候補キーの値として空値は許される。

スーパキーのうち，余分な属性を含まず，行を一意に識別できる必要最小限の属性によって構成されるスーパキーを**候補キー**（candidate key）といいます。候補キーには，一意性を保証するため同一表内に同じ値があってはいけないという**一意性制約**が設定されます。

どの候補キーにも属さない属性を非キー属性という。

候補キーは1つの表において複数存在する場合があります。例えば，次ページ図6.2.3の社員表では，社員コード，電話番号が候補キーとなります。

主キー

主キーと代理キー

スーパキー
候補キー
主キー　代理キー

代理キーは，代替キーと呼ばれることがある。

候補キーの中からデータ管理上（運用面で）最も適切だと思われるものを1つ選んで**主キー**（primary key）にします。主キーに選ばれなかった残りの候補キーを**代理キー**（alternate key）といいます。

主キーには，一意性制約の他，実体を保証するため空値（NULL）は許さないという NOT NULL制約が設定されます。この主キーがもつ制約を**主キー制約**といいます。

外部キー

関連する表の候補キーを参照する属性，又は属性の組を**外部キー**（foreign key）といいます。2つの表の間に「1対多」の関係があ

一般に，外部キーは，被参照表の主キーを参照するが，UNIQUE指定された候補キーを参照する場合もある。参照制約については，p.324も参照。

る場合，「多」側の表に「1」側の表の主キーあるいは主キー以外の候補キーを参照する属性をもたせて，これを外部キーとします。これにより，外部キーの値が被参照表（外部キーによって参照される表）に存在することを保証する**参照制約**が確保できます。

なお，複数の表を参照するような場合，表内に複数の外部キーをもつことになります。また外部キーの値は，NOT NULL 制約が定義されていなければ空値（NULL）は許されます。

社員表

候補キー1		候補キー2		外部キー
社員コード	社員名	電話番号	住所	部門コード
100	大滝香菜子	080-1111-1234	東京都	A01
101	岡嶋雄一	080-2222-5678	神奈川県	A01
102	緒方賢一	080-3333-0123	東京都	K01
103	藤井達也	080-4444-4567	千葉県	S01

入社時に貸与された携帯の電話番号

＊属性名の実線下線＿＿は主キー，破線下線＿＿は外部キーを示す。

部門表

部門コード	部門名
A01	教育
K01	開発
S01	総務

▲ **図6.2.3** 候補キー，外部キーの例

COLUMN

代用のキー設定

主キーが複数の属性から構成される**複合キー**（連結キー）である場合，その構成属性数が多すぎると運用面で面倒です。そこで，このような場合は，連番など意味のない（人工的な）属性を追加して，それを**代用のキー**（surrogate key）とします。そして，複合キーを構成している属性は代理キーにします。

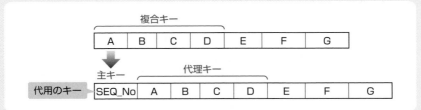

▲ **図6.2.4** 代用キーの例

6.3 正規化

6.3.1 関数従属 AM/PM

　ある属性xの値が決まると他の属性yの値が一意的に決まる関係を**関数従属**といい，これを「x → y」と表します。このとき，属性xを**独立属性**(決定項)，属性yを**従属属性**(従属項)といいます。

　1つの表内の属性間にある関数従属性に着目し，整理(正規化)することで，整合性を維持しやすいデータベースを設計することができるため，以降に説明する正規化において関数従属は重要な概念となります。まずは，関数従属の性質をみていきましょう。

部分関数従属

　「x → y」の関係において，yがxの真部分集合にも関数従属するとき，yはxに**部分関数従属**するといいます。

　例えば，独立属性xがx_1とx_2の2つの属性から構成される場合，{x_1, x_2} → yが成立していて，かつ，x_1→ y又はx_2→ yのいずれかが成立するなら，{x_1, x_2} とyの間に部分関数従属が存在することになります。部分関数従属は，このように独立属性xが複数の属性から構成される場合に起こりうる関数従属です。

完全関数従属

　「x → y」の関係において，yがxのどの真部分集合にも関数従属しないとき，これを**完全関数従属**といいます。独立属性xが1つの属性で構成される場合には，常に完全関数従属が成立することになります。

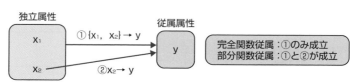

▲ **図6.3.1** 完全関数従属と部分関数従属

6
データベース

参考 「y ↛ x」とは,
xはyに関数従属
でないという意味。

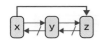

参考 「y → x」が成
立する場合,
「x⇆y → z」となり,
zはxとyに直接に関数
従属する。

参考 完全推移的
関数従属

推移的関数従属

　直接ではなく間接的に関数従属している関係です。具体的には,属性x, y, zにおいて,「x → y」,「y → z」,「y ↛ x」が成立しているとき,zはxに**推移的関数従属**しているといいます。さらに,「z ↛ y」が成立していれば,zはxに**完全推移的関数従属**しているといいます。

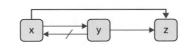

　　　※属性x, y, zは,互いに重複しない

▲ **図6.3.2**　推移的関数従属の例

　ではここで,具体例をみておきましょう。

　図 6.3.3 の売上明細表の場合,“商品名”と“単価”は,主キーの ｜売上番号, 商品番号｜ に関数従属していますが,主キーの一部である“商品番号”が決まれば“商品名”と“単価”は決まります。したがって,“商品名”と“単価”は主キーに**部分関数従属**していることになります。一方,“数量”は,主キーの ｜売上番号, 商品番号｜ が決まらなければ決まりません。したがって,“数量”は主キーに**完全関数従属**していることになります。

　売上表においては,主キーの“売上番号”が決まれば“顧客番号”が決まり,“顧客番号”が決まれば“顧客名”が決まります。しかし“顧客番号”が決まっても“売上番号”は決まりません。したがって,“顧客名”は“顧客番号”を介して主キーである“売上番号”に**推移的関数従属**することになります。

参考 複数の関数従属
から,1つの関
数従属を導くために次
のような**推論律**が用い
られる。
推移律：A→B, B→C
ならばA→C
合併律：A→B, A→C
ならばA→BC
増加律：A→BならばAC→BC
反射律：BがAの部分
集合ならばA→B
擬推移律：A→B, BC→
DならばAC→D

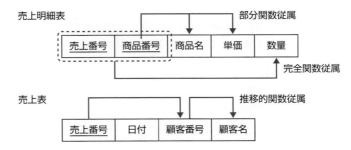

▲ **図6.3.3**　各関数従属の例

6.3.2 正規化の手順 AM/PM

第1正規化

参考 繰返し部分をもつ表を非正規形といい、繰返し部分が取り除かれたものを第1正規形という。

　関係データベースに定義できるのは平坦な2次元の表なので、繰返し部分をもつ表は、これを排除し平坦にする必要があります。この繰返し部分を排除する操作を**第1正規化**といい、第1正規化の結果得られた表を**第1正規形**といいます。

　例えば、図6.3.4の売上表には繰返し部分が存在しています。

売上表

売上番号	日付	顧客番号	顧客名	商品番号	商品名	単価	数量
G1001	2018/4/1	C01	○○商店	F101	オレンジ	100	50
				F102	りんご	100	60
G1002	2018/4/2	C02	△△商会	F101	オレンジ	100	100
				F103	マンゴー	250	50
G1003	2018/4/3	C03	××商事	F102	りんご	100	20
				F104	メロン	600	40

繰返し部分

▲ **図6.3.4**　非正規形

　そこで、主キーの"売上番号"と、繰返し部分を一意に定めることのできる"商品番号"を複合キーとして、図6.3.5のように繰返し部分を売上明細表として別の表に分解します。その際、主キーの一部である"売上番号"を、元の表の主キーを参照する外部キーとします。

　このように分解・独立させた表に、元の表の主キーをもたせるのは、結合によって元の表を再現できるようにするためです。

売上表

売上番号	日付	顧客番号	顧客名
G1001	2018/4/1	C01	○○商店
G1002	2018/4/2	C02	△△商会
G1003	2018/4/3	C03	××商事

参照

売上明細表

売上番号	商品番号	商品名	単価	数量
G1001	F101	オレンジ	100	50
G1001	F102	りんご	100	60
G1002	F101	オレンジ	100	100
G1002	F103	マンゴー	250	50
G1003	F102	りんご	100	20
G1003	F104	メロン	600	40

外部キー

＊通常、主キー属性には＿＿、外部キー属性には＿_＿を付けるが、試験問題に倣って、主キーの実線が付いている属性には、外部キーの破線を付けないこととする（以下、同様）。

主キーの一部である商品番号に関数従属する部分関数従属は残る

▲ **図6.3.5**　第1正規形

第1正規形におけるデータ操作での不具合

　第1正規形となった表は，基本的には関係データベースに定義することができますが，データが冗長であるため，このままではデータ操作時に不具合が生じます。この不具合は**更新時異常**と呼ばれ，次のような種類があります。

◎ 修正時異常

　商品名「オレンジ」を「清見オレンジ」に変更する場合，該当する行をすべて同時に変更しなければなりません。1行でも変更し忘れると，データに不整合が発生してしまいます。

◎ 挿入時異常

> **参考** 主キーが複合キーである場合，それを構成するいずれの項目も空値は許されない。

　売上明細表の主キーが，"売上番号"と"商品番号"の複合キーとなっているため，売上のない("売上番号"が空値の)商品は登録することができません。

◎ 削除時異常

　売上実績が1つしかない商品の場合，その売上データを削除すると，商品データも削除されてしまいます。逆に，商品データを残そうとすれば，売上データは削除できません。

売上明細表

売上番号	商品番号	商品名	単価	数量
G1001	F101	オレンジ	100	50
G1001	F102	りんご	100	60
G1002	F101	オレンジ	100	100
G1002	F103	マンゴー	250	50
G1003	F102	りんご	100	20
G1003	F104	メロン	600	40
	F105	なし	500	

「オレンジ」を「清見オレンジ」に変更する場合，複数行同時に修正する必要がある

「なし」は売上がなければ登録できない

4行目の売上データを削除すると，「マンゴー」の商品データが削除される

▲ **図6.3.6** 更新時異常

　このように，第1正規形では更新時異常が発生する可能性があるので，これを防止するために，次のステップである第2正規化及び第3正規化を行います。

第2正規化

主キーが複数の属性で構成されている場合にのみ第2正規化を行う。1つの属性で構成されているのであれば部分関数従属は存在しないため、既に第2正規形である。

　第2正規化は、第1正規形の表に対して行われる操作であり、主キーの一部に部分関数従属する非キー属性を別の表に分解する操作です。つまり、すべての非キー属性が、主キーに完全関数従属である状態にする操作を第2正規化といい、第2正規化の結果得られた表を**第2正規形**といいます。

第2正規形の論理的定義
どの非キー属性も、候補キーの真部分集合に対して関数従属しない（どの非キー属性も、候補キーに完全関数従属である）。

　図6.3.7の売上明細表において、非キー属性である"商品名"と"単価"は、主キーの一部である"商品番号"に部分関数従属しているので、これを商品表として独立させます。このとき、商品表の主キーを"商品番号"とし、元の表（図6.3.7の上の表）を再現できるよう売上明細表（図6.3.7の下の表）には、商品表の主キーを参照する外部キーとして"商品番号"を残します。

売上明細表

売上番号	商品番号	商品名	単価	数量
G1001	F101	オレンジ	100	50
G1001	F102	りんご	100	60
G1002	F101	オレンジ	100	100
G1002	F103	マンゴー	250	50
G1003	F102	りんご	100	20
G1003	F104	メロン	600	40

主キーの一部である商品番号に関数従属している（部分関数従属）

売上明細表

売上番号	商品番号	数量
G1001	F101	50
G1001	F102	60
G1002	F101	100
G1002	F103	50
G1003	F102	20
G1003	F104	40

外部キー

商品表

商品番号	商品名	単価
F101	オレンジ	100
F102	りんご	100
F103	マンゴー	250
F104	メロン	600

参照

▲ **図6.3.7**　第2正規形

第3正規化

推移的関数従属

推移的関数従属

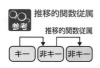

　第3正規化は、第2正規形の表に対して行われる操作であり、主キーに推移的関数従属している非キー属性を別の表に分解する操作です。つまり、非キー属性間の関数従属をなくし、どの非キ

一属性も主キーに直接に関数従属している状態にする操作を第3正規化といい，第3正規化の結果得られた表を**第3正規形**といいます。

図6.3.8の売上表は第2正規形ですが，「顧客番号→顧客名」という非キー属性間の関数従属が存在するので，これを，"顧客番号"を主キーとした顧客表として独立させます。また，売上表には，顧客表の主キーを参照する外部キーとして"顧客番号"を残します。

売上表

売上番号	日付	顧客番号	顧客名
G1001	2018/4/1	C01	○○商店
G1002	2018/4/2	C02	△△商会
G1003	2018/4/3	C03	××商事

推移的関数従属

売上表

売上番号	日付	顧客番号
G1001	2018/4/1	C01
G1002	2018/4/2	C02
G1003	2018/4/3	C03

外部キー　　　　　参照

顧客表

顧客番号	顧客名
C01	○○商店
C02	△△商会
C03	××商事

▲ **図6.3.8** 第3正規形

正規化と非正規化

正規化の目的は，データ操作に伴う更新時異常の発生を防ぐことです。正規化により属性間の関数従属を少なくし，かつ，データの重複を排除することで更新時異常の発生を防ぐことができます。しかし，正規化を進めると表がいくつにも分割されるため，そこから必要なデータを取り出すには，表の結合が必要となり処理時間がかかります。そのため，処理速度が厳密に要求されたり，更新時異常の発生が低い場合（例えば，更新が少ない表に対して）は，あえて正規化を進めないか，あるいは正規化したものを元に戻す，**非正規化**を行います。なお，ここでいう非正規化とは，アクセスパターンを考慮したうえで，どの表を統合させるか，どの属性を表間に重複させるかを考えることをいいます。

6.4 関係データベースの演算

6.4.1 集合演算 AM/PM

各集合演算を実現するSQL文については p.321を参照。

同じ型の表とは，属性の数（次数）とドメイン（取り得る値の集合）が等しい表のこと。なお，このような表を和両立であるという。

関係データベースにおける集合演算には，同じ型の表間で行う和，共通（積），差の3つの演算と，同じ型の表でなくても演算可能な直積演算があります。

和，共通，差

図6.4.1の表Aと表Bに対するそれぞれの演算結果を見てみましょう。

表A

社員コード	社員名	部門コード
11001	遠藤美弥子	E01
12001	江川豊	E02

表B

社員コード	社員名	部門コード
11001	遠藤美弥子	E01
22001	一条光	J01

▲ **図6.4.1** 例：表Aと表B

▼ **表6.4.1** 関係データベースの和，共通，差

和：∪ (UNION あるいは UNION ALL)	2つの表を合わせて新しい表を作る

2つの表を合わせて新しい表を作る

社員コード	社員名	部門コード
11001	遠藤美弥子	E01
12001	江川豊	E02
22001	一条光	J01

「A UNION B」の結果

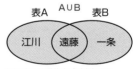

UNIONは重複行を削除する。
UNION ALLは重複行を削除しない。

共通（積）：∩
(INTERSECT)

どちらにも属する行で新しい表を作る

社員コード	社員名	部門コード
11001	遠藤美弥子	E01

「A INTERSECT B」の結果

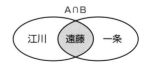

差：−
(EXCEPT)

差A−B：Aに属してBに属さない行で新しい表を作る

社員コード	社員名	部門コード
12001	江川豊	E02

「A EXCEPT B」の結果

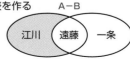

6

データベース

直積

SELECT文のFROM句で複数の表を指定したときに直積演算が行われる。

　直積演算は，2つの表におけるすべての行を組合せて新しい表を作る演算です。直積演算の結果，得られる新しい表を**直積表**といい，直積表の列数は両方の列数を足した数となり，行数は両方の行数を掛けた数となります。

参考 直積演算の結果は，CROSS JOIN（交差結合）と一致する（p.321を参照）。

社員表

社員コード	社員名	部門コード
11001	遠藤美弥子	E01
12001	江川豊	E02

部門表

部門コード	部門名
E01	営業1課
E02	営業2課

社員コード	社員名	部門コード	部門コード	部門名
11001	遠藤美弥子	E01	E01	営業1課
11001	遠藤美弥子	E01	E02	営業2課
12001	江川豊	E02	E01	営業1課
12001	江川豊	E02	E02	営業2課

社員表の行数2×部門表の行数2＝4行

▲ **図6.4.2** 直積演算の結果

6.4.2 関係演算 （AM/PM）

参考 関係演算と集合演算を合わせて**関係代数**といい，これらの演算によって得られる表を導出表という。

　関係演算は，関係データベース特有の演算です。射影，選択，結合，商の4つの演算があります。

選択と射影

　選択演算は，表から「指定した行」を取り出す演算です。また，**射影演算**は，表から「指定した列」を取り出す演算です。

参考 射影の個数 n列ある表において，例えば，任意の射影Pを考えたとき，1つの列が射影Pにより取り出されるか否かで2通りあるので，列がn列あれば，$2×2×…×2=2^n$個の異なる射影が存在する。

社員表

社員コード	社員名	部門コード
11001	遠藤美弥子	E01
12001	江川豊	E02

社員名を射影　→

社員コード＝11001で選択　→

社員名
遠藤美弥子
江川豊

社員コード	社員名	部門コード
11001	遠藤美弥子	E01

▲ **図6.4.3** 選択と射影

結合

結合演算は，2つの表が共通にもつ項目（結合列）で結合を行い，新しい表をつくり出す関係演算です。一般に，SELECT文のFROM句で結合対象の表名をカンマで区切って指定し，WHERE句で結合条件を指定することで表の結合を行います。ここで，結合条件とは，結合列の値を>，≧，＝，≠，≦，<のいずれかの比較演算子で比較し，結びつける条件のことで，特に，比較演算子が「＝（等号）」である結合を**等結合**といいます。

◆ 等結合

等結合は，2つの表から作成される直積表から結合列の値が等しいものだけを取り出します。得られた新たな表には結合列が重複して含まれるため，SELECT句でどちらか一方の結合列を指定して，見かけ上の重複を取り除きます。図6.4.4に，社員表と部門表の結合例を示します。

> **例**
> ```
> SELECT 社員.社員コード, 社員.社員名, 部門.部門コード, 部門.部門名
>   FROM 社員, 部門
>  WHERE 社員.部門コード = 部門.部門コード
> ```

社員表

社員コード	社員名	部門コード
11001	遠藤美弥子	E01
12001	江川豊	E02

部門表

部門コード	部門名
E01	営業1課
E02	営業2課

直積

社員コード	社員名	部門コード	部門コード	部門名
11001	遠藤美弥子	E01	E01	営業1課
11001	遠藤美弥子	E01	E02	営業2課
12001	江川豊	E02	E01	営業1課
12001	江川豊	E02	E02	営業2課

・部門コードの値が等しいものだけを取り出す（選択）
・重複する部門コードの1つを取り除く

社員コード	社員名	部門コード	部門名
11001	遠藤美弥子	E01	営業1課
12001	江川豊	E02	営業2課

▲ **図6.4.4** 従来型の等結合の過程

参考 結合列の値を>，≧，＝，≠，≦，<のいずれかの比較演算子で比較し結びつける演算をθ（シータ）結合という。なお，SQL文で用いる比較演算子はp.312を参照。

参考 列名の指定　結合表には，列名が同じものが存在する可能性がある（右例の場合，部門コード）。そこで，どの表の列かを明確にするために，「表名.列名」で指定する。ただし，列名が結合表内で一意であれば，単に「列名」のみの指定でも構わない。なお，試験ではすべての列名を「表名.列名」で記述しているため，本書もこれに倣うことにする。

参考 FROM句に社員表と部門表が指定されると，この2つの表の直積が作成され，WHERE句の結合条件により部門コードが等しいものが選択される。したがって，等結合は，直積と選択の組合せで表すことができる演算である。

2つの表R(X, Y1, Y2)とS(Y3, Y4)について，S(Y3, Y4)のすべての行がR(Y1, Y2)に含まれる場合に，対応するR(X)を求める演算です。すなわち，商(R÷S)は，表Rの中から表Sのすべての行を含む行を取り出し，そこから表Sの項目が取り除かれます。また，このとき重複行も取り除かれます。

表R		
X	Y1	Y2
K1	z	1
K2	a	1
K2	b	2
K3	a	1
K3	b	2

÷

表S	
Y3	Y4
a	1
b	2

=

R÷Sの結果
X
K2
K3

▲ **図6.4.5** 商演算の仕組み

例えば，社員表から「東京に住み，営業2課(E02)に勤務する社員」を探すという場合に商演算が使われます。

社員表

社員コード	社員名	住所	部門コード
11001	遠藤美弥子	東京	E01
12001	江川豊	東京	E02
13001	平田栄子	東京	E02
22001	一条光	神奈川	J01

÷

住所	部門コード
東京	E02

↓

社員コード	社員名
12001	江川豊
13001	平田栄子

▲ **図6.4.6** 商演算の例

結合演算の種類

前ページで説明した，「SELECT...FROM...WHERE」を用いた結合(**等結合**)は，従来から用いられている基本的な方法です。しかし，この結合方法では結合列が一致しない行を結果に反映することができません。例えば，図6.4.4において社員コードが11001である社員の部門コードが空値(NULL)であった場合，この社員を抽出できないといった不具合が発生します。そこで，現在のSQL標準にはこのような場合に用いる結合演算(**外結合**：OUTER JOIN)が提供されています。この他，いくつかの異なる種類の結合演算がありますが，これらについては「6.5.4 表の結合」で説明します。

6.5 SQL

6.5.1 SQL文の種類 AM/PM

　SQLは，関係データベースにおける標準的なデータベース言語です。データの検索，挿入，更新，削除といった4つの基本操作を行うSQL文の他，スキーマや表，ビュー，インデックス（索引）などのデータベースオブジェクトを定義するためのSQL文や，トランザクションを制御するためのSQL文などが提供されています。表6.5.1に主なSQL文をまとめておきます。

参考 SQLは，DDL（Data Definition Language：データ定義言語）とDML（Data Manipulation Language：データ操作言語）などに大別される。

参照 ALTER TABLE文については，p.765を参照。

▼ **表6.5.1** 主なSQL文

データベースオブジェクトの定義・変更	
CREATE	データベースオブジェクトの定義
DROP	データベースオブジェクトの削除
ALTER	データベースオブジェクトの定義変更
データ操作	
SELECT	データの検索（問合せ）
INSERT	データの挿入（追加）
UPDATE	データの更新
DELETE	データの削除
データ制御	
GRANT	表やビューに対するアクセス権（読取権限，挿入権限，更新権限，削除権限）の付与
REVOKE	アクセス権の削除（取消）
COMMIT	トランザクション更新処理の確定
ROLLBACK	トランザクション更新処理の取消
カーソル定義・操作	
DECLARE CURSOR	カーソルの割当て（カーソルの宣言・定義）
OPEN	カーソルのオープン
FETCH	カーソルが指し示す行データの取り出し
CLOSE	カーソルのクローズ

参考 カーソル定義・操作は，親言語方式などで使用されるSQL文。親言語方式とは，プログラムの中にSQL文を組み込んでデータベースにアクセスする方式。埋込みSQLともいう（p.332参照）。

　SQL文のうち，試験での出題が最も多いのはデータ操作文（特に，SELECT）です。次項以降，データ操作文について説明しますが，試験に出題される複雑なSQL文を解釈できるようにするためには，暗記するのではなく，規則を理解することに重点をおいてください。

6.5.2 SELECT(問合せ) AM/PM

SELECT(問合せ)の基本形

SELECT(問合せ)の基本的な記述は，次のとおりです。

> **P O I N T** SELECT(問合せ)の基本形
>
> SELECT [ALL | DISTINCT]　選択リスト
>
> 　FROM　参照表リスト
>
> 　[WHERE　選択条件や結合条件]
>
> 　[GROUP BY　グループ化列名リスト]　　　＊ [ ] 内は省略可能
>
> 　[HAVING　グループ選択条件]　　　　| は "又は" を表す

FROM句からHAVING句までを**表式**といい，SELECT(問合せ)は，「表式(FROM句→WHERE句→GROUP BY句→HAVING句)→SELECT句」の順に評価・実行した結果を，**導出表**として出力します。各句では，その前の句により生成された表を入力して，それを処理した結果を次の句へ出力します。ここで，各句で生成される表は仮想表です。中間表ともいいます。

▼ **表6.5.2**　各句(FROM句からSELECT句)の処理概要

FROM句	処理の対象となる参照表(表，ビューなど)を指定する。指定表が1つであればその表を，複数であれば(概念的に)直積を作成して次の句へ出力する
WHERE句	特定の行を選択するための条件や，表を結合するための条件を指定する。FROM句で生成された表を入力し，選択条件及び結合条件を満たす行を取り出して次の句へ出力する
GROUP BY句	グループ化する列を指定する。WHERE句(WHERE句がない場合はFROM句)で生成された表を入力し，GROUP BY句で指定された列でグループ化した結果(グループ表という)を次の句へ出力する
HAVING句	特定のグループを抽出するための条件を指定する。GROUP BY句で生成されたグループ表を入力し，条件を満たすグループだけを取り出して次の句へ出力する。なお，GROUP BY句がない場合は，FROM句又はWHERE句で出力された表を1つのグループとして扱う
SELECT句	取り出す列(全列取出しの場合は '*'，又，同一列の複数指定も可)，算術式，集合関数，定数を指定する。前の句(表式の最後の句)で生成された表を入力し， ・列名が指定されていればその列の値を， ・算術式が指定されていればその算術結果を， ・集合関数が指定されていればその指定列で集計処理した結果を， ・定数が指定されていればその定数値を， 導出表の列(導出列)として出力する。なお，DISTINCTを指定すると重複行が取り除かれ，ALLを指定すると重複行も含み出力する。省略時はALLとなる

6.5.3 基本的なSQL問合せ AM/PM

選択条件の指定

WHERE句で選択演算が行われ，SELECT句で射影演算が行われる。

WHERE句に選択条件を指定することで特定の行を取り出すことができ，SELECT句に列名を指定することで特定の列を取り出すことができます。

◯論理演算子

論理演算子(AND，OR，NOT)を用いることによって，複数の条件の組合せによる選択条件を作ることができます。選択条件に使用する比較演算子を表6.5.3に示します。

▼ **表6.5.3** 比較演算子一覧

演算子	意 味	使 用 例
=	等しい	WHERE 列A = 30 （列Aが30と等しい）
<>	等しくない	WHERE 列A <> 30 （列Aが30と等しくない）
>	より大きい	WHERE 列A > 30 （列Aが30より大きい）
<	より小さい	WHERE 列A < 30 （列Aが30より小さい）
>=	以上	WHERE 列A >= 30 （列Aが30以上）
<=	以下	WHERE 列A <= 30 （列Aが30以下）

例えば，社員表から「年齢が24歳以上28歳以下」の社員の，社員コード及び社員名を求める場合，FROM句に社員表を指定し，WHERE句に選択条件「年齢 >= 24 AND 年齢 <= 28」を，そしてSELECT句に「社員コード，社員名」を記述します。

選択条件を次のように記述するとエラーになる。〔NGな例〕24 <= 年齢 <= 28

社員表

社員コード	社員名	年齢	部門コード
11001	遠藤美弥子	19	E01
11002	遠藤徹	22	E01
12001	江川豊	24	E02
12002	渡辺隆	28	E02
13001	平田栄子	30	E03

社員コード	社員名
12001	江川豊
12002	渡辺隆

```
SELECT 社員コード, 社員名
  FROM 社員
  WHERE 年齢 >= 24 AND
        年齢 <= 28
```

▲ **図6.5.1** 特定行，列を取り出すSQL文

◯ IS NULL述語

◯◯ 列の値とNULLを
参考 比較演算子で比較した結果は，常に不定(unknown)になる。
〔例〕
A=20, B=10, CがNULLの場合，次の式の結果は不定。
(A＞C) OR (A＞B)
 不定   真
   不定

　列の値が空値(NULL)であるかを判定する場合，「列名 = NULL」ではなく，「列名 IS NULL」と記述しなければいけないことに注意してください。例えば，所属部門が決まっていない(部門コードがNULLの)社員を求める場合は，「部門コード IS NULL」と記述します。逆に，所属部門が決まっている社員を求める場合は，「部門コード IS NOT NULL」と記述します。

◯ BETWEEN述語

　図6.5.1のSQL文は，BETWEEN述語やIN述語を使用して，表すこともできます。

　BETWEEN述語は，列の値が「値1～値2(値1，値2を含む)」の範囲に含まれるかを判定する場合に使います。24歳以上28歳以下の社員を求める場合，「年齢 BETWEEN 24 AND 28」と記述します。

◯◯ 年月日の範囲
参考 チェックにもBETWEEN述語が用いられる。
〔例〕
納入日 BETWEEN
'2023-10-05' AND
'2023-10-17'

```
SELECT 社員コード, 社員名
    FROM 社員
    WHERE 年齢 BETWEEN 24 AND 28
```

　また，BETWEENの前にNOTを付け，「年齢 NOT BETWEEN 24 AND 28」と記述すると，24歳以上28歳以下でない社員を求められます。これは，「年齢 < 24 OR 年齢 > 28」と同じになります。

◯ IN述語

◯◯ IN＋副問合せ
参考 括弧内に副問合せを記述できる。例えば，下記のように記述しても右の例と同様な結果が得られる。
SELECT
 社員コード, 社員名
FROM 社員
WHERE 年齢 IN
 (SELECT 年齢
  FROM 社員
  WHERE 年齢 BETWEEN
    24 AND 28)
なお，副問合せについては，p.320を参照。

　IN述語は，列の値が括弧内に記述された値リストのいずれかと等しいかを判定する場合に使います。括弧内に「24, 25, 26, 27, 28」と記述することで24歳以上28歳以下の社員を求められます。

```
SELECT 社員コード, 社員名
    FROM 社員
    WHERE 年齢 IN (24, 25, 26, 27, 28)
```

　また，INの前にNOTを付けると，24歳以上28歳以下でない社員を求められます。

◯LIKE述語

LIKE述語は，列の値があるパターン値に合致するかどうかを判定する場合に使います。「列名 LIKE パターン値」と記述すると，列の値とパターン値のパターンマッチングが行われます。

例えば，社員表から「社員名が'子'で終わる社員」を得たい場合，「社員名 LIKE '%子'」と記述します。

参考 パターン文字
'%'と'_'の意味
・%：0文字以上の任意の文字列を意味する。例えば，a%bは，aで始まりbで終わる任意長の文字列に合致する。
・_：任意の1文字を意味する。例えば，a__bは，aで始まりbで終わる4文字の文字列と合致する。

社員表

社員コード	社員名	年齢	部門コード
11001	遠藤美弥子	19	E01
11002	遠藤徹	22	E01
12001	江川豊	24	E02
12002	渡辺隆	28	E02
13001	平田栄子	30	E03

社員コード	社員名
11001	遠藤美弥子
13001	平田栄子

```
SELECT 社員コード, 社員名
  FROM 社員
  WHERE 社員名 LIKE '%子'
```

▲ **図6.5.2** LIKE述語を用いたSQL文

グループ化

取り出された行を，GROUP BY句で指定した列の値でグループ化し，グループごとの合計や平均値，最大値などを求めることができます。また，HAVING句を用いることで条件に合ったグループだけを取り出すことができます。

例えば，2人以上が所属する部門の部門コードと，その所属人数，そして平均年齢を求めるSQL文は，次のようになります。

参考 ASは，列や表に別名を付けるとき使用する。省略可能だがSELECT句で使用する場合は省略しないことが多い。

```
SELECT 部門コード,
       COUNT(*) AS 所属人数, AVG(年齢) AS 平均年齢
  FROM 社員
  GROUP BY 部門コード
  HAVING COUNT(*) >= 2
```

参考 GROUP BY句を指定した場合，SELECT句に指定できる要素は，基本的に，グループ化列の列名，集合関数，定数などの値式のみ。

このSQL文では，まず社員表の行を「GROUP BY 部門コード」により，部門コードでグループ化します。次に「HAVING COUNT(*) >= 2」により，グループのデータ（行）数が2以上であるグループを取り出します。そして，取り出したグループごとに，その部門コード，所属人数，平均年齢を求めています。

社員表

社員コード	社員名	年齢	部門コード
11001	遠藤美弥子	19	E01
11002	遠藤徹	22	E01
12001	江川豊	24	E02
12002	渡辺隆	28	E02
13001	平田栄子	30	E03

部門コード	所属人数	平均年齢
E01	2	20.5
E02	2	26

◀── 2人以上という条件を満たさない

▲ **図6.5.3** グループ化の例

▼ **表6.5.4** SQLで使用できる集合関数

参考 集合関数を使用する際の留意点
・列の値がNULLのものは除かれてから集計される。
・カッコ内に算術式やCASE式(p.322参照)なども指定できる。
・関数AVGの演算精度は，データベース商品に依存する。

関数名	意　味
SUM(列名)	列の値の合計を求める
AVG(列名)	列の値の平均を求める
MAX(列名)	列の値の中の最大値を求める
MIN(列名)	列の値の中の最小値を求める
COUNT(*)	行の総数を求める
COUNT(列名)	列の値がNULLでない行の総数を求める

出力順の指定

　問合せ結果を，ある列の値で昇順(あるいは降順)に並べ替える場合は，ORDER BY句を使います。ORDER BYの後に，並べ替えの基になる列名と，並べ替えの順(昇順の場合はASC，降順の場合はDESC)を記述します。

　例えば，年齢の降順に並べ替える場合は「ORDER BY 年齢 DESC」と記述し，年齢の降順，社員コードの昇順で並べ替える場合は，「ORDER BY 年齢 DESC, 社員コード ASC」と記述します。なお，ASCは省略可能です(省略した場合はASC指定と見なされる)。

社員表

社員コード	社員名	年齢	部門コード
11001	遠藤美弥子	19	E01
11002	遠藤徹	22	E01
12001	江川豊	24	E02
12002	渡辺隆	28	E02
13001	平田栄子	30	E03

社員名	年齢
平田栄子	30
渡辺隆	28
江川豊	24
遠藤徹	22
遠藤美弥子	19

```
SELECT  社員名, 年齢
FROM 社員
ORDER BY 年齢 DESC
```

年齢の降順に並べ替えた結果

▲ **図6.5.4** ORDER BYを用いたSQL文

6.5.4 表の結合

ここでは，前節で説明した「SELECT...FROM...WHERE」を用いた従来型の結合（等結合）以外の結合演算を紹介します。

内結合（INNER JOIN）

内結合は，等結合と同じ結果が得られる演算です。従来の等結合では，結合する表をFROM句で指定し，結合条件をWHERE句で指定しますが，内結合では，結合する表をFROM句の中でJOINを使って指定し，結合条件はJOINに続くON句で指定します。

例えば，前節の図6.4.4に示した従来型の等結合と等価なSQL文は，次のようになります。

> 図6.4.4に示した従来型の等結合や右例のSQL文のように，結合列の列名が2つの表で同じ場合，**自然結合（NATURAL JOIN）**でも実現できる（p.321を参照）。

```
SELECT 社員.社員コード, 社員.社員名, 部門.部門コード, 部門.部門名
   FROM 社員 INNER JOIN 部門
         ON 社員.部門コード = 部門.部門コード
```

> 図6.5.5の社員表の部門コードが，部門表の部門コードを参照する外部キーである場合，部門コード'J01'は登録できない。ここでは，説明のため敢えてこのようなデータにしている。

社員表

社員コード	社員名	部門コード
11001	遠藤美弥子	E01
12001	江川豊	E02
22001	一条光	J01

部門表

部門コード	部門名
E01	営業1課
E02	営業2課
E03	営業3課

内結合：部門コードで等結合
結合する両方の表に存在する行だけを取り出す

内結合の結果

社員コード	社員名	部門コード	部門名
11001	遠藤美弥子	E01	営業1課
12001	江川豊	E02	営業2課

▲ **図6.5.5** 内結合

外結合（OUTER JOIN）

等価結合や内結合は，結合列の値が等しい行だけを取り出す演算です。これに対して，結合列の値が一致しない行も結果に反映することができる結合演算が**外結合**です。外結合では，結合相手の表に該当行がない場合，それをNULL（空値）で埋めて結合します。どちらの表を基準に結合するかによって，次の3つがあります。

▼ **表6.5.5** 外結合型

 いずれの外結合もOUTERは省略可能。

左外結合 (LEFT OUTER JOIN)	キーワードJOINの前(左)に記述した表を基準にして，JOINの後(右)に記述した表に存在しない行をNULL(空値)で埋めて結合する
右外結合 (RIGHT OUTER JOIN)	キーワードJOINの後(右)に記述した表を基準にして，JOINの前(左)に記述した表に存在しない行をNULL(空値)で埋めて結合する
完全外結合 (FULL OUTER JOIN)	左外結合と右外結合を組み合わせた演算。片方にのみ存在する場合，もう片方をNULL(空値)で埋めて結合する

〔左外結合〕

SELECT 社員.社員コード, 社員.社員名, 部門.部門コード, 部門.部門名

FROM 社員 LEFT OUTER JOIN 部門

ON 社員.部門コード = 部門.部門コード

左表を基準に右表に存在しない行をNULLで埋めて結合

〔右外結合〕

SELECT 社員.社員コード, 社員.社員名, 部門.部門コード, 部門.部門名

FROM 社員 RIGHT OUTER JOIN 部門

ON 社員.部門コード = 部門.部門コード

右表を基準に左表に存在しない行をNULLで埋めて結合

〔完全外結合〕

SELECT 社員.社員コード, 社員.社員名, 部門.部門コード, 部門.部門名

FROM 社員 FULL OUTER JOIN 部門

ON 社員.部門コード = 部門.部門コード

外結合では，ON句に指定した条件に関わらず，基準表のすべての行が結果表に反映される。

左外結合の結果

社員コード	社員名	部門コード	部門名
11001	遠藤美弥子	E01	営業1課
12001	江川豊	E02	営業2課
22001	一条光	NULL	NULL

右外結合の結果

社員コード	社員名	部門コード	部門名
11001	遠藤美弥子	E01	営業1課
12001	江川豊	E02	営業2課
NULL	NULL	E03	営業3課

完全外結合の結果

社員コード	社員名	部門コード	部門名
11001	遠藤美弥子	E01	営業1課
12001	江川豊	E02	営業2課
22001	一条光	NULL	NULL
NULL	NULL	E03	営業3課

▲ **図6.5.6** 3つの外結合の結果

6 データベース

◎COALESCE式

前ページの図6.5.6に示した完全外結合(FULL OUTER JOIN)の結果の部門コードは，部門表の部門コードです。そのため，社員コードが22001である社員(一条光)の部門コード(J01)が結果に反映されていません。

そこで，これを反映させるため，部門表の部門コードがNULLであれば，社員表の部門コードを導出するようCOALESCE式を使って，次のように記述します。ここでCOALESCE(A, B)は，AがNULLでなければAを，AがNULLでありBがNULLでなければBを返します。なお，BもNULLならNULLを返します。

COALESCEは1つの値を返すため，関数と捉えて構わない。なお，括弧内には複数の値式が記述できる。

```
SELECT 社員.社員コード, 社員.社員名,
       COALESCE(部門.部門コード,社員.部門コード), 部門.部門名
  FROM 社員 FULL OUTER JOIN 部門
       ON 社員.部門コード = 部門.部門コード
```

社員コード	社員名	部門コード	部門名
11001	遠藤美弥子	E01	営業1課
12001	江川豊	E02	営業2課
22001	一条光	J01	NULL
NULL	NULL	E03	営業3課

部門表の部門コードがNULLのとき，社員表の部門コードを導出する

▲ **図6.5.7** COALESCEの使用例

表に相関名（別名）を設定する

「表名 AS 相関名」と記述することで，表に相関名(別名)を設定できます。ASは省略可能で，通常は省略して記述します。

例えば，上記SQL文において，社員表にA，部門表にBという相関名を設定すると，次のようになります。試験では，この形式で出題されるので慣れておきましょう。

参考 表に相関名を設定することで同じ表同士を結合できる。これを自己結合という。自己結合は，その表中のある情報を同じ表中の他の情報と照合するときに使われる。例えば，社員表に「上司コード」を追加したとき，社員表を自己結合することによって，ある社員の上司の社員名を得ることができる。

```
SELECT A.社員コード, A.社員名,
       COALESCE(B.部門コード,A.部門コード), B.部門名
  FROM 社員 A FULL OUTER JOIN 部門 B
       ON A.部門コード = B.部門コード
```

　ここで，表に相関名を設定すると，以降，その表名は使用でき
ないことに注意してください。つまり，列名は「相関名.列名」で
指定する必要があり，「表名.列名」で指定すると誤りになります。

3つの表を結合する

　ここでは，新たに売上表を追加し，「社員コードが11001である
社員(遠藤美弥子)の所属部門の売上」を求める方法を考えます。

社員表

社員コード	社員名	部門コード
11001	遠藤美弥子	E01
12001	江川豊	E02
22001	一条光	J01

部門表

部門コード	部門名
E01	営業1課
E02	営業2課
E03	営業3課

売上表

部門コード	売上
E01	1,000
E02	2,000
E03	3,000

社員名	所属部門	所属部門の売上
遠藤美弥子	営業1課	1,000

▲ **図6.5.8**　3つ表の結合例

　従来型の等結合で行う場合と，内結合(INNER JOIN)を用いた場
合のSQL文を下記に示します。

〔従来型等結合〕

```
SELECT A.社員名, B.部門名 AS 所属部門, C.売上 AS 所属部門の売上
  FROM 社員 A, 部門 B, 売上 C
  WHERE A.部門コード = B.部門コード
    AND B.部門コード = C.部門コード
    AND A.社員コード = 11001
```

社員表(A)と部門
表(B)，部門表(B)
と売上表(C)の結
合条件

〔内結合〕

```
SELECT A.社員名, B.部門名 AS 所属部門, C.売上 AS 所属部門の売上
```
　　① 社員表(A)と部門表(B)を部門コードで結合
```
  FROM 社員 A
    INNER JOIN 部門 B ON A.部門コード = B.部門コード
    INNER JOIN 売上 C ON B.部門コード = C.部門コード
  WHERE  A.社員コード = 11001
```
　　② ①で得られた結果表と売上表(C)を部門コードで結合

参考　FROM句に記述し
た順にJOINが実
行される。

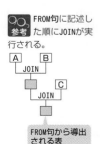

FROM句から導出
される表

6.5.5 副問合せ AM/PM

試験 近年の試験では，WHERE句やHAVING句はもちろんのこと，FROM句やSELECT句にも副問合せを使ったSQL文が出題される。

SQL文中に現れる，括弧で囲んだ問合せ文(SELECT)を**副問合せ**といいます。

副問合せの使用例1

FROM句に副問合せを記述することで，処理対象データの絞込ができます。例えば，次の2つのSQL文は同値です。

参考 副問合せが導出する表に，相関名「e01」を付ける場合，次のように記述する。
```
FROM
(SELECT *
 FROM 社員
 WHERE
  部門コード='E01'
) AS e01
```

```
        ┌──────主問合せ                    副問合せから導出される表が
SELECT 社員名            ┌──────副問合せ    主問合せの処理対象表となる

  FROM (SELECT * FROM 社員 WHERE 部門コード = 'E01')
   ↕ 同値
SELECT 社員名 FROM 社員 WHERE 部門コード = 'E01'
```

副問合せの使用例2

比較演算子と組み合わせて使用する副問合せは，単一値を導出する必要があります。例えば，部門に営業1課と営業2課があるとき，下記SQL文の副問合せから導出される部門コードは2つです。このため，このSQL文を実行するとエラーになります。

なお，この問題は，比較演算子「=」の代わりにINを使うことで解決できます。

参考 右例のSQL文は，最初に副問合せが実行され，部門名が「営業」で始まる部門の部門コードが導出される。このとき，導出される部門コードが1つであればエラーにならないが，複数の場合，「=」で比較できないためエラーになる。

```
        ┌──────主問合せ
SELECT 社員名      副問合せから導出される表が
  FROM 社員       複数の場合，INにする

  WHERE 部門コード (=)
                            ┌──────副問合せ
  (SELECT  部門コード FROM 部門 WHERE 部門名 LIKE '営業%')
```

相関副問合せとEXISTS

副問合せの中には，主問合せの1行ずつをもらって順次実行する副問合せもあります。これを**相関副問合せ**といいます。例えば，図6.5.9において，表Aに登録されている社員のうち，表Bにも登録されている社員を求めるSQL文は次のようになります。

表A

社員コード	社員名	部門コード
11001	遠藤美弥子	E01
12001	江川豊	E02

表B

社員コード	社員名	部門コード
11001	遠藤美弥子	E01
22001	一条光	J01

▲ **図6.5.9** 表Aと表B

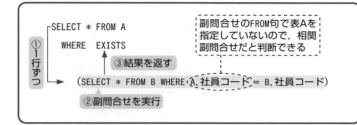

相関副問合せであるかどうかは，副問合せが，FROM句で指定していない主問合せの表を使用しているか否かで判断できる。

EXISTSを用いた場合，副問合せからの導出値は意味をもたず，単に結果の有無だけの評価となる。

上記のSQL文によって共通演算「表A∩表B」を実現できる。NOT EXISTSとすれば，差演算「表A−表B」を実現できる。

EXISTSは，副問合せからの導出値(結果値)があれば"真"，なければ"偽"と評価する演算子です。上記の例では，主問合せの表Aの1行ずつに対して副問合せが実行され，社員コード11001の行のみ"真"と評価されます。したがって，このSQL文では，表Aと表Bの両方に登録されている社員(11001 遠藤美弥子)が求められます。なお，NOT EXISTSとした場合は，表Aに登録されていて，表Bには登録されていない社員が求められます。

> ☕ **COLUMN**
>
> ## SQLによる集合演算の実現
>
> 　集合演算には，和，共通，差，そして直積があります(「6.4.1 集合演算」を参照)。
> ここでは，これらの集合演算を実現するSQL文の例を紹介します。
>
> | | |
> |---|---|
> | **和** | : SELECT * FROM A UNION SELECT * FROM B |
> | **共通** | : SELECT * FROM A INTERSECT SELECT * FROM B |
> | **差** | : SELECT * FROM A EXCEPT SELECT * FROM B |
> | **直積** | : SELECT * FROM A CROSS JOIN B 又は SELECT * FROM A, B |
>
> ### 自然結合 (NATURAL JOIN)
>
> 　自然結合は，結合列の列名が2つの表で同じ場合に使用できます。例えば，p.316の社員表と部門表を結合する場合，「SELECT * FROM 社員 NATURAL JOIN 部門」と記述します。自然結合では，同じ名前の列を自動的に結合列と判断し結合するため，結合条件を指定する必要はありません。なお，結果表にはどちらか一方の結合列しか残らないため，結合列を「表名.列名」で指定するとエラーになるので注意してください。

6
データベース

6.5.6 WITH句とCASE式 AM/PM

WITH句

WITH句は，その問合せの中だけで使用できる一時的な表を定義します。問合せの中で，同じ表の導出を複数回行わなければいけない場合に有効です。

例えば，社員表を基に，所属人数が最も多い部門の部門コードとその所属人数を求める場合，WITH句を使用して記述すると次のようになります。

参考 WITH句に記述したものを共通表式という。

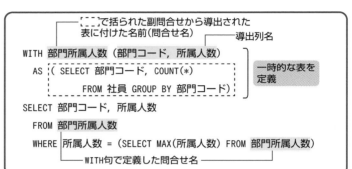

CASE式

参考 CASE式は，値式が使用できる場所には，どこにでも使用できる。

CASE式は，「～ならば○○に，～ならば△△に」というように，条件に応じて元の値を別の値に変換する場合に使用します。

例えば，社員の年齢を評価して，20歳未満なら'20未満'，20歳から29歳なら'20代'，それ以外なら'30以上'と求める場合のSQL文は，次のようになります。

参考 右例のSQL文の実行結果は，次のとおり。なお，社員表はp.312を参照。

社員名	年代
遠藤美弥子	20未満
遠藤徹	20代
江川豊	20代
渡辺隆	20代
平田栄子	30以上

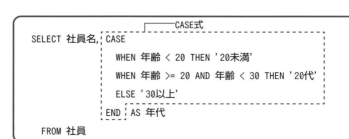

6.5.7 データ更新 AM/PM

INSERT文

表に行を挿入するには，INSERT文を用います。このとき，挿入する値をVALUES句で指定する方法①と，問合せ（SELECT）の結果をすべて挿入する方法②とがあります。

> **参考** INTO句で指定された表（挿入先の表）は，問合せのSELECT文では使用できない。

> **POINT INSERT文の構文**
> ① 挿入する値をVALUES句で指定
> 　　INSERT INTO 表名 [(列名リスト)] VALUES(値リスト)
> ② 問合せの結果をすべて挿入する
> 　　INSERT INTO 表名 [(列名リスト)] 問合せ(SELECT)を記述
> 　　　　　　　　　　　　　　　　　　　　　＊ [ ] 内は省略可能

> **参照** DEFAULT（デフォルト）制約については，p.326の表6.6.1を参照。

一部の列に対して値の挿入を行う場合には，どの列に対して挿入するのかを列名リストに指定しなければなりません。このとき，省略された列の値は，DEFAULT制約が指定されていればその既定値が挿入され，そうでなければNULL値が挿入されます。

UPDATE文

表中のデータを変更するには，UPDATE文を用います。

> **参考** CASE式を使用した例。
> 〔例〕販売ランクにより，販売価格を設定。
> UPDATE 商品 SET
> 　販売価格 =
>
> ```
> CASE
>  WHEN 販売ランク = 'S'
>   THEN 単価*0.9
>  WHEN 販売ランク = 'T'
>   THEN 単価*0.7
>  ELSE 単価
> END
> ```
> 販売ランクがS'なら単価に対し0.9，'T'なら0.7を乗じた値を，それ以外なら単価を販売価格に設定する。

> **POINT UPDATE文の構文**
> UPDATE 表名 SET 列名 = 変更値 [WHERE 条件]
> 　　　　 CASE式や副問合せの記述も可能　 ＊ [ ] 内は省略可能

SET句には，変更したい列の値を「列名 = 変更値」の形で指定します。1つのUPDATE文で複数の列の値を変更する場合は，カンマ（,）で区切って指定します。WHERE句を省略すると表中のすべての行が変更されますが，WHERE句を指定することで，その条件に合致した行のみを変更することができます。

なお，変更値の部分には，CASE式や，単一値を導出する副問合せの記述が可能です。

DELETE文

表中の行を削除するには，DELETE文を用います。

> **P O I N T** DELETE文の構文
>
> DELETE FROM 表名 [WHERE 条件]
>
> ＊ [ ] 内は省略可能

WHERE句を省略すると表中のすべての行が削除されますが，WHERE句を指定することで，その条件に合致した行のみを削除することができます。

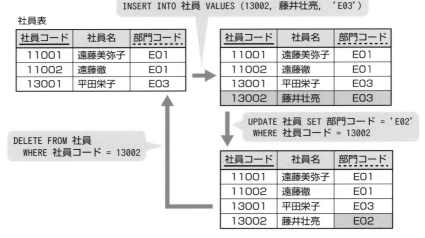

▲ **図6.5.10** INSERT文，UPDATE文，DELETE文

参照関係をもつ表の更新

関連する2つの表間に参照制約が設定されている場合，被参照表の主キー（候補キー）にない値を，参照表の外部キーに追加することはできません。また被参照表の行の削除や変更については制約を受けることになります（次ページ図6.5.11を参照）。

被参照表の行を削除・変更するとき，どのような制約（動作）とするのかは，明示的に指定できます。これを**参照動作指定**といい，次節で学習するCREATE TABLE文において，REFERENCES句（参照指定）の後に次の構文によって指定します。

REFERENCES指定
参照 については，
p.326〜328を参照。

POINT 参照動作指定

REFERENCES 被参照表(参照する列リスト)

　　　[ON DELETE 参照動作]

　　　[ON UPDATE 参照動作]

＊［　］内は省略可能

また指定できる参照動作には，表 6.5.7 に示す5つの動作があります。なお，参照動作指定を省略した場合の既定値は"NO ACTION"になります。

参考 データの整合性を保つための制約には，一意性制約，参照制約の他，データ項目のデータ型や桁数に関する形式制約，データ項目が取り得る値の範囲に関するドメイン制約がある。

▼**表6.5.7** 参照動作

参照動作	内　容
NO ACTION	削除(変更)を実行するが，これにより参照制約が満たされなくなった場合(参照行が残っていた場合)は実行失敗となり，削除(変更)処理は取り消される。すなわち，当該行を参照している参照表の行があれば，削除(変更)はできない
RESTRICT	削除(変更)を実行する際，参照制約を検査し，当該行を参照している参照表の行があれば削除(変更)を拒否する。すなわち，削除(変更)はできない
CASCADE	削除(変更)を実行し，さらに当該行を参照している参照表の行があれば，その行も削除(変更)する。つまり，CASCADE指定すると削除(変更)の動作が連鎖する
SET DEFAULT	被参照表の行が削除(変更)されたとき，それを参照している参照表の外部キーへ既定値を設定する
SET NULL	被参照表の行が削除(変更)されたとき，それを参照している参照表の外部キーへNULLを設定する

試験 試験では，"CASCADE"と"SET DEFAULT"が出題される。

社員表

社員コード	社員名	部門コード
11001	遠藤美弥子	E01
11002	遠藤徹	E02
13001	平田栄子	E02

外部キー

部門表

部門コード	部門名
E01	営業1課
E02	営業2課

◀‐‐削除

参照制約

- ‐‐追加‐‐✖‐| 22001 | 一条光 | J01 |

部門表に参照すべき部門コードがないため
行を追加することができない

・RESTRICT指定
　NO ACTION指定
　社員表から参照
　されているので
　削除できない
・CASCADE指定
　社員表の"E01"
　をもつ行も同時
　に削除する

▲ **図6.5.11** 追加と削除の制約

6.6 データ定義言語

6.6.1 実表の定義 　　AM / PM

CREATE TABLE文

表の定義は，CREATE TABLE文を用いて行います。基本構文は次のようになっています。

> **P O I N T　CREATE TABLE文の基本構文**
>
> CREATE TABLE 表名
> 　（列名1 データ型［列制約］,
> 　　列名2 データ型［列制約］,
> 　　　　：
> 　　［表制約］）
>
> 　　　　　　　　　　　　　　　　　　　　　＊［　］内は省略可能

● 列制約

列制約とは，表を構成する列に対する制約で，主に表6.6.1に示す制約があります。

▼ **表6.6.1** 列制約

制約		内　容
一意性制約	PRIMARY KEY	主キーに指定 〔形式〕列名 データ型 PRIMARY KEY
	UNIQUE	値の重複を認めない 〔形式〕列名 データ型 UNIQUE
参照制約 REFERENCES 被参照表名［(列名リスト)］		外部キーに指定。参照される側の表（被参照表）の表名とその列名を指定する。ただし，列名を省略すると主キーを参照する 〔形式〕列名 データ型 　　　　　REFERENCES 被参照表(列名)
検査制約 CHECK（探索条件）		登録できる値の条件を指定 〔例〕"評価"列の値を1以上5以下とする 評価 INTEGER CHECK（評価 BETWEEN 1 AND 5）
非NULL制約	NOT NULL	空（ナル）値を認めない列にNOT NULLを指定
DEFAULT制約	DEFAULT	行の挿入時，値が指定されていない列に格納する既定値を指定

参考 PRIMARY KEY 指定は，必然的にNOT NULL制約を兼ねる。

参考 主キーを参照する場合，列名は省略できるが，UNIQUE指定された列（主キー以外の候補キー）を参照する場合は明記する。

一意性制約とは，同一表内に同じ値が複数存在しないことを保証する制約です。主キーとなる列には，一意性制約とNOT NULL制約を兼ねるPRIMARY KEY指定を行います。一方，単に，値の重複を認めないといった列（候補キーなど）には，UNIQUE指定を行います。一般に，NULL値は重複値とは扱われないため，UNIQUE単独指定の場合，NULL値は許可されます。

参照制約とは，外部キーの値が被参照表に存在することを保証する制約です。外部キーとなる列には，REFERENCES指定（参照指定）を行います。

参考 主キーには，一意性制約の他，実体を保証するためのNOT NULL制約が必要。

◯表制約

一意性制約，参照制約，検査制約は，表制約（表定義の要素として定義される制約）とすることもできます。列制約は1つの列に対する制約なので，主キーや外部キーが複数列から構成される場合，これを列制約として定義できません。このような場合，表制約を用います。

参照 表制約を用いて，主キー，外部キーを定義した例は，次ページを参照。

> **P O I N T** 表制約時の記述方法
> ・一意性制約定義
> 　　主キー指定：PRIMARY KEY(列名リスト)
> 　　UNIQUE指定：UNIQUE(列名リスト)
> ・参照制約定義（外部キーと参照指定）
> 　　FOREIGN KEY(列名リスト) REFERENCES 被参照表(列名リスト)

参考 参照制約定義は，FOREIGN KEY で外部キーを指定し，REFERENCES句で被参照表とその列を指定する。

◯SQLの主なデータ型

SQLで使用される主なデータ型を表6.6.2にまとめます。

▼ **表6.6.2** SQLデータ型

データ型		内容
文字型	CHARACTER(n)	nバイトの固定長文字列。短縮型はCHAR
	CHARACTER VARYING(n)	最大nバイトの可変長文字列。短縮形はVARCHAR
数値型	INTEGER	整数値。短縮型はINT
	NUMERIC(m [,n])	固定小数点数。mは全体の桁数，nは小数部の桁数
ビット型	BIT(n)	nビットの固定長ビット列
	BIT VARYING(n)	最大nビットの可変長ビット列。短縮形はVARBIT
	BLOB(x)	大量のバイナリデータ（ビット列）。大きさxは，k(キロ)，M(メガ)，G(ギガ)を用いて指定

実表の定義例

部門表及び社員表の定義は，次のようになります。

表の定義では，主キー側である被参照表から定義する。

DEFAULT句には，列値が登録されない場合の既定値を指定する。

参照動作指定「ON DELETE CASCADE」を指定すると，部門表の行を削除する際，それを参照している行もすべて削除される。なお，参照動作指定を省略した場合は「NO ACTION」指定となり，参照している行があれば，部門表の行は削除できない。

```
・部門表の定義
    CREATE TABLE 部門
        (部門コード CHAR(3),
        部門名      VARCHAR(20)  NOT NULL,
        PRIMARY KEY(部門コード))
・社員表の定義
    CREATE TABLE 社員
        (社員コード  CHAR(3),
        社員名       VARCHAR(20) NOT NULL,
        電話番号     CHAR(20)     UNIQUE,
        住所         VARCHAR(40) DEFAULT '未定',
        部門コード   CHAR(3),
        PRIMARY KEY(社員コード),
        FOREIGN KEY(部門コード)
                REFERENCES 部門(部門コード)  ON DELETE CASCADE)
```

部門表

部門コード	部門名
CHAR(3)	VARCHAR(20)
PRIMARY KEY	NOT NULL

社員表

社員コード	社員名	電話番号	住所	部門コード
CHAR(3)	VARCHAR(20)	CHAR(20)	VARCHAR(40)	CHAR(3)
PRIMARY KEY	NOT NULL	UNIQUE	DEFAULT '未定'	FOREIGN KEY

▲ **図6.6.1** 部門表と社員表

データベースのトリガ ☕ COLUMN

トリガとは，表に対する更新処理をきっかけに，あらかじめCREATE TRIGGER文を用いて定義しておいた，他の表に対する更新処理を自動的に起動・実行するという機能です。実行されるタイミングには，更新前(BEFORE)と更新後(AFTER)の2つがあります。

〔例〕 CREATE TRIGGER トリガ名 AFTER INSERT ON 表名

INSERTをきっかけに起動実行する更新処理を記述

6.6.2　ビューの定義　AM / PM

ビューとは

参考 ビューは仮想的な表であるため，一般には実体化されずデータ格納領域をとらない。これに対し，パフォーマンス向上を目的に実表のように実体化されるビューがある。これを**体現ビュー**（materialized view）という。

　ディスク装置上に存在し，実際にデータが格納される表のことを**実表**といいます。それに対しビューは，実表の一部，あるいは複数の表から必要な行や列を取り出し，あたかも1つの表であるかのように見せかけた仮想表です。しかし，仮想表といっても，利用者から見れば実表と同じで，データを検索するだけであれば制約はあるものの同様に操作することができます。

　ビューを定義・使用する目的は，次のとおりです。

> **P O I N T** ビューの目的
> ・行や列を特定の条件で絞り込んだビューだけをアクセスさせることによって，基となる表（基底表）のデータの一部を隠蔽して保護する手段を提供する。
> ・利用者が必要とするデータをビューにまとめることによって，表操作を容易に行えるようにする。

CREATE VIEW文

　ビューの定義は，CREATE VIEW文を用いて行います。

参考 ビューは，必要なデータを導出し作成した仮想表（導出表に名前を付けたもの）なので，基となる表に新たな列が追加されても既存のビューには影響がない（再定義の必要はない）。また，ビューに対する参照や更新処理は，基の表に対する参照あるいは更新処理に変換され実行される（次ページ参照）。

> **P O I N T** CREATE VIEW文
> CREATE VIEW ビュー名 ［(列名1, 列名2, …)］
> 　AS 問合せ(SELECT)を記述
> 　　　　　　　　　　　　　　＊ [ ] 内は省略可能

　ビューは，対象となる実表（あるいは他のビュー）からSELECT文を用いて必要データを導出するという方法で定義されます。定義するビューの列名に命名規則はなく，基となる表の列名と異なる列名でも定義できます。ただし，列数はAS句に続くSELECTで問い合わせた結果の列数と同じである必要があります。

　なお，列名は省略可能です。省略した場合はSELECTで問い合わせた結果の列名がそのまま定義されることになります。次ページに，ビューの定義例を示します。

ビューの定義例

社員表と部門表を基に，社員コードと社員名，その社員が所属する部門名からなるビュー表「社員2」を定義します。

社員表

社員コード	社員名	電話番号	住所	部門コード
100	大滝香菜子	090-999-1234	東京都	A01
101	岡嶋雄一	070-888-2468	神奈川県	A01
102	緒方賢一	090-777-1357	東京都	K01

部門表

部門コード	部門名
A01	教育
K01	開発

社員2

社員コード	社員名	所属部門名
100	大滝香菜子	教育
101	岡嶋雄一	教育
102	緒方賢一	開発

参考 ビューを定義する場合，その基となる表（基底表）に対するSELECT権限が必要。また更新可能なビューの定義においては，SELECT権限の他，INSERT, UPDATE, DELETE権限が必要になる。

▲ **図6.6.2** ビューの定義

```
CREATE VIEW 社員2 (社員コード, 社員名, 所属部門名)
    AS SELECT A.社員コード, A.社員名, B.部門名
        FROM 社員 A, 部門 B
        WHERE A.部門コード = B.部門コード
```

ビューの更新

ビューへの更新処理は，ビュー定義を基に，ビューが参照している表（基底表）への対応する処理に変換されて実行されます。そのため，実際に更新される表（基底表）が更新可能であり，かつ，更新対象となる列や行が唯一に決定できる場合に限り，更新可能となります。つまり，下記のPOINTに示すSELECT文によって定義されたビューは，基本的に更新不可能なビューです。

参考 SELECT句に同一列を複数指定できるが，下記のように作成したビューは更新不可。
〔例〕
CREATE VIEW 社員3
(社員名1, 社員名2)
AS SELECT
    社員名, 社員名
    FROM 社員

> **POINT** 更新不可能なビュー
> ・SELECT句に，式や集合関数，DISTINCTを指定している
> ・SELECT句に，基底表の同一列を複数指定している
> ・FROM句に，更新不可ビュー（読み取り専用ビュー）を指定している
> ・GROUP BY句やHAVING句を使用している

6.6.3 アクセス権限の付与と取消 `AM` / `PM`

アクセス権限の付与

複数の利用者がデータベースを利用できるようにするためには，その利用者に対して，表やビューへのアクセス権限(SELECT権限,INSERT権限，UPDATE権限，DELETE権限)を付与する必要があります。権限の付与は，GRANT文を用いて行います。

設定可能な権限には，右記の4つのほかに，表参照権限(REFERENCES)やトリガ生成権限(TRIGGER)などがあるが，これらは試験に出題されていない。

POINT GRANT文の基本構文

GRANT [権限リスト / ALL PRIVILEGES] ON 表名 TO 利用者リスト

権限リストには，付与する権限を(複数ある場合はカンマで区切って)指定します。ALL PRIVILEGESを指定すると，すべての権限を付与できます。

なお，表内のある特定の列に対してのみ権限を付与する場合は，権限の直後に(列名1, 列名2, …)と記述します。ただし，列指定ができるのは，SELECT権限, INSERT権限, UPDATE権限だけです。DELETE権限の場合，列指定はできません。

GRANT文において，WITH GRANT OPTION指定ができる。これは，「その利用者に，同一の権限を他の利用者に付与することを許可する」というもの。
〔例〕
利用者Bに対して，A表に関する，SELECT権限及びその付与権限を付与する。
GRANT SELECT ON A表 TO 利用者B WITH GRANT OPTION

 ・社員表に対するSELECT, INSERT権限をユーザ1に付与
　　GRANT SELECT, INSERT ON 社員 TO ユーザ1
・社員表の社員コードと社員名に対するSELECT権限をユーザ2に付与
　　GRANT SELECT(社員コード, 社員名) ON 社員 TO ユーザ2

アクセス権限の取消

一度付与した権限を取り消すことができます。権限の取消しは，REVOKE文を用いて行います。

SQL標準(JIS X 3005-2:2015)ではREVOKE文の末尾に削除動作(CASCADE又はRESTRICT)を指定するとしているが，実際のデータベース製品ではこれを省略可能としている。そのため，この点を突いた問題は出題されない。

POINT REVOKE文の基本構文

REVOKE [権限リスト / ALL PRIVILEGES] ON 表名 FROM 利用者リスト

6.7 埋込み方式

6.7.1　埋込みSQLの基本事項　AM/PM

静的SQLと動的SQL

　静的SQLは，あらかじめ決められたSQL文をプログラム中に埋込み実行する方式です。データベースの表から1行を取り出すことを**非カーソル処理**といい，その場合のSELECT文は，次のようになります。

> **P O I N T** 非カーソル処理の構文
> EXEC SQL SELECT 列名リスト INTO :ホスト変数名リスト
> 　　　　　FROM 表名
> 　　　　　[WHERE 条件]

> 参考　埋込みSQLでは，SELECT文の結果を受け取るホスト変数をINTO句に指定する必要がある。このとき，ホスト変数の前に必ず「:」をつける。

　例えば，社員表から社員コードが'100'である社員の，社員名と年齢を取り出すといった場合，「SELECT 社員名，年齢 FROM 社員 WHERE 社員コード = '100'」を次のような形でプログラムに埋込み実行します。

> 　例
> EXEC SQL SELECT 社員名, 年齢 INTO :name, :age FROM 社員
> 　　　　　WHERE 社員コード = '100';

> 参考　EXEC SQL文は，そのままでは親言語の文法に違反するため，コンパイラにかける前に，SQLプリコンパイラ(事前コンパイラ)により，データベースアクセス関数の呼出し文へと変換する。

　一方，動的SQLは，実行するSQL文がプログラム実行中でなければ決まらない場合，SQL文を動的に作成し実行する方式です。

ホスト変数

　データベースとプログラムのインタフェースとなる変数を**ホスト変数**といいます。埋込みSQLでは，SQL文の実行により取り出されたデータをINTO句で指定したホスト変数に格納しますが，ホスト変数は通常の変数としてもアクセスできるため，出力関数を用いて表示することや，入力関数を用いて値を入力し，それをSELECT文の条件として使用することもできます。

6.7.2 カーソル処理とFETCH AM/PM

カーソル処理

「SELECT…INTO…」形式では，1行のデータしか取り出せないため，検索の結果が複数行となる場合は，1行ずつ取り出すことができる**カーソル処理**を用います。カーソル処理は，SQL文で問い合わせた結果をあたかも1つのファイルであるかのように捉え，FETCH文を用いて，そこから1行ずつ取り出す方式です。

○ カーソル処理の流れ

まず，SELECT文に対し，カーソル（CURSOR）を宣言します。次に，カーソルのオープンでSELECT文が実行され，カーソルにより1行ずつ取り出しが可能となります。その後，FETCH文により繰返し行を取り出して処理を行い，終了したらカーソルを閉じます。

参考 データベースによっては，1回のFETCHで一度に複数行取り出せるものもある。

参考 SQLCODEには，SQL文実行の結果コードが設定される。例えば，
0：正常終了
負：NOT FOUND又はエラー

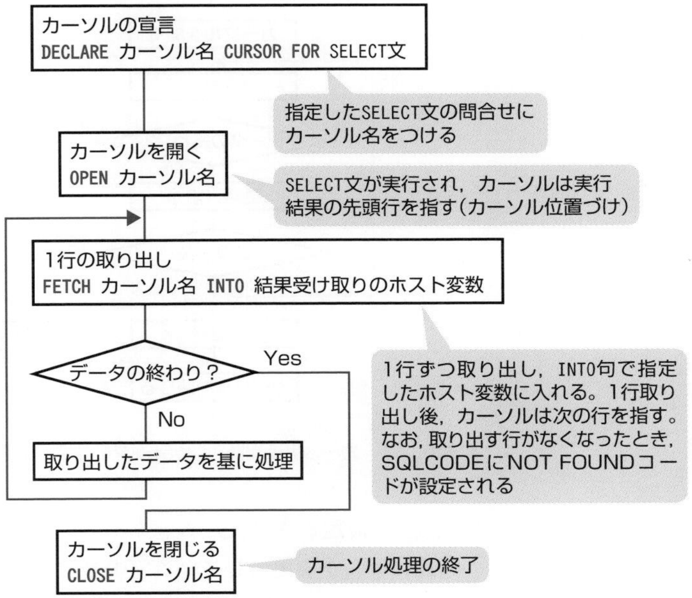

カーソルの宣言
DECLARE カーソル名 CURSOR FOR SELECT文

指定したSELECT文の問合せにカーソル名をつける

カーソルを開く
OPEN カーソル名

SELECT文が実行され，カーソルは実行結果の先頭行を指す（カーソル位置づけ）

1行の取り出し
FETCH カーソル名 INTO 結果受け取りのホスト変数

データの終わり？ → Yes

No

1行ずつ取り出し，INTO句で指定したホスト変数に入れる。1行取り出し後，カーソルは次の行を指す。なお，取り出す行がなくなったとき，SQLCODEにNOT FOUNDコードが設定される

取り出したデータを基に処理

カーソルを閉じる
CLOSE カーソル名

カーソル処理の終了

▲ **図6.7.1** カーソル処理の流れ

次ページに示す例は，社員表から，住所が東京で始まる社員の社員名を表示するプログラムです。

＊取り出す社員名に空値はないものとする

```
例  EXEC SQL DECLARE syain_cur CURSOR FOR
        SELECT 社員名 FROM 社員
          WHERE 住所 LIKE '東京%';
    EXEC SQL OPEN syain_cur;
    while(1){
        EXEC SQL FETCH syain_cur INTO :name;
        if(SQLCODE != 0) break;
        printf("氏名は%s¥n", name);    }
    EXEC SQL CLOSE syain_cur;
```

FETCHで取り出した行の更新

図6.7.2に，FETCHで取り出した行の更新処理を示します。

参考 FETCH文で取り出した行を更新あるいは削除する場合，FETCH文のあとに続くUPDATE文やDELETE文のWHERE句に「WHERE CURRENT OF カーソル名」と指定する。

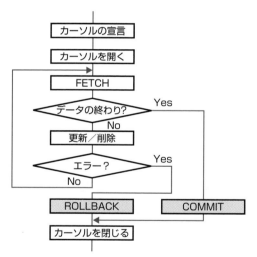

▲ **図6.7.2** カーソル処理によるデータの更新／削除処理の流れ

◯ 処理の確定と取消し

一連のデータを更新している途中でエラーが発生した場合，それまで行ってきた更新処理を取り消し，元に戻す必要があります。このとき埋込みSQLでは，「EXEC SQL ROLLBACK」を指定します。また，トランザクションが正常終了した場合には「EXEC SQL COMMIT」を指定し，それまで行ってきた更新処理を確定します。

6.8 データベース管理システム

6.8.1 トランザクション管理 AM / PM

トランザクションとは

 トランザクションは「回復の単位(unit of recovery)」とも呼ばれる。

データベース管理システム(DBMS)は,複数の利用者が同時にデータベースにアクセスしてもデータの矛盾を発生させない仕組みを備えています。この仕組みを**トランザクション管理**といい,トランザクションは,それを行うためのSQL処理の最小単位です。

ACID特性

参考 アプリケーションプログラムとDBMSの中間に位置づけられるミドルウェアにTPモニタがある。TPモニタは,トランザクションのACID特性を保証する「トランザクション管理機能」をもつ。

トランザクション処理は,**原子性,一貫性,隔離性,耐久性**の4つの特性を備えている必要があります。

▼ **表6.8.1** ACID特性

原子性 (Atomicity)	更新処理トランザクションが正常終了した場合にのみデータベースへの反映を保証し,異常終了した場合は処理が何もなかった状態に戻すこと。トランザクションでは,そのすべての処理が完了するか(All),あるいはまったく実行されていない状態か(Nothing)のどちらか一方で終了しなければならず,これは,COMMIT(正常終了),ROLLBACK(異常終了)で実現できる ・COMMIT(コミット):更新処理を確定し,データベースへの反映を保証する ・ROLLBACK(ロールバック):更新処理をすべて取消し,トランザクション開始時点の状態へ戻す
一貫性 (Consistency)	トランザクションの処理によってデータベース内のデータに矛盾が生じないこと,すなわち,常に整合性のある状態が保たれていること
隔離性 (Isolation)	複数のトランザクションを同時(並行)に実行した場合と,順(直列)に実行した場合の処理結果が一致すること。独立性ともいう。複数のトランザクションを同時に実行しても,それが正しい順で実行されるように順序づけすることをトランザクションのスケジューリングというが,その基本的な考え方は,並行実行の結果と直列実行の結果が等しくなるように調整するというもの。この直列可能性を保証する方法にロックがある
耐久性 (Durability)	いったん正常終了(COMMIT)したトランザクションの結果は,その後,障害が発生してもデータベースから消失しないこと,つまり,トランザクションの再実行を必要としないことを意味する

参考 ACID特性では厳密な一貫性(完全一貫性)が要求される。これに対して,結果的に一貫性が保たれればよいという考え方に結果整合性がある。分散トランザクション分野や,ビッグデータを高速に処理するために利用されるNoSQLなどでは,結果整合性の考え方を取り入れている(p.357を参照)。

6.8.2 同時実行制御 AM/PM

複数のトランザクションを同時に実行しても，矛盾を起こすことなく処理を実行するメカニズムを**同時実行制御（並行性制御）**といい，これを実現する代表的な方法に，ロック（単版同時実行制御）や多版同時実行制御があります。

参考 多版同時実行制御に対して，ロックによる通常の同時実行制御を**単版同時実行制御**という。

ロック

ACID特性の隔離性により，複数のトランザクションを同時実行しても，その結果はトランザクションを直列実行した結果と同じにならなければなりませんが，同時実行制御が行われない環境では，結果が異なってしまう場合もあります。

例えば，図6.8.1では，トランザクションTR1とTR2が，データaを①→②の順に読み込み，それぞれのトランザクションでデータaを③→④の順に更新しCOMMITしています。この場合，TR1がデータaを「a+5→10」に更新しても，TR2がaの値を「a+10→15」に更新してしまうため，TR1における更新内容が失われます。これを**変更消失**（ロストアップデート）といいます。

参考 トランザクションTR1，TR2を順に実行すれば，データaの値は20となる。

参考 TR2はコミットされていないデータaを読み込んでいる（**ダーティリード**）。ダーティリードとは，他のトランザクションが更新中の，コミットされていないデータを読み込んでしまうこと。

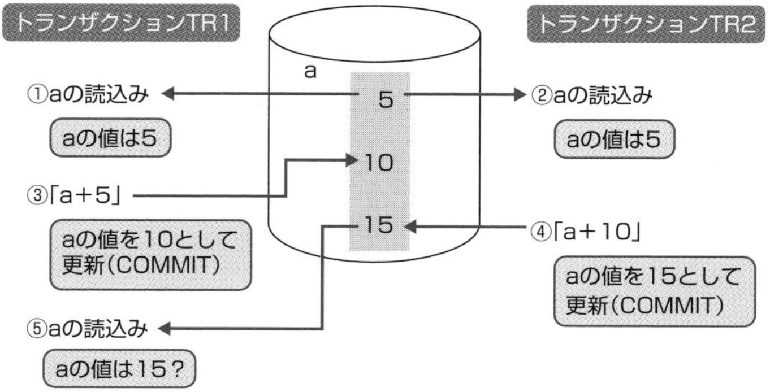

トランザクションTR1

① aの読込み
aの値は5
③「a+5」
aの値を10として更新（COMMIT）
⑤ aの読込み
aの値は15？

a
5
10
15

トランザクションTR2

② aの読込み
aの値は5
④「a+10」
aの値を15として更新（COMMIT）

▲ **図6.8.1** 変更消失の例

このような問題を防ぐため，データベース管理システムではデータaに**ロック**（鍵）をかけ，先にデータaをアクセスしたトランザクションの処理が終了するか，あるいはロックが解除されるまで，他のトランザクションを待たせるという制御を行います。

●デッドロック

🔍 デッドロックについては，
参照 p.252も参照。

ロックを複数のデータに対して行おうとすると，互いにロックの解除を待ち続けるという状態に陥る可能性があります。この状態を**デッドロック**といいます。

例えば，データA，B，Cを専有して処理を行うトランザクションTR1，TR2，TR3があるとします。各トランザクションは処理の進行にともない，表に示される順(①→②→③)にデータを専有し，トランザクション終了時に3つの資源を一括して解放します。このような場合，トランザクションTR1とトランザクションTR2はデッドロックを起こす可能性があります。

トランザクション名	データの専有順序		
	データA	データB	データC
トランザクションTR1	①	②	③
トランザクションTR2	②	③	①
トランザクションTR3	①	②	③

🔍 トランザクション終了時点でロックは解除される。
参考

```
ト                                           ト
ラ    ①ロック      ┌─────┐    ②          ラ
ン  ─────────→  │  A  │ ×←─ ─ ─       ン
ザ                │     │                    ザ
ク    ②ロック      │     │                    ク
シ  ─────────→  │  B  │                    シ
ョ                │     │                    ョ
ン    ③           │     │    ①ロック         ン
    ─ ─ ─→ × │  C  │ ←─────             
TR1               └─────┘                   TR2
```

```
データCのロックが解除さ        データAのロックが解除さ
れないとデータCを専有で        れないとデータAを専有で
きず，処理が進まない          きず，処理が進まない
```

▲ **図6.8.2** デッドロック発生の仕組み

🔍 下図の待ちグラフでは，A，C，Bがデッドロック状態。したがって，このうちの1つを強制終了させればデッドロックは解除される(待ちグラフについては，p.253も参照)。
参考

図6.8.2からわかるように，異なる順や逆順でデータを専有するトランザクション間ではデッドロック発生の可能性があります。これに対し，データを専有する順序が等しいトランザクション(TR1とTR3)間ではデッドロックは起こりません。

なお，デッドロックが発生しているか否かは，**待ちグラフ**を作成し，閉路(サイクリック)をもつかどうかで判定可能です。待ちグラフによりデッドロックを検出した場合には，当該トランザクションのうち，1つのトランザクションを強制的に終了させることでデッドロックを解除します。

◯ロック方式

2相ロック方式は，2相ロッキングプロトコルともいう。

ロックの方式には，2相ロック方式と木規約があります。**2相ロック方式**は，「使用するすべてのデータに対しロックをかけ（第1相目），処理後ロックを解除する（第2相目）」という方式です。各トランザクションは，必要なロック獲得命令をすべて実行した後にだけ，ロック解除命令を実行できます。直列可能性は保証されますが，デッドロック発生の可能性は残ります。

一方，**木規約**は，データに順番をつけ，その順番どおりにロックをかけていくことで，デッドロックの発生がないこと，また直列可能性を保証する方式です。データへの順番づけには木（有向木）を用います。

有向木
方向をもった有向グラフの1つ。

木規約は，トランザクションの同時実行性が低くなるため特殊な場合にしか用いられない。

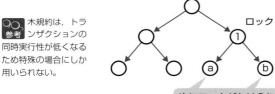

ロック

①最初に，任意の節にロックをかける
②次にロックをかけることができるのは，その節の子だけ
③ロックの解除は任意の時点でできる

次にロックがかけられるのはどちらかになる

▲ **図6.8.3** 木規約

◯ロックの種類

データベース管理システムでは，トランザクションの同時実行性を高めるため，**専有ロック（占有ロック）**と**共有ロック**の2つのロックモードを提供しています。

専有は，占有又は排他ともいう。また，共有は共用ともいう。

専有ロックは，データ更新を行う場合に使用されるロックで，データに対する他のトランザクションからのアクセスは一切禁止されます。一方，共有ロックは，通常，データの読取りの際に使用されるロックで，参照のみを許可します。表6.8.2に，この2つのロックモードの組合せによる同時実行の可否を示します。

▼ **表6.8.2** 同時実行の可否

先行トランザクションが共有ロックをかけたデータを，後続トランザクションが参照できるため待ちが発生せず同時実行性が高められる。

		先行トランザクション	
		共有	専有
後続トランザクション	共有	○	×
	専有	×	×

6
データベース

◐ ロックの粒度

ロックは，表，ブロック，行といった単位でかけられます。このロックの単位を**ロックの粒度**といいます。粒度が小さければ小さいほど同時実行性を高めることができますが，ロックの回数が多くなり，ロック制御のためのオーバヘッドが増大します。

一方，粒度が大きければトランザクション管理は容易ですが，ロックの解除待ちが長くなり，同時実行性は低下します。

多版同時実行制御

多版同時実行制御（MVCC：MultiVersion Concurrency Control）は，同時実行性を高め，かつ一貫性のあるトランザクション処理を実現する仕組みです。通常，専有ロック中（更新中）のデータに対する参照は行えないため，後続トランザクションはロックの解除を待つことになります。

これに対して，多版同時実行制御では，更新中のデータに対して参照要求を行った場合には，更新前（トランザクション開始前）の内容が返されるため，後続トランザクションは待たずに処理を行うことができます。つまり，専有ロックと共有ロックの同時確保を可能にすることで同時実行性を高め，後続トランザクションに，現在からさかのぼったある時点における一貫性のあるデータを提供することで整合性を欠いたデータの参照を防ぎます。

その他の同時実行制御方式

その他，同時実行制御を実現する方式を表6.8.3にまとめます。

▼ **表6.8.3** その他の同時実行制御

時刻印方式（時刻印アルゴリズム）	トランザクションが発生した時刻印（タイムスタンプ）Tと，データの最新時刻印（読込み時刻印Tr，書込み時刻印Tw）を比較して読み書きの判断を行う。読込みはTw≦Tであるときのみ行い，読み込み後は，データの読込み時刻印Trにトランザクションの時刻印Tを設定する。書込みはTr≦TかつTw≦Tであるときのみ行い，書き込み後は，データの書込み時刻印Twにトランザクション時刻印Tを設定する
楽観的方式	同じデータへのアクセスはめったに発生しないと考えて処理を進め，書き込む直前に，当該データが他のトランザクションによって更新されたかを確認する。更新されていればロールバックし，更新されていなければ書き込む

6.8.3 障害回復 AM/PM

データベースシステムに発生する障害を大別すると，「**システム障害，トランザクション障害，媒体障害**」の3つになります。これらの障害からデータベースを復旧し，一貫性が保たれた元の状態に戻すことを障害回復といいます。障害回復の仕組みは複雑なので，ここでは基本的な考え方を説明します。

DBMSの仕組み

通常，DBMSは，ディスクの入出力効率向上のため，データをメモリ上にバッファリングしておき，データの更新は，バッファ内のデータに対して行います。そして，「バッファに空きがなくなった」などの事象発生のタイミングで，バッファに保持されている内容をデータファイル（以下，データベースという）へ書き出します。そのため，バッファが保持している内容とデータベースの内容が一致しない，すなわち，更新処理が実行されたものの，まだその更新がデータベースに反映されていないデータが存在する可能性があります。

参考 通常，DBMSにおける読み書きは，データ単位ではなく，そのデータが含まれるブロック（ページ）単位で行われる。

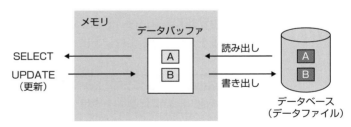

▲ **図6.8.4** データのバッファリング

ここで，データA，Bを更新するトランザクションを例に，次の2つの障害発生ケースを考えてみます。

参考 データA，Bを更新するトランザクション（T1）
A＝A−5
B＝B+5

A　　　B
50 →5→ 30

① バッファ上のAを更新した後，障害が発生した場合
② バッファ上のA，Bを更新しCOMMITを行った後，障害が発生した場合

①の場合，データAの書き出しが行われていなければ，データベースは整合性のとれた状態なので問題ありません。しかし，書き出しが行われていると，「Aは変更されたが，Bは変更されていない」といった不整合が発生します。したがって，この場合，データAの値を元の値に書き戻す必要があります。

②の場合，データA，Bともに，書き出しが行われていれば問題ありません。しかし，書き出しが行われていない場合，データベースは整合性のとれた状態ではありますが，トランザクションはCOMMITされているためACID特性の耐久性を満たさなくなります。したがって，この場合は，トランザクションが行ったデータAとBの更新をデータベースに反映させる必要があります。

> 🔍 参照 ACID特性については，p.335を参照。

◖ログ（ログファイル）◗

このような処理を行うためには，トランザクションが行った更新処理について，その更新前の値と更新後の値が必要です。そのためDBMSは，これらの値を［"更新"，トランザクションID，データ名，更新前の値，更新後の値］といった形式で時系列に記録します。これを**ログ**（あるいは**ジャーナル**）といいます。ログには，更新に関する情報の他，トランザクションの開始やCOMMITあるいは異常終了といった情報も記録されます。

> 🔍 参考 前ページ側注のトランザクション(T1)のログのイメージ
>
> | 更新 | T1 | A | 50 | 45 |
> |---|---|---|---|---|
>
> | 更新 | T1 | B | 30 | 35 |
> |---|---|---|---|---|

◐WALプロトコル

ログもデータと同様，メモリ上のバッファ（ログバッファ）に記録され，その後，WALプロトコルに従った**ログファイルへの書き出し**が行われます。WALプロトコルとは，「変更データをデータベースに書き出す前に，ログファイルへの書き出しを行う」というルールです。WALは"Write Ahead Log（先にログを書け）"の略です。

> 🔍 参考 何らかの理由でDBMSが停止するシステム障害が発生すると，メモリ上のバッファ内容が消失してしまう。しかし，WALプロトコルに従ってログを先に書き出しておけば，undo（値の書き戻し）やredo（データベースへの反映）が可能。

◖システム障害からの回復◗

システム障害とは，OSやDBMSのバグ，又はオペレータの誤操作によってシステムがダウンしてしまう障害です。

システム障害が発生すると，その時点でのすべてのトランザクションの実行が異常終了し，またメモリ上のバッファ内容が消失

ログを用いた基本的な障害回復の方式には，undo及びredoを行うundo/redo方式の他，undoを行わないno-undo/redo方式，redoを行わないundo/no-redo方式がある。

します。そこで，システム再起動のリスタート処理では，ログファイルを基にundo/redo方式で障害回復を行います。具体的には，COMMIT済以外のトランザクションによる更新を，ログに記録された更新前の値(以降，更新前情報という)を用いて元の値に書き戻します。この処理をundoといいます。また，COMMIT済のトランザクションによる更新内容をデータベースへ反映させるため，更新後の値(以降，更新後情報という)を用いてデータベースを更新します。この処理をredoといいます。

● チェックポイントリスタート（チェックポイント法）

チェックポイントリスタートは，ウォームスタートの一種。ウォームスタートとは，保持している情報を基に内容を復元する前処理を行って再開する方式。これに対して，初期状態に戻して(前処理なしで)再開する方式をコールドスタートという。

undo/redo方式による障害回復には，（最大で）システム起動時からのログが必要になり，また，回復処理にも多くの時間を要します。そこで，DBMSでは，データバッファとログバッファの内容を書き出すタイミングを設けています。このタイミングをチェックポイントといいます。

チェックポイントを設けることで，それまで行われてきた更新内容がすべてデータベースに書き出されるため，DBMSリスタートの際には，チェックポイントから障害回復処理を行えばよく，障害回復に要する時間も短くてすみます。

チェックポイントは，「データベースバッファに空きがなくなったとき」，又は「ログファイルが切り替わるとき」に発生する。

なお，チェックポイントの発生は，トランザクションのCOMMITとは非同期です。トランザクションがCOMMITされてもデータバッファの内容は書き出されません。一方，ログバッファの内容は，トランザクションのCOMMIT又はチェックポイントの発生でログファイルに書き出されます。

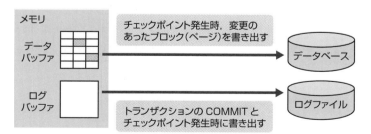

試験では，チェックポイント時に行われる処理と，チェックポイントを設けたことによる効果が問われる。

▲ 図6.8.5 チェックポイント

　下記POINTに，チェックポイントを用いたリスタート処理の概要をまとめます。

参考 ロールバックとは，undoしていきデータベースを更新前の状態に戻すこと。ロールフォワードは，redoしていきデータベースを障害発生直前の状態に復帰すること。

> **P.O.I.N.T** チェックポイントリスタート処理
> ① ロールバック（後退復帰）
> 　障害発生時点からチェックポイントまで逆方向にログファイルを見ていき，COMMIT済以外のトランザクションによる更新を，更新前情報を用いてundoする。また，チェックポイント時点で実行中だったトランザクションがあれば，その開始時点まで戻り，当該トランザクションによる更新をundoする。
> ② ロールフォワード（前進復帰）
> 　チェックポイントから正方向にログファイルを見ていき，COMMIT済のトランザクションによる更新を，更新後情報を用いてredoする。

6

データベース

　図6.8.6の場合，TR2による更新はロールバックされ，TR1とTR3による更新はロールフォワードされます。

試験 試験では，ロールバックすべきトランザクションとロールフォワードすべきトランザクションが問われる。

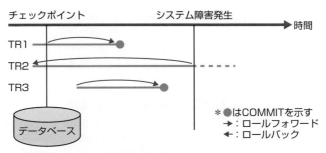

▲ **図6.8.6** システム障害からの回復処理

トランザクション障害からの回復

　トランザクション障害とは，デッドロックの発生によるトランザクションの強制終了，又はプログラムのバグなどによってトランザクションが異常終了する障害です。これらの障害が発生した場合，ACID特性の原子性によりトランザクション内で行った処理をすべて取り消す必要があります。そのためDBMSは，データバッファの内容をログバッファの更新前情報でロールバックし，すでにデータが書き出されていた場合はログファイルの更新前情報でデータベースをロールバックします。なお，トランザクショ

ン障害ではありませんが，トランザクション自らROLLBACK文を発行することで，トランザクション内で行った処理をすべて取り消すことができます。また，**セーブポイント**を設けておけば，そのセーブポイント以降の処理のみを取り消すことができます。

媒体障害からの回復

　媒体障害とは，記憶媒体の故障によってデータの読出しができなくなったり，データが消失してしまったりする障害です。媒体障害が発生した場合は，バックアップファイルとログファイル(更新後情報)を用いてデータベースの回復処理を行います。**バックアップファイル**とは，障害発生に備えて，データベースの内容を定期的に別の媒体に保存(退避)したファイルのことです。

▼ **表6.8.4**　バックアップの種類

フルバックアップ	データベース全体(すべてのデータ)をバックアップする
差分バックアップ	直前のフルバックアップからの変更分だけをバックアップする
増分バックアップ	直前のフルバックアップ又は増分バックアップからの変更分だけをバックアップする

参考 ログファイルの　バックアップ

通常，ログファイルは複数用意され，ログデータをログファイル1から順に書込み，ログファイル1が一杯になるとログファイル2へと切り替える。ログファイルのバックアップは，このタイミングで行われる。

P O I N T　媒体障害からの回復

① バックアップファイルを別媒体にリストアして，データベースをバックアップ取得時の状態に回復する。
② 差分バックアップ方式や増分バックアップ方式を採用している場合，リストア後のデータベースにそれを反映させる。
③ バックアップ取得後にCOMMITしたすべてのトランザクションの更新処理をredoしていき(ロールフォワード)，データベースを媒体障害発生直前の状態に戻す。

データ復旧の要件　　　**☕ COLUMN**

・**RPO**(Recovery Point Objective，**目標復旧時点**)：システム再稼働時，障害発生前のどの時点の状態に復旧させるかの目標値。データ損失の最大許容範囲を意味する。
・**RTO**(Recovery Time Objective，**目標復旧時間**)：障害発生時，どのくらいの時間で(いつまでに)復旧させるかの目標値。障害停止の最大許容時間を意味する。

6.8.4 問合せ処理の効率化 AM/PM

インデックス（索引）

インデックスは，データベースへのアクセス効率を向上させるために使用されます。一般に，WHERE句に指定する問合せ条件や，ORDER BY句，GROUP BY句に頻繁に使用されるデータ列にインデックスを付与することで処理速度の向上が期待できます。ただし，必ずしもその効果が期待できるとは限りません。

参考 インデックスには，重複を許さないユニークインデックスの他，重複を許すデュプリケートインデックスがある。なお，主キー項目にはユニークインデックスが付与される。

> **P O I N T** インデックスを付与する際の留意点
> ① インデックス列に対してNOT条件やNULL条件，LIKE条件，又は計算や関数を使用した問合せ条件の場合，インデックスが使われない可能性があるためその効果は期待できない。
> ② 更新が頻繁に行われる表の場合，データの更新とともにインデックスの更新も発生するため，かえって処理時間が長くなる。
> ③ レコード(行)数が少ない場合，インデックス効果は期待できない。
> ④ データ値の種類が少ない列(例えば，性別など)に，通常のインデックスを付与してもインデックスが使われず効果がない。
> ⑤ データ値の重複具合に大きな偏りがある場合は効果が少ない。

参考 ④のような列には，ビットマップインデックス(次ページ参照)を使用する。

ここで，上記⑤を少し補足します。図6.8.10に示したのは，列Xのデータ値とその行数です。両方ともデータ値の種類は同じですが，例1が重複の程度が平準であるのに対して，例2は大きく偏っています。この場合，列Xにインデックスを付与することによって平均検索速度の向上が期待できるのは例1です。例2は「X＝"A"」で絞り込んだ後，さらに最大400件を順に検索する必要があるので平均検索速度は例1よりも遅くなります。

参考 例2の場合

インデックスを用いて絞り込んだとき，その絞込率が10～20%を大きく超える場合，インデックスの効果はあまり期待できない。

[例1]

列Xのデータ値	行数
A	250
B	250
C	250
D	250

[例2]

列Xのデータ値	行数
A	400
B	600
C	0
D	0

▲ **図6.8.10** データ値の重複具合

インデックスの方式

　代表的なインデックスの方式には，B$^+$木インデックス，ビットマップインデックス，ハッシュインデックスがあります。

◯B$^+$木インデックス

B木, B$^+$木については, p.87, 88を参照。

　現在，RDBMSのインデックスとして最も多く使われているインデックスです。B木を拡張したB$^+$木の構造を利用し，節(索引部)にはキー値と部分木へのポインタを，葉にはデータ(キー値とデータ格納位置)を格納する構造になっています。B$^+$木インデックスの特徴は，次のとおりです。

POINT B$^+$木インデックスの特徴

・値一致検索だけでなく，範囲検索にも優れている。
・最下位の葉(リーフ)同士をポインタで結ぶことで順次検索も高速化している。
・データの追加・削除に伴い必要な場合は，ブロックの分割や併合を行う。
・1件のデータを検索するときの節へのアクセス回数は，木の深さに比例する。このため，索引部の節に多くのキー値をもたせることで，木の深さが浅くなり検索の効率化が図れる。

◯ビットマップインデックス

　インデックスを付与する列のデータ値ごとにビットマップを作成する方式です。例えば，"性別"の場合，「男」と「女」の2つのビットマップをデータ数と同じ大きさで用意して，インデックス列の値がその値(男／女)に該当するか否かをビット「1，0」で管理します。ビットマップインデックスは，データ量に比べてデータ値の種類が少ない列の場合に有効です。

性別列のビットマップインデックスの例。

No.	名前	性別
100	野口	男
101	山崎	女
102	緒方	男

ROWID(行番号)	男	女
1	1	0
2	0	1
3	1	0

◯ハッシュインデックス

　ハッシュ関数を用いてキー値とデータを直接関係づける方式です。「X = 'A'」といった一意検索に優れていますが，全件検索や不等号などを使った範囲検索には不向きです。

複合インデックス

複数の列を組み合わせて1つのインデックスとしたものを，**複合インデックス**あるいは**連結インデックス**といいます。

例えば，「WHERE A = 'a' and B = 'b'」のように，列AとBが，頻繁に検索条件に用いられるのであれば，この2つの列を複合インデックス(A, B)として定義することで，検索の高速化が図れます。ただし，この場合，列Aを第1キー，列Bを第2キーとして検索木(B^+木)が作成されるため，上記のように，第1キーである列Aが含まれた検索は高速化できますが，列Aが含まれない検索は高速化できません。

分類と種別で複合インデックスを作成

```
CREATE INDEX 製品_idx
    ON 製品表 (分類, 種別)
```

ROWID	No.	製品名	分類	種別
1	100	XXX	B	y
2	101	XXX	C	x
3	102	XXX	F	z
4	103	XXX	A	z
5	104	XXX	A	x
6	105	XXX	D	y

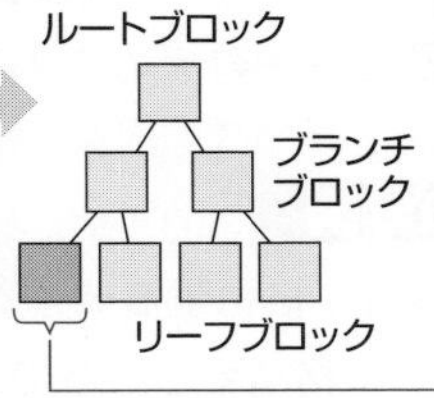

複合インデックス(分類,種別)

分類	種別	ROWID
A	x	5
A	z	4
B	y	1
C	x	2

分類,種別の順にソートされて,リーフブロックに格納される

▲ **図6.8.11** 複合インデックス

オプティマイザ

RDBMSの**オプティマイザ**は，SQL文を実行する際に，問合わせをどのように処理するのかを決めるクエリ最適化の機能です。コストベースとルールベースの2つがあります。

コストベースのオプティマイザでは，ディスクファイルのI/O回数，入出力バッファやログバッファの使用状況といったRDBMSが収集した統計情報を基に，表へのアクセスや表の結合にかかるI/O，CPUのコストなどを見積もり，最適なアクセス方法ならびに結合順序や結合方法を選択します。これに対して，**ルールベース**のオプティマイザでは，実行するSQL文を分解し，その分解された情報と所定のルールによってアクセス方法を選択します。同じSQL文であれば同じアクセスパスとなり，たとえ全表

試験 試験では，「コストベースのオプティマイザがSQLの実行計画を作成する際に必要なものは？」とか，「コストベースのオプティマイザの機能は？」といったように，コストベースのオプティマイザが問われる。解答キーワードは"統計情報"。

を走査する方が高速な場合でもインデックスが定義されていれば，インデックスを用いたアクセスパスが選択されます。

6.8.5 データベースのチューニング AM/PM

データベースシステムにおいて，アクセス性能(効率)の確保は重要です。運用に伴って，性能低下が目立ってきた場合は，適切なチューニングを実施しなければなりません。なお，このようなデータベースシステムの運用管理は**データベース管理者(DBA)**が行います。

> **参考** データベース管理者(DBA)の職務は，データベースの設計，保守，運用の監視，及び障害からの回復を行うこと。なお，DBAの上位に，データベースの概念・論理設計を行い，データ項目を管理して標準化するデータ管理者(DA)をおく場合がある。

複数ディスクへの分割

アクセスの集中によってディスクのI/O待ち時間が増加した場合，表単位でデータを複数のディスクへ分割します。また，データと索引を別々のディスクに分割することで性能向上を図ります。

表の分割

1つの表に格納するデータが大量である場合，データを複数のディスクに格納することで並列処理が可能になり，アクセス性能が向上します。この際，次のような分割方式が採用されます。

> **POINT 分割方式**
> ・**キーレンジ分割方式**
>   分割に使用するキーの値の範囲により，その値に割り当てられたディスクに分割格納する。
> ・**ハッシュ分割方式**
>   分割に使用するキーの値にハッシュ関数を適用し，その値に割り当てられたディスクに分割格納する。

> **参考** その他のチューニング方法
> ・ハードウェアの増強
> ・DBMSシステムパラメータの変更
> ・インデックスの調整 (効果が少ないインデックスの削除，連結インデックスの活用など)

データベースの再編成

データの追加，変更，削除が多数繰り返されると使用できない断片的な未使用部分が増加し，データベース全体のアクセス効率が低下します。これを防止するためには，定期的に**データベースの再編成**(ガーベジコレクション)を行います。

6.9 分散データベース

6.9.1 分散データベースシステム AM/PM

分散データベースシステムの機能

分散データベースシステムの機能的な目的は，複数のサイトに分散されたデータやシステムを論理的に統合して，1つのデータベースシステムであるかのように利用者に見せることです。そのためには，データ（表やビューなど）がどのサイトにあり，どのサイトに移動したかといったことを意識しないで扱える"透過性"の実現が必要です。

6つの透過性

表やビューなどのデータは，アクセス負荷やネットワークのトラフィックなどを考慮して各サイトに分散されます。また，1つの表を，各サイトが必要とする単位で分割する場合もあります。

したがって，分散データベースシステムでは，データの位置を意識しないで利用できる**位置に対する透過性**と，データの移動先を意識しないで利用できる**移動に対する透過性**，そして表が複数のサイトに分割されていてもそれを意識しないで利用できる**分割に対する透過性**の実現が不可欠です。なお，表の分割には，行単位に分割する水平分割と列単位に分割する垂直分割があります。

参考 分散DBの6つの透過性
①位置に対する透過性
②移動に対する透過性
③分割に対する透過性
④複製に対する透過性（同一のデータが複数のサイトに格納されていても，それを意識せず利用できること）
⑤障害に対する透過性（あるサイトで起こった障害を意識せず利用できること）
⑥データモデルに対する透過性（問合わせ言語や，データモデルすなわちデータ構造の違いを意識せず利用できること）

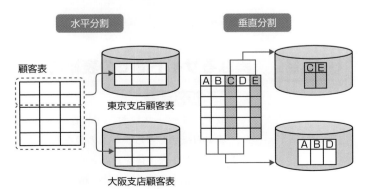

▲ **図6.9.1** 水平分割と垂直分割

透過性の実現

透過性を実現するためには，各サイトのデータベース管理システムがもつ**データディクショナリ／ディレクトリ**（以下，DD/Dという）に加えて，分散データベース全体を管理するグローバルなDD/Dが必要です。DD/Dをどこで管理するか，すなわちどのサイトに配置するかの方式には，大きく分けて集中型と分散型があります。表6.9.1に，代表的な配置方式を示します。

> **用語** データディクショナリ／ディレクトリ
> 表の格納場所や表の構造などの情報をもつデータ辞書。

▼ **表6.9.1** グローバルDD/Dの配置方式

集中管理方式	1つのサイトにDD/Dをもたせる方式。他のサイトを調べ回る必要はないが，当該サイトに負荷が集中し，又，障害が発生すると分散データベース全体に影響する
分散管理方式	・**重複保有なし**：各サイトに自サイトのDD/Dのみをもたせる方式。表の移動や表構造の変更は当該サイトのDD/Dを変更するだけでよいが，自サイトにない表は他サイトのDD/Dを調べ回る必要がある ・**重複保有あり（完全重複）**：各サイトにすべてのサイトのDD/Dを重複してもたせる方式。自サイトのDD/Dを見れば，すべての表の位置を知ることができるが，表の移動や変更の際にはすべてのDD/Dを変更する必要がある ・**重複保有あり（部分重複）**：各サイトに，いくつかのサイトのDD/Dを重複してもたせる方式

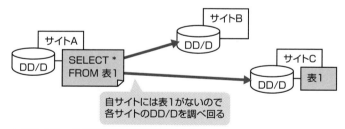

▲ **図6.9.2** 分散管理方式（重複保有なし）

6.9.2 異なるサイト間での表結合 AM/PM

表結合の方式

分散データベースにおいて異なるサイト間で表結合を行う場合，基本的にはどちらか一方の表を他のサイトに送る必要があります。しかし，表全体を送るとなると転送コストがかかります。

そこで，結合に必要な属性（結合列）のみを相手サイトに送り，結合に成功したものだけを元のサイトに戻して，最終的な結合を

6

データベース

行う方式があります。この方式を**セミジョイン法**といいます。

　また，セミジョイン法にハッシュ結合を組み合わせた方式に，**ハッシュセミジョイン法**があります。この方式では，結合列の値のハッシュ値を送り，相手サイトでハッシュ結合を用いて結合を行います。セミジョイン法に比べ転送コストが削減できます。

　ここで，RDBMSが提供するその他の表結合方式を，表6.9.2にまとめておきます。

参考　セミジョイン法は，異なるサイト間における結合アルゴリズムなので，通常の結合では使用されない。

試験　試験では，入れ子ループ法の計算量が問われる。行数nの表2つを結合する場合の計算量は$O(n^2)$。

参考　ハッシュ結合は，ハッシュ値で比較・結合を行うため等価結合以外の結合演算には使用できない。

▼ **表6.9.2**　その他の表結合方式

入れ子ループ法	単純に二重ループを回して結合する方法。例えば，AとBの2つの表を結合する場合，まず外側のループでAから1行を取り出し，次に内側のループでBのすべての行との比較を行い結合する。分散サイト間の結合に用いる場合，1行ずつ相手サイトに送り，相手サイトで1行ずつ順次結合を行う
マージジョイン法（ソートマージ結合）	結合列の値でソートした2つの表を，先頭から順に突合せて結合する。分散サイト間の結合に用いる場合，ソート後の表を相手サイトに送り，相手サイトで結合を行う
ハッシュ結合	一方の表（行数の少ない表）の結合列の値でハッシュ表を作成し，もう一方の表の結合列をハッシュ関数に掛け，ハッシュ値が等しいものを結合する

COLUMN

ネットワーク透過性

分散処理システムにおける"ネットワーク透過性"も押さえておきましょう。

▼ **表6.9.3**　ネットワーク透過性の種類

アクセス透過性	遠隔地にある異なる種類の資源に対して，手元にある資源と同一の方法でアクセスできること
障害透過性	システムや資源の一部に障害が起きたとしても，それを認識することなく，システムを利用できること。障害透明性ともいう
複製透過性	資源が複数の位置に複製され配置されていても，それを意識せずに，1つの資源として利用できること。重複透過性ともいう
規模透過性	OSやアプリケーションの構成に影響を与えずに，システムの規模を変更できること
移動透過性	資源が別の場所に移動しても，それを意識せずに利用できること
位置透過性	遠隔地にある資源の位置を意識せずにアクセスできること
性能透過性	性能向上のために再構成できること
並行透過性	複数プロセスを並行処理できること

6.9.3 分散データベースの更新同期 AM / PM

分散データベースでは，データを複数のサイトに重複して存在させたり，データを複数サイトに分割・分散させる場合があります。このような場合，一方のサイトが更新されても，他方のサイトが更新されなければ，データの整合性を維持できないため，サイト間でデータの同期をとる必要があります。この方法には，適切なタイミングでデータの同期をとる非同期型更新とリアルタイムに同期をとる同期型更新があります。

レプリケーション

レプリケーションは，非同期型更新を実現するメカニズムの1つです。マスタデータベースと同じ内容の複製(レプリカ)を他のサイトに作成しておき，決められた時間間隔でマスタデータベースの内容を他のサイトに複写する機能です。複写方法には，マスタデータベースの全内容を複写する(差替え)方法と，更新部分(差分)だけを複写する方法の2つがあります。

2相コミットメント制御

同期型更新の代表例としては，**2相コミットメント制御**があります。分散データベースシステムにおけるトランザクションは，複数のサブトランザクションに分割され，複数のサイトで実行されます。そのため，「更新ーコミットあるいはロールバック」といった1相コミットメント制御では，トランザクションの原子性，一貫性の保証はできません。2相コミットメント制御は，このような分散トランザクション処理に利用されるコミット制御方式です。2相コミットメント制御では，更新が可能かどうかを確認する第1フェーズと更新を確定する第2フェーズに処理を分け，各サイトのトランザクションをコミットもロールバックも可能な状態(**セキュア状態**，**中間状態**)にしたあと，全サイトがコミットできる場合だけトランザクションをコミットするという方法でトランザクションの原子性，一貫性を保証します。このとき，コミット処理を指示する主サイト側を調停者，主サイトからの指示で必要な処理を行うサイト側を参加者といいます。

参考 レプリケーションには，同期型レプリケーションもある。

参考 稼働中のデータベースの表全部，あるいは一部を，ユーザが定義した間隔で自動的に複写する機能を**スナップショット**という。アプリケーションからは読取り専用となる。

参考 2相コミットメントは，2フェーズコミットメントともいう。なお，コミットメント制御とは，トランザクションのACID特性の原子性，及び一貫性を保証するための機構。

図6.9.3に，2相コミットメント制御の処理手順を示します。

・第1フェーズ

① 調停者は，参加者に「COMMITの可否」を問い合わせる。

② 参加者は，調停者に「COMMITの可否」を返答する。このとき，各データベースサイトはコミットもロールバックも可能なセキュア状態となる。

・第2フェーズ

③ 調停者は，すべての参加者から「COMMIT可（Yes）」が返された場合のみ，「COMMITの実行要求」を発行する。1つでも「COMMIT否（No）」の参加者があったり，一定時間以上経過しても応答がない場合は，ロールバック指示を発行する。

図6.9.3は，UMLのシーケンス図の記法を用いたもの。

第1フェーズで異常が発生した場合，第2フェーズでロールバックを実行する。

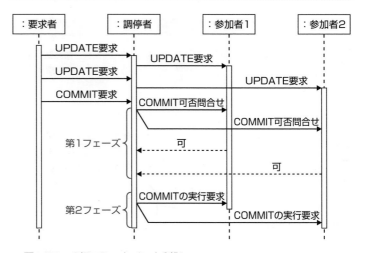

▲ **図6.9.3** 2相コミットメント制御

試験では，各従サイトがブロック状態となる，主サイト側の障害発生タイミングが問われる。

2相コミットメント制御の問題点は，コミット指示の直前に調停者（主サイト）側に障害が発生したり，あるいは送信時に通信障害が発生したりすると，各参加者（従サイト）には調停者からの指示が届かないため，コミットかロールバックか判断不可能な状態（**ブロック状態**）に陥ってしまうことです。このような問題を解決するため，セキュアのあとに**プリコミット**を行い，その後コミットを行うといった**3相コミットメント制御**があります。

6.10 データベース応用

6.10.1 データウェアハウス　AM / PM

データウェアハウスとは

企業の様々な活動を介して得られた大量のデータを整理・統合して蓄積しておき，意思決定支援などに利用するデータベース，あるいはその管理システムを**データウェアハウス**といいます。

データウェアハウスは，「基幹系データベースからのデータ抽出，変換，データウェアハウスへのロード（書出し）」という一連の処理を経て構築されます。この一連の処理を**ETL**（Extract/Transform/Load）といいます。

参考 業務システムごとに異なっているデータ属性やコード体系を統一する処理を**データクレンジング**という。ETLツールは，データクレンジング機能をもつ。

用語 基幹系データベース
基幹系（業務）システムで使用されるデータベース。

用語 データマート
データウェアハウスに格納されたデータの一部を，特定の用途や部門用に切り出したデータベース。

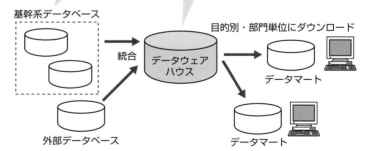

▲ **図6.10.1**　データウェアハウス

用語 多次元データベース
（**MDB**：multi-dimensional database）
複数の属性項目（次元）でデータを集約したデータベース。2つの属性項目を選び表形式でデータを見る場合は2次元で，3つの属性項目を選びデータを立体的に見る場合は3次元で，データを集約する。

多次元データベース

ユーザは，データウェアハウスに蓄積された大量のデータを基に，例えば"時間"，"地域"，"製品"など様々な視点からデータを多次元的に分析します。そのため，データウェアハウスでは，複数の属性項目を軸（次元）にして種々の分析が容易に行える**多次元データベース**が用いられます。多次元データベースは，分析の対象となるデータ（集約データ）と，分析の軸となる属性項目（次

元)から構成されるキューブ型をしたデータベースです。

● OLAP

参考 OLAPを行うツールをOLAPツールという。

　多次元データを，様々な視点から対話的に分析する処理形態，あるいはその技術を**OLAP**(Online Analytical Processing：**オンライン分析処理**)といいます。OLAPは，1つの属性項目の特定の値を指定してデータを水平面で切り出す**スライス**や，任意の切り口で取り出したデータをより深いレベルのデータに詳細化する**ドリルダウン**，その逆の**ロールアップ**，さらに「時間別／地域別／製品別」，「地域別／製品別／時間別」というように立方体の面を回転させる**ダイス**などの機能を提供します。このようなOLAPの機能を利用することにより，ユーザは，現状分析や今後の動向などについて様々な分析が行えます。

参考 OLAPはデータ分析には適しているが，データの法則性や因果関係までは発見できない。データの法則性や因果関係の発見には，データマイニングを用いる。

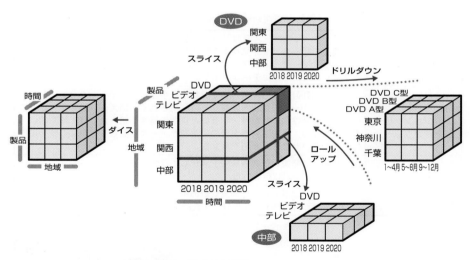

▲ **図6.10.2**　OLAPの機能

● MOLAPとROLAP

　多次元データベースは，データを多次元そのままの形(独自形式)で管理する専用のデータベースと，関係データベースを利用して**スタースキーマ**構造で管理するデータベースに大別することができます。また，それぞれに対応したOLAPを**MOLAP**(Multi-dimensional OLAP)，**ROLAP**(Relational OLAP)といいます。

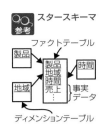

スタースキーマ

ファクトテーブル

ディメンションテーブル

スタースキーマとは，多次元構造に適合したリレーショナルスキーマです。つまり，中央に分析の対象となるデータを格納する**ファクトテーブル**（事実テーブルともいう）を置き，その周りに分析の切り口となる**ディメンションテーブル**（次元テーブルともいう）を配置したスキーマです。ファクトテーブルとディメンションテーブルは，外部キーを介して関連付けられています。

6.10.2 データマイニング

蓄積された膨大なデータの有効活用の1つとして，**データマイニング**があります。これは，大量のデータから，統計的・数学的手法を用いて，データの法則性や因果関係を見つけ出す手法で，代表的なものに，表6.10.1のような手法があります。

▼ **表6.10.1** 代表的なデータマイニングの手法

マーケットバスケット分析	POSデータやeコマースの取引ログなどを分析して，顧客が一緒に購入している商品の組み合わせを発見するデータ分析手法。1人の顧客による1回の購入データをマーケットバスケットデータといい，これを週や月単位に集計したデータベースを基にデータマイニングを行う
決定木分析（デシジョンツリー，意思決定ツリー）	ツリー（樹形図）によってデータを分析する手法。予測やデータ分類，又はデータのもつルールの抽出・生成などに利用される。例えば，顧客データについて，顧客を性別・年齢層・年収など複数の属性を組み合わせて段階的にセグメント化し，蓄積された大量の購買履歴データに照らして商品の購入可能性が最も高いセグメントを予測する
ニューラルネットワーク	人間の脳や神経系の仕組みをモデル化した数学モデルで，データマイニングにおいて数値予測に使われる
クラスタ分析	異質なものが混ざり合った調査対象の中から，互いに似たものを集めた集団（これを**クラスタ**という）を作り，調査対象を分類する方法

リアルタイム分析を行うCEP　☕ COLUMN

データマイニングでは，発生したデータをデータベースに蓄積した後，集計・分析するためリアルタイム性に欠けます。そこで，近年注目されているのが**CEP**（Complex Event Processing：**複合イベント処理**）です。CEPは，刻々と発生する膨大なデータをリアルタイムで分析し処理する技術です。データの処理条件や分析シナリオをあらかじめCEPエンジンに設定しておき，メモリ上に取り込んだデータが条件に合致した場合，対応するアクションを即座に実行することでリアルタイム高速処理を実現します。

6.10.3 NoSQL

AM / PM

NoSQL

ビッグデータの
参考 3つのV（特徴）
・Variety：データ種
類が多様
・Volume：データ量
が膨大
・Velocity：データ
の発生速度，発生頻
度が高い
なお，最近では，上記の
3Vに「Value：価値」
と「Veracity：正確
さ・信頼性」を加えて
「5つのV」とするケ
ースもある。

NoSQL（Not only SQL）は，ビッグデータの中心的な技術基盤であり，データへのアクセス方法をSQLに限定しないデータベースの総称です。従来のSQLを用いた表形式のデータ操作では，大規模データや頻繁に発生するトランザクションデータの処理，また分散データベース環境にあるデータを処理する場合，性能の低下を招く可能性があります。このようなケースでは，スキーマレスな非常に柔軟で，大量のデータを扱うのに適したNoSQLデータベースを利用することが多くなっています。

●NoSQLデータベース

NoSQLに分類されるデータベース（データモデル）には，表6.10.2に示す4つがあります。

▼ **表6.10.2** NoSQLデータベース

ビッグデータの
参考 8割は非構造化
データ。現在，非構造
化データを構造化デー
タに変えるパターン認
識やデータマイニング
の技術が注目を浴びて
いる。

キーバリューDB	1つのデータを1つのキーに対応付けて管理する。キーバリューストア（KVS：Key-Value Store）とも呼ばれる
カラム指向DB（列指向DB）	キーバリューDBにカラム（列）の概念をもたせたもの。キーに対して，動的に追加可能な複数のカラム（データ）を対応付けて管理できる
ドキュメント指向DB	キーバリューDBの基本的な考え方を拡張したもの。データを"ドキュメント"単位で管理する。個々のドキュメントのデータ構造（XMLやJSONなど）は自由
グラフ指向DB	グラフ理論に基づき，ノードとノード間のエッジ（すなわち，データ間のリレーションシップ），そしてノードとエッジにおける属性（プロパティ）により全体を構造化し管理する

●BASE特性

NoSQLにおいては，ビッグデータなど膨大なデータを高速に処理する必要があります。そのため，一時的なデータの不整合があってもそれを許容することで整合性保証のための処理負担を軽減し，最終的に一貫性が保たれていればよいという考えを採用しています。これを**結果整合性**といい，結果整合性を保証するのが

BASE特性です。BASEは，次の3つの特性を意味します。
・Basically Available：可用性が高く，基本的にいつでも利用可能
・Soft state：厳密な状態を要求しない（常に整合性を保つ必要はない）
・Eventually consistent：最終的には一貫性が保たれる（結果整合性）

ビッグデータに関連する用語

◯データレイク

データレイクとは，ビッグデータのデータ貯蔵場所であり，あらゆるデータを発生した元のままの形式や構造で格納できるリポジトリのことです。ビジネスが活用すべきデータには，業務システムデータやIoTデータ，オープンデータ，SNSのログなど様々なデータがあります。そして，これらデータの形式や構造は多様です。データレイクは，このような多種多様なデータを管理し，活用するためのデータマネジメント基盤です。

◯データサイエンティスト

データサイエンティストとは，ビッグデータを有効活用し，事業価値を生み出す役割を担う専門人材，あるいはそれを行う職種のことです。情報科学についての知識を有し，ビジネス課題を解決するためにビッグデータを意味ある形で使えるように，分析システムを実装・運用し，ビジネス上の課題の解決を支援します。データサイエンティストに求められるスキルセットは，表6.10.3に示す3つの領域で定義されています。

用語 オープンデータ：国，地方公共団体及び事業者が保有するデータのうち，誰もがインターネットなどを通じて加工，編集，再配布できるよう公開されたデータのこと。

参考 データサイエンティストが活用しているツールであり，ビッグデータ分析や機械学習に欠かせないツールにJupyter Labがある。Jupyter Labは，ブラウザ上で動作する対話型のPythonプログラム実行環境。実行結果を逐次確認しながら，データ分析を進めることができる。

▼ **表6.10.3** データサイエンティストに求められるスキルセット

ビジネス力	課題の背景を理解した上で，ビジネス課題を整理・分析し，解決する力〔例〕事業モデル，バリューチェーンなどの特徴や事業の主たる課題を自力で構造的に理解でき，問題の大枠を整理できる
データサイエンス力	人工知能や統計学などの情報科学に関する知識を用いて，予測，検定，関係性の把握及びデータ加工・可視化する力〔例〕分析要件に応じ，決定木分析，ニューラルネットワークなどのモデリング手法の選択，モデルへのパラメタの設定，分析結果の評価ができる
データエンジニアリング力	データ分析によって作成したモデルを使えるように，分析システムを実装，運用する力〔例〕扱うデータの規模や機密性を理解した上で，分析システムをオンプレミスで構築するか，クラウドサービスを利用して構築するかを判断し，設計できる

6.11 ブロックチェーン

6.11.1 ブロックチェーンにおける関連技術 AM/PM

ブロックチェーンとは

ブロックチェーンは，ネットワーク上のコンピュータにデータを分散保持させる**分散型台帳技術**であり，「改ざん不可能，高い可用性，高い透明性」という特徴をもった，全く新しい分散型のデータベースです。ブロックチェーンでは，一定期間内の取引データを格納したブロックを，ハッシュ値をジョイントとして鎖のように繋ぐことで台帳を形成し，P2Pネットワークで管理します。

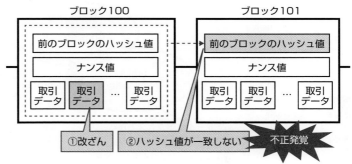

用語 ナンス値
一度だけ使用される，使い捨てのランダムな値。

▲ **図6.11.1** ブロックチェーンの概要

参考 ハッシュ関数は，ブロックチェーンの必須技術であり，参加者がデータの改ざんを検出するために利用する。

個々のブロックの中に格納されるハッシュ値は，1つ前に生成されたブロックから算出されたハッシュ値です。このため，取引データを改ざんすると，そのブロックのハッシュ値が変わり，当該ブロック以降のすべてのブロックのハッシュ値も変更しなければならなくなります。つまり，改ざんは事実上不可能です。

●P2Pネットワーク

用語 P2P
ノード（端末）同士が対等な関係で直接に通信する方式。PtoP（Peer to Peer：ピアツーピア）ともいう。

分散型の台帳管理を支えるのがP2Pネットワークです。ブロックチェーンでは，P2Pネットワークを使って取引データ（履歴）を参加者全員で持ち合い，管理する仕組みになっているため，一部のノードに障害が発生してもシステムを維持できます。

ブロックチェーンとCAP定理

　分散型データベースシステムにおいてデータストアに望まれる3つの特性「一貫性（整合性），可用性，分断耐性」のうち，同時に満たせるのは2つまでであるという理論を**CAP定理**といいます。

　ブロックチェーンも例外ではありません。ブロックチェーンでは，時系列で発生するデータをいくつかまとめてブロックを生成し，生成したブロックは，多くのノードの承認処理を経てからブロックチェーンに反映されます。そのため，ブロックチェーンでは，可用性と分断耐性は保証しますが，一貫性についての完璧な実現は保証していません。

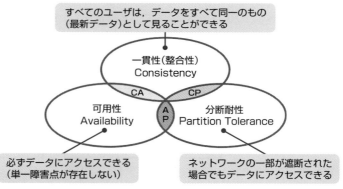

▲ **図6.11.2**　CAP定理

○○ 単一障害点とは，その箇所が故障するとシステム全体が停止となる箇所のこと。SPOF（Single Point of Failure）ともいう。

仮想通貨マイニング

COLUMN

　ブロックとブロックを繋ぐハッシュ値には，「上位N桁がすべて0」という制約があり，これに外れるハッシュ値はジョイントに利用できません。ブロック内に格納される取引データと1つ前のブロックのハッシュ値は決まっているので，条件を満たすハッシュ値とするためには，適切なナンス値を見つける必要があります。しかし，この作業は，原則，総当たりで行うしかなく計算量が膨大です。そこで，仮想通貨ネットワーク参加者に依頼し，利用できるナンス値すなわちハッシュ値を見つけた人には報酬を支払うという仕組みが採られます。例えば，仮想通貨のブロックチェーンであれば，成功報酬として新規に発行された仮想通貨が付与されます。このように，目的のハッシュ値を得るための計算作業に参加し，報酬として仮想通貨を得ることを**仮想通貨マイニング**といいます。マイニングとは“採掘”という意味です。

||| **得点アップ問題** |||

解答・解説はp.367

問題1　(H25秋問45)

E-R図の解釈として，適切なものはどれか。ここで，＊──＊は多対多の関連を表し，自己参照は除くものとする。

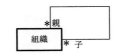

ア　ある組織の親組織の数が，子組織の数より多い可能性がある。
イ　全ての組織は必ず子組織をもつ。
ウ　組織は2段階の階層構造である。
エ　組織はネットワーク構造になっていない。

問題2　(H27秋問28)

関係R(A，B，C，D，E，F)において，次の関数従属が成立するとき，候補キーとなるのはどれか。

〔関数従属〕
　A→B，A→F，B→C，C→D，{B，C}→E，{C，F}→A

ア　B　　　イ　{B，C}　　　ウ　{B，F}　　　エ　{B，D，E}

問題3　(R02秋問28)

関係 "注文記録" の属性間に①〜⑥の関数従属性があり，それに基づいて第3正規形まで正規化を行って，"商品"，"顧客"，"注文"，"注文明細" の各関係に分解した。関係 "注文明細" として，適切なものはどれか。ここで，{X，Y} は，属性XとYの組みを表し，X→Y は，XがYを関数的に決定することを表す。また，実線の下線は主キーを表す。

注文記録(注文番号，注文日，顧客番号，顧客名，商品番号，商品名，数量，販売単価)

〔関係従属性〕　① 注文番号 → 注文日　　　④ {注文番号，商品番号} → 数量
　　　　　　　② 注文番号 → 顧客番号　　⑤ {注文番号，商品番号} → 販売単価
　　　　　　　③ 顧客番号 → 顧客名　　　⑥ 商品番号 → 商品名

ア　注文明細(注文番号，顧客番号，商品番号，顧客名，数量，販売単価)
イ　注文明細(注文番号，顧客番号，数量，販売単価)
ウ　注文明細(注文番号，商品番号，数量，販売単価)
エ　注文明細(注文番号，数量，販売単価)

問題4 (R02秋問29)

"東京在庫"表と"大阪在庫"表に対して，SQL文を実行して得られる結果はどれか。ここで，実線の下線は主キーを表す。

東京在庫

商品コード	在庫数
A001	50
B002	25
C003	35

大阪在庫

商品コード	在庫数
B002	15
C003	35
D004	80

〔SQL文〕

```
SELECT 商品コード, 在庫数 FROM 東京在庫
     UNION ALL
SELECT 商品コード, 在庫数 FROM 大阪在庫
```

ア

商品コード	在庫数
A001	50
B002	25
B002	15
D004	80

イ

商品コード	在庫数
A001	50
B002	40
C003	70
D004	80

ウ

商品コード	在庫数
A001	50
B002	25
B002	15
C003	35
D004	80

エ

商品コード	在庫数
A001	50
B002	25
B002	15
C003	35
C003	35
D004	80

問題5 (H23春問28)

"社員扶養家族"表の列"社員番号"の値が"社員"表の候補キーに存在しなければならないという制約はどれか。

ア　一意性制約　　イ　形式制約　　ウ　参照制約　　エ　ドメイン制約

問題6 (H31春問27)

RDBMSにおいて，特定の利用者だけに表を更新する権限を与える方法として，適切なものはどれか。

ア　CONNECT文で接続を許可する。
イ　CREATE ASSERTION文で表明して制限する。

ウ　CREATE TABLE文の参照制約で制限する。
エ　GRANT文で許可する。

問題7　(H28春問17-DB)

トランザクションの原子性(atomicity)の説明として，適切なものはどれか。

ア　データの物理的格納場所やアプリケーションプログラムの実行場所を意識することなくトランザクション処理が行える。
イ　トランザクションが終了したときの状態は，処理済みか未処理のどちらかしかない。
ウ　トランザクション処理においてデータベースの一貫性が保てる。
エ　複数のトランザクションを同時に処理した場合でも，個々の処理結果は正しい。

問題8　(H28春問30)

媒体障害の回復において，最新のデータベースのバックアップをリストアした後に，トランザクションログを用いて行う操作はどれか。

ア　バックアップ取得後でコミット前に中断した全てのトランザクションをロールバックする。
イ　バックアップ取得後でコミット前に中断した全てのトランザクションをロールフォワードする。
ウ　バックアップ取得後にコミットした全てのトランザクションをロールバックする。
エ　バックアップ取得後にコミットした全てのトランザクションをロールフォワードする。

問題9　(H29春問28-FE)

分散データベースシステムにおいて，一連のトランザクション処理を行う複数サイトに更新処理が確定可能かを問い合わせ，全てのサイトの更新処理が確定可能である場合，更新処理を確定する方式はどれか。

ア　2相コミット　　イ　排他制御　　　ウ　ロールバック　　エ　ロールフォワード

チャレンジ午後問題　(H26春問6)　　　　　　　　　　　　　解答・解説：p.369

旅客船Web予約システムの構築に関する次の記述を読んで，設問1〜4に答えよ。

R社は，これまで東京湾内で旅客船を運航してきた。旅客船の性能向上に伴い，東京湾と四国地方や九州地方の港を直接結ぶ中長距離航路に参入することになった。これまで乗船券の販売はR社の窓口と旅行代理店で扱っていたが，これを機に，乗船する顧客自身もインターネットから空席照会や予約ができるシステム(以下，本システムという)を構築する。シス

テム運用開始後は旅行代理店も本システムを利用する。本システムの機能要件を表1に，E-R図を図1に示す。なお，本システムでは，E-R図のエンティティ名を表名に，属性名を列名にして，適切なデータ型で表定義した関係データベースによって，データを管理する。

表1　本システムの機能要件

機能名	機能概要
顧客管理	乗船券の予約を行う代表者の情報を管理する。
Webユーザ管理	顧客が本システムにログインする際に使用するユーザIDとパスワードを管理する。ユーザIDはシステム内で一意である。
船便管理	船便の出発地や到着地，航行距離に応じた運賃などを管理する。
座席管理	船便ごとの座席とその空席状況を管理する。座席にはファーストクラスやエコノミークラスなどの分類があり，その運賃はクラスに応じて設定された運賃係数を基本運賃に乗じた額になる。
空席照会	出発地や到着地，出発日を指定して，その条件に合った船便とその座席の空席状況を照会する。
予約受付	顧客からの乗船券の予約を受け付ける。顧客は，複数人の乗船券を一度に，座席を指定して予約できる。その際，各座席に座る乗船者の姓名を登録する。
操作ログ記録	顧客の操作を，問合せ照会や行動分析のために記録する。本システムの各機能にあらかじめ番号を割り当てておき，操作が行われた機能の番号を記録する。その際，処理を開始してから成功又は失敗するまでに実行されたSQL文とその結果も記録する。

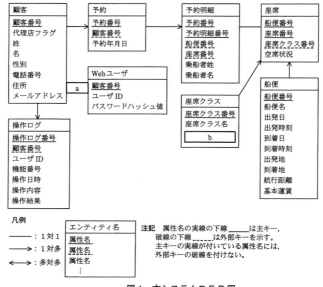

図1　本システムのE-R図

6

データベース

〔Webユーザ管理機能の実装〕

　Webユーザのパスワード漏えいを防ぐために，パスワードそのものは本システムには保存せずに，そのハッシュ値を保存して利用する。システムへのログインの際，ユーザが入力したパスワードのハッシュ値と，保存されているハッシュ値が等しければ正しいパスワードが入力されたと判断する。

　なお，ハッシュ値の計算には関数HASHを利用する。例えば，文字列 'いろは' のハッシュ値を求める場合，HASH('いろは')と記述する。

　あるWebユーザがシステムにログイン可能かどうかを判定するために，正しいパスワードが入力された場合は1を，誤りの場合は0を返すSQL文を図2に示す。ここで，": ユーザID"は入力されたユーザIDを，": パスワード"は入力されたパスワードをそれぞれ格納した埋込み変数である。

```
SELECT COUNT(*) AS 判定結果
FROM Web ユーザ
WHERE [        c        ]
  AND [        d        ]
```

図2　ログイン可能かどうかを判定する SQL 文

〔空席照会機能の実装〕

　空席照会機能において，指定した条件に合った船便とその座席のクラスごとの空席数を照会するSQL文を図3に示す。ここで，": 出発日"，": 出発地"，": 到着地"は空席照会の条件を格納した埋込み変数である。また，座席表の列 "空席状況" の値が '0' のとき，その座席を空きとする。

```
SELECT A.船便番号, A.船便名, C.座席クラス番号, C.座席クラス名,
    [  e  ] AS 空席数
FROM 船便 A
  INNER JOIN 座席 B ON A.船便番号 = B.船便番号
  INNER JOIN [  f  ] C ON [        g        ]
WHERE A.出発日 = :出発日
  AND A.出発地 = :出発地
  AND A.到着地 = :到着地
  AND B.空席状況 = '0'
GROUP BY [        h        ]
```

図3　座席のクラスごとの空席数を照会する SQL 文

〔操作ログ記録機能の不具合〕

　運用テストフェーズにおいて，予約受付処理が失敗するシナリオで不具合が発見された。予約受付処理が成功した場合は，処理の開始から完了までに実行されたSQL文とその結果が操作ログ表に記録された。予約受付処理が失敗した場合は，処理の開始から失敗までに実行されたSQL文とその結果が記録されるべきだが，操作ログ表には何も記録されなかった。予約受付処理の流れを図4に示す。

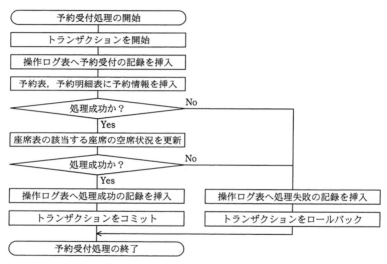

図4　予約受付処理の流れ

設問1　図1中の　a　，　b　に入れる適切な属性名及びエンティティ間の関連を答え，E-R図を完成させよ。
　　なお，エンティティ間の関連及び属性名の表記は，図1の凡例に倣うこと。

設問2　図2中の　c　，　d　に入れる適切な字句又は式を答えよ。

設問3　図3中の　e　～　h　に入れる適切な字句又は式を答えよ。

設問4　〔操作ログ記録機能の不具合〕における不具合を修正するに当たり，予約受付処理が失敗した際にも，操作ログを操作ログ表に記録するために実施すべき，予約受付処理の流れに対する対応策を40字以内で述べよ。

解説

問題1

解答：ア

←p.295を参照。

本問のE-R図は，組織の階層構造（再帰的構造）を表現するものですが，親組織と子組織の関連が"多対多"であり，1つの親組織が複数（0以上）の子組織をもち，また1つの子組織が複数（0以上）の親組織をもつ構造になっています。そのため，ある組織から見たとき，その親組織の数が子組織の数より多い場合もあります。

※全ての組織が必ず子組織をもつとした場合，組織階層が無限になってしまう。

"多対多"の関連が繰り返されるため，全体としてはn段階の階層となるネットワーク構造になる

多重度の*印は0以上を表すので,組織が子組織をもたない場合もあり得る

問題2

解答：ウ

←p.300, 301を参照。

全ての選択肢に含まれているBに着目します。まず，B→CとC→Dから推移律によりB→Dを導き出します。これにより，Bが決まればCとDは一意に決まることがわかります。また，{B，C}→Eという関数従属性からEも一意に決まることがわかります。

次に，B→Cと{C，F}→Aという2つの関数従属性に着目すると，擬推移律により{B，F}→Aであることがわかります。

以上，BによってC，D，Eが一意に決まり，{B，F}によってAが一意に決まるので，選択肢の中で候補キーとなるのは{B，F}です。

※Aによって他の全ての属性が一意に決まるので，Aも候補キー。

問題3

解答：ウ

←p.300〜305を参照。

①〜⑥の関数従属性から，注文番号と商品番号の2つが決まれば，その他の属性は一意に決まることがわかります。つまり，注文番号と商品番号の複合キーが，関係"注文記録"の主キーです。まず，第2正規化（部分関数従属の排除）を行うと，次の3つの関係に分割できます。
関係A：注文番号に関数従属する属性を分割

⇒（注文番号，注文日，顧客番号，顧客名）
関係B：商品番号に関数従属する属性を分割 ⇒（商品番号，商品名）
関係C：残った属性 ⇒（注文番号，商品番号，数量，販売単価）

次に，関係Aにある「顧客番号 → 顧客名」を，第3正規化によって排除すると，関係D：（注文番号，注文日，顧客番号）と，関係E：（顧客番号，顧客名）の2つに分割できます。以上，関係Bが"商品"，関係Cが"注文明細"，関係Dが"注文"，関係Eが"顧客"になります。

※関係"注文記録"には，繰返し属性がないので第1正規形。したがって，第2正規化から行う。

※推移律により，「注文番号→顧客名」という関数従属性が導ける。
推移律：
「注文番号→顧客番号」
「顧客番号→顧客名」
ならば，
「注文番号→顧客名」

6
データベース

問題4
解答：エ

←p.306を参照。

UNIONは2つの表の和を求める演算子です。例えば，表AとBに対して「A UNION B」を実行すると，AとBの和から重複行が取り除かれた結果が得られます。一方，UNION ALLはこの重複行を取り除きません。本問のSQL文では，「SELECT 商品コード,在庫数 FROM 東京在庫」で得られた表と「SELECT 商品コード,在庫数 FROM 大阪在庫」で得られた表を，UNION ALLで演算するので結果は〔エ〕になります。なお，UNIONで演算した結果は〔ウ〕になります。

※どちらのSELECT文にもWHERE句がないので，得られる結果表の行数は，"東京在庫"表の3行と"大阪在庫"表の3行を合わせた6行になる。

問題5
解答：ウ

←p.298, 299を参照。

本問の"社員"表，及び"社員扶養家族"表の構成（どのような列をもつのか）は不明ですが，通常，"社員"表には列"社員番号"があり，この"社員番号"が主キーです。そして，"社員"表と"社員扶養家族"表とを関連づけるため，"社員扶養家族"表に列"社員番号"を設け，これを"社員"表の主キーを参照する外部キーにします。

この外部キーである"社員番号"の値は，被参照表である"社員"表の主キーに存在しなければいけません。この制約を**参照制約**といいます。

※外部キーの参照先として主キー以外の候補キーも可能。したがって，外部キーの値が被参照表の候補キーに存在することを保証するのが参照制約。

問題6
解答：エ

←p.331を参照。

表の利用者に対し，当該表を更新する権限を与えるSQL文は，GRANT文です。〔ア〕のCONNECT文は，SQLサーバへの接続を確立するSQL文，〔イ〕のCREATE ASSERTION文は，任意の表間の任意の列に対する制約を定義するSQL文（表名定義という）です。

問題7
解答：イ

←p.335を参照。

原子性（Atomicity）は，〔イ〕の記述にあるように「トランザクションが終了したときの状態は，処理済みか未処理のどちらかしかない」という特性です。〔ウ〕は一貫性（Consistency），〔エ〕は隔離性（Isolation）の説明です。なお，〔ア〕は分散データベースの位置透過性の説明です。

問題8
解答：エ

←p.344を参照。

媒体障害が発生した際は，まず，最新のバックアップファイルを別の媒体にリストアしてデータベースを復元します。次に，バックアップ取得以降にコミットした全てのトランザクションの処理結果を，更新後ログを用いたロールフォワード処理によりデータベースに反映させます。

問題9 解答：ア ←p.352を参照。

問題文に示された方式を**2相コミット**（2相コミットメント制御）といいます。

チャレンジ午後問題

設問1	a：－　　b：運賃係数
設問2	c：ユーザID ＝ :ユーザID d：パスワードハッシュ値 ＝ HASH(:パスワード)　※c，dは順不同
設問3	e：COUNT(*) f：座席クラス g：B.座席クラス番号 ＝ C.座席クラス番号 h：A.船便番号，A.船便名，C.座席クラス番号，C.座席クラス名 　　又は 　　A.船便番号，C.座席クラス番号
設問4	操作ログ表への記録を予約受付処理とは別のトランザクションにする

●設問1

空欄a：“顧客”と“Webユーザ”の関連（リレーション）が問われています。“Webユーザ”は，顧客が本システムにログインする際に使用するユーザIDとパスワード（パスワードハッシュ値）を管理するエンティティです。ここで，“Webユーザ”の主キーが顧客番号だけであることに着目すると，一人の顧客がもつユーザIDは1つだけであることがわかります。したがって，“顧客”と“Webユーザ”は1対1の関連になるので，空欄aには「－」を入れます。

空欄b：“座席クラス”の属性が問われています。表1“本システムの機能要件”にある座席管理の機能概要を見ると，「座席にはファーストクラスやエコノミークラスなどの分類があり，その運賃はクラスに応じて設定された運賃係数を基本運賃に乗じた額になる」と記述されています。このことをヒントに考えれば，“座席クラス”には，座席クラスに対応した運賃係数が必要だとわかります。つまり，空欄bには**運賃係数**が入ります。

●設問2

図2のSQL文は，Webユーザ表を使って，ログイン可能かどうかを判定するSQL文なので，次の条件を入れればよいでしょう。

・入力されたユーザIDがWebユーザ表にあり，
・そのパスワードハッシュ値と入力されたパスワードのハッシュ値が等しい

※E-R図を完成させる問題は，データベース問題の定番中の定番。

入力されたユーザIDは，埋込み変数である"：ユーザID"に，パスワードは"：パスワード"に，それぞれ格納されています。また，ハッシュ値の計算には関数HASHを用いればよいことから，空欄c及びdに入れる条件は次のようになります。

ユーザID ＝ :ユーザID

パスワードハッシュ値 ＝ HASH(:パスワード)

では，この条件を空欄に入れたSQL文を確認しておきましょう。

> WHERE句で抽出された行の行数をカウントし，それを判定結果として出力する

```
SELECT COUNT(*) AS 判定結果
FROM Webユーザ
WHERE  c：ユーザID ＝ :ユーザID
   AND   d：パスワードハッシュ値 ＝ HASH(:パスワード)
```

入力されたユーザIDがWeb表にあり，パスワードが正しければ，WHERE句により1行が抽出され，SELECT句のCOUNT(*)が1になるので判定結果「1」と出力されます。

一方，入力されたユーザID又はパスワードが正しくなければ，行は抽出されません。この場合，SELECT句のCOUNT(*)は0となり判定結果「0」と出力されます。

●設問3

図3のSQL文は，指定した条件に合った船便とその座席のクラスごとの空席数を照会するSQL文です。まずFROM句を確認します。

FROM句では，INNER JOINを用いて表を結合しています。手順は，次のとおりです。

①船便表をA，座席表をBとして，AとBを条件「A.船便番号 ＝ B.船便番号」でINNER JOIN(内結合)する。

②次に，空欄fの表をCとし，AとBの内結合の結果とCを空欄gの条件でINNER JOIN(内結合)する。

空欄f：相関名をCとした元の表が問われています。SELECT句に「C.座席クラス番号，C.座席クラス名」と記述されていることに着目すると，この2つの列(座席クラス番号と座席クラス名)をもつ座席クラス表をCとしていることがわかります。つまり，空欄fは**座席クラス**です。

空欄g：座席表は，列"座席クラス番号"で座席クラス表と関連づけられているので，空欄gに入れる結合条件は「**B.座席クラス番号 ＝ C.座席クラス番号**」です。

※SELECT文は，「 FROM句→WHERE句→GROUP BY句→HAVING句→SELECT句」の順に実行されるので，この順に見ていくと理解しやすくなる。

※INNER JOINについては，p.316，319を参照。

※表名の後に記述されたA，B，Cは，それぞれ船便，座席，空欄fの表の相関名(別名)。

6

〔図3のSQL文の処理イメージ〕

　図3のSQL文の処理イメージを確認しておきましょう。

FROM句：

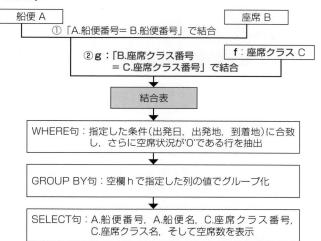

空欄h：GROUP BY句に指定する列が問われています。このSQL文は，指定した条件に合った<u>船便</u>とその<u>座席のクラス</u>ごとの空席数を照会するものなので，WHERE句で抽出されたデータを，船便番号と座席クラス番号でグループ化する必要があります。したがって，空欄hには「**A.船便番号，C.座席クラス番号**」を入れます。

　なお，以前のSQL標準では，「GROUP BY句を指定した場合，SELECT句に記述できる要素は，グループ化列，集合関数，定数式だけである」としていたため，これに従う場合は，SELECT句に記述されているすべての列名，すなわち「**A.船便番号，A.船便名，C.座席クラス番号，C.座席クラス名**」をGROUP BY句に指定する必要があります。

空欄e：「　e　AS 空席数」と記述されているので，空欄eには空席数を集計する集合関数が入ります。指定した条件に合ったデータが，船便番号，座席クラス番号でグループ化されていることがポイントです（次ページの図を参照）。つまり，COUNT(*)を使ってグループごとの行数をカウントすれば空席数を求められます。したがって，空欄eには**COUNT(*)**が入ります。

※ 現在のSQL標準では，**GROUP BY句**で指定した列によって一意に特定できる列は，GROUP BY句で指定しなくてもSELECT句に記述できる。したがって，本問の場合，「A.船便番号→A.船便名」，「C.座席クラス番号→C.座席クラス名」という関数従属性が成立するため，グループ化のために最低限必要な列「A.船便番号，C.座席クラス番号」の2つを指定するだけでよい。

船便番号	座席番号	座席クラス番号
S01	001	1
S01	002	1
S01	010	2
S03	020	2
S03	021	2

指定した条件に合った船便

空席状況が'0'の座席

COUNT(*)

船便番号	座席クラス番号	空席数
S01	1	2
S01	2	1
S03	2	2

※左図では，説明のための，必要な列のみ表示している。

●設問4

　「予約受付処理が失敗した場合，操作ログ表には何も記録されなかった」というのが不具合の内容です。本設問では，この不具合を修正するための対応策が問われています。Keyワードは，トランザクションとロールバックです。図4を見ると，予約受付処理が失敗した際，トランザクションをロールバックしています。これは，予約表，予約明細表，及び座席表のいずれかの更新が失敗した場合，データ矛盾が起きないようロールバックするというものです。しかし，ロールバックを行うと，操作ログ表への記録も取り消されてしまいます。

　そこで，この2つの処理を別々のトランザクションで行うようにすれば不具合は起こりません。したがって，解答としては，「**操作ログ表への記録を予約受付処理とは別のトランザクションにする**」とすればよいでしょう。

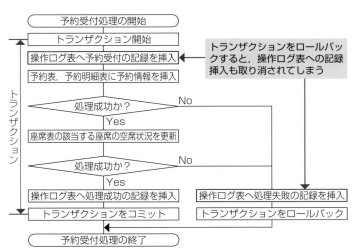

トランザクションをロールバックすると，操作ログ表への記録挿入も取り消されてしまう

第7章
ネットワーク

　ネットワーク技術の重要性について
は，すでに多くの指摘がなされています。
加えて，最近のセキュリティ意識の高ま
りから，応用情報技術者試験でも，セキ
ュリティ技術についての出題が多く見ら
れるようになりました。セキュリティ技
術はネットワーク技術と表裏一体です。
したがって，ネットワーク分野の重要性
はさらに増すことになるでしょう。

　応用情報技術者試験では，基本情報技
術者よりも広くて精深な知識が要求され
ます。全体ではかなりの知識量になりま
すが，ポイントを押さえて体系的に記憶
していけば，さほど負担を感じることな
く学習できます。1つひとつの知識はジ
グソーパズルのピースのように全体の構
図のなかにぴったりと収まります。常に
この点を意識して学習していきましょ
う。

7.1 通信プロトコルの標準化

7.1.1 OSI基本参照モデル　　AM / PM

OSI基本参照モデルの階層

参考 階層化により，一部の階層の技術体系が変化した場合でも，その階層だけ取り替えればよいのでコストを最小化できる。

　OSI（Open System Interconnection）基本参照モデルは，異なる設計思想や世代のシステムとの通信を円滑に行うことを目的に標準化されました。プロトコルの単機能化，交換の容易さを目的として，表7.1.1のような階層化がなされています。

▼ **表7.1.1**　各層の役割

上位層	7	アプリケーション層	やり取りされたデータの意味内容を直接取り扱う。SMTP（メール），HTTP（Webアクセス）などそれぞれのアプリケーションに特化したプロトコル
	6	プレゼンテーション層	データの表現形式を管理する。文字コードや圧縮の種類などのデータの特性を規定する
	5	セション層	最終的な通信の目的に合わせてデータの送受信管理を行う。コネクション確立・データ転送のタイミング管理を行い，特性の異なる通信の差異を吸収する
下位層	4	トランスポート層	エラーの検出／再送などデータ転送の制御により通信の品質を保証する。ネットワークアドレスはノードに対して付与されるが，トランスポート層では，**ポート番号**によりノード内のアプリケーションを特定する。TCPやUDPがこの層に該当する
	3	ネットワーク層	エンドツーエンドのやり取りを規定。MACアドレスをはじめとするデータリンクアドレスはローカルネットワーク内だけで有効であるため，ネットワークを越えた通信を行う場合に付け替える必要があるが，ネットワーク層で提供されるアドレスは，通信の最初から最後まで一貫したアドレスである。IPがこの層に該当する
	2	データリンク層	同じネットワークに接続された隣接ノード間での通信について規定。HDLC手順や，MACフレームの規格が該当する
	1	物理層	最下位に位置し，システムの物理的，電気的な性質を規定する。デジタルデータを，どのように電流の波形や電圧的な高低に割り付けるのかといったことや，ケーブルが満たすべき抵抗などの要件，コネクタピンの形状などを定める

プロトコルとサービス

　OSI基本参照モデルでは，それぞれの階層のことを**N層**と呼び，N層に存在する通信機器などの実体を**エンティティ**と呼びます。
　プロトコルとは，N層に属するエンティティ同士が相互に通信

を行うための取り決めのことです。また，OSI基本参照モデルでは，上位の層が下位の層を利用しながら通信を行うため，異なる階層間のエンティティ同士が通信する窓口が必要になります。これを提供するのが下位層であり，この機能を**サービス**と呼びます。

> **参考** プロトコルに沿った仕様で製品を開発すれば，異なるベンダの機器でも通信することができる。

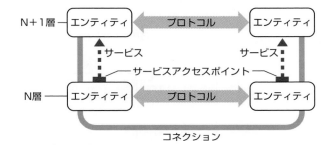

▲ **図7.1.1** プロトコルとサービス

7.1.2　TCP/IPプロトコルスイート　AM／PM

1つの通信システムは，物理層からアプリケーション層まで，いろいろなプロトコルを組み上げて構築していきますが，例えば「ネットワーク層がこのプロトコルだったら，トランスポート層はこのプロトコルにしておくとトラブルがないぞ」といった，プロトコル同士の相性があります。一般には，同じ団体が作ったプロトコルはセットで使われることが多く，このセットのことを**プロトコルスイート**といいます。最も代表的なのが，IPを中心に組まれた**TCP/IPプロトコルスイート**です。TCP/IPプロトコルスイートでは，独自の階層モデルをもちます。

> **参考** TCPもIPも独立したプロトコルで，IPはOSI基本参照モデルのネットワーク層，TCPはトランスポート層に相当する。

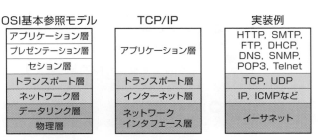

▲ **図7.1.2**　TCP/IPプロトコルスイートの階層

TCP/IPの通信

QQ TCP/IPでは,
参考 **パケット交換方**
式でデータのやり取り
が行われる。

TCP/IPでは, データを**パケット**と呼ばれる単位に区切り, 各パケットに**ヘッダ**を付けて送信します。このヘッダは, 各階層ごとに付加され, 次の階層へと渡されます。なお, 各ヘッダには, その階層で必要となる送信元や送信先, 大きさ, 順番などパケット自体に関する情報が含まれています。

🔍 IPヘッダの構成
参照 はp.390, 398
を,TCPヘッダはp.400
を参照。

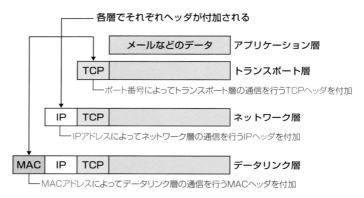

▲ **図7.1.3** ヘッダ付加のイメージ

QQ TCPヘッダを
参考 付加したパケッ
トを**TCPセグメント**,
IPヘッダを付加したパ
ケットを**IPパケット**,
MACヘッダを付加し
たパケットを**MACフ
レーム**あるいは**イーサ
ネットフレーム**という。

◎MACアドレス

T🔽 **MAC**
用語 Media Access
Controlの略。

MACアドレスは, イーサネットやFDDIで使用される物理アドレスです。データリンク層で使用され, 同じネットワークに接続された隣接ノード間の通信で相手を識別するために使います。

MACアドレスの長さは6バイトで, 先頭24ビットのOUI(ベンダID)と後続24ビットの固有製造番号(製品に割り当てた番号)から構成されています。また, MACアドレスは, 機器が固有にもつ番号なので, 必ず一意に定まるようにIEEEが管理しています。

◎IPアドレス

🔍 IPアドレスにつ
参照 いては, p.391
を参照。

IPアドレスは, ネットワーク層のプロトコルIPで利用されるノードを特定するためのアドレスです。

◎ポート番号

ポート番号は, トランスポート層においてノード内のアプリケーションを識別するための番号です。指定できる範囲は, TCPや

UDPごとに0〜65535と決まっています。このうち0〜1023は，FTPやHTTPなどよく利用されるアプリケーションのポート番号です。これを**ウェルノウンポート**(well-known ports)といいます。

参考 ウェルノウン
ポートの代表例

SSH ：TCP22番
Telnet ：TCP23番
SMTP ：TCP25番
DNS ：UDP53番
HTTP ：TCP80番
POP3 ：TCP110番
IMAP4 ：TCP143番
HTTPS ：TCP443番
NTP ：UDP123番
SNMP ：UDP161番
SNMP Trap：UDP162番

ネットワーク間の通信

ここで，図7.1.4におけるノードAからノードBへの通信を例に，ネットワーク間の基本的な通信を見ておきましょう。

> **POINT ネットワーク間の通信**
> ・同じネットワークに接続されたノード間はデータリンク層の通信
> ・ネットワークを超えたノード間はネットワーク層の通信

ノードBは，データリンク層の通信が届く範囲の外にあるので，ノードAからは直接通信ができず，「ノードA→ルータA→ルータB→ノードB」の順にパケットを届ける必要があります。そのため，ノードAからノードBへの通信の際には，宛先であるノードBのIPアドレスとルータAのMACアドレスの情報が必要になります。

まず，ルータAにパケットを届けます。ここでは，同じデータリンク層の通信の範囲であるため，MACアドレスを使用します。そして，ルータAは，宛先IPアドレスに届けるため，ルータBにパケットを転送します。ルータBからノードBへも同様です。

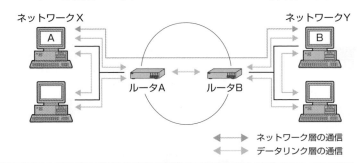

▲ **図7.1.4** ネットワーク間の基本的な通信

7.2 ネットワーク接続装置と関連技術

7.2.1 物理層の接続 `AM`/`PM`

リピータ

リピータは，ネットワーク上を流れる電流の増幅装置，あるいは整流装置です。物理層において機能します。データ通信は，ネットワーク上を流れる電流の形で実現され，ケーブルが長いと電流が減衰したり，波形が乱れてデータが読み取れなくなります。これを防ぐため一定の距離ごとにリピータを設置して，電流の増幅と整流を行う必要があります。

リピータは1対1で繋ぐものですが，現在では複数のノードを接続できるマルチポートリピータ(**ハブ**)が使われるのが一般的です。

7.2.2 データリンク層の接続 `AM`/`PM`

ブリッジ

ブリッジはデータリンク層に位置し，宛先MACアドレスによって通信を制御する装置です。通信のたびに，あるMACアドレスをもつノードがどのポートに接続されているか学習し，**MACアドレステーブル**に記録します。これにより，次回に通信があったとき，必要なポートにだけ通信を中継できるので，無駄なトラフィックを発生させず，ネットワーク利用率を低下できます。またブリッジは，**コリジョンドメイン**(コリジョンが検出できる範囲)を分割するため，正確にコリジョンを検出できます。

参考 **コリジョンと**は，CSMA/CD(p.386)における通信の衝突のこと。ケーブル長やリピータの段数が制限を超えると検出できなくなるため，ブリッジによってコリジョンドメインを分割する。

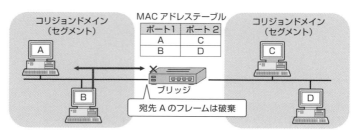

▲ **図7.2.1** ブリッジによるフィルタリング

用語 MACアドレス
テーブル

学習したMACアドレスとポートの対応を記録しておく表。ノードの電源断や構成変更に対応するため、学習内容には生存期間が設定されている。

> **P.O.I.N.T** ブリッジの動作
> ① 宛先MACアドレスを基にMACアドレステーブルを参照する。
> ② 宛先MACアドレスの接続ポートが、フレームを受信したポートと別ポートであれば、そのポートにフレームを送信し、同一ポートであればフレームを破棄する。
> ③ 宛先MACアドレスが記憶されていない場合やブロードキャストアドレス(FF-FF-FF-FF-FF-FF)の場合は、受信ポート以外のすべてのポートにフレームを送信する。

スイッチングハブ

試験 試験では、次のように問われる。「**スイッチングハブ**は、フレームの蓄積機能、速度変換機能や交換機能をもっている。このようなスイッチングハブと同等の機能をもち、同じプロトコル階層で動作する装置はどれか」。答えは「**ブリッジ**」。

　スイッチングハブはレイヤ2スイッチ(L2スイッチ)とも呼ばれる装置で、データリンク層に位置し、ブリッジと同じ働きをします。つまり、MACアドレスを認識してフレームの宛先を決めて通信を行います。

● ブロードキャストストーム

　データリンク層で動作する**ブリッジ**や**スイッチングハブ**などのLANスイッチは、ブロードキャストフレームを受信ポート以外のすべてのポートに転送します。そのため、これらの機器をループ状に接続し冗長化させた場合、信頼性は向上しますが、ブロードキャストフレームは永遠に回り続けながら増殖し、最終的にはネットワークダウンを招いてしまいます。

参考 STPの動作
　ブリッジ間で情報を交換し合い、**スパニングツリー**(以下、STという)の根となるルートブリッジを選出した上で、ブロックするポートを決め、ツリー構造のマップを作る。なお、STの構築を高速化したプロトコルに**RSTP**がある。また、VLAN環境での使用を考慮し、複数のVLANを1つにまとめた単位でSTを実現するプロトコルに**MSTP**がある。

　この現象を**ブロードキャストストーム**といい、これを防ぐプロトコルに**スパニングツリープロトコル**(Spanning Tree Protocol：STP)があります。ループを構成している一部のポートを、通常運用時にはブロック(論理的に切断)することで、ネットワーク全体をループをもたない論理的なツリー構造にします。

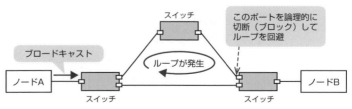

▲ **図7.2.2** ループ構成のネットワーク

7.2.3 ネットワーク層の接続 　AM/PM

ルータ

🔍 **参考** **ブロードバンド ルータ**
家庭向けの廉価なルータの総称。ADSLや光ファイバの普及にともなって名付けられた。

　ルータはネットワーク層に位置し、宛先IPアドレスを見て、パケットの送り先を決め、通信を制御する装置です。IPのローカルネットワークの境界線に設置して利用され、ネットワークの基本単位として機能します。世界中に散在しているローカルネットワーク同士をルータが結ぶことにより、全体としてインターネットというインフラが機能しています。ルータで分けられたネットワークの単位を**ブロードキャストドメイン**といいます。

　ルータは、パケットを受け取ると、その宛先IPアドレスを見て、それが自分のネットワーク宛であれば、破棄し、他のネットワーク宛であれば転送を行います。このとき、どのルータへ送れば、宛先のネットワークへの通信が速く行えるかを判断することを経路制御(**ルーティング**)といい、ルータはそのための経路表(**ルーティングテーブル**)を備えています。

🔍 **参考** 会社Aのネットワークに属するPCは、会社BのPCと直接通信できない。そこで、会社AのPCは、他ネットワークへの接点であるルータAに転送を依頼する。会社AのPCから見て直近のルータAを**デフォルトゲートウェイ**といい、自分と直接接続していない相手と通信する際は、すべてデフォルトゲートウェイを中継することになる。

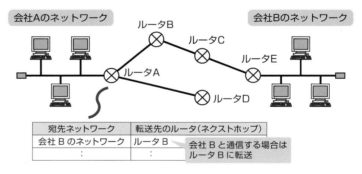

▲ **図7.2.3** ルータとルーティングテーブル

●ルーティング

　経路表(ルーティングテーブル)の作成方法には、手作業で作成する**スタティックルーティング**と、ルーティングプロトコルを利用することによってルータ同士が経路に関する情報の交換を行い、自律的に経路表を作成する**ダイナミックルーティング**があります。

　また、ダイナミックルーティングを行うための代表的なルーティングプロトコルにはRIPやOSPFがあります。

▼ **表7.2.1** 代表的なルーティングプロトコル

RIP	ディスタンスベクタ型(距離ベクトル型)のルーティングプロトコル。ルーティングテーブルの情報(経路情報)を一定時間間隔で交換しあい,宛先ネットワークにいたるまでに経由するルータの数(ホップ数)が最小になる経路を選択する。なお,宛先に到達可能な最大ホップ数は15であり,これを超えた経路は採用されない
OSPF	リンクステート型のルーティングプロトコル。OSPFでは,コストを経路選択の要素に取り入れ,最もコストの小さい経路を選択する。コスト値は,回線速度を基に自動的に算出されるが手動設定も可能。コスト算出式「コスト=100Mbps/経路の通信帯域(bps)」

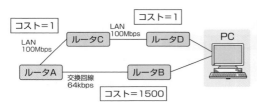

[ルータAからPCまでの経路]

RIP ：上の経路のホップ数が3,下の経路が2なので,ルータAは,ルータBを経由するルートを選択。

OSPF：最小コストとなる経路を選択するので,ルータAは,ルータCを経由するルートを選択。

▲ **図7.2.4** 経路選択の例

◯ルータの冗長構成

参考 RIPのIPv6版はRIPng(RIP next generation)。OSPFは,OSPFv3でIPv6用に拡張されている。

　ルータを冗長構成する場合に用いるプロトコルに,VRRP(Virtual Router Redundancy Protocol)があります。これは,同一のLANに接続された複数のルータを,仮想的に1台のルータとして見えるようにして冗長構成を実現するプロトコルです。

　複数のルータでグループ(これをVRRPグループという)を作り,VRRPグループごとに仮想IPアドレスと仮想MACアドレスを割り当てます。そして,PCなどのノードは,この仮想ルータのIPアドレスに対して通信を行います。

　通常時は,グループのマスタルータが仮想ルータのIPアドレス(仮想IPアドレス)を保持しますが,マスタルータに障害が発生すると他のバックアップルータがこれを継承します。

レイヤ3スイッチ(L3スイッチ)

参考 ルータは,フィルタリングなどの多機能性に重点を置いたもの。それに対し,レイヤ3スイッチは通信の高速性に重点を置いている。

　ルータと同じネットワーク層に位置する通信機器です。特徴としては,ルータがソフトウェアを利用して転送処理を行うのに対して,レイヤ3スイッチでは専用ハードウェアによって転送処理を行っている点です。高速に処理が行えるため,大容量のファイルを扱うファイルサーバへのアクセスなどに適しています。

7.2.4 トランスポート層以上の層の接続 AM/PM

ゲートウェイ

ゲートウェイは，トランスポート層～アプリケーション層につ
いてネットワーク接続を行う装置です。すなわち，第3層のネッ
トワーク層まででエンドツーエンドの通信は完成するので，ゲー
トウェイでは，第4層のトランスポート層以上が異なるLANシス
テム相互間のプロトコル変換やデータ形式の変換を行います。

ゲートウェイは，アプリケーションプロトコルの内容を解釈できるため，アプリケーションヘッダに不正な情報が混入していないかなどを検出できる。ファイアウォール(p.458参照)やプロキシサーバ(p.459参照)もゲートウェイの仲間。

L4スイッチ，L7スイッチ

L4スイッチ(レイヤ4スイッチ)はトランスポート層で稼働する
装置で，定義としてはゲートウェイに属しますが，機能的にはレ
イヤ2スイッチ，レイヤ3スイッチの延長上にある装置ともいえま
す。ルータやレイヤ3スイッチはIPアドレスを参照して経路制御
を行いますが，L4スイッチではTCPポート番号やUDPポート番
号も経路制御判断の情報として扱うことができます。

L7スイッチは，アプリケーション層までの情報を使って通信
制御を行う装置です。

ネットワーク仮想化(SDN，NFV)

SDN(Software-Defined Networking)は，ソフトウェアにより柔軟なネットワ
ークを作り上げるという考え方で，これを実現する技術の1つがOpenFlowです。
OpenFlowは，ネットワーク機器の制御のためのプロトコルです。OpenFlowを用
いたSDNでは，ネットワーク機器(レイヤ2スイッチやレイヤ3スイッチなど)がもつ
転送機能と経路制御機能を論理的に分離し，コントローラと呼ばれるソフトウェアに
よって，データ転送機能をもつネットワーク機器(OpenFlowスイッチという)を集
中的に制御，管理します。なお，コントローラとスイッチ間の通信は，信頼性や安全
性を確保するためTCPやTLSが使用されます。

SDNがネットワーク機器の制御部分をソフトウェア化するのに対し，NFV
(Network Functions Virtualization)は，スイッチやルータ，ファイアウォール，
ロードバランサといったネットワーク専用機器ごと仮想化するという考え方です。サ
ーバ仮想化技術を応用し，専用機器の機能を汎用サーバ上の仮想マシン(VM：
virtual machine)で動くソフトウェアとして実装します。

7.2.5　VLAN　AM/PM

スイッチの機能

　ネットワーク上に配置される通信機器は，自分が処理するレイヤ（階層）以下のレイヤプロトコルを解釈できる特徴があります。したがって，レイヤ3スイッチ（以下，L3SWという）は，L2レベルのスイッチングにも対応しています。ここで，図7.2.5において，PC-AがPC-Bに通信を行った場合のL3SWの動作を考えます。

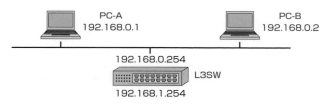

PC-A
192.168.0.1

PC-B
192.168.0.2

192.168.0.254

L3SW

192.168.1.254

▲ **図7.2.5**　L3SWによるL2スイッチング

　PC-AがPC-Bへ送信したパケットは，L3SWにも届きます。L3SWはまず，着信パケットの宛先MACアドレスを参照します。ルーティングが必要なパケットであれば，デフォルトゲートウェイとして自分が指定されているため，宛先MACアドレスは必ず自分のMACアドレスになっているはずです。しかし，着信パケットの宛先MACアドレスはPC-BのMACアドレスです。したがって，L3SWはこのパケットをL2レベルで廃棄し，L3レベルの処理機構には渡しません。すなわちL3SWは，PC-AからPC-Bへの通信をL3レベルでは解釈しないわけです。

論理的LANエリアの構築（VLAN）

　スイッチの特徴的な機能にVLAN（Virtual LAN：仮想LAN）機能があります。VLANとは，物理的な接続形態に依存せず，ノードを任意に論理的なグループに分けるための仕組みのことで，L2機能とL3機能の接続性を拡張したのがVLAN機能です。VLAN機能によって，複雑な形態のネットワークを容易に構築したり，サブネット構成の変更にも柔軟に対応できます。例えば，次ページの図7.2.6では，営業部と開発部が同じブロードキャストドメイン

参考 VLAN機能の特徴は，ブロードキャストドメインの分割。各VLANは，ルータやL3SWで分割されたネットワークと同じように機能するので，「VLAN＝ブロードキャストドメイン＝サブネット（論理ネットワーク）」と定義できる。

7
ネットワーク

に属しているため互いの通信をキャプチャできます。これは，同じ会社内でも部外秘情報などがある場合は好ましくありません。営業部と開発部でネットワークを分離することでも解決できますが，図7.2.7のようにL3SWを配置すれば作業がもっと簡単になります。

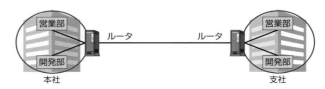

▲ **図7.2.6** 本社と支社をつなぐネットワーク

◎VLAN ID

VLAN機能をもっているL3SWは，ポート番号の先に存在するノードに**VLAN ID**を設定できます。

> **用語** VLAN ID
> VLANを識別する番号。

▲ **図7.2.7** VLAN IDによるグルーピング

図7.2.7のL3SWは，VLAN IDにより営業部と開発部を異なるVLANとして扱います。この場合，VLAN1内の通信はポート3，4には転送しません。同様にVLAN2内の通信はポート1，2には転送しません。この機能によってIPアドレス体系を変更せずにネットワークの分割・統合を行うことができ，ネットワーク運用に柔軟性をもたせることができます。

ポートVLAN

> **参考** シンプルで使いやすい利点があるが，VLAN構成が物理的な結線に依存するため柔軟性の点で劣る。

スイッチのポートごとにVLANを割り当てる方式です。**スタティックVLAN**とも呼ばれ，この方式では，ポートとVLANの対応が固定されます。

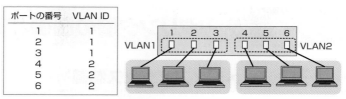

▲ **図7.2.8** ポートVLANの例

タグVLAN

　VLAN IDを含むタグ情報をMACフレームに埋め込み，フレーム単位でVLANを区別する方式です。VLANが論理的に構成されるため，1つのポートが複数のVLANに参加したり，結線を変えずに参加するVLANを変更したりすることが可能です。タグVLANの仕様はIEEE 802.1Qで標準化されています。

IEEE 802.1Q で規定されたVLANのVIDのビット長は12ビット。

トランクポートは，複数のVLANに属していて，複数のVLANのフレームを転送できる。

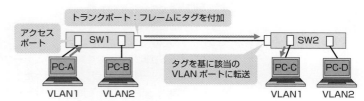

▲ **図7.2.9** タグVLANの例

　図7.2.9において，例えば，PC-Aがブロードキャストフレームを送信すると，SW1はVLAN1というタグを付加してSW2へ転送します(異なるVLANに属するPC-Bへは転送しない)。SW2は受信したフレームのタグを参照し，PC-Cに対してだけフレームを転送します。

認証機能を組み合わせたVLANもある。これを**認証VLAN**といい，ユーザは，MACアドレスやIPアドレス又はID／パスワードによる認証，あるいはIEEE 802.1X（p.451参照）などでの認証を経た後，所属すべきVLANが割り当てられる。これにより，例えば，教員用，学生用といったVLANが構成できる。

遠隔地LANの結合

　前ページ図7.2.6の場合，本社営業部と支社営業部，本社開発部と支社開発部でそれぞれ同じネットワークを構成できれば便利です。そこで，本社営業部と支社営業部，本社開発部と支社開発部に同じVLAN IDを与えてVLANを構成します。これらはネットワークアドレスが異なりますが，VLAN IDはIPアドレスに対して透過的なので問題ありません。このようにして遠隔地のネットワークを同じLANグループとして管理することもできます。

7.3 データリンク層の制御とプロトコル

7.3.1 メディアアクセス制御 `AM` / `PM`

参考 メディアアクセ
ス制御（Media
Access Control：MAC）
は，媒体アクセス制御
とも呼ばれる。

複数のデータを1つのケーブルを通して送受する場合，データ
の衝突（**コリジョン**）を回避するための制御（これをメディアアク
セス制御という）が必要となります。

用語 CSMA/CD
（Carrier Sense
Multiple Access with
Collision Detection：
搬送波感知多重アクセ
ス／**衝突検出**）の略。

CSMA/CD

CSMA/CDは，イーサネットで採用されているメディアアク
セス制御方式で，衝突検知方式を採用しています。

用語 イーサネット
IEEE 802.3と
して標準化されている
LAN規格。

> **POINT CSMA/CD方式**
> ・各ノードは伝送媒体が使用中かどうかを調べて，使用中でなけれ
>   ばデータの送信を開始する。
> ・複数のノードが同時に通信を開始するとデータの衝突が起こる。
> ・衝突を検知し，一定時間（ランダム）待った後で，再送する。
> ・一定の距離以上のケーブルでは衝突が検知できない。

参考 次ページの図
7.3.2に示すよ
うに，30%を超える
と急激に遅延時間が増
える。

CSMA/CD方式では，トラフィックが増加するにつれて衝突
が多くなり，再送が増え，さらにトラフィックが増加するといっ
た悪循環に陥る可能性があります。このため，伝送路の使用率が
30%を超えると実用的でなくなります。

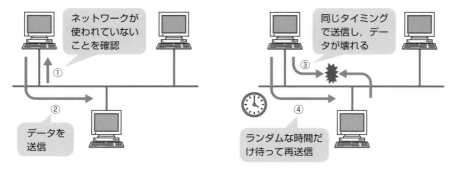

▲ **図7.3.1** CSMA/CD方式における通常手順と衝突時の手順

トークンパッシング方式

トークンパッシング方式は，トークンによる送信制御を行う方式です。バス型のLANで使用する**トークンバス方式**と，リング型のLANで使用する**トークンリング方式**があります。

参考 トークンリング方式

> **P O I N T** トークンパッシング方式
> ・ネットワーク上をフリートークンと呼ばれる送信権のためのパケットが巡回する。
> ・フリートークンを獲得したノードのみが送信を行うので衝突を回避できる。

トークンパッシング方式では，伝送媒体上での衝突は発生しませんが，トラフィックが増加するにつれトークンを獲得しにくくなり，徐々に遅延時間が増加します。しかし，衝突による再送制御の必要がないため，伝送路の使用率に対する遅延時間の増加の程度はCSMA/CD方式より緩やかです。

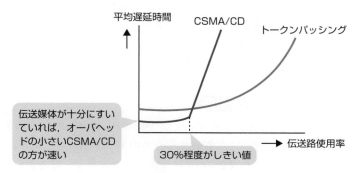

▲ **図7.3.2** CSMA/CD方式とトークンパッシング方式の比較

TDMA方式

用語 TDM（時分割多重）
ネットワーク上にデータを送信する時間を割り当て（これを**タイムスロット**という），タイムスロットごとに異なるデータを伝送することで多重化を図る。TDMを用いたアクセス制御がTDMA。

TDMA（Time Division Multiple Access：時分割多重アクセス）は，CSMA/CD，トークンパッシング方式と並ぶ主要なデータリンク技術です。TDMAでは，ネットワーク（伝送路）を利用できる時間を細かく区切り，割り当てられた時間は各ノードが独占する方式です。なお，TDMAはコネクション型の通信であり，相手との通信路を確立してから通信します。

7 ネットワーク

7.3.2 データリンク層の主なプロトコル AM/PM

ARP

ARPを利用したものにGratui-tousARP（GARP）がある。GARPは、「自身に設定するIPアドレスの重複確認」、「ARPテーブルの更新」を主な目的としたもので、目的IPアドレスに自身が使用するIPアドレスを指定し、MACアドレスを問い合わせる。

ARP（Address Resolution Protocol）は、通信相手のIPアドレスからMACアドレスを取得するためのプロトコルです。

> **POINT** ARPの動作
> ① ブロードキャストを利用し、目的IPアドレスを指定したARP要求パケットをLAN全体に流す。
> ② 各ノードは、自分のIPアドレスと比較し、一致したノードだけがARP応答パケットに自分のMACアドレスを入れてユニキャストで返す。

RARP

RARP（Reverse-ARP：逆アドレス解決プロトコル）は、MACアドレスからIPアドレスを取得するためのプロトコルです。電源オフ時にIPアドレスを保持することができない（IPアドレスを保持するハードディスクをもたない）機器が、電源オン時に自分のMACアドレスから自身に割り当てられているIPアドレスを知るために使用します。

RARPを使用するためには、MACアドレスとIPアドレスの対応表が設定されているRARPサーバが必要。IPアドレスを知りたい機器は自身のMACアドレスを入れたRARP要求をブロードキャストし、RARPサーバはそのMACアドレスに対応するIPアドレスを返す。

PPP

PPP（Point to Point Protocol）は、2点間をポイントツーポイントで接続するためのデータリンクプロトコルです。WANを介して2つのノードをダイヤルアップ接続するときに使用されています。PPPは、ネットワーク層とのネゴシエーションを行うNCP（ネットワーク制御プロトコル）と、リンクネゴシエーションを行うLCP（リンク制御プロトコル）から構成されていて、リンク制御やエラー処理機能をもちます。

NCPは、Network Control Protocol、LCPは、Link Control Protocolの略（p.450参照）。

PPPoE

PPPoE（PPP over Ethernet）は、PPPと同等な機能をイーサネット（LAN）上で実現するプロトコルです。PPPフレームをイーサネットフレームでカプセル化することで実現します。

7.3.3　IEEE 802.3規格 AM/PM

IEEE 802.3は，OSI基本参照モデルにおけるデータリンク層と物理層のプロトコル及びサービスを対象とする規格です。具体的には，データリンク層をLLC副層とMAC副層の2つに分割し，物理層におけるLANで使用する伝送媒体や，MAC副層におけるフレームの構成や衝突検出の仕組みなどを規定しています。

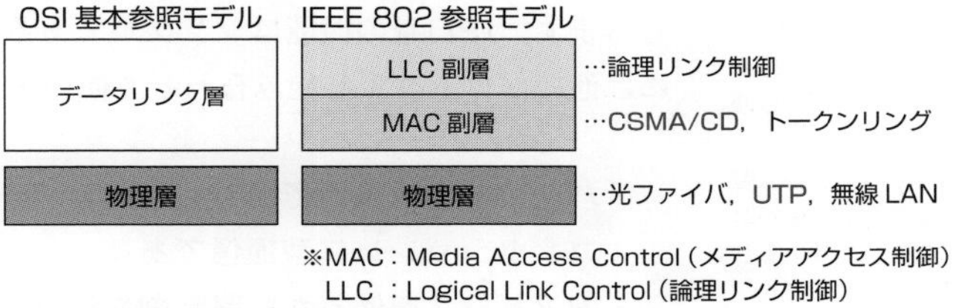

※MAC：Media Access Control（メディアアクセス制御）
　LLC ：Logical Link Control（論理リンク制御）

▲ **図7.3.3**　IEEE 802参照モデル

IEEE 802.3規格は広範囲にわたります。ここでは，試験対策として押さえておきたい技術とその規格を，表7.3.1にまとめました。

▼ **表7.3.1**　IEEE 802.3で標準化されている主な技術・仕様

技術・仕様	概要及びIEEE 802.3規格名
PoE	Power over Ethernetの略。機器への給電を，電力線ではなくLANケーブルで行う技術。給電能力は15.4Wで，主に無線LANアクセスポイントやIP電話機などで利用される（IEEE 802.3af）。なお後継規格に，カテゴリ5e以上のLANケーブルを使い1ポート当たり30Wの給電能力をもつPoE+（IEEE 802.3at）や，4対の芯線をすべて電力路として利用することで90Wの給電能力をもつPoE++（IEEE 802.3bt）もある
リンクアグリゲーション	2つのスイッチを複数の物理回線で結び，回線を束ねて高速化する技術。また，高速化だけでなく，1本の回線に障害が生じても他の回線で通信を続行できるため，冗長性を向上させることもできる（IEEE 802.3ad）
1000BASE-T	ツイストペアケーブルを用いて1000Mbpsの通信速度を実現するギガビットイーサネットの仕様（IEEE 802.3ab）
1000BASE-X	光ファイバケーブルを用いて1000Mbpsの通信速度を実現するギガビットイーサネットの仕様（IEEE 802.3z）
10GBASE	伝送速度が10Gbpsである通信（10ギガビットイーサネット）の総称。IEEE 802.3aeで規格化されている。なお，10GBASE系以降，CSMA/CDが規格から削除されている

参考 ツイストペアケーブル
4本のより対線が基本。また，ツイストペアケーブルには，シールド処理されたSTPとシールド未処理のUTPがあるが，現在ほとんどがUTPケーブル。

参考 1000Mbpsクラスの伝送速度をもつLAN（イーサネット）規格を総称して，**ギガビットイーサネット**という。

ネットワーク 7

389

7.4 ネットワーク層のプロトコルと技術

7.4.1 IP　AM/PM

ネットワーク層のプロトコル(IP)

IP(Internet Protocol)は，インターネットの仕組みの中でも重要な役割を担う，**ネットワーク層**のプロトコルです。次の特徴をもちます。IP自身の機能はシンプルであるため，通信品質のためには他のプロトコルと組み合わせて使います。

・パケット通信技術である
・コネクションレス型通信である
・IPアドレスを使った経路制御を行う

ネットワーク層のプロトコルは，ネットワークを越えた通信を提供する機能をもちます。IPの場合，ネットワークとネットワークを接続する通信機器であるルータが，IPアドレスを手掛かりに通信の振り分けを行います。ルータは宛先IPアドレスがネットワーク外である場合，宛先により近いルータへ転送を繰り返すことで，パケットを目的地に到達させます。これを**ルーティング**と呼びます。

IPヘッダ(IPv4)

IPヘッダの構成は，図7.4.1のようになります。

ビット0　　　　　　　　　　　　　　　　　　　　ビット31

バージョン	ヘッダ長	優先順位	パケット長	
識別番号			フラグ	フラグメントオフセット
TTL(生存時間)		プロトコル番号	ヘッダチェックサム	
送信元IPアドレス(32ビット)				
送信先IPアドレス(32ビット)				
オプション(可変長)				パディング

▲ **図7.4.1** IPヘッダ (IPv4)

参考 ノード間のコネクション(接続関係)確立の方式
・**コネクション型**
相手の確認と通信経路の設定を行ってから通信を開始する方式。
・**コネクションレス型**
相手の確認と通信経路の設定を行わずに直ちに通信を始める方式。

参考 トランスポート層では，TCPがコネクション型，UDPがコネクションレス型となる。

参考 インターネットプロトコル(IP)には，アドレス資源を32ビットで管理するIPv4と128ビットで管理するIPv6がある。IPv6についてはp.396を参照。

▼ **表7.4.1** IPv4ヘッダの主な項目

TTL （生存時間）	Time To Liveの略で，パケットの生存時間（通過可能なルータの最大数）を表す。パケットが永久にループする事態を避けるため，ルータを通過するごとに1つずつ減らし，0になったらパケットを破棄すると同時に，送信元にICMPタイプ11（時間超過：TTL equals 0）のメッセージを送り，時間切れによりパケットを破棄したことを伝える
プロトコル 番号	TCPなどの上位プロトコルを識別する番号。プロトコル番号の枠は0～255で，主要なプロトコルの番号は次のとおり ・ICMP：プロトコル番号1 ・TCP：プロトコル番号6 ・UDP：プロトコル番号17 ・IPv6：プロトコル番号41
ヘッダ チェックサム	IPヘッダ部分を対象に算出された誤り検出のための値。これによりIPヘッダに誤りがないことを確認する

ICMPについてはp.399参照。

7.4.2 IPアドレス **AM/PM**

●IPアドレス

IPアドレスは，ネットワーク層のプロトコルIPで利用されるノードを特定するためのアドレスです。インターネットに接続するノードは，インターネット上で一意のIPアドレスをもつ必要があります。そのため，IPアドレスは各国のNIC（ネットワークインフォメーションセンター）が割り当てなどの管理を行っています。インターネットに直接接続する場合には，ISP（インターネットサービスプロバイダ）に申請し，IPアドレスを取得します。

現在, IPv4のIPアドレスのほとんどが企業や組織に割当て済みであるが，その中には使われていないアドレスも相当数ある。このように，使えるが使われていないIPアドレス空間をダークネットという。

●IPアドレスの表記

IPv4では，IPアドレスとして32桁の2進数を利用します。通常，8ビットずつ区切って10進数表記にします。

2進数表記	：11011011 01100101 11000110 00000100
10進数表記	：219 . 101 . 198 . 4

●IPアドレスの構成

IPv6アドレスの構成はp.397を参照。

IPアドレスは，ネットワークアドレス部とホストアドレス部から構成されています（次ページの図7.4.2を参照）。

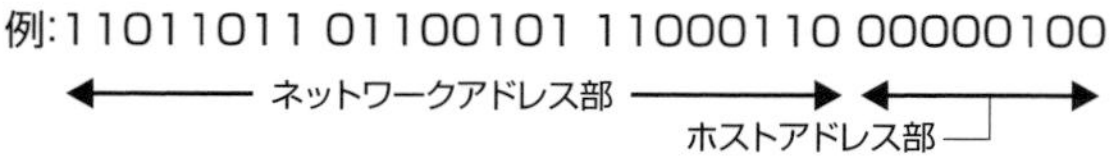

例:11011011 01100101 11000110 00000100

◀ーーー ネットワークアドレス部 ーーー▶ ◀ー▶
　　　　　　　　　　ホストアドレス部 ーー┘

▲ **図7.4.2** IPアドレスの構成（IPv4）

　ネットワークアドレス部は，例えば企業において組織単位にネットワークがある場合，それぞれのネットワークを一意に識別するためのネットワークアドレスを表す部分です。同じネットワークに属しているノードのネットワークアドレスは同一です。また，**ホストアドレス部**は，同じネットワークに属するノードを一意に識別するためのホストアドレスを表す部分です。したがって，IPアドレスによって，そのノードが「どのネットワークに属するのか」と「どのホストなのか」を識別することができます。

IPアドレスクラス

　従来IPネットワークでは，IPアドレスをその先頭4ビットまでの値によって4つの種類に分けるアドレスクラスという概念が採用されていました。ホストアドレス部のビット数が多いほど，各ネットワークで使用できるIPアドレスは多くなりますが，利用せずに無駄になるIPアドレスが発生しやすいという欠点があります。

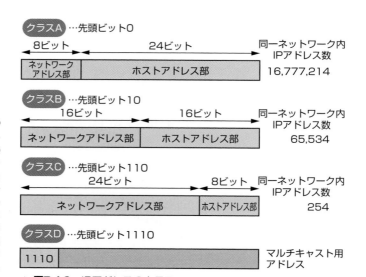

クラスDは，IPマルチキャスト用に予約された特別のアドレスであり，ネットワークアドレス部とホストアドレス部に分割されない。IPマルチキャストの識別には「1110」の後続の28ビットが利用され，範囲（アドレス空間）は224.0.0.0〜239.255.255.255になる。

▲ **図7.4.3** IPアドレスのクラス

特殊なIPアドレス

IPアドレスの中には，特に予約されたアドレスや特別な意味を
もつアドレスがあります。

ネットワークアドレスとブロードキャストアドレス

ホストアドレス部がすべて「0」のアドレスは，ネットワーク
自体を指す**ネットワークアドレス**です。また，ホストアドレス部
がすべて「1」のアドレスはネットワーク内のすべてのノード宛
を示す**ブロードキャストアドレス**です。

> **参考** ホストアドレス
> 部が8ビットの
> クラスCで使用できる
> IPアドレスは，ネッ
> トワークアドレスとブ
> ロードキャストアドレ
> スを除いた，2^8-2
> ＝254個。

ループバックアドレス

「127.0.0.1」は，自分自身を表すIPアドレスです。

グローバルIPとプライベートIP

インターネットに接続されたノードに一意に割り当てられたIP
アドレスを**グローバルIPアドレス**といい，組織内のみで通用する
IPアドレスを**プライベートIPアドレス**といいます。RFC1918で
は，プライベートIPアドレスとして次のアドレスを使用するよう
推奨しています。

> **試験** 試験では，クラ
> スCのプライベ
> ートIPアドレスとし
> て利用できる範囲が問
> われることがある。

- **クラスA**：10.0.0.0　　〜 10.255.255.255
- **クラスB**：172.16.0.0　〜 172.31.255.255
- **クラスC**：192.168.0.0 〜 192.168.255.255

COLUMN

通信の種類

- **ユニキャスト**：単一の送信先を指定して行う通信。
- **ブロードキャスト**：ネットワークに属しているノード全体に対して行う通信。
- **マルチキャスト**：指定した複数の送信先に対して同一データを送る通信。ルータに
  よってデータが複製されるため，ユニキャストを多数行うより負荷を小さくでき
  る。なお，マルチキャストグループ管理用のプロトコルが**IGMP**(Internet Group
  Management Protocol)。グループへの参加や離脱をホストが通知したり，グル
  ープに参加しているホストの有無をルータがチェックするときに使用される。

7.4.3 サブネットマスク AM/PM

サブネットマスク

アドレスクラスの欠点を補うため，クラスに縛られずにネットワークアドレス部とホストアドレス部を分けるために考えられたのが**サブネットマスク**です。これはIPアドレスと同様に32ビットで表される情報で，左端から始まる「1」の部分がネットワークアドレス部を，「0」の部分がホストアドレス部を表します。

サブネットマスクを用いることで，IPアドレスのホストアドレス部のうち，左端から数ビットをネットワークアドレス部に割り当てることができ，同一ネットワーク内にいくつかの小さなネットワークを作ることができます。このとき，割り当てたホストアドレス部の一部を**サブネットアドレス**，分割したネットワークを**サブネット**といいます。

参考 IPアドレスとサブネットマスクを用いた，ネットワークアドレス及びホストアドレスの求め方は次のとおり。ここで，IPアドレスをa，サブネットマスクをmとする。また"&"はビットごとの論理積，"~"はビット反転の演算子を表す。
ネットワークアドレス
=a＆m
ホストアドレス
=a＆~m

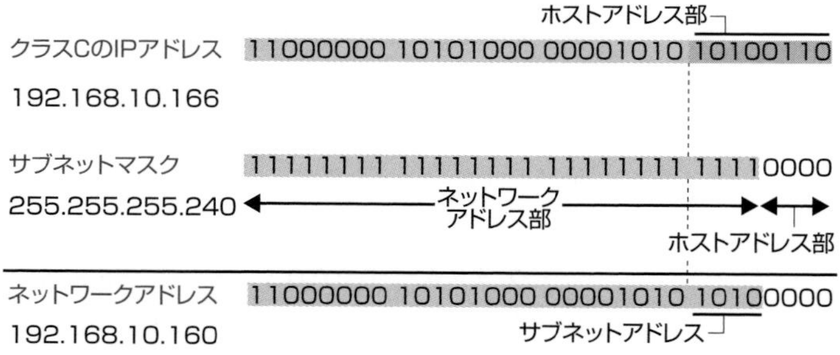

ホストアドレス部
クラスCのIPアドレス 11000000 10101000 00000101 10100110
192.168.10.166

サブネットマスク 11111111 11111111 11111111 11110000
255.255.255.240 ←ネットワークアドレス部→ ホストアドレス部

ネットワークアドレス 11000000 10101000 00000101 10100000
192.168.10.160 サブネットアドレス

▲ **図7.4.4** サブネットマスク

図7.4.4の場合，ホストアドレス部の上位4ビットをサブネットアドレスとしているので，$16(2^4)$個のサブネットに分割できます。そして，各サブネットでは，ホストアドレス部の下位4ビットがすべて「0」のサブネット自体を指すアドレスと，すべて「1」のブロードキャストアドレスを除いた$14(2^4-2)$個のIPアドレスをもてることになります。

用語 プレフィックス「接頭辞」という意味。IPアドレスの場合，ネットワークアドレス部分の桁数（長さ）を意味する。

◯ プレフィックス表記

ネットワークアドレス部とホストアドレス部の区切りをネットワークアドレス部の桁数で示す方法です。

例えば，ネットワークアドレス部が29桁のIPアドレスについては，「233.xxx.255.0/29」というように，IPアドレスの後ろにネットワークアドレス部の長さ（ビット数）を"/"で区切って表記します。

例 IPv4アドレス172.22.29.44/20のホストが存在する
ネットワークのブロードキャストアドレス

172.22.29.44/20の「/20」は，先頭から20ビット目までがネットワークアドレス部であることを表す。また，ブロードキャストアドレスは，ホストアドレス部をすべて1にしたアドレス。したがって，このときのブロードキャストアドレスは172.22.31.255となる。

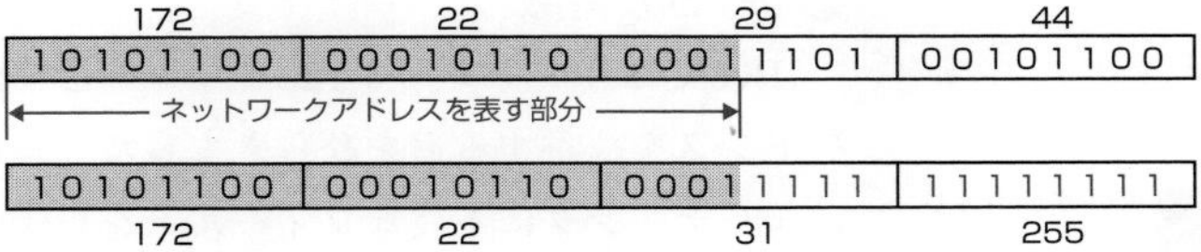

172	22	29	44
10101100	00010110	0001 1101	00101100

←――――― ネットワークアドレスを表す部分 ―――――→

10101100	00010110	0001 1111	11111111
172	22	31	255

▲ **図7.4.5** ブロードキャストアドレス

CIDR

用語 CIDR
Classless
Inter-Domain
Routingの略。

先に述べたように，クラスによってネットワークアドレス部とホストアドレス部を分割する従来の方法は，結果的に，割り当てられたものの利用されないIPアドレスを多く発生させてしまいました。そこで，IPアドレスの効率的な運用を促進するために考えられたのがサブネットマスクを使った**CIDR**です。サブネットマスクによりネットワークアドレス部をネットワークサイズに応じた任意の長さに変更可能になりました。

スーパーネット化

参考 連続するネットワークを，1つのより大きなネットワーク単位に集約することで，ルータが保持する経路情報の削減，及びルーティング負荷の軽減が可能となる。

CIDRにより，連続するネットワークを束ねて1つの集約したネットワーク（**スーパーネットワーク**）を作成することができます。例えば，2つのネットワーク192.168.0.0/23と192.168.2.0/23は，左から22ビット目までが同じなので，サブネットマスクを「11111111 11111111 11111100 00000000」とすることで，1つのネットワーク192.168.0.0/22に集約することができます。

7.4.4 IPv6とアドレス変換技術 AM/PM

現行のIPv4は様々な問題点が指摘されていますが，最も大きなものは32ビットのIPアドレス空間に由来するアドレスの枯渇です。そこで，IPアドレスを無駄にしない技術やIPアドレスの数を増やす技術が重要視されています。

IPv6

IPv6は，IPアドレスの枯渇問題に対応するための本命技術であり，現在使われているIPv4にかわる次世代のIPです。

○IPv6の特徴

IPv6ではIPアドレスを128ビットへと拡張し，家電などへもIPアドレスを採番する道をひらきました。また，IPヘッダにおいてはルーティングに不要なフィールドを拡張ヘッダに分離することで基本ヘッダを簡素かつ固定長にし，ルータなどの負荷を軽減しました。さらに，IPv6では，セキュリティ機能としてIPsecに標準対応となっています。IPv4ではIPsecへの対応はオプションであったため，セキュリティへの対応が進んだといえます。IPv4から仕様変更された主な内容は，次のとおりです。

> 🔍 **参照** IPv6のIPヘッダについては，p.398を参照。

> 📺 **用語** IPsec
> ネットワーク層で暗号化や認証，改ざん検出を行うセキュリティプロトコル(p.462を参照)。

> **POINT IPv4から仕様変更された主な内容**
> ・アドレス空間が32ビットから128ビットに拡張
> ・ルーティングに不要なフィールドを拡張ヘッダに分離することで基本ヘッダを簡素かつ固定長にし，ルータなどの負荷を軽減
> ・IPレベルのセキュリティ機能IPsecに標準対応
> ・IPアドレスの自動設定機能の組み込み
> ・特定グループのうち経路上最も近いノード，あるいは最適なノードにデータを送信するエニーキャストの追加

○IPv6のIPアドレス

> 👓 **参考** IPv6では，DHCPv6(IPv6用のDHCP)を利用しなくても，ICMPv6に規定されている近隣探索メッセージを利用し，ルータからの情報(Router Advertisement：RA)を受け取ることによってIPアドレスの自動設定が可能。

IPv4では，IPアドレスを8ビットごとに「.」で区切って10進数で表記しますが，IPv6ではアドレス空間がIPv4の4倍である128ビットに拡張されたため，16ビットごとに「:」で区切り16進数で表記します。

> **POINT** IPv6のアドレス表記
> ① FFFF:FFFF:0000:0000:0000:0000:0000:FFFF
> ② 各ブロックの先頭から連続する0は，1つを残し以降は省略可能
>   FFFF:FFFF:0:0:0:0:0:FFFF
> ③ 0のブロックが連続する場合，1か所に限り「::」で省略可能
>   FFFF:FFFF::FFFF

◯ プレフィックス

参考 IPv6アドレスの構成

グローバルルーティングプレフィックス	サブネット識別子	インタフェース識別子
nビット	mビット	128−n−mビット

ネットワークプレフィックス

　IPv6でもIPv4同様，どこまでがネットワークアドレス（ネットワークプレフィックス）で，どこからがホストアドレス（インタフェース識別子）であるのかを識別することは重要です。

　IPv4ではサブネットマスクやプレフィックスが使われましたが，IPv6ではIPv4型のサブネットマスクはありません。プレフィックスを使って，ネットワークアドレス部の長さを表します。

参考 プレフィックス
例えば，
2001:db8:100:1000::/56
と表記されている場合，ネットワークアドレス部は先頭から56ビット。

◯ IPv6のアドレス

　IPv6アドレスは，表7.4.2に示す3種類に分類されます。

▼ **表7.4.2** IPv6のアドレス

ユニキャストアドレス	1つのノードに対して送信を行うためのアドレス。インタフェース識別子（64ビット）には，48ビットのMACアドレスを組み込んで使うことが多く，このMACアドレスに対してデータが送信される
エニーキャストアドレス	ユニキャストアドレスを2つ以上のノードに割り当てたアドレスで，IPv6ルータしか扱うことができない。エニーキャストアドレスが指定された場合，発信元に最も近い1つのノードだけがパケットを受信する
マルチキャストアドレス	複数の送信先に対して同一データを送るマルチキャスト用のアドレスで，上位8ビットが11111111（プレフィックス表記でFF00::/8）のアドレス。ノードをグループ化するために使用する

参考 ブロードキャストは，ネットワーク資源を浪費するため，IPv6では基本的にマルチキャストを使用する。

◯ IPヘッダ（IPv6）

　IPv6ヘッダは，IPv4では結局使われなかった機能をカットし，シンプルに作られています（次ページの図7.4.6を参照）。注意すべき点としては，上位プロトコルの種類を表すプロトコル番号が**次ヘッダ**に，パケットの生存時間を表すTTLが**ホップ・リミ**

ットに変更されていることが挙げられます。また，ヘッダの誤り
を検出するためのチェックサム（ヘッダチェックサム）もなくなっ
ています。

IPv6ヘッダは，基本ヘッダ(40バイト固定長)と拡張ヘッダから構成される。拡張ヘッダは，暗号化や認証など，その種別ごとに用意されていて，次に続くヘッダ種別を次ヘッダフィールドに示すことで，各種拡張ヘッダを数珠つなぎに続けられる。

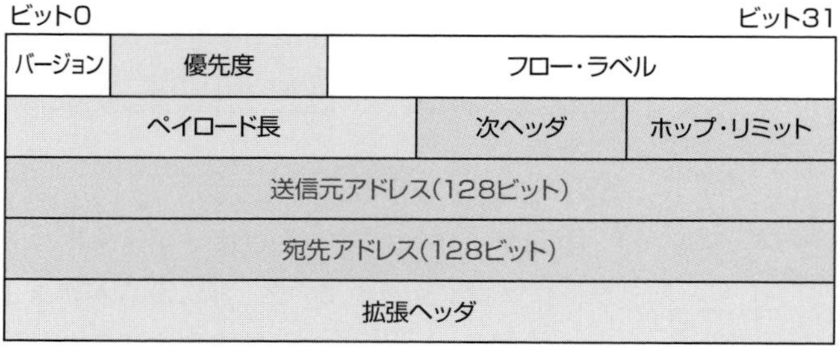

ビット0 　　　　　　　　　　　　　　　　　　　　　　　　　ビット31

バージョン	優先度	フロー・ラベル	
ペイロード長		次ヘッダ	ホップ・リミット
送信元アドレス(128ビット)			
宛先アドレス(128ビット)			
拡張ヘッダ			

▲ **図7.4.6** IPヘッダ（IPv6）

▼ **表7.4.3** IPv6ヘッダの主な項目

次ヘッダ	IPv4ヘッダのプロトコル番号に相当。文字通り"次のヘッダ"という意味で，拡張ヘッダがある場合は，その拡張ヘッダの種別を表し，拡張ヘッダがない場合は上位プロトコルの種類（プロトコル番号）を表す
ホップ・リミット	パケットの生存時間（通過可能なルータの最大数）

IPv4を一度にIPv6へ切り替えるのは現実的ではないため，利用者が徐々にIPv6へ移行できるよう，IPv4でIPv6パケットをカプセル化して送ることができるようになっている。

アドレス変換技術

インターネットに接続するノードには，IPアドレスが割り当てられている必要があります。しかし，各組織に1つのIPアドレスがあれば，IPアドレスを割り当てられていないノードからもインターネットに接続できるといった技術があります。表7.4.4に示す**NAT**（Network Address Translation）や**NAPT**（Network Address Port Translation）はその代表的なものです。

▼ **表7.4.4** アドレス変換技術

NAT	グローバルIPアドレスとプライベートIPアドレスを1対1で相互に変換する。複数のノードが同時にインターネットに接続する場合，同じ数のグローバルIPアドレスが必要
NAPT (IPマスカレード)	NATの考え方にTCP/UDPのポート番号を組み合わせたもの。プライベートIPアドレスをグローバルIPアドレスに変換すると同時に，TCP/UDPポート番号を別の番号に書き換えることにより，1つのグローバルIPアドレスで，プライベートIPアドレスをもつ複数のノードが同時にインターネットに接続できる

NAPTは，IPマスカレード(IP masquerade)とも呼ばれる。なお，試験では，「NAPT(IPマスカレード)」と表現される場合が多い。

7.4.5 ネットワーク層のプロトコル(ICMP) AM／PM

ICMP

ICMP
用語 Internet
Control Message
Protocolの略。

ICMPは,IPパケットの送信処理におけるエラーの通知や制御メッセージを転送するためのプロトコルです。ICMPメッセージの種類(ICMPヘッダの種類)には,次のものがあります。

▼ **表7.4.5** ICMPメッセージの種類

タイプ0	エコー応答(Echo Reply)
タイプ3	到達不能(Destination Unreachable)
タイプ5	経路変更要求(Redirect)
タイプ8	エコー要求(Echo Request)
タイプ11	時間超過(TTL equals 0)

参考 タイプ5の経路変更要求(リダイレクト)は,例えば,転送されてきたデータを受信したルータが,そのネットワークの最適なルータを送信元に通知して経路の変更を要請するときに使用される。

参考 IPv6で使用されるICMPv6には,IPv4のARPに相当するMACアドレス解決機能やマルチキャスト機能などが含まれている。

◉ICMPを利用したping

ICMPを利用しているコマンドにpingがあります。pingは,あるノードがIPによって他のノードときちんと結ばれているかを,確かめるためのコマンドです。IPはコネクションレス型の通信を提供するプロトコルなので,それ自身で疎通を調べる機能をもちません。それを補完するプロトコルがICMPで,pingもICMPを利用しています。pingでは,ICMPのエコー要求,エコー応答,及び到達不能メッセージなどによって,通信相手との接続性を確認します。使い方は簡単で,「ping 192.168.0.1」のように,疎通を確認したい相手のアドレスを指定します。DNS等の名前解決が使える環境であれば,アドレス部分はドメイン名でも構いません。

COLUMN

ネットワーク管理のコマンド

ネットワーク管理のコマンドには,次のコマンドもあります。
- **arp**:ARPテーブルに保存されたキャッシュを表示したり,削除する。
- **ifconfig**:IPネットワークの設定情報(自身のIPアドレスやサブネットマスク,デフォルトゲートウェイなど)を表示／変更する。なお,Windows環境でのコマンド名はipconfig。
- **netstat**:ネットワークの通信状況を調べる。
- **nslookup**:DNSサーバの動作状態(名前解決ができるかなど)を確認する。
- **route**:ルーティングテーブルの内容を表示したり,設定(変更)する。

7.5 トランスポート層のプロトコル

7.5.1 TCPとUDP `AM`/`PM`

トランスポート層はIPを補完し，データ送信の品質や信頼性を向上させるための層で，プロトコルにはTCPとUDPがあります。

TCP

TCPは，HTTP，FTPなどデータがすべて確実に伝わることが要求されるプロトコルに利用されている。

下位層に位置するIPがデータ通信の安全性を保障しないコネクションレス型通信であることから，その補完のために送達管理，伝送管理の機能をもった**コネクション型**プロトコルです。TCPヘッダの構成は，図7.5.1のようになります。

IPヘッダのチェックサム（ヘッダチェックサム）の対象はヘッダ部分だけであるが，TCPヘッダ及びUDPヘッダの**チェックサム**の対象はデータ部分も含む。

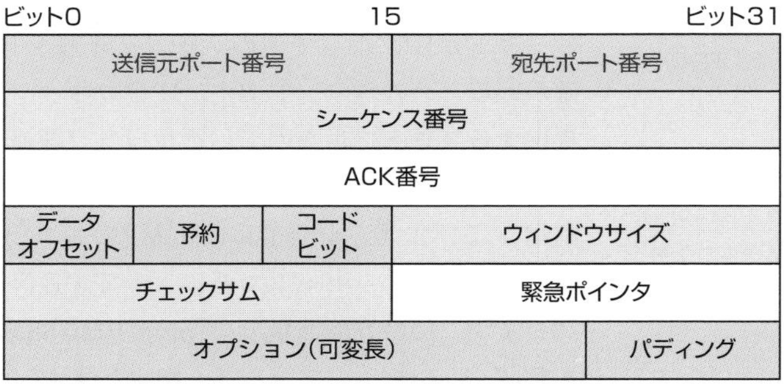

ビット0				15		ビット31
送信元ポート番号				宛先ポート番号		
シーケンス番号						
ACK番号						
データオフセット	予約	コードビット		ウィンドウサイズ		
チェックサム				緊急ポインタ		
オプション（可変長）						パディング

▲ **図7.5.1** TCPヘッダ

▼ **表7.5.1** TCPヘッダの主な項目

シーケンス番号	TCPスタックが上位層からデータを受け取ったとき，そのサイズがMSS（受信可能な最大セグメントサイズ）より大きい場合はTCPセグメントの最大長に収まるよう分割が行われる。シーケンス番号は，分割前はどの部分だったのかを表す数値
ACK番号	ACK応答時に利用される，次に受信すべきシーケンス番号
ウィンドウサイズ	受信ノードからの確認応答（ACK）なしで，連続して送信できるデータ量。大きくすることで，伝送効率を上げることができるが，受信ノードの能力によってはオーバフローなどの弊害も生じる

●TCPでのコネクション確立

TCPではコネクションの確立のため，コネクションの確立要求パケット(**SYN**)と確認応答パケット(**ACK**)のやり取りを行う**3ウェイハンドシェイク**を行います。

QQ **TCPコネクシ**
参考 **ョン**は，宛先IPアドレス，宛先TCPポート番号，送信元IPアドレス，送信元TCPポート番号の4つによって識別される。

▲ **図7.5.2** 3ウェイハンドシェイク

UDP

QQ **UDPヘッダ**
参考

ビット0	ビット31
送信元ポート番号	宛先ポート番号
セグメント長	チェックサム

UDPは送達管理を行わない**コネクションレス型**通信であるため，TCPでやり取りしていたシーケンス番号やACK番号などの情報は扱いません。データ落ちが発生した場合の再送なども行わないので，高速な分，信頼性は低くなります。

アプリケーション間の通信

QQ **UDP**は，DHCP，
参考 NTP，SNMPなどに利用されている。

QQ **トランスポート**
参考 **層のヘッダ**とは，TCPヘッダ，UDPヘッダのこと。

トランスポート層には，もう1つ，アプリケーション間の通信を実現するという役割があります。各アプリケーションは，トランスポート層のヘッダにある「宛先ポート番号」を見ることで自分宛のデータか否かを判断します。例えば，あるアプリケーションにデータを送信した場合，次のようになります。

P O I N T **アプリケーション間の通信**

〔送信側〕

　トランスポート層のTCPで，パケットに，宛先のポート番号を指定したTCPヘッダを付加する。ネットワーク層へ渡されたパケットには，宛先のIPアドレスを指定したIPヘッダが付加される。

〔受信側〕

　IPヘッダのIPアドレスにより，受信側のノードにパケットが届く。TCPヘッダの宛先ポート番号により，そのパケットを使用するアプリケーションにパケットが届く。

7.6 アプリケーション層のプロトコル

7.6.1 メール関連 AM/PM

メールプロトコル

SMTP, POP3 が使用するポート
SMTP：TCP25番
POP3：TCP110番

　メールを配信する仕組みは，メールを送信・転送するプロトコルSMTPと，メールサーバからメールを受け取るプロトコルPOP3が中心となってできています。

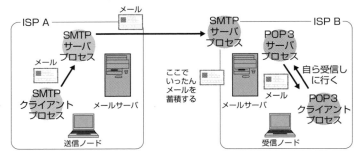

▲ **図7.6.1**　SMTP配送モデル

●メール受信プロトコル

　POP3は，ユーザIDとパスワードで本人認証を行いますが，パスワードを平文で送信するためセキュリティ上の問題があります。現在では，POP3に，通信を暗号化するTLSを組み合わせたPOP3S（POP3 over TLS）の利用が求められています。

暗号化したパスワードを使用するAPOPもあるが，既に脆弱性が見つかっているため利用は推奨されていない。

　また，モバイル環境を意識したIMAP4もあります。サーバ側でメールを管理するので，ダウンロードせずに見るだけの（言い換えれば，選択したメールだけをダウンロードできる）プロトコルです。ただし，メール本文やパスワードを暗号化する機能がないため，TLSと組み合わせたIMAPS（IMAP over TLS）が用いられることがあります。

IMAPSは，現在使われているIMAPのバージョンが4であることからIMAP4Sともいう。

●メール関連のプロトコル・規格

　ここでは，試験に出題されているメール関連のプロトコルや規格を，次ページの表7.6.1にまとめました。押さえておきましょう。

▼ **表7.6.1** メール関連のプロトコル・規格

SMTP-AUTH	SMTPに利用者認証機能を追加したもの。通常のSMTP（TCP25番ポート）とは独立したサブミッションポート（通常TCP587番ポート）を使用して認証を行い，認証が成功したときメールを受け付ける
POP before SMTP	POP3の認証機能を利用したもの。メール送信時にPOP3によるメール受信を行い，認証が成功した利用者（IPアドレス）に対して，一定時間だけSMTP接続を許可する
SMTPS **(SMTP over TLS)**	SMTPに，通信を暗号化するTLSを組み合わせたもの
S/MIME	MIMEは，様々なデータ（日本語などの2バイト文字や画像・音声データなど）を電子メールで扱えるよう機能拡張したもの。送信データは，Base64方式などを用いてASCII文字列に変換される。S/MIMEはMIMEをさらに拡張し，メールの暗号化とデジタル署名（認証）の機能を提供する。S/MIMEでは，メール本文の暗号化に共通鍵を用い，共通鍵の受渡しには認証局（CA）が保証する公開鍵を用いる
PGP	S/MIMEと同様，電子メールの暗号化やデジタル署名の機能を提供する。S/MIMEと違い，公的な認証局を介さず，利用者が利用者を紹介しあう相互認証方式を採用（公開鍵は第三者が保証する）。なお，PGPをベースにRFC4880という形で文書化・規格化されたものがOpenPGP

📖 参照 TLSについては，p.456を参照。

🔍 参考 Base64方式は，バイナリデータを先頭から6ビットごとに区切り，各6ビットを「A-Z, a-z, 0-9, +, /」の64文字に対応させ，その文字コードに変換する符号方式。

7 ネットワーク

7.6.2 Web関連 *AM/PM*

HTTP

🔍 参考 HTTPが使用するポートは通常TCP80番。ただし，80番以外のポートも使用可能。この場合，例えばWebサーバのポート番号が8080であれば，「http://www.example.com:8080/index.html」のようにポート番号を指定する。

HTTP（Hyper Text Transfer Protocol）は，WebサーバとWebクライアント（ブラウザ）間でHTMLなどのWeb情報をやり取りするためのプロトコルです。WebクライアントがWebサーバにHTTPリクエストを発行することで通信が始まります。

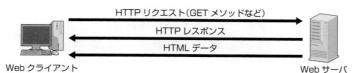

HTTP リクエスト（GET メソッドなど）
HTTP レスポンス
HTML データ
Web クライアント　　　　　　　　　　　　Web サーバ

▲ **図7.6.2**　HTTP通信

📖 用語 HTTPメソッド Webサーバに実行してもらいたい操作。

HTTPリクエストには，次ページの表7.6.2に示すメソッドがよく使われます。

▼ **表7.6.2** HTTPでよく使われるメソッド

GET	指定URLのデータを取得する
POST	指定URLにデータを送信する
PUT	指定URLへデータを保存する
DELETE	指定URLのデータを削除する
CONNECT	プロキシにトンネリングを要求する

参考 HTTPメッセージのフォーマット

> 先頭行
> HTTPヘッダ
> （空行）
> HTTPボディ

リクエストの場合はメソッド，レスポンスの場合はステータスコードが入る。例えば，ページが見つからなかったときのステータスコードは404。

参考 クエリストリング はURLの一部(URLの「?」以降の部分)なので，ログとしてサーバやキャッシュに残る可能性があり，ここから情報が漏れるリスクが生じる。

○GETメソッドとPOSTメソッド

GETメソッドは本来情報を取得するときに利用しますが，情報の送信にも利用できます。これは，情報を取得するための必要な引数を送れるようにしているためです。

> **POINT GETとPOST**
> ・GETメソッドで情報を送る場合，情報はクエリストリングに埋め込まれる。
> クエリストリング
> 〔例〕GET /mypage/progA?PID=xx HTTP/1.1
> ・POSTメソッドで情報を送る場合，情報はメッセージのボディに埋め込まれる。

○CONNECTメソッド

CONNECTメソッドは，プロキシサーバを使うHTTPS通信などでよく使われるメソッドです。プロキシサーバは，通信の中身を解釈し，それを再構成することで通信の中継を行います。しかしHTTPSなどの暗号化通信の場合，受け取ったパケットの復号ができません。そのためCONNECTメソッドを使ってトンネリングを行い(パケットをいじらずに)，単に中継することを依頼します。

WebDAV

参考 WebDAVは，HTTP/HTTPSで利用するポート(80/443)を使用する。

WebDAVは，Webサーバ上のファイルの管理ができるようにHTTPを拡張したプロトコルです。ファイルの作成，変更，削除などは従来FTPなどが使われてきましたが，WebDAVを使うことによってHTTP/HTTPSだけでファイル管理が可能になり，ファイアウォールを通過させるプロトコルの削減なども実現できます。

HTTPS(HTTP over TLS)

🔍 HTTPSが使用
参考 するポートは
TCP443番。

HTTPSは、HTTPに伝送データの暗号化、デジタル署名、及び認証機能を付加した拡張プロトコルです。トランスポート層のプロトコルであるTLSを使うことによって、IPやアプリケーションの仕組みを変更することなくセキュアな通信を行えます。

HTTPSと組み合わせて使われる技術にHSTS(HTTP Strict Transport Security)があります。HSTSが設定されているWebサイトにWebクライアント(ブラウザ)がHTTPでアクセスした場合、クライアントに対して、当該WebサイトへのアクセスをHTTPSで行うよう指示します。これにより、暗号化されていないHTTP通信の経路上に介入する**中間者攻撃**などを防ぐことができます。

WebSocket

🔍 HTTP/1.0では、
参考 リクエスト/レスポンスの1組の通信に対して個別にTCPコネクションを確立する。また、HTTPは、クライアントからの要求に対してサーバが応答する**プル配信**が基本であり、サーバが自発的にクライアントにデータを送る**プッシュ配信**を行う仕様にはなっていない。

WebSocketは、クライアントとWebサーバ間で双方向通信を行うための技術です。WebSocketを利用するためには、クライアントからサーバへ、HTTPのGETメソッドで「Upgrade WebSocketリクエスト」を送信します。サーバ側がそれに応えて、サーバとクライアント間でハンドシェイクを行うことで、HTTPとは異なる恒常的なコネクション(WebSocket用の通信路)が確立されます。その後は、HTTPの手順に縛られず1つのTCPコネクション上でデータのやり取りが行えるようになります。WebSocketは、チャットアプリケーションのようなWebブラウザとWebサーバ間でのリアルタイム性の高い双方向通信に利用されています。

> 💭 **COLUMN**
> ### Cookie(クッキー)
> Cookieは、Webサーバがクライアントの中に情報を保存しておく(すなわち、Webサーバとクライアント間の状態を管理する)ための仕組みです。HTTPは1回限りの通信を行う仕様になっているので、前後の通信から情報を引き継ぐことはできません。そこで開発された技術がCookieです。Cookieでは、Webサーバが保存しておきたい情報を生成し、HTTPヘッダを使ってクライアントに送信します。クライアントはこれをテキストファイルの形で保存して必要に応じてサーバに送信します。

7.6.3 アドレス管理及び名前解決技術 (AM/PM)

DHCP

参考 **DHCP**
Dynamic
Host Configuration
Protocolの略。
使用するポートは，
DHCP client：
UDP67
DHCP server：
UDP68

TCP/IPを利用する環境では，それぞれのノードがIPアドレスを保持することが通信の絶対条件です。しかし，ネットワークに接続されるノードが増加してくると，これを適切に設定するのは困難です。そこで，ノードへのIPアドレスの割り当てを自動的に行うプロトコルが**DHCP**です。

DHCPでは，DHCPサーバに利用できるIPアドレスを登録しておきます。DHCPクライアントは起動時にDHCPサーバに対して，ブロードキャストを利用したDHCPディスカバパケットを送信してアドレスの取得要求を行い，DHCPサーバはプールしているアドレス群から空いているものを自動的に割り当てます。終了時にはIPアドレスの回収も行えるので，IPアドレス資源の有効活用にもつながります。これにより，ネットワークの管理負担が相当軽減されました。ただし，DHCPクライアントはIPアドレスがない状態で起動するので，ブロードキャストが到達する範囲内にDHCPサーバがいないと，IPアドレスを取得できません。

参考 ルータが用いられたネットワーク構成で，DHCPサーバとクライアントが同一LAN上にない(ブロードキャストが届かない)場合，ディスカバパケットをDHCPサーバまで中継する機能(**リレーエージェント**)が必要。

◎DHCPでやり取りされるメッセージ

DHCPクライアントとDHCPサーバ間でやり取りされるメッセージは，次のようになります。

試験 ①DHCPディスカバと③DHCPリクエストの送信方法が問われる。答えは「**ブロードキャスト**」。③のDHCPリクエストをブロードキャストするのは，複数のDHCPサーバから提案を受けたときに，どのDHCPサーバからの提案を受け入れたのかを他のDHCPサーバにも知らせるため。

POINT やり取りされるメッセージの順序
① DHCPクライアントは，ネットワーク上のDHCPサーバを探すためDHCPディスカバ(DHCPDISCOVER)を送信する。
② DHCPサーバは，提供できるIPアドレスなどのネットワーク設定情報をDHCPクライアントに通知するためDHCPオファー(DHCPOFFER)を送信する。
③ DHCPクライアントは，ネットワーク設定情報の使用要求をネットワーク上のDHCPサーバに伝えるためDHCPリクエスト(DHCPREQUEST)を送信する。
④ DHCPサーバは，ネットワーク設定情報の使用要求が認められたことをDHCPクライアントに通知するためDHCPアック(DHCPACK)を送信する。

DNS

DNSは基本的にUDPを使う。ただし、DNSのレコード長がUDPの512バイト制限を超える場合はTCPが使われる。ポート番号は53番。

TCP/IPでは，各ノードに対して一意なIPアドレスが割り当てられています。しかし，IPアドレスは覚えにくいことから，IPアドレスと対応する別名である**ドメイン名**がつけられました。

ドメイン名は階層別に表現され，例えば，"www.gihyo.co.jp"などと表記します。右側から，jp（日本の）→ co（営利組織の）→ gihyo（技術評論社にある）→ www（というホスト）と読みます。

"www.gihyo.co.jp"のように，特定のホストまで指定したドメイン名を**FQDN（完全修飾ドメイン名）**という。

ドメイン名とIPアドレスとの対応を管理しているのが**DNS（Domain Name System）**サーバです。DNSサーバはドメイン名とIPアドレスの対応表をもつ必要があるため，原理的に世界中のすべてのノードのドメイン名とIPアドレスの対応関係を知っていなくてはなりませんが，これは事実上不可能です。そこで，DNSの規約では対応表作成の負担を細分化して，DNSを分散データベースとすることで対応しています。

1つのドメインを管理するDNSサーバは，通常，可用性を考慮して**プライマリサーバとセカンダリサーバ**の2台のサーバで構成される。

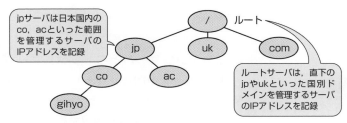

jpサーバは日本国内のco，acといった範囲を管理するサーバのIPアドレスを記録

ルートサーバは，直下のjpやukといった国別ドメインを管理するサーバのIPアドレスを記録

▲ **図7.6.3** DNSサーバの構成

◯DNSレコード

DNSサーバに保存されている名前解決情報を**DNSレコード**（リソースレコード）といいます。いくつかの種類がありますが，試験対策として押さえておきたいのは，表7.6.3に示す5つです。

▼ **表7.6.3** 主なDNSレコード

Aレコード	IPv4ホストのIPアドレス情報 〔例〕dns.example.com. IN A 100.1.1.1
AAAAレコード	IPv6ホストのIPアドレス情報 〔例〕dns.example.com. IN A AAAA::1
NSレコード	DNSサーバを指定 〔例〕example.com. IN NS dns.example.com.
CNAMEレコード	ホストの別名を指定 〔例〕dns.example.com. IN CNAME backup.example.com. ＊1つのIPアドレスにいくつかのホスト名を割り当てる場合などに使用
MXレコード	メールサーバを指定 ┌プリファレンス値（優先度）：小さい方を優先 〔例〕example.com. IN MX 10 mail1.example.com. example.com. IN MX 20 mail2.example.com.

◆ DNSラウンドロビン

負荷が集中するWebサーバやAPサーバなどは，複数のサーバで負荷分散を行います。このとき使用される機能の1つがDNSラウンドロビンです。1つのドメイン名に対して複数のIPアドレスを登録し，名前解決（問合せ）のたびに，応答するIPアドレスを順番に変えることで負荷分散を図ります。

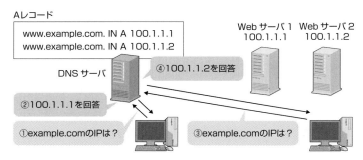

Aレコード

```
www.example.com. IN A 100.1.1.1
www.example.com. IN A 100.1.1.2
```

Webサーバ1 100.1.1.1　Webサーバ2 100.1.1.2

DNSサーバ　④100.1.1.2を回答

②100.1.1.1を回答

①example.comのIPは？　③example.comのIPは？

▲ **図7.6.4**　DNSラウンドロビン

◆ コンテンツサーバとキャッシュサーバ

用語 ゾーン
DNSサーバがドメインを管理する範囲。

自らのゾーンのDNSレコードを保持したDNSサーバを，**コンテンツサーバ（権威サーバ）**といいます。DNSクライアント（リゾルバという）が名前解決を要求するとき，コンテンツサーバへの問い合わせを繰り返すのは非効率なので，通常，自組織内に**キャッシュサーバ**を置きます。この場合，リゾルバはキャッシュサーバに問い合わせを行います。

◆ 再帰的な問合せ

参考 リゾルバからキャッシュサーバに送られる問い合わせを**再帰的な問合せ**という。"再帰的"とは，「再び帰ってくる」という意味で，再帰的な問合せに対しては，最終的な結果を回答する必要がある。

キャッシュサーバは，リゾルバからの問合せに対して，自身が保持している情報であれば直接回答しますが，保持していない場合は，ルートDNSサーバから順に問合せを行って最終的に目的のドメイン名情報をもつコンテンツサーバから結果を取得します。キャッシュサーバは，この結果をリゾルバへ回答するとともに，一定期間キャッシュとして保持します。これは，同じ問合せを受けた際に，他のDNSサーバへの問合せを行わずすばやく回答するためです。

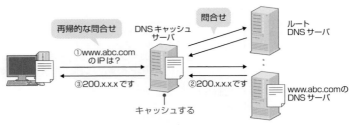

🔍 **参考** 問合せに対する回答を，本物のコンテンツサーバより先に送り込み，キャッシュサーバに偽の情報を覚え込ませる攻撃を**DNSキャッシュポイズニング**という(p.469参照)。

▲ **図7.6.5** キャッシュサーバによる名前解決

7.6.4 その他のアプリケーション層プロトコル AM / PM

SOAP

🔍 **参考** 当初，SOAPは"Simple Object Access Protocol"の略語とされていたが，現在は"SOAP"自体が正式名称となっている。

SOAPは，ソフトウェア同士がメッセージを交換するためのプロトコルで，データ構造の記述にXMLを利用します。伝送にはHTTPなど既存のプロトコルを用いるため，汎用性が高いのが特徴です。

SNMP

SNMP(Simple Network Management Protocol)は，ネットワーク上にある機器を監視し管理するためのプロトコルです。SNMPに準拠することで，マルチベンダ環境でのネットワークの障害情報などの一元管理を行うことができます。

🔍 **参考** エージェントにはMIBと呼ばれるデータベースがあり，そこに故障情報やトラフィックの情報などが蓄積される。
MIBは"Management Information Base"の略。

SNMPでは，SNMPマネージャ(監視する側)とSNMPエージェント(監視される側)の間でPDU(Protocol Data Unit)と呼ばれる管理情報のやり取りを行います。

▼ **表7.6.4** PDUの種類

PDUの種類	意　味
Get-Request Get-Next-Request	マネージャがエージェントから情報を引き出す
Set-Request	管理オブジェクトの設定値を変更する
Get-Response	マネージャからの要求に返答する
Trap	エージェントから情報をマネージャに通知する

🔍 **参考** SNMPは，通常UDPを使用する。
SNMP：UDP161
SNMP TRAP：UDP162

その他，試験に出題されるアプリケーション層プロトコルを，次ページの表7.6.5にまとめます。

▼ **表7.6.5** その他のアプリケーション層プロトコル

FTP	File Transfer Protocol。ファイルの送受信に用いるファイル転送プロトコル。ファイルをダウンロードする機能（データコネクション）と，コマンドを送受信する機能（制御コネクション）で異なるポート（TCP20番，TCP21番）を使用する
Telnet	遠隔地からログインを行い，マシンを操作するためのプロトコル
SSH	Secure SHell。テキストベースの通信であるTelnetに対し，暗号化や認証技術を利用して安全に遠隔操作するためのプロトコル
NTP	Network Time Protocol。ネットワーク上の各ノードがもつ時刻の同期を図るためのプロトコル。使用するポートはUDP123番。現在，NTP3とNTP4が使われている。NTP4では，はじめて公開鍵暗号を用いた認証機能が導入され，時刻改ざんなどのリスクに対応できるようになった。なお，NTPの簡易版（時刻同期にのみ特化したもの）にSNTP（Simple NTP）がある
LDAP	Lightweight Directory Access Protocol。ディレクトリサービスにアクセスするためのプロトコル

参考 ディレクトリサービスは，各種の情報資源（PCやユーザなど）を素早く見つけて利用するための仕組み。

7.6.5 インターネット上の電話サービス AM/PM

　インターネット上で電話サービスを行うためには，音声を伝送するための技術と呼制御（通信路を確保したり，転送，切断したりすること）の2つが必要です。ここでは，これらを行うために使われる技術を説明します。

VoIP

　VoIP（Voice over Internet Protocol）は，IPネットワークで音声をやり取りするための技術です。データの伝送には，リアルタイム性に優れたUDPをベースとしたプロトコルRTP（Real-time Transport Protocol）が使われています。

　一般の電話機にIP電話アダプタを付加することで，VoIP対応機器にすることができます。構築したIP電話網を従来の音声回線網と接続するにはVoIPゲートウェイを使います。

用語 VoIPゲートウェイ　アナログの音声信号をデジタル信号に符号化したり，復号する装置。音声データとIPパケットの相互変換に使われる。

SIP

　インターネット上での電話サービスを実行するには，電話回線網と同等のサービスを提供できなければなりません。このうち，電話番号とIPアドレスの対応管理や帯域管理，セッションの開始と終了を担当するのがSIPサーバです。

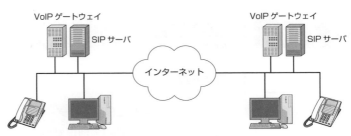

▲ **図7.6.6** VoIPゲートウェイとSIPサーバ

　SIPサーバがセッションの開始と終了を制御するために使うプロトコルが**SIP**(Session Initiation Protocol)，帯域管理のために使うプロトコルが**RSVP**(Resource reSerVation Protocol)です。RSVPは，通信をやり取りするノード間で帯域を予約するプロトコルです。ベストエフォートな環境であるIPネットワークにおいて，QoSを確保するために用いられます。主な用途としては，リアルタイム性が求められる動画配信，音楽配信などがあります。

 QoS(Quality of Service)
サービス品質。

　VoIP端末は，SIPプロトコルでVoIPゲートウェイに発呼をリクエストし，VoIPゲートウェイはアドレス解決，RSVPによる帯域確保などを行って，VoIP端末同士にセッションを確立させます。セッション確立後は，RTPを使用した通話(音声パケットの伝送)が行われます。

 RSVPやRTPは，UDP上で動作するプロトコル。

COLUMN

VoIPゲートウェイ

　試験では，下図におけるVoIPゲートウェイの設置位置が問われます。押さえておきましょう。

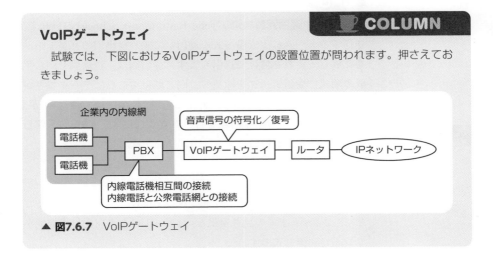

▲ **図7.6.7** VoIPゲートウェイ

7.7 伝送技術

7.7.1 誤り制御 AM/PM

ネットワークを通じて伝送したデータの誤りを検出したり，誤ったデータについてその場で回復処理を行うのが誤り制御です。誤り制御の方法には，大きく分けて次の2つがあります。

> ① 誤り検出により再送を行う方法　⇒ パリティチェック，CRC
> ② 誤り訂正により自己修復を行う方法 ⇒ ハミング符号

パリティチェック

参考 パリティチェックは構造がシンプルで機器を対応させやすく，オーバヘッドも少ないという利点があるが，1ビットの誤りしか検出できない欠点もある。そのため，**バースト誤り**（データが連続して誤りを起こすこと）には対応できない。

パリティチェックは，最もシンプルな検査方法です。例えば，7ビットのデータを送信する場合，8ビット目に誤り検出用のパリティビットを付加してデータの整合性を検査します。

8ビットの各ビットについて "1" の数が偶数になるようにパリティビットを挿入する場合，これを偶数パリティといいます。逆に全体を奇数に調節する場合は奇数パリティといいます。

CRC

CRCは，**巡回冗長検査**（Cyclic Redundancy Check）の意味で，送信するデータに生成多項式を適用して誤り検出用の冗長データを作成し，それを付けて送信します。受信側は，送信側と同じ生成多項式で受信データを除算し，同じ結果であればデータ誤りがないと判断できます。パリティビットも冗長データですが，CRCではさらに複雑な演算を行うことによって，**バースト誤り**も検出できる点が特徴です。HDLC手順が採用しています。

参照 HDLCについてはp.415を参照。

ハミング符号

ハミング符号は，情報ビットに対して検査ビットを付加することで，2ビットまでの誤り検出と，1ビットの誤り自動訂正機能をもつ誤り制御方式です。

○ハミング符号の例

ハミング符号の一例として，$X_1X_2X_3X_4$からなる4ビットの情報に3ビットの検査ビット（冗長ビット）P_1，P_2，P_3を付加した，次のようなハミング符号を考えます。

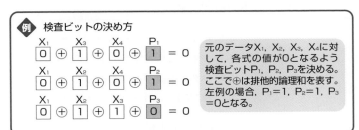

例 検査ビットの決め方

元のデータX_1，X_2，X_3，X_4に対して，各式の値が0となるよう検査ビットP_1，P_2，P_3を決める。ここで⊕は排他的論理和を表す。左例の場合，$P_1=1$，$P_2=1$，$P_3=0$となる。

このような方法で作成したハミング符号は，検査ビットを決めた式に各ビットを当てはめることで誤りビットの検出と訂正が可能です。

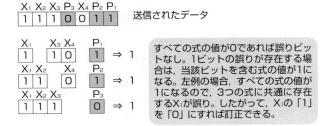

すべての式の値が0であれば誤りビットなし。1ビットの誤りが存在する場合は，当該ビットを含む式の値が1になる。左例の場合，すべての式の値が1になるので，3つの式に共通に存在するX_1が誤り。したがって，X_1の「1」を「0」にすれば訂正できる。

水平垂直パリティチェック

ハミング符号と似ていますが，パリティチェックを水平方向と垂直方向で同時に行うことで，1ビットの誤りを訂正できます。

例えば，2行のデータを送信する場合，次ページ図7.7.1のように，水平方向パリティと垂直方向パリティを作成します。受信側

でも同じ演算をすると，A列のパリティと2行目のパリティが不正なので，A列2行目のデータが実は0であることが導けます。

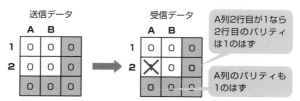

▲ **図7.7.1** 水平垂直パリティチェックのイメージ

7.7.2 同期制御 AM/PM

通信をする場合，送信側と受信側でタイミングを合わせる必要があります。このとき行われるのが**同期制御**です。

互いのタイミングを合わせる作業を**同期**といい，同期の取り方には，表7.7.1に示す3種類の方法があります。

▼ **表7.7.1** 同期方式

キャラクタ同期方式	送信側が送信データの最初にSYNコードという同期をとるための特別なコードを2個以上続けて送信する方式。8ビットで構成されるテキストデータの送信に便利でよく利用されているが，次の欠点がある ・SYNコードと同じパターンのデータは送信できない ・8ビット長のデータ送信にしか対応していない
フラグ同期方式	送信したいデータの前後にフラグという特別なビット列を挿入して同期をとる方式。フラグと同じパターンがでてこなければよいので，送信するデータは何ビット単位のかたまりであってもかまわない。フラグは通常「01111110」というパターンが使われるので，データ中に1が5つ連続した場合，強制的に0を挿入するゼロインサーションという処理を行う。受信側では，データ中で1が5つ連続すると，次に続く0を強制的に取り除く。こうした手法により，フラグの固有性を確保している。フラグ同期方式は，柔軟な運用が可能で利用しやすい方式であり，HDLC手順で採用されている。フレーム同期方式とも呼ばれる
調歩同期方式	7ビットあるいは8ビットの固定長ブロックの前後にスタートビット"0"とストップビット"1"を付加して送信する方式。1文字ごとに2ビットの情報を付加しなければならないので，大きなデータを送る際はオーバヘッドが大きくなるため，近年あまり利用されていない。非同期方式とも呼ばれている

参考 キャラクタ同期方式では，16ビットで構成される日本語や可変長のマルチメディアデータの送信ができない。

参考 調歩同期方式では，データの送信がないときは，常にストップビット"1"を送信している。

7.7.3 伝送制御 AM/PM

データを伝送する際に，伝送する相手の状態を確認しながら行うことを**伝送制御**といいます。伝送制御の代表的な方式にHDLCがあります。

HDLC

HDLC（High-level Data Link Control）は，高い効率と信頼性を追求したフラグ同期方式を採用した伝送制御手順です。

> **POINT** HDLCのメリット
> ・任意のビットパターンを伝送できる
> ・データを連続して転送することができる

HDLCでは伝送するデータがキャラクタに拘束されないため，任意のビット列をデータとして伝送することができます。また，HDLCではデータをフレーム単位で送信しますが，受信確認を待たずにフレームを送信することができるため，伝送能力が大幅に向上します。HDLCのフレーム構成は，次のとおりです。

F (01111110)	A	C	DATA	FCS	F (01111110)

◀──── FCS検査対象の範囲 ────▶

F：フラグシーケンス（01111110）…フレームの開始と終了の区切りの記号
A：アドレス部…送信又は受信先のアドレス
C：制御部…コマンド又はレスポンスの種類
DATA：情報部…転送するデータ
FCS：フレームチェックシーケンス…誤り検出用のCRC符号

▲ **図7.7.2** HDLCフレーム構成

◆フレームチェックシーケンス（FCS）

アドレス部（A），制御部（C），情報部（DATA）に対して，**CRC方式**で誤りチェック情報を計算し，FCSとしてフレームに付加します。例えば，ビット列が，"0100011"なら，これを多項式「$X^5+X^1+X^0$」と見なし，あらかじめ定められた生成多項式（$X^{16}+X^{12}+X^5+1$）で除算し，その余りをFCSに格納します。

ベーシック手順
参考 伝送制御手順の1つで，キャラクタとしてデータが伝送されるのが特徴。そのため，テキスト以外のデータを大量に送信するような用途には不向きである。SYNキャラクタを用いて同期をとる。

情報部（DATA）
参考 などにフラグシーケンス「01111110」と同じビット列が発生した場合，ゼロインサーションが行われる。

CRCは強力な
参考 誤り検出方式で，パリティチェックでは不可能な複数ビットの誤りを検出できる（生成多項式がn次の場合，長さn以下のバースト誤りをすべて検出できる）ため，HDLC手順の信頼性は非常に高くなっている。

7.8 交換方式

7.8.1 パケット交換方式とATM交換方式 AM/PM

パケット交換方式

パケット交換方式は、回線交換方式と対になる概念です。回線交換方式では、通信を行うノード間で物理的な通信路を確保してから通信を開始しますが、パケット交換方式ではこれを行いません。データの送信を行うノードは、データを**パケット**と呼ばれる単位に区切り、1つひとつのパケットに宛先情報(ヘッダ)を付けて送信します。ネットワーク内では、パケット交換機にこのパケットが蓄積され、ネットワークの状況に応じて順次送出されます。

▼ **表7.8.1** パケット通信のメリット

耐障害性	通信路を固定しないため、迂回経路が取れる。パケット交換機にデータが蓄積されているため、復旧まで待つこともできる
パケット多重	1対1の通信で回線を占有する必要がないため、1つの回線を多くのノードで共有でき、回線をより効率的に利用できる
異機種間接続性	パケット交換機で中継する際にプロトコル変換、速度変換などを行えば、エンドノード同士が同じプロトコルをサポートしていなくても通信できる

ATM交換方式

遅延のない回線交換方式とパケット交換方式の利点のみを享受する目的で考えられたのがATM(Asynchronous Transfer Mode:非同期転送モード)技術です。形態としては従来のパケット交換方式を発展させたものといえます。

パケット交換機において生じる遅延の原因の1つとして、パケットの多様性が挙げられます。多種多様なパケットに対応するために、パケット交換機は複雑なソフトウェアを使って処理を行っています。ATMではこの部分に着目し、パケット転送にかかる処理時間をできるだけ短縮するための工夫がされています。最も

特徴的なのは，パケット（ATMではセルという）の長さを「ヘッダ部5バイト，**ペイロード48バイト**」の53バイトに統一したことです。そのため，パケットの解析に複雑なソフトウェアは不要になり，ハードウェアによる高速な処理を実現しています。

T 用語 ペイロード（payload）
データ通信において，本来転送したいデータ本体の部分を指す。ATMではペイロードのサイズを固定化し，処理を簡素化したが，パケット全体に占めるペイロードのサイズが相対的に小さく，オーバヘッドが大きいという難点がある。

▲ **図7.8.1** ATMセル

7 ネットワーク

◯ATMの階層構造

すでに多くの通信プロトコルで見てきたように，ATMでもその機能が階層化されています。

○○ 参考 ATM層及びAALは，OSI基本参照モデルとしては，ともにデータリンク層に位置する。したがって，ネットワーク層に位置するIPは，イーサネットなどとの違いを意識することなくATMを利用できる。

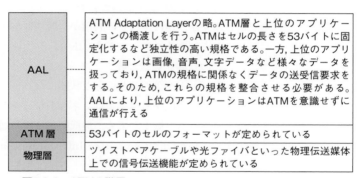

▲ **図7.8.2** ATMの階層

ATM交換方式とパケット交換方式

それぞれを比較すると次の特徴があります。

T 用語 交換制御パラメタ
接続相手（回線）を識別するための情報。複数の論理的な回線を設定することで，物理的には1本の回線しかもたなくても，多重通信を行うことができる。

▼ **表7.8.2** 交換方式の特徴

交換方式	パケットサイズ	交換制御パラメタ
ATM交換方式	53バイトの固定長データ	仮想チャネル識別子（VCI）
パケット交換方式	可変長	論理チャネル番号（LCN）論理チャネルグループ番号（LCGN）

※ VCI ：Virtual Channel Identifier の略
LCN ：Logical Channel Number の略

7.8.2 フレームリレー AM/PM

フレームリレーはパケット交換方式の一種で，フロー制御や再送制御などの処理を簡略化した方式です。これにより通信のオーバヘッドが低下し，伝送効率が向上しました。もちろん，なんらかの伝送誤りが発生した場合は回復処理をしなければなりませんが，フレームリレーでこの回復処理を行うのは，エンドツーエンドに位置する端末です。

フレームリレーは，1本の回線に複数の仮想回線を確立してフレームの多重化を可能にします。仮想回線では，**DLCI**（Data Link Connection Identifier）と呼ぶ識別子を用いて通信相手先を識別し，フレームを転送します。

フレームリレーはパケット交換方式の一種ですから，1つの回線を多数のユーザで共有して利用します。これは，回線がもつ潜在的な伝送能力（**ワイヤスピード**）を十分に引き出すうえで効果がありますが，逆にユーザの利用が一時期に集中すると，ワイヤスピードを超えるパケットがネットワーク上に流れることもあります。この状態を**輻輳**と呼び，ネットワークが輻輳状態になると，スループットが落ちるといった状態になります。フレームリレーサービスを提供する事業者は，ネットワークが輻輳状態に陥ってスループットが低下しても，最低限保証する通信速度を定めています。これが**CIR**（Committed Information Rate：認定情報速度）です。

 **COLUMN**

MTU

パケットはどんな大きさで送ってもよいわけではありません。ATMのように，パケットのサイズが完全に固定されているプロトコルもありますが，一般的には**MTU**（Maximum Transmission Unit）という値で最大パケット長を定めています。MTUは各プロトコルごとにばらばらで，例えば，イーサネットは1,500バイト，FDDIは4,352バイト，ATMは9,180バイトです。しかし，ユーザがこれを意識せずにすむように，**IP**はこれらデータリンクの特性に合わせてパケットを分割する処理（フラグメント化）を行っています。これをIPによるデータリンク層の抽象化といい，IPの重要な役割の1つとなっています。

7.9 無線LAN

7.9.1 無線LANの規格 AM/PM

無線LANとは，一般には，IEEE 802.11シリーズの規格に準拠した機器で構成されるネットワークのことをいいます。

 試験では，各規格における最大伝送速度と使用する周波数帯が問われる。

IEEE 802.11

現在普及している主要な規格は次の6種類です。

▼ 表7.9.1 無線LANの規格

規格	最大伝送速度	周波数帯	特徴
IEEE 802.11b	11Mbps	2.4GHz	障害物に強い。無線の場合は実効スループットは大幅に落ちるので，マルチメディア通信などには向いていない
IEEE 802.11a	54Mbps	5GHz	早くから普及した規格。11bとの互換性がない
IEEE 802.11g	54Mbps	2.4GHz	11bと上位互換。11bと混在させられるが，11bのノードに対する待ち時間が大きくなり，11g対応ノードの通信速度は落ちる
IEEE 802.11n (Wi-Fi 4)	600Mbps	2.4GHz 5GHz	11a，11b，11gと上位互換。2つの周波数帯を併用するのが特徴。従来規格と互換性があり，11a，11b，11g対応のノードも11nのネットワークに接続可能。チャネルボンディング，MIMO対応
IEEE 802.11ac (Wi-Fi 5)	7Gbps	5GHz	11a，11nと上位互換。チャネルボンディング，MU-MIMO（一対多の同時通信型MIMO）対応
IEEE 802.11ax (Wi-Fi 6)	9.6Gbps	2.4GHz 5GHz	多数の利用者が同時にアクセスしてもスループットが落ちにくいことが特徴。チャネルボンディング，MU-MIMO対応

参考 チャネルボンディングは，隣接するチャネルをまとめて1つのチャネルとして扱う技術。
MIMO（Multi Input Multi Output）は，データの送受信に複数のアンテナを使うことでデータを並行して伝送する技術。

◯IEEE 802.11a/g/n/acで用いられる多重化方式

デジタルデータをアナログデータに変換する際には，搬送波と呼ばれる信号に変調を加えてデジタルデータの0と1に対応させます。IEEE 802.11a/g/n/acでは，この変調方式にOFDMが用いられています。

OFDM（Orthogonal Frequency Division Multiplexing：直交周波数分割多元通信）とは，周波数の異なる複数の搬送波を使って，パケットを並列に送受信することで伝送効率を上げる技術です。変調速度を上げずにデータ通信を高速化できます。

7.9.2　無線LANのアクセス手順　AM／PM

　無線LANの**アクセスポイント**にクライアントが接続するまで
は次の手順をたどります。

　　　　　　　①ビーコン信号の受信と接続　　　　ビーコン信号
　　　　　　　　　②SSIDの確認
　　　　　　　　　③暗号方式の確認
無線 LAN ノード　　　　　　　　　　　　　アクセスポイント

▲ **図7.9.1**　無線LANアクセス手順

ビーコン信号の受信と接続

T SSID
用語 アクセスポイ
ントに設定される。最
大32文字の英数字
で表されるネットワ
ーク識別子。ＥＳＳＩＤ
（Extended SSID）と
もいう。

　アクセスポイントは常に，自身のSSIDを含む**ビーコン信号**を
ブロードキャスト送信しているので，無線LANを使うノードは，
このビーコンによりアクセスポイントを認識して通信を始めま
す。ただし，自身のSSIDを公にすると，誰でもSSIDが取得でき
てしまうため不正侵入の危険性が高くなります。そこで，SSID
の発信を停止する機能に**ステルス機能**があります。ステルス機能
を用いると，事前にSSIDを知っているノードだけがアクセスで
きるようになります。

SSIDの確認

参考 SSIDが一致し
た場合だけ通信
を許可する機能を
ANY接続拒否機能と
いう。

　基本的には，同一のSSIDを設定したノードだけに接続を許可
しますが，どのノードからの接続も受け入れるという場合もあり
ます。この場合はANY接続を許可します。ノードがSSIDをANY
として接続すると無条件に接続が許可されます。

　なお，多くのアクセスポイントは，**MACアドレスフィルタリ
ング**に対応しています。利用するノードのMACアドレスをあら
かじめ登録しておくと，それ以外のノードからのアクセスを拒否
してセキュリティを向上できます。

参照 無線LANの暗号
方式については，
p.444を参照。

暗号方式の確認

　送信するパケットを暗号化する手続きを行います。

7.9.3 無線LANのアクセス制御方式 AM/PM

CSMA/CA方式

参考 CSMA/CAは "Carrier Sense Multiple Access with Collision Avoidance"（搬送波感知多重アクセス／衝突回避）の略。CSMA/CDは "Carrier Sense Multiple Access with Collision Detection"（搬送波感知多重アクセス／衝突検出）の略。

無線LANは，CSMA/CA方式によって通信を制御しています。CSMA/CD方式に似ていますが，「衝突検出」の部分が「衝突回避」になっているところが異なります。

無線LANは，物理層媒体として電波を使うため，衝突の検出ができません。そこで，衝突を検出するのではなく，回避しようというのがCSMA/CA方式です。次のような特徴があります。

> **POINT CSMA/CA方式**
> ・送信を行うノードは，利用したい周波数帯が使われていないかを確認後，必ずランダムな時間だけ待ってから送信を開始する。この待ち時間をバックオフ制御時間という。
> ・衝突が発生し，フレームが壊れてしまってもそれを検出できないため，データを受け取ったノードはACKを応答することでデータを正常に受け取ったことを通知する。
> ・送信側ノードは，設定時間内にACKを受信できなければ，干渉が発生したと判断して一定時間後に再度送信する。

○RTS/CTS

無線LANでは，通信するノード間の距離が離れすぎていたり，ノード間に障害物がある場合は，互いに他のノードがデータ送信していることを感知できないため衝突が生じます。これを**隠れ端末問題**といい，これを回避するための方式にRTS/CTS方式があります。

無線LANノードは，データを送信する前にRTS（Request To Send：送信リクエスト）をアクセスポイントに送信し，これを受理したアクセスポイントがCTS（Clear to Send：送信OK）を返信します。無線LANノードは，アクセスポイントからCTSを受信したらデータ送信を開始します。CTSには，他のノードに対する送信抑制時間が記載されていて，衝突を抑制します。

参考 他のノードは，CTSを傍受することで，自分以外の別のノードに送信権があると解釈しデータ送信を延期する。

なお，データ送信を開始する前に，データ送信のネゴシエーションとしてRTS/CTS方式を用いたCSMA/CAをCSMA/CA with RTS/CTSといいます。

7.9.4　無線LANのチャネル割り当て　AM/PM

チャネル割り当てに関して，その詳細が試験で問われることはありません。問われるのは，「2.4GHz帯の無線LANのアクセスポイントにチャネル番号を設定する際の注意点」です。

無線LANのチャネル

2.4GHz帯を使用するIEEE 802.11gでは，中心周波数を5MHz刻みにして，13個のチャネルを割り当てています。図7.9.2に，各チャネルが使用する周波数帯域の割当てを示しましたが，1個のチャネルの周波数幅は規格上22MHzなので，互いに干渉しない独立した周波数帯域で利用できるチャネルは最大3個（例えば，「1，6，11」，「2，7，12」，「3，8，13」）です。したがって，複数のアクセスポイントを運用する場合は，この点に留意し電波干渉が発生しないようチャネルを設定します。

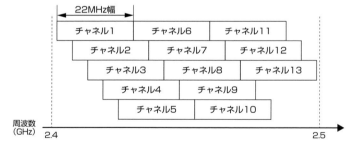

▲ **図7.9.2**　各チャネルの使用周波数帯域

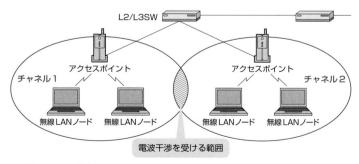

▲ **図7.9.3**　隣接チャネルのケース

得点アップ問題

解答・解説はp.432

問題1 (H31春問33)

図のようなIPネットワークのLAN環境で，ホストAからホストBにパケットを送信する。LAN1において，パケット内のイーサネットフレームの宛先とIPデータグラムの宛先の組合せとして，適切なものはどれか。ここで，図中のMACn /IPm はホスト又はルータがもつインタフェースのMACアドレスとIPアドレスを示す。

	イーサネットフレームの宛先	IPデータグラムの宛先
ア	MAC2	IP2
イ	MAC2	IP3
ウ	MAC3	IP2
エ	MAC3	IP3

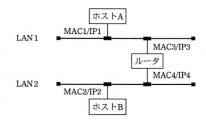

問題2 (R02秋問33)

スイッチングハブ（レイヤ2スイッチ）の機能として，適切なものはどれか。

ア　IPアドレスを解析することによって，データを中継するか破棄するかを判断する。
イ　MACアドレスを解析することによって，必要なLANポートにデータを流す。
ウ　OSI基本参照モデルの物理層において，ネットワークを延長する。
エ　互いに直接，通信ができないトランスポート層以上の二つの異なるプロトコルの翻訳作業を行い，通信ができるようにする。

問題3 (R02秋問20-SC)

複数台のレイヤ2スイッチで構成されるネットワークが複数の経路をもつ場合に，イーサネットフレームのループの発生を防ぐためのTCP/IPネットワークインタフェース層のプロトコルはどれか。

ア　IGMP
イ　RIP
ウ　SIP
エ　スパニングツリープロトコル

問題4 (R04春問31)

IPv6アドレスの表記として，適切なものはどれか。

ア　2001:db8::3ab::ff01
イ　2001:db8::3ab:ff01
ウ　2001:db8.3ab:ff01
エ　2001.db8.3ab.ff01

問題5 （R03春問34）

IPv4ネットワークで使用されるIPアドレスaとサブネットマスクmからホストアドレスを求める式はどれか。ここで，"～"はビット反転の演算子，"｜"はビットごとの論理和の演算子，"＆"はビットごとの論理積の演算子を表し，ビット反転の演算子の優先順位は論理和，論理積の演算子よりも高いものとする。

ア ～a＆m　　　　イ ～a｜m
ウ a＆～m　　　　エ a｜～m

問題6 （R03秋問36）

IPv6において，拡張ヘッダを利用することによって実現できるセキュリティ機能はどれか。

ア URLフィルタリング機能　　イ 暗号化機能
ウ ウイルス検疫機能　　　　　エ 情報漏えい検知機能

問題7 （R03秋問33）

PCが，NAPT（IPマスカレード）機能を有効にしているルータを経由してインターネットに接続されているとき，PCからインターネットに送出されるパケットのTCPとIPのヘッダのうち，ルータを経由する際に書き換えられるものはどれか。

ア 宛先のIPアドレスと宛先のポート番号
イ 宛先のIPアドレスと送信元のIPアドレス
ウ 送信元のポート番号と宛先のポート番号
エ 送信元のポート番号と送信元のIPアドレス

問題8 （R02秋問35）

IPv4ネットワークにおいて，IPアドレスを付与されていないPCがDHCPサーバを利用してネットワーク設定を行う際，最初にDHCPDISCOVERメッセージをブロードキャストする。このメッセージの送信元IPアドレスと宛先IPアドレスの適切な組合せはどれか。ここで，このPCにはDHCPサーバからIPアドレス192.168.10.24が付与されるものとする。

	送信元IPアドレス	宛先IPアドレス
ア	0.0.0.0	0.0.0.0
イ	0.0.0.0	255.255.255.255
ウ	192.168.10.24	255.255.255.255
エ	255.255.255.255	0.0.0.0

問題9 (R03春問36)

　2.4GHz帯の無線LANのアクセスポイントを，広いオフィスや店舗などをカバーできるように分散して複数設置したい。2.4GHz帯の無線LANの特性を考慮した運用をするために，各アクセスポイントが使用する周波数チャネル番号の割当て方として，適切なものはどれか。

　ア　PCを移動しても，PCの設定を変えずに近くのアクセスポイントに接続できるように，全てのアクセスポイントが使用する周波数チャネル番号は同じ番号に揃えておくのがよい。
　イ　アクセスポイント相互の電波の干渉を避けるために，隣り合うアクセスポイントには，例えば周波数チャネル番号1と6，6と11のように離れた番号を割り当てるのがよい。
　ウ　異なるSSIDの通信が相互に影響することはないので，アクセスポイントごとにSSIDを変えて，かつ，周波数チャネル番号の割当ては機器の出荷時設定のままがよい。
　エ　障害時に周波数チャネル番号から対象のアクセスポイントを特定するために，設置エリアの端から1，2，3と順番に使用する周波数チャネル番号を割り当てるのがよい。

チャレンジ午後問題1 (H31春問5)　　　　　　　解答・解説：p.434

　E社は，社員数が150名のコンピュータ関連製品の販売会社であり，オフィスビルの2フロアを使用している。社員は，オフィス内でノートPC（以下，NPCという）を有線LANに接続して，業務システムの利用，Web閲覧などを行っている。社員によるインターネットの利用は，DMZのプロキシサーバ経由で行われている。現在のE社LANの構成を図1に示す。
　E社の各部署にはVLANが設定されており，NPCからは，所属部署のサーバ（以下，部署サーバという）及び共用サーバが利用できる。DHCPサーバからIPアドレスなどのネットワーク情報をNPCに設定するために，レイヤ3スイッチ（以下，L3SWという）でDHCP　　a　　を稼働させている。

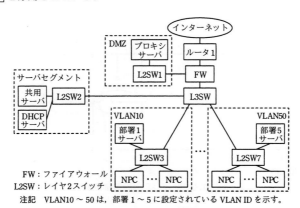

図1　現在のE社LANの構成（抜粋）

　総務，経理，情報システムなどの部署が属する管理部門のフロアには，オフィスエリアのほかに，社外の人が出入りできる応接室，会議室などの来訪エリアがある。E社を訪問する取引先の営業員(以下，来訪者という)の多くは，NPCを携帯している。一部の来訪者は，モバイルWi-Fiルータを持参し，携帯電話網経由でインターネットを利用することもあるが，多くの来訪者から，来訪エリアでインターネットを利用できる環境を提供してほしいとの要望が挙がっていた。また，社員からは，来訪エリアでもE社LANを利用できるようにしてほしいとの要望があった。そこで，E社では，来訪エリアへの無線LANの導入を決めた。

　情報システム課のF課長は，部下のGさんに，無線LANの構成と運用方法について検討するよう指示した。F課長の指示を受けたGさんは，最初に，無線LANの構成を検討した。

〔無線LANの構成の検討〕

　Gさんは，来訪者が無線LAN経由でインターネットを利用でき，社員が無線LAN経由でE社LANに接続して有線LANと同様の業務を行うことができる，来訪エリアの無線LANの構成を検討した。

　無線LANで使用する周波数帯は，高速通信が可能なIEEE 802.11acとIEEE 802.11nの両方で使用できる　b　GHz帯を採用する。データ暗号化方式には，　c　鍵暗号方式のAES(Advanced Encryption Standard)が利用可能なWPA2を採用する。来訪者による社員へのなりすまし対策には，IEEE　d　を採用し，クライアント証明書を使った認証を行う。この認証を行うために，RADIUSサーバを導入する。来訪者の認証は，RADIUSサーバを必要としない，簡便なPSK(Pre-Shared Key)方式で行う。

　無線LANアクセスポイント(以下，APという)は，来訪エリアの天井に設置する。APは　e　対応の製品を選定して，APのための電源工事を不要にする。

　これらの検討を基に，Gさんは無線LANの構成を設計した。来訪エリアへのAPの設置構成案を図2に，E社LANへの無線LANの接続構成案を図3に示す。

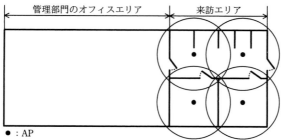

● : AP

注記　図中の円内は，APがカバーするエリア（以下，セルという）を示す。

図2　来訪エリアへのAPの設置構成案

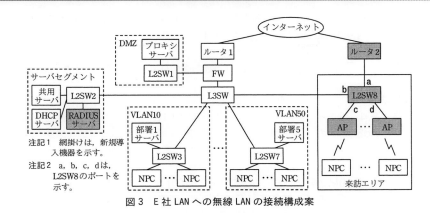

図3　E社LANへの無線LANの接続構成案

　図2中の4台のAPには，図3中の新規導入機器のL2SW8から　　e　　で電力供給する。APには，社員向けと来訪者向けの2種類のESSIDを設定する。図3中の来訪エリアにおいて，APに接続した来訪者のNPCと社員のNPCは，それぞれ異なるVLANに所属させ，利用できるネットワークを分離する。

　社員のNPCは，APに接続するとRADIUSサーバでクライアント認証が行われ，認証後にVLAN情報がRADIUSサーバからAPに送信される。APに実装されたダイナミックVLAN機能によって，当該NPCの通信パケットに対して，APでVLAN10～50の部署向けのVLANが付与される。一方，来訪者のNPCは，APに接続するとPSK認証が行われる。①認証後に，NPCの通信パケットに対して，APで来訪者向けのVLAN100が付与される。

　社員と来訪者が利用できるネットワークを分離するために，図3中の②L2SW8のポートに，VLAN10～50又はVLAN100を設定する。ルータ2では，DHCPサーバ機能を稼働させる。

　次に，Gさんは，無線LANの運用について検討した。

〔無線LANの運用〕

　RADIUSサーバは，認証局機能をもつ製品を導入して，社員のNPC向けのクライアント証明書とサーバ証明書を発行する。クライアント証明書は，無線LANの利用を希望する社員に配布する。来訪者のNPC向けのPSK認証に必要な事前共有鍵（パスフレーズ）は，毎日変更し，無線LANの利用を希望する来訪者に対して，来訪者向けESSIDと一緒に伝える。

　来訪者のNPCの通信パケットは，APでVLAN IDが付与されるとルータ2と通信できるようになり，ルータ2のDHCPサーバ機能によってNPCにネットワーク情報が設定され，インターネットを利用できるようになる。社員のNPCの通信パケットは，APでVLAN IDが付与されるとサーバセグメントに設置されているDHCPサーバと通信できるようになり，DHCPサーバによってネットワーク情報が設定され，E社LANを利用できるようになる。

　Gさんは，検討結果を基に，無線LANの導入構成と運用方法を設計書にまとめ，F課長に提出した。設計内容はF課長に承認され，実施されることになった。

設問1　本文中の　 a 　～　 e 　に入れる最も適切な字句を解答群の中から選び，記号で答えよ。
　　解答群
　　　ア　2.4　　　イ　5　　　　　ウ　802.11a　　　　エ　802.1X
　　　オ　PoE　　　カ　PPPoE　　キ　共通　　　　　　ク　クライアント
　　　ケ　公開　　　コ　パススルー　サ　リレーエージェント

設問2　〔無線LANの構成の検討〕について，(1)～(3)に答えよ。
　(1) 図2中のセルの状態で，来訪エリア内で電波干渉を発生させないために，APの周波数チャネルをどのように設定すべきか。30字以内で述べよ。

　(2) 本文中の下線①を実現するためのVLANの設定方法を解答群の中から選び，記号で答えよ。
　　解答群
　　　ア　ESSIDに対応してVLANを設定する。
　　　イ　IPアドレスに対応してVLANを設定する。
　　　ウ　MACアドレスに対応してVLANを設定する。

　(3) 本文中の下線②について，一つのVLANを設定する箇所と複数のVLANを設定する箇所を，それぞれ図3中のa～dの記号で全て答えよ。

設問3　〔無線LANの運用〕について，社員及び来訪者のNPCに設定されるデフォルトゲートウェイの機器を，それぞれ図3中の名称で答えよ。

チャレンジ午後問題2 (R01秋問5抜粋)

解答・解説：p.437

HTTP/2に関する次の記述を読んで，設問1～4に答えよ。

E社は，地域密着型の写真店であり，小学校の運動会や遠足などの行事にカメラマンを派遣し，子供の写真を撮影して販売している。今までは，写真を販売するために，小学校の廊下などに写真のサンプルを掲示し，保護者に購入する写真を選んでもらっていた。しかし，保護者から"インターネットで写真を選びたい"，"写真の電子データを購入したい"との要望が多く寄せられるようになり，インターネット販売用のシステム(以下，新システムという)を開発することにした。新システムの開発は，SIベンダのF社が担当することになった。

新システムの開発は，要件定義，設計，実装と順調に進み，テスト工程における性能テストをF社のG君が担当することになった。

〔新システムの性能要件〕

G君は新システムの性能テストを行うに当たり，要件定義書に記載の性能要件を確認した。図1に新システムの性能要件(抜粋)を示す。

```
＜平常時の業務処理量＞
・同時アクセス数：40 ユーザ
＜ピーク時の業務処理量＞
・同時アクセス数：平常時の 3.0 倍
＜性能目標値＞
・レスポンスタイム：2.0 秒以内
```

図1　新システムの性能要件 (抜粋)

〔性能テストの結果〕

G君は，多数のWebブラウザ(以下，ブラウザという)からのアクセスをシミュレートする負荷テストツールを用いて，開発した新システムの性能テストを行った。性能テストの結果，同時アクセス数が，32ユーザを超えるとアクセスエラーが発生した。ただし，エラー発生時のサーバのCPU，メモリ，ネットワーク回線の使用率は全て10%以下，ディスクのI/O負荷率は20%以下であった。また，レスポンスタイムは，写真を一覧表示するページ(以下，一覧ページという)の表示が最も長く3.0秒だったが，一枚の写真を拡大表示するページなどの他のページの表示は1.0秒であった。

〔同時アクセス数改善に向けた調査〕

G君は，同時アクセス数の要件を満たせない原因を確認するために，ブラウザの開発者用ツールを用いて，ブラウザが一覧ページの表示に必要なファイルをどのように受信しているか調査した。G君が調査したファイルの受信状況(抜粋)を図2に示す。なお，ブラウザとサーバはHTTP/1.1 over TLS(HTTPS)で通信していた。

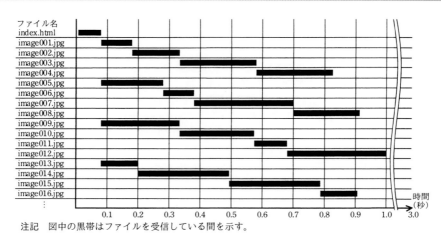

注記　図中の黒帯はファイルを受信している間を示す。

図2　ファイルの受信状況（抜粋）

次に，G君がサーバのログを調査したところ，TCPコネクションを確立できないという内容のログが多く残っていた。この結果からG君は，TCP/IPでサーバとブラウザが通信を行うために必要なサーバの　a　が枯渇し，新たなTCPコネクションを確立できなくなったと考えた。また，サーバの　a　の最大数は128に設定されていた。

この二つの調査結果から，①ブラウザが採用する複数のファイルを並行して受信するための手法によって，同時アクセス数が制限されてしまっていることが分かった。

〔レスポンスタイム改善に向けた調査〕

G君は，一つのTCPコネクション内における，ブラウザとサーバの間の通信を調査した。HTTP/1.1 over TLSを用いてブラウザとサーバが通信するとき，ブラウザからサーバの　b　番ポートに対して　c　を送信し，サーバから　d　を返信する，最後にブラウザから　e　を送信することでTCPコネクションが確立する。その後TLSハンドシェイクを行い，ブラウザはHTMLファイルや画像ファイルなどをサーバへ要求し，サーバは要求に応じてブラウザへファイルを送信している（図3）。

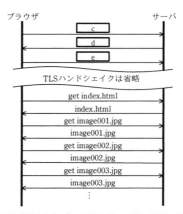

図3　G君が調査したブラウザとサーバ間の通信（抜粋）

また，G君が利用したブラウザでは，HTTPパイプライン機能はオフになっていた。

　G君は，この結果から，②TCPコネクション内での画像ファイルの取得に掛かる時間が長くなり，多くの画像データを含む一覧ページではレスポンスタイムが長くなると考えた。

〔HTTP/2を用いた新システムの開発〕

　G君が調査結果を上司のH課長に報告したところ"HTTP/2の利用を検討すること"とのアドバイスを得た。HTTP/2では，一つのTCPコネクションを用いて，複数のファイルを並行して受信するストリームという仕組みなど，多くの新しい仕組みが追加されていることが分かった。

　そこで，G君は新システムのWebサーバにHTTP/2の設定を行い，再度性能テストを実施した。その結果，新システムが図1の性能要件を満たしていることが確認できた。

　その後，新システムの開発は完了し，E社は写真のインターネット販売を開始した。

設問1　〔同時アクセス数改善に向けた調査〕について，(1)，(2)に答えよ。
　(1) 本文中の　　a　　に入れる適切な字句を解答群の中から選び，記号で答えよ。
　　　解答群
　　　　　ア　IPアドレス　　イ　ソケット　　ウ　プロセス　　エ　ポート
　(2) 本文中の下線①について，図2の調査で分かった，複数のファイルを並行して受信するための手法とは，どのような手法か。25字以内で述べよ。

設問2　本文及び図3中の　　b　　～　　e　　に入れる適切な字句を解答群の中から選び，記号で答えよ。
　　　解答群
　　　　　ア　25　　　イ　110　　　ウ　443　　　エ　ACK　　　オ　ACK/FIN
　　　　　カ　FIN　　キ　SYN　　　ク　SYN/ACK　　ケ　TCP

設問3　本文中の下線②について，TCPコネクション内での画像ファイルの取得に時間が掛かる要因は何か。解答群の中から選び，記号で答えよ。
　　　解答群
　　　　　ア　画像ファイルの取得ごとにTCPコネクションを確立している。
　　　　　イ　画像ファイルを圧縮せずに取得している。
　　　　　ウ　画像ファイルを一つずつ順番にサーバに要求し取得している。
　　　　　エ　複数の画像ファイルをまとめて取得している。

設問4　HTTP/2の採用によって，新システムが許容できる最大の同時アクセス数は幾つになるか答えよ。ここで，新システムにアクセスする全てのブラウザがHTTP/2を利用し，一つのTCPコネクションを用いてアクセスするものとする。

問題1
解答：ウ

←p.377を参照。

　異なるLAN間では，ルータが通信を中継します。本問の図のIPネットワーク環境において，ホストAからホストBにデータを送信する場合，IPデータグラムの宛先（宛先IPアドレス）には送信先であるホストB（IP2）を指定しますが，イーサネットフレームの宛先（宛先MACアドレス）には，中継を行うルータ（MAC3）を指定します。

問題2
解答：イ

←p.379を参照。

※宛先MACアドレスに対応するLANポートが見つからない場合は，受信ポート以外のすべてのポートにデータを転送する。

　スイッチングハブ（レイヤ2スイッチ）は，OSI基本参照モデルのデータリンク層（レイヤ2）において**ブリッジ**と同じ働きをする中継装置です。つまり，スイッチングハブの基本機能は，受信したデータの宛先MACアドレスを解析し，送信先のノードがつながっているLANポートにデータを転送することです。
ア：ルータなどネットワーク層（レイヤ3）の中継装置の機能です。
ウ：リピータやハブなどレイヤ1の中継装置の機能です。
エ：ゲートウェイなどレイヤ4以上の中継装置の機能です。

問題3
解答：エ

←p.379を参照。

　イーサネットフレームのループの発生を防ぐためのプロトコルは，〔エ〕の**スパニングツリープロトコル**（**STP**：Spanning Tree Protocol）です。STPでは，複数のブリッジ間で情報交換を行い，ループを構成している不要な経路のポートをブロック（論理的に切断）することによってネットワーク全体をループをもたない論理的なツリー構造（**スパニング木**という）にします。ブリッジ間の情報交換には，**BPDU**（Bridge Protocol Data Unit）というフレームが使用されます。
ア：**IGMP**（Internet Group Management Protocol）は，IPマルチキャストグループ管理用のプロトコルです。
イ：**RIP**（Routing Information Protocol）は，ディスタンスベクタ型（距離ベクトル型）のルーティングプロトコルです。
ウ：**SIP**（Session Initiation Protocol）は，IP電話の通信制御プロトコルです。

※IGMPについては，p.393を参照。

※RIPについては，p.381を参照。

※SIPについては，p.410を参照。

問題4
解答：イ

←p.396を参照。

　IPv6アドレスの正しい表記は〔イ〕の2001:db8::3ab:ff01です。〔ア〕は「::」が2か所に使用されているので誤りです。また，ブロック区切りに「.」を使用している〔ウ〕，〔エ〕も誤りです。

7

ネットワーク

問題5　　　　　　　　　　　　　　　　　　　　　　解答：ウ

←p.394を参照。

サブネットマスクは，ネットワークアドレスを識別する部分のビットを "1" に，ホストアドレスを識別する部分のビットを "0" にした32ビットのビット列です。サブネットマスクのビットを反転させると，ネットワークアドレスを識別する部分が "0"，ホストアドレスを識別する部分が "1" になるので，このビット列とIPアドレスとの論理積をとることでホストアドレスを求めることができます。したがって，〔ウ〕の「a&～m」が正しい式です。

問題6　　　　　　　　　　　　　　　　　　　　　　解答：イ

←p.396, 398を参照。

IPv6において，拡張ヘッダを利用することによって実現できるセキュリティ機能は〔イ〕の暗号化機能です。IPv4では，IPヘッダの「オプション」に暗号化をはじめとした様々な付加情報が書き込まれるため，ヘッダ長が可変となり，ルータでの処理がしにくいという欠点があります。IPv6では，これらの付加的な情報には拡張ヘッダが使用されます。

問題7　　　　　　　　　　　　　　　　　　　　　　解答：エ

←p.398を参照。

NAPTは，送信元のIPアドレスとポート番号をセットにして変換することで1つのプライベートIPアドレスを複数のPCで共有できるようにする仕組みです。NAPT機能をもつルータは，プライベートIPアドレスをもつ端末から外部ネットワークへの通信を中継する際，パケットのヘッダにある送信元IPアドレスをルータ自身のグローバルIPアドレスに書き換えるとともに，送信元ポート番号に任意の空いているポート番号を割り当てます。

外部サーバ
ルータ
・送信元IPアドレスには自身のグローバルIPアドレス（インターネット側のIPアドレス）を設定
・送信元PCを識別するため，送信元ポート番号を任意の値に書き換える

※NAPT機能をもつルータは，書換前と書換後のIPアドレス及びポート番号をアドレス変換テーブルに記録・保持し，外部ネットワークからの応答パケットを受け取った際に，宛先IPアドレス及びポート番号を保持しておいたプライベートIPアドレス及びポート番号に書き換えて内部の端末に中継する。

問題8　　　　　　　　　　　　　　　　　　　　　　解答：イ

←p.406を参照。

DHCPDISCOVERメッセージは，IPアドレスが付与されていないPCからブロードキャストされます。したがって，このメッセージの送信元IPアドレスは「0.0.0.0」，宛先IPアドレスは「255.255.255.255」です。

問題9   解答：イ   ◀p.422を参照。

　2.4GHz帯を使用するIEEE 802.11gでは，下図に示す1～13のチャネルが使用できます（11bの場合は，少し離れた14チャネルも使用可能）。各チャネルは5MHzずつ離れていますが，通信に使用する周波数幅が中心周波数から両側に11MHz，合計22MHz幅であるため，5チャネル以上離れていないと電波干渉が発生します。そのため一般的には，「1，6，11」，「2，7，12」，「3，8，13」のように割り当てます。

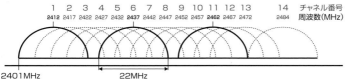

※5GHz帯を使用する無線LAN規格では各チャネルの周波数帯は完全に独立している。

チャレンジ午後問題1

設問1	a：サ　　b：イ　　　c：キ　　　d：エ　　　e：オ
設問2	(1)	4台のAPに，それぞれ異なる周波数チャネルを設定する
	(2)	ア
	(3)	一つのVLANを設定する箇所：a 複数のVLANを設定する箇所：b，c，d
設問3	社員のNPC：L3SW 来訪者のNPC：ルータ2

●設問1

空欄a：「DHCPサーバからIPアドレスなどのネットワーク情報をNPCに設定するために，レイヤ3スイッチでDHCP　 a 　を稼働させている」とあります。現在のLAN構成（図1）を見ると，DHCPサーバと各部署のNPCは，L3SW（レイヤ3スイッチ）を介して別のネットワークにあります。NPCは，DHCPサーバからIPアドレスなどのネットワーク情報を取得するためにDHCPDISCOVERパケットをブロードキャストしますが，通常L3SWは，ブロードキャストパケットを他のネットワークに中継しません。したがって，NPCからのDHCPDISCOVERパケットをDHCPサーバに届ける（中継する）ためには，L3SWでDHCPリレーエージェントを稼働させる必要があるので，空欄aには，〔サ〕の**リレーエージェント**が入ります。

空欄b：IEEE 802.11acとIEEE 802.11nの両方で使用できる周波数帯が問われています。IEEE 802.11acで使用される周波数帯は

5GHz帯，IEEE 802.11nで使用される周波数帯は2.4GHz帯と5GHz帯なので，両方で使用できる周波数帯は5GHz帯です。つまり，空欄bには〔イ〕の**5**が入ります。

空欄c：「データ暗号化方式には，　c　鍵暗号方式のAESが利用可能なWPA2を採用する」とあります。AESは，共通鍵暗号方式の暗号化アルゴリズムなので，空欄cには〔キ〕の**共通**が入ります。

※共通鍵暗号方式については，p.442参照。

空欄d：「IEEE　d　を採用し，クライアント証明書を使った認証を行う。この認証を行うために，RADIUSサーバを導入する」とあります。RADIUSサーバを導入して認証を行う規格はIEEE 802.1Xです。したがって，空欄dには〔エ〕の**802.1X**が入ります。

※RADIUSとIEEE 802.1Xについては，p.445参照。

空欄e：「APは　e　対応の製品を選定して，APのための電源工事を不要にする」とあり，また，図3直後に「図2中の4台のAPには，図3中の新規導入機器のL2SW8から　e　で電力供給する」とあります。図3を見ると，L2SW8とAPはLANケーブルで接続されています。当初，LANケーブルでは，データの送受信だけしかできませんでしたが，PoE(Power over Ethernet)と呼ばれる，IEEE 802.3af規格が制定されたことによって，データと同時に電力の供給ができるようになりました。したがって，PoEに対応したAPを選定すれば，LANケーブルから電力の供給ができ，電源工事も不要になります。

以上，空欄eには〔オ〕の**PoE**が入ります。

●設問2(1)

図2の来訪エリア内で電波干渉を発生させないために，APの周波数チャネルをどのように設定すべきか問われています。

NPCとAP間では同じ周波数チャネルを使用してデータの送受信を行いますが，その際，別のAPが近くに存在し，各APがカバーするエリアに重複部分がある場合，APに同じ周波数チャネルが設定されていると電波干渉が発生します。図2を見ると，4台のAPがカバーするエリアに重複部分があるので，電波干渉を防止するためには，「**4台のAPに，それぞれ異なる周波数チャネルを設定する**」必要があります。

※図2の来訪エリア

来訪エリア

●設問2(2)

下線①を実現するためのVLANの設定方法，すなわち，来訪者NPCの通信パケットに対してVLAN100を付与する方法が問われています。

着目すべきは，図3の直後にある「APには，社員向けと来訪者向けの2種類のESSIDを設定する」という記述と，〔無線LANの運用〕にある「無線LANの利用を希望する来訪者に対して，来訪者向けESSIDを伝える」との記述です。この記述から，来訪者のNPCがAPに接続する際には，来訪者向けESSIDが用いられることがわかります。そこ

※下線①には，「認証後に，NPCの通信パケットに対して，APで来訪者向けのVLAN100が付与される」とある。

7
ネットワーク

で，APにおいて来訪者向けESSIDとVLAN100の対応付けを行って
おきます。そうすることで，来訪者のNPCからの通信であると判断さ
れた通信パケットに対してVLAN100が付与できます。

以上，下線①を実現するためのVLANの設定方法として，適切なの
は，〔ア〕の「**ESSIDに対応してVLANを設定する**」です。

●設問2(3)

下線②について，一つのVLANを設定する箇所と複数のVLANを設
定する箇所が問われています。

来訪エリアにあるNPCがAPを経由してL2SW8に送信する通信パ
ケットには，VLAN10～50又はVLAN100というVLAN IDが付与さ
れています。そのため，L2SW8のcとdでは，VLAN10～50及び
VLAN100のいずれのVLAN IDも処理できるようにVLANの設定を行
う必要があります。L2SW8のaは，来訪者のNPCがルータ2を経由し
てインターネットへ接続するためだけに使用されるポートなので，aに
はVLAN100だけを設定します。L2SW8のbは，社員のNPCがE社
LAN（それぞれの部署）と通信できるようにVLANを設定する必要があ
るのでVLAN10～50を設定します。

以上から，**一つのVLANを設定する箇所は「a」，複数のVLANを設
定する箇所は「b，c，d」になります**。

※下線②には，「L2SW8
のポートに，VLAN10
～50又はVLAN100を
設定する」とあります。

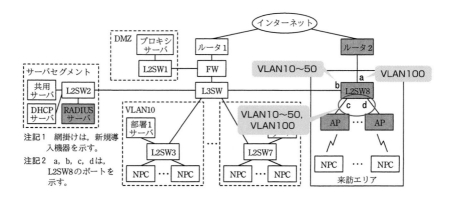

●設問3

〔無線LANの運用〕について，社員のNPC及び来訪者のNPCに設定
されるデフォルトゲートウェイの機器（図3中の名称）が問われていま
す。

デフォルトゲートウェイとは，異なるネットワークと通信する際に

必ず利用される，通信の"出入り口"となるネットワーク機器のことです。通信パケットをレイヤ3（ネットワーク層）で処理するルータやL3SWがデフォルトゲートウェイになります。

　社員のNPCがE社LAN（それぞれの部署）と通信する場合，その経路は，「NPC→AP→L2SW8→L3SW→各部署のLAN（VLAN10～50）」となります。この経路におけるデフォルトゲートウェイはL3SWとなるので，社員のNPCには**L3SW**を設定します。一方，来訪者のNPCがインターネットへ接続する場合の経路は，「NPC→AP→L2SW8→ルータ2→インターネット」であり，デフォルトゲートウェイはルータ2なので，来訪者のNPCには**ルータ2**を設定します。

チャレンジ午後問題2

設問1	(1)	a：イ
	(2)	同時に複数のTCPコネクションを確立する手法
設問2	b：ウ　　c：キ　　d：ク　　e：エ	
設問3	ウ	
設問4	128	

●設問1（1）

　「TCP/IPでサーバとブラウザが通信を行うために必要なサーバの｜　a　｜が枯渇し，新たなTCPコネクションを確立できなくなった」とあります。TCP/IPでサーバとブラウザが通信を行う場合，ブラウザは，サーバに対してHTTPなら80，HTTP over TLS（HTTPS）なら443といった受付ポート番号でTCP接続を開始します。このTCP接続で使用されるのが，ソケットと呼ばれるプログラムインタフェースです。ソケットは，プログラムがTCP/IPネットワークを介して通信するための出入り口で，1つのTCPコネクションに対して1つのソケットが使用されます。通常，同時に使用できるソケット数は決まっていて，それを超えたTCPコネクションの確立はできません。つまり，〔**イ**〕の**ソケット**が枯渇し，新たなTCPコネクションの確立ができなかったと考えられます。

※ソケットについてはp.274を参照

●設問1（2）

　下線①について，ブラウザが複数のファイルを並行して受信するための手法が問われています。

　HTTPでは，「1つのリクエストに対して1つのレスポンスを返す」というのが基本です。そのため，ブラウザはサーバに対して複数のTCPコネクションを確立し，コンテンツ（画像ファイル）を並行して受信で

きる仕組みになっています。図2を見ると，index.htmlを受信した後，ブラウザは4つの画像ファイル(image001.jpg，image005.jpg，image009.jpg，image013.jpg)の受信を同時に開始しています。このことから考えると，本問のブラウザは，TCPコネクションを同時に4つ確立し，それぞれのコネクション上で画像ファイルを順次受信していることがわかります。

以上，ブラウザが複数のファイルを並行して受信するための手法とは，複数のTCPコネクションの同時確立です。解答としては「**同時に複数のTCPコネクションを確立する手法**」とすればよいでしょう。

●設問2

「HTTP/1.1 over TLSを用いてブラウザとサーバが通信するとき，ブラウザからサーバの　b　番ポートに対して　c　を送信し，サーバから　d　を返信する。最後にブラウザから　e　を送信することでTCPコネクションが確立する」とあります。

空欄b："HTTP/1.1 over TLS"，すなわちHTTPSで使用されるポートは，TCPの443番ポートです。したがって，空欄bには〔**ウ**〕の443が入ります。

空欄c，d，e：TCPコネクションの確立は，3ウェイハンドシェイク手順により行われるので，空欄cには〔**キ**〕のSYN，空欄dには〔**ク**〕のSYN/ACK，空欄eには〔**エ**〕のACKが入ります。

●設問3

下線②について，TCPコネクション内での画像ファイルの取得に時間が掛かる要因が問われています。

先述したようにHTTPでは，「1つのリクエストに対して1つのレスポンスを返す」というのが基本なので，本問のブラウザのようにHTTPパイプライン機能がオフになっている場合，先行のリクエストの結果を取得し終えるまで，次のリクエストの発行ができません。つまり，画像ファイルの取得に時間が掛かるのは，〔**ウ**〕の**画像ファイルを一つずつ順番にサーバに要求し取得している**からです。

●設問4

HTTP/2の採用によって，新システムが許容できる最大の同時アクセス数が問われています。

HTTP/2には，1つのTCPコネクション内で複数のリクエスト/レスポンスを並行に処理できる「ストリーム」という仕組みがあるので，TCPコネクションを1つ確立すれば，その中で複数のファイルを並行して受信できます。したがって，全てのブラウザがHTTP/2を利用した場合の最大同時アクセス数は，ソケットの最大数である**128**となります。

※サーバのソケットの最大数は128なので，1つのブラウザがTCPコネクションを4つ同時に確立した場合，最大同時アクセス数は128÷4＝32であり，これを超えるアクセスはできない。このことは，〔性能テストの結果〕にある「同時アクセス数が，32ユーザを超えるとアクセスエラーが発生した」との記述と合致する。

※3ウェイハンドシェイクについてはp.401を参照。

※HTTPパイプライン機能とは，先行リクエストの完了を待たずに次のリクエストを送信できる仕組み。

第8章
セキュリティ

　近年，ITを語る切り口にセキュリティが多用されるようになりました。社会全体のIT化が進み，あらゆるデータが電子化され一元管理されるのは，本来大きな利便性を生むものです。しかし，それは同時に個人の属性情報や企業の秘匿情報が1か所に集中することでもあります。なんらかの形でこれが流出すれば，個人のプライバシや企業の業務が危険にさらされます。またITは，社会に様々な恩恵をもたらしていますが，一方で，ますます巧妙化かつ複雑化しているサイバー攻撃は非常に大きな脅威となっています。

　このような状況を受けて，応用情報技術者試験の午前試験におけるセキュリティ分野の出題数も多くなり，午後試験においては必須解答問題になっています。「本章＋得点アップ問題＋サンプル問題」を活用し，合格に必要な知識を習得してください。

8.1 暗号化

　情報システムの運用には，「盗聴」「改ざん」「なりすまし」「否認」などのリスクがあります。リスクを完全に消し去ることはできませんが，セキュリティ措置を講じることによって適切な水準にコントロールすることができます。「盗聴」リスクに対する代表的な措置が**暗号化**です。

　暗号とは，重要な意味をもつ文書本来の姿(平文)をある規則で変換し，一見意味のない文字列や図案として表現したものです。変換のルールはその文書を読む正当な権利をもつ人だけが知っているので，情報の漏えいを防ぐことができます。

8.1.1 暗号化に必要な要素 　AM/PM

　暗号化の基本として，次の2点が挙げられます。

- ・平文を暗号化できるルールがあること
- ・暗号を平文に戻せる(復号という)ルールがあること

参考 **換字式**という手法では，例えば，文字列を50音上で後ろに数文字ずつずらして意味のない文字列に変換する。この場合，「文字を後ろにずらす」ことが暗号化ルールで，ずらす文字数がキーとなる。

　これらのルールは同じでも異なっていても構いません。このルールに代入する情報を**キー**と呼びます。

　しかし，平文が重要な文書であればあるほど，それを読みたいと考える人は増加します。それらの人々は次のような方法で暗号の解読を試みます。

- ・キーを不正な手段で入手しようとする
- ・暗号の特性から変換ルールを推定し，キーがなくても暗号から平文を得ようとする

　したがって，暗号化はただ暗号を作成すればよいというものではありません。暗号化された文書が本当にキーをもつ人以外に読めないようになっているか否かを常に意識する必要があります。

　その意味で，暗号を適正に利用するためには，次の2つの要素が必要となります。特に②の要件を満たすために，多くの変換ルール(暗号化方式)が考案され，実装されています。

> **P O I N T** 暗号化に必要な要素
> ① キーを他人が入手できないように厳重に管理すること
> ② 変換ルールを複雑にして，容易に推測できないようにすること

8.1.2 暗号化方式の種類 AM/PM

参考 上記②の要件においては，コンピュータの性能向上により，暗号の解読方法が確立されてしまう場合もある。新しい暗号方式を取り入れたり，解読にかかるコストが，対象の情報に見合わないくらい膨大になるように誘導することも考えられている。

暗号化方式は次々と新しいものが考案され，また，用途によっても異なる暗号化方式が採用されています。これらの暗号化方式にはいろいろな区分の仕方がありますが，最も代表的な分類は，共通鍵暗号方式と公開鍵暗号方式です。

共通鍵暗号方式

共通鍵暗号方式は，コンピュータシステムの初期段階から用いられてきた暗号化方式です。次のような特徴があります。

> **P O I N T** 共通鍵暗号方式の特徴
> ・暗号化と復号のルールとキーが同一
> ・送信者と受信者は同じキー（共通鍵）をもつ
> ・通信相手が増えるごとに管理する鍵の数が増え，鍵管理の負担が大きくなる
> ・共通鍵の配布方法が手間になる

参考 共通鍵暗号方式では，n人の通信相手が相互に通信する場合，n(n−1)／2個の鍵が必要。

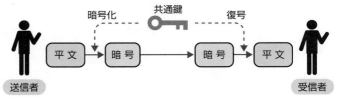

▲ **図8.1.1** 共通鍵暗号方式の仕組み

共通鍵暗号方式で注意すべき点は，共通鍵が絶対に外部に漏れないようにすることと，最初に共通鍵をつくったときに互いに送付する方法を工夫することです。せっかくの共通鍵をメールで送付したりすると，第三者の手に渡ってしまう危険があります。

8

セキュリティ

● 共通鍵暗号の実装方式

参考 共通鍵暗号には，平文を一定の長さのブロックに分割しそれぞれを暗号化するブロック暗号と，分割せずに1ビットごと暗号化するストリーム暗号がある。主な実装方式は，次のとおり。
ブロック暗号：
DES, Triple DES, AES, FEAL, IDEA, Camelliaなど
ストリーム暗号：
RC4, KCipher-2など

　最も代表的な実装方式はDESです。鍵長は56ビットで2^{56}の鍵パターンがあります。DESの暗号化ルールでは，平文を64ビット（8バイト）のブロックに分割し，キーによる変換処理を16回繰り返します。なお，2^{56}個すべての鍵を試して正解を当てる総当たり法によりDESの解読が徐々に現実的な時間で行えるようになって解読の危険が高まったため，後継として登場したのがAESです。AESもDESと同様のブロック暗号方式ですが，ブロック長は128ビットで固定，鍵長は128ビット，192ビット，256ビットの中から任意に設定できます。

公開鍵暗号方式

　暗号化を行う鍵と復号を行う鍵を別々のものにしたのが**公開鍵暗号方式**です。次のような特徴があります。

P O I N T　公開鍵暗号方式の特徴
- 暗号化鍵（公開鍵）は，広く一般に公開し，誰でも暗号化できる
- 復号鍵（秘密鍵）は，受信者のみが管理するので，受信者だけが暗号化された文書を復号して読むことができる
- 受信者は，送信者が増えても，秘密鍵を1つもっていればよいので，鍵管理の負担が少ない
- 共通鍵暗号方式に比べて，暗号化，復号の処理に時間がかかる

参考 公開鍵暗号方式では，n人の通信相手が相互に通信する場合，2n個の鍵が必要。

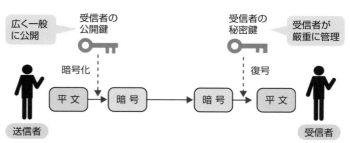

▲ **図8.1.2**　公開鍵暗号方式の仕組み

　このように公開鍵暗号方式では，「鍵配布の方法」と「鍵管理負担の増大」という共通鍵暗号方式の2つの問題点が同時にクリアされています。

◎ 公開鍵暗号の実装方式

代表的な方式は**RSA**です。RSAは，大きな数値の素因数分解に膨大な時間がかかる（すなわち，膨大な計算量になる）ことを安全の根拠とする暗号化方式です。鍵長が短いと解読されてしまうため，安全性上2,048ビット以上の鍵の使用が推奨されています。

そのほかには，離散対数問題の解法困難性を安全の根拠とする**楕円曲線暗号**や**ElGamal**（エルガマル）**暗号**があります。

計算量に依存しない（コンピュータの高速化が進んでも解読されない）暗号方式として，不確定性原理を用いた**量子暗号**がある。量子暗号は，原理的に第三者に解読されない秘匿通信が実現できる。

楕円曲線暗号は，RSA暗号と比べて短い鍵長で同レベルの安全性が実現できる。

ハイブリッド暗号方式

ハイブリッド暗号方式は，公開鍵暗号方式と共通鍵暗号方式を組み合わせた方式です。

RSAをはじめとする公開鍵暗号は，「鍵配布時のセキュリティ確保」，「鍵数の増加による管理工数の増大」といった問題を解決しますが，演算が非常に複雑で，CPUは大きな負担を強いられます。特に，大きなデータをやり取りする際には，暗号化，復号処理に膨大な時間がかかるため，データ本文のやり取りには処理時間の短い共通鍵暗号方式を利用し，共通鍵の受渡しには公開鍵暗号方式を利用することで，速度と強度の両方を確保します。これがハイブリッド暗号方式です。S/MIME，PGP，SSL/TLSといった暗号化技術で用いられています。

S/MIMEとPGPはp.403を参照。SSL/TLSについてはp.456を参照。

図8.1.3のように，ある暗号化鍵（データキーという）で平文を暗号化し，そのデータキーを別の暗号化鍵（マスタキーという）で暗号化する技術を**エンベロープ暗号化**という。

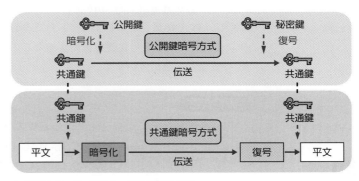

▲ **図8.1.3** ハイブリッド方式の仕組み

POINT ハイブリッド暗号方式の特徴
・公開鍵暗号方式と共通鍵暗号方式を組み合わせることによって，鍵管理コストと処理性能の両立を図る

8.2 無線LANの暗号

8.2.1 無線LANにおける通信の暗号化 AM/PM

WEP

WEP（Wired Equivalent Privacy）は，IEEE 802.11が規格化された当初に策定された，初期の無線LANセキュリティ規格です。WEPでは，暗号化鍵として，パケットごとに異なるIVに，アクセスポイントごとに設定された40ビット又は104ビットのWEPキーを連結したものを用います。また，使用する暗号化アルゴリズムはRC4です。ユーザごとに暗号化鍵を変更できないことや，IVが短いこと，また暗号化の実装方法に弱点があることから脆弱性が問題視され，現在WEPの使用は推奨されていません。

> **用語** IV
> Initialization Vectorの略で，24ビットの初期化ベクトル。

WPA

WPA（Wi-Fi Protected Access）はWEPの脆弱性を解決するため，Wi-Fi Allianceが策定した無線LANのセキュリティ規格です。WEP対応機器のアップデートを念頭に置いた規格であるため，暗号化方式には，WEPと同じ暗号化アルゴリズムRC4を用いたTKIP（Temporal Key Integrity Protocol）を採用しています。ただし，IVを48ビットに拡張して，IVとWEPキーを混在させたり，また定期的に暗号化鍵を更新するなどの工夫（動的な鍵の更新）で安全性を高めています。

> **参考** TKIPを構成している技術は，基本的にWEPで利用されている技術を改善したものなので，WEP対応機器はファームウェアのアップデートによってTKIPへの対応が可能。

WPA2

WPAの後続として規格化されたのがWPA2です。暗号化方式にCCMP（Counter-mode with CBC-MAC Protocol）を採用しています。CCMPはAES-CCMPあるいはCCMP（AES）とも呼ばれ，暗号化アルゴリズムに強固なAESを用いていることが大きな特徴です。

なお，WPA2ではCCMPが必須になっていますが，通信相手がCCMPを使えない場合はTKIPを使うことができます。また，WPAはオプションとしてCCMPを使うこともできます。

> **参考** WPA3
> WPA2の脆弱性が指摘されたためリリースされた暗号化方式。基本的には，WPA→WPA2→WPA3と正常進化してきていて，同じ構造をもつ発展版になっている。

パーソナルモードとエンタープライズモード

WPAとWPA2では，パーソナルモードとエンタープライズモードを使い分けることができます。

❤ パーソナルモード

パーソナルモードでは，**PSK認証**と呼ばれる認証方式が使われます。これは事前鍵共有方式で，アクセスポイントとクライアントに設定した8～63文字のパスフレーズ（**PSK：Pre-Shared Key**）とSSIDによって認証を行います。主に家庭での使用を想定したモードです。

WPAのパーソナルモードをWPA-PSK，WPA2の場合はWPA2-PSKという。

❤ エンタープライズモード

エンタープライズモードは，主に企業のような大規模環境での使用を想定したモードです。認証には**IEEE 802.1X**規格を利用します。IEEE 802.1Xは，LANに接続するノードを認証するための規格で，有線でも無線でも利用できますが，未認証のノードに接続される可能性が高い無線LANでよく普及しています。IEEE 802.1Xを利用する場合は，ネットワーク内にRADIUSサーバを立てる必要があります。

IEEE 802.1Xについては，p.451も参照。

> **P O I N T** IEEE 802.1Xの構成3要素
> ・**サプリカント**：認証を要求するクライアント
> ・**オーセンティケータ**：認証要求を受け付ける機器（IEEE 802.1X対応のスイッチやアクセスポイントが該当）
> ・**認証サーバ**（RADIUSサーバ）

試験では，IEEE 802.1Xを構成する3つの要素が問われる。

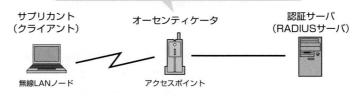

RADIUSクライアントの機能をもちサプリカントと認証サーバ間の認証プロセスを中継する

サプリカント（クライアント）　　オーセンティケータ　　認証サーバ（RADIUSサーバ）

無線LANノード　　アクセスポイント

▲ **図8.2.1** IEEE 802.1Xの構成要素

8

セキュリティ

8.3 認証

8.3.1 利用者認証　AM/PM

 権限管理　用語　利用者のアクセス権を設定・コントロールすること。利用者毎に権限を設定したり，権限管理を効率よく行うためにロール（複数の権限をまとめたもの）を定義し，ロールを各利用者に割り当てたりする。

参照　バイオメトリクス認証については，p.449を参照。

利用者の識別，認証，権限管理を行うことを**アクセスコントロール**といい，アクセスコントロールを実装したシステム構成を**認証システム**といいます。

認証とは，コンピュータシステムを利用する個人が，本当に利用する権限を保持しているか否かを確認するための行為です。認証の方法には，本人にしか知りえない情報（パスワードなど）を基にした知識による認証，本人に固有の生体情報（指紋や声紋など）を基にしたバイオメトリクス認証，本人しか持ち得ない所有物（デジタル証明書など）を基にした認証があります。

固定式パスワード方式

古典的なパスワード認証方式です。利用者ID（ユーザID）とそれに対応するパスワードによって，本人であるか否かを認証します。固定式パスワードは簡便なため，多くのコンピュータシステムで利用されています。実際，適切に運用すれば，かなりのセキュリティ強度が期待できます。

➲ パスワードの強度

パスワードに使用できる文字の種類の数をM，パスワードの文字数をnとするとき，設定できるパスワードの理論的な総数はM^nです。

試験　試験では，設定できるパスワードの総数を表す式が問われる。

> **POINT** 設定できるパスワードの理論的な総数
> 使用できる文字の種類数^{パスワードの文字数} = M^n

参照　ブルートフォース攻撃については，p.467を参照。

例えば，使用できる文字の種類が26で，パスワードの文字数が4であれば26^4個，6文字では26^6個のパスワードが設定でき，その個数比は「$26^6 \div 26^4 = 26^2 = 676$〔倍〕」です。このことから，仮に，ブルートフォース攻撃（総当たり攻撃）を受けた場合でも，高々2文字多くしただけで強度は高くなることがわかります。

チャレンジレスポンス認証

ネットワーク上を流れるデータを不正に取得し解読する行為を**スニッフィング**という。

チャレンジレスポンス認証の実装例としては、PPPにおける**CHAP**がある。p.450を参照。

　暗号化していないパスワードをネットワーク上で利用すると，送信したパスワードを読み取られる危険があります。そこで，この脆弱性を解消するための1つの方式が**チャレンジレスポンス認証**です。チャレンジレスポンス認証では，次の3段階の手順を踏んで認証が行われます。

① クライアントがユーザIDを送信する
② サーバはチャレンジコードをクライアントに返信する
③ クライアントはハッシュ値をサーバに返信する

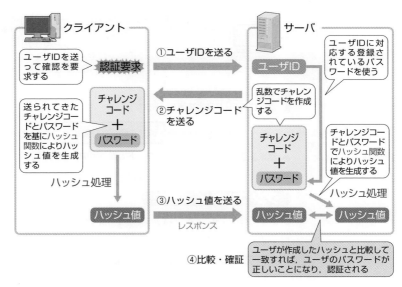

▲ **図8.3.1**　チャレンジレスポンス認証の仕組み

ハッシュ関数　あるデータを元に一定長の擬似乱数を生成する計算手順。生成した値をハッシュ値，もしくはメッセージダイジェストという。生成したハッシュ値から元のデータを復元できないという性質（**原像計算困難性**）があることから**不可逆関数**，一方向性関数とも呼ばれる。p.453も参照。

　チャレンジレスポンス認証では，チャレンジコードとハッシュ値しかネットワーク上を流れません。**チャレンジコード**は使い捨てにされるため，仮に盗聴されたとしても次回のログイン時にはチャレンジコードが変わり，攻撃者は不正なアクセスを実行することができません。また，ハッシュ関数によって生成された**ハッシュ値**が盗聴されても，そのハッシュ値から元の情報（パスワード）の割出しは事実上不可能です。

参考 **S/KEY方式で**は，チャレンジコードとして，シード（種）と呼ばれるキーと，シーケンス番号の2つのデータを用いる。
〔認証手順〕
①サーバは認証要求のたびに，シードとシーケンス番号（最初はn）をクライアントに送る（シーケンス番号は認証要求ごとに1減らす）。
②クライアントは，シードと自身がもつパスワードを連結し，これに「シーケンス番号－1回」のハッシュ演算を行ったものをOTPとしてサーバに送る。
③サーバは，受け取ったOTPに対して，1回ハッシュ演算を行い，前回使用したOTPと比較して認証を行う。

ワンタイムパスワード

　パスワードは，同じものを使い続けるほど漏えいリスクが大きくなりますが，頻繁な変更は管理の負担が大きくなります。そこで，登場したのが，そのときのみ有効なパスワードを自動的に生成してログインのたびに毎回異なる使い捨てのパスワードを使う**ワンタイムパスワード**（OTP：One Time Password）方式です。現在，時刻を利用する**時刻同期方式**やチャレンジレスポンス方式を利用した**S/KEY方式**などが実用化されています。

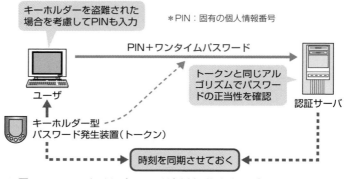

▲ **図8.3.2**　ワンタイムパスワード（時刻同期方式の例）

シングルサインオン

　シングルサインオンは，ユーザ認証を一度だけ行うことで，許可された複数のサーバへのアクセスについても認証する技術です。実現方法には，次のように様々な方式があります。

◯ Cookie（クッキー）型

　サーバが認証のための情報を生成してクライアントに送信します。クライアントはこれを保存し，他のサーバへはこの認証情報を自動的に送ることで，認証を受けることができる仕組みです。

◯ リバースプロキシ型

用語 **リバースプロキシサーバ**
内部サーバの代理として，クライアントからの要求に応えるサーバ（p.459を参照）。

　ユーザは**リバースプロキシサーバ**にアクセスし，認証を受けます。ユーザは，このリバースプロキシサーバを通じて他のサーバに接続するため，各サーバの認証はリバースプロキシサーバが自

動的に代行します。なお，リバースプロキシを使ったシングルサインオンでは，ユーザ認証においてパスワードの代わりにデジタル証明書を用いることができます。

◯SAML型

SAMLは，認証情報に加え，属性情報とアクセス制御情報を異なるドメインに伝達するためのWebサービスプロトコル。

アプリケーション連携を行うためのXMLの仕様です。利用するサービスがSAMLに対応していれば，HTTPなどを用いて複数のサービス間で認証情報が自動的にやり取りされます。

8
セキュリティ

バイオメトリクス認証

バイオメトリクス認証は，個々人ごとに異なる身体的・行動的特徴を利用して本人認証を行う技術です。利用者の情報を登録しておき，その情報と比較・照合することで認証を行います。

▼ **表8.3.1** バイオメトリクス認証の種類

認証装置は，本人を誤って拒否する確率FRRと他人を誤って許可する確率FARの双方を勘案して調整する必要がある。

指紋認証	小型光学式センサや薄型静電式センサから指紋の形を位相として入力した画像を，特徴点抽出方式やパターンマッチングによって照合する
声紋認証	人の声から得られる波形を個人識別に利用する。風邪や加齢により認証エラーを起こすこともある
虹彩認証	眼球の角膜と水晶体の間にある輪状の薄い膜(虹彩)の紋様を個人識別に利用する。虹彩は経年による変化がないため，認証に必要な情報の更新はほとんど不要であり，また，一卵性双生児のような顔認証が不得意な場合も高精度な判別ができる

その他の利用者認証方法

その他，試験に出題される認証方法を表8.3.2にまとめます。

▼ **表8.3.2** その他の認証方法

追加の認証には，秘密の質問と対応する答えを確認する「秘密の質問」などがある。

認証要素は特に2つである必要はなく，3要素認証，4要素認証(多要素認証)の例もある。

リスクベース認証	普段とは異なる環境(IPアドレス，Webブラウザなど)からの認証要求に対して追加の認証を行う
Kerberos方式	最初にIDとパスワードで認証を行い，以降は，チケット(ユーザを識別し，アクセスを許可する暗号化されたデータ)を使って認証する。シングルサインオンに標準対応している
2要素認証	パスワードなどの"知識"による認証，ICカードなどの"所有"による認証，指紋などの"特徴"による認証の3つの中から2つを組み合わせて認証を行う
CAPTCHA認証	ゆがめたり一部を隠したりした画像から文字を判読させ入力させることで，人間以外による自動入力を排除する

8.3.2 リモートアクセス

電話回線などの公衆回線網を通じて，遠隔地から会社などのLANやコンピュータに接続し，ファイルへのアクセスやコンピュータの操作を行う技術を**リモートアクセス**といいます。

リモートアクセスでは，ユーザはLANに設置されたリモートアクセスサーバに接続して，認証を受けたうえでそのコンピュータシステムを利用します。このように，リモートアクセスでは，外部からの接続を可能としているため，セキュリティ上の弱点になりやすくなります。

PPPの認証技術

参照 PPPについては，p.388も参照。

参照 HDLCについてはp.415を参照。

リモートアクセスとして使われる**PPP**（Point to Point Protocol）は，電話回線で二点間の通信を行うためのデータリンク層のプロトコルで，HDLC手順がベースになっています。PPPは**NCP**と**LCP**に分類でき，**NCP**では上位プロトコル（IP，IPXなど）に対応した接続モジュールを使ってネットワーク層プロトコルの設定をネゴシエーションします。また，**LCP**では認証や暗号化の有無などを相手ノードとネゴシエーションします。

参考 PPPは，ネットワーク層のプロトコルにIP以外のプロトコルも使用可能。

PPPは，インターネットに接続する際の一般的なプロトコルとして使われていますが，IP以外のパケットも伝送可能です。また，利用される認証プロトコルには，**PAP**と**CHAP**がありますが，現在，ほとんどのPPP対応通信機器はCHAPをサポートしているため，PPPでは認証プロトコルにCHAPを使うことが一般的です。

▼ **表8.3.3** PAPとCHAP

PAP	Password Authentication Protocolの略。PPPで利用される最も基本的な認証プロトコルで，平文のまま認証データを送信する。ほとんどの機器がPAPをサポートしているが，盗聴に弱いという短所をもつ
CHAP	Challenge Handshake Authentication Protocol（**チャレンジハンドシェイク認証プロトコル**）の略。PAPの盗聴に対する脆弱性を補うために登場した認証プロトコル。チャレンジレスポンス認証を利用して暗号化された認証データを送信する。すなわち，PPPのリンク確立後，一定の周期でチャレンジメッセージを送り，それに対して相手（クライアント）がハッシュ関数計算により得た値を返信する。CHAPでは，このようにして相手を認証する

参照 チャレンジレスポンスについては，p.447を参照。

8.3.3 RADIUS認証 **AM / PM**

RADIUS認証システム

リモートアクセスにおける脆弱性にアクセスサーバのセキュリティがあります。アクセスサーバは外界に対してアクセス経路を開いており，認証のためのユーザIDやパスワード情報が蓄積されているため，クラッキング時の被害が大きくなります。

RADIUS (Remote Authentication Dial-In User Service) は，アクセスサーバ (RADIUSクライアント) と認証サーバ (RADIUSサーバ) を分離することでこの脆弱性を緩和するものです。ユーザはアクセスサーバにアクセスし，アクセスサーバが認証サーバに認証を要求することでユーザ認証を行います。認証要求時に暗号化されたユーザID，パスワードは認証サーバ上で復号されます。これによって，アクセスサーバに不正に侵入されても直接ユーザ情報を取得することはできません。このようにアクセス窓口であるアクセスサーバと認証情報をもつ認証サーバを分けることでセキュリティの向上，さらにユーザ情報の一元管理が実現できます。

クラッキング
用語 悪意をもってコンピュータに不正侵入し，データを盗み見たり破壊したりする行為。

RADIUSサーバ
参考 で管理できるアクセスサーバには台数制限はないので，例えば，無線LANの複数のアクセスポイントが，1台のRADIUSサーバと連携してユーザ認証を行うことができる。

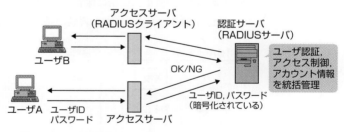

▲ **図8.3.3** RADIUSの仕組み

IEEE 802.1X

IEEE 802.1Xは，イーサネットや無線LANにおけるユーザ認証のための規格です。認証の仕組みとしてRADIUSを採用し，認証プロトコルにはPPPを拡張したEAP (Extended authentication protocol) が使われます。なお，EAPには，クライアント証明書で認証するEAP-TLSやハッシュ関数MD5を用いたチャレンジレスポンス方式で認証するEAP-MD5など，いくつかのバリエーションがあります。

IEEE 802.1X
参考 の構成
サプリカント（認証要求するクライアント），
オーセンティケータ（認証要求を受け付ける機器，IEEE 802.1X対応のスイッチやアクセスポイントが該当），
認証サーバの3つ要素で構成される。

8.4 デジタル署名とPKI

8.4.1 デジタル署名 　AM / PM

デジタル署名は，本人の秘密鍵を使用して，メッセージやファイルなどの電子文書に付加する電子的なデータのことです。公開鍵暗号技術を応用することで**なりすまし**の防止と電子文書が**改ざん**されていないことを検証する機能を提供します。

また，デジタル署名は**否認防止**にもなります。例えば，本人が電子文書を送信したのにもかかわらず，「送った覚えがない」「他人になりすまされた」と主張する事後否認も防止できます。

> 📖 **否認防止**
> **用語** JIS Q 27000:2019（情報セキュリティマネジメントシステム−用語）では，「主張された事象又は処置の発生，及びそれを引き起こしたエンティティを証明する能力」と定義している。

デジタル署名の基本的な仕組み

デジタル署名の生成と検証には，**公開鍵暗号方式**と同様に，秘密鍵と公開鍵の鍵ペアを用います。ただし，デジタル署名では，送信者が，「署名用の秘密鍵」と「検証用の公開鍵」のペアを作り，秘密鍵は自身が厳重に秘密に保管し，公開鍵は公開しておきます。

では，図8.4.1に，デジタル署名の基本的な仕組みを示します。

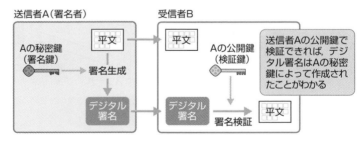

▲ **図8.4.1** デジタル署名の基本的な仕組み

> 🔍 **秘密鍵をもって**
> **参考** いるのは署名者だけなので，「公開鍵で検証できる署名」＝「公開鍵と対になる秘密鍵をもっている本人が作成した署名」ということが分かる。

送信者Aは，電子文書（平文）に対して秘密鍵を適用しデジタル署名を生成します（**署名生成**）。受信者Bは，送信者Aの公開鍵を用いてデジタル署名を検証します（**署名検証**）。こうすることで，ペアである公開鍵で検証できる署名を作れるのは，秘密鍵をもっている本人だけなので，確かに本人（送信者A）が作った署名であることが確認できます。

メッセージダイジェストの利用

実際にデジタル署名を使う場合には，平文に対してハッシュ演算を行い，メッセージの要約（**メッセージダイジェスト**）を得て，デジタル署名を生成します。図8.4.2に，具体的な例（ここでは，RSA方式のデジタル署名の例）を示します。ここで，図中のMDはメッセージダイジェストを表します。

参考 前ページ図8.4.1では，平文から直接デジタル署名を生成しているが，この場合，デジタル署名を作成するための演算に多くの時間がかかり，また署名のサイズが平文ごとに異なる。メッセージダイジェストを利用することで，デジタル署名の長さが一定になり，署名にかかる時間も軽減される。

参考 実際には平文のまま送信することはない。平文は，別途，暗号化した上で送信する。

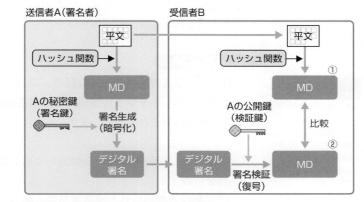

▲ **図8.4.2** RSA方式のデジタル署名の例

送信者Aは，ハッシュ関数によって作成したMDを，秘密鍵を使用して暗号化しデジタル署名を生成します。

受信者Bは，受け取った平文（メッセージ）にハッシュ関数を適用して，①のMDを作成します。さらに送信者Aの公開鍵を使用してデジタル署名を復号し，②のMDを得ます。①のMDと②のMDが一致すると，送信者A本人がデジタル署名を行ったことに加え，メッセージは改ざんされていないことが証明できます。

▼ **表8.4.1** ハッシュ関数

MD5	任意の長さの平文から128ビットのハッシュ値を生成
SHA-1	任意の長さの平文から160ビットのハッシュ値を生成。MD5よりも復元が難しい。なお，"SHA"は，Secure Hash Algorithmの略
SHA-2	SHA-1の後継規格。ハッシュ値の長さによりSHA-224，SHA-256，SHA-384，SHA-512がある。これらをまとめてSHA-2と表現する。なお，試験でよく出題されるのがSHA-256
SHA-3	SHA-2は基本的にはSHA-1を踏襲し，ハッシュ値を長くしたものであるため，ハードウェア性能の向上やクラッキング技術の進歩により，いずれは安全な強度が保てなくなることが予想され，これを解決するために，アルゴリズムを抜本的に変更することを目論んだのがSHA-3。共通鍵暗号方式であるAESと同様に，アルゴリズムの公募が行われ選定された

8

セキュリティ

8.4.2 PKI(公開鍵基盤) AM / PM

ネットワーク上で利用される公開鍵が，本人と結びつけられた正当なものであることを第三者機関の介入により効率的に証明する必要があります。そのために利用されるモデルがPKI(公開鍵基盤)です。PKIは，公開鍵暗号を利用した証明書の作成，管理，格納，配布，破棄に必要な方式，システム，プロトコル及びポリシの集合によって実現されています。

認証局(CA)

PKIでは，第三者機関である**認証局(CA)**が，認証局自身のデジタル署名を施した**デジタル証明書**(公開鍵証明書ともいう)を発行し，公開鍵の真正性を証明します。

> ① 申請者は，認証局に対し公開鍵を提出して，証明書の発行を依頼する。
> ② 認証局は，提出された申請書類等に基づき，公開鍵の所有者の本人性を審査し，デジタル証明書を発行する。デジタル証明書には，公開鍵，所有者情報などとともに認証局のデジタル署名が付与される。

参考 認証局の中の機関と役割
- RA(登録局)：デジタル証明書の登録及び失効申請の受け付け。
- IA(発行局)：RAから依頼されたデジタル証明書の発行及び失効作業。
- VA(検証局)：CRLを集中管理し，デジタル証明書の有効性の検証及び失効状態についての問合せに応答。

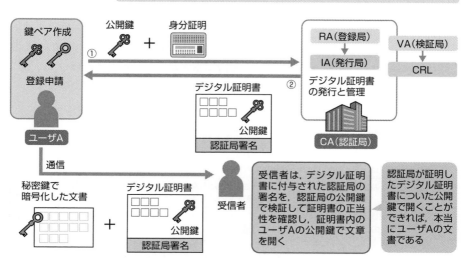

▲ **図8.4.3** デジタル証明書の発行

CPとCPS

参考 認証局は，政府機関などがその業務を行う場合や，民間機関が行う場合がある。また，公的な証明書が不必要な社内文書のようなケースでは，社内のサーバにプライベートCAを構築することもできる。

認証局(以下，CAという)は，証明書の目的や利用用途を定めた**CP**(Certificate Policy：証明書ポリシ)と，CAの認証業務の運用などに関する詳細を定めた**CPS**(Certification Practice Statement：認証実施規定，認証局運用規程)を規定し，対外的に公開することで，認証の利用者に対して，信頼性や安全性などを評価できるようにしています。

デジタル証明書の失効情報

参考 失効理由としては，秘密鍵を紛失し第三者に悪用されることが予測される場合や，証明書に記載した事項が変更された場合，規定違反行為が判明した場合などがある。

有効期限内に何らかの理由で失効させられたデジタル証明書のリストを**CRL**(Certificate Revocation List：**証明書失効リスト**)といいます。証明書が失効した場合は，発行者であるCAが当該証明書を無効とし，失効情報をCRLに登録します。

▼ **表8.4.2** 証明書の失効情報を確認する方法

CRLモデル	CAが，CRLを定期的に公開する方式。証明書利用者は定期的にCRLを取得することで証明書の有効性を検証する
OCSPモデル	**OCSP**は“Online Certificate Status Protocol”の略で，デジタル証明書が失効しているかどうかをオンラインでリアルタイムに確認するためのプロトコル。OCSPモデルでは，証明書利用者(**OCSPリクエスタ**，OCSPクライアント)が，証明書の失効情報を保持したサーバ(**OCSPレスポンダ**)に，対象となる証明書のシリアル番号などを送信し，その応答でデジタル証明書の有効性を確認する

参考 デジタル証明書とCRLの記述形式は，ITU-T勧告X.509で定義されている。

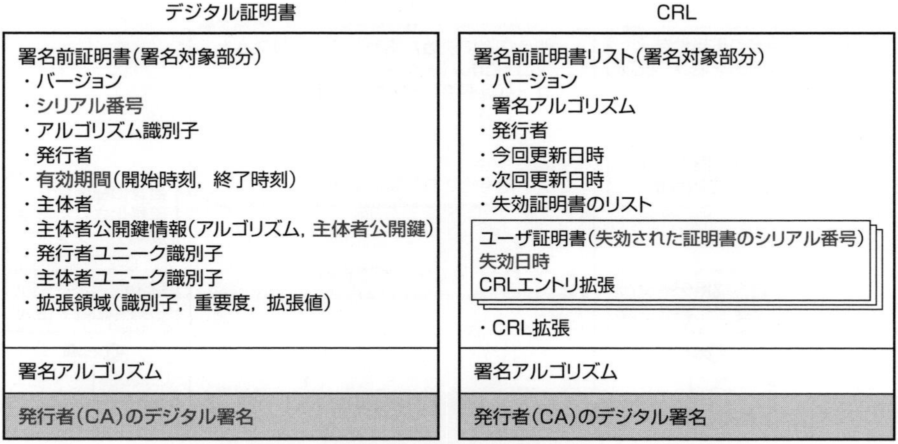
デジタル証明書
署名前証明書(署名対象部分)
・バージョン
・シリアル番号
・アルゴリズム識別子
・発行者
・有効期間(開始時刻，終了時刻)
・主体者
・主体者公開鍵情報(アルゴリズム，主体者公開鍵)
・発行者ユニーク識別子
・主体者ユニーク識別子
・拡張領域(識別子，重要度，拡張値)
署名アルゴリズム
発行者(CA)のデジタル署名
CRL
署名前証明書リスト(署名対象部分)
・バージョン
・署名アルゴリズム
・発行者
・今回更新日時
・次回更新日時
・失効証明書のリスト
ユーザ証明書(失効された証明書のシリアル番号)
失効日時
CRLエントリ拡張
・CRL拡張
署名アルゴリズム
発行者(CA)のデジタル署名
▲ **図8.4.4** デジタル証明書とCRLのフォーマット

8.5 セキュリティ実装技術

8.5.1 SSL/TLS `AM`/`PM`

　SSL（Secure Sockets Layer）/TLS（Transport Layer Security）は，通信の暗号化，改ざん検出，サーバの認証（場合によってはクライアント認証も可）を行うことができるセキュアプロトコルです。アプリケーション層のHTTP，SMTP，POPなど様々なプロトコルの下位に位置して，上記の機能を提供します。

TLSでの通信

　TLSでの通信は，ハンドシェイクとデータの伝送（暗号化通信）の2つの部分に分けることができます。

◯ ハンドシェイク

　サーバを認証して，暗号化鍵を作るためのステップです。ここでTLSの通信路を構築し，その通信路を使って暗号化通信を行います。

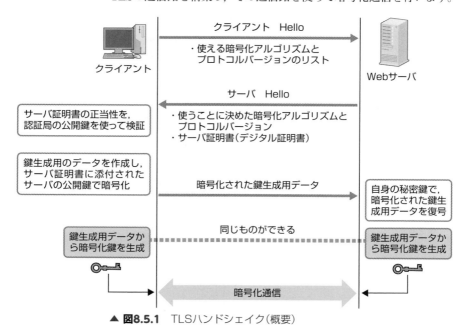

▲ **図8.5.1** TLSハンドシェイク（概要）

P/O/I/N/T **TLSハンドシェイクの目的**

・サーバを認証する
・利用する暗号アルゴリズムとプロトコルバージョンを決める
・暗号化鍵を作り，共有する

参考 TLSの暗号化通信における安全性の強度は，どの暗号アルゴリズムとプロトコルバージョンを選択したかに大きく依存する。

◆データの伝送（暗号化通信）

　TLSのデータ伝送のポイントは，送信データにMACと呼ばれる認証符号を付加し，送信データとMACを暗号化して送信することです。MAC（Message Authentication Code：メッセージ認証符号）は，送信データから計算します。計算元のデータが異なれば，MACも異なるという性質をもつため，MACを付加することで，データ改ざんの有無が確認できます。さらに，送信データとMACを暗号化することで盗聴＋改ざん対策ができます。

参考 攻撃者が中間者攻撃などで一連の通信に割り込み，鍵などを搾取している場合，データの改ざんリスクがある。そこで，MACを付加すれば，改ざんの検出，すなわち攻撃者による攻撃の有無を確認できる。

8
セキュリティ

サーバ認証とクライアント認証

　認証局（CA）に発行してもらうサーバ証明書には，その認証の厳しさに応じて「DV証明書，OV証明書，EV証明書」の3種類があります（表8.5.1を参照）。

　なおTLSでは，サーバ認証は必須ですが，クライアント認証はオプションです。必要があればサーバがクライアントを認証することもできます。その場合，サーバはサーバ証明書を送付するときに，クライアント証明書の提示要請を行います。

参考 クライアント証明書（個人認証用のデジタル証明書）は，ICカードやUSBトークンなどに格納できるので，格納場所を特定のPCに限定する必要はない。

▼ **表8.5.1**　サーバ証明書の種類

DV証明書	ドメイン認証型証明書。ドメインの真正性，使用権が確認できれば，発行される証明書。オンライン申請による短時間発行や低コストといったメリットがあり，取得が最も簡単であるが，本当にそのドメインと企業が一致しているかはわからない
OV証明書	企業認証型証明書。ドメインの真正性，使用権に加えて，その組織の法的実在性を確認しないと発行されない証明書。信用調査機関やその会社への電話確認を経て発行するため手続は面倒
EV証明書	EV SSL証明書。最も厳格な確認プロセスを経て発行される証明書であり，CAブラウザフォーラムのEVガイドラインが確認基準として使われる。この証明書を導入しているサイトにHTTPSでアクセスすると，ブラウザのアドレスバーの左側にある鍵マークをクリックしたときに表示される"証明書の簡易ビューア"でサイト運営団体の組織名が確認できる

8.5.2 ネットワークセキュリティ AM/PM

ファイアウォール

ファイアウォールは，インターネットなどのリモートネットワークと社内LANなどのローカルネットワークの境界線に設置し，不正なデータの通過を阻止するものです。

T用語 **DMZ** ファイアウォールの内側と外側という2つのエリアに対して追加される第3のエリア。公開サーバなど外部からアクセスされる可能性のある情報資源を設置する。

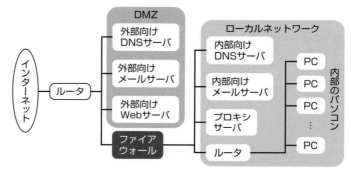

▲ **図8.5.2** ファイアウォールの例

ファイアウォールは，一定の規則（**フィルタリングルール**という）に従ってパケットの通過／不通過を決定します。

主な方式には，パケットのIPアドレスやポート番号を検査してフィルタリングを行う**パケットフィルタリング型**と，アプリケーション層の内容までを検査してフィルタリングを行う**アプリケーションゲートウェイ型**があります。パケットフィルタリング型ファイアウォールは，次の2つに大きく分類できます。

QQ参考 **アプリケーションゲートウェイ型**は，アプリケーションプロトコルレベルのフィルタリングを行うファイアウォール。利用するアプリケーションによりHTTP向け，SMTP向けなど様々なバリエーションが存在する。

▼ **表8.5.2** パケットフィルタリング型ファイアウォール

スタティックパケットフィルタリング	事前に定めたフィルタリングルールに従って検査を行う
ダイナミックパケットフィルタリング	事前に定めた固定的なフィルタリングルールで検査するのではなく，通信の文脈（前後のパケットや上下のプロトコルとの整合性）など流動的な情報で検査を行う。例えば，内部→外部への通信とその応答を照合し，パケットの順番を管理するTCPヘッダのシーケンス番号の妥当性を確認するなど正常と判断された通信のみ通過を許可するといったコントロールが可能。これを**ステートフルインスペクション**機能という

●フィルタリングの例

ここで，表8.5.3のパケットを表8.5.4のルールに照らして，通過できるかどうかを考えてみましょう。

▼ **表8.5.3** パケットの例

送信元 アドレス	送信先 アドレス	プロトコル	送信元 ポート	送信先 ポート
10.1.2.3	10.2.3.4	TCP	2100	25

▼ **表8.5.4** フィルタリングルール（ルールベース）

番号	送信元 アドレス	送信先 アドレス	プロトコル	送信元 ポート	送信先 ポート	アクション
1	10.1.2.3	*	*	*	*	通過禁止
2	*	10.2.3.*	TCP	*	25	通過許可
3	*	10.1.*	TCP	*	25	通過許可
4	*	*	*	*	*	通過禁止

処理は番号順に行い，1つのルールが適合した場合には残りのルールを無効とする。また，「＊」は任意のパターンを示す。

ルール4は「原則拒否の方針」。通過させるもの以外は，すべて禁止にすることで，ルール設定の漏れを防ぐ。

表8.5.3のパケットはルール1，ルール2，ルール4の3つのルールに該当しますが，「ルールの処理は番号順であること」，「1つのルールが適合した場合には残りのルールを無効とすること」から，このパケットはルール1で通過禁止となります。

プロキシサーバ

アプリケーションゲートウェイ型ファイアウォールのうち，特に，httpを扱うものを**プロキシサーバ**と呼ぶことがあります。**プロキシ**（proxy）とは「代理」という意味で，クライアントからインターネット上のWebサーバへのアクセス要求を中継するのがプロキシサーバです。**フォワードプロキシ**ともいいます。

プロキシサーバは，Webページへのアクセス時に内容をキャッシュしておき，次にそのWebページへのアクセス要求があった場合，インターネットに問い合わせることなく，キャッシュの内容を返信します。ただし，キャッシュできるのは内容に変化のない静的なコンテンツに限られます。プロキシサーバを用いることでリクエストを中継し，セキュリティの向上も図れます。

なお，インターネットからのアクセスをWebサーバに中継するものを**リバースプロキシサーバ**といいます。

DMZに配置されているWebサーバを，インターネットから直接アクセスできない内部のLANに移設し，**リバースプロキシサーバ**をそのWebサーバの代理としてDMZに配置する。これにより，外部からWebサーバへの直接アクセスを防止できる。

WAF

WAF（Web Application Firewall）は，Webアプリケーションの
やり取りを監視し，アプリケーションレベルの不正なアクセスを
阻止するファイアウォールです。Webブラウザからの通信内容を
検査し，不正と見なされたアクセス（SQLインジェクションなど
の攻撃）を遮断します。

 参照 SQLインジェ
クションについ
ては，p.469を参照。

WAFは，ホワイトリスト方式とブラックリスト方式の2つの方
式に分類できます。

▼ **表8.5.5** ホワイトリスト方式とブラックリスト方式

ホワイトリスト方式	ホワイトリストとは，"怪しくない（正常な）通信パターン"の一覧。原則として通信を遮断し，ホワイトリストと一致した通信のみ通過させる
ブラックリスト方式	ブラックリストとは，"怪しい（不正な）通信パターン"の一覧。原則として通信を許可し，ブラックリストと一致した通信は遮断するか，あるいは無害化する

<p>🍵 <strong>COLUMN</strong></p>

TLSアクセラレータとWAF

PCとWebサーバ間でHTTPS（HTTP over TLS）などTLSを利用した暗号化通信
をする場合，TLSの処理すなわち暗号化と復号処理がWebサーバにとって大きな負
担になります。そこで，導入されるのがTLSアクセラレータです。暗号化と復号の
処理をTLSアクセラレータに肩代わりさせることでWebサーバの負担を軽減でき，
Webサーバは本来の処理に専念できます。

試験では，TLS通信の暗号化と復号機能（TLSアクセラレーション機能）をもたな
いWAFの設置位置が問われることがあります。この場合，WAFはTLSアクセラレー
タとWebサーバの間に設置します。

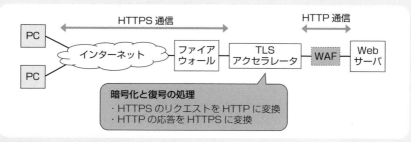

▲ **図8.5.3** TLSアクセラレータとWAF

セキュリティ対策製品

システムに対する侵入／侵害を検出・通知するIDS（Intrusion Detection System：**侵入検知システム**）など，物理的侵入に対する対策製品には，次のものがあります。

▼**表8.5.6** セキュリティ対策製品

NIDS	ネットワーク型IDS。管理下のネットワークを監視し，不正なパケットが通過した場合，又は通信量（トラフィック）が通常とは異なる異常値を示した場合にそれを検知して通知する
HIDS	ホスト型IDS。ホストにインストールして，そのホストのみを監視する。パケットの分析だけでなく，シグネチャとのパターンマッチングを失敗させるためのパケットが挿入された攻撃でも検知できる
IPS	侵入防止システム（Intrusion Prevention System）。不正パケットの検出だけでなく，それを検出した際には通信を遮断するなどの対処も行う
EDR	Endpoint Detection and Responseの略。パソコンやサーバなど通信の出入り口となるエンドポイント（端末）内の挙動を監視して，脅威を検知し，警告や対処を行う
ハニーポット	ダミーとして使われるサーバやネットワーク機器の総称。攻撃のログをとることで，攻撃元の特定や対策に利用する

◎不正検知方法

不正検知方法には，シグネチャ方式とアノマリー方式があります。**シグネチャ方式**は，シグネチャと呼ばれるデータベース化された既知の攻撃パターンと通信パケットとのパターンマッチングによって不正なパケットを検出します。**アノマリー方式**は，正常なパターンを定義し，それに反するものをすべて異常だと見なす方式です。未知の攻撃にも有効に機能し，新種の攻撃も検出できます。

しかし，いずれの方式においてもすべて完璧とはいきません。正常なものを不正だと誤認識してしまう**フォールスポジティブ**（False Positive：誤検知），また，これとは反対に不正なものを正常だと判断してしまう**フォールスネガティブ**（False Negative：検知漏れ）といった問題が起こり得ます。

VPN

VPN（Virtual Private Network）は仮想専用線とも訳される，インターネットを専用線のように使う技術です（インターネット

MPLS
参考 ラベルと呼ばれる識別子を挿入することでIPアドレスに依存しないルーティングを実現するパケット転送技術。VPNの構築に使われる。

VPN)。VPNでは認証技術や暗号化技術を利用して，アクセスが許可されたユーザ以外は通信内容にアクセスできないようにしています。通信の内容が暗号化されているため，通信経路としてインターネットを利用しても，途中で傍受されたパケットを解読することができません。VPNを実装するために2つのモードが用意されています。

▼ **表8.5.7** VPNを実装するための2つのモード

トランスポートモード	通信を行う端末が直接データの暗号化を行う。通信経路のすべてにおいて暗号化された通信がやり取りされるが，ペイロード（パケットのヘッダ部分を除いたデータ）のみの暗号化であり，IPアドレスは暗号化されないため，宛先の盗聴が可能となる
トンネルモード	VPNゲートウェイを拠点において，その間の通信を暗号化する。送信側ゲートウェイでは，IPsecを利用しIPパケットを暗号化（カプセル化）してから，受信側のゲートウェイ宛のIPヘッダを新たにつけ，拠点間の通信を行うトンネリング手法をとる。受信側では，ゲートウェイで受け取ってIPパケットを復号し，真の宛先に送信する

L2TP(Layer 2 Tunneling Protocol)
参考 VPNを構築するために用いられるデータリンク層のトンネリングプロトコル。

VPNを実現するプロトコル

VPNを構築する際に利用されるネットワーク層のセキュリティプロトコルがIPsec（IP Security）です。IPsecでは，IPレベル（ネットワーク層）で暗号化や認証，改ざんの検出を行います。

IPsecで通信を行う場合，通常のIPでは利用しないパラメータをいろいろ交換します。この情報は，IPヘッダには入りきらないため，IPsec用の情報が入るフィールドが別に用意されます。このとき，認証だけを行う場合は"**認証ヘッダ**（AH：Authentication Header）"，認証と暗号化を行う場合は"**暗号ペイロード**（ESP：Encapsulating Security Payload）"を用います。

その他のVPN実現プロトコルとしては，PPTPやSSL/TLSなどがある。**PPTP**(Point to Point Tunneling Protocol)は，データリンク層で暗号化や認証を行うプロトコル。そのため他のネットワーク層のプロトコルを利用していてIPsecが使えない環境下でもVPNを構成できる。

暗号化方式の決定と鍵交換

IPsecでは通信を開始する前に，暗号化方式の決定と鍵交換を行います。これを行うフェーズをIKE（Internet Key Exchange）フェーズといいます。つまりIPsecでは，IKEフェーズが終了するとIPsecフェーズがスタートし，伝送データを暗号化して送信します。

IKEフェーズでは，UDPの500番ポートが使用される。

8.6 情報セキュリティの脅威と攻撃手法

8.6.1 情報セキュリティと脅威 AM / PM

情報セキュリティのとらえ方

情報セキュリティの目的は，情報を保全し，安全に企業業務を遂行することにあります。JIS Q 27000:2019（情報セキュリティマネジメントシステム−用語）では，情報セキュリティを，「情報の機密性，完全性及び可用性を維持すること（真正性，責任追跡性，否認防止，信頼性などの特性を維持することを含めることもある）」としています。

> **用語** JIS Q 27000
> ISMS（p.475参照）の各規格で共通に使用される用語等について規定したもの。

> **用語** エンティティ
> "実体"，"主体"などともいう。情報セキュリティの文脈においては，情報を使用する組織及び人，情報を扱う設備，ソフトウェア及び物理的媒体などを意味する。

P O I N T 情報セキュリティの3つの特性
- 機密性（confidentiality：コンフィデンシャリティ）：
認可されていない個人，エンティティ又はプロセスに対して，情報を使用させず，また，開示しない特性
- 完全性（integrity：インテグリティ）：
正確さ及び完全さの特性
- 可用性（availability：アベイラビリティ）：
認可されたエンティティが要求したときに，アクセス及び使用が可能である特性

脅威の種類

脅威とは，システム又は組織に損害を与える可能性がある要因のことで，結果的に組織が保有する情報資産に対して害を及ぼすものをいいます。脅威には，物理的脅威，技術的脅威，人的脅威があります。

> **参考** 情報漏えい防止を目的としたツールにDLP（Data Loss Prevention）がある。DLPは，データそのものを守るというもので，特定の重要情報を監視して，利用者によるコピーや送信などの挙動を検知し，ブロックする。

▼ **表8.6.1** 脅威の種類

物理的脅威	火災や地震，侵入者による機器の破壊や盗難など，直接的に情報資産が脅かされる脅威
技術的脅威	OSやソフトウェアのバグ，マルウェア，不正アクセス，サーバへの攻撃などによって，情報が漏えいしたり破壊されたりする脅威
人的脅威	ミスによるデータや機器の破壊，又は内部犯による確信的な犯行によって情報資産が漏えいしたり失われたりする脅威

8
セキュリティ

8.6.2 マルウェアの脅威と対策

マルウェア（不正プログラム）

コンピュータウイルスに代表される有害なソフトウェアを総称して**マルウェア**といいます。マルウェアは，利用者の意図に反してコンピュータに入り込み，悪意のある行為を行います。

マルウェアの分類方法には，種類別，動作別，感染方法別などいろいろありますが，ここではこのような分類にこだわらず，試験対策用語としての主なマルウェアをまとめておきます。

▼ **表8.6.2** マルウェア（不正プログラム）

（狭義の）コンピュータウイルス	ファイルやシステムに寄生して，不正な行為を行う。寄主の移動に伴い他に感染（自己複製）する
〔補足〕**コンピュータウイルス対策基準**では，次の3つの機能のうち1つ以上を有する加害プログラムをコンピュータウイルスと定義している。 ・**自己伝染機能**：自らの機能によって他のプログラムに自らをコピーし又はシステム機能を利用して自らを他のシステムにコピーすることにより，他のシステムに伝染する機能 ・**潜伏機能**：発病するための特定時刻，一定時間，処理回数等の条件を記憶させて，発病するまで症状を出さない機能 ・**発病機能**：プログラム，データ等のファイルの破壊を行ったり，設計者の意図しない動作をする等の機能	
ワーム	他に寄生せず独自に活動し，ネットワークを伝わって他のコンピュータに感染する
トロイの木馬	通常は有用なプログラムとして動作するが，きっかけが与えられると不正な行為を行う。寄生・感染機能はもたない
スパイウェア	コンピュータ内の個人情報やアクセス履歴などを収集するプログラム
ボット	外部から遠隔操作することを目的としたプログラム。ボットに感染したコンピュータは，ネットワークを介して指令を受けるとDDoS攻撃などを一斉に行う。ボットに感染した集団と，ボットに指令を出す**C&Cサーバ**（Command and Control server）で構成されるネットワークを**ボットネット**という
ルートキット （rootkit）	侵入の痕跡が残る各種ログの消去，悪意ある用途に使っているプロセスの隠蔽，次回以降の侵入を容易にするバックドアの作成，といった目的を達成するためのソフトウェアをパッケージ化したもの。バックドアとは，ウイルスなどが作成するシステム上の抜け道。ポートの設定変更などにより作成され，システムへの不正侵入を容易にする。なお，「システム内に攻撃者が秘密裏に作成した利用者アカウント」もバックドアの1つ

参考 インターネット上の未使用のIPアドレス空間（**ダークネット**）に到来するパケットを観測することで，インターネットを経由して感染を広めるマルウェアの活動傾向などを把握することが出来る。

参考 ボットネットの具体例としてIoT機器をターゲットとするMirai（p.627を参照）がある。

参考 ランサムウェア
対策の有効な機
能の1つに，「一度書き
込んだデータの上書き
や削除ができなくなる」
という，**WORM**(Write
Once Read Many)機
能がある。この機能を
もつストレージにデー
タをバックアップすれ
ば，ランサムウェアが
データを暗号化しよう
としても上書きできず
データを守ることがで
きる。

ランサムウェア	Ransom(身代金)とSoftware(ソフトウェア)を組み合わせた造語。PC内にあるファイル類やシステムそのものを暗号化などでロックし，回復のための金銭を要求してくる
キーロガー	キーボードを操作したログを記録するプログラム。近年では，キーボードとPC側の接続端子間に装着するハードウェア型のキーロガーがある
エクスプロイトキット (Exploit Kit)	OSやソフトウェアの脆弱性を攻撃するために作成されたプログラム(攻撃コード)の総称をエクスプロイトコードという。エクスプロイトキットは，複数のエクスプロイトコードをまとめたもの。なお，エクスプロイトコードは，元来，新しく発見されたセキュリティ上の脆弱性を検証するための実証用コード
マクロウイルス	ワープロや表計算でのプログラミング機能(マクロ)で作成されたウイルス
偽セキュリティ対策ソフト	偽のセキュリティ警告を表示して，それを解決するための有償ソフトウェアの購入やサポート契約を迫るウイルス

8
セキュリティ

マルウェア対策

参考 マルウェアに対
する基本対策
・メール添付された出
　所不明なファイルを
　不用意に開かない。
・プログラムを安易に
　ダウンロードしない。
・怪しいwebサイト
　を閲覧しない。

　マルウェアへの対策としては，セキュリティ対策ソフトの利用，OSやアプリケーションの脆弱性を解消する修正プログラムやパッチの適用などが挙げられます。

●セキュリティ対策ソフト

　セキュリティ対策ソフトは，**シグネチャ**(パターンファイル)とよばれる，マルウェアの特徴を記述したデータベースをもち，ローカルノードに流れ込むデータを監視します。監視中のデータにマルウェアと同じパターンのものが存在した場合，このデータを隔離してユーザに警報を表示します。また，定期的にハードディスクやメモリの感染チェックを行い感染の有無を確認します。

　しかし，パターンファイルはあくまでも過去のマルウェア情報の蓄積なので，新種のマルウェアに対応するためには，パターンファイルを常に最新に保つことが重要です。

用語 セキュリティ
ホール
セキュリティ上の弱点
であり，OSやアプリ
ケーションなどのソフ
トウェアに存在する，
設計・開発時における
瑕疵を指す。

●セキュリティパッチ

　OSやアプリケーションなどにセキュリティホールがあった場合，開発元からそれを修正するためのプログラムが配布されます。この配布される修正プログラムを**セキュリティパッチ**といい

ます。セキュリティパッチを適用し，OSやアプリケーションを常に最新の状態に保つことが重要です。なお，セキュリティパッチが提供される前に，パッチが対象とする脆弱性を悪用する攻撃を**ゼロデイ攻撃**といいます。

◯マルウェアの検出方法

セキュリティ対策ソフトを使用したマルウェアの検出方法は，**パターンマッチング**と呼ばれる方法です。この他，表8.6.3に示す方法があります。

▼ **表8.6.3** マルウェアの検出方法

コンペア法（比較法）	マルウェアの感染が疑わしい検査対象のハッシュ値と，安全な場所に保管されている原本のハッシュ値を比較する
チェックサム法	マルウェアに感染していないことを保証する情報をあらかじめ検査対象に付加しておき，検査時に不整合があればマルウェアとして検出する。検査対象に付加する情報には，チェックサムやハッシュ値，デジタル署名などが用いられる。インテグリティチェック法ともいう
ビヘイビア法	検査対象を仮想環境内（サンドボックス）で実行してその挙動を監視し，マルウェアによく見られる行動を起こせばマルウェアとして検知する方法。パターンマッチングでは検知できない未知のマルウェアやポリモーフィック型マルウェアなどにも対応できる。動的ヒューリスティック法ともいう。なお，ポリモーフィック型マルウェアとは，感染ごとにマルウェアのコードを異なる鍵で暗号化することによって，同一のパターンでは検知されないようにするマルウェアのこと

参考 コンペア法には，ファイルそのものを比較する方法もある。

用語 サンドボックス "砂場" という意味。ここでは，システムに悪影響が及ばないよう保護された特別な領域を指す。

標的型攻撃メール

マルウェアの感染経路の1つにメールがあります。**標的型攻撃メール**とは，情報窃取など悪意の目的のために，特定の組織に送られてくるメールです。添付ファイルにマルウェアを仕込んで送ってきたり，悪意のあるサイトに誘導しマルウェアに感染させたりする仕掛けが施されています。

〔標的型攻撃メールの特徴〕

・実在する信頼できそうな組織名や個人名，あるいは関係者を装った差出人になっている。
・件名や本文に，受信者の業務に関係がありそうな内容が記述されている。
・ファイル名に細工を施し，実行形式ファイルを別形式と偽って開かせようとする。
・毎回異なる内容で，長期間にわたって標的となる組織に送り続けられる。

8.6.3　パスワードの不正取得と対策　AM/PM

パスワードクラック

　第三者のパスワードを不正に割り出すことを**パスワードクラック**といいます。表8.6.4に，パスワードクラックに用いられる一般的な手法とその対策をまとめます。

▼ **表8.6.4**　パスワードクラックに用いられる手法と対策

辞書攻撃	パスワードに用いられやすい単語を辞書として登録しておき，これを基に片っ端から入力してパスワードを割り出す手法。〔対策〕推測されにくいパスワードを設定する
ブルートフォース攻撃	総当たり攻撃とも呼ばれ，文字を組み合わせてあらゆるパスワードでログインを何度も試みる手法。〔対策〕ログインの試行回数に制限を設ける（アカウントロック）
類推攻撃	パスワードを類推して次々に入力する手法。〔対策〕氏名や誕生日，電話番号といったパスワードを設定しない

参考 ブルートフォース攻撃とは逆に，パスワードを固定し，利用者IDを次々に変えながら不正ログインを試みる攻撃を**リバースブルートフォース攻撃**という。また，攻撃間隔と攻撃元IPアドレスを変え，アカウントロックを回避しながら1つのパスワードを複数の利用者IDに同時に試し不成功なら，パスワードを変えて同様の操作を繰り返す**パスワードスプレー攻撃**がある。

◎パスワードリスト攻撃

　パスワードリスト攻撃は，インターネットサービス利用者の多くが複数のサイトで同一の利用者IDとパスワードを使い回している状況に目をつけた攻撃です。他のWebサイトから流出した，あるいは不正に取得した利用者IDとパスワードの一覧を用いて，他のWebサイトに対して不正ログインを試みます。対策としては，利用者IDとパスワードの使いまわしをしないことが重要です。

◎レインボー攻撃

　パスワードは，一般的にハッシュ化されて保存されているため，これを盗んでもパスワードの復元は困難です。そこで，攻撃者は，膨大な数のパスワード候補と，それに対するハッシュ値の対応表（**レインボーテーブル**という）を事前に作成します。そして，この対応表を使って，不正に入手したハッシュ値からパスワードを見つけ出します。これを**レインボー攻撃**といいます。

　対策としては，パスワードのみをハッシュ化するのではなく，パスワードに**ソルト**（十分な長さをもつランダムな文字列）を加えてハッシュ化する方法があります。ソルトを加えることで，レインボーテーブルの作成を困難にします。

参考 パスワード解析を困難にする手法に，**ストレッチング**（p.496参照）がある。これは，パスワード（あるいは，パスワード＋ソルト）をハッシュ化し，さらにそのハッシュ値をハッシュ化するという操作を数千回～数万回繰り返し行い，最終的に得られたハッシュ値を認証情報として保存するという方法。

8.6.4 攻撃の準備（事前調査） AM/PM

参考 攻撃の手口（攻撃者の行動）を7段階にモデル化したものにサイバーキルチェーンがある（p.629を参照）。

攻撃者の行動は，「準備(事前調査)→攻撃→目的実行」の3段階に大別できます。つまり攻撃者は，攻撃に先立ち，攻撃対象の下調べ(これをフットプリンティングという)を行った上で攻撃を仕掛けてくるわけです。ここでは，事前調査の段階でよく使われるポートスキャンを説明します。

ポートスキャン

参考 ポートスキャンは，対象サーバの脆弱性を検査する目的でも実施される。

ポートスキャンとは，コンピュータの各ポートに対して通信を試みて，その返答から，ポートの開閉や，開いているポートで稼動しているサービス及びバージョンなどを特定する行為です。

攻撃者は，攻撃対象に対してポートスキャンを行い，どこから侵入できるか，脆弱性のあるサービス(アプリケーション)が稼動していないかといった探りを入れます。そして，そこで見つけた脆弱性を攻撃の手がかりとして，攻撃を仕掛けてきます。対策としては，不要なポートは閉じる，IDS(侵入検知システム)を導入する，などが有効です。

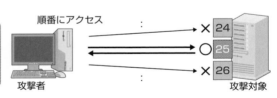

25番ポートが開いているので，「メールサーバが稼動していて，SMTP通信が可能な状態」と判断できる。

順番にアクセス

攻撃者　　　　　　　　　　　　　　　　　　攻撃対象

▲ **図8.6.1** ポートスキャンのイメージ

▼ **表8.6.5** 試験対策として押さえておきたい主なポートスキャン

参考 ログを残さずにスキャンすることをステルススキャンといい，SYNスキャンとFINスキャンはステルススキャンの一種。なお，3ウェイハンドシェイクについては，p.401を参照。

TCPスキャン	3ウェイハンドシェイクを行う。TCPフルコネクトスキャンとも呼ばれ，コネクションが確立されるためログに残る
SYNスキャン	3ウェイハンドシェイクの，最初のSYNだけを送信する。完全なTCP接続を行わないためハーフオープンスキャンとも呼ばれる。SYN/ACKが返ってくればポートが開いている，RST/ACKなら閉じていると判断できる
FINスキャン	TCP接続完了のFINを送信し，RSTが返ってくるか否かで，ポート開閉の判断やOSの種類の推測ができる
UDPスキャン	UDPパケットを送る。ICMPの"Port Unreachable"メッセージが返ってくればポートは閉じている，何も返ってこなければ開いている可能性があると判断できる

8.6.5 攻撃手法 AM/PM

試験に出題される不正行為や攻撃手法，及び，それに関連する技術を表8.6.6にまとめます。

▼ **表8.6.6** 試験に出る攻撃手法と関連技術

バッファオーバフロー	バッファの許容範囲を超えるデータを送り付けて，意図的にバッファをオーバフローさせ悪意の行動をとる。許容範囲を超えた大きなデータの書き込みを禁止するなどの対策が必要
ディレクトリトラバーサル	相対パスなどを使って，ディレクトリを「横断する」ことで公開していないディレクトリにアクセスする。ユーザに入力させるパラメタのチェックなどにより対策する
SQLインジェクション	Webアプリケーション上の入力フィールドにSQL文の一部を入力して，データベースの内容を不正に削除したり，入手したりする攻撃。以下の対策がある ・サニタイジング：データベースへの問合せや操作において特別な意味をもつ文字「'」や「;」を取り除いたり，他の文字に置き換える処理(エスケープ処理)を施して無効にする ・バインド機構：プレースホルダ(変数)を使用したSQL文(プリペアドステートメントという)を準備しておき，SQL文実行の際に，入力値をプレースホルダに埋め込み，SQL文を組み立てる
OSコマンドインジェクション	Webページ上で入力した文字列がPerlのsystem関数やPHPのexec関数などに渡されることを利用し，不正にシェルスクリプトを実行させる
クロスサイトスクリプティング	攻撃者が用意したスクリプトを，閲覧者のWebブラウザを介して脆弱なWebサイトに送り込み，閲覧者のWebブラウザ上でスクリプトを実行させる
フィッシング	実在企業を装ったメールで偽サイトへ誘導したり，リダイレクト機能を悪用して偽サイトに誘導・遷移させたりすることによって，個人情報を盗み取る。なお，**リダイレクト機能**とは，Webサイトへのアクセスを，自動的にWebアプリケーション内の他ページや外部のWebサイトに遷移させる機能のこと
スミッシング	携帯電話などのSMSを利用してフィッシングサイトへ誘導する手口。SMSフィッシングともいう
DNSキャッシュポイズニング	DNSのキャッシュ機能を悪用し，偽のドメイン情報を一時的に覚え込ませる攻撃。攻撃が成功すると，DNSサーバは覚えた偽の情報を提供してしまうため，利用者は偽サイトに誘導されてしまう。対策としては，DNSの問合せに対する応答にデジタル署名を付加し正当性を確認する**DNSSEC**の導入，DNS問合せに使用するDNSヘッダ内のIDやソースポート(送信元ポート)のランダム化，また再帰的な問合せ(p.408参照)に対しては内部からのものだけに応答するよう設定するのも有効

参考 外部から指定されたURLパラメータなどに基づいてリダイレクト先を指定する処理を**オープンリダイレクト**といい，この処理に不備があり，指定されたURLに何ら制限をかけていなければ意図しない外部のリダイレクト先が指定可能になってしまう。これをオープンリダイレクト脆弱性という。

参考 外部の不特定のDNSクライアントからの再帰的な問合わせを許可しているDNSサーバを**オープンリゾルバ**という。

8 セキュリティ

469

SEOポイズニング	キーワードで検索した結果の上位に，悪意のあるサイトを意図的に表示させ，誘導する手法
リフレクタ攻撃(リフレクション攻撃)	リフレクタと呼ばれる反射的に応答を返すサーバを踏み台に利用した分散反射型DoS攻撃。代表的なものにDNSリフレクション攻撃がある。この攻撃では，送信元IPアドレスを攻撃対象のIPアドレスに偽装したDNS問合せを，ボットネットなどから多数のDNSサーバに送ることによって，攻撃対象サーバに大量のDNS応答を送り付ける。このとき，踏み台とするDNSサーバにデータサイズの大きな偽のリソースレコードを事前に覚え込ませておけば，DNS問合せの何十倍，何百倍もの大きなサイズのDNS応答を攻撃対象サーバに送り付けることができる。この攻撃はDNS amp攻撃と呼ばれる。amp(amplification)は"増幅"，"拡張"の意味。なお，NTP増幅攻撃やSmurf攻撃もリフレクタ攻撃の一種
NTP増幅攻撃	インターネット上からの問い合わせが可能なNTPサーバを踏み台とした攻撃。送信元を攻撃対象に偽装したmonlist(状態確認)要求をNTPサーバに送り，NTPサーバから非常に大きなサイズの応答を攻撃対象に送らせる
Smurf攻撃(スマーフ攻撃)	攻撃対象に対して大量のICMPエコー応答パケットを送り付ける攻撃。送信元を攻撃対象に偽装したICMPエコー要求パケット(ping)を相手ネットワークにブロードキャストし，ネットワーク上のコンピュータからICMPエコー応答パケットを攻撃対象に送らせる
ICMP Flood攻撃	ボットなどを利用して，ICMPエコー要求パケットを大量に送り付ける攻撃。Ping Flood攻撃ともいう
SYN Flood攻撃	TCPコネクションを確立するためのSYNパケットを，送信元を偽装して大量に送り付ける攻撃。SYNを受信したサーバは，SYN/ACKを送信するが，ACKが返されず待機状態になる。このためサーバは，TCP接続のリソースを使い果たし，新たなTCP接続ができない状態に陥る
標的型攻撃	特定の組織や個人に対して行われる攻撃。なかでも，標的に対してカスタマイズされた手段で，密かにかつ執拗に行われる継続的な攻撃をAPT(Advanced Persistent Threat)という
水飲み場型攻撃	標的が頻繁に利用するWebサイトに罠を仕掛けて，アクセスしたときだけ攻撃コードを実行させるといった攻撃
やり取り型攻撃	問い合わせなどを装った無害な「偵察」メールを送り，複数回のメールのやり取りを行って担当者を信頼させた後，ウイルス付きメールを送るといった攻撃
ビジネスメール詐欺(BEC)	BECはBusiness E-mail Compromiseの略。巧妙な騙しの手口を駆使した偽のメールを，企業・組織に送り付け，従業員を騙し，攻撃者の用意した口座へ送金させるといった，金銭的な被害をもたらす攻撃
中間者攻撃(Man-in-the-middle攻撃)	通信者同士の間に勝手に，気付かれないように割り込み，通信内容を盗み見たり，改ざんしたりした後，改めて正しい通信相手に転送するバケツリレー型攻撃
IPスプーフィング	IPアドレスを偽造して正規のユーザのふりをする攻撃

参考 ダウングレード攻撃は,TLS 1.2よりも前のプロトコルバージョンで発生(現在の最新バージョンはTLS 1.3)。

SSL/TLSの ダウングレード 攻撃	クライアントとサーバ間でSSL/TLSを使った暗号化通信を確立するとき,その通信経路に介在し,脆弱性が見つかっている弱い暗号スイート(鍵交換,署名,暗号化,ハッシュ関数)の使用を強制することによって,解読しやすい暗号化通信を行わせる
リプレイ攻撃	通信データを盗聴することで得た認証情報を,そのまま再利用して不正にログインする。対策としては,チャレンジレスポンス認証などが有効
MITB攻撃 (Man-in-the-browser 攻撃)	攻撃対象の利用するコンピュータに侵入させたマルウェアを利用して,Webブラウザからの通信を監視し,通信内容を改ざんしたり,セッションを乗っ取る
ドライブバイ ダウンロード攻撃	Webサイトを閲覧したとき,利用者が気付かないうちに利用者のPCに不正プログラムを転送させる
クリックジャッキング	Webページ上にリンクやボタンを配置した透明なページをiframeタグを使って重ね合わせ,利用者を視覚的に騙して特定の操作をするように誘導する。iframeは,指定したURLのページ内容を現在表示しているページの一部分であるかのように表示できるタグ。対策としては,HTTPレスポンスヘッダに「X-Frame-Options: DENY(表示禁止)」などを設定しフレーム内の表示を制限する
クリプトジャッキング	PCにマルウェアを感染させ,そのPCのCPU資源を不正に利用する。攻撃を受けたPCは,暗号資産(仮想通貨)を入手するためのマイニングなどに不正利用される
スパムメール	無断で送りつけられてくる広告メールや意味のない大量のメール。対策の1つにOP25Bがある。OP25B(Outbound Port 25 Blocking)は,ISP管理下の動的IPアドレスを割り当てられたPCから,ISPのメールサーバを経由せずに直接送信される,外部のメールサーバへのSMTP通信(TCP25番ポート)を遮断するというもの。その他,IPアドレスを基に送信元メールアドレスのなりすましを検知するSPFや,デジタル署名を利用するDKIMといった送信ドメイン認証も有効な技術
ソーシャル エンジニアリング	盗み聞き,盗み見,話術といった非電子的な方法によって,機密情報を不正に入手する方法の総称。有益な情報を探すためにごみ箱の中を漁る,ダンプスターダイビング(スキャベンジング)もその1つ
サイドチャネル攻撃	暗号装置から得られる物理量(処理時間,消費電流,電磁波など)やエラーメッセージから,機密情報を取得する手法。その1つに,暗号化や復号の処理時間から,用いられた鍵を推測するタイミング攻撃がある。対策としては,暗号アルゴリズムに対策を施し,暗号内容による処理時間の差異が出ないようにする
RLTrap	文字の並び順を変えるUnicodeの制御文字RLO(Right-to-Left Override)を悪用してファイル名を偽装する不正プログラム。例えば,ファイル名「cod.exe」の先頭文字「c」の前にRLOを挿入すると(RLO自体は見えない),「exe.doc」に変わる

 マイニングについては,p.360を参照。

 SPF,DKIMについてはp.491も参照。

参考 ソーシャルエンジニアリングによって機密情報の入手を試みることは,積極的なフットプリンティングの代表例。

参考 テンペスト技術 ディスプレイやケーブルから漏えいする微弱な電磁波を傍受し,情報を取得する技術。電磁波が漏えいしないシールドなどで対策する。

8

セキュリティ

8.6.6　その他のセキュリティ関連用語　

ここでは，試験に出題されるその他の用語をまとめておきます。

▼ **表8.6.7**　技術的セキュリティ対策

ペネトレーションテスト	ファイアウォールや公開サーバなどに対して行われる擬似攻撃テスト。実際に侵入を試みることで，セキュリティ上の脆弱性を検証する
デジタルフォレンジックス	不正アクセスなどコンピュータに関する犯罪が起きた際，その法的な証拠性を明らかにするため，証拠となり得るデータを保全，収集，分析する技法
耐タンパ性	機器やシステムの内部機密情報や動作などを，外部から解析されたり改変されたりすることを防止する能力のこと。例えば，「チップ内部を物理的に解析しようとすると，内部回路が破壊されるようにする」ことで耐タンパ性が向上できる

▼ **表8.6.8**　オフィスのセキュリティ対策

ゾーニング	取り扱う情報の重要性に応じて，オフィスなどの空間を「オープンエリア，セキュリティエリア，受渡しエリア」などに区切り分離すること
クリアデスク	離席する際，書類や印刷物などを机の上に放置しないこと
クリアスクリーン	PCの画面を他人がのぞき見できたり，操作できたりする状態にしたまま離席しないこと
アンチパスバック	入室側と退室側にカードリーダを設置し，「入室認証記録がない者の退出」や「入室認証記録がある者の再入室」を許可しないよう制御する仕組み
インターロックゲート	共連れを防止するための二重扉。2つの扉が設置された小部屋には1人ずつしか通れないように制御する
TPMOR	Two Person Minimum Occupancy Ruleの略。「最初の入室と最後の退室は2人同時でないと許可しない」というルールであり，セキュリティエリア内には最低2人以上いる状態になるよう制御する仕組み

▼ **表8.6.9**　人的脆弱性と不正のメカニズム

シャドーIT	企業・組織のIT部門（情報システム部門）の公式な許可を得ずに，従業員又は部門が勝手に利用しているIT機器やITサービスのこと
不正のトライアングル	人が不正行為をしてしまう仕組みを理論化したもの。この理論によれば，企業・組織で内部不正などが発生するときには，「機会，動機，正当化（不正行為を自ら納得させるための自分勝手な理由付け）」の3つすべてが揃って存在するとしている

参考 シャドーITの該当例
・IT部門の許可を得ずに，業務に利用しているデバイスやクラウドサービス。
・データ量が大きい業務ファイルを送るため，IT部門の許可を得ずに利用しているオンラインストレージサービス。

8.7 情報セキュリティ管理

8.7.1 リスクマネジメント　AM / PM

　脅威に対する対策がとられていないと，情報セキュリティのリスクが顕在化します。リスクの危険度は，個々のリスクによって変化します。危険度の高いリスクには，重点的に経営資源を投入し，危険度の低いリスクにはあまり経営資源を投入しないなど，メリハリのある投資を行うことで，効率的なセキュリティ管理を行うことができます。つまり，脅威の大きさや被害の規模を考慮した上での**リスクマネジメント**が重要となります。

リスクアセスメント

　アセスメント (assessment) とは，"評価，査定" という意味です。リスクマネジメントの原則と指針を示した**JIS Q 31000:2019**では，**リスクマネジメント**を「リスクについて，組織を指揮統制するための調整された活動」と定義し，下記の**POINT**に示す3つを網羅するプロセス全体が**リスクアセスメント**であるとしています。

> 📝**試験**　試験では，リスクアセスメントを構成する3つのプロセスが問われる。

> 🔍**参考**　JIS Q 27000:2019では，**リスクレベル**を「結果とその起こりやすさの組合せとして表現される，リスクの大きさ」と定義している。試験で問われるので覚えておこう。

> **P O I N T** **リスクアセスメントを構成するプロセス**
> ・**リスク特定**：組織の目的の達成を妨害する又は助ける可能性のあるリスクを発見し，認識する。
> ・**リスク分析**：必要に応じてリスクのレベルを含め，リスクの性質及び特徴を理解する。
> ・**リスク評価**：リスク分析の結果と確立されたリスク基準との比較を行い，各リスクに対して対応の要否を決定する。

⤷リスク分析とリスク評価

> 🔍**参考**　リスク分析では，識別されたあらゆるリスクを分析対象とする。したがって，**純粋リスク**（単にデメリットしか生まないリスク）だけでなく，**投機リスク**（そのリスクが利益を生む可能性に隣接するリスク）も分析する必要がある。

　リスク分析の目的は，組織のもつ情報資産の価値，脅威，脆弱性を明確にし，情報資産のリスクを明らかにした上で，それが起こったときの損失程度，損失額，業務への影響はどのくらいなのかを見極め，リスクによる損失を最小に抑えることです。
　リスクとは，その組織がもつ目的に対する不確かさの影響と読

リスク値の算定方法
定量的評価：
「予想損失額×発生確率」をリスク評価額として，リスク値を算定。
定性的評価：
数量的に評価するのではなく，情報資産の価値，脅威，脆弱性の相対的評価値を用いて，リスク値を算定。

み替えることができます。したがって，リスク分析によってその起こりやすさ，それが導く結果などについて検討します。そのうえで実行するのがリスク評価です。

リスク評価では，どのリスクが目的の達成を最も危うくするのか，また，複数のリスクについて，どう優先順位をつけて対応していけば，目的達成の可能性を最も高められるのかを明らかにしていきます。例えば，あるリスクについて，対応を実施するのか否か，実施する場合，どのようなリスク対応策があるのか，また既存の管理策を維持すればよいのかといった検討を行います。

リスク対応

リスク評価の結果，明らかになったリスクに対して，どのような対応をとるべきかを，明確にするプロセスが**リスク対応**です。リスク対応策には，表8.7.1に示す4種類がありますが，目的の達成に関して得られる便益と，実施の費用，労力，又は不利益との均衡をとりながら選定することが重要です。

なお，利用可能なリスク対応の選択肢がない場合や，リスク対応によってリスクが十分に変化しない場合には，そのリスクを記録し，継続的なレビュー行うことが重要です。

▼ **表8.7.1** リスク対応策

リスク回避	リスク因子を排除する措置をとる。リスク回避は，リスク因子をもつことによって得られるプロフィット（利益）に対してリスクの方が大きすぎる場合などに採用される。例えば，Webサイトの運営を行うことでホームページ改ざんのリスク因子が発生している場合は，Webサイトの運用をやめる
リスク低減（リスク軽減）	リスクによる被害の発生を予防する措置をとったり，リスクが顕在化してしまった場合でも被害を最小化するための措置をとる。バックアップの取得やアクセスコントロールの実施など，一般的にセキュリティ対策とよばれている行為が該当
リスク移転（リスク転嫁）	業務運営上のリスクを他社に転嫁することでリスクに対応する。例えば，リスクに対して保険をかける，リスク因子の業務をアウトソーシングするなどの手法がある
リスク保有（リスク受容）	リスクが受容水準内に収まる場合や，軽微なリスクで対応コストの方が損失コストより大きくなる場合，あるいはリスクが大きすぎてどうしようもない場合（戦争など）には，リスクをそのままにする（意思決定の基にリスクを保有する）ケースが考えられる。なお，リスク発生時の損失は自社の財務能力内で対処する

リスク低減には，予防保守などによる損失予防，バックアップの取得などによる損失軽減，情報資産の分散による**リスク分散**，脆弱性をDMZに集中させるなどの**リスク集約**といった方法がある。

リスク移転とリスク保有は，資金を手当てすることで対処するため，**リスクファイナンス**と分類されることもある。

8.7.2 セキュリティ評価の標準化 AM／PM

ISO/IEC 15408

ISO/IEC 15408は，情報システムを構成する機器がどれだけのセキュリティを実装しているかを示すための国際基準です。

この認証を受けるベンダは，同一カテゴリ製品の共通仕様であるPP（セキュリティ要求仕様書）と個別製品のST（セキュリティ基本設計書）を作成します。これにEAL1〜EAL7という評価が与えられ，ユーザはこの評価を購入時の指標にできます。なお，EAL7が最も強固なセキュリティを保証しますが，コストも高額になるため，普及製品ではここまでのセキュリティを実装しないことがほとんどです（民間向けの現実的な最高レベルはEAL4）。

ISMSの規格

ISO/IEC 15408が製品のセキュリティを規定するのに対し，組織のセキュリティ運用体制を規定するのが，表8.7.2に示すISMSの規格群です。ISMS（Information Security Management System：情報セキュリティマネジメントシステム）とは，組織体における情報セキュリティ管理の水準を高め，維持し，改善していく仕組みのことです。

表8.7.2に示した“ガイドライン”は，組織の情報セキュリティ管理の仕組みはこうあるべきであるという**ベストプラクティス**が記された文書です。これを雛形に各組織はそれぞれの事情に合わせたマネジメントシステムを構築することができます。

また“認証基準”は，組織が作り上げた情報セキュリティマネジメントシステムの実効性や，他の各規程などとの整合性を審査するものです。国内の認証制度である**ISMS適合性評価制度**では，JIS Q 27001が認証基準として使われています。

▼ **表8.7.2** ISMSの規格

	国際規格	JIS	概要
ガイドライン	ISO/IEC 27002	JIS Q 27002	実践規範をまとめたもの。様々な管理策が記載されている
認証標準	ISO/IEC 27001	JIS Q 27001	その管理策を適切に運用していることを認証するための規格

8
セキュリティ

参考 欧米諸国が主体になって制定したCC（情報セキュリティ国際評価基準：Common Criteria）が，ほぼそのままの形で国際標準化されISO/IEC15408となり，国内ではJIS X 5070として翻訳された。このため，ISO/IEC 15408をCC（**コモンクライテリア**）と呼ぶこともある。

用語 **ベストプラクティス**
（best practice）
最も優れた事例。

用語 **ISMS適合性評価制度**
組織の情報セキュリティマネジメントシステム（ISMS）が，適切に組織内に整備され運用されていることを，ISMS認証基準（JIS Q 27001）への適合性という観点から評価し，その結果に基づき認証を与える制度。

情報セキュリティ機関及び評価基準など

▼ **表8.7.3** 情報セキュリティ機関及び評価基準など

CSIRT	コンピュータセキュリティインシデントの対応を専門に行う組織，あるいはその対応体制の総称
JPCERT/CC	JPCERTコーディネーションセンター。日本の窓口CSIRT。国内のコンピュータセキュリティインシデントに関する報告の受付，対応の支援，発生状況の把握，手口の分析，再発防止策の検討や助言を行っている。また，組織内CSIRT（すなわち，組織的なインシデント対応体制）の構築を支援することを目的としたCSIRTマテリアルの作成も行っている
JVN	ソフトウェアなどの脆弱性関連情報や対策情報を提供するポータルサイト
J-CRAT	標的型サイバー攻撃の被害低減と攻撃連鎖の遮断（拡大防止）を活動目的として，IPAが設置した組織（サイバーレスキュー隊）
CRYPTREC	電子政府推奨暗号の安全性を評価・監視し，暗号技術の適切な実装法及び運用法を調査・検討するプロジェクト。総務省及び経済産業省が共同で運営する暗号技術検討会などで構成されている。なお，CRYPTRECの活動を通して策定された暗号技術のリストがCRYPTREC暗号リスト。電子政府推奨暗号リスト（利用を推奨するもの），推奨候補暗号リスト（今後，電子政府推奨暗号リストに掲載される可能性のあるもの），運用監視暗号リスト（互換性維持以外の目的での利用は推奨しないもの）の3つで構成される
ISMAP	政府情報システムのためのセキュリティ評価制度。政府が求めるセキュリティ要求を満たしているクラウドサービスをあらかじめ評価，登録することによって，政府のクラウドサービス調達におけるセキュリティ水準の確保を図る制度
CVSS	共通脆弱性評価システム。次の3つの基準で情報システムの脆弱性の深刻度を評価する，オープンで（特定のベンダに依存しない）汎用的な評価手法 ・**基本評価基準**：脆弱性そのものの特性を評価する基準 ・**現状評価基準**：脆弱性の現在の深刻度を評価する基準 ・**環境評価基準**：製品利用者の利用環境も含め，最終的な脆弱性の深刻度を評価する基準 なお，2023年12月現在の最新バージョンは，同年10月にリリースされたバージョン4.0。「現状評価基準」の名称が「脅威評価基準」に変更され，また新たな基準として「補足評価基準」が追加されている
CCE	コンピュータのベースラインのセキュリティを確保するために必要となる設定項目の一覧（共通セキュリティ設定一覧）。セキュリティ設定項目ごとに一意のCCE識別番号（CCE-ID）が付与され，どのような値を設定すべきかや，技術的なチェック方法などが記載されている
CVE	ソフトウェアの既知の脆弱性を一意に識別するために用いる，個々の脆弱性ごとに採番された**共通脆弱性識別子**（CVE識別番号：CVE-ID）。JVNなどの脆弱性対策情報ポータルサイトで採用されている
CWE	ソフトウェアにおけるセキュリティ上の脆弱性の種類（脆弱性タイプ）を識別するための共通脆弱性タイプ一覧。SQLインジェクション，クロスサイトスクリプティング，バッファオーバーフローなど，多種多様な脆弱性の種類を脆弱性タイプとして分類し，それぞれにCWE識別子（CWE-ID）を付与し階層構造で体系化している

得点アップ問題

解答・解説はp.488

問題1 （R05秋問37）

楕円曲線暗号の特徴はどれか。

ア　RSA暗号と比べて，短い鍵長で同レベルの安全性が実現できる。
イ　共通鍵暗号方式であり，暗号化や復号の処理を高速に行うことができる。
ウ　総当たりによる解読が不可能なことが，数学的に証明されている。
エ　データを秘匿する目的で用いる場合，復号鍵を秘密にしておく必要がない。

問題2 （H26秋問41）

無線LANを利用するとき，セキュリティ方式としてWPA2を選択することで利用される暗号化アルゴリズムはどれか。

ア　AES　　　イ　ECC　　　ウ　RC4　　　エ　RSA

問題3 （R01秋問38）

チャレンジレスポンス認証方式の特徴はどれか。

ア　固定パスワードをTLSによって暗号化し，クライアントからサーバに送信する。
イ　端末のシリアル番号を，クライアントで秘密鍵を使って暗号化してサーバに送信する。
ウ　トークンという装置が自動的に表示する，認証のたびに異なるデータをパスワードとして送信する。
エ　利用者が入力したパスワードと，サーバから受け取ったランダムなデータとをクライアントで演算し，その結果をサーバに送信する。

問題4 （R03春問40）

暗号学的ハッシュ関数における原像計算困難性，つまり一方向性の性質はどれか。

ア　あるハッシュ値が与えられたとき，そのハッシュ値を出力するメッセージを見つけることが計算量的に困難であるという性質
イ　入力された可変長のメッセージに対して，固定長のハッシュ値を生成できるという性質
ウ　ハッシュ値が一致する二つの相異なるメッセージを見つけることが計算量的に困難であるという性質
エ　ハッシュの処理メカニズムに対して，外部からの不正な観測や改変を防御できるという性質

問題5 (R02秋問38)

OCSPクライアントとOCSPレスポンダとの通信に関する記述のうち，適切なものはどれか。

ア　デジタル証明書全体をOCSPレスポンダに送信し，その応答でデジタル証明書の有効性を確認する。

イ　デジタル証明書全体をOCSPレスポンダに送信し，その応答としてタイムスタンプトークンの発行を受ける。

ウ　デジタル証明書のシリアル番号，証明書発行者の識別名(DN)のハッシュ値などをOCSPレスポンダに送信し，その応答でデジタル証明書の有効性を確認する。

エ　デジタル証明書のシリアル番号，証明書発行者の識別名(DN)のハッシュ値などをOCSPレスポンダに送信し，その応答としてタイムスタンプトークンの発行を受ける。

問題6 (R03春問45)

TLSのクライアント認証における次の処理a〜cについて，適切な順序はどれか。

処理	処理の内容
a	クライアントが，サーバにクライアント証明書を送付する。
b	サーバが，クライアントにサーバ証明書を送付する。
c	サーバが，クライアントを認証する。

ア　a→b→c　　　イ　a→c→b　　　ウ　b→a→c　　　エ　c→a→b

問題7 (H31春問44)

パケットフィルタリング型ファイアウォールが，通信パケットの通過を許可するかどうかを判断するときに用いるものはどれか。

ア　Webアプリケーションに渡されるPOSTデータ
イ　送信元と宛先のIPアドレスとポート番号
ウ　送信元のMACアドレス
エ　利用者のPCから送信されたURL

問題8 (R03秋問43)

OSI基本参照モデルのネットワーク層で動作し，"認証ヘッダ(AH)"と"暗号ペイロード(ESP)"の二つのプロトコルを含むものはどれか。

ア　IPsec　　　イ　S/MIME　　　ウ　SSH　　　エ　XML暗号

問題9 (R04春問42)

パスワードクラック手法の一種である，レインボー攻撃に該当するものはどれか。

ア　何らかの方法で事前に利用者IDと平文のパスワードのリストを入手しておき，複数の
システム間で使い回されている利用者IDとパスワードの組みを狙って，ログインを試行
する。

イ　パスワードに成り得る文字列の全てを用いて，総当たりでログインを試行する。

ウ　平文のパスワードとハッシュ値をチェーンによって管理するテーブルを準備してお
き，それを用いて，不正に入手したハッシュ値からパスワードを解読する。

エ　利用者の誕生日や電話番号などの個人情報を言葉巧みに聞き出して，パスワードを類
推する。

問題10 (H29秋問21-NW)

DNSの再帰的な問合せを使ったサービス不能攻撃(DNS amp攻撃)の踏み台にされるこ
とを防止する対策はどれか。

ア　DNSキャッシュサーバとコンテンツサーバに分離し，インターネット側からDNSキ
ャッシュサーバに問合せできないようにする。

イ　問合せがあったドメインに関する情報をWhoisデータベースで確認する。

ウ　一つのDNSレコードに複数のサーバのIPアドレスを割り当て，サーバへのアクセス
を振り分けて分散させるように設定する。

エ　他のDNSサーバから送られてくるIPアドレスとホスト名の対応情報の信頼性をデジ
タル署名で確認するように設定する。

問題11 (R02秋問43)

ボットネットにおけるC&Cサーバの役割として，適切なものはどれか。

ア　Webサイトのコンテンツをキャッシュし，本来のサーバに代わってコンテンツを利用
者に配信することによって，ネットワークやサーバの負荷を軽減する。

イ　外部からインターネットを経由して社内ネットワークにアクセスする際に，CHAPな
どのプロトコルを中継することによって，利用者認証時のパスワードの盗聴を防止する。

ウ　外部からインターネットを経由して社内ネットワークにアクセスする際に，時刻同期
方式を採用したワンタイムパスワードを発行することによって，利用者認証時のパスワ
ードの盗聴を防止する。

エ　侵入して乗っ取ったコンピュータに対して，他のコンピュータへの攻撃などの不正な
操作をするよう，外部から命令を出したり応答を受け取ったりする。

8

セキュリティ

問題12 (R02秋問3-SC)

エクスプロイトコードの説明はどれか。

ア　攻撃コードとも呼ばれ，脆弱性を悪用するソフトウェアのコードのことであり，使い方によっては脆弱性の検証に役立つこともある。

イ　マルウェア定義ファイルとも呼ばれ，マルウェアを特定するための特徴的なコードのことであり，マルウェア対策ソフトによるマルウェアの検知に用いられる。

ウ　メッセージとシークレットデータから計算されるハッシュコードのことであり，メッセージの改ざんの検知に用いられる。

エ　ログインのたびに変化する認証コードのことであり，搾取されても再利用できないので不正アクセスを防ぐ。

チャレンジ午後問題1 (R01秋問1)

解答・解説：p.490

標的型サイバー攻撃に関する次の記述を読んで，設問1，2に答えよ。

　P社は，工場などで使用する制御機器の設計・開発・製造・販売を手掛ける，従業員数約50人の製造業である。P社では，顧客との連絡やファイルのやり取りに電子メール(以下，メールという)を利用している。従業員は一人1台のPCを貸与されており，メールの送受信にはPC上のメールクライアントソフトを使っている。メールの受信にはPOP3，メールの送信にはSMTPを使い，メールの受信だけに利用者IDとパスワードによる認証を行っている。PCはケーブル配線で社内LANに接続され，インターネットへのアクセスはファイアウォール(以下，FWという)でHTTP及びHTTPSによるアクセスだけを許可している。また，社内情報共有のためのポータルサイト用に，社内LAN上のWebサーバを利用している。P社のネットワーク構成の一部を図1に示す。社内LAN及びDMZ上の各機器には，固定のIPアドレスを割り当てている。

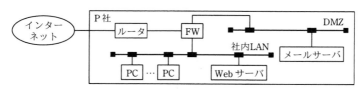

図1　P社のネットワーク構成（一部）

〔P社に届いた不審なメール〕

　ある日，"添付ファイルがある不審な内容のメールを受信したがどうしたらよいか"との問合せが，複数の従業員から総務部の情報システム担当に寄せられた。P社に届いた不審なメール(以下，P社に届いた当該メールを，不審メールという)の文面を図2に示す。

> P 社従業員の皆様
> 総務部長の X です。
> 　通達でお知らせしたとおり，PC で利用しているアプリケーションソフトウェアの調査を依頼します。このメールに情報収集ツールを添付しましたので，圧縮された添付ファイルを次に示すパスワードを使って PC 上で展開の上，情報収集ツールを実行して，画面の指示に従ってください。

図2　不審メールの文面（抜粋）

　情報システム担当のYさんが不審メールのヘッダを確認したところ，送信元メールアドレスのドメインはP社以外となっていた。また，総務部のX部長に確認したところ，そのようなメールは送信していないとのことであった。X部長は，不審メールの添付ファイルを実行しないように，全従業員に社内のポータルサイト，館内放送及び緊急連絡網で周知するとともに，Yさんに不審メールの調査を指示した。

　Yさんが社内の各部署で聞き取り調査を行ったところ，設計部のZさんも不審メールを受信しており，添付ファイルを展開して実行してしまっていたことが分かった。Yさんは，Zさんが使用していたPC(以下，被疑PCという)のケーブルを①ネットワークから切り離し，P社のネットワーク運用を委託しているQ社に調査を依頼した。

　Q社で被疑PCを調査した結果，不審なプロセスが稼働しており，インターネット上の特定のサーバと不審な通信を試みていたことが判明した。不審な通信はSSHを使っていたので，②特定のサーバとの通信には失敗していた。また，Q社は　　a　　のログを分析して，不審な通信が被疑PC以外には観測されていないので，被害はないと判断した。

　Q社は，今回のインシデントはP社に対する標的型サイバー攻撃であったと判断し，調査の内容を取りまとめた調査レポートをYさんに提出した。

〔標的型サイバー攻撃対策の検討〕

　Yさんからの報告とQ社の調査レポートを確認したX部長は，今回のインシデントの教訓を生かして，情報セキュリティ対策として，図1のP社の社内LANのネットワーク構成を変更せずに実施できる技術的対策の検討をQ社に依頼するよう，Yさんに指示した。Q社のW氏はYさんとともに，P社で実施済みの情報セキュリティ対策のうち，標的型サイバー攻撃に有効な技術的対策を確認し，表1にまとめた。

表1　標的型サイバー攻撃に有効なP社で実施済みの情報セキュリティ対策（一部）

対策の名称	対策の内容
FW による遮断	・PC からインターネットへのアクセスには，FW で HTTP 及び HTTPS だけを許可し，それ以外は遮断する。
PC へのマルウェア対策ソフトの導入	・PC にマルウェア対策ソフトを導入し，定期的にパターンファイルの更新と PC 上の全ファイルのチェックを行う。 ・リアルタイムスキャンを有効化する。

8

セキュリティ

W氏は，表1の実施済みの情報セキュリティ対策を踏まえて，図1のP社の社内LANのネットワーク構成を変更せずに実施できる技術的対策の検討を進め，表2に示す標的型サイバー攻撃に有効な新たな情報セキュリティ対策案をYさんに示した。

表2　標的型サイバー攻撃に有効な新たな情報セキュリティ対策案

対策の名称	対策の内容
メールサーバにおけるメール受信対策	・メールサーバ向けマルウェア対策ソフトを導入して，届いたメールの本文や添付ファイルのチェックを行い，不審なメールは隔離する。 ・ b 　　などの送信ドメイン認証を導入する。
メールサーバにおけるメール送信対策	・PCからメールを送信する際にも，利用者認証を行う。
インターネットアクセス対策	・PCから直接インターネットにアクセスすることを禁止（FWで遮断）し，DMZに新たに設置するプロキシサーバ経由でアクセスさせる。 ・プロキシサーバでは，利用者IDとパスワードによる利用者認証を導入する。 ・プロキシサーバでは，不正サイトや改ざんなどで侵害されたサイトを遮断する機能を含むURLフィルタリング機能を導入する。
ログ監視対策	・Q社のログ監視サービスを利用して，FW及びプロキシサーバのログ監視を行い，不審な通信を検知する。

W氏は，新たな情報セキュリティ対策案について，Yさんに次のように説明した。

Yさん：メールサーバに導入する送信ドメイン認証は，標的型サイバー攻撃にどのような効果がありますか。

W氏　：送信ドメイン認証は，メールの c を検知することができます。導入すれば，今回の不審メールは検知できたと思います。

Yさん：メールサーバで送信する際に利用者認証を行う理由を教えてください。

W氏　：標的型サイバー攻撃の目的が情報窃取だった場合，メール経由で情報が外部に漏えいするおそれがあります。利用者認証を行うことでそのようなリスクを低減できます。

Yさん：インターネットアクセス対策は，今回の不審な通信に対してどのような効果がありますか。

W氏　：今回の不審な通信は特定のサーバとの通信に失敗していましたが，マルウェアが使用する通信プロトコルが d だった場合，サイバー攻撃の被害が拡大していたおそれがありました。その場合でも，表2に示したインターネットアクセス対策を導入することで防げる可能性が高まります。

Yさん：URLフィルタリング機能は，どのようなリスクへの対策ですか。

W氏　：標的型サイバー攻撃はメール経由とは限りません。例えば，③水飲み場攻撃によっ

てマルウェアをダウンロードさせられることがあります。URLフィルタリング機能を用いると，そのような被害を軽減できます。

Yさん：ログ監視対策の目的も教えてください。

W氏　：表2に示したインターネットアクセス対策を導入した場合でも，高度な標的型サイバー攻撃が行われると，④こちらが講じた対策を回避してC&C(Command and Control)サーバと通信されてしまうおそれがあります。その場合に行われる不審な通信を検知するためにログ監視を行います。

　W氏から説明を受けたYさんは，Q社から提案された新たな情報セキュリティ対策案をX部長に報告した。報告を受けたX部長は，各対策を導入する計画を立てるとともに，⑤不審なメールの適切な取扱いについて従業員に周知するように，Yさんに指示した。

設問1　〔P社に届いた不審なメール〕について，(1)～(3)に答えよ。
　(1) 本文中の下線①で，Yさんが被疑PCをネットワークから切り離した目的を20字以内で述べよ。

　(2) 本文中の下線②で，不審なプロセスが特定のサーバとの通信に失敗した理由を20字以内で述べよ。

　(3) 本文中の　 a 　に入れる適切な字句を，図1中の構成機器の名称で答えよ。

設問2　〔標的型サイバー攻撃対策の検討〕について，(1)～(5)に答えよ。
　(1) 表2中の　 b 　に入れる適切な字句を解答群の中から選び，記号で答えよ。
　　解答群
　　　ア　OP25B　　　　　　　　イ　PGP
　　　ウ　S/MIME　　　　　　　　エ　SPF

　(2) 本文中の　 c 　，　 d 　に入れる適切な字句を，それぞれ20字以内で答えよ。

　(3) 本文中の下線③の水飲み場攻撃では，どこかにあらかじめ仕込んでおいたマルウェアをダウンロードするように仕向ける。マルウェアはどこに仕込まれる可能性が高いか，適切な内容を解答群の中から選び，記号で答えよ。
　　解答群
　　　ア　P社従業員がよく利用するサイト
　　　イ　P社従業員の利用が少ないサイト
　　　ウ　P社のプロキシサーバ
　　　エ　P社のメールサーバ

8

セキュリティ

(4) 本文中の下線④で，C&CサーバがURLフィルタリング機能でアクセスが遮断されないサイトに設置された場合，マルウェアがどのような機能を備えていると対策を回避されてしまうか，適切な内容を解答群の中から選び，記号で答えよ。

解答群
　ア　PC上のファイルを暗号化する機能
　イ　感染後にしばらく潜伏してから攻撃を開始する機能
　ウ　自身の亜種を作成する機能
　エ　プロキシサーバの利用者認証情報を窃取する機能

(5) 本文中の下線⑤で，P社従業員が不審なメールに気付いた場合，不審なメールに添付されているファイルを展開したり実行したりすることなくとるべき行動として，適切な内容を解答群の中から選び，記号で答えよ。

解答群
　ア　PCのメールクライアントソフトを再インストールする。
　イ　不審なメールが届いたことをP社の情報システム担当に連絡する。
　ウ　不審なメールの本文と添付ファイルをPCに保存する。
　エ　不審なメールの本文に書かれているURLにアクセスして真偽を確認する。

チャレンジ午後問題2 (H31春問1)

解答・解説：p.493

ECサイトの利用者認証に関する次の記述を読んで，設問1〜4に答えよ。

　M社は，社員数が200名の輸入化粧品の販売会社である。このたび，M社では販路拡大の一環として，インターネット経由の通信販売(以下，インターネット通販という)を行うことを決めた。インターネット通販の開始に当たり，情報システム課のN課長を責任者として，インターネット通販用のWebサイト(以下，M社ECサイトという)を構築することになった。
　M社ECサイトへの外部からの不正アクセスが行われると，インターネット通販事業で甚大な損害を被るおそれがある。そこで，N課長は，部下のC主任に，不正アクセスを防止するための対策について検討を指示した。

〔利用者認証の方式の調査〕
　N課長の指示を受けたC主任は，最初に，利用者認証の方式について調査した。
　利用者認証の方式には，次の3種類がある。
　（ⅰ）利用者の記憶，知識を基にしたもの
　（ⅱ）利用者の所有物を基にしたもの
　（ⅲ）利用者の生体の特徴を基にしたもの

（ⅱ）には，　a　による認証があり，（ⅲ）には，　b　による認証がある。（ⅱ），（ⅲ）の方式は，セキュリティ面の安全性が高いが，①多数の会員獲得を目指すM社ECサイトの利用者認証には適さないとC主任は考えた。他社のECサイトを調査したところ，ほとんど（ⅰ）の方式が採用されていることが分かった。そこで，M社ECサイトでは，（ⅰ）の方式の一つであるID，パスワードによる認証を行うことにし，ID，パスワード認証のリスクに関する調査結果を基に，対応策を検討することにした。

〔ID，パスワード認証のリスクの調査〕

ID，パスワード認証のリスクについて調査したところ，幾つかの攻撃手法が報告されていた。パスワードに対する主な攻撃を表1に示す。

表1　パスワードに対する主な攻撃

項番	攻撃名	説明
1	c　攻撃	ID を固定して，パスワードに可能性のある全ての文字を組み合わせてログインを試行する攻撃
2	逆　c　攻撃	パスワードを固定して，ID に可能性のある全ての文字を組み合わせてログインを試行する攻撃
3	類推攻撃	利用者の個人情報などからパスワードを類推してログインを試行する攻撃
4	辞書攻撃	辞書や人名録などに載っている単語や，それらを組み合わせた文字列などでログインを試行する攻撃
5	d　攻撃	セキュリティ強度の低い Web サイト又は EC サイトから，ID とパスワードが記録されたファイルを窃取して，解読した ID，パスワードのリストを作成し，リストを用いて，ほかのサイトへのログインを試行する攻撃

表1中の項番1〜4の攻撃に対しては，パスワードとして設定する文字列を工夫することが重要である。項番5の攻撃に対しては，M社ECサイトでの認証情報の管理方法の工夫が必要である。しかし，他組織のWebサイトやECサイト（以下，他サイトという）から流出した認証情報が悪用された場合は，M社ECサイトでは対処できない。そこで，C主任は，M社ECサイトでのパスワード設定規則，パスワード管理策及び会員に求めるパスワードの設定方法の3点について，検討を進めることにした。

〔パスワード設定規則とパスワード管理策〕

最初に，C主任は，表1中の項番1，2の攻撃への対策について検討した。検討の結果，パスワードの安全性を高めるために，M社ECサイトに，次のパスワード設定規則を導入することにした。

・パスワード長の範囲を10〜20桁とする。
・パスワードについては，英大文字，英小文字，数字及び記号の70種類を使用可能とし，英大文字，英小文字，数字及び記号を必ず含める。

　次に，C主任は，M社ECサイトのID，パスワードが窃取・解析され，表1中の項番5の攻撃で他サイトが攻撃されるのを防ぐために，M社ECサイトで実施するパスワードの管理方法について検討した。

　一般に，Webサイトでは，②パスワードをハッシュ関数によってハッシュ値に変換(以下，ハッシュ化という)し，平文のパスワードの代わりにハッシュ値を秘密認証情報のデータベースに登録している。しかし，データベースに登録された認証情報が流出すると，レインボー攻撃と呼ばれる次の方法によって，ハッシュ値からパスワードが割り出されるおそれがある。

- 攻撃者が，膨大な数のパスワード候補とそのハッシュ値の対応テーブル(以下，Rテーブルという)をあらかじめ作成するか，又は作成されたRテーブルを入手する。
- 窃取したアカウント情報中のパスワードのハッシュ値をキーとして，Rテーブルを検索する。一致したハッシュ値があればパスワードが割り出される。

　レインボー攻撃はオフラインで行われ，時間や検索回数の制約がないので，パスワードが割り出される可能性が高い。そこで，C主任は，レインボー攻撃によるパスワードの割出しをしにくくするために，③次の処理を実装することにした。

- 会員が設定したパスワードのバイト列に，ソルトと呼ばれる，会員ごとに異なる十分な長さのバイト列を結合する。
- ソルトを結合した全体のバイト列をハッシュ化する。
- ID，ハッシュ値及びソルトを，秘密認証情報のデータベースに登録する。

〔会員に求めるパスワードの設定方法〕

　次に，C主任は，表1中の項番3，4及び5の攻撃への対策を検討し，次のルールに従うことをM社ECサイトの会員に求めることにした。

- 会員自身の個人情報を基にしたパスワードを設定しないこと
- 辞書や人名録に載っている単語を基にしたパスワードを設定しないこと
- ④会員が利用する他サイトとM社ECサイトでは，同一のパスワードを使い回さないこと

　C主任は，これらの検討結果をN課長に報告した。報告内容と対応策はN課長に承認され，実施されることになった。

設問1 〔利用者認証の方式の調査〕について，(1)，(2)に答えよ。

(1) 本文中の　　a　　，　　b　　に入れる適切な字句を解答群の中から選び，記号で答えよ。

解答群

　ア　虹彩　　　　　　イ　体温　　　　　　　ウ　デジタル証明書
　エ　動脈　　　　　　オ　パスフレーズ　　　カ　パソコンの製造番号

(2) 本文中の下線①について，(ⅱ)又は(ⅲ)の方式の適用が難しいと考えられる適切な理由を解答群の中から選び，記号で答えよ。

解答群

　ア　インターネット経由では，利用者認証が行えないから
　イ　スマートデバイスを利用した利用者認証が行えないから
　ウ　利用者に認証デバイス又は認証情報を配付する必要があるから
　エ　利用者のIPアドレスが変わると，利用者認証が行えなくなるから

設問2 〔ID，パスワード認証のリスクの調査〕について，(1)，(2)に答えよ。

(1) 表1中の　　c　　，　　d　　に入れる適切な字句を答えよ。

(2) 表1中の項番1の攻撃には有効であるが，項番2の攻撃には効果が期待できない対策を，"パスワード"という字句を用いて，20字以内で答えよ。

設問3 〔パスワード設定規則とパスワード管理策〕について，(1)，(2)に答えよ。

(1) 本文中の下線②について，ハッシュ化する理由を，ハッシュ化の特性を踏まえ25字以内で述べよ。

(2) 本文中の下線③の処理によって，パスワードの割出しがしにくくなる最も適切な理由を解答群の中から選び，記号で答えよ。

解答群

　ア　Rテーブルの作成が難しくなるから
　イ　アカウント情報が窃取されてもソルトの値が不明だから
　ウ　高機能なハッシュ関数が利用できるようになるから
　エ　ソルトの桁数に合わせてハッシュ値の桁数が大きくなるから

設問4　本文中の下線④について，パスワードの使い回しによってM社ECサイトで発生するリスクを，35字以内で述べよ。

8

セキュリティ

解説

問題1
解答：ア ←p.443を参照。

RSA暗号は，現在2,048ビット以上の鍵長が推奨されていますが，鍵長が長くなり過ぎると暗号処理を行う上での制約となり実装に支障が出るといわれています。これに対し**楕円曲線暗号**は，RSA暗号と比べて，短い鍵長で同程度の安全性が実現できるという利点があります。

問題2
解答：ア ←p.444を参照。

WPA2を選択することで利用される暗号化アルゴリズムはAESです。

問題3
解答：エ ←p.447を参照。

チャレンジレスポンス認証では，利用者が入力したパスワードと，サーバから送られてきたランダムなデータ（チャレンジ）とを演算し，その結果を認証用データ（レスポンス）としてサーバに送信します。

問題4
解答：ア ←p.447を参照。

原像計算困難性（一方向性）とは，「ハッシュ値から元のメッセージの復元は困難である」という性質です。したがって〔ア〕が正しい記述です。ちなみに，〔ウ〕は衝突発見困難性（強衝突耐性ともいう）の説明，〔エ〕は耐タンパ性の説明です。

問題5
解答：ウ ←p.455を参照。

OCSPは，デジタル証明書が失効しているかどうかをオンラインでリアルタイムに確認するためのプロトコルです。OCSPクライアント（証明書利用者）は，対象となる証明書のシリアル番号などを，証明書の失効情報を保持したサーバ（OCSPレスポンダ）に送信し，その応答でデジタル証明書の有効性を確認します。

問題6
解答：ウ ←p.457を参照。

TLSにおいて，サーバがクライアントを認証する場合，サーバは，サーバ証明書を送付するときに，クライアント証明書の提示を要請します。したがって，「(b) クライアントにサーバ証明書を送付する（同時にクライアント証明書の提示要請をする）」→「(a) サーバにクライアント証明書を送付する」→「(c) クライアントを認証する」となります。

問題7
解答：イ ←p.458を参照。

パケットフィルタリング型ファイアウォールでは，通信パケットの送信元と宛先のIPアドレスとポート番号をチェックして，パケットの通過可否を判断します。

問題8　　　　　　　　　　　　　　　　　　　解答：ア　　←p.462を参照。

　OSI基本参照モデルのネットワーク層で動作し、"認証ヘッダ(AH)"と"暗号ペイロード(ESP)"の2つを含むのは、〔ア〕のIPsecです。

問題9　　　　　　　　　　　　　　　　　　　解答：ウ　　←p.467を参照。

ア：パスワードリスト攻撃の説明です。
イ：ブルートフォース攻撃(総当たり攻撃)の説明です。
ウ：レインボー攻撃の説明です。
エ：類推攻撃の説明です。

8
セキュリティ

問題10　　　　　　　　　　　　　　　　　　解答：ア　　←p.469,470を参照。

　DNS amp攻撃は、DNSキャッシュポイズニング脆弱性のあるDNSキャッシュサーバを踏み台にして、DNS問合せの何十倍も大きなサイズのDNS応答パケットを標的サーバに送り付ける攻撃です。この攻撃は、DNSキャッシュサーバがインターネット側(組織外部)からの再帰的な問合せに回答してしまうことを利用した攻撃なので、対策としては〔ア〕が適切です。なお、〔イ〕はDNS amp攻撃の対策にはなりません。〔ウ〕はDNSラウンドロビン、〔エ〕はDNSSECの説明です。

※DNS amp攻撃は、DNSリフレクション攻撃ともいう。

問題11　　　　　　　　　　　　　　　　　　解答：エ　　←p.464を参照。

　C&Cサーバ(Command and Control server)は、遠隔操作が可能なマルウェア(ボット)に、攻撃活動や情報収集を指示するサーバです。したがって、〔エ〕が正しい記述です。
ア：CDN(Content Delivery Network)の役割です。CDNでは、インターネット回線の負荷を軽減するように分散配置された代理サーバ(キャッシュサーバ)が、オリジンサーバ(オリジナルのWebコンテンツが存在するサーバ)に代わってコンテンツを利用者に配信します。このため、動画や音声などの大容量のデータを効率的かつスピーディに配信することが可能です。
イ、ウ：認証サーバの役割です。

問題12　　　　　　　　　　　　　　　　　　解答：ア　　←p.465を参照。

ア：エクスプロイトコードの説明です。
イ：シグネチャの説明です。
ウ：MAC(Message Authentication Code：メッセージ認証符号)の1つである、HMAC(Hash-based MAC)の説明です。
エ：ワンタイムパスワードの説明です。

※MACは、メッセージの改ざんや破損などを検証し、メッセージの真正性と完全性を確認するための固定長のコード。

チャレンジ午後問題1

設問1	(1)	社内の他の機器と通信させないため
	(2)	FWでアクセスが許可されていないから
	(3)	a：FW
設問2	(1)	b：エ
	(2)	c：送信元メールアドレスのなりすまし d：HTTP又はHTTPS
	(3)	ア
	(4)	エ
	(5)	イ

●設問1（1）

　Yさんが被疑PC（設計部のZさんのPC）をネットワークから切り離した目的が問われています。

　設計部のZさんは不審メールの添付ファイルを展開して実行してしまっているため、PCがマルウェアに感染している可能性があります。通常、PCに感染したマルウェアは、ネットワークを通じて他の機器への感染を拡大させます。したがって、このような場合は、被疑PCが他の機器と通信をしないよう、社内のネットワークから切り離す必要があります。つまり、被疑PCをネットワークから切り離した目的は、**社内の他の機器と通信させないため**です。

●設問1（2）

　不審なプロセスが特定のサーバとの通信に失敗した理由が問われています。ヒントとなるのは、下線②の前にある「不審な通信はSSHを使っていた」という記述と、問題文の最初の段落にある「インターネットへのアクセスはFWでHTTP及びHTTPSによるアクセスだけを許可している」との記述です。これらの記述から、マルウェアはSSHを使ってインターネット上の特定のサーバとの通信を試みたものの、SSHを使った通信は、FWでアクセスが許可されていないため遮断され、失敗したことがわかります。つまり、不審なプロセスが特定のサーバとの通信に失敗した理由は、**FWでアクセスが許可されていないから**です。

●設問1（3）

空欄a：「Q社は［　a　］のログを分析して、不審な通信が被疑PC以外には観測されていないので、被害はないと判断した」とあります。

　図1を見ると、P社内のPCやWebサーバ及びメールサーバが、インターネットへアクセスする際は、FWとルータを経由します。ここ

で，インターネットへのアクセス許可や遮断を行うのはFWであることに着目します。つまり，不審な通信はFWで遮断されるため，その痕跡が残るのはFWのログだけです。したがって，Q社が分析したログは，**FW**(空欄a)のログです。

●設問2(1)

空欄b：「 b などの送信ドメイン認証」とあります。送信ドメイン認証とは，メールの"送信元メールアドレスのなりすまし"を検知する方法です。SPF(Sender Policy Framework)はその代表的な方法の1つで，SMTP通信中にやり取りされるMAIL FROMコマンドで与えられた送信ドメインを基に，送信サーバのIPアドレスを検証することで送信元ドメインを詐称した，なりすましメールを検知します。したがって，空欄bには〔**エ**〕の**SPF**が入ります。SPFでの検証手順は，次のとおりです。

・**送信側**：自ドメインのDNSサーバのSPFレコードに，メール送信に利用するメールサーバのIPアドレスの一覧を登録(公開)する。

・**受信側**：メール受信時，MAIL FROMコマンドで与えられたアドレスのドメイン部を基に，送信元ドメインのDNSサーバへSPFレコードを問合せ，受信メールの送信元IPアドレスがSPFレコードに登録されているIPアドレスのリストに存在するかを確認する。

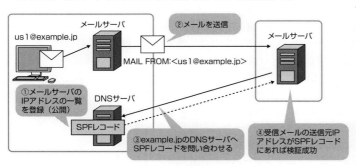

●設問2(2)

空欄c：「送信ドメイン認証は，メールの c を検知することができる」とあります。設問2(1)で解説したとおり，送信ドメイン認証は，メールの**送信元メールアドレスのなりすまし**(空欄c)を検知する方法です。

空欄d：「マルウェアが使用する通信プロトコルが d だった場合，サイバー攻撃の被害が拡大していたおそれがあった」とあります。FWでアクセスが許可されているのはHTTPとHTTPSだけです。そ

※送信ドメイン認証には，デジタル署名を利用した**DKIM**(Domain Keys Identified Mail)もある。DKIMでは，あらかじめ公開鍵をDNSサーバに公開しておき，メールのヘッダにデジタル署名を付与して送信する。受信側メールサーバは，送信ドメインのDNSサーバから公開鍵を入手し，署名の検証を行う。

8

セキュリティ

のため，SSHを使った不審な通信はFWで遮断できましたが，マルウェアがHTTP又はHTTPSを使った通信を行った場合，FWではそれを遮断できません。そして，マルウェアがインターネット上の特定のサーバ（C&Cサーバ）との通信に成功すると，P社の情報が搾取されたり，新たなマルウェアが送り込まれ，C&Cサーバから遠隔操作されたりするなど，被害が拡大していた可能性があります。以上，空欄dには**HTTP又はHTTPS**が入ります。

●設問2（3）

水飲み場攻撃に関する設問です。どこにマルウェアが仕込まれる可能性が高いか問われています。水飲み場攻撃とは，標的となる組織の従業員が頻繁にアクセスするWebサイトを改ざんし，当該従業員がアクセスしたときだけマルウェアを送り込んでPCに感染させる（それ以外は何もしない）という攻撃です。したがって，マルウェアが仕込まれる可能性が高いのは〔**ア**〕の**P社従業員がよく利用するサイト**です。

※ "水飲み場" という名称は，肉食動物がサバンナの水飲み場（池など）で獲物を待ち伏せし，獲物が水を飲みに現れたところを狙い撃ちにする行動から名付けられた。

●設問2（4）

マルウェアがどのような機能を備えていると，こちらが講じた対策を回避されてしまうか問われています。講じた対策とは，表2に示されているインターネットアクセス対策の次の3つです。

- インターネットへのアクセスはプロキシサーバ経由にする。
- プロキシサーバにおいて利用者認証を行う。
- プロキシサーバにURLフィルタリング機能を導入する。

設問文に，「C&CサーバがURLフィルタリング機能でアクセスが遮断されないサイトに設置された場合」とあるので，回避されてしまう可能性があるのは，「プロキシサーバでの利用者認証」です。この利用者認証を回避（突破）するためには，利用者認証情報すなわち利用者IDとパスワードを何らかの方法で搾取する必要があり，マルウェアがこの機能を備えていた場合には，プロキシサーバでの利用者認証は回避されてしまいます。以上，マルウェアが備えていると対策を回避されてしまう機能とは，〔**エ**〕の「**プロキシサーバの利用者認証情報を窃取する機能**」です。

●設問2（5）

P社従業員が不審なメールに気付いたときに，とるべき適切な行動が問われています。不審なメールを受信した場合，添付されているファイルを展開したり実行したりしないで，まずは管理者へ報告することが重要なので，〔**イ**〕の「**不審なメールが届いたことをP社の情報システム担当に連絡する**」が適切です。〔**ア**〕，〔**ウ**〕は不審メール受信時の対策としては意味がありません。また，〔**エ**〕は避けるべき行動です。

チャレンジ午後問題2

設問1	(1)	a：ウ　　b：ア
	(2)	ウ
設問2	(1)	c：ブルートフォース　（別解：総当たり） d：パスワードリスト
	(2)	パスワード入力試行回数の上限値の設定
設問3	(1)	ハッシュ値からパスワードの割出しは難しいから
	(2)	ア
設問4		他サイトから流出したパスワードによって，不正ログインされる

8

セキュリティ

●設問1（1）

利用者認証の方式についての設問です。「（ⅱ）には，　　a　　による認証があり，（ⅲ）には，　　b　　による認証がある」とあります。解答群の中で利用者認証に用いられるものは，〔ア〕の虹彩と〔ウ〕のデジタル証明書，そして〔オ〕のパスフレーズだけです。このうち，〔オ〕のパスフレーズは文字数が長いパスワードのことで，（ⅰ）の「利用者の記憶，知識を基にしたもの」による認証に用いられます。

したがって，問われている空欄a及びbには，〔ア〕，〔ウ〕のいずれかが入ります。

空欄a：（ⅱ）の「利用者の所有物を基にしたもの」による利用者認証で用いられるのは**デジタル証明書**です。デジタル証明書は，他人による"なりすまし"を防ぐために用いられる本人確認の手段です。証明書には，「作成・送信した文書が，利用者が作成した真性なものであり，利用者が送信したものであること」を証明できる"署名用"と，インターネットサイトなどにログインする際に利用される"利用者証明用"があります。利用者証明用のデジタル証明書により，「ログインした者が利用者本人であること」の証明ができます。

空欄b：（ⅲ）の「利用者の生体の特徴を基にしたもの」による利用者認証に用いられるのは**虹彩**です。虹彩とは，目の瞳孔の周りにあるドーナッツ型の薄い膜のことです。虹彩は，1歳頃には安定し，経年による変化がありません。そのため，個人認証に必要な情報の更新がほとんど不要であるといった特徴もあり，個人認証を行う優れた生体認証の1つになっています。

以上，空欄aには〔**ウ**〕の**デジタル証明書**，空欄bには〔**ア**〕の**虹彩**が入ります。なお，その他の選択肢は，次のような理由で利用者認証には用いられません。

イ：体温は体調などにより変化するため個人の認証には適しません。

※利用者認証の方式
（ⅰ）利用者の記憶，知識を基にしたもの
（ⅱ）利用者の所有物を基にしたもの
（ⅲ）利用者の生体の特徴を基にしたもの

エ：生体認証の中で，血管のパターンを用いる認証として実用化されているのは，動脈ではなく，静脈による認証（静脈認証）です。静脈認証とは，手のひらや指などの静脈パターンを読み取り，個人を認証する方法です。動脈は，静脈よりも皮膚から遠くにあるため読み取りづらいなどの理由で認証には適しません。

カ：パソコンの製造番号は「利用者の所有物」ではありますが，利用者でなくても知り得る情報です。利用者個人を識別することはできますが，真正性を検証できないため利用者の個人認証には適しません。

●設問1（2）

下線①について，（ⅱ）又は（ⅲ）の方式，すなわちデジタル証明書による認証又は虹彩による認証は，多数の会員獲得を目指すM社ECサイトの利用者認証には適さないとC主任が考えた理由が問われています。

デジタル証明書を用いて利用者認証を行う場合，利用者本人であることを証明できる認証情報，つまり利用者証明用のデジタル証明書を利用者に配布するか，あるいは利用者に申請してもらう必要があります。また，虹彩による認証を行うためには，虹彩認証に対応した認証デバイスが必要です。最近はスマートフォンの画面に顔をかざすだけで虹彩認証ができる技術もありますが，このようなデバイスをもっていない利用者には，認証デバイスを配布しなければなりません。したがって，これらの方式は，多数の会員獲得を目指すECサイトの利用には適しません。〔**ウ**〕の「**利用者に認証デバイス又は認証情報を配付する必要があるから**」が適切な理由です。

●設問2（1）

表1中の空欄c及び空欄dが問われています。

空欄c：項番1の説明に，「IDを固定して，パスワードに可能性のある全ての文字を組み合わせてログインを試行する攻撃」とあります。このような攻撃を**ブルートフォース攻撃**又は**総当たり攻撃**といいます。

空欄d：項番5の説明に，「セキュリティ強度の低いWebサイト又はECサイトから，IDとパスワードが記録されたファイルを搾取して，解読したID，パスワードのリストを作成し，リストを用いて，ほかのサイトへのログインを試行する攻撃」とあります。このような攻撃を**パスワードリスト攻撃**といいます。

●設問2（2）

項番1のブルートフォース（空欄c）攻撃には有効であるが，項番2の逆ブルートフォース攻撃には効果が期待できない対策を，“パスワード”という字句を用いて解答する問題です。

ブルートフォース攻撃では，IDを固定して，あらゆるパスワードで

※パスワードリスト攻撃は，インターネットサービス利用者の多くが複数のサイトで同一の利用者IDとパスワードを使い回している状況に目をつけた攻撃。

ログインを何度も試みてくるので，パスワード誤りによるログイン失敗が連続します。そのため，対策としては，パスワードの入力試行回数に上限値を設定し，これを超えたログインが行われた場合，不正ログインの可能性を疑いログインができないようにするアカウントロックが有効です。一方，項番2の逆ブルートフォース攻撃は，パスワードを固定して，IDを変えながらログインを何度も試みてくる攻撃なので，同一IDでのパスワード連続誤りは発生しません。したがって，ブルートフォース攻撃に有効とされる，**パスワード入力試行回数の上限値の設定**という対策は効果がありません。

●設問3(1)

　下線②について，パスワードをハッシュ関数によってハッシュ値に変換する(ハッシュ化する)理由が問われています。ここで，ハッシュ関数は次の特性をもっていることを確認しておきましょう。

①ハッシュ値の長さは固定
②ハッシュ値から元のメッセージの復元は困難
③同じハッシュ値を生成する異なる2つのメッセージの探索は困難

　上記②の特性に着目すると，パスワードをハッシュ化しておけば，仮に秘密認証情報のデータベースが不正アクセスされたとしても，ハッシュ化されたパスワード(ハッシュ値)から元のパスワードの割出しは困難であることがわかります。これがパスワードをハッシュ化する理由です。解答としては，**ハッシュ値からパスワードの割出しは難しいから**などとすればよいでしょう。

●設問3(2)

　下線③の処理によって，レインボー攻撃によるパスワードの割出しをしにくくする最も適切な理由が問われています。下線③の処理とは，「会員が設定したパスワードと，ソルト(会員ごとに異なる十分な長さのバイト列)を結合した文字列をハッシュ化し，秘密認証情報のデータベースには，ID，ハッシュ値，及びソルトを登録する」というものです。

　レインボー攻撃では，Rテーブルと呼ばれる，膨大な数のパスワード候補とそのハッシュ値の対応テーブルを使って，搾取した認証情報(パスワードのハッシュ値)から，そのハッシュ値に対応する元のパスワードを割り出します。そのため，単にパスワードをハッシュ化しただけでは，レインボー攻撃によって，パスワードが割り出されてしまう可能性があります。そこで，考えられたのがソルトを用いる方式です。パスワードにソルトを加えてハッシュ化したハッシュ値であれば，それを搾取したところで，Rテーブルにそのハッシュ値が存在する可能性は低く，パスワードの割出しは困難です。仮に攻撃者が，ソルト方式に対応でき

8

セキュリティ

※ハッシュ関数の②の特性を，**一方向性**又は**原像計算困難性**という。また，③の特性を，**衝突発見困難性**という。

| パスワード | + | ソルト |

ハッシュ化 ↓

| ハッシュ値 |

るRテーブルを作成しようとしても，ソルトは会員ごとに異なり，また
どのような値になるか事前にはまったくわからないため，1つのパスワード候補に対して，あらゆるソルトを結合してハッシュ値を計算しなければならず，Rテーブルの作成は現実的にはかなり困難となります。

　以上，下線③の処理によって，レインボー攻撃によるパスワードの割出しをしにくくする最も適切な理由は，〔ア〕の**Rテーブルの作成が難しくなる**からです。

●設問4

　下線④について，パスワードの使い回しによってM社ECサイトで発生するリスクが問われています。ここで，〔会員に求めるパスワードの設定方法〕に記載されている3つのルールを確認すると，1つ目のルールは項番3の類推攻撃への対策，2つ目のルールは項番4の辞書攻撃への対策です。そして，下線④の3つ目のルールが項番5のパスワードリスト攻撃への対策です。

　パスワードリスト攻撃は，インターネットサービス利用者の多くが複数のサイトで同一の利用者IDとパスワードを使い回している状況に目をつけた攻撃です。M社の，ある会員が利用する他サイトから認証情報ファイルが流出し，その会員がM社ECサイトでも同一の利用者IDとパスワードを使い回していた場合，攻撃者によりM社ECサイトに不正ログインされる可能性があります。つまり，パスワードの使い回しによって発生するリスクとは，「**他サイトから流出したパスワードによって，不正ログインされる**」というリスクです。

〔補足〕

　流出した認証情報ファイルに対する攻撃には，**オフライン総当たり攻撃**もあります。この攻撃では，攻撃者は，認証情報ファイルを入手した後，パスワードの候補を逐次生成してはハッシュ化し，得られたハッシュ値が，入手した認証情報ファイルのハッシュ値と一致するかどうか，しらみつぶしに確認することによって，ハッシュ値の元のパスワードを割り出します。

　オフライン総当たり攻撃を難しくする方式の1つに，**ストレッチング**があります。この方式では，パスワード(あるいは，パスワード＋ソルト)をハッシュ化し，さらにそのハッシュ値をハッシュ化するという操作を，繰り返し行い(例えば，数千回～数万回)，最終的に得られたハッシュ値を認証情報とします。攻撃者が，総当たりでパスワードを割り出そうとしても，1つのパスワード候補からハッシュ値を求める時間が増加するため，パスワード割り出しには膨大な時間がかかります。

※1つ目のルール：会員自身の個人情報を基にしたパスワードを設定しないこと。
2つ目のルール：辞書や人名録に載っている単語を基にしたパスワードを設定しないこと。

※ストレッチングを行うことで，万が一，認証情報ファイルが流出したとしても，時間稼ぎができ，その間に対処が行える。

第9章
システム開発技術

　ソフトウェアの基本的な開発プロセスは，「要求分析・定義」→「設計」→「制作」→「検証」という工程に分けることができます。本章では，旧来から採用されているウォータフォールモデルはもちろんのこと，近年採用が多くなっているアジャイル型開発，さらに組込みソフトウェア開発などを中心に，それぞれの工程で使用される要求分析手法や各種設計手法，及び検証(テスト)手法を学習していきます。出題範囲は，基本情報技術者試験と同じですが，応用情報技術者という立場から，問われる方向や難易度が基本情報技術者試験とは異なりますので，用語の暗記だけではなく，周辺知識も含めて理解していくよう心がけてください。

　本章で学習する内容は，午後試験で，"システムアーキテクチャ"や"情報システム開発"に関する応用力を問う問題として出題されます。長文問題を読んですぐ問題の設定テーマが理解できるような基礎力を本章でつけておきましょう。

9.1 開発プロセス・手法

9.1.1 ソフトウェア開発モデル AM/PM

ソフトウェアライフサイクル

参考 ソフトウェア
ライフサイクル

計画
(Plan)

運用
(See)

開発
(Do)

保守

　情報システムは，ある日突然に開発が始められるのではなく，ある計画のもとに開発されます。そして，開発された情報システムは，ユーザにサービスを提供しつつ，利用状況の変化や外界の変化に対応するために保守を受けます。しかし，保守を行っても適応できなくなると，その情報システムは廃棄され，新たな情報システムの計画へとつながっていくことになります。こうした「計画(Plan)」・「開発(Do)」・「運用・保守(See)」という3つのフェーズをソフトウェアライフサイクル(SLC)といいます。

参考 共通フレーム
システムやソフトウェアの構想から開発，運用，保守，廃棄に至るまでのライフサイクル全般にわたって，必要な作業内容を包括的に規定したガイドライン。p.649を参照。

ソフトウェア開発モデル

　情報システムの開発は，「要求の定義(要件定義)」→「設計」→「プログラミング」→「テスト」といった工程単位に分けることができます。この開発工程を標準化して，1つのモデルとしたものがソフトウェア開発モデル(プロセスモデル)です。

　ソフトウェア開発モデルは，システムをどのように開発していくかというスタイルそのものなので，開発するシステムの規模や開発の期間などにより，その内容は様々です。代表的な開発モデルをみていきましょう。

● ウォータフォールモデル

参考 ウォータフォールモデルの流れ

要件定義

外部設計

内部設計

プログラム設計

プログラミング

テスト

　ソフトウェアに対する要求の定義，設計(外部設計，内部設計，プログラム設計)，プログラミング，テストという工程順に，ちょうど滝(ウォータフォール)が上流から下流へ向かって流れるように開発を進める開発手法です。

　各工程では，直前の工程から引き渡された成果物を基に作業が行われるので，開発作業の一貫性が保証されるという利点がある一方で，上流工程における不具合が下流工程に拡大して影響する，工程間の並行作業ができない，工程の後戻りを許さない(実

際には制限を設けている）ため下流工程で発生する仕様変更などに対して柔軟に対応できない，といった欠点があります。

⊃ プロトタイプモデル

開発の早い段階で，作成した**プロトタイプ**（試作品）をユーザに試用・評価してもらい，ユーザの要求に合うように修正を繰り返しながら開発していく手法です。

開発の早期段階で，要求仕様の曖昧さが取り除かれるため，後続段階での仕様変更による作業が削減できるといった利点がある一方で，ユーザ部門と開発部門との間で，意見の食い違いが発生して調整に手間取ると，かえって時間とコストがかかってしまうという欠点があります。

用語 プロトタイプ 外部設計の有効性，仕様の漏れ，実現可能性などの評価を行い，手戻りを防ぐために作成される試作品。なお，見た目だけを確認するための試作品をモックアップという。

⊃ スパイラルモデル

対象システムを独立性の高いいくつかの部分に分割し，部分ごとに一連の開発工程を繰り返しながら，徐々にシステムの完成度を高めていく開発手法です。開発を繰返しながら開発コストなどの評価まで行うのが特徴です。パイロット的な小規模の開発を先行させ，その評価を後続の開発に生かすことで開発コスト増加などのリスクを最小にしつつ開発を行うことができます。

⊃ インクリメンタルモデル

定義された要求を全部一度に実現するのではなく，いくつかの部分に分けて，順次，段階的に開発し提供していく**段階的モデル**です。開発の順番は決められていて，それぞれ時期をずらして順番に開発していきますが，並行して実施することもあります。インクリメンタルモデルは，例えば，最初にコア部分を開発し，順次機能を追加していくといった場合に適しています。

参考 最初にシステム全体の要求定義を行い，要求された機能をいくつかに分割して段階的にリリースするので，すべての機能がそろっていなくても，最初のリリースからシステムの動作を確認することができる。

⊃ 進化的モデル

要求を複数に分けて順次実現していくところは段階的モデルに似ていますが，進化的モデルは，システムへの要求に不明確な部分があったり，要求変更の可能性が高いことを前提としたモデルです。開発を繰り返しながら徐々に要求内容を洗練していきます。

参考 要求変更が生じると，ウォータフォールモデルでは保守工程で対応するが，**進化的モデル**では新しいサイクルで対応する。

9 システム開発技術

9.1.2 アジャイル型開発 　AM/PM

参考 アジャイルによる超短期リリースを成功させるためには，各イテレーションの最後に，イテレーション内での実施事項をチーム全員で振り返り，次のイテレーションに向けて改善を図る"ふりかえり(レトロスペクティブ)"が欠かせない。

アジャイル型開発は，ソフトウェアに対する要求の変化やビジネス目標の変化に迅速かつ柔軟に対応できるよう，短い期間(一般に，1週間から1か月)単位で，「計画，実行，評価」を繰り返す反復型の開発手法です。アジャイルでは，この反復(イテレーション)を繰り返すことによって，ユーザが利用可能な機能を段階的・継続的にリリースします。また，イテレーションを採用することで，ソフトウェアに内在する問題(例えば，顧客の要求との不一致など)やリスクを短いサイクルで発見し解消します。

スクラム

アジャイル開発のアプローチ方法の1つであり，開発チームに適用されるプロダクト管理のフレームワークです。スクラムでは反復の単位を**スプリント**と呼び，スプリントは，表9.1.1に示す4つのイベントと開発作業から構成されます。なお，スプリント内の開発の進め方は，「テスト駆動」に基づくことが基本となります。

参考 スプリントは，1〜4週間の時間枠(タイムボックス)であり，開発チームは，この期間内でリリース判断可能なプロダクトインクリメント(成果)を作り出す。なお，どのスプリントも期間は同一であり，期間が延長されることはない。

▼ **表9.1.1** スプリントのイベント

スプリントプランニング(イテレーション計画)	スプリントの開始に先立って行われるミーティング。プロダクトバックログの中から，プロダクトオーナが順位に従って，今回扱うバックログ項目を選び出し，開発チームがその項目の見積りを行い，前回のスプリントでの開発実績を参考に，順位の上からどこまでを今回のスプリントに入れるかを決める(スプリントバックログの決定)
デイリースクラム	スタンドアップミーティング，又は朝会ともいわれ，立ったまま，毎日，決まった場所・時刻で行う15分の短いミーティング。進行状況や問題点などを共有し，今日の計画を作る
スプリントレビュー(デモ)	スプリントの最後に成果物をデモンストレーションし，リリースの可否をプロダクトオーナが判断する
スプリントレトロスペクティブ	スプリントレビュー終了後，スプリントのふりかえりを実施し，次のスプリントに向けての改善を図る

用語 ユーザストーリ 顧客に提供する機能・価値を簡潔に記述したもの。実装作業を相応に見積もれる情報だけを含む。

⊃ プロダクトバックログ

プロダクトバックログは，今後のリリースで実装するプロダクトの機能を，ユーザストーリ形式で記述したリストです。このリストは**プロダクトオーナ**が管理し，プロダクトオーナは，その内

容・実施有無・並び順(優先順位)に責任をもちます。なお，次回以降のスプリントに向けて，バックログ項目の見直しを行ったり，詳細・見積り・並び順を追加することを**プロダクトバックロ グリファインメント**と呼びます。

XP(エクストリームプログラミング)

📖 XPも，アジャ
参考 イル開発のアプローチ方法の1つ。
「プラクティスを実行すること＝XPを実行すること」といえる。

XP(eXtreme Programming)は，アジャイル開発における開発手法やマネジメントの経験則をまとめたものです。対象者である「共同，開発，管理者，顧客」の4つの立場ごとに全部で19の具体的なプラクティス(実践手法)が定義されています。表9.1.2に，試験で出題されている"開発のプラクティス"をまとめます。

📖 ペアプログラミ
参考 ングでは，プログラムコードを書く人をドライバといい，ドライバに対して指示・アドバイスする人をナビゲータという。相互に役割を交替しながらチェックし合うことが重要。

▼ **表9.1.2** 開発の主なプラクティス

ペアプログラミング	品質向上や知識共有を図るため，2人のプログラマがペアとなり，その場で相談したりレビューしながら1つのプログラム開発を行う
テスト駆動開発	最初にテストケースを設計し，テストをパスする必要最低限の実装を行った後，コード(プログラム)を洗練させる
リファクタリング	完成済みのプログラムでも随時改良し，保守性の高いプログラムに書き直す。その際，外部から見た振る舞い(動作)は変更しない。改良後には，改良により想定外の箇所に悪影響を及ぼしていないかを検証する回帰テストを行う
継続的インテグレーション	コードの結合とテストを継続的に繰り返す。すなわち，単体テストをパスしたらすぐに結合テストを行い問題点や改善点を早期に発見する
コードの共同所有	誰が作成したコードであっても，開発チーム全員が改善，再利用を行える
YAGNI	"You Aren't Going to Need It(今，必要なことだけする)"の略。今必要な機能だけの実装にとどめ，将来を見据えての機能追加は避ける。これにより後の変更に対応しやすくする

📖 "七つの原則"
参考
①ムダをなくす
②品質を作り込む
③知識を作り出す
④決定を遅らせる
⑤早く提供する
⑥人を尊重する
⑦全体を最適化する

リーンソフトウェア開発

製造業の現場から生まれた**リーン生産方式**(ムダのない生産方式)の考え方をソフトウェア製品に適用した開発手法で，アジャイル型開発の1つに数えられます。リーンソフトウェア開発では，ソフトウェア開発を実践する際の行動指針となる，"七つの原則"とそれを実現するための22のツールが定義されています。

9.1.3 組込みソフトウェア開発 　AM/PM

プラットフォーム開発

MDA
参考（モデル駆動型
アーキテクチャ）
システムをプラットフ
ォームに依存する部分
と依存しない部分とに
分けてモデル化するこ
とを特徴とする技法。
組込みソフトウェアな
どの設計にも有効。

　プラットフォーム開発とは，組込み機器の設計・開発において，複数の異なる機器に共通して利用できる部分（プラットフォーム：プログラムを動かすための土台となる環境）を最初に設計・開発し，それを土台として機器ごとに異なる機能を開発していく手法です。ソフトウェアを複数の異なる機器に共通して利用することが可能になるので，ソフトウェア開発の効率向上が期待できます。

コンカレントエンジニアリング

T 用語 コンカレントエ
ンジニアリング
元々は，システム設計
プロセスにおける並行
性の向上に関する研究
から使われだした言葉。

　複数の工程を順番に進めるのではなく，同時実行が可能な工程を並行して進めることで開発期間の短縮を図る手法を**コンカレントエンジニアリング**あるいは**コンカレント開発**といいます。組込みシステムの開発において，コンカレントエンジニアリングを実現する技術・手法が，コデザイン（協調設計）です。

　コデザインとは，開発の早期にハードウェアとソフトウェアを同時に設計することをいいます。具体的には，ハードウェアとソフトウェアの機能分担及びインタフェースを，シミュレーションによって十分に検証し，その後もシミュレーションを活用しながらハードウェアとソフトウェアを並行して開発していきます。コデザインにより，開発期間の短縮と品質の向上が期待できます。

参考 シミュレーショ
ン技術を駆使し
て，ハードウェアとソ
フトウェアの検証を同
時に行うことを**コベリ
フィケーション**という。

9.1.4 ソフトウェアの再利用 　AM/PM

　新規システムの開発を行うとき，その開発生産性を高めることを目的に，部品化や既存ソフトウェアの再利用をするという考え方があります。

リエンジニアリングによる再利用

参考 リエンジニアリ
ングにより，元
のソフトウェアの権利
者の許可なくソフトウ
ェアを開発・販売する
と，元の製品の知的財
産権を侵害する可能性
がある。

　既存のソフトウェアを利用して新しいソフトウェアを作成するための技術を**リエンジニアリング**といいます。リエンジニアリングは，次ページの図9.1.1に示すように，**リバースエンジニアリング**と**フォワードエンジニアリング**によって実施されます。

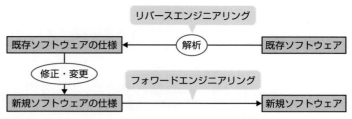

▲ **図9.1.1** リエンジニアリング

リバースエンジニアリングとは，既存のソフトウェアからそのソフトウェアの仕様を導き出す技術です。リエンジニアリングでは，リバースエンジニアリングにより導き出された仕様を，新規ソフトウェアに合うように修正・変更し，それを基に新規ソフトウェアを構築します（**フォワードエンジニアリング**）。

なお，リバースエンジニアリングによる既存ソフトウェアの仕様を抽出する目的は，新規ソフトウェアの再利用開発を支援するだけでなく，既存ソフトウェアの機能の修正や追加といった保守作業にも役立てることでもあります。

> 📖 モデリングツールを使用して，データベースシステムの定義情報からE-R図などで表現した設計書を生成するのもリバースエンジニアリング。

部品による再利用

既存のソフトウェアを部品化し，それを新規ソフトウェアに利用することで，開発の生産性や品質を向上させることができます。

部品はそれ自身で完結したものなので，標準化・汎用化によってその成果が発揮されなければなりません。したがって，再利用可能な部品の開発では，標準性・汎用性が厳しく要求されることになり，通常のソフトウェア開発より開発工数及びコストがかかることがあります。しかし，一度部品化しておけば，そのあとは利用するだけなので，コストがかからず，開発期間も短縮でき，さらには品質を向上させることもできます。

> 📖 銀行の勘定系システムなど特定分野（ドメイン）のシステムに対して，業務知識，再利用部品，ツールなどを体系的に整備し，再利用を促進することでソフトウェア開発の効率向上を図る活動や手法を**ドメインエンジニアリング**という。

9.1.5 共通フレームの開発プロセス `AM`/`PM`

> 🔤 **V字モデル** 設計（品質の埋め込みプロセス）とテスト（品質の検証プロセス）とを対応させたもの。

共通フレームでは，ウォータフォール型の開発の流れと**V字モデル**を意図して，開発プロセス関連のアクティビティが構成されています。次ページの表9.1.3に，ソフトウェア構築までの各アクティビティにおける主な作業内容をまとめました。システムへ

の要求を詳細化していく大まかな流れと，各アクティビティに対応するテスト・検証を確認しておきましょう。

▼ **表9.1.3** 各アクティビティにおける主な作業内容

システム要件定義	・システム化の目標と対象範囲を定め，システムによって実現すべき機能要件や性能要件を定義する ・システムの適格性確認要件を定める
システム方式設計	・すべてのシステム要件を，ハードウェア，ソフトウェア，手作業に振り分け，それらを実現するために必要なシステム要素を決定する ・システム結合のためのテスト要件を定める
ソフトウェア要件定義	・システム方式設計でソフトウェアに割り振られたシステム要素(ソフトウェア品目という)に求められる機能や能力などを定義する ・ソフトウェアの適格性確認要件を定める
ソフトウェア方式設計	・ソフトウェア品目に対する要件をどのように実現させるかを決める。具体的には，ソフトウェア品目の外部インタフェースについて，その方式を決定する。また，ソフトウェア品目をソフトウェアコンポーネント(プログラム)まで分割し，各ソフトウェアコンポーネントの機能，ソフトウェアコンポーネント間の処理の手順や関係を明確にする ・ソフトウェア結合のための暫定的なテスト要件及びスケジュールを定める
ソフトウェア詳細設計	・各ソフトウェアコンポーネントをソフトウェアユニット(モジュール)のレベルにまで詳細化し，詳細設計を文書化する ・ソフトウェアユニットをテストするためのテスト要件及びスケジュールを定める ・ソフトウェア結合のためのテスト要件及びスケジュールを更新する
ソフトウェア構築	・ソフトウェアユニットのコードを作成(コーディング)し，動作確認(単体テスト)を行う

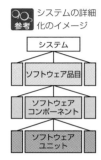

参考 システムの詳細化のイメージ

システム
↓
ソフトウェア品目
↓
ソフトウェア
コンポーネント
↓
ソフトウェア
ユニット

用語 ソフトウェア
ユニット
「コーディング→コンパイル→テスト」を実施する単位。

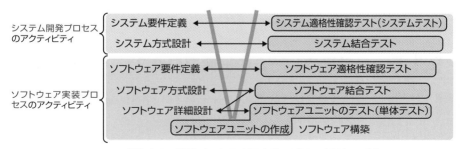

▲ **図9.1.2** 開発プロセスのアクティビティとV字モデル

9.1.6 ソフトウェアプロセスの評価 AM/PM

ソフトウェア依存社会と呼ばれる現在，ソフトウェアへの期待や需要が増大し，開発規模や難易度が高まっている一方で，開発期間はますます短くなっています。このような状況下で，顧客(ユーザ)が満足するソフトウェアを提供するためには，ソフトウェア品質の向上はもちろんのこと，生産性の向上さらには短期間での開発を同時に達成することが急務となっています。

ソフトウェア開発の生産性及びその品質を向上させるためには，開発作業をすべてのプロセスについて評価し，改善していく必要があります。これに用いられるツールにCMMIがあります。

CMMI(Capability Maturity Model Integration：能力成熟度モデル統合)は，ソフトウェアを開発・保守する組織のプロセスのありかたを示したモデルであり，プロセス評価・改善の"物差し"です。組織の作業水準を"プロセスの成熟度"という概念で捉え，その成長過程を表9.1.4に示す5段階のレベルでモデル化しています。CMMIの特徴は，成熟度のコンセプトを具体的に実装していくためのプロセス領域を，成熟度レベルに沿って定義していることです。プロセス領域とは，関連するプラクティスをまとめたもので，言い換えればそのレベルにおけるプロセス改善のゴールです。そのためCMMIを活用することで，継続的なプロセス改善が行えます。なお，CMMI 2.0(最新版)では，プロセス領域をプラクティスエリアに置き換え，さらに活用しやすくなっています。

参考 ソフトウェアプロセスの改善を図るため，CMMIなどの成熟度モデル(アセスメントモデル)を用いて自組織が現在どの状態であるかを評価すること，又はそれを行うための手法をSPA(Software Process Assessment)という。現在，国際標準としてISO/IEC 33000シリーズにまとめられている。国内ではJIS X 33000シリーズがこれに対応。

▼ **表9.1.4** CMMIにおけるプロセス成熟度レベル

初期	・プロセスが確立されていないレベル ・プロセスは場当たり的で，一部のメンバの力量に依存している状態
管理された	・基本(初歩)的なプロジェクト管理ができるレベル ・同じようなプロジェクトなら反復できる状態
定義された	・プロセスが標準化され定義されているレベル ・各プロジェクトで標準プロセスを利用している状態
定量的に管理された	・プロセスの定量的管理が実施できているレベル ・プロセスの実績が定量的に把握されていて，プロセス実施結果を予測でき(危機予測)，これを基にプロセスを制御できる状態
最適化している	・継続的にプロセスを最適化し，改善しているレベル ・プロセスの問題の原因分析ができ，継続的なプロセスの改善が実施できている状態

9.2 分析・設計手法

9.2.1 構造化分析法

参考 リアルタイム構造化分析では，DFDに"コントロール変換とコントロールフロー"を付加した変換図(制御フロー図)を用いて制御とタイミングを表現する。

参照 データディクショナリやミニスペックについては表9.2.3を参照。

デマルコ(De Marco)により提唱された**構造化分析法**(SA：Structured Analysis)は，システム機能間のデータの流れに着目して，開発の対象となるシステムの要求を仕様化する技法です。構造化分析では，**DFD**(Data Flow Diagram：データフローダイアグラム)を用いて単にデータとプロセスを図式表現するだけではなく，データディクショナリやミニスペックといったツールを使用してシステムの構造化仕様書を作成していきます。なお，構造化分析で得られたDFDの各プロセスをトップダウンアプローチによりモジュール分割していく手法を**構造化設計**(SD：Structured Design)といいます。

DFD

参考 DFDは，正常処理を中心に記述する。異常処理や例外処理は記述せず，制御手順も記述しない。なお，異常処理や例外処理は，ミニスペックに記述する。

DFDは，業務を構成する処理と，その間で受け渡されるデータの流れを，3つの要素(プロセス，源泉と吸収，データストア)，及びデータフローを用いてわかりやすく図式表現したものです。

参考 データストア同士や，データストアと外部(源泉，吸収)は直接データフローで結ばれることはない。必ずプロセスが介在する。

▼ **表9.2.1** DFDで用いる記号

記号	名 称	意 味
○	プロセス(処理)	データの加工や変換を表す
□	源泉(データの発生源)，吸収(データの行き先)	データの発生源又は最終的な行き先となる対象を表す
ニ	データストア	ファイルやデータベースなど，データの蓄積を表す
→	データフロー	データの流れを表す

システムのモデル化

構造化分析では，構造化仕様書を作成するため「現物理モデル→現論理モデル→新論理モデル→新物理モデル」の順でDFDを作成し，システムのモデル化を図ります。表9.2.2に，各モデルの概要をまとめます。

▼ **表9.2.2** 各モデルの概要

試験 試験では，システムのモデル化の際のDFD作成順が問われることがある。

作成順		
	現物理モデル	現行業務の流れを，組織名や媒体，処理サイクルといった物理的な仕組みも含め，ありのままに記述する
	現論理モデル	現物理モデルから物理的な仕組みを取り除き，データと処理を中心に記述し，必要な業務機能と情報を明らかにする
	新論理モデル	現論理モデルに，新システムへの論理的要件を加え，新システムの機能と情報を記述する。なお，この段階でDFDの他，データディクショナリやミニスペックの作成も行う
	新物理モデル	新論理モデルに，新システムへの物理的要件を加え，新システムの業務遂行の仕組みを記述する

●DFDの作成

DFDの作成は，順次階層化していくトップダウンアプローチで行われます。ただ1つだけのプロセスが記述された最上位のDFDを**コンテキストダイアグラム**といいます。コンテキストダイアグラムから，レベル0ダイアグラムを作成し，さらに下位のレベルのダイアグラムへと順次作成していきます。

用語 **コンテキストダイアグラム**
対象システムの最終的な源泉と吸収を表したもの。

参考 レベル1は，レベル0ダイアグラム中のプロセス2を詳細化したもの。したがって，プロセス2に出入りするデータフローは，レベル1の中のいずれかのプロセスに引き継がれる。

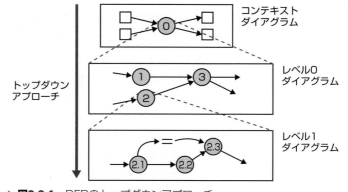

▲ **図9.2.1** DFDのトップダウンアプローチ

▼ **表9.2.3** データディクショナリとミニスペック

参考 機能仕様書といっても文章記述ではなく，構造化された自然言語やデシジョンテーブルなどが用いられる。

データディクショナリ（データ辞書）	階層化されたすべてのDFD中にある，データフローで示されたデータと，データストアを構成するデータの内容を定義したもの
ミニスペック（ミニ仕様書）	最終的に詳細化された基本的なプロセス，つまり最下位のDFDの機能仕様書

9.2.2 プロセス中心／データ中心設計技法 AM/PM

データとプロセス

ソフトウェアの設計を行うためには，その対象領域内における，「操作対象であるデータ」と「操作内容であるプロセス（機能）」を分析・設計する必要があります。データ及びプロセスは，それぞれ表9.2.4に示す特徴があります。

▼ **表9.2.4** データとプロセス

データ	・業務遂行に当たり，生成，参照，変更，削除される値の集合。 ・対象業務の特性に応じてその内容や構造が決まる。 ・生成，参照，変更，削除する業務上の方式や順序，タイミングなどに影響を受けない。 ・業務要件の変更による影響が少ない（静的，安定）。
プロセス	・業務を遂行するための処理／手順。 ・業務機能をどのように（どの単位で）分割し階層化するかによって，同一業務であってもプロセス構造は様々。 ・業務要件の変更による影響を受ける（動的）。

プロセス中心設計

ソフトウェアを設計する際，ソフトウェアが果たすべき機能に着目し，データの設計に先行してプロセスを設計し，プロセスに合わせて必要なデータを設計するという手法があります。これを**プロセス中心設計**といいます。

プロセス中心設計では，データを共有資源として認識せずにプロセスの設計を行うため，そこから導き出されるデータ構造は，プロセスに依存したものになります。そのため，業務要件が変わり機能変更が必要になると，プロセスはもちろんのこと，そのプロセスに関連するデータの変更も必要になります。

また，プロセス中心設計は，ソフトウェアが果たすべき機能を分解して定義するといった「機能構造化」の概念をもつ設計法です。そのため，複数の要件に基づく機能展開の結果，プロセスの重複という問題も発生する可能性があります。プロセスが重複すると，ソフトウェアは肥大化及び複雑化してしまうため，機能変更が多いシステムの場合，変更容易性は低く，迅速な対応が難しくなります。

データ中心設計

参考 "データ中心"に開発を行うという考え方及び概念を，**データ中心アプローチ**（**DOA**:Data Oriented Approach）という。

参考 データ中心設計では，プロセスには依存しないデータ本来の構造を設計する。

一方，安定した情報資源であるデータ構造に着目し，データ設計を先行して行うという手法を**データ中心設計**といいます。

データ中心設計の場合，業務プロセスと切り離して，先にデータを共有資源として設計し，その共有資源に基づいてプロセスを設計します。これにより，機能変更が発生し業務プロセスに変更が生じても，データに及ぼす影響は少なくてすみ，変更容易性の高いシステム構築が可能になります。

データ中心設計による開発手順

データ中心設計では，要求分析の結果を基に下記POINTに示す手順でソフトウェアの開発を行います。

参考 ①のデータモデリングの際には，E-R図やUMLなどが用いられる。

参考 ②によりデータ資源の重複が排除でき，③及び④によりデータを更新するプロセスの重複も排除できる。

POINT データ中心設計による開発手順

① **データモデリング**：対象領域のすべての業務のデータモデリングを行う。
② **データの標準化**：システムの共有資源となるデータを標準化（正規化）し，データの重複を排除する。
③ **標準プロセスの設計**：標準データ固有の操作，すなわちデータのライフサイクルを扱うプロセス（標準プロセス）を設計する。
④ **一体化**：標準データと標準プロセスの1対1の関係を作り出す。
⑤ **ソフトウェア設計**：一体化した標準データと標準プロセスを，共有資源（標準部品）として利用し，個々のソフトウェアを設計する。

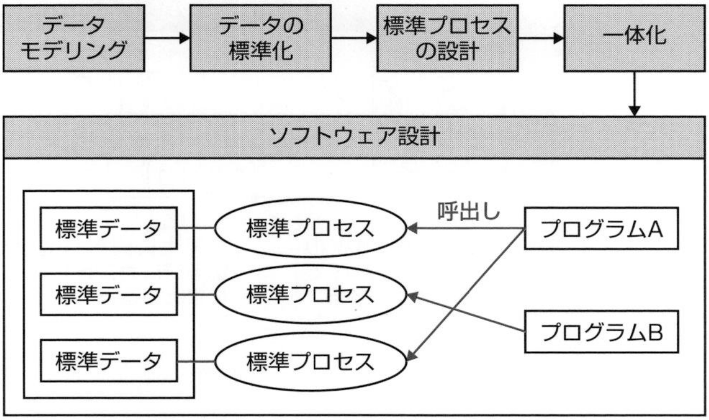

▲ **図9.2.2** データ中心設計による基本的な開発手順

CRUDマトリクス

CRUDマトリクスとは，どのデータ（エンティティ）が，どのプロセス（機能）によって，「生成（Create），参照（Read），更新（Update），削除（Delete）」されるかを，マトリクス形式で表した図です。CRUD図あるいはエンティティ機能関連マトリクスとも呼ばれます。

CRUDマトリクスを利用して，データごとの「生成・参照・更新・削除」の4つのイベントを整理することで，データモデルの適切性，及び，データとプロセスの整合性の検証ができます。下記POINTにCRUDマトリクスを検証する際の着眼点を示します。

POINT CRUDマトリクスを検証する際の着眼点

① プロセスとの関連が全くないデータ
② C，R，U，Dのいずれかが欠けているデータ
③ C，R，U，Dが1つの機能に集中しているデータ
④ あるデータの発生（C）に関連する複数のプロセス
⑤ 複数のデータの発生（C）や消滅（D）に関連するプロセス

---

②CRUDのすべてのイベントが対象業務内で処理されることが望ましい。データに対する一部のイベントが他の業務で行われる場合，そのイベントを取り込めるかを検討する。取り込めない場合は，他の業務とのインタフェースを明確にする。

①プロセスが不足していないか，不要なデータがないか，見直す。

	データ			...
	C	R	U	D
P1	○			
P2		○	○	
...				○

・C（生成：Create）
・R（参照：Retrieve）
・U（更新：Update）
・D（削除：Delete）

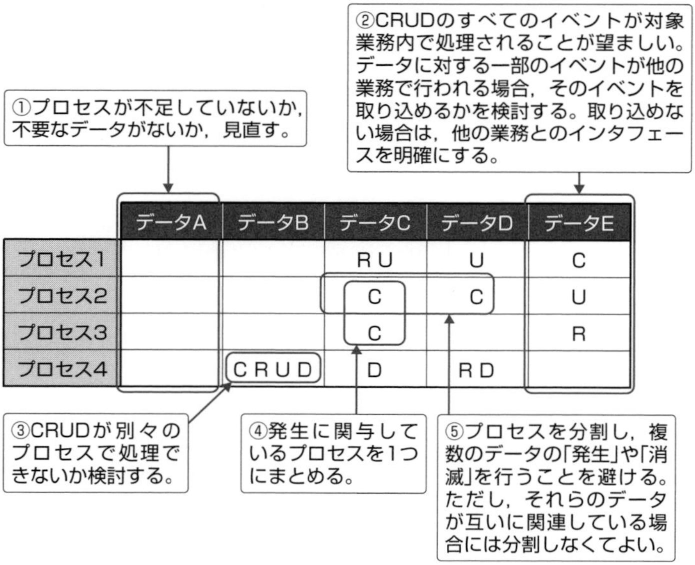

	データA	データB	データC	データD	データE
プロセス1			R U	U	C
プロセス2			C	C	U
プロセス3			C		R
プロセス4		C R U D	D	R D	

③CRUDが別々のプロセスで処理できないか検討する。

④発生に関与しているプロセスを1つにまとめる。

⑤プロセスを分割し，複数のデータの「発生」や「消滅」を行うことを避ける。ただし，それらのデータが互いに関連している場合には分割しなくてよい。

▲ **図9.2.3** CRUDマトリクスの検証例

9.2.3 事象応答分析 AM/PM

　事象応答分析とは，外部からの事象(例えば，マウスによるクリックなど)と，その事象に対する応答(システムやソフトウェアの動作)のタイミングなど，時間的な関係をすべて抽出し，制御の流れを分析することをいいます。ここでは，事象応答分析に用いられる図式化技法である状態遷移図や状態遷移表，またペトリネット図について説明します。

状態遷移図と状態遷移表

参考 状態遷移図は，プロセス制御などのイベントドリブン(事象駆動)による処理の仕様を表現するのに適している。

　状態遷移図は，時間の経過や状況の変化に応じて状態が変わるようなシステムの動作を記述するときに用いられる図式化技法です。また，状態遷移図を表形式で表現したのが**状態遷移表**です。どちらも，「システムの取り得る状態が有限個であり，次の状態は，現在の状態と発生する事象だけで決定される」場合の動作を表すのに適しています。図9.2.4に，150円のジュースを販売する自動販売機を例とした，状態遷移図及び状態遷移表を示します。ここで，使用可能な硬貨は50円と100円のみで，一度に1枚だけ投入できることとします。

〔状態遷移図〕

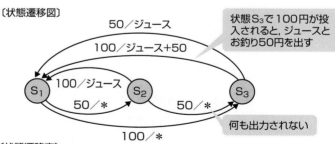

参考 状態遷移表は，次のように解釈する。例えば，「状態S₂のとき50円が投入されると，状態S₃に遷移する(このときの出力はなし)」，「状態S₃のとき100円が投入されると，ジュースとお釣り50円を出して，状態S₁に遷移する」。

〔状態遷移表〕

状態＼条件	初期・終了 S₁	投入合計50円 S₂	投入合計100円 S₃
50円硬貨投入	S₂	S₃	ジュースを出す S₁
100円硬貨投入	S₃	ジュースを出す S₁	ジュースとお釣り50円を出す S₁

▲ **図9.2.4** 状態遷移図と状態遷移表の例

ペトリネット図

　ペトリネット図は，並行動作する機能同士の同期を表現することができる図式化技法です。非同期に発生する情報の流れ，及びその制御と同期のタイミングを表現するのに用いられます。具体的には，システムを**トランジション**（事象）と**プレース**（状態）によって表現し，**トークン**（印）の推移とトランジションの発火によって並行動作が記述できます。ペトリネット図で用いられる図形要素は，図9.2.5に示す3つです。

🔍 **参考** ペトリネット図の構造は，2種類の節点（○と−）をもつ有向2部グラフで表される。

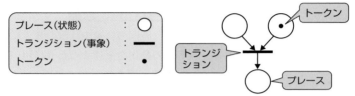

▲ **図9.2.5**　ペトリネット図の図形要素

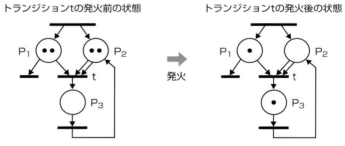

▲ **図9.2.6**　トランジションtの発火前と発火後

　図9.2.6の左図は，トランジションtの発火前の状態です。トランジションtの入力プレースであるP_1及びP_2が，それぞれトランジションtへ向かう矢印の本数以上のトークンをもったとき，トランジションtは発火します。この図の場合，プレースP_1及びプレースP_2はそれぞれ2個のトークンをもっています。また，プレースP_1からトランジションtへ向かう矢印の本数は1本，プレースP_2からは2本です。したがって，トランジションtは発火します。

🔍 **参考** トークンの必要数分の矢印を描くのではなく，1本の矢印に必要数を付記する記述方法もある。

　図9.2.6の右図は，トランジションtの発火後の状態です。トランジションtの発火により，入力プレースP_1からは矢印の本数分の1個のトークンが，また，入力プレースP_2からは2個のトーク

ンが失われます。そして，出力プレースP₃には，そこに入る矢印の本数分のトークンが加えられます。つまり，トランジションtの発火後，プレースP₃には1個のトークンが置かれることになります。

ペトリネット図では，システムの状態はプレースに置かれたトークンによって表現されます。図9.2.7に，ペトリネット図のシステム的な解釈の仕方をまとめます。

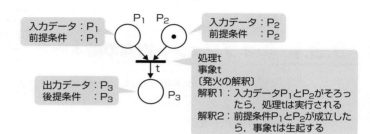

▲ **図9.2.7** ペトリネット図をシステム的に解釈する

システム開発プロジェクトのライフサイクル ☕ COLUMN

図9.2.8は，デマルコが提唱している構造化技法を基本としたシステム開発プロジェクトのライフサイクルです。

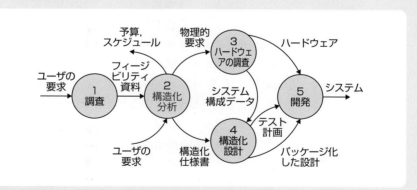

▲ **図9.2.8** システム開発プロジェクトのライフサイクル

構造化分析は，現状調査の結果（実現可能性の検討結果）とユーザ要求を情報源として，物理的要求と構造化仕様，及び予算とスケジュールを主な出力とするプロセスといえます。

9.3 オブジェクト指向設計

📖 **参照** データ中心アプローチについては，p.509 を参照。

データ中心アプローチの概念をさらに進めたのが，**オブジェクト指向**です。オブジェクト指向では，データだけでなく，実世界に存在する「物」の構造やその振舞いに着目し，「物」や「物同士の関係」をソフトウェアで表現することによって，実世界の仕組みをそのままコンピュータ上に再現しようと考えます。

9.3.1 オブジェクト指向の基本概念 　AM / PM

オブジェクト指向には，オブジェクト，カプセル化，クラス，インスタンスなど特有な用語が多くみられます。これらの用語を中心に，オブジェクト指向の基本概念を整理しておきましょう。

オブジェクトとカプセル化

👓 **参考** 一般に，オブジェクトは操作対象であるデータを指すが，オブジェクト指向における**オブジェクト**は，単なるデータそのものではなく，データ(属性)とそのデータに対する手続(メソッド)を1つにまとめたものを指す。

データ(属性)とそれを操作する手続(メソッド)を一体化して，オブジェクトの実装の詳細をオブジェクトの内部に隠ぺい(**情報隠ぺい**)することを**カプセル化**といいます。カプセル化により，オブジェクトの内部データ構造やメソッドの実装を変更しても，他のオブジェクトがその影響を受けにくくなるので，独立性が高まり，再利用がしやすくなります。

オブジェクト指向では，個々のオブジェクトに，そのオブジェクト固有の操作(作業)を割り振り，オブジェクト同士が互いに作業を依頼しながら機能します。このとき作業依頼に使われるのが**メッセージ**です。**メッセージ**は，オブジェクトのメソッドを駆動したりオブジェクトの相互作用のために使われます。

👓 **参考** メソッドは，オブジェクトのインタフェース部分といえる。メッセージに対応する処理を記述する。

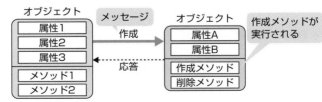

▲ **図9.3.1** オブジェクトとメッセージ

クラスとインスタンス

クラスとは，いくつかの類似オブジェクトに共通する性質を抜き出し，属性やメソッドを一般化（抽象化）して新たに定義したもので，オブジェクトの定義情報といえます。また，クラスを集めたものを**クラスライブラリ**といいます。

オブジェクト指向言語では，クラスを使用して実際にオブジェクトを定義することになりますが，クラス定義だけでは実体がなく，クラスの使用宣言をしてはじめて実体が生成されます。こうして生成された実体，つまり，具体的な値をもったオブジェクトを**インスタンス**といいます。

参考 クラスはテンプレート（雛形）。インスタンスは実体。

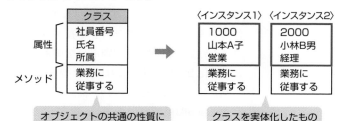

▲ **図9.3.2** クラスとインスタンス

インヘリタンス（継承）

クラスをさらに抽象化して上位のクラスを作ることができます。このような上位クラスと下位クラスという階層関係の特徴は，上位クラスの属性やメソッドを下位クラスが継承することです。この性質を**インヘリタンス**あるいは**継承**といいます。

インヘリタンスにより，新たな下位クラスを定義するとき，上位クラスと同じ属性やメソッドは定義する必要がないため，そのクラスで定義しなければならない部分（差分）のみを定義します。

参考 クラス階層の最上位にあるクラス，あるいは，**派生クラス**（あるクラスを継承して作成したクラス）の元となるクラスを**基底クラス**という。

参考 差分のみを定義する手法を**差分プログラミング**という。

参考 **多重継承** 複数のクラスから属性やメソッドを継承すること。なお，C++では多重継承が可能であるが，Javaでは許可されていない。

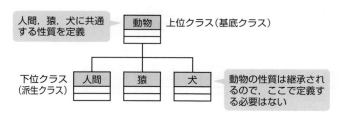

▲ **図9.3.3** インヘリタンス

9.3.2 クラス間の関係 AM/PM

階層構造をもった上位クラスと下位クラスの関係（つながり）には，「is-a関係」と「part-of関係」があります。

is-a関係

is-a関係は，**汎化－特化関係**とも呼ばれ，「～は…である」という関係を意味します。前ページの図9.3.3の例をもう一度見てみると，"人間"，"猿"，"犬"の共通となる性質をまとめて定義したものが"動物"です。言い換えれば，"動物"を具体化したものが"人間"，"猿"，"犬"です。このように，下位のクラスに共通する性質をまとめて上位クラスを定義することを**汎化**，逆に，上位クラスの性質を具体化し個別部分を加えて下位クラスを定義することを**特化**といいます。これによりつくられる関係がis-a関係です。

例えば，「人間 is-a 動物」は，人間は動物であることを意味します。is-a関係では，「B is-a A」のBのオブジェクトがいくつ欠けた場合でもAのオブジェクトは成立します。

part-of関係

part-of関係は，**集約－分解関係**とも呼ばれ，「～は…の一部である」という関係を意味します。例えば，"車"は"タイヤ"，"エンジン"，"ボディ"などに分解することができます。逆に，車を構成するこれらの要素を組み合わせると"車"になります。このように，上位クラスを構成する下位クラスをまとめ上げることを**集約**，上位クラスを下位クラスに細分化していくことを**分解**といいます。これによりつくられる関係がpart-of関係です。

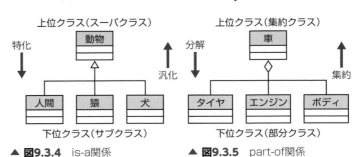

参考 is-a関係における上位クラスを**スーパクラス**，下位クラスを**サブクラス**という。

参考 part-of関係における上位クラスを**集約クラス**，下位クラスを**部分クラス**という。

▲ 図9.3.4 is-a関係　　▲ 図9.3.5 part-of関係

9.3.3 オブジェクト指向で使われる概念 AM/PM

ポリモーフィズムとオーバーライド

参考 ポリモーフィズムのイメージ

実行時の条件によって「飛行機」か「車」のどちらに乗るのかを決め，「乗り物」に対して"動け"とメッセージを送る。すると，乗っているものによって別の動作をする。

　同じメッセージを送ってもオブジェクトごとに異なる動作が行われる特性を**ポリモーフィズム**（多相性・多様性）といいます。そして，ポリモーフィズムを実現するため，スーパクラスで定義されたメソッドをサブクラスで書き直す（再定義する）ことを，**オーバーライド**といいます。オーバーライドすることでサブクラスごとに異なった性質をもつことができます。

抽象メソッドと抽象クラス

　通常，基本的なメソッド（操作）はスーパクラスで定義しますが，場合によっては，継承の性質を逆に利用して，メソッドの名前だけスーパクラスに定義しておき，実際の動作は定義しないことがあります。このようにスーパクラス内では実装が行われないメソッドを**抽象メソッド**といい，抽象メソッドをもつクラスを**抽象クラス**といいます。

　抽象クラスは，単に共通的な概念を定義するためのクラスです。メソッドの実装は定義されないため，インスタンスの生成ができません。そこで，このスーパクラスで定義されたメソッドをサブクラス（**具象クラス**という）で**オーバーライド**（再定義）し，具象クラスでインスタンス化することになります。

その他のオブジェクト指向概念

　その他，オブジェクト指向で使われる概念をまとめておきます。

▼ **表9.3.1**　オブジェクト指向で使われる概念

オーバーロード	同一クラス内に，メソッド名が同一であって，引数の型，個数又は並び順が異なる複数のメソッドを定義すること。同じような機能をもつメソッドに，同じ名前を付けることによってクラス構造を簡潔化できる
委譲	あるオブジェクトに対する操作を，その内部で他のオブジェクトに依頼すること。すなわち，メッセージを受け取ったオブジェクトが，他のオブジェクトに実際の操作を代替させることであり，これは，他のオブジェクトの操作を再利用することを意味する
伝搬	あるオブジェクトに対して操作を適用したとき，そのオブジェクトに関連する他のオブジェクトに対してもその操作が自動的に適用されること

9
システム開発技術

9.3.4 UML AM/PM

参考 UML仕様の一部を再利用し，機能追加と拡張を行ったモデリング言語にSysML(Systems Modeling Language)がある。SysMLはシステムの分析や設計の他，妥当性確認や検証を行うためにも用いられる。また，SysMLで導入されたパラメトリック図によってモデル要素間の制約条件が記述できるため，複数のシステムの組合せによって実現するSoS(System of Systems)のモデル化にも適している。

UML(Unified Modeling Language)は，オブジェクト指向分析・設計で用いられるモデリング言語です。ここでは，UML2.0で使用される主な図法を見ていきましょう。

クラス図

システム対象領域に存在するクラスと，クラス間の関連を表す図です。クラスとクラスを線で結び，線の先に記号(表9.3.2参照)を付けることで汎化や集約といったクラス間の関係を明示します。なお，各クラスの属性と操作(メソッド)を重視する場合は，クラス名のほかに属性と操作を記入しますが，クラス間の関係のみを重視する場合，属性と操作は省略します。

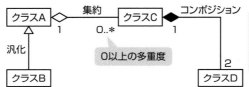

参考 オブジェクト図 クラス図がクラス間の関連を表すのに対し，クラスが実際に実体化されたインスタンス(オブジェクト)同士の関連を表す図。構造はクラス図に対応。

▲ **図9.3.6** UMLクラス図

▼ **表9.3.2** クラス間の主な関係

関連	A——B	クラスA，B間に何らかの関係がある
汎化	A◁—B	クラスBはクラスAの一種であり，クラスAを継承している
集約	A◇—B	クラスBはクラスAの部品である。ただし，クラスBは他のクラスの部品であってもよい(複数のクラスでクラスBを共有できる)
コンポジション	A◆—B	集約より強い関係を表す。クラスAからクラスBを切り離せない。クラスAが削除されるとクラスBも削除される
依存	A◁┈┈B	クラスBはクラスAに依存している。クラスBはクラスAの変更の影響を受ける

参考 全体と部品が独立して存在できる場合"集約"，全体と部品が一体化していて生存期間が同じ場合は"コンポジション"。

シーケンス図

午後問題では，クラス図やシーケンス図の空欄を埋める問題がよく出題される。問題文に示されたシナリオに合わせて両図を照らし合わせることがポイント。これにより空欄に入れるものが絞り込める。

オブジェクト間の相互作用を時間軸に沿って表す図です。横方向にオブジェクトを並べ，縦方向で時間の経過を表します。また，オブジェクト間で送受信するメッセージは矢印で表します。

他のオブジェクトの操作（メソッド）を呼び出すメッセージは実線矢印，応答メッセージは破線矢印です。

コミュニケーション図
シーケンス図が時間軸を重視した表現であるのに対し，オブジェクト間の関連（データリンク）を重視した図（UML1.xでの名称は，コラボレーション図）。

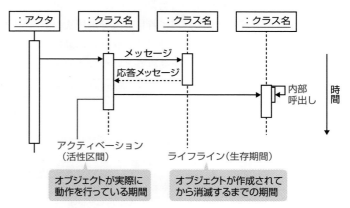

▲ **図9.3.7** UMLシーケンス図

その他，試験に出題されている主な図法を表9.3.3にまとめておきます。

▼ **表9.3.3** UML2.0の主な図法

ユースケース図	システムの範囲を長方形で囲み，システムが提供する機能（ユースケース）と利用者（アクタ）との相互作用を表す	
ステートマシン図	オブジェクトの状態遷移図。オブジェクトが受け取ったイベントとそれに伴う状態の遷移，アクションを表す	
アクティビティ図	システムやユースケースの動作（処理）の流れを表す。フローチャートのUML版。順次処理，分岐処理のほかに，並行処理や処理の同期などを表現できるのが特徴	

ステートマシン図は，状態マシン図，状態機械図ともいう（UML1.xでの名称はステートチャート図）。

9 システム開発技術

9.4 モジュール設計

9.4.1 モジュール分割技法 AM/PM

代表的なモジュール分割技法

モジュール分割技法は，データの流れに着目した分割技法と，データの構造に着目した分割技法の2つに大きく分類されますが，重要なのは，そのプログラムに最適な分割技法を選び，モジュールの独立性を高めるということです。

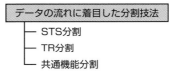

データの流れに着目した分割技法
— STS分割
— TR分割
— 共通機能分割

データの構造に着目した分割技法
— ジャクソン法
— ワーニエ法

▲ **図9.4.1** 代表的なモジュール分割技法

STS分割

STS分割は，データの流れに着目した分割技法です。「基本的なプログラムは，入力・処理(変換)・出力という構造である」ことに着目して，プログラムを入力処理機能(源泉：Source)，変換処理機能(変換：Transform)，出力処理機能(吸収：Sink)の3つのモジュールに分割します。

次ページの図9.4.2は，入力された商品コードによりデータベースを検索し，商品名と単価を表示するプログラムをモジュール分割した例です。STSの3つのモジュールに分割したあと，モジュールの階層構造図を作成しますが，このとき，3つのモジュールを制御する制御モジュールの定義が必要となります。

モジュール分割では，どの点で分割するかという基準が重要となります。STS分割では，「入力とはいえない点まで抽象化された地点」である**最大抽象入力点**と，「はじめての出力データといえる形を表す点」である**最大抽象出力点**で分割します。

試験 最大抽象入力点と最大抽象出力点を求める問題も出題されている。

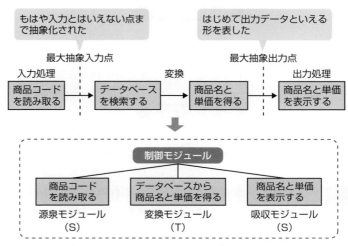

▲ **図9.4.2** STS分割とモジュールの階層構造図の例

TR分割

TR分割(**トランザクション分割**)は,入力トランザクションの種類により実行する処理が異なる場合に有効な分割技法です。TR分割では,プログラムを次の3つに分割します。

> **P O I N T** TR分割におけるプログラム分割
> ・トランザクションを入力するモジュール
> ・トランザクションを属性ごとに各モジュールに振り分けるモジュール
> ・トランザクションごとの処理モジュール

例えば,基本給の更新,手当の更新,控除の更新に関する伝票を個別に入力し,給与計算用のファイルを更新するプログラムは,TR分割で次のようなモジュールに分割されます。

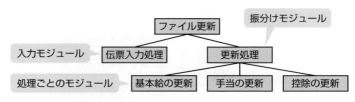

▲ **図9.4.3** TR分割の例

共通機能分割

　共通機能分割とは，STS分割，TR分割などで分割されたモジュールの中に，共通する機能をもったモジュールがある場合，それを共通モジュールとして独立させる方法です。

ジャクソン法

　ジャクソン法（JSP：Jackson Structured Programming）は，データ構造に基づいて分割を進める構造化設計技法です。プログラムの構造は，入力と出力のデータ構造から必然的に決まるという考え方から，それぞれの構造を，図9.4.4に示す「基本」，「連続」，「繰返し」，「選択」の4つの要素を組み合わせた階層的木構造（JSP木）で表現し，対応させたうえで，出力データ構造を基本形としてプログラム構造を作成します。

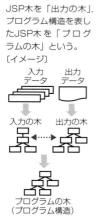

参考　入力データ構造を表したJSP木を「入力の木」，出力データ構造を表したJSP木を「出力の木」，プログラム構造を表したJSP木を「プログラムの木」という。
〔イメージ〕

入力データ　出力データ

入力の木　出力の木

プログラムの木
（プログラム構造）

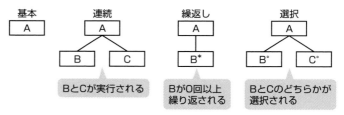

▲ **図9.4.4**　JSP木の構成要素

ワーニエ法

　ワーニエ法は，集合論に基づく構造化設計技法です。ジャクソン法が主に出力データ構造を基にプログラムの構造化を図ったのに対し，ワーニエ法では入力データ構造を基に「いつ，どこで，何回」という考え方でプログラム全体をブレイクダウンし，展開していきます。なお，プログラムの基本論理構造は，「スタート部」，「処理部」，「エンド部」の部分集合から構成されます。

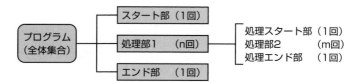

▲ **図9.4.5**　プログラムの論理構造

9.4.2 モジュール分割の評価 AM/PM

構造上の評価

　複雑なプログラムは複数のモジュールに分割することによって，わかりやすく，保守しやすいプログラムになります。しかし，1つのモジュールに多くの機能が含まれていたり，モジュール間インタフェースが複雑だったりすると，その効果は薄れます。「構造上の評価」では，このような観点から，モジュールが適切に分割されているかどうかの評価を行います。

◯モジュールの大きさ

　モジュールは原則として論理的な単位で分割を行い，できるだけ1つの機能をもった独立性の高いものにします。ただし，モジュールが小さ過ぎると，管理が煩雑になるため，その場合は下位モジュールを上位モジュールなどに組み込むことを考えます。

◯モジュール間インタフェース

　モジュールを階層構造化する場合，上位モジュールと下位モジュールのモジュール間インタフェースは必要最小限に抑えるなどしてモジュール結合度を弱くし，下位(上位)モジュールの変更が上位(下位)モジュールに影響しないようにする必要があります。

独立性の評価

　分割された複数のモジュールは，それぞれに独立性が高いモジュールでなければなりません。**独立性**とは，互いに関連し合うモジュール同士が相手のモジュールの影響をできるだけ受けないという特性です。独立性の高いモジュールであれば，関連モジュールが修正されても，それによる影響は少なくて済みます。したがって，モジュールの独立性を高めておくことは，保守の効率化と保守コストの削減につながります。また，プログラム開発(製造)においても，並行作業が容易になるなど，その効果は期待できます。

　モジュールの独立性を評価する尺度としては，モジュール間の関連性の強さを示す**モジュール結合度**と，モジュール内の構成要

素間の関連性の強さを示す**モジュール強度**(結束性)があります。

◯ モジュール結合度

　モジュール結合度は，モジュール間の関連性の強さを示すもので，次の6つの種類があります。モジュール結合度が弱ければ弱いほど，モジュールの独立性は高くなります。

▼ **表9.4.1** モジュール結合度の種類

独立性 低	結合度 強		
		内容結合	絶対番地を用いて直接相手モジュールを参照したり，相手モジュールに直接分岐する
		共通結合	共通領域(グローバル領域)に定義されたデータを参照する
		外部結合	必要なデータだけを外部宣言し，他のモジュールからの参照を許可し共有する
		制御結合	機能コードなど，モジュールを制御する要素を引数として相手モジュールに渡し，モジュール内の機能や実行を制御する。モジュール強度の論理的強度がこれに相当する
		スタンプ結合	相手モジュールで，構造体データ(レコード)の一部を使用する場合でも，構造体データすべてを引数として相手モジュールに渡す
高	弱	データ結合	相手モジュールをブラックボックスとして扱い，必要なデータだけを引数として渡す

参考 **グローバル領域**は，どのモジュールからでも共通に参照することができる領域で，どのモジュールにも含まれない。

試験 モジュール結合度が最も弱い(モジュールの独立性が最も高い)，データ結合が問われる。

◯ モジュール強度(結束性)

試験 各モジュール強度に関して，その具体的なモジュールのイメージができるようにしておこう。

　モジュール強度(結束性)は，モジュール内の構成要素間の関連性の強さを示すもので，次の7つの種類があります。モジュール強度が強いほど，モジュールの独立性は高くなります。

　例えば，2つの機能A，Bを1つにまとめ，引数でどちらの機能を使うのかを指定するようにしたモジュールABは，論理的強度をもつモジュール(モジュール結合度においては，制御結合)となります。これに対し，必ずX，Yの順番に実行され，しかもXで計算した結果をYで使う，2つの機能X，Yを1つにまとめたモジュールXYは，連絡的強度をもつモジュールになるので，モジュールABよりモジュールXYの方がモジュール強度が強く，独立性が高いモジュールです。

▼ **表9.4.2** モジュール強度の種類

独立性 低	強度 弱		
		暗合的強度	プログラムを単純に分割しただけで、モジュールの機能を定義できない、又は、複数の機能をあわせもつが、機能間にまったく関連はない
		論理的強度	関連した複数の機能をもち、モジュールが呼び出されるときの引数(機能コード)で、モジュール内の1つの機能が選択、実行される。モジュール結合度の制御結合がこれに相当する
		時間的強度	初期設定や終了設定モジュールのように、特定の時期に実行する機能をまとめたモジュール。モジュール内の機能間にあまり関連はない
		手順的強度	複数の逐次的に実行する機能をまとめたモジュール
		連絡的強度	手順的強度のうち、モジュール内の機能間にデータの関連性があるモジュール
		情報的強度	同一のデータ構造や資源を扱う機能を1つにまとめ、機能ごとに入口点と出力点をもつモジュール
高	強	機能的強度	1つの機能だけからなるモジュール

参考 「データの関連性がある」とは、同じデータを参照することを意味する。

9 システム開発技術

領域評価

　領域評価は、モジュールの制御領域と影響領域を評価することです。モジュールの制御領域とは、そのモジュールが制御する範囲のことで、例えば、図9.4.6のモジュールDの制御領域は、モジュールD自身とそれに従属するモジュールEとなります。

参考 「モジュール構造図はピラミッド型を経てモスク型になる」という、モジュール形状による評価基準もある。

モスク(回教寺院)型

共通モジュール

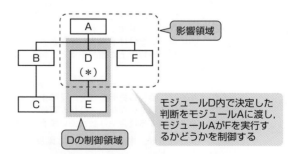

▲ **図9.4.6**　制御領域と影響領域(制御領域＜影響領域)

　また、影響領域とは、あるモジュール内での決定が影響を及ぼす範囲のことで、図9.4.6において、モジュールD内で決定した判断をモジュールAに渡し、モジュールAがFを実行するかしないか

を制御する場合，モジュールD内での決定による影響範囲は，モジュールA，Fに及びます。

　モジュール分割を行ったあと，制御領域と影響領域の評価を行い，「制御領域≧影響領域」となっている場合はよいのですが，図9.4.6のように「制御領域＜影響領域」となっている場合には，モジュールの独立性が低くなっているため改善が必要となります。

コード設計

　処理効率の向上とデータの体系化のため，使用目的に適したコード体系を設計することを**コード設計**といい，コード設計は外部設計における重要な作業の1つです。下記に，コード設計の大まかな流れとコードの種類・特徴をまとめておきます。時々，試験に出題されるテーマなので，学習しておきましょう。

〔コード設計の大まかな流れ〕
　①コード化対象の選定とコード化目的の明確化
　②使用期間とデータ件数の予測
　③コード体系の決定
　④コード化作業とコード表作成
　⑤コードファイル作成

▼ **表9.4.3**　主なコードの種類と特徴

コード種類	特　徴
順番コード	・連番コード，**シーケンスコード**ともいい，データの発生順，あるいはデータを一定の順に並べて順番に番号を付けたコード ・少ない桁数でコード化できる ・発生順にコードを付ける場合，追加が容易 ・データ件数が予想以上に増加すると，桁数が不足する可能性がある ・分類がわからない
区分コード	・分類コードともいい，データをいくつかのグループに分割し，それぞれのグループに番号の範囲を与え，その中で連番を付けたコード ・少ない桁数で多くのグループ分けが可能 ・データを追加する場合や件数が多い場合に不便
桁別コード	・データを大分類，中分類，小分類と階層化し，それぞれの層内で連番を付けたコード ・データ項目の構成の分類基準が明確 ・各桁が分類上の特定の意味をもっているのでわかりやすい ・桁数が大きくなりやすい
表意コード	・ニモニックコードともいい，商品の略称や記号などをコードとする ・コードの値からデータの対象物を連想でき，覚えやすいが分類には不便

9.5 テスト

プログラムやモジュールが要求された仕様どおりに正しく動作するかを検証するために行われる代表的なテスト手法に，図9.5.1のような手法があります。

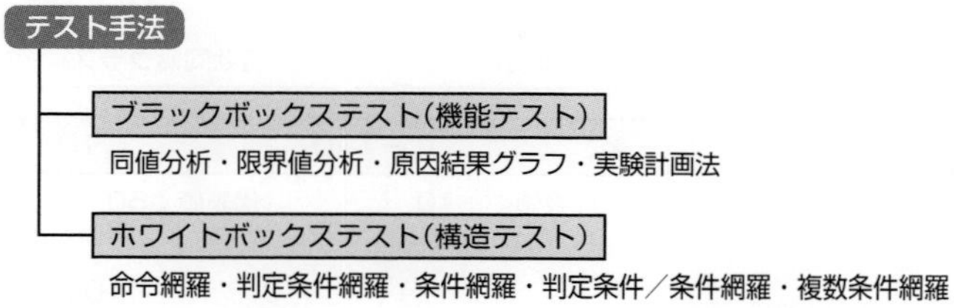

```
┌─ テスト手法
│
├─┬─ ブラックボックステスト(機能テスト)
│ │  同値分析・限界値分析・原因結果グラフ・実験計画法
│ │
└─┴─ ホワイトボックステスト(構造テスト)
     命令網羅・判定条件網羅・条件網羅・判定条件／条件網羅・複数条件網羅
```

▲ **図9.5.1** テスト手法

9.5.1 ブラックボックステスト　AM / PM

ブラックボックステストは，単体テストからシステムテストまで，すべてのテスト工程で使用でき，また，ユーザの立場から見た機能のテストに適する。

ブラックボックステストでは，プログラムの内部構造や論理構造には一切着目せず，プログラムをブラックボックスとして考えます。そして，プログラムの外部仕様に基づくテストケースを作成し，プログラムのもつ機能，つまり，入力に対して正しい出力が得られるかどうかに着目したテストを行います。したがって，プログラムに冗長なコードがあっても，それを検出できないという欠点があります。

同値分析

同値分析は，テスト対象となるプログラムへの入力データを，同じ特性をもついくつかのクラスに分割して，各クラスを代表する値をテストデータとする方法です。**同値分割**ともいいます。

同じ特性をもつクラスを**同値クラス**といい，同値分析では，正しい値をもつ**有効同値クラス**と正しくない値をもつ**無効同値クラス**に分割し，それぞれのクラスから1つテストデータを設定します。

例えば，数字項目において，0〜100までが正しいデータで，それ以外はエラーを表示するプログラムの場合，有効同値クラスは「0〜100」，無効同値クラスは「−∞〜−1」，「101〜∞」で

す。同値分析では，各クラスの代表値をテストデータとするので，例えば「−10，50，120」を採用すればよいことになります。

限界値分析

限界値分析では，それぞれのクラスの境界値(端の値)をテストデータとして設定します。したがって，先の例では，「−1，0，100，101」をテストデータとして採用することになります。

無効同値クラス	有効同値クラス	無効同値クラス
−∞　　　　−1	0　　　　100	101　　　　∞
代表値：−10	代表値：50	代表値：120

　−1　　0　　100　　101

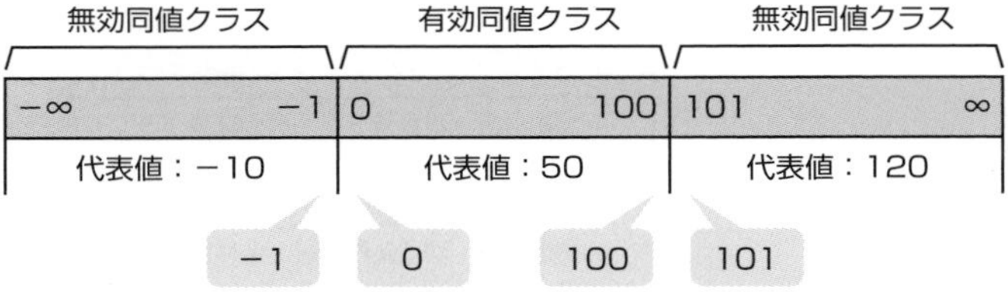

▲ **図9.5.2** 同値分析と限界値分析

原因結果グラフ

原因結果グラフ(因果グラフともいう)は，入力(原因)と出力(結果)の論理関係をグラフ化したものです。表9.5.1に示す記号を用いてグラフ化し，それを基にデシジョンテーブルを作成してテストケースを設定していきます。

▼ **表9.5.1** 原因結果グラフの記号(一部)

論理関係	記号	説明
同値	①——②	①であれば，②が起こる
否定	①〜②	①でなければ，②が起こる
和(OR)	①②∨③	①又は②であれば，③が起こる
積(AND)	①②∧③	①かつ②であれば，③が起こる

　数学Ⅰと数学Ⅱの2つの試験結果から合格判定をするプログラムのテストケースを考えてみます。「数学Ⅰが80点以上」，「数学Ⅱが65点以上」の2つの条件のうち，少なくとも1つを満たしているときは合格となり，そうでなければ不合格です。

　まず，合格条件を基に，原因結果グラフを作成します。

参考 原因結果グラフ
から次のことが
わかる。
③＝①∨②
④＝①∧②

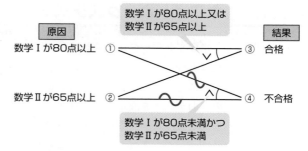

▲ **図9.5.3** 原因結果グラフ

参照 デシジョンテー
ブルについては、
p.535を参照。

次に、この原因結果グラフを基にデシジョンテーブル（決定表）を作成し、テストケースを設定します。

原因	① 数学Ⅰが80点以上	Y	Y	N	N
	② 数学Ⅱが65点以上	Y	N	Y	N
結果	③ 合格	X	X	X	－
	④ 不合格	－	－	－	X

▲ **図9.5.4** デシジョンテーブル

実験計画法

実験計画法は、検証項目の組合せによるテストケースの数が膨大になる場合に有効なテストケース設計法です。実験計画法では、直交表を用いることによって、検証項目の組合せに偏りのない、かつ少ないテストケースの作成ができます。

例えば、入力項目がA、B、Cの3つあり、それぞれの項目について入力値が正しいか正しくないかを検証する場合、このすべての組合せをテストするには$2^3＝8$パターンのテストケースが必要ですが、直交表を用いると次の4つのケースですむことが知られています。

参考 No.1〜4の4つ
のケースに、2
つの項目がとるすべて
の組合せが含まれてい
て、3つの項目につい
ても、その50％が含
まれている。
2つの項目がとるすべ
ての組合せとは、次の
4つ。
[1，1] [1，0]
[0，1] [0，0]

▼ **表9.5.2** 実験計画法

テストケースNo.	項目A	項目B	項目C
1	1	1	1
2	1	0	0
3	0	1	0
4	0	0	1

1：正しい
0：正しくない

9.5.2 ホワイトボックステスト AM/PM

網羅性を検査するツールとして、テストカバレージツールがある（p.269参照）。

　ホワイトボックステストは、プログラムの内部論理の正当性の検証を行うテストです。プログラムの論理構造、すなわち制御の流れに着目して行われるテストなので、本来は考えられるすべての入力データを設定し、プログラムのすべての命令や経路（パス）を通るようなテストケースの作成が望ましいのですが、作業量や時間面から、それを行うことは困難です。そこで、網羅性を考慮したうえで判断（分岐）や繰返しなど、論理の重要な部分に着目したテストケースを作成しテストを行います。

網羅性

　網羅性のレベル（基準）には、命令網羅、判定条件網羅（分岐網羅）、条件網羅、判定条件／条件網羅、複数条件網羅があり、一般に後者ほど網羅率の高い基準となります。

▼ **表9.5.3** 網羅性のレベル

複数条件とは、「条件a OR 条件b」というように、1つの判定条件に複数の条件が含まれるものを指す。

命令網羅	すべての命令を少なくとも1回は実行するようにテストケースを設計する
判定条件網羅（分岐網羅）	判定条件において、結果が真になる場合と偽になる場合の両方がテストされるようにテストケースを設計する
条件網羅	判定条件が複数条件である場合に採用する方法。判定条件を構成する各条件が、真になる場合と偽になる場合の両方がテストされるようにテストケースを設計する。ただし、判定条件の真偽両方をテストしなくてもよい
判定条件／条件網羅	判定条件網羅と条件網羅を組み合わせてテストケースを設計する
複数条件網羅	判定条件を構成する各条件の起こり得る真と偽の組合せと、それに伴う判定条件を網羅するようにテストケースを設計する

判定条件がOR条件の場合、テストケースの設計方法によっては、判定条件自体の誤りを発見できないことがある。

　図9.5.5の判定条件「条件1 OR 条件2」を例に、それぞれの基準で設計されるテストケースとテスト経路をみていきましょう。

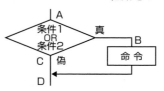

▲ **図9.5.5** 判定条件「条件1 OR 条件2」のケース

命令網羅

命令網羅率は100%だが，経路の網羅率は50%。

命令網羅では，すべての命令を少なくとも1回は実行すればよいので，この場合，表9.5.4のテストケース②でも命令網羅の基準を満たします。しかし，このテストケースだけでは，判定条件が偽のときの経路「A−C−D」の確認ができません。

テストケース

	条件1	条件2
①	真	真
②	真	偽
③	偽	真
④	偽	偽

▼ **表9.5.4** 命令網羅のテストケース例

テストケース番号	条件1	条件2	判定条件	テスト経路
②	真	偽	真	A−B−D

判定条件網羅（分岐網羅）

判定条件網羅では，判定条件について，真偽を網羅すればよいので，先のテストケース②に加えて④を用意すれば判定条件網羅の基準を満たし，また経路「A−B−D」と「A−C−D」の確認ができるので，命令網羅よりテストの網羅性は高くなります。

このテストケースでは，判定条件網羅の基準を満たしても，条件2が真になる場合のテストが行われないので，条件網羅の基準を満たさない。

▼ **表9.5.5** 判定条件網羅のテストケース例

テストケース番号	条件1	条件2	判定条件	テスト経路
②	真	偽	真	A−B−D
④	偽	偽	偽	A−C−D

条件網羅

条件網羅では，判定条件を構成するそれぞれの条件について，真偽を網羅すればよいので，表9.5.6のテストケース②と③でも条件網羅の基準を満たします。しかし，このテストケースでは，判定条件が偽のときの経路「A−C−D」の確認ができないので，テストの網羅性は低くなります。

このテストケースでは，条件網羅の基準を満たしても，判定条件網羅の基準を満たさない。

▼ **表9.5.6** 条件網羅のテストケース例

テストケース番号	条件1	条件2	判定条件	テスト経路
②	真	偽	真	A−B−D
③	偽	真	真	A−B−D

そこで，**判定条件／条件網羅**では，判定条件網羅と条件網羅を組み合わせてテストケースを設計し，判定条件における真偽，お

よび各条件における真偽を網羅します。

◯ 複数条件網羅

複数条件網羅では，判定条件を構成する各条件の起こり得る真と偽の組合せと，それに伴う判定条件を網羅するように，表9.5.7のテストケース①，②，③，④を用意します。

▼ **表9.5.7** 複数条件網羅のテストケース例

テストケース番号	条件1	条件2	判定条件	テスト経路
①	真	真	真	A－B－D
②	真	偽	真	A－B－D
③	偽	真	真	A－B－D
④	偽	偽	偽	A－C－D

参考 制御パステスト（制御フローテストともいう）に対して，データフローテストがある。これは，プログラムの中で使用されているデータや変数が「定義→使用→消滅」の順に正しく処理されているかを確認するテスト。

制御パステスト

命令網羅，判定条件網羅，条件網羅といった網羅性に着目して，プログラムの処理経路（パス）を網羅的に実行し，正しく動作しているかを検証するテストを**制御パステスト**といいます。テストすべきプログラムの処理経路は，プログラムをフローグラフ（制御フローグラフともいう）に置き換えることで求められます。

フローグラフとは，プログラムを連続した逐次命令群と，分岐命令（繰返しを含む）に分け，それぞれをノードとし，処理の順にノードとノードを有向線分（エッジ）で結んだものです。例えば，先の図9.5.5を条件網羅でテストする場合のフローグラフは，次のようになります。フローグラフの開始から，同一エッジを複数回通過しないで出口に達するノードの列が1つの経路です。

参考 分岐命令の判定条件が，AND，ORなどを用いて構成されている複数条件の場合は，それを分解してからフローグラフに置き換える。

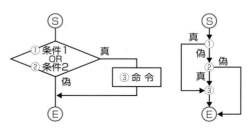

▲ **図9.5.6** フローグラフ

フローグラフから得られるすべての経路の数を，サイクロマチック数といいます。**サイクロマチック数N**は，フローグラフのエッジ数Eとノード数Vから，「N＝E－V＋2」で求めることができ，図9.5.6のフローグラフのサイクロマチック数は3です。したがって，この3つの経路を通るテストケースを作成し，テストを行うことで処理経路（パス）を網羅できます。

参考 図9.5.6のフローグラムの経路
・S→①→③→E
・S→①→②→③→E
・S→①→②→E

9.5.3 モジュール集積テスト技法 （AM/PM）

結合テスト（ソフトウェア結合テスト）では，一般に，単体テストが終了したモジュールを2つ，3つと徐々に結合させてテストを進めていきますが，それを上位モジュールから行うのか下位モジュールから行うのかなど，テストの進め方にはいくつかの方法があります。この結合テストを進めるための技法を**モジュール集積テスト技法**といい，モジュール集積テストは大きく分けて，増加テストと非増加テストに分類されます。

参考 非増加テストには，プログラムを構成するすべてのモジュールの単体テストが終了してから全モジュールを結合し，一気にテストを行う**ビッグバンテスト**と，単体テストを省略し，必要なモジュールをすべて結合して行う**一斉テスト**がある。

▶増加テスト

増加テストには，ボトムアップテスト，トップダウンテスト，折衷テストがあります。

◎ボトムアップテスト

ボトムアップテストは，下位のモジュールから上位のモジュールへと順にモジュールを結合しながらテストをする方法です。未完成の上位モジュールの代わりに**ドライバ**（テスト用モジュール）が必要となります。

参考 ドライバは，テスト対象モジュールの上位モジュール機能をシミュレートするモジュール。次の機能をもつ。
・引数を渡してテスト対象モジュールを呼び出す。
・テスト対象モジュールからの戻り値を表示・印刷する。

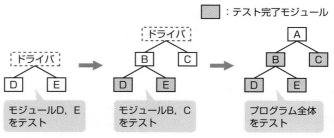

▲ **図9.5.7** ボトムアップテストの流れ

◯トップダウンテスト

トップダウンテストは，ボトムアップテストとは逆に，上位のモジュールから下位のモジュールへと順にモジュール結合しながらテストする方法です。未完成の下位モジュールの代わりに**スタブ**(テスト用モジュール)が必要となります。

スタブは，次の機能をもつ。
・テスト対象モジュールから呼び出される。
・テスト対象モジュールへ擬似な戻り値を返す。

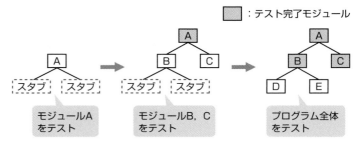

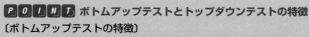

▲ **図9.5.8** トップダウンテストの流れ

POINT ボトムアップテストとトップダウンテストの特徴

〔ボトムアップテストの特徴〕
・上位モジュールの機能をシミュレートするドライバが必要。
・モジュール数の多い下位の部分から開発することになるので，開発の初期段階から並行作業が可能。
・各モジュールのインタフェースの検証をドライバの下で行っているため，テストの最終段階でインタフェース上の問題が発生する可能性がある。

〔トップダウンテストの特徴〕
・下位モジュールの代わりにスタブが必要。
・モジュール数の少ない上位の部分から開発することになるので，開発の初期段階では並行作業が困難。
・重要度の高い上位モジュールのインタフェース・テストが早期に実施でき，また上位モジュールを繰り返し実行することになるので信頼性が高い。

◯折衷テスト

折衷テストは，ボトムアップテストとトップダウンテストを組み合わせた方法です。折衷ラインを決め，その上位をトップダウンテスト，下位をボトムアップテストで並行して行います。

折衷テストは，サンドイッチテストともいう。

デシジョンテーブル(決定表)

複数の条件とそれによって決定される処理(動作)を整理した表です。プログラム制御の条件漏れなどのチェックに効果があり,また,複雑な条件判定を伴う要求仕様の記述手段としても有効な方法です。

条件1	Y	Y	N	N
条件2	Y	N	Y	N
処理1	X	X	—	—
処理2	—	—	X	—

条件1を満たしていれば,処理1を実行

▲ **図9.5.9** デシジョンテーブルの構成

その他のテスト

①**システム結合テスト**:システム方式設計で定義したテスト仕様に従って行われるテストです。ソフトウェア構成品目,ハードウェア構成品目,手作業及び必要に応じてほかのシステムをすべて統合したシステムが要件を満たしているかどうかを確認します。システム統合テストともいいます。

②**システム適格性確認テスト**:システム要件定義で定義したシステム要件に従って行われるテストです。システムが要件どおりに実現されているかどうかを確認します。システムテスト,システム検証テストともいいます。

▼ **表9.5.8** システム検証テストの種類

機能テスト	システム要件を満たしているかどうかをチェックする
性能テスト	スループット,レスポンスタイムなどの性能をチェックする
操作性テスト	ユーザが操作しやすいかどうか,ユーザインタフェースをチェックする
障害回復テスト	障害発生への対策が十分かどうか,回復機能をチェックする
負荷テスト	実際の稼働時と同じ,あるいは,より大きな負荷がかかったときのシステムの性能や機能をチェックする
耐久テスト	長時間の連続稼働に耐えられるかどうかをチェックする
例外テスト	例外や異常データの入力に対する対処(耐性)をチェックする。なお,入力データの妥当性(属性,桁数,データ範囲など)をチェックすることを,**エディットバリデーションチェック**という

③**リグレッションテスト**:現在稼働している,あるいは開発途中のシステムの一部を修正したとき,その修正が他の部分に影響して新しい誤りが発生していないかどうかを検証するテストです。**回帰テスト**(退行テスト)とも呼ばれます。

④**探索的テスト**:経験や推測に基づいて,重要と思われる領域に焦点を当ててテストし,その結果を基にした新たなテストケースを作成して,テストを繰り返す技法です。

⑤**ファジング**:問題を引き起こしそうなデータを検査対象に大量に送り込み,その応答や挙動を監視することで脆弱性を検出する検査手法です。

9.6 テスト管理手法

参考 プログラム中のバグ発見のため，プログラミング工程では，プログラムのソースコードを対象としてレビューが行われる。テスト工程では，適切なテストケースを設計してテストが行われる。

プログラムは，そこに潜むバグ（不良）が少なければ少ないほど，品質がよいといえます。したがって，プログラムの品質は，バグの発見率により評価されます。ここでは，テスト工程における品質管理に用いられるバグ管理図やバグ数の推測方法の概要を説明します。

9.6.1 バグ管理図 〔AM/PM〕

信頼度成長曲線

参考 一般に，テスト初期段階ではゴンペルツ曲線，テスト中盤ではロジスティック曲線が用いられる。

プログラムのバグ発生数は，経験的にロジスティック曲線やゴンペルツ曲線などの成長曲線で近似できることが知られています。成長曲線は，横軸にテスト時間，あるいはテスト消化件数をとり，縦軸にバグの累積個数をとったグラフです。**信頼度成長曲線**，あるいは**バグ曲線**とも呼ばれています。

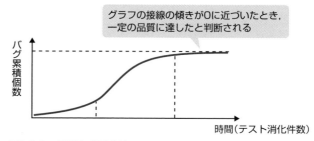

▲ **図9.6.1** 信頼度成長曲線

> **POINT** 信頼度成長曲線の形状
> ・テスト開始直後はバグの発生数は少ない
> ・時間経過とともに徐々に増加していく
> ・最終的にある一定のバグ数に収束する
> 　（グラフの接線の傾きが0に近づく）

バグ管理

　バグ管理では，実際に行われているテストの実績（**バグ累積数**）をグラフ上にプロットして**バグ管理図**を作成し，一般的な信頼度成長曲線の形状と比較することで，プログラムの品質状況やテストの進捗状況を判断します。テストに要した時間と発見されたバグの累積数をグラフ上にプロットしていくと，一般的には，図9.6.1のような信頼度成長曲線の形状を描くはずです。この形状にならない場合は，バグが多い，テストの質が悪いなど，何らかの原因があると判断できます。

　例えば，プロットした点がα，あるいはβのような形状を描いた場合には，それぞれ次のような判断ができます。

 グラフの形状から，テスト状況を判断できるようにしておこう。

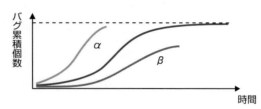

▲ **図9.6.2**　バグ管理図

 プロットした点が一般的な形状を描いた場合でも，適切なテストケースでテストが行われているかどうかの確認は必要。

- **αの形状となった場合**

　テストの初期段階でバグが多発しています。これは，テスト消化項目数があまり多くない段階で，不良件数が多いことを意味するので，「プログラムの質が悪い」と判断できます。しかし，このような現象が起こるのは，プログラム作成だけに原因があるのではなく，設計段階でのミスが原因となっている可能性も否定できません。したがって，設計段階にさかのぼり，再度見直しを行う必要があります。

- **βの形状となった場合**

　テストの中盤となってもバグの検出がなかなか進んでいません。このような場合，「テストの質が悪い」，「テストケースの欠落」，あるいは「解決困難なバグに直面した」などが考えられます。また逆に，「プログラムの品質がきわめてよい」とも考えられます。したがって，この場合，様々な観点から，現在行っているテスト状況を分析する必要があります。

 下記のバグ管理図も出題される。

このような推移になった場合は，解決困難なバグに直面し，その後のテストが進んでいない可能性がある。

9

システム開発技術

9.6.2 バグ数の推測方法 AM/PM

バグ埋込み法

　プログラム（ソフトウェア）の潜在バグ数を推定する方法の1つに，**バグ埋込み法**（エラー埋込み法）があります。これは，あらかじめ既知のバグをプログラムに埋め込んでおいて，その存在を知らない検査グループがテストを行った結果を基に，潜在バグ数を推定する方法です。この方法では，埋込みバグ数と潜在バグ数の発見率が同じであると仮定し，次の式を用いて潜在バグ数を推定します。

> **P O I N T　バグ埋込み法における潜在バグ数の推定方法**
>
> $$\frac{発見された埋込みバグ数}{埋込みバグ数} = \frac{発見された潜在バグ数}{潜在バグ数}$$

　例えば，当初の埋込みバグ数が48個，テスト期間中に発見されたバグのうち，埋込みバグ数が36個，真のバグ（潜在バグ）数が42個であるとしましょう。

- ・埋込みバグ数　　　　　　　　＝ 48個
- ・発見された埋込みバグ数　＝ 36個
- ・発見された潜在バグ数　　　＝ 42個

　上記の式にそれぞれの値を代入し，潜在バグ数aを求めると，

$$\frac{36}{48} = \frac{42}{a} \quad \Rightarrow \quad 36 \times a = 48 \times 42 \quad \therefore a = 56個$$

　以上から，潜在バグ数は56と予測できます。さらにここから，残存バグ数を14（＝56－42）個と求めることもできます。

試験　潜在バグ数や残存バグ数だけでなく，公式そのものが問われることがある。

2段階エディット法

　2段階エディット法では，完全に独立した2つのテストグループA，Bが，テストケースやテストデータをそれぞれのグループで用意し，一定期間並行してテストを行います。その結果，グループAが検出したエラー数がN_A個，グループBが検出したエラー数がN_B個であり，そのうちN_{AB}個が共通するエラーであった場合，システムの総エラー数Nを次の式によって推定します。

参考　2段階エディット法は，Basinにより提案された方法。A，Bのバグを検出する能力と効率は等しいものと仮定して考える。

> **POINT** 2段階エディット法における総エラー数の推定式
>
> $$N=\frac{N_A \times N_B}{N_{AB}}$$

上記の総エラー数Nを推定する式は，それぞれのグループにおけるエラー検出数を総エラー数の確率として捉え，独立事象の乗法定理を適用することで導けます。

確率については
p.46を参照。

> **POINT** 独立事象の乗法定理
>
> 事象Bが起こる確率が事象Aの起こり方に影響されない場合，事象AかつBの起こる確率P(A∩B)は，次の式で求められる。
>
> $$P(A \cap B)=P(A) \times P(B)$$

①グループAが検出したエラー数は，総エラー数の$\frac{N_A}{N}$で，これをP(A)とする。

②グループBが検出したエラー数は，総エラー数の$\frac{N_B}{N}$で，これをP(B)とする。

③グループA，Bが検出したエラー数は，総エラー数の$\frac{N_{AB}}{N}$で，これをP(A∩B)とする。

以上，①，②，③を独立事象の乗法定理に代入すると，下式が成り立ちます。

上記の公式だけ
試験 ではなく，右の
N_{AB}とN_A，N_Bの関係式
も問われることがある。

$$\frac{N_{AB}}{N}=\frac{N_A}{N} \times \frac{N_B}{N}$$

これをNについて整理すると，

$$N=\frac{(N_A \times N_B)}{N_{AB}}$$

となります。

したがって，例えば，あるプログラムについて，グループA，Bがそれぞれ30個，40個のエラーを検出し，そのうち20個が共通のエラーであった場合，プログラム総エラー数Nは，次のように推定されます。

$$N=\frac{(30 \times 40)}{20} \qquad \therefore N=60個$$

9
システム開発技術

9.7 レビュー

9.7.1 レビューの種類と代表的なレビュー手法 AM/PM

レビューとは

参考 システムへの要求仕様は，ソフトウェア開発の各工程において，次第に詳細化されていくため，設計上のミスはできる限り早期に発見されなければならない。もし，上流工程での設計ミスが発見されず，下流工程であるプログラミングやテストにまで引き継がれることがあれば，それを修正するためのコストはプログラムミスを修正するコストに比べ莫大となる。そこで，エラーの早期発見のために有効な手段の1つとなるのがレビューである。

各種設計書やプログラムソースなどの成果物の問題点や曖昧な点，あるいは成果物としての妥当性を検証することを**レビュー**といいます。ソフトウェアに関するレビューは，承認レビューと成果物レビューに大きく分けられます。

承認レビューは，成果物の内容を審査して，次の工程に進むための関門（承認）として実施されるレビューです。これに対して，**成果物レビュー**は，成果物の問題点を早期に発見し品質向上を図ること，また，成果物が要求事項を満たしているかどうかの確認（遵守度合いの検査）を目的に行われるレビューです。

レビューの種類

レビューには，レビューアの違いにより，作成者自身が1人で行う机上チェック，同じプロジェクトの同僚や専門家仲間と行う**ピアレビュー**，ソフトウェア開発組織から独立した組織の指導と管理に基づいて行う**IV&V**（Independent Verification and Validation：独立検証及び妥当性確認）などがありますが，一般にソフトウェアのレビューというと，ピアレビューを指します。

代表的なレビュー手法

ピアレビューの代表的な手法には，ウォークスルー，インスペクション，ラウンドロビンのレビューなどがあります。

ウォークスルー

レビュー対象物（成果物）の作成者が説明者になり行われるレビューです。成果物作成者とその関係者により実施されます。従来のミーティング形式のレビューでは，成果物の品質評価が作成者の評価になりやすい，だらだらと長時間にわたりやすいといった欠点がありましたが，これを排除したのがウォークスルーです。

〔ウォークスルーの特徴〕
・レビュー対象物の作成者が内容を順に説明し，レビュー
　参加者は説明に沿って対象物を追跡・検証し，不明点や
　問題点を指摘する。
・参加者はお互いに対等な関係である。
・発見されたエラーの修正は作成者に任される。
・修正作業は検討テーマにならない。

　プログラムのレビューにウォークスルーを用いる場合，プログラマの主催によって複数の関係者が集まり，プログラムリストを追跡してエラーを探します。具体的には，入力を仮定してソースコードを追跡するように，ステップごとに手順をシミュレーションすることによってレビューが行われます。

9 システム開発技術

○インスペクション

　作業成果物の作成者以外の参加者が**モデレータ**として会議の進行を取り仕切り行われるレビューです。あらかじめ参加者の役割を決めておき，レビューの焦点を絞って迅速にレビュー対象物を評価します。

参考 モデレータの役割は，レビューを主導し，参加者にそれぞれの役割を果たさせるようにすること。

参考 ソースコードに対するインスペクションをコードインスペクションという。

〔インスペクションの特徴〕
・モデレータが会議の進行を取り仕切り，事前に作成され
　たチェックシートと照らし合わせて，対象物を検証する。
・絞られた問題事項に関して様々な角度から分析を行う。
・問題点は問題記録表に記録するとともに，作成者に対し
　て指摘し，問題点が処置されるまでを追跡する。

参考 作成者を非難することは避け，成果物の内容に焦点を当てて課題や欠陥を指摘する。

○ラウンドロビンのレビュー

　レビュー参加者が持ち回りでレビュー責任者を務めながら，全体としてレビューを遂行していくレビュー技法を**ラウンドロビンのレビュー**といいます。参加者全員がそれぞれの分担について，レビュー責任者を務めながらレビューを行うので，参加者全員の参画意欲が高まるという利点があります。

◆パスアラウンド

　レビュー対象となる成果物を複数のレビューアに個別にレビューしてもらう方法です。電子メールなどを使ってレビュー対象物をレビューアに配布する方式や，複数のレビューアに回覧形式で順番に見てもらう方式，レビュー対象物を一カ所(掲示板など)で閲覧してもらう方式などがあります。

デザインレビュー

デザインレビューとは，設計段階において，各種設計書や仕様書を対象に行うレビューのこと。これに対し，ソフトウェア構築段階において，プログラム(ソースコード)を対象に行うレビューをコードレビューという。

　検証対象である成果物が設計仕様書であるレビューを**デザインレビュー**といいます。外部設計，内部設計など各設計工程で，その成果物である設計書を対象に曖昧な点や問題点を検出するために行われます。外部設計書及び内部設計書におけるデザインレビュー上の主なポイントは次のようになります。

〔外部設計書のデザインレビュー〕
・ユーザが要求したシステム要件が定義されているかどうか
・外部設計書で定義した内容の実現可能性や妥当性

〔内部設計書のデザインレビュー〕
・外部設計書との整合性，機能がもれなく設計されているか
・プログラム間インタフェースの誤り，論理的矛盾はないか
・設計書(ドキュメント)が標準に準拠しているか
・プログラム設計へ配慮された内部設計書となっているか

形式手法　COLUMN

　ソフトウェア品質の確保のためレビューとテストを行いますが，レビューでは，仕様に対する明確な検証基準がなく，品質確保の程度はレビュー担当者の能力に左右されることがあります。そこで，論理学や離散数学を基礎とした形式的な仕様記述とモデル検証(形式検証)によって品質を確保しようというのが**形式手法**です。

　形式手法では，明確で矛盾がない(数学的に正しいと証明される)仕様記述ができる形式仕様記述言語を用いて，システムの仕様(状態，振舞い)を曖昧さのないモデルで表現し，明確な検証基準のもと検証します。なお，代表的なモデル規範型形式仕様記述言語には，**VDM-SL**やオブジェクト指向拡張した**VDM++**などがあります。

||| **得点アップ問題** |||

解答・解説はp.548

問題1 (H29春問49)

アジャイル開発で"イテレーション"を行う目的のうち，適切なものはどれか。

ア　ソフトウェアに存在する顧客の要求との不一致を短いサイクルで解消したり，要求の変化に柔軟に対応したりする。

イ　タスクの実施状況を可視化して，いつでも確認できるようにする。

ウ　ペアプログラミングのドライバとナビゲータを固定化させない。

エ　毎日決めた時刻にチームメンバが集まって開発の状況を共有し，問題が拡大したり，状況が悪化したりするのを避ける。

問題2 (R03春問49)

スクラムチームにおけるプロダクトオーナの役割はどれか。

ア　ゴールとミッションが達成できるように，プロダクトバックログのアイテムの優先順位を決定する。

イ　チームのコーチやファシリテータとして，スクラムが円滑に進むように支援する。

ウ　プロダクトを完成させるための具体的な作り方を決定する。

エ　リリース判断可能な，プロダクトのインクリメントを完成する。

問題3 (H25秋問7-SA)

組込みシステムの"クロス開発"の説明として，適切なものはどれか。

ア　実装担当及びチェック担当の二人一組で役割を交代しながら開発を行うこと

イ　設計とプロトタイピングとを繰り返しながら開発を行うこと

ウ　ソフトウェアを実行する機器とはCPUのアーキテクチャが異なる機器で開発を行うこと

エ　派生開発を，変更プロセスと追加プロセスとに分けて開発を行うこと

問題4 (H31春問46)

ソフトウェアの分析・設計技法の特徴のうち，データ中心分析・設計技法の特徴として，最も適切なものはどれか。

ア　機能を詳細化する過程で，モジュールの独立性が高くなるようにプログラムを分割していく。

イ　システムの開発後の仕様変更は，データ構造や手続の局所的な変更で対応可能なので，比較的容易に実現できる。

ウ　対象業務領域のモデル化に当たって，情報資源であるデータの構造に着目する。

エ　プログラムが最も効率よくアクセスできるようにデータ構造を設計する。

問題5 (H29春問48)

　流れ図において，分岐網羅を満たし，かつ，条件網羅を満たすテストデータの組はどれか。

	入力（テストデータ）	
	x	y
ア	2	2
	1	2
イ	1	2
	0	0
ウ	1	2
	1	1
	0	1
エ	1	2
	0	1
	0	2

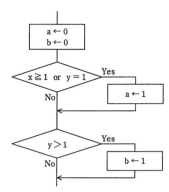

問題6 (R02秋問46)

UMLのアクティビティ図の特徴はどれか。

ア　多くの並行処理を含むシステムの，オブジェクトの振る舞いが記述できる。
イ　オブジェクト群がどのようにコラボレーションを行うか記述できる。
ウ　クラスの仕様と，クラスの間の静的な関係が記述できる。
エ　システムのコンポーネント間の物理的な関係が記述できる。

問題7 (H28秋問10-SA)

ブラックボックステストのテストデータの作成方法のうち，最も適切なものはどれか。

ア　稼動中のシステムから実データを無作為に抽出し，テストデータを作成する。
イ　機能仕様から同値クラスや限界値を識別し，テストデータを作成する。
ウ　業務で発生するデータの発生頻度を分析し，テストデータを作成する。
エ　プログラムの流れ図から，分岐条件に基づいたテストデータを作成する。

問題8 (R04秋問46)

　仕様書やソースコードといった成果物について，作成者を含めた複数人で，記述されたシステムやソフトウェアの振る舞いを机上でシミュレートして，問題点を発見する手法はどれか。

ア　ウォークスルー　　　　　　イ　サンドイッチテスト
ウ　トップダウンテスト　　　　エ　並行シミュレーション

チャレンジ午後問題 (H30春問8)

解答・解説：p.550

　Z社では，全国に店舗展開する家電量販店向けに，顧客管理システムを開発している。開発中の顧客管理システムは，運用開始後，家電量販店の業務内容の変化に合わせて，3か月おきを目安に継続的に改修していくことが想定されている。

　Z社では，プログラムの品質を定量的に評価するために，メトリクスを計測し，活用している。プログラムを関数の単位で評価する際には，関数の長さとサイクロマティック複雑度をメトリクスとして計測し，評価する。開発プロセスにおいては，プログラムのテストを開始する前にメトリクスを計測し，評価された値が，あらかじめ設定されたしきい値を上回らないことを確認することにしている。

　開発中の顧客管理システムについても，開発プロセスのルールに従い，この評価方法によって評価した。

〔サイクロマティック複雑度〕

　サイクロマティック複雑度とは，プログラムの複雑度を示す指標である。プログラムの制御構造を有向グラフで表したときの，グラフ中のノードの数Nとリンク（辺）の数Lを用いて次の式で算出する。

　　　　サイクロマティック複雑度 $C = L - N + 2$

　プログラムの制御構造を有向グラフで表した例を図1に示す。プログラムの開始位置と終了位置，反復や条件分岐が開始する位置と終了する位置をノードとし，ノード間をつなぐ順次処理の部分をリンクとしてグラフにする。ノードの間に含まれる順次処理のプログラムの行数は考慮せず，一つのリンクとして記述する。また，図1のリンク1やリンク4のように，処理がない場合も一つのリンクとして記述する。

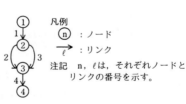

図1　プログラムの制御構造を有向グラフで表した例

　図1の場合，ノードの数Nは4，リンクの数Lは4となり，cは ▢ a ▢ と評価される。

　ソフトウェアの内部構造及び内部仕様に基づいたテストを ▢ b ▢ という。Z社では，▢ b ▢ を実施するに当たって，全ての条件分岐の箇所で，個々の判定条件の真及び偽の組合せを満たすことを基準としたテストを実施する方針としている。このような方針を ▢ c ▢ という。一般に，サイクロマティック複雑度は小さい方が，実行網羅率100%

を目指すために必要なテストケース数が少なくなり，テスト工程の作業が容易になる。Z社
では，サイクロマティック複雑度のしきい値を10に設定している。

〔評価対象のプログラム〕

　開発中の顧客管理システムにおいて，顧客から問合せを受け付けた際に記録する情報には，タイトル，概要，発生店舗，詳細情報及び顧客の個人情報が含まれており，これらの情報をまとめたものを案件と呼ぶ。案件には，未完了と完了のステータスがある。画面に案件の情報を表示する際には，案件のステータスとシステムの利用者の立場によって，情報の公開範囲と編集可否の権限を制御する必要がある。

　図2は，画面上に案件の一覧を表示する際の権限判定を行うプログラムの一部である。システムの利用者の役職や所属する店舗と，それぞれの案件のステータスから，画面上に表示する情報の公開範囲と編集可否についての権限を判定する。

　図2のプログラムについて，メトリクスの計測を行った。計測結果を表1に示す。

　なお，サイクロマティック複雑度の計測のために作成した有向グラフの記載は省略する

```
 1:function get_permission()
 2:  for( 案件の数だけ繰り返し )
 3:    権限 ← 詳細情報，個人情報を参照不可
 4:    if( 案件のステータスが完了でない )
 5:      if ( 案件の店舗に所属している )
 6:        権限 ← 詳細情報だけを参照可能
 7:        if ( 管理職である )
 8:          if( 案件の登録者である )
 9:            権限 ← 詳細情報，個人情報を参照・編集可能
10:          else
11:            権限 ← 詳細情報だけを参照・編集可能
12:            if ( 店長である )
13:              権限 ← 詳細情報，個人情報を参照・編集可能
14:            endif
15:          endif
16:        else
17:          if( 案件の登録者である )
18:            権限 ← 詳細情報，個人情報を参照・編集可能
19:          endif
20:        endif
21:      endif
22:    else
23:      if ( 公開フラグが立っている )
24:        権限 ← 詳細情報だけを参照可能
25:      endif
26:    endif
27:    if ( システム管理者である )
28:      権限 ← 詳細情報，個人情報の参照・編集が可能
29:      if ( 案件のステータスが完了である )
30:        権限 ← 詳細情報，個人情報を参照可能
31:      endif
32:    endif
33:    案件の表示・操作権限 ← 権限
34:  endfor
35:endfunction
```

図2　権限判定を行うプログラム（一部）

表1 計測結果

メトリクス	結果
関数の長さ	33
サイクロマティック複雑度	11

注記 関数の長さには，関数の開始と終了の行は含まない。

表1の計測結果から，図2のプログラムはサイクロマティック複雑度がしきい値を上回っており，テスト実施のコストが大きくなることが予想される。そこで，プログラムの外部的振る舞いを保ったままプログラムの理解や修正が簡単になるように内部構造を改善する d を行うことにした。改善する一つの方法として，図2のプログラム中(A)の範囲を "未完了案件権限判定"，(B)の範囲を "管理者権限判定" という名称で関数化することを検討した。改善後のプログラムを図3に，改善後のプログラムの有向グラフを図4に示す。

```
function get_permission()
  for( 案件の数だけ繰り返し )
    権限 ← 詳細情報，個人情報を参照不可
    if( 案件のステータスが完了でない )
      権限 ← 未完了案件権限判定( )
    else
      if ( 公開フラグが立っている )
        権限 ← 詳細情報だけを参照可能
      endif
    endif
    if ( システム管理者である )
      権限 ← 管理者権限判定( )
    endif
    案件の表示・操作権限 ← 権限
  endfor
endfunction
```

図3 改善後のプログラム

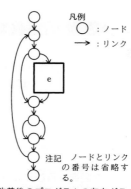

凡例
◯ ：ノード
→ ：リンク

e

注記 ノードとリンクの番号は省略する。

図4 改善後のプログラムの有向グラフ

図3のプログラムのサイクロマティック複雑度は f であった。また，関数 "未完了案件権限判定" については6，管理者権限判定" については2となった。その結果，全てのプログラムのサイクロマティック複雑度がしきい値を上回らないことが確認された。

〔改善の効果〕

簡潔なプログラムにすることによって，プログラムの可読性が高まり，初期開発時の機能実装のミスを減少させることができる。また，プログラムのリリース後に発生する改修や修正の難易度を下げることができる。そうすることによって，ソフトウェアの品質モデルのうち，機能適合性及び g を高めることができる。

Z社で開発している顧客管理システムのような場合，①リリース後の改修や修正の難易度を下げることが，初期開発が容易になることよりも重要であることが多い。

9
システム開発技術

設問1 本文中の a ～ c に入れる適切な字句を答えよ。

設問2 〔評価対象のプログラム〕について，(1)，(2)に答えよ。
(1) 本文中の d に入れる適切な字句を答えよ。
(2) 図4中の e を埋めて有向グラフを完成させよ。また，本文中の f に入れるサイクロマティック複雑度を求めよ。

設問3 〔改善の効果〕について，(1)，(2)に答えよ。
(1) 本文中の g に入れる適切な字句を解答群の中から選び，記号で答えよ。
解答群
ア 移植性　　イ 互換性　　ウ 使用性
エ 信頼性　　オ 性能効率性　カ 保守性
(2) 本文中の下線①について，その理由を35字以内で述べよ。

解説

問題1 解答：ア ←p.500を参照。

イテレーションを行う目的として適切なのは，〔ア〕です。〔イ〕はタスクボード，〔ウ〕はペアプログラミング，〔エ〕はデイリースクラムに関する記述です。

問題2 解答：ア ←p.500を参照。

スクラムチームは，次の3つの役割(ロール)から構成されます。

プロダクトオーナ	何を開発するか決める人であり，開発目的を達成するために必要な権限をもつ。開発目的を明確に定め，その達成のための要件を開発チームに提示し，開発の完了を一意に判断する。プロダクトバックログ項目の優先順位を決定するといった役割がある。〔ア〕が該当
開発チーム	実際に開発作業に携わる人々(6±3人)。プロダクトの開発プロセス全体に責任を負う。〔ウ〕と〔エ〕が該当。なお，開発チームは，開発プロセスを通して完全に自律的である必要がある。スクラムではこの自律したチームのことを「自己組織化されたチーム」と呼ぶ
スクラムマスタ	スクラムが円滑に進むように支援する。例えば，メンバ全員が自律的に協働できるように場作りをするファシリテータ的な役割を担ったり，コーチとなってメンバの相談に乗ったり，開発チームが抱えている問題を取り除いたりする。〔イ〕が該当

※ファシリテータとは，物事の進行を円滑にし，目的を達成できるよう，中立公平な立場から働き掛ける人。

問題3
解答：ウ

←p.264を参照。

　クロス開発とは，実行する環境(機器)とは異なる，開発専用の環境(ホスト環境という)で開発を行うことをいいます。〔ア〕はペアプログラミング，〔イ〕はトライアンドエラーでシステムを完成させていく**"ラウンドトリップ開発"**，〔エ〕は既存コードに機能追加や変更を行うことで適応ソフトウェアを開発する**"派生開発"**に関する説明です。

問題4
解答：ウ

←p.508, 509を参照。

　データは，業務の特性に応じてその内容や構造が決定されるものであって，業務が大きく変わらない限りデータ構造が変わることはありません(比較的安定している)。このことに着目し，データを中心としてシステムの分析や設計を行うのが**データ中心分析・設計**です。プロセスの設計に先だって，情報資源のデータ構造の設計を行います。

問題5
解答：エ

←p.530, 531を参照。

　分岐網羅(判定条件網羅ともいう)では，判定条件の結果が真になる場合と偽になる場合の両方をテストします。下表を見ると1つ目の判定条件①「$x≧1$ or $y=1$」及び2つ目の判定条件②「$y>1$」において，真と偽の両方のテストを行えるのは〔イ〕と〔エ〕です。

　条件網羅では，判定条件を構成する各条件が真になる場合と偽になる場合の両方をテストします。判定条件②は条件が1つなので，分岐網羅を満たせば条件網羅も満たします。そこで，判定条件①について，〔イ〕，〔エ〕が条件網羅を満たすかどうかを見ると，〔イ〕は「$y=1$」が真になるテストが行われないので，条件網羅を満たしません。したがって，分岐網羅かつ条件網羅を満たすのは〔エ〕だけです。

※分岐網羅と条件網羅を合わせたものを，**判定条件／条件網羅**という。

	x	y	① $x≧1$ or $y=1$	② $y>1$	分岐網羅	①の条件式 $x≧1$	①の条件式 $y=1$	条件網羅
ア	2	2	真	真	①：×			
	1	2	真	真	②：×			
イ	1	2	真	真	①：○	真	偽	×
	0	0	偽	偽	②：○	偽	偽	
ウ	1	2	真	真	①：×			
	1	1	真	偽	②：○			
	0	1	真	偽				
エ	1	2	真	真	①：○	真	偽	○
	0	1	真	偽	②：○	偽	真	
	0	2	偽	真		偽	偽	

※左図中の，○は「満たす」，×は「満たさない」を意味する。

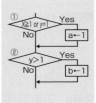

←p.519を参照。

問題6

解答：ア

アクティビティ図は，処理の分岐や並行処理，処理の同期などを表現できるのが特徴です。したがって，〔ア〕が適切な記述です。

イ：コミュニケーション図の特徴です。

ウ：クラス図の特徴です。

エ：コンポーネント図の特徴です。

←p.527,528を参照。

問題7

解答：イ

ブラックボックステストにおけるテストデータ作成法に，同値分析と限界値分析があります。**同値分析**では，入力条件の仕様（機能仕様）を基に，有効同値クラスと無効同値クラスを挙げ，それぞれを代表する値をテストデータとして選びます。**限界値分析**では，それぞれのクラスの境界値をテストデータとします。

※〔ア〕と〔ウ〕は，運用テストなどで用いられることがある方法。〔エ〕はホワイトボックステストにおけるテストデータ作成法。

←p.540を参照。

問題8

解答：ア

仕様書やソースコードといった成果物の欠陥を発見したり，妥当性を検証したりすることを**レビュー**といいます。代表的なレビュー技法には，ウォークスルー，インスペクションなどがあり，このうちレビュー対象物の作成者とその関係者により行われるレビューを**ウォークスルー**といいます。

※〔エ〕の**並行シミュレーション**は，システム監査技法の1つ。監査人が用意した検証用プログラムと監査対象プログラムに同一のデータを入力して，両者の実行結果を比較する方法。

チャレンジ午後問題

設問1	a：2　　b：ホワイトボックステスト　　c：条件網羅	
設問2	(1)	d：リファクタリング
	(2)	e：（図）　　f：5
設問3	(1)	g：カ
	(2)	プログラムの改修や修正が継続的に発生することが想定されるから

●設問1

空欄a：図1のサイクロマティック複雑度Cが問われています。図1の場合，ノードの数Nは4，リンクの数Lは4ですから，問題文に提示された算式に代入すれば求められます。

　　　　サイクロマティック複雑度C＝4－4＋2＝2（空欄a）

空欄b：空欄bに入れるテスト手法が問われています。ソフトウェア（プログラム）のテスト手法は，テストケースを設計する際に，ソフトウ

ェアの内部構造を意識するかどうかで，ホワイトボックステストと
ブラックボックステストの2つに分けられます。このうち，「ソフト
ウェアの内部構造及び内部仕織に基づいたテスト」は，**ホワイトボ
ックステスト**(空欄b)です。

空欄c：空欄cには，ホワイトボックステストにおけるテストケースを
作成する際の網羅性レベルが入ります。網羅性レベルには，「命令網
羅，判定条件網羅(分岐網羅)，条件網羅，判定条件／条件網羅，複
数条件網羅」の5つがあります。このうち，「全ての条件分岐の箇所
で，個々の判定条件の真及び偽の組合せを満たすことを基準とする」
のは，**条件網羅**(空欄c)です。

※網羅性レベルについ
てはp.530を参照。

●設問2(1)

空欄d：「プログラムの外部的振る舞いを保ったままプログラムの理解
や修正が簡単になるように内部構造を改善する ___d___ を行う」と
あります。プログラムの外部から見た振る舞いを変更せずに保守性
の高いプログラムに書き直すことを**リファクタリング**というので，
空欄dには**リファクタリング**が入ります。

●設問2(2)

空欄e：図1の例に倣って，プログラムと有向グラフを対応させてみま
す。すると，問われているのは，網掛け部分に対応する有向グラフ
だとわかります。

※リファクタリングと
回帰テスト
リファクタリングで
は，保守性を上げるこ
とを目的に，プログラ
ムの外部から見た動作
を変えずに内部構造を
変更する。このため，
リファクタリングを行
ったときには，必ず回
帰テストを行う必要が
ある。

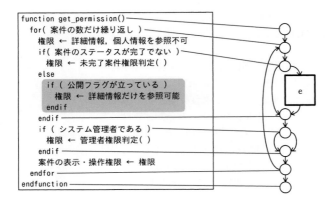

そこで，この網掛け部分と同じプログラム構造をしている，すぐ下
の「if(システム管理者である)… endif」の有向グラフを見ると
と表されています。したがって，空欄eも となります。

空欄f：図3のサイクロマティック複雑度が問われています。先に完成させた有向グラフから，ノードの数Nは10，リンクの数Lは13です。

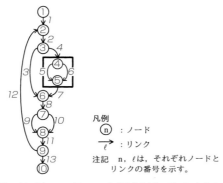

凡例
(n)：ノード
→ℓ：リンク
注記　n，ℓは，それぞれノードと
　　　リンクの番号を示す。

したがって，サイクロマティック複雑度は，次のようになります。

L−N+2＝13−10+2＝**5**（空欄f）

●設問3（1）

空欄g：空欄gに入れるソフトウェア品質モデルの品質特性が問われています。〔改善の効果〕に説明されている2つの効果のうち，「簡潔なプログラムにすることによって，プログラムの可読性が高まり，初期開発時の機能実装のミスを減少させることができる」は，機能適合性の向上に該当し，「プログラムのリリース後に発生する改修や修正の難易度を下げることができる」は，保守性の向上に該当するので，空欄gは〔**カ**〕の**保守性**です。

●設問3（2）

「リリース後の改修や修正の難易度を下げることが，初期開発が容易になることよりも重要である」理由が問われています。下線①の直前に，「Z社で開発している顧客管理システムのような場合」とあるので，"顧客管理システム"をキーワードに，ヒントとなる記述を探します。すると，問題文の冒頭に，「Z社では，…開発中の顧客管理システムは，運用開始後，家電量販店の業務内容の変化に合わせて，3か月おきを目安に継続的に改修していくことが想定されている」とあります。システムの運用開始後，定期的に改修していくことが想定されている場合，保守性の高いシステムであることが重要になります。したがって理由としては，**プログラムの改修や修正が継続的に発生することが想定されるから**などとすればよいでしょう。

※**保守性**とは，「意図した保守者によって，製品又はシステムが修正することができる有効性及び効率性の度合い」。なお，ソフトウェア品質モデルの品質特性についてはp.654を参照。

第10章
マネジメント

　情報システムの開発にとって重要なの
は，技術的な要素だけではありません。
開発作業を順調に進めるためのスケジュ
ール（タイム）管理や費用（コスト）管理と
いったマネジメントも重要です。また，
情報システムは，顧客のシステムへの要
求分析から始まり，設計・製造，検証・
導入を経て，最後にシステムの運用とい
う段階に入りますが，この運用段階に入
って初めて，これまで開発してきた情報
システムの成果が問われます。すなわ
ち，情報システムは運用段階に入ってか
らが本番であり，情報システムを安定稼
働させるためのシステム運用業務がとて
も重要になります。

　本章では，以上のことを背景に，開発
作業を順調に進めるための管理手法，及
びシステム運用に関する基本事項を中心
に学習します。午前，午後試験ともに，
応用力が求められる分野ですが，まずは
本章により基本事項をしっかり把握して
おきましょう。

10.1 プロジェクトマネジメント

10.1.1 プロジェクトマネジメントとは AM/PM

定常業務とプロジェクト

組織が遂行する業務は，定常業務とプロジェクトに大別できます。**定常業務**とは，例えば「顧客からの注文を受けたら，在庫を確認し，出荷処理，請求処理を行う」というように，規定の手順に従って反復的に行われる業務です。これに対して，**プロジェクト**は，ある業務のために編成された期間限定のチームで，独自のプロダクトやサービスを創造するために実施する業務です。PMBOKでは，「独自のプロダクト，サービス所産を創造するために実施する有期性のある業務」と定義しています。

定常業務では，成果物を反復的に生産して提供する活動を継続的に遂行する。

PMBOKについては，p.556を参照。

> **POINT** プロジェクトの特性
> ・ある業務のために編成された期間限定のチームで遂行する
> ・独自のプロダクトやサービスを創造する
> ・目的を達成するために開始し，目的を達成したときに終了する

プロジェクトマネジメント

プロジェクトは，目的達成をもって終了しますが，必ずしも「プロジェクト終了＝プロジェクト成功」ではありません。プロジェクトの成功は，合意された様々な制約条件(スコープ，スケジュール，予算，品質など)を満たしたうえで，決められた目的が達成できたか否かで決まります。

プロジェクトが満たさなければならない，これらの制約条件は互いに相反する関係にあるものが多くあります。例えば，品質を高めるために，スケジュール(納期)が遅れたり，予算が超過したりする可能性があります。そのため，プロジェクトでは，合意された制約条件をバランスよく調整しなければなりません。そこで，各種知識やツール，実績のある管理手法を適用し，複数の制約条件を調整しながらプロジェクトを成功に導くための管理活動を行います。この管理活動を**プロジェクトマネジメント**といいます。

10.1.2 JIS Q 21500:2018 〔AM/PM〕

5つのプロセス群

　JIS Q 21500:2018(プロジェクトマネジメントの手引)は，プロジェクトマネジメントの概念及びプロセスに関するガイドラインです。JIS Q 21500:2018では，プロジェクトの目標を達成するために実行すべきマネジメントプロセスを，マネジメントの対象という観点から10の対象群に(側注参照)，また，作業の位置付けにより，「立ち上げ，計画，実行，管理，終結」の5つの**プロセス群**に分類しています。表10.1.1に，JIS Q 21500:2018における5つのプロセス群と，そのプロセス群に属するプロセスをまとめます。

参考 10の対象群
①統合の対象群
②ステークホルダの対象群
③スコープの対象群
④資源の対象群
⑤時間の対象群
⑥コストの対象群
⑦リスクの対象群
⑧品質の対象群
⑨調達の対象群
⑩コミュニケーションの対象群

試験 試験では，各プロセス群の説明や，プロセス群に属するプロセス名が問われる。

▼**表10.1.1** JIS Q 21500:2018のプロセス群とプロセス

立ち上げ	プロジェクトフェーズ又はプロジェクトを開始するために使用し，プロジェクトフェーズ又はプロジェクトの目標を定義し，プロジェクトマネージャがプロジェクト作業を進める許可を得るために使用する
プロセス	プロジェクト憲章の作成，ステークホルダの特定，プロジェクトチームの編成
計画	計画の詳細を作成するために使用する
プロセス	プロジェクト全体計画の作成，スコープの定義，WBSの作成，活動の定義，資源の見積り，プロジェクト組織の定義，活動の順序付け，活動期間の見積り，スケジュールの作成，コストの見積り，予算の作成，リスクの特定，リスクの評価，品質の計画，調達の計画，コミュニケーションの計画
実行	プロジェクトマネジメントの活動を遂行し，プロジェクトの全体計画に従ってプロジェクトの成果物の提示を支援するために使用する
プロセス	プロジェクト作業の指揮，ステークホルダのマネジメント，プロジェクトチームの開発，リスクへの対応，品質保証の遂行，供給者の選定，情報の配布
管理	プロジェクトの計画に照らしてプロジェクトパフォーマンスを監視し，測定し，管理するために使用する
プロセス	プロジェクト作業の管理，変更の管理，スコープの管理，資源の管理，プロジェクトチームのマネジメント，スケジュールの管理，コストの管理，リスクの管理，品質管理の遂行，調達の運営管理，コミュニケーションのマネジメント
終結	プロジェクトフェーズ又はプロジェクトが完了したことを正式に確定するために使用し，必要に応じて考慮し，実行するように得た教訓を提供するために使用する
プロセス	プロジェクトフェーズ又はプロジェクトの終結，得た教訓の収集

10
マネジメント

ステークホルダ

プロジェクトには，プロジェクト作業を行う人の他，プロジェクトを支援する人，成果物を利用する人，資金を提供する人など，様々な人が関与します。このようにプロジェクトに関与している人や組織，又はプロジェクトの実行や完了によって自らの利益に影響が出る人や組織を合わせて**ステークホルダ**といいます。

▼ **表10.1.2** プロジェクトの主なステークホルダ

プロジェクトガバナンス	プロジェクト運営委員会又は役員会	プロジェクトに上級レベルでの指導を行うことによってプロジェクトに対して寄与する
	プロジェクトスポンサ	プロジェクトを許可し，経営的決定を下し，プロジェクトマネージャの権限を超える問題及び対立を解決する
プロジェクト組織	プロジェクトマネージャ	プロジェクトの活動を指揮し，マネジメントして，プロジェクトの完了に説明義務を負う
	プロジェクトマネジメントチーム	プロジェクトの活動を指揮し，マネジメントするプロジェクトマネージャを支援する
	プロジェクトチーム	プロジェクトの活動を遂行する
プロジェクトマネジメントオフィス(PMO)		組織としての標準化，プロジェクトマネジメントの教育訓練，プロジェクトの計画及びプロジェクトの監視などの役割を主として担う

10.1.3 PMBOK AM/PM

PMBOKのプロセス群と知識エリア

PMBOK（Project Management Body of Knowledge）は，プロジェクトマネジメントを進めるために必要な知識を体系化したものです。PMBOKガイド第6版では，**プロセス群**を，「立ち上げ，計画，実行，監視・コントロール，終結」の5つとし，マネジメントの対象による分類を"**知識エリア**"として，次の10の知識エリアを定めています。

▼ **表10.1.3** PMBOKの10の知識エリア

① 統合マネジメント	④ コストマネジメント	⑦ コミュニケーションマネジメント
② スコープマネジメント	⑤ 品質マネジメント	⑧ リスクマネジメント
③ スケジュールマネジメント	⑥ 資源マネジメント	⑨ 調達マネジメント
＊知識エリア名冒頭の"プロジェクト"，及び"・"を省略		⑩ ステークホルダマネジメント

10.1.4 プロジェクトマネジメントの活動 AM/PM

ここでは，PMBOKの知識エリアのうち，試験での出題が多いものに焦点をあて，そのマネジメント活動の概要を説明します。

統合マネジメント

プロジェクトマネジメントの各作業を統合するための活動が**統合マネジメント**です。他の9つの知識エリアの各プロセスを統合するために必要なプロセス（プロジェクト憲章の作成，プロジェクトマネジメント計画書の作成，プロジェクト作業の指揮・マネジメント，プロジェクト作業の監視・コントロール，統合変更管理など）から構成されます。

プロジェクト作業の監視・コントロールでは，成果物の作成状況やスケジュールの進捗状況などの情報を収集あるいは測定し，評価を行い，必要に応じて是正処置や予防処置などを要求します。また，**統合変更管理**では，プロジェクトの立上げ，計画，実行，終結のライフサイクルの中で発生した変更要求を速やかにレビュー，分析し，認否判定を行います。そして，承認済み変更に基づき，費用(コスト)やスケジュールなどの調整を行います。

> **用語** **プロジェクト憲章**
> プロジェクトを正式に許可する文書で，次の内容を含む。
> ・プロジェクトの概要，目的(目標)，妥当性
> ・ステークホルダの大枠での要求事項
> ・プロジェクトマネージャの特定と任命及び責任と権限
> ・要約したスケジュール及び予算

スコープマネジメント

プロジェクトの作業を明確にするための活動が**スコープマネジメント**です。「スコープ・マネジメントの計画，要求事項の収集，スコープの定義，WBSの作成，スコープの妥当性確認，スコープのコントロール」の6つのプロセスから構成されます。

◯スコープの定義

スコープとはプロジェクトの範囲であり，プロジェクトのアウトプットとなる"成果物"及びそれを創出するために必要な"作業"のことです。**スコープの定義**では，要求事項の収集プロセスで文章化された，プロジェクトの要求事項を基に，プロジェクトで作成すべき成果物やそれに必要な作業，成果物受入基準，また前提条件や制約条件，除外事項などをまとめ，**プロジェクト・スコープ記述書(スコープ規定書ともいう)**に記述します。

> **参考** **プロジェクトに**おいて，様々な理由によりスコープの拡張あるいは縮小の必要性が発生する。**スコープの変更**は，スコープコントロールプロセスで認識され，変更の必要性を検討した後，**変更要求を文書化**して統合変更管理プロセスへ渡す。

◯WBSの作成

WBSの作成では，WBSとWBS辞書を作成します。WBS（Work Breakdown Structure）は，プロジェクトで作成すべき成果物や必要な作業を管理しやすい細かな単位に要素分解し，スコープ全体を表現したものです。**WBS辞書**は，WBSの各要素の詳細を規定したドキュメントです。WBS要素の階層レベル，作業の内容や完了基準，担当者などが記載されます。

WBSを作成することで，作業の内容や範囲が体系的に整理でき，作業全体が把握しやすくなりますが，そのためには，**100%ルール**を守る必要があります。**100%ルール**とは，WBSの作成において，「プロジェクトの，すべての成果物とプロジェクト作業を過不足なく，かつ重複なく洗い出すこと。すなわち，ある要素を分解した子要素をすべて集めると親要素になる」といったルールです。

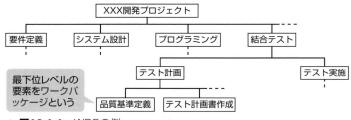

▲ **図10.1.1** WBSの例

スケジュールマネジメント（タイムマネジメント）

スケジュールを作成し，プロジェクトを所定の時期内に完了させるための活動が**スケジュールマネジメント**です。主なプロセスは，次のとおりです。

▼ **表10.1.4** スケジュールマネジメントの主なプロセス

アクティビティの定義	WBSのワークパッケージをさらに具体的な作業であるアクティビティに分解し，アクティビティリストに整理する
アクティビティの順序設定	アクティビティ間の順序関係を，プロセス・スケジュール・ネットワーク図にまとめる
アクティビティ所要期間の見積り	三点見積法や類推見積法などを用いて，各アクティビティの所要日数を見積もる
スケジュールの作成	クリティカルパス法などを利用して，プロジェクト・スコープ記述書に記載されている前提条件及び制約条件を満たすプロジェクトスケジュールを作成する

コストマネジメント

　予算を作成し，プロジェクトを所定の予算内で完了させるための活動が**コストマネジメント**です。主なプロセスには，コストの見積り，予算の設定，コストのコントロールがあります。

　コストの見積りでは，各アクティビティを完了するために必要な費用を算出します。また，プロジェクトが進み詳細が決まった段階などで適宜見直しも行います。**コストのコントロール**では，コストとスケジュールの予定と実績との差異や，プロジェクト完了時の総予算を測定し，コストが予算内に収まるよう，かつ進捗がスケジュールに沿うよう管理を行います。

リスクマネジメント

　プロジェクトにおける"好機"を高め，"脅威"を軽減するための活動が**リスクマネジメント**です。リスクマネジメントでは，プロジェクトにマイナス（脅威）又はプラス（好機）となる事象を特定し，分析・評価し，対応策を決定した上でそれをコントロールします。表10.1.5に，マイナスの影響を及ぼすリスクへの対応戦略と，プラスの影響を及ぼすリスクへの対応戦略をまとめます。

▼ **表10.1.5**　マイナス及びプラスのリスクへの対応戦略

マイナスのリスクへの対応戦略	回避	リスクの発生要因を取り除いたり，リスクの影響を避けるためにプロジェクト計画を変更する
	転嫁	リスクの影響や責任の一部又は全部を第三者へ移す。例えば，保険をかけたり，保証契約を締結するといった，主に財務的な対応戦略をとる
	軽減	リスクの発生確率と発生した場合の影響度を受容できる程度まで低下させる
	受容	対応を特に行わない（リスクを受容すると決める）。なお，マイナスリスクの"受容"には，積極的な受容と消極的な受容がある。積極的な受容では，リスクの受容に伴い，リスクが発生した場合に備えて**コンティンジェンシ計画**を作成するが，消極的な受容では，特に何もしないでリスクが発生したときにその対応を考える
プラスのリスクへの対応戦略	活用	リスク（好機）を確実に実現できるよう対応をとる
	共有	好機を得やすい能力の最も高い第三者と組む
	強化	好機の発生確率やプラスの影響を増大・最大化させる対応をとる
	受容	対応を特に行わない

用語 コンティンジェンシ計画
予測はできるが発生することが確実ではないリスクに対して，そのリスクが万が一顕在化してもプロジェクトを成功させることができるように，あらかじめ策定しておく対策や手続きのこと。また，そのリスクに対処するための予備の費用や時間，資源のことを**コンティンジェンシ予備**という。なお，特定できない未知のリスクへの予備を**マネジメント予備**といい，コンティンジェンシ予備やマネジメント予備を検討することを**予備設定分析**という。

10.2 スケジュールマネジメントで用いる手法

10.2.1 スケジュール作成・管理の手法 AM/PM

PERT

　各作業の先行後続関係を**アローダイアグラム**を用いて表現する技法が**PERT**です。プロジェクト全体を構成する作業の順序・依存関係をアローダイアグラム(PERT図)に表すことにより，プロジェクト完了までの所要日数とクリティカルパスを明らかにします。

T用語 クリティカルパス
余裕のない作業を結んだ経路であり，事実上プロジェクトの所要期間を決めている作業を連ねた経路のこと。

プロジェクトの作業リスト

作業名	先行作業	所要日数
A	―	2
B	―	4
C	A	1
D	A	2
E	B, C	6
F	E	0
G	F, D	6
H	E	4

＊ダミー作業とは，実際には存在しない，所要日数ゼロの作業のこと

← 作業EはBとCが完了しないと開始できない
← 作業Fはダミー作業
← 作業GはDとダミー作業F(この場合作業E)が完了していないと開始できない

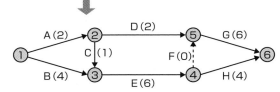

▲ **図10.2.1**　作業リストとPERT図

　図10.2.1のPERT図を基に，プロジェクト完了までの所要日数とクリティカルパスを求めてみましょう。

◯ プロジェクト完了までの所要日数

参考 ◯◯ 作業が開始できる最も早い日を**最早開始日**という。各作業の最早開始日は，その作業が出る結合点の最早結合点時刻に等しい。

　まず，作業A，Bを始めた日を0日とし，結合点③から出る作業Eが最も早く開始できる日を考えてみます。作業A→Cが2＋1＝3日で終了しても，作業Bに4日かかるため，作業Eが開始できる日は4日となります。これを結合点③における**最早結合点時刻**といいます。この方法ですべての結合点における最早結合点時刻を順

番に計算していくと，最終結合点⑥における最早結合点時刻は16日となり，これがプロジェクトの所要日数となります。

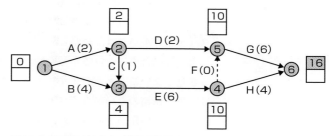

▲ **図10.2.2** 最早結合点時刻と最短所要日数

⤷ クリティカルパス

同じ結合点から出る作業は，同時に開始されると考える。

次に，プロジェクトを16日までに完成させるために，結合点④から出る作業FとHは遅くてもいつ開始すればよいかを考えます。まず，作業Hは遅くても16－4＝12日に開始すればよいのですが，作業Gが結合点⑤を10日には開始しないと16日に間に合わないため，作業Fは10－0＝10日には開始しなければいけません。これを結合点④における**最遅結合点時刻**といいます。図10.2.3に，各結合点における最遅結合点時刻を示します。

作業が遅くても開始しなければいけない日を**最遅開始日**という。各作業の最遅開始日は，「その作業が入る結合点の最遅結合点時刻－作業時間」に等しい。

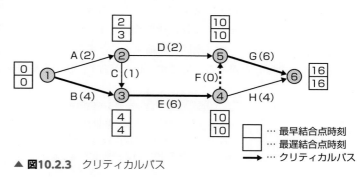

▲ **図10.2.3** クリティカルパス

余裕のない作業とは，「最遅開始時刻－最早開始時刻」が0となる作業のこと。つまり，開始可能になったら直ちに開始しなければいけない作業。

以上のように，最早結合点時刻と最遅結合点時刻を求めたあと，その差が0となる結合点を結んでできたパス（経路）は，基本的には「余裕のない作業を結んだ経路」となります。この経路を**クリティカルパス**といいます。クリティカルパス上の作業が1日遅れると，プロジェクト全体の作業が1日遅れることになるため，

クリティカルパス上の作業は，重点的に管理する必要があります。

ところで，図10.2.3を見ると，余裕のない結合点は①，③，④，⑤，⑥なので，経路「B−E−F−G」と「B−E−H」がクリティカルパスとなりそうですが，作業Hには余裕時間があるため，クリティカルパスは，経路「B−E−F−G」だけです。

このように結合点における余裕時間だけではクリティカルパスがはっきりしないこともあります。本来，クリティカルパス上の作業は，単に余裕のない結合点にはさまれた作業ではなく，作業時間に余裕のない作業であることに注意してください。

○プロジェクト所要期間の短縮

プロジェクトスコープを変更することなく，プロジェクト全体の所要期間を短縮する手法として，ファストトラッキングとクラッシングがあります。

ファストトラッキングは，本来，順番に行うべき作業を並行して行うことにより所要期間を短縮する方法です。

クラッシングは，クリティカルパス上の作業に追加資源を投入することにより所要期間を短縮する方法です。クリティカルパス上の作業を1日短縮することで，プロジェクト全体の所要期間を1日短縮できます。ただし，作業を，例えば3日短縮しても，プロジェクト全体の所要期間が3日短縮できるとは限りません。これは，作業期間を短縮することによりクリティカルパスが変わることがあるためです。したがって，次の手順で短縮していきます。

POINT プロジェクト所要期間を短縮する手順
① クリティカルパス上で短縮費用が一番安い作業を1日短縮する
② クリティカルパスを再検討する
③ ①と②を目標の短縮日数まで繰り返す

プレシデンスダイアグラム法

プレシデンスダイアグラム法（PDM：Precedence Diagramming Method）は，作業を箱型のノードで表し，順序・依存関係を矢線で表す表記法です。順序関係をFS，FF，SS，SFの4つの関係で定義でき，また**リード**（後続作業を前倒しに早める期間）と**ラグ**

左欄参考：作業Hの最早開始時刻は10日であり，最遅開始時刻は16−4＝12日なので，12−10＝2日の余裕がある。

プロジェクトの所要期間を決定するクリティカルパス（CP）によってスケジュール管理する手法を**クリティカルパス法**という。クリティカルパス法で作成したスケジュールにおいて，資源が特定の期間又は限られた量でしか使用できない場合，その使用を調整・均等化する。これを**資源平準化**という。資源平準化を行うと，CP上の作業であっても開始日を調整するのでCPが変わる可能性がある。このため，資源平準化後にはスケジュールの見直しが必要になる。

（後続作業の開始を遅らせる期間）を適用できるのが特徴です。

▼ **表10.2.1** 順序関係

PERTでは，作業の順序関係をFS関係でしか表現できないが，PDMでは，FS, FF, SS, SFの4つの関係で表現できる。

FS（終了－開始）関係	先行作業が完了すると後続作業が開始できる
FF（終了－終了）関係	先行作業が完了すると後続作業も完了する
SS（開始－開始）関係	先行作業が開始されると後続作業も開始できる
SF（開始－終了）関係	先行作業が開始されると後続作業が完了する

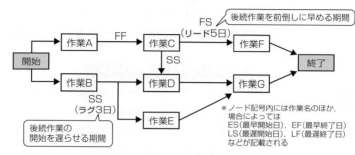

▲ **図10.2.4** プレシデンスダイアグラムの例

クリティカルチェーン法

クリティカルチェーン法は，作業の依存関係だけでなく資源の不足や競合も考慮してスケジュールの管理を行う手法です。クリティカルチェーン法において，プロジェクトの所要期間を決めている作業を連ねた経路を**クリティカルチェーン**といい，資源の不足や競合がない場合は「クリティカルチェーン＝クリティカルパス」となります。クリティカルチェーン法の特徴は，資源の不足や競合が発生することを前提として，プロジェクトの不確実性に対応するための（すなわち，クリティカルチェーンを守るための）余裕日数をアローダイアグラム上に設けることにあります。この余裕日数のことをバッファといい，大きく分けると次の2つがあります。

▼ **表10.2.2** バッファの種類

合流バッファ	クリティカルチェーン上にない作業が遅延してもクリティカルチェーン上の作業に影響しないように，クリティカルチェーンにつながっていく作業の直後（合流点）に設けるバッファ。フィーディングバッファともいう
プロジェクトバッファ	プロジェクト全体における安全余裕のためのバッファ。クリティカルチェーンの最後に配置され，進捗具合によって増減されていく。所要時間バッファともいう

10.2.2 進捗管理手法 AM/PM

ガントチャート

参考 ガントチャート

月	20XX		20YY
作業		10 11 12	1 2 ...
作業1			
作業2			
作業3			

▬▬▬：予定　▬▬▬：実績

ガントチャートは，縦軸に作業項目，横軸に時間（期間）をとり，作業項目ごとに実施予定期間と実績を横型棒グラフで表していく図表です。各作業の開始時点と終了時点，また実施予定に対する実績が把握しやすく，作業の遅れを容易につかむことができます。しかし，作業間の関連性や順序関係は表現できないため，作業遅れによる他の作業への影響の具合は把握できません。

バーンダウンチャート

参考 バーンダウンチャート

残作業量
＊破線：予定，実線：実績

時間

バーンダウンチャートは，縦軸に残作業量，横軸に時間をとり，プロジェクトの時間と残作業量（予定と実績）をグラフ化した図です。プロジェクトの進捗状況や，期限までに作業を終えられるかを視覚的に把握できます。

　現在，バーンダウンチャートはアジャイル型開発におけるプラクティスの1つとなっていて，**タスクボード**と連動させ，イテレーション単位での進捗の見える化に使用されています。なお，タスクボードとは，開発チーム全体の作業状況を全員が共有し，作業状態の可視化に使用されるボードです。タスクの状態を「ToDo：やること」，「Doing：作業中」，「Done：完了」で管理します。

トレンドチャート

参考 トレンドチャート

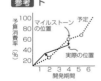

予算消費率（%） 100 80 60 40 20
マイルストーンの位置　予定
実際の位置
1 2 3 4 5 6
開発期間

トレンドチャートは，開発費用と作業の進捗とを同時に管理するための手法の1つです。グラフの横軸に開発期間，縦軸に費用又は予算消費率をとり，予定される費用と進捗を点線で表し，マイルストーンを記入します。そして，実績をプロットしていき，マイルストーン時点で予定と実績の比較を行います。例えば，マイルストーンの予定の位置から実績の位置に結んだ矢印が垂直に下に向かっている場合は，「進捗が予定どおりで，費用が予算を下回っている」と判断できます。

用語 マイルストーン
作業進行上の区切りや意思決定が必要となるタイミング。

　このほか，進捗（作業実績）と費用（コスト実績）を可視化し，プロジェクトの現状や将来の見込みについて評価できる手法にEVMがあります。EVMについては，次節で説明します。

10.3 コストマネジメントで用いる手法

10.3.1 開発規模・工数の見積手法　AM / PM

標準タスク法

標準タスク法は**ボトムアップ見積り**の1つ。

WBSについては，p.558を参照。

標準タスク法（標準値法ともいう）は，作業項目を見積りが可能な単位作業まで分解し，それぞれの単位作業の標準工数をボトムアップ的に積み上げていくことによって，全体の工数を見積もる方法です。一般には，**WBS**に基づいて成果物単位や作業単位に工数を積み上げていきます。標準タスク法は，小規模のシステムにおいては精度の高い見積りができますが，単位作業までの分解がプロジェクトの初期では困難であるといった短所があります。

◆三点見積法

単位作業の標準工数の求め方に，**三点見積法**があります。この方法では，悲観値（悲観的に最も長い工数），最頻値，楽観値（楽観的に最も短い工数）の3つの値を用いて，次の式で求めます。

> **P O I N T 三点見積法による標準工数の算出**
> 標準工数＝（悲観値＋4×最頻値＋楽観値）／6

COCOMO

COCOMOは，**パラメトリック見積り**の1つ。パラメトリック見積りとは，関連する過去のデータとその他の変数との統計的関係を用いて作業コストを見積もる方法。**係数見積り**ともいう。COCOMOの他，以降で説明するファンクションポイント法，LOC法，Dotyモデルもパラメトリック見積りの一種。

COCOMO（Constructive Cost Model）は，ソフトウェアの規模から，開発工数及び開発期間を見積もる方法です。具体的には，プログラムの行数（KLOC：Kilo Lines of Code）を入力変数として，それに開発工数を増加させる様々なコスト誘因（ソフトウェアに要求される信頼性，プロダクトの複雑性，開発要員の能力など）から算出される努力係数を掛け合わせて開発工数を算出し，求められた開発工数を基に開発期間を算出します。

COCOMOには，プログラムの行数だけで見積もる最もシンプルで，かつ平均的な見積り値を算出する"基本COCOMO（初級COCOMOともいう）"と，基本COCOMOの見積り値を努力係数で調整する"中間COCOMO"，さらに，中間COCOMOよりも細

分化した見積りが可能な"詳細COCOMO"の3つがあります。

　下記に，COCOMOの全レベルに対して適用される開発工数及び開発期間の算式を示します。ここで，式中のa，b，cは補正係数です。見積り対象プロジェクト，すなわち開発チームの規模や成熟度，開発内容の難易度などにより異なる値となります。

参考 COCOMO適用の際には，自社における生産性に関する，蓄積されたデータが必要不可欠。

P O I N T 開発工数と開発期間の算出

開発工数E(人月)＝a×L^b×努力係数

開発期間D(月)　＝2.5×E^c

＊L：千行単位のステップ数

＊基本COCOMOには努力係数がない

　例えば，基本COCOMOの1つに，次の算式があります。

　　開発工数E＝3.0×L$^{1.12}$

　この算式を用いて，1,000行，10,000行，100,000行のプログラム作成に掛かる開発工数(人月)を求めると，次のようになります。

試験 開発規模と開発工数の関係を表すグラフが出題される。

開発規模が大きくなると開発工数は指数的に増加する。これは，開発規模が大きくなると生産性が急激に低下することを意味する。

工数は約13倍　　　　工数は約174倍

1,000行	10,000行	100,000行
E＝3.0×1$^{1.12}$	E＝3.0×10$^{1.12}$	E＝3.0×100$^{1.12}$
＝3(人月)	≒39.55(人月)	≒521.34(人月)

▲ **図10.3.1** 開発工数の算出例

ファンクションポイント法

　ファンクションポイント法(FP法)は，システムの外部仕様の情報からそのシステムの機能の量を算定し，それを基にシステムの開発規模を見積もる手法です。

　具体的には，まず画面や帳票，ファイルなど，システムがユーザに提供する機能を5つのファンクションタイプ(次ページの例の①～⑤)に分類し，ファンクションタイプごとに計算される「個数×複雑さによる重み係数」の合計値(**未調整ファンクションポイント**)を求めます。

　次に，この合計値にソフトウェアの複雑さや特性に応じて算出される補正係数を乗じて**ファンクションポイント**(FP)を算出します。

参考 例えば，"会員登録画面"は，「外部入力」に分類され，その難易度は"高い"といった評価を，全機能に対して行う。そして，ファンクションタイプごとに，複雑さ「低，中，高」に分類された機能の個数をカウントし，それに重み係数を乗じて各ファンクション対応のポイント数を求める。

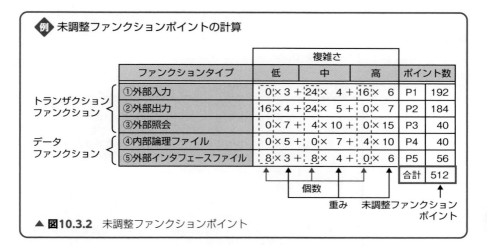

例 未調整ファンクションポイントの計算

ファンクションタイプ	複雑さ 低	中	高	ポイント数	
①外部入力	0×3 +	24×4 +	16×6	P1	192
②外部出力	16×4 +	24×5 +	0×7	P2	184
③外部照会	0×7 +	4×10 +	0×15	P3	40
④内部論理ファイル	0×5 +	0×7 +	4×10	P4	40
⑤外部インタフェースファイル	8×3 +	8×4 +	0×6	P5	56
				合計	512

トランザクション ファンクション ← ①②③
データ ファンクション ← ④⑤

個数　　重み　未調整ファンクションポイント

▲ **図10.3.2** 未調整ファンクションポイント

参考 上記の例は，ファンクションポイント法の1つであるIFPUG法（JIS X 0142:2010）の例。IFPUG法における補正係数は，対象とするシステムの特性を，データ通信，分散データ処理，性能など14の観点からそれぞれ0〜5で評価した値の合計値を使って，「合計値×0.01＋0.65」で算出する。

　この例では，ファンクションタイプごとのポイント数P1〜P5を合計した，未調整ファンクションポイントは512です。ここで，補正係数が0.75であれば，

　　ファンクションポイント（FP）＝512×0.75＝384

となります。また，開発工数は，「ファンクションポイント（FP）÷生産性」で求められるので，生産性が6FP/人月であれば，

　　開発工数＝384÷6＝64人月

と見積もることができます。

▼ **表10.3.1** ファンクションポイント法の長所・短所

長所	・見積りの根拠に客観性をもたせているため，従来から使用されてきたLOC法などに比べて，担当者による見積りの差が小さい ・プロジェクトの比較的初期から適用できる ・開発に用いるプログラム言語に依存しない ・ユーザから見える画面や帳票などを単位として見積もるので，ユーザにとって理解しやすく，ユーザとのコンセンサス（合意）をとりやすい
短所	・妥当な基準値設定のために実績データの収集・評価が必要である ・見積りを適用する際の解釈の標準化が必要である

類推見積法

　類推見積法は，実績ベース（すなわち経験値）によって見積もる方法です。過去に開発した類似システムの実績データから類推して開発規模や工数を見積もります。類推の方法には，経験者の感

覚で見積もるといった大まかな方法から，標準的なテンプレートに合わせて見積もる方法，**デルファイ法**によって見積もる方法などがあります。

▼ **表10.3.2** その他の見積り手法

LOC法	ソフトウェアを構成するプログラムの全ステップ数を基に，開発規模を見積もる。開発言語の種類やプログラムに含まれる冗長なコードの割合によって記述ステップ数が異なったり，見積もる担当者によって見積り値に大きな差が出るといった問題点が挙げられている。**プログラムステップ法**ともいう
Dotyモデル	LOC法の1つ。プログラムステップ数の指数乗を用いて開発規模を見積もる
COSMIC法	ソフトウェアの機能規模を測定する手法。機能プロセスごとに，データの移動（システム境界を通じた入力及び出力，ストレージ）に対する読込み及び書込み）の個数をカウントし，その個数に単位規模を乗じることで機能プロセスの機能規模を見積もる。IFPUG法よりも測定が容易といわれている

10.3.2 EVM(アーンドバリューマネジメント) (AM/PM)

EVM（Earned Value Management：アーンドバリューマネジメント）は，プロジェクトの進捗や作業のパフォーマンスを，出来高の価値によって定量化（金銭価値に換算）し，プロジェクトの現在及び今後の状況を評価する管理手法です。

EVMでは，表10.3.3に示す**PV**（計画価値），**EV**（出来高），**AC**（実コスト）の3つの指標を基に，現在における，コスト差異やスケジュール差異，またコスト効率やスケジュール効率を評価します。さらに，現在のコスト効率が今後も続く場合の，残作業コストやプロジェクト完成時の総コストを予測します。

▼ **表10.3.3** EVMの指標

PV(Planned Value)プランドバリュー	計画時の出来高（計画価値，出来高計画値）〔例〕完成時総予算（BAC）が1億円で，プロジェクト期間の80％を経過した時点のPVは8,000万円
EV(Earned Value)アーンドバリュー	完了した作業の出来高（出来高，出来高実績値）〔例〕プロジェクト期間の80％を経過した時点での進捗率が70％の場合のEVは7,000万円
AC(Actual Cost)実コスト	実際に費やしたコスト（コスト実績値）〔例〕プロジェクト期間の80％を経過した時点で，これまでに発生したコストが8,500万円ならACは8,500万円

参考 CPIは、「どれだけのコストを費やして、どれだけの実績値を生み出せたのか」という生産性の評価値。CPI＝1なら予定どおり、CPI＞1なら生産性は当初の想定よりも高く、CPI＜1なら当初の想定よりも低い。

参考 ETCは、プロジェクトにおいて、現在のコスト効率が今後も続く場合の、現時点からプロジェクトが完成するまでの残作業に必要なコスト。

P O I N T EVMの評価値

〔現時点の状況評価〕

① CV（コスト差異：Cost Variance）
　＝EV－AC　⇒ CV＜0ならコスト超過

② SV（スケジュール差異：Schedule Variance）
　＝EV－PV　⇒ SV＜0なら進捗が計画より遅れている

③ CPI（コスト効率指数：Cost Performance Index）
　＝EV／AC　⇒ CPI＜1ならコストが多くかかっている

④ SPI（スケジュール効率指数：Schedule Performance Index）
　＝EV／PV　⇒ SPI＜1なら進捗が計画より遅れている

〔将来の予測〕

① ETC（残作業コスト予測）　＝（BAC－EV）／CPI

② EAC（完成時総コスト予測）＝ AC＋ETC

③ VAC（完成時コスト差異）　＝ BAC－EAC

例えば、図10.3.3の場合、ACとPVがEVより上にあるので、CV（EV－AC）及びSV（EV－PV）は負です。したがって、プロジェクトの状況は、「コスト超過」であり「進捗にも遅れが出ている」と評価します。なお、進捗の遅れ日数は、現在の時間から、PVの曲線上で現在のEV値と同じ高さにある時間を引くことで求められます（図中のA）。

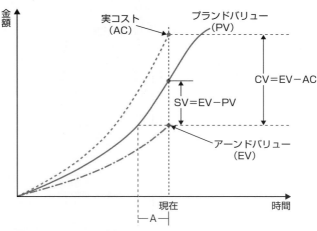

▲ **図10.3.3** EVMの例

10
マネジメント

10.4 サービスマネジメント

ITサービスを構成する「People（人材），Process（プロセス），Product（技術，ツール），Partner（サプライヤ，ベンダ，メーカ）」を効果的かつ効率的に組み合わせて，ITサービスを実施し，管理，維持していくことを**サービスマネジメント**といいます。本節では，サービスマネジメント規格であるJIS Q 20000-1:2020とサービスマネジメントのフレームワークITILの概要を説明します。

10.4.1　JIS Q 20000-1:2020　AM/PM

参考 JIS Q 20000:2020は，ISO/IEC 20000:2018を基に作成された日本産業規格。次に示す部編成がある。
・JIS Q 20000-1
サービスマネジメントシステム要求事項
・JIS Q 20000-2
サービスマネジメントシステムの適用の手引き

自社のITサービス（以下，サービスという）や管理の特性に応じたサービスマネジメントプロセスを確立し，管理し，維持するための体系的な仕組みを**サービスマネジメントシステム**（SMS）といいます。JIS Q 20000-1:2020（サービスマネジメントシステム要求事項）は，サービスマネジメントシステムを確立し，実施し，維持し，継続的に改善するための組織に対する要求事項を示したものです。図10.4.1に示す①〜⑦の7箇条構成になっています。

試験 試験では次の用語が問われる。
・**是正処置**
検出された不適合又は他の望ましくない状況の原因を除去する，又は再発の起こりやすさを低減するための処置。
・**継続的改善**
パフォーマンスを向上するために繰り返し行われる活動。

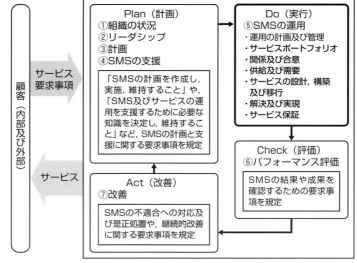

▲ **図10.4.1**　サービスマネジメントシステム（SMS）

10.4.2 サービスマネジメントシステム(SMS)の運用 (AM / PM)

サービスマネジメントシステムの運用(図10.4.1の⑤)は,7つの細分箇条から構成されています。ここでは,試験対策という観点から重要となる細分箇条の概要を説明します。

サービスポートフォリオ

"サービスポートフォリオ"は,サービスの要求事項や,サービスのライフサイクルに関与する関係者及びサービス提供に関する資産などの管理に関する要求事項です。表10.4.1に,"サービスポートフォリオ"を構成する主なプロセスの概要をまとめます。

▼ **表10.4.1** "サービスポートフォリオ"を構成する主なプロセス

サービスの計画	既存のサービス,新規サービス及びサービス変更に対するサービスの要求事項を決定し,文書化する。また,利用可能な資源を考慮して,変更要求及び新規サービス又はサービス変更の提案の優先度付けを行う
サービスカタログ管理	組織,顧客,利用者及び他の利害関係者に対して,提供するサービスやサービスの意図する成果及びサービス間の依存関係を説明するための情報を含めたサービスカタログを作成し,維持する。また組織は,自らの顧客,利用者及びその他の利害関係者に対して,サービスカタログの適切な部分へのアクセスを提供する
資産管理	サービスマネジメントシステムの計画におけるサービスの要求事項及び義務を満たすため,サービスを提供するために使用されている資産を確実に管理する
構成管理	サービスに関連する構成情報を管理する。構成情報は,CI(Configuration Item:構成品目)の種類を定義し,記録したもので,定められた間隔でその正確性を検証し,欠陥が発見された場合には必要な処置をとる。また,必要に応じて構成情報を他のサービスマネジメント活動で利用可能とする。なお,CIの変更は,構成情報の完全性を維持するため,追跡及び検証可能でなければならず,構成情報は,CIの変更の展開に伴って更新しなければならない

CI(構成品目)
用語 サービスの提供のために管理する必要がある要素。

構成情報は,一般に,**構成管理データベース**(CMDB:Configuration Management Database)で管理する。

関係及び合意

"関係及び合意"は,顧客などとの関係管理,**サービスレベル管理**(SLM:Service Level Management),外部及び内部の供給者との関係管理に関する要求事項です。このうち,サービスレベル管理では,次の事項を規定しています。

P O I N T **サービスレベル管理（SLM）での主な規定事項**
・提供する各サービスについて、文書化したサービスの要求事項に基づき、1つ以上のSLA（Service Level Agreement：サービスレベル合意書）を顧客と合意する。
・SLAには、サービスレベル目標、作業負荷の限度及び例外を含めなければならない。
・あらかじめ定めた間隔で、サービスレベル目標に照らしたパフォーマンスやSLAの作業負荷限度と比較した実績及び周期的な変化を監視し、レビューし、報告する。
・サービスレベル目標が達成されていない場合は、改善のための機会を特定する。

供給及び需要

　"供給及び需要"は、サービスの予算と会計、サービスの需要及び容量・能力の管理に関する要求事項です。表10.4.2に示す3つのプロセスで構成されています。

▼ **表10.4.2** "供給及び需要"を構成するプロセス

サービスの予算業務及び会計業務	財務管理の方針及びプロセスに従って、サービスの予算業務及び会計業務を行う。費用は、サービスに対して効果的な財務管理及び意思決定ができるように予算化し、あらかじめ定めた間隔で、予算に照らして実際の費用を監視・報告し、財務予測をレビューし、費用を管理する
需要管理	あらかじめ定めた間隔で、サービスに対する現在の需要を決定し、将来の需要を予測する。またサービスの需要及び消費を監視し報告する
容量・能力管理 ＊需要管理と連携	資源の容量・能力（**キャパシティ**）の要求事項を、サービス及びパフォーマンスの要求事項を考慮して決定し、下記事項を含めた容量・能力を計画する。 ・サービスに対する需要に基づいた現在及び予測される容量・能力 ・容量・能力に対する、サービス可用性及びサービス継続に関して合意したサービスレベル目標及び要求事項に対して予測される影響 ・サービスに関する容量・能力の変化の割り当てられた期間及びしきい値 また、容量・能力の利用を監視し、容量・能力及びパフォーマンスデータを分析し、パフォーマンスを改善するための機会を特定する 〔管理指標〕 CPU使用率、メモリ使用率、ディスク使用率、ネットワーク使用率、応答時間など

サービスの設計，構築及び移行

　"サービスの設計，構築及び移行"は，変更，設計，リリースの管理に関する要求事項です。表10.4.3に示す3つのプロセスで構成されています。

▼ **表10.4.3**　"サービスの設計，構築及び移行"を構成するプロセス

変更管理	①**変更管理方針**：「変更管理が制御する，サービスコンポーネント及び他の品目」，「標準変更，通常変更，緊急変更といった変更のカテゴリ及びそれらの管理方法」，「顧客又はサービスに重大な影響を及ぼす可能性のある変更を判断する基準」を定義し，変更管理の方針を確立する ②**変更管理の開始**：変更要求(RFC：Request For Change)を記録・分類し，"サービスの設計及び移行"又は"変更管理の活動"のどちらで変更の管理を行うかを決定する。ただし，顧客に重大な影響を及ぼす可能性のある新規サービス又はサービス変更，又はサービスの廃止については，"サービスの設計及び移行"で行う ③**変更管理の活動**：主に次を行う ・リスク，事業利益，実現可能性及び財務影響などを考慮し，変更要求(RFC)の承認及び優先度を決定する ・承認された変更を計画，開発(構築)及び試験する ・成功しなかった変更を元に戻す(切り戻し)又は修正する活動を計画し，試験する ・試験された変更を，"リリース及び展開管理"に送り，稼働環境に展開する 〔補足〕 重大な変更の場合，通常，変更要求(RFC)はCAB(Change Advisory Board：変更諮問委員会)にかけられ，変更要求の分析・評価，ならびに優先度づけや変更実施の許可が決定される。なお，CABのメンバは，変更内容に応じて柔軟に構成される
サービスの設計及び移行	①**新規サービス又はサービス変更の計画**："サービスの計画"で決定した新規サービス又はサービス変更についてのサービスの要求事項を用いて，新規サービス又はサービス変更の計画を立てる ②**設計**：新規サービス又はサービス変更を，"サービスの計画"で決定したサービスの要求事項を満たすように設計し，文書化する。また，SLA，サービスカタログなどの新設，更新を行う ③**構築及び移行**：文書化した設計に適合する構築を行い，サービス受入れ基準を満たしていることを検証するために試験し，承認された変更を，"リリース及び展開管理"に送り，稼働環境に展開する
リリース及び展開管理	新規サービス又はサービス変更，及びサービスコンポーネントの稼働環境への展開について計画し，サービス及びサービスコンポーネントの完全性が維持されるように稼働環境へ展開する

用語 変更要求(RFC) サービス，サービスコンポーネント，又はSMSに対して行う変更についての提案。

参考 サービス受入れ基準 「サービスが，定義された要求事項を満たしていること」，又「サービスが展開された際に，それが運用可能な状態であること」を確認するための基準。

10 マネジメント

⊙新システムへの移行

新システムを計画し，設計・構築した場合，旧システムから新システムへの移行を行う必要があります。新たに構築したシステムを安全に移行し本稼働させるためには，稼働環境や体制を整え，ハードウェア，ソフトウェア及びデータを円滑に移行しなければなりません。そのためには，切替えのための綿密な移行計画（移行方法，移行手順，移行体制など）を立て，**移行テスト**（**移行リハーサル**ともいう）を行います。移行テストとは，システムの移行を円滑かつ正常に行うための移行プロセスを，確実性や効率性の観点から事前に確認するためのテストです。

また，導入時には**運用テスト**が行われます。運用テストは，システムが要件を満たしていることを確認するテストです。本番環境又は準本番環境において利用者視点で実施されます。

参考 運用テストは，利用者（運用者）主体で行われるテストで**導入テスト**とも呼ばれる。

用語 準本番環境　本番環境にリリースする前の，最終確認のための環境。

⊙システムの移行方式

主な移行方式を表10.4.4に示します。それぞれ，運用のコストや手間，移行期間，及び問題発生時の回復の容易さやリスクなど一長一短があるため，システムの規模や複雑性，重要度などを勘案しながら移行方式を決定します。

▼ **表10.4.4**　システムの移行方式

一斉移行方式	システムと移行対象データのすべてを一挙に移行する方式。他の移行方式に比べると移行期間は短くできるが，新システムに不具合があると，大きな影響を及ぼすことになるため，新システムに高い信頼性が要求される
順次移行方式	機能的に閉じたサブシステム又は拠点単位に，順次移行する方式。移行が完了するまで新・旧両システムを並行稼働しなければならないが，問題が発生しても当該サブシステム内に抑えることができる。部分移行方式，あるいは段階的移行方式ともいう
並行運用移行方式	新・旧両システム分のリソースを用意し，同時並行で稼動させ，順次新システムへ移行する方式。新システムで問題が発生しても業務への影響を最小にできるが，リソースなど新・旧両システムに重複して必要になる
パイロット移行方式	限定した部門において移行を試験的に実施し，状況を観測・評価した後，他の全部門を移行する方式。移行に関する問題が発生しても影響範囲を局所化できる

解決及び実現

　"解決及び実現"は，インシデント，サービス要求，及び問題の管理に関する要求事項です。表10.4.5に示す3つのプロセスで構成されています。

▼ **表10.4.5**　"解決及び実現"を構成するプロセス

インシデント管理	〔インシデント管理の主な活動〕 ・インシデントについて，それを記録し，分類し，影響及び緊急度を考慮して，優先度付けを行い，必要に応じてエスカレーションし解決する。そして，とった処置とともにインシデントの記録を更新する ・重大なインシデントを特定する基準を決定し，重大なインシデントが発生した際には，文書化された手順に従って分類し，管理し，トップマネジメントに通知する 〔補足〕 インシデント管理では，インシデントの原因究明ではなくサービスの回復に主眼をおく。例えば，「特定の入力操作が拒否される」といったインシデントの解決策が不明確な場合，インシデント管理では，別の入力操作を伝えるなどの回避策(ワークアラウンドという)を提示し，原因の究明は問題管理が行う
サービス要求管理	サービス要求について，それを記録し，分類し，優先度付けを行い，実現する。そして，とった処置とともにサービス要求の記録を更新する
問題管理	〔問題管理の主な活動〕 ・問題を特定するために，インシデントのデータ及び傾向を分析し，根本原因の究明を行い，インシデントの発生又は再発を防止するための考え得る処置を決定する ・問題を記録し，分類し，優先度付けを行い，必要であればエスカレーションし，可能であれば解決する。そして，とった処置とともに問題の記録を更新する ・問題管理に必要な変更は，変更管理の方針に従って管理する ・根本原因が特定されたが問題が恒久的に解決されていない場合，問題がサービスに及ぼす影響を低減又は除去するための処置を決定する ・既知の誤りを記録する。また，既知の誤り及び問題解決に関する最新の情報を，必要に応じて他のサービスマネジメント活動で利用できるようにする 〔補足〕 既知の誤りとは，根本原因が特定されているか，又はサービスへの影響を低減若しくは除去する方法がある問題のこと。また，既知の誤りを記録するデータベースを既知のエラーDBという

T用語　・**インシデント**
サービスに対する計画外の中断やサービスの品質の低下，又は顧客もしくは利用者へのサービスにまだ影響していない事象。
　・**サービス要求**
ユーザがIT部門に提出する様々な要求一般。例えば，「パスワードの変更」，「仮想サーバノードの貸出」など。
　・**問題**
1つ以上の実際に起きた又は潜在的なインシデントの原因。

参考　**エスカレーション**は，段階的取扱いともいう。エスカレーションには，より専門的な知識を有するスタッフに解決を委ねる機能的エスカレーションと，定められた手順では目標とする時間内にインシデントを解決できない場合，より権限を有するスタッフに解決を委ねる階層的エスカレーションがある。

10

マネジメント

サービス保証

"サービス保証"は，サービスの可用性及び継続，情報セキュリティの管理に関する要求事項です。**サービス可用性**とは，あらかじめ合意された時点又は期間にわたって，要求された機能を実行するサービス又はサービスコンポーネントの能力のことです。また，**サービス継続**とは，サービスを中断なしに，又は合意した可用性を一貫して提供する能力のことです。表10.4.6に，サービス可用性管理とサービス継続管理の概要をまとめます。

▼ **表10.4.6** "サービス保証"を構成する主なプロセス

サービス可用性管理	・あらかじめ決められた間隔で，サービス可用性のリスクのアセスメントを行う ・サービス可用性の要求事項及び目標を決定し，文章化し，維持する ・サービス可用性を監視し，結果を記録し，目標と比較する ・計画外のサービス可用性の喪失については，それを調査し，必要な処置をとる
サービス継続管理	・あらかじめ決められた間隔で，サービス継続のリスクのアセスメントを行う ・サービス継続の要求事項を決定し，サービス継続計画を作成し，実施し，維持する ・あらかじめ定めた間隔又はサービス環境に重大な変更があった場合，サービス継続計画を再度，試験する 〔サービス継続計画に含める事項〕 ・サービス継続の発動の基準及び責任 ・重大なサービスの停止の場合に実施する手順 ・サービス継続計画が発動された場合のサービス可用性の目標 ・サービス復旧の要求事項 ・平常業務の状態に復帰するための手順

◆ サービス継続管理と事業継続管理

サービス継続管理は，**事業継続計画**（BCP：Business Continuity Plan）の策定から，その継続的改善を含む事業継続のための**事業継続管理**（BCM：Business Continuity Management）の一部です。

事業継続計画は，ビジネスインパクト分析（BIA：Business Impact Analysis）の結果に基づいて策定され，経営環境及び業務の変化などに対応して，実現可能性を保持するため適時に見直しが行われます。組織全体での事業継続計画の策定の際には，地震などの大規模災害を想定することが多いですが，サービス継続計

画の策定の際は，より局所的・小規模なリスクに対しても考慮します。

なお，ビジネスインパクト分析は**事業影響度分析**とも呼ばれ，災害・事故などの発生により主要な業務が停止した場合の影響度を分析・評価する手法です。

P O I N T ビジネスインパクト分析の手順

① 起こり得るリスク・脅威を洗い出す。

② 洗い出されたリスク・脅威に対して，業務プロセスや経営資源の脆弱性を分析し，事業継続に大きな影響を及ぼす重要な要素を特定する。

③ 重要な要素についての最大許容停止時間や被害損失額を算定する。

10.4.3 ITIL AM/PM

ITIL（Information Technology Infrastructure Library）は，現在，デファクトスタンダードとして世界で活用されているサービスマネジメントのフレームワークです。

> **参考** ITILは，ITIL v2 →ITIL v3→ITIL 2011 editionの順に発行され，現在の最新版はITIL4。

ITIL v3及びITIL 2011 edition（ITIL v3のupdate版）は，ITサービスのライフサイクル「ITサービスの戦略，設計，移行，運用，継続的サービス改善」という観点で，ITサービスマネジメントのベストプラクティスをまとめています。

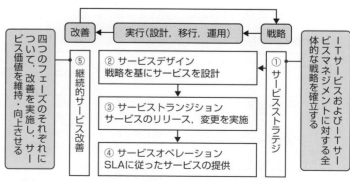

▲ **図10.4.2** ITIL v3（ITIL 2011 edition）

これに対し**ITIL4**は，組織が，今日のデジタル時代に必要とさ

10
マネジメント

れる新しい業務の進め方を採用するための支援基盤を提供するフレームワークです。「業務の遂行や特定の目的の達成のためにデザインされた一連の組織リソース」として，図10.4.3に示すプラクティスが定義されています。

一般マネジメントプラクティス

・戦略管理	・ナレッジ管理	・組織変更管理
・ポートフォリオ管理	・情報セキュリティ管理	・プロジェクト管理
・サービス財務管理	・継続的改善	・労働力と人材の管理
・関係管理	・アーキテクチャ管理	・測定と報告
・サプライヤ管理	・リスク管理	

サービスマネジメントプラクティス

・サービスレベル管理	・サービスの妥当性確認とテスト	・インシデント管理
・可用性管理	・変更コントロール	・問題管理
・サービスカタログ管理	・リリース管理	・サービスデスク
・サービス構成管理	・キャパシティと	・事業分析
・サービス継続性管理	パフォーマンス管理	・サービスデザイン
・サービス要求管理	・モニタリングとイベント管理	・IT資産管理

テクニカルマネジメントプラクティス

・インフラストラクチャと	・展開管理
プラットフォーム管理	・ソフトウェアの開発と管理

▲ **図10.4.3** ITIL4のプラクティス

COLUMN

サービスデスク

ITサービスの利用者からの問合せやクレーム，障害報告などを受ける単一の窓口機能を担うのが**サービスデスク**です。サービスデスクでは，受け付けた事象を適切な部署へ引き継いだり，対応結果の記録及び記録の管理などを行います。

▼ **表10.4.7** サービスデスクの形態

中央サービスデスク	サービスデスクを1拠点又は少数の場所に集中した形態。サービス要員を効率的に配置したり，大量のコールに対応したりすることができる
ローカルサービスデスク	サービスデスクを利用者の近くに配置する形態。言語や文化の異なる利用者への対応，専門要員によるVIP対応などができる
バーチャルサービスデスク	通信技術を利用することによって，サービス要員が複数の地域や部門に分散していても，単一のサービスデスクがあるようにサービスを提供する形態
フォロー・ザ・サン	時差がある分散拠点にサービスデスクを配置する形態。各サービスデスクが連携してサービスを提供することにより24時間対応のサービスが提供できる

10.5 システム監査

10.5.1 システム監査の枠組み AM/PM

システム監査とは

> **参考** 監査業務には，保証を目的としたシステム監査と助言を目的としたシステム監査がある。

システム監査とは，一定の基準に基づいてITシステムの利活用に係る検証・評価を行い，監査結果の利用者にこれらのガバナンス，マネジメント，コントロールの適切性等に対する保証を与える，又は改善のための助言を行う一連の活動です。システム監査は，専門性と客観性を備えた**システム監査人**が行います。

システム監査の流れ

> **参考** 監査計画の策定の際には，監査の対象がITシステムの，"ガバナンス"に関するものか，"マネジメント"に関するものか，あるいは"コントロール"に関するものかを考慮する。例えば，ITシステムのコントロールを監査の対象とする場合，業務プロセス等において，リスクに応じたコントロールが適切に組み込まれ，機能しているかどうかを確かめることに重点を置いた監査計画を策定する。

監査依頼を受けたシステム監査人は，監査の目的，監査対象（対象システム，対象部門），そして実施すべき監査手続の概要を明示した**監査計画**を策定したうえで，"**システム監査基準**"（後述）に則して監査を実施します。なお，システム監査は，監査上の判断の尺度として，原則"**システム管理基準**"を利用し，監査対象がシステム管理基準に準拠しているかどうかという視点で行われます。

監査実施後，システム監査人は，監査依頼者が監査報告書に基づく改善指示を行えるようシステム監査の結果を監査報告書に記載し，監査依頼者に提出します。また報告書提出後には，監査報告書に記載した改善勧告への取り組みが監査対象部門において確実に実行されているかを確認・評価し，監査目的達成に向けた支援を行います（**フォローアップ**）。

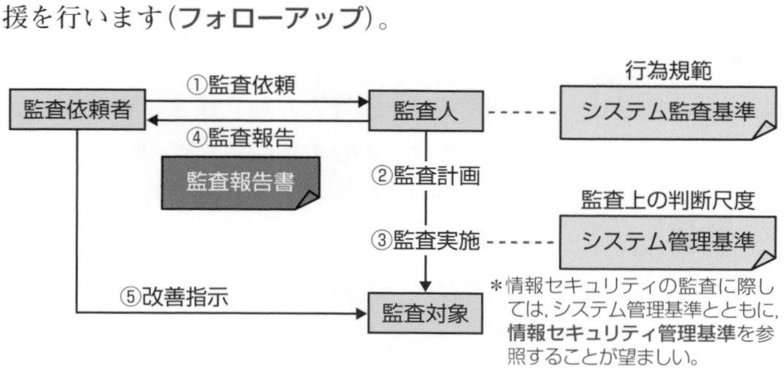

▲ **図10.5.1** 助言を目的としたシステム監査の流れ

システム監査基準は，令和5年4月に改訂されたものが現在，最新である。

システム監査基準

"**システム監査基準**"は，システム監査を効果的かつ効率的に行うための，システム監査のあるべき体制や実施方法などを示したものです。次の3つから構成されています。

- ・システム監査実施の前提となる「システム監査の意義と目的」
- ・監査人が守るべき4つの原則を示した「監査人の倫理」
- ・監査の体制や実施のあり方を示した「システム監査の基準」

監査人が守るべき4つの原則
- ・誠実性
- ・客観性
- ・監査人としての能力及び正当な注意
- ・秘密の保持

「**システム監査の基準**」は，システム監査機能(監査人や監査チーム等の提供する機能)のあり方を12の基準にまとめたものです。各基準の補足的な説明や，実務上の望ましい対応や留意事項が「解釈指針」として記載されています。

▼ **表10.5.1** システム監査の12の基準

[1] システム監査の属性に係る基準
【基準1】 システム監査に係る権限と責任等の明確化
【基準2】 専門的能力の保持と向上
【基準3】 システム監査に対するニーズの把握と品質の確保
【基準4】 監査の独立性と客観性の保持
【基準5】 監査の能力及び正当な注意と秘密の保持
[2] システム監査の実施に係る基準
【基準6】 監査計画の策定
【基準7】 監査計画の種類
【基準8】 監査証拠の入手と評価
【基準9】 監査調書の作成と保管
【基準10】 監査の結論の形成
[3] システム監査の報告に係る基準
【基準11】 監査報告書の作成と報告
【基準12】 改善提案(及び改善計画)のフォローアップ

試験では，システム監査人の**フォローアップ**について問われる。システム監査人は，改善の実施状況を確認する必要があるが，改善の実施そのものに責任をもつことはない点に留意する。

試験では，監査人の独立性及び客観性がよく問われます。これについては，基準4で「システム監査は，監査人によって誠実かつ，客観的に行われなければならない。さらに，監査人が監査対象の領域又は活動から，独立かつ客観的な立場で監査が実施されているという外観にも十分に配慮されなければならない」と規定されています。

10.5.2 システム監査の実施 AM / PM

監査手続とは，監査項目について，十分かつ適切な証拠を入手するための手順。監査手続は，予備調査及び本調査に分けて実施される。
監査証拠とは，監査の結論を裏付ける事実。

システム監査では，監査計画に基づく**監査手続**を実施し，その結果として入手した**監査証拠**に基づいて，監査の結果を監査報告書に記載し，監査依頼者に提出します。なお，監査の実施は，「予備調査→本調査→評価・結論」の順で行われます。

予備調査

ヒアリング調査では，聞いた話を裏付けるための文書や記録を入手するように努める。

予備調査は，本調査に先立って行われる，監査対象の実態を把握するための事前調査です。各種文章や資料の閲覧，ヒアリングやアンケート調査などを行い，監査対象の実態を確認します。

本調査

監査技法については，次ページのコラムを参照。

予備調査で把握した監査対象の実態について，それを裏付ける事実やコントロールの存在を様々な監査技法を用いて，調査・点検するのが本調査です。本調査では，「現状の確認→監査証拠の入手と証拠能力の評価→監査調書の作成」の順で作業を行います。

ホワイトボードに記載されたスケッチの画像データや開発現場で作成された付箋紙など，必ずしも管理用ドキュメントとしての体裁が整っていなくとも**監査証拠**として利用できる。

監査調書とは，システム監査人が行った監査業務の実施記録であり，監査意見表明の根拠となるべき監査証拠やその他関連資料をまとめたものです。監査の結論の基礎，すなわち監査結果の裏付けとなるものなので，秩序ある形式で適切に保管しなければなりません。

監査調書には，予備調査で入手した資料，また必要に応じて被監査部門から入手した証拠資料（写しでも可）を添付する。

▼ **表10.5.2** 監査調書の主な記載事項

①監査実施者及び実施日時	②監査の目的
③実施した**監査手続**	④入手した**監査証拠**
⑤システム監査人が発見した事実（事象，原因，影響範囲等）及び発見事実に関するシステム監査人の所見	

評価・結論

本調査終了後，システム監査人は，監査調書の内容を詳細に検討し，合理的な根拠に基づく監査の結論を導き出した上で，監査報告書を作成します。

監査報告書には，通常，「1.監査の概要，2.監査の結論，3.その他特記すべき事項」の順に記載される。

監査報告書に記載する「監査の結論」には，システム監査人が監査の目的に応じて必要と判断した事項を記載します。例えば，

10
マネジメント

監査対象に保証を付与する場合であれば、「AAAシステムは、システム管理基準に照らして適切であると認められる」といった**保証意見**を記述します。一方、監査対象について助言を行う場合は、監査の結果判明した問題点を**指摘事項**として記載し、指摘事項を改善するために必要な事項を**改善勧告**として記載します。

10.5.3 情報システムの可監査性 AM/PM

> **参考** 情報システムは、コントロールの有効性を監査できるように設計・運用されていなければならない。

情報システムに、信頼性・安全性・効率性を確保するコントロールが存在し、それが有効に機能していることを証拠で示すことができる度合いを**可監査性**といいます。

可監査性を担保するためには、信頼性・安全性・効率性が確保されていることを事後的かつ継続的に点検・評価できる手段が必要です。この手段の1つに**監査証跡**があります。監査証跡は、情報システムの処理内容（入力から出力）を時系列で追跡できる一連の仕組みと記録です。代表的なものに、オペレーションログやアクセスログといった各種ログがあります。これらのログは、監査意見を裏付ける**監査証拠**としても用いることができます。

システム監査技法  COLUMN

▼ **表10.5.3** 主な監査技法

インタビュー法	システム監査人が直接、関係者に口頭で問い合わせ、回答を入手する
現地調査法	システム監査人が監査対象部門に赴いて、自ら観察・調査する
ウォークスルー法	データの生成から入力、処理、出力、活用までのプロセス、及び組み込まれているコントロールを書面上あるいは実際に追跡して調査する
突合・照合法	関連する複数の資料間を突き合わせ、データ入力や処理の正確性を確認する。例えば、販売管理システムから出力したプルーフリストと受注伝票との照合を行い、データ入力における正確性を確認する
コンピュータ支援監査技法	監査対象ファイルの検索、抽出、計算等、システム監査上使用頻度の高い機能に特化した、しかも非常に簡単な操作で利用できるシステム監査を支援する専用のソフトウェアや表計算ソフトウェア等を利用してシステム監査を実施する
テストデータ法	システム監査人が準備したテストデータを監査対象プログラムで処理し、期待した結果が出力されるか否かを確認する
監査モジュール法	監査機能をもったモジュールを監査対象プログラムに組み込んで実環境下で実行することで、監査に必要なデータを収集し、プログラムの処理の正確性を検証する

得点アップ問題

解答・解説はp.593

問題1　(R03春問51)

JIS Q 21500:2018(プロジェクトマネジメントの手引)によれば，プロジェクトマネジメントのプロセスのうち，計画のプロセス群に属するプロセスはどれか。

ア　スコープの定義　　　　　　　　　イ　品質保証の遂行
ウ　プロジェクト憲章の作成　　　　　エ　プロジェクトチームの編成

問題2　(R05秋問51)

PMBOKガイド第7版によれば，プロジェクト・スコープ記述書に記述する項目はどれか。

ア　WBS　　　　　　　　　　　　　イ　コスト見積額
ウ　ステークホルダ分類　　　　　　　エ　プロジェクトからの除外事項

問題3　(H26秋問51)

WBS(Work Breakdown Structure)を利用する効果として，適切なものはどれか。

ア　作業の内容や範囲が体系的に整理でき，作業の全体が把握しやすくなる。
イ　ソフトウェア，ハードウェアなど，システムの構成要素を効率よく管理できる。
ウ　プロジェクト体制を階層的に表すことによって，指揮命令系統が明確になる。
エ　要員ごとに作業が適正に配分されているかどうかが把握できる。

問題4　(R04秋問52)

図は，実施する三つのアクティビティについて，プレシデンスダイアグラム法を用いて，依存関係及び必要な作業日数を示したものである。全ての作業を完了するのに必要な日数は最少で何日か。

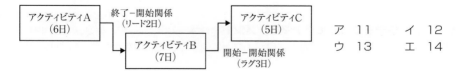

ア　11　　　　イ　12
ウ　13　　　　エ　14

問題5　(R03春問19-SM)

ソフトウェアの機能量に着目して開発規模を見積もるファンクションポイント法で，調整前FPを求めるために必要となる情報はどれか。

ア　開発で使用する言語数　　　　　　イ　画面数
ウ　プログラムステップ数　　　　　　エ　利用者数

問題6 (R02秋問52)

プロジェクトマネジメントにおいてパフォーマンス測定に使用するEVMの管理対象の組みはどれか。

ア　コスト，スケジュール　　　　　　　　イ　コスト，リスク
ウ　スケジュール，品質　　　　　　　　　エ　品質，リスク

問題7 (R02秋問57)

サービスマネジメントの容量・能力管理における，オンラインシステムの容量・能力の利用の監視についての注意事項のうち，適切なものはどれか。

ア　SLAの目標値を監視しきい値に設定し，しきい値を超過した場合には対策を講ずる。
イ　応答時間やCPU使用率などの複数の測定項目を定常的に監視する。
ウ　オンライン時間帯に性能を測定することはサービスレベルの低下につながるので，測定はオフライン時間帯に行う。
エ　容量・能力及びパフォーマンスに関するインシデントを記録する。

問題8 (R02秋問59)

システム監査のフォローアップにおいて，監査対象部門による改善が計画よりも遅れていることが判明した際に，システム監査人が採るべき行動はどれか。

ア　遅れの原因に応じた具体的な対策の実施を，監査対象部門の責任者に指示する。
イ　遅れの原因を確かめるために，監査対象部門に対策の内容や実施状況を確認する。
ウ　遅れを取り戻すために，監査対象部門の改善活動に参加する。
エ　遅れを取り戻すための監査対象部門への要員の追加を，人事部長に要求する。

チャレンジ午後－プロジェクトマネジメント (H30春問9抜粋)　　　解答・解説：p.594

ERPソフトウェアパッケージ導入プロジェクトに関する次の記述を読んで，設問1，2に答えよ。

O社は，ホームセンタをチェーン展開する中堅企業である。O社では，"良質の商品を低価格で販売する"という経営方針の下で売上を伸ばし，事業規模を拡大してきた。O社の店舗業務管理システムはこれまで，店舗ごとの販売管理手法と売れ筋商品に合わせて改修してきたので，店舗の業務の標準化が進まず，業務の効率向上が重要な課題となっている。O社では，この課題に対応するためのプロジェクト（以下，本プロジェクトという）を立ち上げることにした。

〔本プロジェクトの概要〕

(1)ERPソフトウェアパッケージの導入

・小売業界で広く採用されているP社のERPソフトウェアパッケージ(以下,パッケージという)を導入する。その理由は,スクラッチ開発よりも低コストでの導入が可能であり,かつ,パッケージに合わせて全店舗の業務を標準化することによって,業務効率を上げることができるとO社の経営層が判断したからである。

・パッケージの導入対象業務は,店舗に関わる販売管理(需要予測を含む),在庫管理,購買管理,会計管理及び要員管理である。

・特に,販売管理業務は,各店舗での独自の販売管理手法によって,売上拡大に大きく寄与している重要な業務である。

(2)本プロジェクトの立上げ

・本プロジェクト全体の予算は8,000万円で,期間は6か月間である。経営層から,6か月後の稼働が必須との指示が出ており,予算もスケジュールも余裕がないプロジェクトとなっている。

・プロジェクトマネージャ(PM)には,O社IT部門のW氏が任命された。

・特に,リスクマネジメントを重視し,計画・管理・対応策について検討する。

〔リスクマネジメント計画〕

(1)リスクマネジメントの現状

　O社にとっては,今回のような全社にわたるパッケージ導入プロジェクトは初めての経験であるが,従来どおりIT部門が主導的な立場で推進することになった。以前のプロジェクトでは,リスクマネジメントが十分に機能しておらず,様々なリスクが顕在化していた。例えば,業務部門から重要案件として提示された案件の中に,実際には重要度がそれほど高くない案件が含まれている場合もあった。そのような場合でも,案件の採否決定のベースとなる重要度を評価するための社内基準がないので,IT部門での重要度の判断も属人的となり,多くは見直されなかった。また,業務部門と重要度を調整する場を設けなかったので,結果として重要度にかかわらず全ての案件を受け入れざるを得なくなるというリスクが顕在化し,プロジェクトの全体予算を超過したことがあった。

(2)リスクの特定方法

　W氏は,本プロジェクトにおいてリスクマネジメントをしっかり行うために,まずプロジェクト予算超過のリスクを次の方法で特定し,リスクマネジメント計画書に記載した。

・本プロジェクトのプロジェクト企画書,現行システムの仕様書から,予測されるリスクを抽出する。

・IT部門でリスクに関するブレーンストーミングを行い,リスクを洗い出す。

・①IT部門のPM経験者に対して,過去に担当したプロジェクトの経験から,今後発生が予測されるリスクに関してアンケートを行い,その結果を回答者にフィードバックする。これを数回繰り返してリスクを集約し,リスク源を特定する。

10

マネジメント

次に，W氏は，この方法では特定できない未知のリスクが発生した場合の対策として，本プロジェクト全体の予算の5%を，□ a □として上乗せすることを，経営層に報告し，承認を得た。

〔リスクの管理〕

W氏は，特定したリスク源を，リスク管理表にまとめた。表1は，その抜粋である。表1中の"カスタマイズ"とは，O社の要求で機能を変更・追加したモジュールをパッケージに組み込むことをいう。

表1　W氏が作成したリスク管理表（抜粋）

No.	リスク源	事象	発生確率（％）
1	IT部門に，業務に精通した要員が不足している。	案件の取りまとめが不十分で，案件が確定しない。	80
		重要度がそれほど高くない案件でも，全て受け入れてしまい，プロジェクトの予算を超過する。	80
2	フィット＆ギャップ分析の結果，ギャップの数が想定以上に多くなる。	多くのギャップに対応するので，カスタマイズの費用が増える。	80
3	業務仕様・システム仕様の変更プロセスが決められていない。	必要以上に業務部門から業務仕様・システム仕様の変更を受け入れてしまい，プロジェクトの予算を超過する。	50
4	パッケージ導入の意図・目的が，IT部門から業務部門に周知徹底されていない。	過剰なカスタマイズ要求で，カスタマイズの費用が増える。	50
5	パッケージ導入に精通した要員が不足している。	工数が見積りよりも増加し，プロジェクトの予算を超過する。	80

〔リスク対応策〕

W氏は，特定したリスク源への対応策を検討して一覧にまとめ，経営層の承認を得た。表2は，その抜粋である。ここで，"No."は表1の"No."に対応する。

表2　リスク対応策一覧（抜粋）

No.	対応策
1	・案件の取りまとめに当たっては，O社のIT部門よりも業務に精通しているP社に支援してもらう。 ・IT部門が，案件採否のベースとして，案件の□ b □を定める。 ・業務部門から提示された案件について，重要度，コスト及びスケジュールを勘案した上で，案件の採否を決定する。その最終決定権はIT部門がもつこととし，決定事項について経営層の承認を得る。
2, 4	・重要な業務でカスタマイズが必要になった場合で，プロジェクト予算を超過する際は，稼働後1年以内にカスタマイズ費用を回収できることを条件に検討する。 ・②カスタマイズの対象業務を販売管理業務に限定し，その他の業務については，パッケージに合わせて業務を標準化することをプロジェクト基本計画書に記載し，経営層の承認を得る。
3	・仕様変更のプロセスを定め，業務部門から提示された仕様変更の要求・依頼を管理する。
5	□ c □

設問1 〔リスクマネジメント計画〕について，(1)，(2)に答えよ。

(1)本文中の下線①の技法を何と呼ぶか。10字以内で答えよ。

(2)本文中の　　a　　に入れる適切な字句を解答群の中から選び，記号で答えよ。

　解答群
　　ア　コストパフォーマンスベースライン　　イ　コンティンジェンシ予備
　　ウ　実コスト　　　　　　　　　　　　　　エ　マネジメント予備

設問2 〔リスク対応策〕について，(1)～(3)に答えよ。

(1)表2中の　　b　　に入れる適切な字句を，20字以内で答えよ。

(2)表2中の下線②の理由を，販売管理業務の位置付けを考慮して，35字以内で述べよ。

(3)表2中の　　c　　に入れる最も適切な対応策を解答群の中から選び，記号で答えよ。

　解答群
　　ア　O社の人事制度に，小売業務に関する社外資格取得奨励制度を設ける。
　　イ　パッケージ導入の経験が豊富な要員を，社外から調達するためのコストを確保
　　　する。
　　ウ　プロジェクト期間内に，パッケージ導入に関する教育をするための期間を新た
　　　に設ける。
　　エ　若手メンバを積極的にプロジェクトメンバに任命し，パッケージ導入の経験を
　　　積ませる。

チャレンジ午後－サービスマネジメント (H31春問10抜粋)

解答・解説：p.596

サービス運用のアウトソーシングに関する次の記述を読んで，設問1～4に答えよ。

　A社は，生活雑貨を製造・販売する中堅企業で，首都圏に本社があり，全国に支社と工場
がある。A社では，10年前に販売管理業務及び在庫管理業務を支援する基幹システムを構築
した。現在，基幹システムは毎日8:00～22:00にA社販売部門向けの基幹サービスとして
オンライン処理を行っている。基幹システムで使用するアプリケーションソフトウェア（以
下，業務アプリという）はA社IT部門が開発・運用・保守し，IT部門が管理するサーバで稼働
している。

〔基幹サービスの概要〕

　A社IT部門とA社販売部門との間で合意している基幹サービスのSLA（以下，社内SLAとい
う）の抜粋を，表1に示す。

10

マネジメント

表1 社内SLA（抜粋）

種別	サービスレベル項目	目標値	備考
a	サービス提供時間帯	毎日 8:00〜22:00	保守のための計画停止時間[1]を除く。
	サービス稼働率	99.9%以上	―
信頼性	重大インシデント[2]件数	年4件以下	
	重大インシデントの b	2時間以内	インシデントを受け付けてから最終的なインシデントの解決をA社販売部門に連絡するまでの経過時間（サービス提供時間帯以外は、経過時間に含まれない）
性能	オンライン応答時間	3秒以内	―

注記1　業務アプリ及びサーバ機器の保守に伴う変更で、リリースパッケージを作成して稼働環境に展開する作業は、サービス提供時間帯以外の時間帯又は計画停止時間を使って行われる。

注記2　天災、法改正への対応などの不可抗力に起因するインシデントは、SLA目標値達成状況を確認する対象から除外する。

注 [1]　計画停止時間とは、サービス提供時間帯中にサービスを停止して保守を行う時間のことであり、A社IT部門とA社販売部門とで事前に合意して設定する。

[2]　インシデントに優先度として"重大"、"高"、"低"のいずれかを割り当てる。優先度として"重大"を割り当てたインシデントを、重大インシデントという。

〔インシデント処理手順の概要〕

A社IT部門では、インシデントが発生した場合は、インシデント担当者を選任してインシデントを管理し、インシデント処理手順に基づいてサービスレベルを回復させる。インシデント処理手順を表2に示す。

表2 インシデント処理手順

手順	内容
記録	・インシデントを受け付け、インシデントの内容をインシデント管理簿[1]に記録する。
優先度の割当て	・インシデントに優先度（"重大"、"高"、"低"のいずれか）を割り当てる。
分類	・インシデントを、あらかじめ決められたカテゴリ（ストレージの障害など）に分類する。
記録の更新	・インシデントの内容、割り当てた優先度、分類したカテゴリなどで、インシデント管理簿を更新する。
c	・インシデントの内容に応じて、専門知識をもったA社IT部門の技術者などに、 c を行う。
解決	・インシデントの解決を図る。 ・A社IT部門が解決と判断した場合は、サービス利用者にインシデントの解決を連絡する。
終了	・A社IT部門は、"サービス利用者がサービスレベルを回復したこと"を確認する。 ・インシデント管理簿に必要な内容の更新を行う。

注記　インシデントに割り当てた優先度に応じて、インシデントを受け付けてからサービス利用者に最終的なインシデントの解決を連絡するまでの経過時間（サービス提供時間帯以外は経過時間に含まれない）の目標値が定められている。経過時間の目標値は、優先度"重大"が2時間、優先度"高"が4時間、優先度"低"が8時間である。

注 [1]　インシデント管理簿とは、インシデントの内容などを記録する管理簿のことである。A社IT部門の運用者からのインシデント発見連絡、サービス利用者からのインシデント発生連絡などに基づいて記録する。

〔アウトソーシングの検討〕

　現在，社内に設置されている基幹システムのサーバは，運用・保守の費用が増加し，管理業務も煩雑になってきた。また，A社の事業拡大に伴い，新規のシステム開発案件が増加する傾向にある。そこで，A社IT部門がシステムの企画と開発に集中できるように，基幹システムをB社提供のPaaSに移行する検討を行った。検討結果は次のとおりである。

・当該PaaSはB社の運用センタで稼働するサービスである。B社にサービス運用をアウトソースする場合は，A社IT部門が行っているサーバの運用・保守と管理業務はB社に移管され，B社からA社IT部門に対して運用代行サービスとして提供される。

・業務アプリ保守及びインシデント管理などのサービスマネジメント業務は，引き続きA社IT部門が担当する。

　A社IT部門とB社は，インシデント発生時の対応について打合せを行い，それぞれの役割を次のように設定した。

・表2の手順 "記録" における，B社の役割として，　d　　を行うこととする。

・表2の手順 "優先度の割当て" における優先度の割当ては，A社IT部門が行い，割当て結果を　e　に伝える。

〔A社とB社のSLA〕

　A社IT部門は，B社へのアウトソース開始後も，A社販売部門に対して，社内SLAに基づいて基幹サービスを提供する。そこで，A社IT部門は，社内SLAを支え，整合を図るため，A社とB社間のサービスレベル項目と目標値については，表1に基づいてB社と協議を行い，合意することにした。また，B社へのアウトソーシング開始後，A社とB社との間で月次で会議を開催し，サービスレベル項目の目標値達成状況を確認することにした。

　A社とB社のSLAは，B社からの要請で次の二つを追加して，合意することにした。

・サービスレベル項目として，B社が保守を行うための計画停止予定通知日を追加する。B社はPaaSの安定運用の必要性から，PaaSのサービス停止を伴う変更作業を行う。その場合，事前に計画停止の予定通知を行うこととする。計画停止予定通知日の目標値は，A社IT部門と販売部門の合意に要する時間を考慮して，B社からA社への通知日を計画停止実施予定日の7日前までとし，必要に応じてA社とB社で協議の上，計画停止時間を確定させる。

・サービスレベル項目のうち，B社の責任ではA社と合意するB社の目標値を遵守できない項目があるので，①A社とB社のSLAの対象から除外するインシデントを決める。

　なお，PaaSのリソースの増強は，A社からB社にリソース増強要求を提示して行われるものとする。その際，A社からB社への要求は，増強予定日の2週間前までに提示することも合意した。アウトソース開始時のPaaSのリソースは，A社基幹システムのキャパシティと同等のリソースを確保する。

　その後，A社とB社はSLA契約を締結し，A社IT部門の業務の一部がB社にアウトソースされた。

10

マネジメント

設問1 表1中の a , b に入れる適切な字句を解答群の中から選び，記号で答えよ。

解答群
ア 安全性　　　　　イ 解決時間　　　　　ウ 可用性
エ 機密性　　　　　オ 平均故障間動作時間　　カ 平均修復時間
キ 保守性

設問2 表2中の c に入れる適切な字句を10字以内で答えよ。

設問3 本文中の d , e に入れる適切な字句を解答群の中から選び，記号で答えよ。

解答群
ア A社IT部門　　　　　　イ A社IT部門への連絡
ウ A社販売部門　　　　　エ A社販売部門への連絡
オ B社　　　　　　　　　カ B社への連絡
キ 運用手順の確認　　　　ク 定期保守報告の確認

設問4 本文中の下線①について，除外するインシデントとは，どのような問題で発生するインシデントかを20字以内で述べよ。

チャレンジ午後－システム監査 (H29春問11抜粋)　　　　解答・解説：p.597

新会計システム導入に関する監査について，次の記述を読んで，設問1～4に答えよ。

L社は，中堅の総合商社であり，子会社が6社ある。L社及び子会社6社は，長い間，同じ会計システム（以下，旧会計システムという）を利用してきたが，ソフトウェアパッケージをベースにした新会計システムに，2年掛かりで移行させる予定である。ただし，子会社のM社だけは，既に新会計システムを導入して3か月が経過している。

L社の監査室は，L社，及びM社を除く子会社5社が新会計システムの導入に着手する前に，M社の新会計システムに関する運用状況のシステム監査を実施し，検討すべき課題を洗い出すことにした。

〔予備調査の概要〕

新会計システムについて，M社に対する予備調査で入手した情報は，次のとおりである。

1. 伝票入力業務の特徴及び現状

旧会計システムでは，経理部員が手作業で起票し，経理課長の承認印を受けた後，起票者が伝票入力して，仕訳データを生成していた。このため，手作業が多く，紙の帳票も大量に作成されていた。

新会計システムでの伝票入力業務の特徴及び現状は，次のとおりである。

（1）新会計システムでは，経費の請求などは各部署で直接伝票を入力することにした。そのために，経理部は各部署に操作手順書を配布し，伝票入力業務説明会を実施した。また，各部署で入力された伝票データ（以下，仮伝票データという）に対して各部署の上司が承認入力を行うことで仕訳データを生成し，請求書などの証ひょう以外に紙は一切使用しないようにした。新会計システムに承認入力を追加することによって，旧会計システムにおいて不正防止のために経理部が伝票入力後に実施していたコントロールは，不要となった。

（2）新会計システムでは，各利用者に対し，権限マスタで，伝票の種類（経費請求伝票，支払依頼伝票，振替伝票など）ごとに入力権限と承認権限が付与される。

（3）経理部によると，"各部署で入力された仕訳データの消費税区分，交際費勘定科目などに誤りが散見される"ということであった。

2. 伝票入力業務の手続

新会計システムにおける伝票入力業務の手続は，次のとおりである。

（1）担当者が入力すると伝票番号が自動採番され，仮伝票データとして登録される。このとき，担当者は証ひょうに伝票番号を記入する。

（2）承認者が仮伝票データの内容を画面で確認し，適切であれば承認入力を行う。

（3）承認入力が済むと，仮伝票データから仕訳データが生成され，仮伝票データは削除される。仕訳データには，仮伝票データの入力日と承認日が記録される。

（4）承認された伝票の証ひょうは，経理部に送られる。

（5）経理部は，各部署から送られてきた証ひょうを保管する。

3. 仕入販売システムとのインタフェース

M社は，大量の仕入・販売取引を仕入販売システムで処理している。旧会計システムでは，仕入販売システムから出力した月次集計リストに基づいて，経理部が手作業で伝票入力をしていた。これに対し，新会計システム導入後は，夜間バッチ処理で仕入販売システムから会計連携データを生成した後に，経理部員が新会計システムへの"取込処理"を実行するように改良した。

（1）会計連携データは，システム部が日次の夜間バッチ処理で生成している。会計連携データには，必須項目の他に，各子会社が必要に応じて設定した任意項目が含まれている。これらの項目は仕訳データに引き継がれ，新会計システムの情報として利用される。

（2）夜間バッチ処理の翌朝，経理部員が取込処理を実行することで，会計連携データが新会計システムに取り込まれる。

（3）経理部によると，"新会計システム導入当初には，取込処理の漏れ，及びエラー発生などによる未完了が発生していた。また，夜間バッチ処理のトラブルで会計連携データが生成されず，前日と同じ会計連携データを取り込んでしまったこともある"というこ

10

マネジメント

とであった。この対策として，経理部では，当月から取込処理の実施前と実施後に追加の手続を実施することにした。

4. 管理資料

新会計システムでは，各部署の利用者が自ら分析ツールを利用して仕訳データの抽出・集計が可能であることから，効果的な管理資料が作成でき，各部署での会計情報の利用増加が期待されていた。しかし，一部の利用者からは，"新会計システムでは仕入・販売取引に関する情報が不足しており，必要な分析ができない"という意見があった。

〔本調査の計画〕

L社の監査室では，予備調査の情報に基づいて監査項目を検討し，本調査の監査手続を表1にまとめた。

表1 本調査の監査手続（抜粋）

項番	監査項目	監査手続
1	伝票入力業務が正確・適時に行われているか。	①各部署の承認者が伝票の正確性をどのように確認しているか，複数の承認者に質問する。 ②各部署で直接伝票を入力することから，各部署の承認者が伝票の正確性についてチェックできるように，適切な内容の a が実施されたかどうかを確かめる。 ③仕訳データの仮伝票データの入力日と承認日の比較，及び b の c と監査実施日の比較を行って，承認入力の適時性について分析する。
2	伝票入力業務の不正が防止されているか。	①職務分離の観点から，承認者に d が設定されていないことを確かめる。
3	取込処理が適切に実行されているか。	①処理前に e の結果をチェックしているかどうかを確かめる。 ②処理後に f をチェックしているかどうかを確かめる。
4	効果的な管理資料が作成されているか。	①設計時に g について適切に検討していたかどうかを確かめる。

設問1 表1中の a ～ c に入れる適切な字句を，それぞれ10字以内で答えよ。

設問2 表1中の d に入れる適切な字句を，5字以内で答えよ。

設問3 表1中の e ， f に入れる適切な字句を，それぞれ10字以内で答えよ。

設問4 表1中の g に入れる適切な字句を，15字以内で答えよ。

||| **解説** |||

問題1

解答：ア

計画のプロセス群に属するのは"**スコープの定義**"です。〔イ〕の"品質保証の遂行"は実行のプロセス群，〔ウ〕の"プロジェクト憲章の作成"と〔エ〕の"プロジェクトチームの編成"は，立ち上げのプロセス群に属するプロセスです。

←p.555を参照。

問題2

解答：エ

プロジェクト・スコープ記述書に記述する項目は，プロジェクトからの除外事項です。

←p.557を参照。

問題3

解答：ア

WBS(Work Breakdown Structure)は，プロジェクトで作成する成果物や必要な作業を階層的に要素分解した図です。WBSを作成することによって，プロジェクトの作業内容及び範囲が体系的に整理でき，作業の全体が把握しやすくなります。

なお〔ウ〕は**OBS**(Organization Breakdown Structure：組織構成図)の説明です。OBSは，WBS上のワークパッケージに対して，要員及び責任者を割当て，それに指揮命令系統を配置した図です。〔エ〕は**責任分担表**(RAM：Responsibility Assignment Matrix)の説明です。代表的なものに，プロジェクトの作業ごとの役割，責任，権限レベルを明示した**RACI**チャートがあります。

←p.558を参照。

※RACIは，下記4つの頭文字を取った造語。
実行責任(Responsible)：作業を担当する
説明責任(Accountable)：作業全般の責任を負う
相談対応(Consult)：助言や支援，補助的な作業を行う
情報提供(Inform)：作業の結果や進捗などの情報の提供を受ける

問題4

解答：イ

アクティビティAとBは「開始－終了」関係でリードが2日なので，アクティビティBは，A終了の2日前から開始できます。また，アクティビティBとCは「開始－開始」関係でラグが3日なので，アクティビティCは，Bの開始3日後に開始できます。したがって，全てのアクティビティを完了するのに必要な日数は12日です。

←p.562を参照。

※リードは，「後続作業を前倒しに早める期間」，ラグは「後続作業の開始を遅らせる期間」のこと

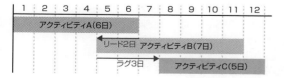

問題5

解答：イ

ファンクションポイント法で使用するデータは，表示画面数や印刷する帳票数，入出力に使用するファイル数です。

←p.566を参照。

10
マネジメント

問題6　　　　　　　　　　　　　　　　解答：ア　←p.568を参照。

EVMでは，PV(計画価値)，EV(出来高)，AC(実コスト)の3つの指標を基に，コスト及びスケジュールのパフォーマンスを管理します。

問題7　　　　　　　　　　　　　　　　解答：イ　←p.572を参照。

容量・能力管理では，容量・能力の利用(すなわち，CPU使用率，メモリ使用率，ディスク使用率，ネットワーク使用率，応答時間など)を常時監視し，容量・能力及びパフォーマンスデータを分析し，改善の機会を特定します。
ア：しきい値を超過する前に対策を講ずるべきです。
ウ：オフライン時間帯に測定すると，実際の利用状況を把握できません。
エ：インシデントを記録するのは，インシデント管理です。

問題8　　　　　　　　　　　　　　　　解答：イ　←p.579,580を参照。

システム監査人が行うフォローアップとは，監査対象部門の責任において実施される改善を事後的に確認するという性質のものです。対象部門へ指示を出したり，改善の実施に参加することはありません。システム監査人は，独立かつ客観的な立場で改善の実施状況を確認します。したがって，システム監査人が採るべき行動として適切なのは，〔イ〕だけです。

チャレンジ午後－プロジェクトマネジメント

設問1	(1)	デルファイ法
	(2)	a：エ
設問2	(1)	b：重要度を評価するための社内基準
	(2)	各店舗独自の販売管理手法が売上拡大に寄与しているから
	(3)	c：イ

●設問1(1)

下線①に該当する技法が問われています。下線①には，「IT部門のPM経験者に対して，…，今後発生が予測されるリスクに関してアンケートを行い，その結果を回答者にフィードバックする。これを数回繰り返してリスクを集約し，リスク源を特定する」とあります。このように，専門家にアンケートを何度か繰り返し，その結果をフィードバックして意見を収束させる技法を**デルファイ法**といいます。

●設問1(2)

「この方法では特定できない未知のリスクが発生した場合の対策とし

て，本プロジェクト全体の予算の5%を， a として上乗せする」
とあるので，空欄aには，リスクへの予備予算が入ります。

　リスクへの予備予算としては，コンティンジェンシ予備とマネジメント予備がありますが，コンティンジェンシ予備は事前に認識されたリスクへの予備予算です。特定できない未知のリスクへの予備予算はマネジメント予備なので，空欄aは〔エ〕の**マネジメント予備**です。

●設問2(1)

　「IT部門が，案件採否のベースとして，案件の b を定める」とあります。この空欄bを含むリスク対応策は，No.1のリスク源の「重要度がそれほど高くない案件でも，全て受け入れてしまい，プロジェクトの予算を超過する」という事象に対する対応策です。そこで，案件を全て受け入れてしまう原因を問題文で確認すると，〔リスクマネジメント計画〕(1)に，「案件の採否決定のベースとなる重要度を評価するための社内基準がなく，重要度の判断が属人的となっていた」旨の記述があります。このことから，案件を全て受け入れてしまうという問題に対処するためには，案件採否のベースとして，案件の**重要度を評価するための社内基準**(空欄b)を定めればよいと判断できます。

●設問2(2)

　下線②について，カスタマイズの対象業務を販売管理業務に限定する理由が問われています。本プロジェクトの目的は，パッケージを導入することによる全店舗の業務の標準化と業務効率の向上ですが，〔本プロジェクトの概要〕(1)の3項目を見ると，「特に，販売管理業務は，各店舗での独自の販売管理手法によって，売上拡大に大きく寄与している重要な業務である」とあります。この記述から，販売管理業務については，各店舗がもつノウハウを無視することはできず，店舗ごとに独自のカスタマイズを行わなければいけないことがわかります。

　以上，カスタマイズの対象業務を販売管理業務に限定する理由としては，「**各店舗独自の販売管理手法が売上拡大に寄与しているから**」などとすればよいでしょう。

●設問2(3)

　No.5の「パッケージ導入に精通した要員が不足している」ことに対する対応策が問われています。〔本プロジェクトの概要〕(2)にあるように，本プロジェクトの期間は6か月間であり，6か月後の稼働が必須となっています。このことから考察すると，〔イ〕の「パッケージ導入の経験が豊富な要員を，社外から調達するためのコストを確保する」のが最も適切な対応策です。

※解答群〔ア〕の**コストパフォーマンスベースライン**は，必要となるコストを時系列に展開した計画予算。〔ウ〕の実**コスト**は，実際に掛かったコスト。

※〔ア〕はパッケージ導入のノウハウと直接関係がない。〔ウ〕と〔エ〕はスケジュールに余裕がないプロジェクトであるため適切ではない。

10

マネジメント

チャレンジ午後－サービスマネジメント

設問1	a：ウ　　b：イ
設問2	段階的取扱い（別解：エスカレーション）
設問3	d：イ　　e：オ
設問4	業務アプリに起因するインシデント

●設問1

空欄a：サービスレベル項目を見ると，「サービス提供時間帯」と「サービス稼働率」であり，どちらも"可用性"の指標です。したがって，空欄aは〔**ウ**〕の**可用性**です。

空欄b：備考欄に，「インシデントを受け付けてから最終的なインシデントの解決をA社販売部門に連絡するまでの経過時間」とあるので，空欄bは〔**イ**〕の**解決時間**です。

●設問2

空欄c：インシデントの処理を，「記録の更新→ c →解決」の順に行うことから，空欄cは，インシデントを解決するために行う行動です。ここで，内容欄を見ると，「インシデントの内容に応じて，専門知識をもったA社IT部門の技術者などに， c を行う」とあります。発生したインシデントが過去にも発生したことのある既知の事象であれば担当者で対応できますが，対応できない未知の事象であった場合，より専門知識をもった技術者などに解決を依頼します。これを**段階的取扱い**又は**エスカレーション**といいます。したがって，空欄cには，このいずれかを入れればよいでしょう。

●設問3

空欄d：表2の手順"記録"におけるB社の役割が問われています。今回，A社IT部門が行っているサーバの運用・保守と管理業務をB社に移管することになりますが，インシデント管理は引き続きA社IT部門が担当します。したがって，PaaS環境で発生したインシデントを，A社IT部門がインシデント管理簿に記録するためには，B社からの連絡が必須条件となります。つまり，B社の役割は，〔**イ**〕の**A社IT部門への連絡**です。

空欄e：A社IT部門が割り当てた優先度をどこへ伝える必要があるか問われています。サーバの運用・保守と管理業務をB社に移管した場合，PaaS環境で発生したインシデントへの対応はB社が行うことになります。また，インシデントの優先度によって，インシデント解決時間の目標値が異なるため，決定された割当て結果は直ちに**B社**に伝える必要があります。つまり，空欄eは〔**オ**〕の**B社**です。

※インシデント管理については，p.575も参照。

●設問4

SLAの対象から除外するインシデントが問われています。下線①の直前にある，「サービスレベル項目のうち，B社の責任ではA社と合意するB社の目標値を遵守できない項目がある」との記述に着目すると，SLAの対象から除外すべきインシデントは，B社の責任範疇にないインシデント，すなわちB社が担当しない業務で発生するインシデントです。そして，B社が担当しない業務は，業務アプリの保守なので，除外すべきインシデントは，**業務アプリに起因するインシデント**です。

チャレンジ午後ーシステム監査

設問1	a：伝票入力業務説明会　　b：仮伝票データ　　c：入力日
設問2	d：入力権限
設問3	e：夜間バッチ処理　　f：処理の正常完了
設問4	g：会計連携データの任意項目

●設問1

空欄a：〔予備調査の概要〕1.伝票入力業務の特徴及び現状の(1)に，「新会計システムでは，経費の請求などは各部署で直接伝票を入力することにした。そのために，経理部は各部署に操作手順書を配布し，伝票入力業務説明会を実施した」とあります。しかし，(3)を見ると，「各部署で入力された仕訳データの消費税区分，交際費勘定科目などに誤りが散見された」との記述があります。このことから，伝票入力業務説明会において，新会計システムに関する教育・指導が適切に行われていなかった可能性が考えられます。したがって，監査手続としては，適切な内容の**伝票入力業務説明会**（空欄a）が実施されたかどうかを確認すべきです。

空欄b，c：「仕訳データの仮伝票データの入力日と承認日の比較，及び　 b 　の　 c 　と監査実施日の比較を行って，承認入力の適時性について分析する」とあります。"承認入力の適時性"とは，仮伝票データの入力後，適時に（速やかに）承認入力が行われているかということです。そこで，承認入力が行われたデータについては，仕訳データの仮伝票データの入力日と承認日を比較することで，承認入力が適時に行われたかを確認できます。また，承認入力が行われていないデータについては，仮伝票データの入力日と監査実施日を比較することで，そのデータが，承認入力が行われないまま放置されているデータであるか否かの確認ができます。以上から，空欄bには**仮伝票データ**，空欄cには**入力日**が入ります。

※設問1は，監査項目「伝票入力業務が正確・適時に行われているか」に係わる監査手続に関する設問。
「各部署で直接伝票を入力することから，各部署の承認者が伝票の正確性についてチェックできるように，適切な内容の 　a 　が実施されたかどうかを確かめる」の空欄aが問われている。

10

マネジメント

●設問2

〔予備調査の概要〕1.伝票入力業務の特徴及び現状の(2)に，「新会計システムでは，各利用者に対し，権限マスタで，伝票の種類ごとに入力権限と承認権限が付与される」旨が記述されていますが，もし，同一人に入力権限と承認権限の両方が付与された場合，相互牽制が働かず不正が生じるおそれがあります。そのため，伝票入力業務の不正防止のためには，承認者に付与するのは承認権限のみとする必要があります。したがって，空欄dには**入力権限**が入ります。

●設問3

空欄e：新会計システムでは，夜間バッチ処理で仕入販売システムから会計連携データを生成した後に，新会計システムへの取込処理を行います。ここで，〔予備調査の概要〕3.仕入販売システムとのインタフェースの(3)の記述を見ると，「夜間バッチ処理のトラブルで会計連携データが生成されず…」とあります。これをヒントに考えると，取込処理を行う前に，夜間バッチ処理によって会計連携データが生成されたかどうかを確認する必要があることがわかります。したがって，空欄eには**夜間バッチ処理**を入れればよいでしょう。

空欄f：〔予備調査の概要〕3.仕入販売システムとのインタフェースの(3)の記述「取込処理の漏れ，及びエラー発生などによる未完了が発生していた」ことをヒントに考えると，取込処理後にチェックすべきは，取込処理に漏れがなかったか，エラー発生などによって未完了が発生していないかの確認です。つまり，取込処理が正常に完了したかの確認が必要なので，空欄fには**処理の正常完了**と入れればよいでしょう。

●設問4

〔予備調査の概要〕4.管理資料に，「新会計システムでは仕入・販売取引に関する情報が不足しており，必要な分析ができない」とあります。また，"仕入・販売取引に関する情報"に関しては，〔予備調査の概要〕3.仕入販売システムとのインタフェースの(1)に，「会計連携データには，必須項目の他に，各子会社が必要に応じて設定した任意項目が含まれている。これらの項目は仕訳データに引き継がれ，新会計システムの情報として利用される」とあります。これらの記述から考察すると，仕入・販売取引に関する情報が不足しているということは，各子会社が必要に応じて設定する任意項目が不足していると考えられます。効果的な管理資料を作成するためには，**会計連携データの任意項目**(空欄g)について，設計時に適切に検討する必要があり，監査においては，この点を確認すべきです。

※**設問2**は，監査項目「伝票入力業務の不正が防止されているか」に係わる監査手続に関する設問。「職務分離の観点から，承認者に□d□が設定されていないことを確かめる」の空欄dが問われている。

※**設問4**は，「効果的な管理資料が作成されているか」に係わる監査手続に関する設問。「設計時に□g□について適切に検討していたかどうかを確かめる」の空欄gが問われている。

第11章
ストラテジ

　ストラテジとは"目的を達成するための方策，あるいは戦略"を意味します。企業が直面する課題に対して，情報技術(IT)を活用した戦略を立案することは応用情報技術者の業務・役割の1つです。したがって，この業務を遂行するためにも，ITを活用した戦略立案，経営戦略の手法や経営工学，さらに会計・財務，標準化や関連法規といった知識と，その応用力が必要になります。

　本章では，以上のことを背景に「システム戦略」，「経営戦略」，「経営工学」，「企業会計」，そして最後に「標準化と関連法規」について，その基本かつ重要事項を学習します。学習する内容がとても広範囲となりますが，情報技術を戦略的に活用できる人材が求められている現在，とても重要な分野といえます。まずは本章により，ストラテジ系分野で出題される基本事項や用語をしっかり学習しておきましょう。

11.1 システム戦略

11.1.1 情報システム戦略 AM/PM

中長期情報システム化計画は，情報システム化基本計画とも呼ばれる。

情報システムは，成り行きまかせに開発されるのではなく，経営戦略と整合した情報戦略に基づいた**情報システム化計画**のもとに開発されます。ここでは，情報システム化計画立案のベースとなる情報戦略，業務モデルの概要を説明します。

情報戦略

情報資源3要素
①データ資源
②情報基盤（ハードウェアやソフトウェア，ネットワークやデータベースなど）
③情報化リテラシ（情報活用能力，ノウハウやスキル）

情報戦略とは，企業競争に立ち向かい，そこでの競争優位を確立しようとする経営戦略を実現するための，「情報資源を戦略的，効果的に活用していく方針や計画」のことです。企業のもつ情報技術や情報システムの優劣が，競争優位の獲得の大きなファクタとなっている現在，情報戦略の重要性は益々増大しています。したがって，情報戦略は，経営戦略に付随して策定されるのではなく，経営戦略の一環として統合的に策定される必要があります。

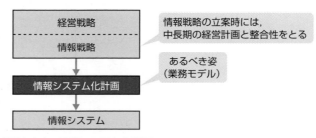

▲ **図11.1.1** 情報システム化計画

情報システム化計画においては，「情報戦略を具体化するもの＝情報システム」として，企業のあるべき姿を前提に情報システムのあるべき姿を描き出した上で，何をいつまでに実現すべきかなど具体的に計画します。ここで重要なのは，情報システムへの投資には莫大な費用がかかるため，経営課題や経営目標の解決の効果とそれにかかる費用とのバランスを考慮して情報システムへの投資計画を行う必要があるということです。

情報システム化計画を立案するに当たっては，情報システムの有効性と投資効果を明確にしなければならない。

業務モデル

業務の目的を明確にし，情報システムの構築に求められる本質的ニーズを顕在化させるためにも，業務モデルの作成は重要である。

　業務モデルは，組織の活動と，その活動に必要なデータの関連を表した論理的モデルです。つまり，経営目標の達成に必要な業務機能とデータを，情報システム構築のために論理モデルとして明確化した"情報システムのあるべき姿"といえます。

　業務モデルは情報システムの計画立案時に作成され，その手順は「ビジネスプロセスの定義→データモデルの定義→両者の関連づけ」となります。なお，全社レベルの業務モデルは企業活動のモデルでもあるので，ビジネスプロセスには，業務レベルの活動だけでなく意思決定活動や計画活動も含む必要があります。

○ビジネスプロセス（業務プロセス）の定義

　ビジネスプロセスは，実在する組織や現実の業務にとらわれることなく，業務本来のあるべき姿として，必要な機能を業務の流れに沿って定義します。この図式表現には**DFD**が用いられます。

現状の業務機能と現行情報システムでの処理を分析し，相互の関連を明確化した現行物理モデルの作成

↓

現行論理モデルの作成

↓

・本来あるべき業務機能と現状との比較・分析・評価
・経営戦略，経営目標を加味

↓

経営目標の達成に必要な業務機能を定義し，体系化した将来論理モデル（業務のあるべき姿）の作成

▲ **図11.1.2**　将来論理モデル（業務プロセス）の作成手順

本来あるべき業務機能と現状との比較・分析・評価することを**ギャップ分析**という。なお，ERPパッケージなどを導入する際，自社の業務プロセスや「あるべき姿」とパッケージが，どれだけ適合（フィット）し，どれだけ乖離（ギャップ）があるかを調査・分析・評価することを**フィット&ギャップ分析**という。

○データモデル（情報モデル）の定義

　企業の全体像を把握するため，ビジネスプロセスに必要なデータを明らかにし，全社のデータモデルを作成します。まず，基本的なエンティティだけを抽出し，それらの相互間のリレーションを含めて概略図（鳥瞰図）を作成します。次に，エンティティを詳細化し，すべてのリレーションを明確にします。この図式表現には，E-R図が用いられます。

11.1.2 全体最適化 AM/PM

　全体最適化とは，組織全体の業務と情報システムを，経営戦略に沿った"業務と情報システムのあるべき姿"に向け改善していく取組みのことです。全体最適化の観点から，業務と情報システムを同時に改善することを目的とした，組織の設計・管理手法に**EA**(Enterprise Architecture)があります。

EA(エンタープライズアーキテクチャ)

　EAは，各業務と情報システムを，表11.1.1に示す4つの体系(領域)で整理・分析し，全体最適化の観点から見直すための技法です。

▼ **表11.1.1** EAの4つの体系と主な成果物

業務体系	ビジネスアーキテクチャ(BA)：ビジネス戦略に必要な業務プロセスや情報の流れを体系的に示したもの	
	参照モデル	BRM(Business Reference Model)
	成果物	業務説明書，機能構成図(DMM)，機能情報関連図(DFD)，業務流れ図(WFA)
データ体系	データアーキテクチャ(DA)：業務に必要なデータの内容，データ間の関連や構造などを体系的に示したもの	
	参照モデル	DRM(Data Reference Model)
	成果物	情報体系整理図(UMLクラス図)，実体関連ダイアグラム(E-R図)，データ定義表
適用処理体系	アプリケーションアーキテクチャ(AA)：業務プロセスを支援するシステムの機能や構成などを体系的に示したもの	
	参照モデル	SRM(Service Component Reference Model)
	成果物	情報システム関連図，情報システム機能構成図
技術体系	テクノロジアーキテクチャ(TA)：情報システムの構築・運用に必要な技術的構成要素を体系的に示したもの	
	参照モデル	TRM(Technology Reference Model)
	成果物	ネットワーク構成図，ソフトウェア構成図，ハードウェア構成図

参照モデル：EAの各図表を作成する際に参考とする図法(モデル)。

機能構成図(DMM：Diamond Mandala Matrix)は，3行3列のマトリックスを用いて，業務機能をトップダウンで階層的に分解したもの。DMMにより，情報システムの対象範囲を明確にする。

機能情報関連図(DFD)により，業務・システムの機能と情報の流れを明確にする。

業務流れ図(WFA)については，p.607を参照。

　EAでは，既存の業務と情報システムの現状を**As-Isモデル**(現状のアーキテクチャモデル)に整理し，目標とする"あるべき姿"を**To-Beモデル**として作成します。そして，両者を比較することで全体最適化の目標を明確にし，現実的な次期モデルを定めます。またこれにより，ITガバナンスの強化を目指し，経営の視点からIT投資効果を高めます。

11.1.3 ITガバナンスと情報システム戦略委員会 AM/PM

ITガバナンス

ITガバナンスとは，企業が競争優位性を構築するために，IT戦略の策定・実行をガイドし，あるべき方向へ導く組織力あるいはその取組のことです。**"システム管理基準（平成30年）"**では，ITガバナンスを次のように定義しています。

参考 システム管理基準（平成30年）は，平成30年4月に改訂されたもの。

> **P O I N T ITガバナンスの定義**
> 経営陣がステークホルダのニーズに基づき，組織の価値を高めるために実践する行動であり，情報システムのあるべき姿を示す情報システム戦略の策定及び実現に必要となる組織能力

11 ストラテジ

また，ITガバナンスの定義における経営陣の行動を，「情報システムのライフサイクル（企画，開発，保守，運用）に関わるITマネジメントとそのプロセスに対して，経営陣が評価（Evaluate）し，指示（Direct）し，モニタ（Monitor）すること」と規定しています。これを**EDMモデル**といいます。

情報システム戦略委員会

情報システム戦略を遂行するためには，それなりの組織体制を整備する必要があります。そのため，**"システム管理基準（平成30年）"**では，**情報システム戦略委員会**の設置を定めています。情報システム戦略委員会は，CIO，CFO，情報システムの責任者，利用部門の責任者などから構成され，次に示す役割を担います。

参考 情報システム戦略委員会の構成

ITガバナンス
経営陣
CIO（最高情報責任者／情報統括役員） CFO（最高財務責任者）
ITマネジメント
情報システム部長 各利用部門長

CIOには，経営的な観点から戦略的意思決定を行う経営陣の一員としての役割，及び情報システム部門の統括責任者としての役割が期待される。

> **P O I N T 情報システム戦略委員会の役割**
> ・情報システムに関する活動全般をモニタリングし，必要に応じて是正措置を講じる
> ・変化する情報技術動向に適切かつ迅速に対応するため，技術採用指針を明確にする
> ・活動内容を適時に経営陣に報告する
> ・経営戦略の計画・実行・評価に関わる意思決定を支援するための情報を経営陣に提供する

11.1.4 IT投資戦略とITマネジメント (AM/PM)

　企業・組織の全体最適化を実現するためには，情報戦略が重要になります。とりわけ情報戦略の一環として，どこにどのようにIT投資をするかというIT投資戦略と，IT投資の評価と制御は，IT経営を確立するという面でとても重要な課題です。

IT投資マネジメント

　IT投資における費用対効果を算出し，その評価と制御を行うIT投資マネジメントは，**戦略マネジメント**と**個別プロジェクトマネジメント**の2階層で構成されます。

▼ **表11.1.2** 戦略マネジメントと個別プロジェクトマネジメント

戦略マネジメント	計画	・全社規模でのIT投資評価の方法，及び複数のプロジェクトから成るIT投資ポートフォリオの選択基準を決定する ・必要とされる情報資本と現在の情報資本とのギャップを分析し，不足する情報資本の構築をIT投資テーマとして起案する ・どのIT投資テーマを選択するか決定する（投資対象プロジェクトの選択） ・経常的案件を加えた，全社IT投資計画を作成する
	実施	・個別プロジェクトのマネジメント（実行状況のフォローなど）を行う
	評価・改善	・経営者視点での目標実現度の評価と課題抽出を行う ・マネジメントプロセスの見直し，及びポートフォリオや投資内容の見直しを行う
個別プロジェクトマネジメント	計画	・全社IT投資計画を基にプロジェクトの実施計画を策定する ・投資目的に基づいた効果目標の設定と，投資額の見積りを行い，実施可否判断に必要な情報を上位マネジメントに提供する（事前評価） ・上位マネジメント組織は，事前評価データを基に，他のプロジェクトとの整合などの全体最適の観点から当該プロジェクトを実施するかどうかを決定する
	実施	・実施中のプロジェクトの評価を行い，実施計画と実績との差異及びその原因を詳細に分析し，今後の見込みを上位マネジメントに報告するとともに，投資額や効果目標の変更といった対応が必要となる場合には，その内容もあわせて報告する（中間評価） ・必要に応じて実施計画の修正を行う
	評価・改善	・事前に計画された「投資効果の実現時期と評価に必要なデータ収集方法」に合わせて，実施計画段階で設定した効果目標が達成されているか否かの評価を行う（事後評価） ・マネジメントプロセスの見直しを行い，他の投資計画への反映を行う

用語 IT投資ポートフォリオ
IT投資のバランスを管理し全体最適を図るための手法。IT投資を，投資リスクや投資価値が類似するものごとに分類し，分類単位ごとの投資割合を管理することによって，例えば，リスクの高い戦略的投資を優先するのか，あるいは比較的リスクの低い業務効率化投資を優先するのか，といった形で経営戦略とIT投資の整合性を図る。

試験 試験では，個別プロジェクトにおける事前評価，中間評価，事後評価として実施する内容が問われる。

投資の意思決定法

投資が適切かどうかを判断するための手法には，次の方法があります。

◇ 回収期間で評価する（PBP法，DPP法）

投資額を回収するのに必要な期間を算出し，その期間が基準年数よりも短ければ投資を行い，そうでなければ見送ります。また，投資案件が複数ある場合は，より回収期間が短いものを選択します。回収期間の算出方法によって，次の2つの方法があります。

▼ **表11.1.3** 回収期間の算出方法

PBP法 （回収期間法）	回収額の累計額が投資額と等しくなる期間（PBP：Pay Back Period）を回収期間として評価する
DPP法 （割引回収期間法）	PBP法にお金の時間的価値を加味した方法。将来得られる回収額を現在価値に割り引いて算出した回収期間（DPP：Discounted Pay-Back Period，割引回収期間という）で評価する。現在価値とは，「将来のお金の，現時点での価値」を表したもの。例えば，100万円を利率5%で運用すれば，1年後には105万円になるため，1年後の105万円は現在の100万円と同じ価値と考えることができる。このとき105万円を将来価値といい，その現在価値は100万円であるという。なお，現在価値の算出式は，「現在価値＝将来価値／$(1+割引率)^{n年後}$」

NPVが0になる **参考** 割引率をIRR (Internal Rate of Return：**内部収益率**) といい，IRRで投資判断を行う方法を**IRR法**という（p.672参照）。なお，将来価値を現在価値に換える計算法をDCF(Discounted Cash Flow：割引現金収入価値)法といい，NPV法とIRR法は，DCF法に属する評価方法。

◇ NPVで評価する（NPV法）

NPV（Net Present Value：**正味現在価値**）とは，回収額の現在価値の総和から投資額を引いた金額のことです。NPVは，投資によって得られる利益の大きさを表すので，値が大きいほど有利な投資と判断できます。図11.1.3に，投資案件A，Bについて，期間を3年間，割引率を5%としたときのNPV算出例を示します。

案件	投資額	回収額			現在価値換算の回収額		（単位：万円）
		1年目	2年目	3年目	1年目	2年目	3年目
A	220	40	80	120	$40/1.05=38.1$	$80/1.05^2=72.6$	$120/1.05^3=103.7$
B	220	120	80	40	$120/1.05=114.3$	$80/1.05^2=72.6$	$40/1.05^3=34.6$

投資案件AのNPV ＝ $(38.1+72.6+103.7)-220=-5.6$
投資案件BのNPV ＝ $(114.3+72.6+34.6)-220=1.5$ ⟹ 投資案件Bを選択

▲ **図11.1.3** NPVの算出方法（期間3年間，割引率5%）

11.1.5 業務プロセスの改善 AM/PM

BPR

BPR(Business Process Reengineering)は，既存の組織やビジネスルールを抜本的に見直して，業務内容や業務プロセス，また組織構造や情報システムを再設計・再構築することです。BPRによって，業務の品質向上や効率化・スピード化を図り，収益率や顧客満足度を向上するといった経営目標の達成を目指します。なお，BPRのことを単に**リエンジニアリング**という場合もあります。

> 参考 マイケルハマーはリエンジニアリングを，「顧客の満足度を高めることを主眼とし，最新の情報技術を用いて業務プロセスと組織を抜本的に改革すること」と提唱している。

BPM

BPM(Business Process Management)は，業務プロセスにPDCAマネジメントサイクルを適応し，継続的なBPRを遂行しようという考え方です。具体的には，「業務プロセス分析・設計→業務プロセス構築→モニタリング・評価→改善・再構築」といった一連の業務改善サイクルを継続的に行います。

IDEALによるプロセス改善

> 参考 IDEALは，組織におけるプロセス改善を行う際，具体的な活動内容を計画・定義できるよう示されたリファレンスモデル。

IDEALは，プロセス改善活動のライフサイクルを示したリファレンスモデルです。「開始(Initiating)，診断(Diagnosing)，確立(Establishing)，行動(Acting)，学習(Learning)」の5つのフェーズから構成されます。

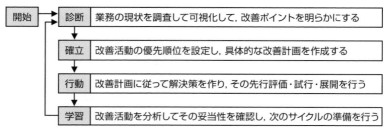

開始	診断	業務の現状を調査して可視化して，改善ポイントを明らかにする
	確立	改善活動の優先順位を設定し，具体的な改善計画を作成する
	行動	改善計画に従って解決策を作り，その先行評価・試行・展開を行う
	学習	改善活動を分析してその妥当性を確認し，次のサイクルの準備を行う

▲ **図11.1.4** IDEALのフェーズ

業務プロセスの可視化手法

業務プロセスの可視化手法には，次ページ表11.1.4に示すWFAやBPMNなどがあります。

▼**表11.1.4** 業務プロセスの可視化手法

WFA	Work Flow Architectureの略。業務の流れと個々のデータが処理される組織（場所）や順序を明確にした図
BPMN	Business Process Model and Notationの略。業務プロセスを，イベント・アクティビティ・分岐・合流を示すオブジェクトと，フローを示す矢印などで表した図

BPO

BPO（Business Process Outsourcing）は，社内業務のうちコアビジネス以外の業務の一部又は全部を，情報システムと併せて外部の専門業者に委託（アウトソーシング）することで，経営資源をコアビジネスに集中させることをいいます。

コスト削減を図るため，業務の一部又は全部を物価の安いオフショア（海外）にある外部企業に委託する形態を**オフショアアウトソーシング**という。

RPA

RPA（Robotic Process Automation）は，デスクワークなどルール化された定型的な事務作業を，ルールエンジンやAIなどの技術を備えたソフトウェア・ロボットに代替させることによって，業務の自動化や効率化を図る仕組みです。

ルールエンジン
「こういう場合には，こうする」といった判断・分岐処理を行う専用のソフトウェア。

11
ストラテジ

ワークフローシステム

ワークフローシステムは，書類の申請から決裁に至る事務手続を電子化することによって，業務負担の軽減化とスピードアップを実現するシステムです。稟議システム，あるいは電子決裁システムとも呼ばれます。

BRMS（ビジネスルール管理システム）  COLUMN

ビジネスルールとは，例えば，経費を請求するときに「1万円未満なら課長が，それ以上なら部長が決裁する」といった，業務を進めるためのルールのことです。従来，ビジネスルールは，業務アプリケーションに盛り込んでいましたが，この方法では，ビジネスルールが変われば，その都度プログラムを修正しなければならず，手間やコストが掛かりますし，ビジネス環境が激しく変化する昨今においては対応できません。そこで登場したのがBRMS（Business Rule Management System）です。BRMSは，ビジネスルールを，業務アプリケーションから切り離してルールベースとして蓄積することで，随時，登録・変更を行えるシステムです。業務アプリケーション内のビジネスプロセスが必要に応じて，ビジネスルールを呼び出し実行します。

11.1.6 ソリューションサービス

ソリューションとは，企業が抱える経営課題の解決を図るための情報システム，及びサービスの総称です。ここでは，クラウドサービスを中心に代表的なソリューションサービスをまとめました。

クラウドサービス

クラウドサービスとは，共用の構成可能なコンピューティングリソースの集積を，インターネット経由で，自由に柔軟に利用することを可能とするサービスのことです。

JIS X 9401:2016(情報技術ークラウドコンピューティングー概要及び用語)では，アプリケーションを提供するSaaS，アプリケーションの構築・実行環境を提供するPaaS，ハードウェアやネットワークなどの情報システム基盤を提供するIaaSなど，7つのクラウドサービス区分を定義しています。

用語 コンピューティングリソース
ハードウェアやソフトウェア，データなどのコンピュータ資源。

参考 旧来，クラウドのインフラ環境構築を手作業で実施していたが，近年では，サーバやネットワークをはじめとしたインフラの構成をコードで記述しておき，それを実行することでインフラ環境を構築できる。これをIaC(Infrastracture as Code)という。IaCは，コスト効率，迅速性，柔軟性を実現するための技術要素の1つである。

	SaaS	PaaS	IaaS	
アプリケーション				利用者側で用意・管理
ミドルウェア				
OS				サービス提供者が用意・管理
ハードウェア				

開発環境，DBMS，ネットワークサービス等を含む

▲ **図11.1.5** クラウドサービス区分(SaaS，PaaS，IaaS)

▼ **表11.1.5** クラウドサービス区分(SaaS，PaaS，IaaS)

SaaS	Software as a Service。クラウドサービスカスタマ(利用者)が，クラウドサービスプロバイダ(サービス提供者)のアプリケーションを使うことができる形態
PaaS	Platform as a Service。クラウドサービスカスタマが作成又は入手したアプリケーションを配置し，管理し，実行することができる形態。なお，そのアプリケーションは，クラウドサービスプロバイダによってサポートされるプログラム言語を用いて作成されたもの
IaaS	Infrastructure as a Service。クラウドサービスカスタマが，演算リソース，ストレージリソース，ネットワークリソースなどの基礎的コンピューティングリソースを利用できる形態。クラウドサービスカスタマは，システムの基盤となる物理的リソース・仮想化リソースの管理や制御を行うことはできないが，オペレーティングシステム，ストレージ及び配置されたアプリケーションの制御を行うことができる

●クラウドコンピューティングの利用モデル

クラウドコンピューティングの利用モデルには，単一利用者向けの「プライベートクラウド」や一般向けの「パブリッククラウド」など，表11.1.6に示す4つの利用モデルがあります。

▼**表11.1.6** クラウドコンピューティングの利用モデル

プライベートクラウド	企業や団体などの単一のクラウドサービスカスタマによって専用使用されるモデル
パブリッククラウド	一般の不特定多数のクラウドサービスカスタマを対象としたモデル
コミュニティクラウド	企業や団体など複数のクラウドサービスカスタマによって共有使用されるモデル。利用例としては，複数の地方公共団による自治体クラウドや，複数の医療機関による医療クラウドなどがある
ハイブリッドクラウド	2つ以上の異なるモデルを組み合わせたもの。例えば，重要な機密情報を扱う業務はプライベートクラウド，その他の業務はパブリッククラウドを利用し両者を使い分ける

SOA

SOA(Service Oriented Architecture：サービス指向アーキテクチャ)は，業務上の一処理に相当するソフトウェアの機能を"サービス"という単位で実装し，"サービス"を組み合わせることによってシステムを構築するという考え方です。SOAを採用することで，柔軟性のあるシステム開発が可能となり，ビジネス変化に対応しやすくなります。

なお，SOAにおいて，異なるサービス間でのデータのやり取りを行うために，データ形式の変換や非同期連携などの機能を実現するものをESB(Enterprise Service Bus)といいます。

その他のソリューションサービス

その他，代表的なソリューションサービスには，表11.1.7に示すサービスがあります。

▼**表11.1.7** その他のソリューションサービス

ホスティングサービス	事業者が所有するサーバの一部を顧客に貸し出し，顧客が自社のサーバとして利用する形態
ハウジングサービス	顧客のサーバや通信機器を設置するために，事業者が所有する高速回線や耐震設備が整った施設を提供する形態

11
ストラテジ

11.2 経営戦略マネジメント

11.2.1 経営戦略 AM/PM

経営戦略の3つの要素

経営戦略により，どこで戦うのか，すなわち"戦う土俵"を決め，そこで他社より優れた能力を発揮し，その優位性を維持・発展できるように経営資源を分配することによって，企業の競争優位を確固たるものにします。したがって，経営戦略で特に重要となるのは，「ドメイン，コアコンピタンス，資源配分」の3つです。

なお，不足している経営資源や能力は，他企業を買収して取り込んだり（M&A），あるいは他企業との提携・協力（アライアンス）や外部への業務委託（アウトソーシング）といった方法で外部資源を用いて補完します。

用語 コアコンピタンス
他社にはまねのできない企業独自のノウハウや技術など，その企業ならではの力。他社との差異化の源泉となる経営資源のこと。

用語 M&A
Mergers（合併）and Acquisitions（買収）の略で，企業の合併や買収の総称。なお，企業買収判断を行う場合に，買収対象企業の企業価値や買収リスクを調査・評価することをデューデリジェンスという。

POINT 経営戦略の3つの要素
・事業を展開する領域（ドメイン）
・企業の中核的な力（コアコンピタンス）
・経営資源の最適配分

競争の基本戦略

企業の基本的な営業戦略には，次の3つがあります。

POINT 競争の基本戦略
① コストリーダーシップ戦略
　他社を圧倒するコストダウンにより競争優位を図る。
② 差別化戦略
　他社製品とのコスト以外での差別化により競争優位を図る。
③ 集中戦略
　特定のセグメントに的を絞って経営資源を集中する。

また，米国の経営学者フィリップ・コトラーは，市場における企業の競争上の地位は，次ページ表11.2.1に示す4つに分類でき，それぞれの地位に応じた適切な戦略があるとしています。

▼ **表11.2.1** 企業の競争上の地位と戦略

リーダ	業界において最大のシェアを確立している企業。利潤，名声の維持・向上と最適市場シェアの確保を目標として，市場内のすべての顧客をターゲットにした全方位戦略をとる(リーダ戦略)
チャレンジャ	業界2位，3位の企業。上位企業の市場シェアを奪うことを目標に，製品，サービス，販売促進，流通チャネルなどのあらゆる面での差別化戦略をとる(チャレンジャ戦略)
フォロワ	チャレンジャと比較して，経営資源の質・量ともに乏しい企業。目標とする企業の戦略を観察し，迅速に模倣することで製品開発や広告のコストを抑制し，市場での存続を図る模倣戦略をとる(フォロワ戦略)。なお，フォロワ(follower)とは追随者の意味
ニッチャ	企業規模は小さいながらも，ニッチ市場(隙間市場)を対象に専門化している企業。他社が参入しにくい隙間(ニッチ)となる特定顧客，特定製品のセグメントに限定して，徹底したコストダウンを図ったり，ユニークな商品を投入するなどして競争優位を図る集中戦略をとる(ニッチ戦略)

11 ストラテジ

11.2.2 経営戦略手法 AM/PM

ここでは，経営戦略で用いられる様々な分析手法を説明します。

ファイブフォース分析

ファイブフォース分析は，図11.2.1に示す5つの要因から企業を取り巻く競争環境(すなわち，業界構造)を分析する手法です。業界の競争状態を分析し，その業界の収益性や成長性，魅力の度合いを検討します。

参考 ファイブフォース分析により，業界が，競争の激しい**レッドオーシャン**なのか，競争のない**ブルーオーシャン**なのかも判断できる。ブルーオーシャンで戦うためには，自社製品の価値改革を行い他社との差別化を図ると同時に低コストを実現する戦略(**ブルーオーシャン戦略**)を採る。

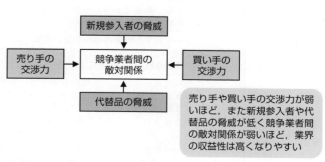

▲ **図11.2.1** ファイブフォース分析

PPM

PPM（Product Portfolio Management：プロダクトポートフォリオマネジメント）は，自社の事業を評価し，資金を生み出す事業と投資が必要な事業を区別することによって，経営資源の最適配分を図る手法です。

PPMでは，市場成長率と市場占有率という2つの軸でマトリクスを作り，事業を4つの事象に分類します。これは，「市場の成長は時とともに低下し，"市場成長率"の高い事業は多くの資金を必要とする」という考え方と，「製品の生産量が多くなれば単位当たりのコストが下がり生産性が向上するため，"市場占有率"の高い企業は相対的に低コストで生産でき高い収益が得られる」という経験曲線の考え方をベースにした分類です。

用語 経験曲線 累積生産量の増加に伴い，経験値が積み上げられ生産性が向上する傾向を示した曲線のこと。同じものをたくさん作ることによる効率化を表す。

用語 市場占有率 市場全体の売上に対する自社売上の占める割合（マーケットシェア）。

参考 一般に，事業は問題児からスタートし，成功すれば花形となり，市場成長率が鈍化してくると（競争がなくなると），金のなる木になる。そして最終的には負け犬になる。

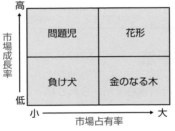

横軸を相対的市場占有率とする場合もある。相対的市場占有率とは，業界トップ企業（競争企業）の市場占有率に対する比率。例えば，業界トップ企業のシェアが40％で，自社が30％なら相対市場占有率は75％となる

▲ **図11.2.2** PPMマトリックス

▼ **表11.2.2** PPMの4つの分類

問題児	市場成長率が高く，市場占有率が低い事業。ここに分類される事業は，「事業としての魅力はあり，資金投下を行えば，将来の資金供給源になる可能性がある」もしくは「市場の成長に対して投資が不足していると考えられ，これからの資金投下を必要とする」事業である。しかし，資金投下を行っても市場占有率を高められなければ，やがては"負け犬"になる
花形	市場成長率も市場占有率も高い事業。ここに分類される事業は，「現在は大きな資金の流入をもたらしているが，同時に，市場の成長に合わせた継続的な資金投下も必要とする」事業である
金のなる木	市場成長率が低く，市場占有率が高い事業。ここに分類される事業は，「現在，資金の主たる供給源の役割を果たしており，大きな追加投資の必要がない」事業であり，投資用の資金源と位置づけられる。"金のなる木"から得た収益を，"問題児"に投入し，"花形"に育てるといった投資戦略が原則となる
負け犬	市場成長率も市場占有率も低い事業。ここに分類される事業は，「事業を継続させていくための資金投下の必要性は低く，将来的には撤退を考えざるを得ない」事業である

PEST分析

　自社ではコントロールができない，企業活動に影響を与える外部環境要因を分析することを**マクロ環境分析**といいます。**PEST分析**は，外部環境要因のうち代表的な項目である，「政治（Politics），経済（Economics），社会（Society），技術（Technology）」を分析対象とする手法です。経営戦略の策定や事業計画の立案に際し，PEST分析を行い，ビジネスを規制する法律や，景気動向，流行の推移，新技術の状況などを把握します。

3C分析

　マクロ環境よりもさらに個別具体的な分析を行う場合に用いられるのが3C分析です。**3C分析**では，「顧客・市場（Customer），競合（Competitor），自社（Company）」の観点から自社を取り巻く業界環境を分析します。

▼ **表11.2.3**　3C分析

外部環境	顧客・市場分析	自社の商品やサービスを，購買する意思や能力のある顧客を把握する（例：市場規模や成長性，ニーズ，購買プロセス，購買決定者など）
	競合分析	競争状況や競争相手について把握する
内部環境	自社分析	自社を客観的に把握する（例：売上高，市場シェア，収益性など）

SWOT分析

　SWOT分析は，自社の経営資源（商品力，技術力，販売力，財務，人材など）に起因する事項を「強み」と「弱み」に，また経営環境（市場や経済状況，新商品や新規参入，国の政策など）から自社が受ける影響を「機会（チャンス）」と「脅威（ピンチ）」に分類することで，自社の置かれている状況を分析・評価する手法です。

▼ **表11.2.4**　SWOT分析

内部環境	強み（Strength）	自社の武器となる内部要因
	弱み（Weakness）	自社の弱み・苦手となる内部要因
外部環境	機会（Opportunity）	自社のチャンスとなる外部要因
	脅威（Threat）	自社の脅威となる外部要因

参考 VRIO分析
自社の経営資源について，次の4つの視点で評価し，市場における現在の競争優位性を分析する手法。
・経済的価値（Value）
・希少性（Rarity）
・模倣困難性（Imitability）
・組織（Organization）
その経営資源が「強み」なのか「弱み」なのかを判別するときに用いられる。

クロスSWOT分析

クロスSWOT分析は，SWOT分析で把握した「強み」と「弱み」，「機会」と「脅威」の4つの要素をクロスさせることによって，目標達成に向けた戦略の方向性を導き出す手法です。

	機会(O)	脅威(T)
強み(S)	積極的な推進戦略(例：機会に強みを投入する)	差別化戦略(例：強みで差別化し脅威を回避する)
弱み(W)	弱点強化戦略(例：弱みを克服し機会を逃さない)	専守防衛又は撤退戦略(例：脅威の最悪の事態を回避する。又は縮小・撤退する)

▲ **図11.2.3** クロスSWOT分析

アンゾフの成長マトリクス

企業が収益を生み出し存続・成長していくためには，事業ドメインを明確にして，必要な領域に最適な製品を投入する必要があります。**アンゾフの成長マトリクス**は，製品と市場の視点から，事業の成長戦略を図11.2.4に示した4つのタイプに分類し，「どのような製品を」，「どの市場に」投入していけば事業が成長・発展できるのか，事業の方向性を分析・検討する際に用いられる手法です。

参考 事業ドメインを設定する際に用いられる手法にCFT分析がある。誰に対して(Customer：顧客)，どのような価値を(Function：機能)，どのような技術によって(Technology：技術)提供するかの，3つの軸で分析し事業ドメインの設定を行う。

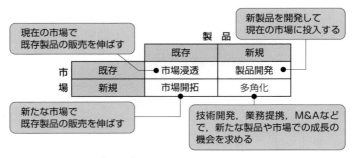

▲ **図11.2.4** アンゾフの成長マトリクス

参考 多角化のメリットは，流通チャネルや技術，製造，人材，ブランドなどに関して，コストや付加価値の面でシナジー効果が得られること。
シナジー効果とは，相互作用・相乗効果という意味。複数の要素が合わさることによって，それぞれが単独で得られる以上の成果を上げること。

▼ **表11.2.5** 多角化戦略

水平型多角化	既存市場と類似の市場を対象に新しい製品を投入する(例：自動車メーカがオートバイ事業も手掛ける)
垂直型多角化	メーカ，サプライヤ，流通事業者などからなるバリューネットワークの上流あるいは下流の分野に向けて事業を展開する(例：製鉄メーカが鉄鉱石採掘会社の買収・合併を行い事業を広げる)

バリューチェーン分析

　バリューチェーン分析は，企業の事業活動を，モノの流れに沿って進む主活動と，モノの流れとは独立して行われる支援活動に分け，企業が提供する製品やサービスの付加価値(利益)が事業活動のどの部分で生み出されているかを分析する手法です。付加価値を生み出している活動や，強み・弱みの部分を整理することで戦略の有効性や改善の方向を探ります。

参考 主活動とは，購買物流，製造，出荷物流，販売・マーケティング，サービス。支援活動とは，調達活動，技術開発，人事・労務管理，全体管理(インフラ)。

CSF分析

　CSF(Critical Success Factors：主要成功要因，重要成功要因)分析は，事業成功要因分析ともいい，ビジネスにおける競争優位を確立するための重要成功要因を明らかにする手法です。CSFの抽出・創出においては，SWOT分析により，内部要因としての「強みと弱み」，外部要因としての「機会と脅威」を明らかにしておく必要があります。

その他の経営戦略用語

　経営戦略に関連する，その他の試験出題用語を表11.2.6にまとめます。

▼ **表11.2.6**　その他の経営戦略関連の用語

規模の経済	生産規模の増大に伴い単位当たりのコストが減少すること。つまり，一度により多く作るほど，製品1つ当たりのコストが下がり，結果として収益が向上するという意味。スケールメリットともいう
範囲の経済	既存事業で有する経営資源(販売チャネル，ブランド，固有技術，生産設備など)やノウハウを複数事業に共用すれば，それだけ経済面でのメリットが得られること
寡占市場	ある商品やサービスに対してごく少数の売り手(企業)しか存在しない市場のこと。例えば，自動車産業では，トヨタ，日産，ホンダなど少数の大手自動車メーカが大きく占めている市場を指す
TOB	Take Over Bidの略で"株式公開買付"のこと。株式公開買付とは，買付け期間，買取り株数，価格などを公表して，不特定多数の株主から特定企業の株式を買い付けること。主として，企業の経営権取得を目的として行われる
インキュベータ	起業(新しく事業を起こすこと)に関する支援を行う事業者のこと
ベンチマーキング	自社の製品，サービス及び業務プロセスを定性的・定量的に測定し，それを最強の競合相手又はベスト企業と比較すること
チェンジマネジメント	全社員が変革に適応できるよう促し，変革を効率良く成功に導くためのマネジメント手法

11.2.3 マーケティング

マーケティングの4Pと4C

参考　マーケティング
戦略立案の流れ
①マーケティング環境
　の分析と市場発見
②STP分析
・セグメンテーション
　（市場を細分化する）
・ターゲティング
　（ターゲットセグメ
　ントを決定する）
・ポジショニング
　（自社製品をどのよ
　うに差別化するか
　を決定する）
③マーケティングの具
　体的施策（4P）の検
　討
④マーケティング施策
　の実行・評価

　ターゲットとするセグメント（市場）に対して働きかけるためのマーケティング要素の組み合わせを**マーケティングミックス**といい，最も代表的なのが売り手側の視点から見た**4P**です。4Pは「Product：製品，Price：価格，Place：流通，Promotion：プロモーション」の頭文字をとったもので，ターゲット市場に対し，「なに（製品）を，いくら（価格）で，どこ（流通）で，どのように（プロモーション）売るか」という4つの要素の組合せです。

　4Cは，買い手側の視点から見たマーケティング要素です。図11.2.5に示すように，4Pに対応した4つの要素があります。

売り手側の視点：4P		買い手側の視点：4C
製品（Product）	⇔	顧客価値（Customer value）
価格（Price）	⇔	顧客コスト（Customer cost）
流通（Place）	⇔	利便性（Convenience）
プロモーション（Promotion）	⇔	コミュニケーション（Communication）

▲ **図11.2.5**　4Pと4Cの対応

参考　PLC

製品戦略

　製品戦略の1つに，**プロダクトライフサイクル**（PLC：Product Life Cycle）**戦略**があります。製品が市場に出てから姿を消すまでの各段階に応じたマーケティング戦略を採ります。

▼ **表11.2.7**　PLCの4つの段階

導入期	需要は部分的で新規需要開拓が勝負。この時期は，高所得者や先進的な消費者をターゲットとして高価格を設定し，開発投資を早期に回収しようとする**スキミング価格戦略**（スキミングプライシング）を採るか，あるいは市場が受け入れやすい価格を設定し，まずは利益獲得よりも市場シェアの獲得を優先する**ペネトレーション価格戦略**（ペネトレーションプライシング，浸透価格戦略ともいう）を採る
成長期	売上が急激に上昇する時期。新規参入企業によって競争が激化してくる。製品の拡張（特定セグメントのニーズに合わせた製品ラインの拡大）などの戦略を採る。投資も必要
成熟期	需要の伸びが鈍化してくる時期。製品の品質改良，スタイル変更などによって，シェアの維持，利益の確保が行われる
衰退期	売上と利益が急激に減少する時期。市場からの撤退を図る場合，売上高をできるだけ維持しながら，製品にかけるコストを徐々に引き下げていくことによって，短期的なキャッシュフローの増大を図る収穫戦略を採ることが多い

▼ **表11.2.8** 製品戦略に関連する用語

ブランド戦略	・ブランドエクステンション：消費者の間に浸透し，既に市場での地位を確立しているブランド名で，現行商品とは異なるカテゴリに参入する戦略
	・ラインエクステンション：実績のある商品と同じカテゴリにシリーズ商品を導入し，同一ブランド名での品ぞろえを豊富にする戦略
マスカスタマイゼーション	大量生産・大量販売のメリットを生かしつつ，きめ細やかな仕様・機能の取込みなどによって，個々の顧客の好みに応じられる商品やサービスを提供しようという考え方
ティアダウン	競合他社の製品を分解し，分析して自社製品と比較することによって，コストや性能面でより競争力をもった製品開発を図ること
カニバリゼーション	自社の既存商品がシェアを占めている市場に自社の新製品を導入することで，既存商品のシェアを奪ってしまう現象

参考 マスカスタマイゼーションは，大量生産の経済性と顧客個別対応の2つを両立させたもの。

11 ストラテジ

価格戦略

　価格は，製品・サービスの価値を示すという重要な役割を果たします。企業収益を大きく左右するため，需要動向や収益確保などを考慮して，戦略的に価格設定を行う必要があります。

▼ **表11.2.9** 主な価格設定法及び価格戦略

価格設定法	ターゲットリターン価格設定	目標とする投資収益率(ROI)を実現するように価格を設定する
	実勢価格設定	競合の価格を十分に考慮した上で価格を設定する
	需要価格設定	・知覚価値法：リサーチなどによる消費者の値頃感に基づいて価格を設定する
		・差別価格法：客層，時間帯，場所など市場セグメントごとの需要を把握し，セグメントごとに最適な価格を設定する
	コストプラス価格設定	製造原価又は仕入原価に一定の(希望)マージンを織り込んだ価格を設定する
	バリュープライシング	スキミング価格とペネトレーション価格(浸透価格)の間にあって，消費者ニーズと企業の利益目標の双方を満たす価格を設定する
価格戦略	プライスライニング戦略	消費者が選択しやすいように，例えば，「松，竹，梅」の3種類の価格帯に分けて商品を用意するという戦略
	キャプティブ価格戦略	主商品の価格を低く設定して顧客を取り込み，付随商品のランニングで利益を得るという戦略
	名声価格戦略	販売価格を高額に設定して，「高額だから買う」といった顧客の心理を刺激する戦略

参考 流通戦略に関連する用語
・オムニチャネル：実店舗，オンラインストア，カタログ通販などの様々な販売・流通チャネルを統合し，どのチャネルからも同質の利便性で商品を注文・購入できる環境を実現すること。
・ボランタリーチェーン：複数の小売業者が独立を維持しながら，1つのグループとして，仕入，宣伝，販売促進などを共同で行う形態。

プロモーション戦略

　一般に，消費者が購入に至るまでには「認知，理解，愛好，選好，確認，購入」の6段階のプロセスが存在するといわれています。消費者に商品を購入してもらうためには，想定消費者が現在どの段階にいるのかを知り，それに見合ったプロモーション戦略をとる必要があります。このプロモーション戦略に用いられるモデルを**消費者行動モデル**といい，代表的なモデルには，表11.2.10に示す2つがあります。

商品を認知した消費者のうち，初回購入に至る消費者の割合をコンバージョン率といい，Webマーケティングにおけるコンバージョン率を最適化する手法の1つに，ABテストがある。ABテストとは，異なる2パターンのWebページを実験的に並行稼働し，どちらのパターンがより高いコンバージョン率を得られるかを検証する方法。なお，商品を購入した消費者のうち固定客となる消費者の割合のことをリテンション率という。

▼ **表11.2.10**　代表的な消費者行動モデル

AIDMAモデル	消費者の心理状態が「認知・注意(Attention) → 関心(Interest) → 欲求(Desire) → 記憶(Memory) → 行動(Action)」の順で推移するというモデル
AISASモデル	インターネット社会におけるモデル。AISASのプロセスは，「認知・注意(Attention) → 関心(Interest) → 検索(Search)→行動(Action)→共有(Share)」の5段階

▼ **表11.2.11**　その他のマーケティング関連の用語

RFM分析	Recency(最新購買日)，Frequency(累計購買回数)，Monetary(累計購買金額)の3つの指標から顧客のセグメンテーションを行い，セグメント別に最も適したマーケティング施策を講じることで優良固定顧客の維持・拡大や，マーケティングコストの削減を図る
コンジョイント分析	商品がもついくつかの属性(例えば，価格や色，デザイン，品質など)を組み合わせた評価項目を提示し，回答者にランク付けしてもらい，その選好を分析する手法。購入者がどの属性を重視しているのか，又どの属性の組合せが最も好まれるかといったことを調べる
グロースハック	ユーザから得た，自社商品やサービスについてのデータを分析し，それにより商品・サービスを改善し成長させる
バイラルマーケティング	人から人へと"口コミ"で評判が伝わることを積極的に利用して，商品の告知や顧客の獲得を低コストで効率的に行う
インバウンドマーケティング	自社の商品やサービスの情報を主体的に収集する顧客(見込み客)に対して，興味を持ってもらえるような有益な情報を発信し，最終的には購入につなげるというプル型のマーケティング手法
ワントゥワンマーケティング	顧客を"個"として捉え，顧客起点の個別アプローチを行うことで長期にわたって自社商品を購入する顧客の割合を高めるという考え方。市場シェアの拡大(新規顧客の獲得)よりも既存顧客との好ましい関係を維持することを重視する。これに対し，顧客を"マス(集合体)"と捉え，大量生産・大量販売することであらゆる顧客を対象にするという考え方をマスマーケティングという
パーミッションマーケティング	同意が得られた顧客に対してだけマーケティング活動を行うことによって，顧客との長期的な信頼関係や友好関係を築くというマーケティング手法
コーズリレーテッドマーケティング	商品の売上の一部をNPO法人に寄付するなど，社会貢献活動をアピールすることによって売上拡大を図る

11.2.4 ビジネス戦略と目標・評価 AM/PM

　　ここでは，ビジネス戦略の手順と，目標の設定・評価のための代表的な手法(バランススコアカード)を説明します。

ビジネス戦略の手順

　　ビジネス戦略の手順は，次のとおりです。

参考 ビジネスモデル キャンバス

ビジネスモデルを整理し分析するためのフレームワーク。企業がどのように価値を創造し，顧客に届け，収益を生み出しているかを「顧客セグメント，価値提案，チャネル，顧客との関係，収益の流れ，リソース，主要活動，パートナ，コスト構造」の9つのブロックを用いて図示し，分析する手法。

参考 フィージビリティスタディ

新規ビジネスの計画に対して，その実行可能性や採算性を調査・分析し，評価すること，あるいはそれに取り組む過程。

> **P O I N T ビジネス戦略の手順**
> ① 企業理念，企業ビジョン，全社戦略を踏まえ，ビジネス環境分析，ビジネス戦略立案を行い，戦略目標となるKGI(Key Goal Indicator：重要目標達成指標)を定める。
> ② 目標達成のために重点的に取り組むべきCSF(Critical Success Factors：重要成功要因)を明確にする。
> ③ 目標達成の度合いを計るKPI(Key Performance Indicator：重要業績評価指標)を設定し評価する。

バランススコアカード(BSC)

　　バランススコアカード(BSC：Balanced Score Card)は，ビジネス戦略の目標設定及び評価のための代表的な情報分析手法であり，経営管理手法の1つです。

　　企業活動を，「財務，顧客，内部ビジネスプロセス，学習と成長」の4つの視点で捉え，相互の適切な関係を考慮しながら各視点それぞれについて，達成すべき具体的な目標及びその目標を実現する施策(行動)を策定します。そして，達成度を定期的に評価していくことでビジネス戦略の実現を目指します。

視点	戦略目標 (KGI)	重要成功要因 (CSF)	業績評価指標 (KPI)	アクションプラン
財務	利益率向上	既存顧客の契約高の維持及び向上	・当期純利益率 ・保有契約高	効率の良い営業活動
顧客	戦略目標を達成するために必要な具体的要因	設定したKGI・CSFがどの程度達成されたかを定量的に評価できる指標	戦略目標達成のためにどんな行動をおこすか	
内部ビジネスプロセス				
学習と成長				

▲ **図11.2.6** バランススコアカードの例

11.2.5 経営管理システム

　企業の戦略性の向上を図るシステムには，企業全体あるいは事業活動の統合管理を実現するシステムや，企業間の一体運営に資するシステムなど様々なシステムがあります。ここでは，これら代表的なシステムの考え方(概念)及びその手法を説明します。

CRM

参考 CRMは，ワントゥワンマーケティングを支援するための経営システム。

　CRM(Customer Relationship Management)は，顧客や市場から集められた様々な情報を一元化し，それを多様な目的で迅速に活用することで顧客との密接な関係を構築，維持し，企業収益の拡大を図る経営手法で，顧客関係管理とも呼ばれます。CRMの目的は，顧客ロイヤルティの獲得とLTV(Life Time Value)の最大化です。LTVとは，1人の顧客が生涯にわたって企業にもたらす利益のことで**顧客生涯価値**ともいいます。

用語 顧客ロイヤルティ
企業や製品・サービスに対する顧客の信頼度，愛着度。

　なお，すべてが顧客から始まるという考え方のもと，常に顧客満足(Customer Satisfaction：CS)を念頭に置いて企業の経営にあたることを**CS経営**といいます。

◎サービスプロフィットチェーン

参考 サービスプロフィットチェーン

　「従業員満足度，サービス，顧客満足度，利益」の因果関係を表したモデルです。従業員満足度が向上すれば，顧客へのサービスレベルも向上し，それが顧客満足度，顧客ロイヤルティの向上につながり，結果として企業の利益を高めることを示しています。

SFA

　営業活動にITを活用して営業の効率と品質を高め，売上・利益の大幅な増加や，顧客満足度の向上を目指す手法，あるいは，そのための情報システムを**SFA**(Sales Force Automation)といいます。

　SFAの機能の1つに，**コンタクト管理**があります。コンタクト管理では，営業担当者個人が保有する営業情報(顧客情報やコンタクト履歴など)を一元管理し，共有することにより，見込客や既存客に対して効果的な営業活動を行い，顧客との良好な関係を築き，継続的に利益をもたらす優良顧客の確保を図ります。

用語 コンタクト履歴
顧客訪問日や商談内容，営業結果などの履歴。

ERP

参考 EAI(Enterprise Application Integration)
企業内の異なるシステムを互いに連結し，データやプロセスの効率的な統合を図ることによって，企業経営に活用しようとする手法。

ERP(Enterprise Resource Planning：企業資源計画)とは，企業全体の経営資源を有効かつ総合的に計画して管理し，経営の効率化を図るという考え方です。ERPを実現するためには，財務会計，人事管理，顧客管理といった業務ごと別々に構築されているシステムを統合した統合基幹業務システムを構築する必要があります。この構築方法には，統合業務パッケージ(ERPパッケージ)を利用する方法と，新規に開発する方法の2つがあります。

SCM

SCM(Supply Chain Management：サプライチェーンマネジメント)は，部品や資材の調達から製品の生産，流通，販売までの，企業間を含めた一連の業務を最適化の視点から見直し，納期の短縮，在庫コストや流通コストの削減を目指す経営管理手法です。

KMS

参考 BI(Business Intelligence)
企業内の膨大なデータを蓄積し，分類・分析・加工することによって，企業の迅速な意思決定に活用しようとする手法。

KMS(Knowledge Management System：ナレッジマネジメントシステム)は，知識経営・知識管理を支援し強化するために適用される情報システムです。

ナレッジマネジメント(KM)とは，企業内に散在している，あるいは個人が保有している知識や情報，ノウハウを共有化し，有効活用することで全体の問題解決力を高めたり，企業がもつ競争力を向上させようというマネジメント手法です。

参考 ナレッジマネジメントの事例
例えば，「工場で長期間排水処理を担当してきた社員の経験やノウハウを文書化して蓄積することで，日常の排水処理業務に対応するとともに，新たな処理設備の設計に活かす」。

●SECIモデル

ナレッジマネジメントでは，知識やノウハウを共有したり，新たな知識を創造するためのマネジメントが必要不可欠です。そこで，知識の"創造"活動に注目したのがSECIモデルです。

SECIモデルは，「知識には暗黙知と形式知があり，これを個人や組織の間で相互に変換・移転することによって，新たな知識が創造されていく」ことを示した知識創造のプロセスモデルです。個人がもつ暗黙的な知識は，「共同化→表出化→連結化→内面化」という4つの変換プロセスを経ることで集団や組織の共有の知識となることを示しています(次ページの図11.2.7を参照)。

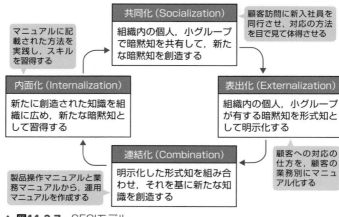

▲ **図11.2.7** SECIモデル

ヒューマンリソースマネジメント及び行動科学

　ここでは，ヒューマンリソースマネジメント（人的資源管理），及び企業組織における人間行動のあり方（行動科学）に関連する試験出題用語をまとめました。

▼ **表11.2.12** ヒューマンリソースマネジメント及び行動科学関連用語

コンピテンシモデル	コンピテンシとは，恒常的に成果に結び付けることができる高業績者の行動や思考特性のこと。職種や職位ごとにコンピテンシを抽出し，それをモデル化したものがコンピテンシモデル。人材の評価や育成の基準として使われる
XY理論	2つの異なる理論（X理論とY理論）を対比させたもの。X理論は，「人間は本来仕事が嫌いで，責任を回避し，安全を好むため，仕事に従事させるためには，強制・命令・報酬が必要」という考え方。これに対して，Y理論は，「人間は仕事好きで，目標のために進んで働き，条件次第で自ら進んで責任を取ろうとする」という考え方
状況適合理論（条件適合理論）	唯一最適な部下の指導・育成のスタイルは存在せず，環境や条件などの状況の変化に応じてリーダシップのスタイルも変化すべきとする理論。コンティンジェンシ理論とも呼ばれる
SL理論	状況適合理論を部下の習熟度という観点から発展させた理論。SL理論では，リーダシップを"タスク志向"と"人間関係志向"の強弱で4つに分類し，部下の成熟度に合わせて，リーダシップのスタイルが，「教示的→説得的→参加的→委任的」と変化するとしている
PM理論	リーダシップは，P機能（Performance function：目標達成機能）とM機能（Maintenance function：集団維持機能）の2つの要素で構成されるという理論。例えば，目標達成を急ぐ余り，プレッシャーをかけることが多く，メンバの意見にあまり耳を傾けないリーダは，P機能が大きくM機能が小さいPm型。メンバの意見に耳を傾け，参加を促し，目標達成に導くリーダはP機能，M機能がともに大きいのでPM型

11.3 ビジネスインダストリ

11.3.1 e-ビジネス　AM/PM

EDI

　EDI（Electronic Data Interchange）は，取引のためのメッセージを標準的な形式に統一して，企業間で電子的に交換する仕組みです。受発注や見積り，商品の出入荷などにかかわるデータを**情報表現規約**で定められた形式に従って電子化し，インターネットや専用の通信回線を介して送受信します。

▼ **表11.3.1**　EDI規約

情報伝達規約	通信に用いるプロトコルに関する規約
情報表現規約	データ（メッセージ）形式に関する規約
業務運用規約	業務やシステムの運用に関する規約
基本取引規約	EDIによるデータ交換を行うことへの合意

試験 試験では，情報表現規約で規定されるものが問われる。

XBRL

　XBRL（eXtensible Business Reporting Language）は，企業の財務情報を電子データとして記述するための，XMLベースのコンピュータ言語です。財務報告用の情報の作成・流通・利用ができるように標準化されているため，適用業務パッケージやプラットフォームに依存せずに利用可能です。

仮想通貨

　仮想通貨は，インターネット上でやり取りされる**デジタル通貨**です。特定の国家による価値の保証をもちませんが，決済や送金といった，従来，法定通貨で行っているほぼすべてのことができ，法定通貨とも交換できるため「お金（通貨）ではない財産的価値」と位置づけられています。また，仮想通貨の技術背景に，公開鍵暗号やハッシュ関数などの暗号化技術があることから**暗号資産**とも呼ばれています。仮想通貨は，暗号化技術によって偽造や二重払いといった問題を回避し，暗号化技術を**ブロックチェーン**に適用することでデータの真正性を担保しています。

用語 **法定通貨** 日本円やドルなどのように国がその価値を保証している通貨。

参照 ブロックチェーンについては，p.359を参照。

11 ストラテジ

オープンAPI

　企業が自社サービスのAPI（Application Programming Interface）を他の企業などに公開することを**オープンAPI**といいます。オープンAPIは，外部企業との間の安全なデータ連携を可能にする取組みであり，オープンイノベーションの促進や既存ビジネスの拡大，サービス開発の効率化といった新たな付加価値をもたらすものです。

　例えば，オープンAPIにより他社のサービスを連携・活用することで自社サービスの価値を高めることができ，結果としてAPIによる経済圏（**APIエコノミー**）の形成ができます。

用語 オープンイノベーション
外部から新たな技術やアイデアを募集し，革新的な新サービスや製品，又はビジネスモデルを開発しようとする取組み。

フィンテック

　フィンテック（FinTech）とは，金融（Finance）と技術（Technology）を組み合わせた造語であり，APIを要の技術とした金融サービス領域のことです。例えば，金融機関がAPIをフィンテック企業に公開し，顧客の同意を得た上で銀行システムへのアクセスを認めることで，銀行以外のシステムから支払や送金ができるといったサービスが提供できます（**更新系API**）。また，各金融機関のサービスに用いる，利用者のID・パスワードなどの情報をあらかじめ登録し，一度の認証を行うだけで複数の金融機関の口座情報を閲覧できるといった**アグリゲーションサービス**（**アカウントアグリゲーション**ともいう）も可能です（**参照系API**）。

参考 アグリゲーションサービス
例えば，ABCネット銀行のWebサイトで，abc証券の預り残高（口座サマリー）を閲覧できるといったサービスが該当。

▼ **表11.3.2**　その他のe-ビジネス関連の用語

クラウドソーシング	発注者がインターネット上で発注対象の仕事（Web制作，デザイン，プログラミングなど）や発注条件を告知し，受注者を募集することで不特定多数の人に仕事を外注（アウトソーシング）すること
クラウドファンディング	インターネット上で事業資金を必要とする目的や内容を告知し，資金提供者を募集することで不特定多数から資金調達を行うこと
シェアリングエコノミー	ソーシャルメディアのコミュニティ機能などを活用して，個人が所有している遊休資産を個人間で貸し借りしたりする仕組み
CMS	Content Management System（コンテンツ管理システム）の略。Webサイトの制作に必要な専門知識が無くても，テキストや画像などの情報を入力するだけでサイト構築ができるシステム。コンテンツ配信やバージョン管理などの機能が備わっているため運用・管理にかかる労力の削減にも有効
CGM	Consumer Generated Media（消費者生成メディア）の略。使用した商品などの評価を投稿できる口コミサイトや，掲示板，SNSなど，Webサイトのユーザが参加してコンテンツができていくメディアのこと

11.3.2 エンジニアリングシステム AM / PM

試験では，「ジャストインタイム」と出題されることがある。

JIT

JIT(Just In Time)とは，中間在庫を極力減らすため，「必要なものを，必要なときに，必要な量だけ生産する」という考え方です。JITを実現するため，後工程が自工程の生産に合わせて"かんばん"と呼ばれる生産指示票を前工程に渡し，必要な部品を前工程から調達する方式を**かんばん方式**といいます。

FMS

FMS(Flexible Manufacturing System)は，柔軟性をもたせた生産の自動化を行うことで製造工程の省力化と効率化を実現したシステムです。自動製造機械や自動搬送装置などをネットワークで接続し集中管理することによって，1つの生産ラインで製造する製品を固定化せず，製品の変更や多品種少量生産に対応できます。

PDM

PDM(Product Data Management)は，製品の図面や部品構成データ，仕様書データなどの設計及び開発の段階で発生する情報を一元管理することによって，設計業務及び開発業務の効率向上を図るシステムのことです。PDMをベースに，製品のライフサイクル全体(企画・設計から製造，販売，保守，リサイクルに至るプロセス)を通して，製品に関連する情報を一元管理し，開発期間の短縮，コスト低減，商品力向上を図るPLM(Product Life cycle Management)の実現を支援します。

RFID   ☕ COLUMN

RFID(Radio Frequency IDentification)とは，一般的には，極小の集積回路(IC)に金属製のアンテナを組み合わせた，**パッシブ方式**(アンテナから電力が供給される方式)のICタグのことを指します。非接触でメモリの読み出しや書換えが可能，汚れに強い，複数のICタグへの一斉アクセスが可能など，すぐれた特徴を持っています。ICタグを読み取り，無人搬送車に行き先を指示し，次の工程ラインへの柔軟な自動搬送を実現したり，IoT端末のセンサとして用いることで"モノ"の見える化を実現します。

11
ストラテジ

MRP

MRP（Material Requirements Planning）は，在庫不足の解消と在庫圧縮を実現するための生産管理手法です。生産計画を達成するため，「何が，いつ，いくつ必要なのか」を割り出し，それに基づいて構成部品の発注，製造をコントロールします。

具体的には，生産計画（基準生産計画）及び部品構成表を基に，必要となる構成部品の総所要量を算出し，在庫情報から各構成部品の正味所要量（不足分）を求め，発注時期や製造時期を，調達期間や製造時間から逆算して決定し手配します。

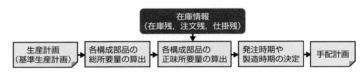

▲ **図11.3.1** MRPの処理手順

EMSとファウンドリ

生産設備をもつ企業が，他社から委託を受けて電子機器の製造を行うサービスを**EMS**（Electronics Manufacturing Service）といいます。EMSには，発注元が設計を行い生産のみを受託する**OEM**（Original Equipment Manufacturing）と，設計から製造までを受託する**ODM**（Original Design Manufacturing）があります。**ファウンドリ**は，半導体業界におけるEMS形態のビジネスモデルです。ファウンドリ企業は，発注元の設計図に基づいて半導体製品の製造だけを専門に行います。

なお，自社では生産設備をもたずに製品の企画を行い，他の企業に生産委託する企業形態を**ファブレス**といいます。ファブレス企業と受託側の企業には，それぞれ次のような利点があります。

▼ **表11.3.3** ファブレス企業及び受託企業の利点

ファブレス企業	生産設備である工場をもたないので，設備投資や人件費を抑えられる。また，需給変動や製品ライフサイクルに伴うリスクが低減できる
受託企業 **(EMS企業，** **ファウンドリ企業)**	多くの企業から様々な製品の製造を請け負うことによって，生産規模が確保でき，又部品などの大量購入による調達コストの削減ができるため低コスト化が実現できる

11.3.3 IoT関連 AM/PM

参考 現在IoTは，単独でも有用なIoTが他のIoTと連携することでより大きなシステムとして新たな価値を実現している。そのため，IoTを考える上では，複数のシステムの組合せによって実現するSoS(System of Systems)の考え方が重要になる。

IoT(Internet of Things)とは，様々な"モノ"が相互につながり，情報をやり取りする"モノのインターネット"です。ここでは，試験によく出題されるIoT関連の技術や用語をまとめます。

IoTがもたらす効果

モノがつながることで離れた場所にあるモノの状態を把握できたり，制御したりすることができます。さらに，機器同士が情報をやり取りして自律的な制御を行うことも可能です。IoTがもたらすこのような効果は，表11.3.4に示す4つの段階に分類できます。

▼ **表11.3.4** IoTがもたらす4段階効果

監視	離れた場所にあるモノでも，インターネットを介して，そのモノの状態を知る(監視する)ことができる
制御	あらかじめ指定した一定の状態を観測したときに，それに対応するようモノに指示を出せる
最適化	"制御"がさらに一歩進んだ段階。単一の指標に対してだけでなく，複数・複雑な指標に対してもリアルタイムで監視した複数の値を基に，最適な状態に導くことができる
自律化	目標値などの最低限の指示のみ与えれば，あたかも人間のように(自律的に)最適な状態を判断し動作できる

NOTICE

総務省，情報通信研究機構(NICT)及びインターネットサービスプロバイダが連携して開始した取組みに"NOTICE"があります。NOTICEは，"National Operation Towards IoT Clean Environment"の略で，国内のグローバルIPアドレスを有するIoT機器を調査し，容易に推測されるパスワードを使っているなど，サイバー攻撃に悪用されるおそれのある機器を特定し，当該機器の利用者に注意喚起を行うという取組です。

参考 工場出荷時の脆弱なパスワードを使っているIoT機器をターゲットにするマルウェアMiraiがある。Miraiは，ランダムなIPアドレスを生成してtelnetポートにログインを試みる。Miraiに感染したIoT機器は，同様な動作を行い感染を広げるとともに，C&Cサーバからの指令に従って標的に対してDDoS攻撃を行う。

IoTセキュリティガイドライン

IoTセキュリティガイドラインは，IoT推進コンソーシアム，総務省，及び経済産業省が策定した，IoTセキュリティ対策に関するガイドラインです。IoT機器の開発からIoTサービスの提供

までを「方針，分析，設計，構築・接続，運用・保守」の5つの段階に分け，それぞれの段階におけるセキュリティ対策指針と各指針における具体的な対策が要点としてまとめられています。

IoTセキュリティガイドライン（Ver1.0）が示す5つの段階と，各段階におけるセキュリティ対策指針を表11.3.5に示します。

🔍 IoTセキュリティ
参考 ィガイドライン
では，「一般利用者の
ためのルール」も定め
ている。

▼ **表11.3.5** 各段階におけるセキュリティ対策指針

1.方針	IoTの性質を考慮した基本方針を定める
2.分析	IoTのリスクを認識する
3.設計	守るべきものを守る設計を考える
4.構築・接続	ネットワーク上での対策を考える
5.運用・保守	安全安心な状態を維持し，情報発信・共有を行う

🔍 〔"設計"におけ
参考 る主な要点〕
・つながる相手に迷惑
をかけない設計をす
る。
・不特定の相手とつな
げられても安全安心
を確保できる設計を
する。
・安全安心を実現する
設計の評価・検証を
行う。
〔"構築・接続"におけ
る主な要点〕
・機能及び用途に応じ
て適切にネットワー
ク接続する。
・初期設定に留意する。
・認証機能を導入する。

◆EDSA認証◆

EDSA（Embedded Device Security Assurance）認証は，組込み制御機器のセキュリティ保証に関する認証制度です。下記のPOINTに示す3つの評価項目を定義し，制御機器における脆弱性の有無やセキュリティ機能だけでなく，製品開発プロセスも対象とした認証を行います。

なお，EDSA認証は2019年に改訂されCSA（Component Security Assurance）認証となっていますが，EDSA認証から大きな変化はありません。

> **P O I N T** EDSA認証の評価項目
> ・開発プロセスのセキュリティ評価：体系的な設計不良の検出と回避
> ・セキュリティ機能評価：実装エラー及び実装漏れの検出
> ・通信に対する堅牢性評価：対象デバイスの堅牢性を評価する実機試験

🔍 通信に対する堅
参考 牢性評価では，
通信ロバストネス
（Robustness：堅牢
性）試験が行われるが，
そのテスト手法には，
例えば，奇形や無効な
形式のメッセージを送
って脆弱性を評価する
といったファジングが
指定されている。

◆TPM◆

TPM（Trusted Platform Module）は，IoT機器やPCに搭載されるセキュリティチップです。公開鍵暗号（RSA暗号）の鍵ペアの生成，ハッシュ演算及び暗号処理，デジタル署名の生成と検証といったセキュリティ機能を提供します。またTPMは，耐タンパ性を有していて，外部からTPM内部に記録されている鍵などの機密情報の取り出しが困難な構造になっています。

サイバーキルチェーン

近年，IoT機器や制御システムをターゲットとしたサイバー攻撃が増加していて，その攻撃パターンも多種多様になっています。このようなサイバー攻撃を防御するためには，攻撃者の視点から見た「攻撃手口」を知り，それに見合った適切な対策を採る必要があります。そこで利用されるのが**サイバーキルチェーン**です。サイバーキルチェーンは，攻撃者の行動(攻撃手順)を7段階にモデル化したものです。各段階における，適切な防御策を施すことでセキュリティ強化を図ります。

▼ **表11.3.6** サイバーキルチェーン(7段階)

偵察	標的企業の事情調査(情報収集)を行う
武器化	攻撃コード(エクスプロイトコード)やマルウェアを作成する
配送	メールやWebを介して攻撃コードやマルウェアを送り込む
攻撃	攻撃コードやマルウェアを実行させる
インストール	マルウェアに感染させる
遠隔操作	C&Cサーバに接続させ，標的を遠隔操作する
目的実行	情報の盗み出しなどの目的を実行する

11 ストラテジ

通信規格・通信技術

表11.3.7に，IoTやM2Mで利用される通信規格，及びモバイル通信技術など，試験に出題されているものをまとめておきます。

T用語 M2M(Machine to Machine)
機器同士が直接的に通信を行う技術のこと。IoTがインターネットを介した通信を前提としているのに対して，M2Mは閉じたネットワーク内での情報交換や自動制御に主眼を置いている。

▼ **表11.3.7** IoTで利用される主な通信規格・通信技術

BLE	Bluetooth Low Energyの略。Bluetooth 4.0で追加された仕様。一般的なボタン電池で，半年から数年間の連続動作が可能なほどに低消費電力。2.4GHz帯を使用し，通信距離は10m～400m程度。なお，Bluetooth 3.0以前との互換性はない
ZigBee	下位層にIEEE 802.15.4を使用する無線通信規格。使用周波数帯は2.4GHz帯。安価で低消費電力である一方，通信速度は低速で転送距離が短い。主にセンサネットワークで使われる
LPWA	Low Power Wide Areaの略。低消費電力で広範囲をカバーできる無線通信技術の総称。Bluetoothに劣らない低消費電力でありながら最大50km程度の通信が可能。無線局免許を必要とするか否かで，ライセンス系と920MHz帯を使用するアンライセンス系に大別できる。主な規格は，次のとおり ・ライセンス系：LTE Cat.M1, NB-IoT(Narrow Band-IoT) ・アンライセンス系： 　　LoRaWAN（Long Range Wide Area Network）， 　　Wi-SUN（Wireless Smart Utility Network）

参考 LTE Cat.M1
(LTEカテゴリーM1)及びNB-IoT(狭帯域IoT)は，IoT機器向けのLTE通信規格。LTEは，モバイルデバイス専用の通信規格。

6LoWPAN	IPv6 over Low-power Wireless Personal Area Networksの略。IEEE 802.15.4上でIPv6を利用するための通信プロトコル。インターネットとの親和性に優れている
MQTT	Message Queuing Telemetry Transportの略。メッセージの送信元（パブリッシャ）がMQTTサーバにメッセージを送信し，MQTTサーバは適切な受信先（サブスクライバ）だけにメッセージを送信するといった**パブリッシュ／サブスクライブ型**（Publish/Subscribe型）のモデルを採用した軽量な通信プロトコル。トランスポート層のプロトコルにTCPを使う
CoAP	Constrained Application Protocolの略。CPU能力，メモリ，電源などの資源に制約があるデバイス向けに特化した軽量な通信プロトコル。UDPを使ってリクエスト／レスポンスモデル（IoT向けHTTP）を実現できる仕組みになっている
EnOcean	電源に電力網や電池を使用せずエネルギーハーベスティング（環境発電）と呼ばれる発電方式（例えば，スイッチを押す力から得られる微力な電力）を用いた無線通信技術。ZigBeeの10分の1という非常に低い消費電力で動作する

エッジコンピューティング

　IoT機器の増加に伴いモノから発生するデータが膨大になると，インターネットにおける通信トラフィックやサーバでのデータ処理遅延が問題になります。この問題を解決するのが，エッジ処理と呼ばれる**エッジコンピューティング**です。データ処理のリソースを端末の近くに配置し，処理を分散することでネットワークやサーバの負荷が低減でき，高いリアルタイム性が期待できます。

デジタルツイン

　デジタルツインとは，IoTなどを活用して現実世界の情報をセンサデータとして収集し，それを用いてデジタル空間上に現実世界と同等な世界を構築することをいいます。デジタルツインにより，現実世界では実施できないようなシミュレーションを行うことができます。

HRTech（HRテック）

　企業の人事機能の向上や，働き方改革を実現することなどを目指して，人事評価や人材採用などの人事関連業務に，AIやIoTといったITを活用する手法のことをHRTechといいます。HRTechは，"Human Resources（人事・人材）"と"Technology（テクノロジ）"を組み合わせた造語です。

参考 例えば，「IoTデバイス群の近くにコンピュータを配置して，IoTサーバで処理すべきもの以外はそのコンピュータで行う。これにより，IoTサーバの負荷低減とIoTシステムのリアルタイム性を向上させる」といったシステム形態を，**エッジコンピューティング**という。

技術開発戦略に関連する基本用語

ここでは，試験に出題される「技術開発戦略に関する用語」をまとめておきます。

▼ **表11.3.8** 技術開発戦略に関連する基本用語

MOT	"Management of Technology：技術経営" の略。技術に立脚する事業を行う企業が，技術開発に投資してイノベーションを促進し，経済的価値の最大化を目指すという経営の考え方。技術開発を経済的価値へ結びつけるためには，価値創出の3要素(技術・製品価値創出→価値実現→価値収益化)を循環させ，拡大していくことが重要
イノベーション	・ラディカルイノベーション：これまでとは全く異なる価値基準をもたらすほどの急進的で根源的な技術革新のこと ・プロダクトイノベーション：他社との差別化ができる製品や革新的な新製品を開発するといった，製品そのものに関する技術革新のこと ・プロセスイノベーション：研究開発過程，製造過程，及び物流過程のプロセスにおける革新的な技術改革のこと ・イノベーションのジレンマ：業界トップ企業が顧客ニーズを重視し，革新的な技術の追求よりも既存技術の向上に注力した結果，市場でのシェアを確保できず失敗すること
技術のSカーブ	技術は，理想とする技術を目指す過程において，導入期，成長期，成熟期，衰退期，そして次の技術フェーズに移行するという技術進化過程を表すもの
コモディティ化	他社製品との差別化が価格以外で困難になること。技術の成熟などにより製品は必ずコモディティ化する。この様相が見え始めたら，技術の次なるSカーブを意識した研究を始める
ハイプ曲線 (ハイプサイクル)	技術の期待感の推移を表すもの。話題や評判が先行する黎明期，期待が高まる流行期，過度な期待の反動が起こる反動期(幻滅期)，技術の有用性が徐々に明らかになる回復期，そして安定期の5段階がある
イノベーション 経営における障壁	研究開発型事業は，「研究→開発→製品化(事業化)→市場形成」という段階を経るが，各段階において次の段階に進むためには，それぞれ乗り越えなければならない障壁がある。 ・魔の川：基礎研究と開発段階の間にある障壁。例えば，研究結果を基に製品を開発しても，製品のコモディティ化が進んでしまったため，他社との差別化ができず，収益化が望めないといった状況 ・死の谷：製品開発に成功しても資金がつきるなどの理由で次の段階である製品化に発展できない状況，あるいはその障壁 ・ダーウィンの海：市場に出された製品が他企業との競争や顧客の受容という荒波にもまれ，より大きな市場を形成できないといった，製品化されてから製品の市場形成の間にある障壁
TLO	"Technology Licensing Organization：技術移転機関" の略。大学などの研究機関が保持する研究成果を特許化し，それを企業へ技術移転する法人。研究機関発の新規産業を生み出し，それにより得られた収益の一部を研究者に戻すことにより研究資金を生み出し，研究の更なる活性化をもたらすという知的創造サイクル(知的創造→権利取得→権利活用)の原動力としての中核をなす

11.4 経営工学

11.4.1 意思決定に用いる手法

参考 意思決定
プロセス
①問題を識別するため
の情報収集・分析
②問題の定式化
③問題解決の代替案の
探求
④代替案に対しての結
果予想と評価
⑤選択基準に基づく代
替案の選択

　意思決定とは，ある判断基準に基づいて複数の代替案の中から
ひとつの代替案を選ぶことをいいます。意思決定を行うとき，将
来の起こりうる状態は考えられても，その発生確率が予測できる
場合とできない場合があります。ここでは，様々な状況下で，有
効な意思決定をするための代表的な判断基準を学習します。

ゲーム理論

参考 競争環境下では，
市場に自社製品
が受け入れられるか否
かは，同業他社の影響
を受ける。ゲーム理論
は，このような競争問
題を解決する1つの解
法である。

　将来の起こりうる状態は考えられても，その発生確率が不明で
ある場合の意思決定の判断基準として多く用いられるのが**マクシ
ミン（ミニマックス）原理**と**マクシマックス原理**です。

　ここで，将来の起こりうる状態とそれぞれの戦略を選んだとき
の利得が，表11.4.1に示されるように予想されるとき，それぞれ
どのような意思決定がされるのかみていきましょう。

▼ **表11.4.1**　将来の状態と利得

		将来の状態		
		S1	S2	S3
戦略	P1	50	24	−25
	P2	30	0	15
	P3	15	30	−15

➡マクシミン（ミニマックス）原理

参考 マクシミン（マ
キシミン）原理：
maximin principle
ミニマックス原理：
mini-max principle

　最悪でも最低限の利得を確保しようという，最も保守的な選択
をするのがマクシミン原理です。つまり，マクシミン原理に基づ
く意思決定は，各戦略の最小利得（最悪利得）のうち，最大となる
P2となります。

　・戦略P1を採ったときの最小利得は，S3が起こった場合の−25
　・戦略P2を採ったときの最小利得は，S2が起こった場合の0
　・戦略P3を採ったときの最小利得は，S3が起こった場合の−15

●マクシマックス原理

参考　マクシマックス原理：maximax principle

最も楽観的な選択をするのがマクシマックス原理です。つまり，マクシマックス原理に基づく意思決定は，各戦略の最大利得（最良利得）のうち，最大となるP1となります。

・戦略P1を採ったときの最大利得は，S1が起こった場合の50

・戦略P2を採ったときの最大利得は，S1が起こった場合の30

・戦略P3を採ったときの最大利得は，S2が起こった場合の30

期待値原理

参考　**期待値**とは，理論的な平均値のこと。起こりうる事象$X_i(1 \leqq i \leqq n)$に対し，その発生確率P_iが定まっているとき，次の式で求められる。
期待値$= \sum X_i \cdot P_i$
$= X_1 \times P_1 + X_2 \times P_2 + \cdots + X_n \times P_n$

将来の起こりうる状態とその発生確率が予測できる場合の意思決定の判断基準として多く用いられるのが**期待値原理**です。期待値原理では，各戦略ごとに期待できる利得を計算し，その中で最大期待利得となる戦略を選びます。

例えば，先の例において将来の状態S1，S2，S3の発生確率を0.2，0.3，0.5としたときの，戦略ごとの期待利得は次のようになるので，期待値原理に基づく意思決定はP2となります。

		将来の状態		
		S1	S2	S3
発生確率		0.2	0.3	0.5
戦略	P1	50	24	−25
	P2	30	0	15
	P3	15	30	−15

・戦略P1を採ったときの期待利得

$50 \times 0.2 + 24 \times 0.3 + (−25 \times 0.5) = 4.7$

・戦略P2を採ったときの期待利得

$30 \times 0.2 + 0 \times 0.3 + 15 \times 0.5 = 13.5$

・戦略P3を採ったときの期待利得

$15 \times 0.2 + 30 \times 0.3 + (−15 \times 0.5) = 4.5$

市場シェアの予測　COLUMN

市場に2つの競合銘柄A，Bがあり，この2つの銘柄間の推移確率は，図11.4.1に示すとおりです。現在のAとBの市場シェアがそれぞれ50％だとすると，今後，購買が2回行われると，銘柄Aの市場シェアはどう変化するのかの予測は次のように行います。

まず，図11.4.1を推移行列Pと捉えて，P^2を計算します。

		次回	
		A	B
今回	A	0.8	0.2
	B	0.4	0.6

▲ **図11.4.1**　推移確率

$$\begin{pmatrix} 0.8 & 0.2 \\ 0.4 & 0.6 \end{pmatrix} \times \begin{pmatrix} 0.8 & 0.2 \\ 0.4 & 0.6 \end{pmatrix} = \begin{pmatrix} 0.72 & 0.28 \\ 0.56 & 0.44 \end{pmatrix}$$

するとP^2の結果から，Aの購買者がその後，A→AあるいはB→Aと購入する確率が0.72，Bの購買者がA→AあるいはB→Aと購入する確率が0.56とわかるので，Aの市場シェアは次のように予測できます。

$50％ \times 0.72 + 50％ \times 0.56 = 64％$

11.4.2 線形計画法 AM/PM

"1次式で表現される制約条件のもとにある資源を，どのように配分したら最大の利益が得られるか"といった問題を解くには，**線形計画法**(LP：linear programming)を用います。ここでは，線形計画法における最適解の求め方の1つであるシンプレックス法の概要を，次の例題をもとに説明します。

> 製品M，Nを1台製造するのに必要な部品数は，表のとおりである。製品1台当たりの利益がM，Nともに1万円のとき，利益は最大何万円になるか。ここで，部品Aは120個，部品Bは60個まで使えるものとする。
>
> 単位：個
>
> | 部品＼製品 | M | N |
> |---|---|---|
> | A | 3 | 2 |
> | B | 1 | 2 |

線形計画法では，まず問題を定式化することから始めます。

問題の定式化

製品Mをx台，製品Nをy台製造するとしたとき，部品A，Bに関する**制約条件**は，次のようになります。

　　部品Aについての制約条件：$3x+2y \leqq 120$…①

　　部品Bについての制約条件：　$x+2y \leqq 60$…②

また，製品Mをx台，製品Nをy台製造して，すべて販売したときの販売利益(**目的関数**という)は，次のようになります。

　　目的関数：$z=x+y$

参考　制約条件には，「$x \geqq 0$，$y \geqq 0$」という条件も入ります。これを**非負条件**といいます。

シンプレックス法

シンプレックス法では，制約条件式に**スラック変数**を導入し，連立一次方程式に直してから最適解を求めます。スラック変数とは，資源の余りを表す変数で余裕変数ともいいます。

まず，製品Mをx台，製品Nをy台製造したときの，部品Aの余

参考 グラフによる解法

制約条件①と②が満たす領域は，下図の網掛け部分。最適解(x, y)は，この領域の頂点A，B，Cのいずれかなので，各頂点におけるzの値を求めれば求められる。

A(0, 30)：
　z=0+30=30
B(30, 15)：
　z=30+15=45
C(40, 0)：
　z=40+0=40
となり，頂点Bでzの値が最大45となる。
したがって，製品Xを30台，製品Yを15台製造すれば最大利益45万円が得られる。

りを α ，部品Bの余りを β として，先の制約条件式①，②を下記の方程式①'，②'で表します。これに目的関数z＝x＋yを含めた次の連立一次方程式から最適解を求めます。

$$3x+ 2y+ \alpha \qquad\qquad =120 \cdots ①'$$
$$x+ 2y+ \qquad \beta \qquad = 60 \cdots ②'$$
$$-x- y+ \qquad\qquad z = 0$$

この連立一次方程式は，変数がx，y，z， α ， β の5つであるのに対して式が3つしかないので解は不定です。ただし，xとyを0とおけば，(x, y, α , β , z)＝(0, 0, 120, 60, 0)という解を，またxと β を0とおけば，(x, y, α , β , z)＝(0, 30, 60, 0, 30)という解を求めることができます。ここで，この求められた2つの解は，側注の図の網掛け部分(制約条件式①と②が満たす領域)の頂点Oと頂点Aにそれぞれ対応することに注意してください。

シンプレックス法では，頂点Oから出発し，隣接する頂点をたどると解が改善されるかを調べて，改善されるなら移動し，改善されないならその頂点での解が最適解であると判断します。実際には，連立一次方程式の係数を表にしたシンプレックス・タブロー表を用いて，連立一次方程式の解法アルゴリズムである**ガウス・ジョルダン法**(ガウスの消去法)に似た操作を行うことで最適解を求めていきます。

11.4.3 IE分析手法　AM/PM

ここでは，IE(Industrial Engineering：経営工学)分析手法として，代表的な作業測定方法をまとめておきます。

参考 ワークサンプリング法における

観測時刻は，ランダムに設定される。

▼ **表11.4.2**　代表的な作業測定方法

ワークサンプリング法 (瞬間観測法)	観測回数及び観測時刻を設定し，設定された観測時刻に瞬間的な観測を行う。そして，総観測回数に対する観測された同一作業数の比率などから，統計的理論に基づいて作業時間を見積もる
PTS法 (規定時間標準法)	Predetermined Time Standardの略。作業を基本動作に分解し，各基本動作に対してあらかじめ定められた標準時間値を当てはめ，それを合計することで作業時間を求める
ストップウォッチ法 (時間観測法)	ストップウォッチでその作業を数回反復測定して，作業時間を調査する

11.4.4 在庫管理手法 AM/PM

在庫量を最適な状態に維持するため，各商品の発注時期と発注量を決めてコントロールするのが**在庫管理**です。ここでは，代表的な在庫管理手法を説明します。

2ビン法（ダブルビン法）

参考 ABC分析の結果，Cランクの在庫品は，主に2ビン法で管理する。

二棚法とも呼ばれる発注方式です。AとBの2つの棚を用意し，Aから先に使い，Aがなくなったらを使って，その間にAを発注します。

定期発注方式

参考 ABC分析の結果，Aランクの在庫品は，定期発注方式で管理する。

発注間隔をあらかじめ決めておき，発注日ごとに，その時点での在庫量を調べ，今後の需要量を予測して発注量を決める発注方式です。需要の変動が大きいときも在庫切れの危険が少なく，きめ細かな在庫管理ができます。

用語 **安全在庫** 安全余裕ともいい，在庫切れをできるだけ発生させないためにもつ余分在庫のこと。

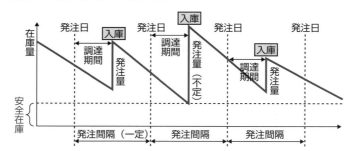

▲ **図11.4.2** 定期発注方式のモデル図

参考 需要予測には，**指数平滑法**を用いる場合が多い。指数平滑法では，当期（t期）の需要予測値F_tと需要実績値D_t，そして平滑化定数α（$0 < \alpha < 1$）を用いて，次の式で翌期（t+1期）の需要予測値F_{t+1}を算出する。
$F_{t+1} = F_t + \alpha(D_t - F_t)$

定期発注方式における毎回の発注量は，次の式で求めます。

> **POINT** 定期発注方式における発注量
> 発注量＝在庫調整期間中の需要予測量－発注時の在庫量
> 　　　　－発注時の発注残＋安全在庫
> ＊在庫調整期間：調達期間に発注間隔を加えた期間

定量発注方式

発注点方式とも呼ばれる発注方式です。この方式では，在庫量

参考 ABC分析の結果，Bランクの在庫品は，主に定量発注方式で管理する。

が**発注点**を下回ったとき，あらかじめ決められた**最適発注量**(一定量)を発注します。定期発注方式に比べると管理は容易ですが，需要の変動が大きいときには在庫切れを起こす危険があります。

> **POINT** **定量発注方式における発注点**
> 発注点＝調達期間中の需要の平均値＋安全在庫

◯ 最適発注量

在庫総費用(発注費用＋保管費用)が最小になる発注量を**経済的発注量**(**EOQ**：Economic Order Quantity)といい，定量発注方式では，経済的発注量を最適発注量とし発注します。

図11.4.3に，在庫管理における発注量と発注費用，及び発注量と保管費用の関係を示しましたが，在庫総費用が最小となるのは，発注費用と保管費用が等しいときです。つまり，このときの発注量が経済的発注量です。

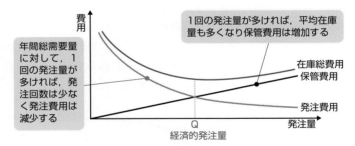

▲ **図11.4.3** 在庫管理における発注量と費用の関係

参考 在庫モデル

経済的発注量は，調達期間がゼロで需要が一定という在庫モデル(側注の図)で考えます。ここで，年間総需要量をD，発注量をQ，1回当たりの発注費をS，1個当たりの年間保管費をPとすると，

発注回数＝年間総需要量／発注量＝D / Q

発注費用＝発注回数×発注費＝$(D / Q) \times S$

保管費用＝1個当たりの年間保管費×平均在庫量＝$P \times (Q / 2)$

となり，上記の式から，「発注費用＝保管費用」となる経済的発注量Qは，次のように求めることができます。

$$(D / Q) \times S = P \times (Q / 2) \implies Q = \sqrt{\frac{2DS}{P}}$$

11.4.5 品質管理手法

品質管理（QC：Quality Control）のための手法として，QC七つ道具，新QC七つ道具があります。

参考 TQC（Total Quality Control）
製品の企画設計から，製造販売，アフターサービスまでの全プロセスで総合的に品質管理を行うこと。なお，TQCの考え方を業務や経営全体へと発展させた管理手法にTQMがある。

参考 QC七つ道具
①パレート図
②散布図
③管理図
④特性要因図
⑤ヒストグラム
⑥層別管理
⑦チェックシート

QC七つ道具

数値データを統計的手法によって解析することで品質を管理しようというのがQC七つ道具です。もともと製造業において製品の品質向上や生産性の向上のために使われていた手法ですが，現在では仕事上の問題点の分析をはじめ，様々なデータの整理・分析にも利用されています。

➡ パレート図

パレート図は，管理項目を出現頻度の大きさの順に棒グラフとして並べ，その累積和，あるいは累積比率を折れ線グラフで描いたものです。頻度が高く重点的に管理・対応すべき項目は何かなど，主要な問題点を絞り込むために使用されます。

例えば，発生した不良品について，発生要因ごとの件数を記録し，この記録を基に，不良品発生の上位を占める要因を絞り込む場合にはパレート図が用いられます。

参考 パレート図は，「商品ごとの販売金を高い順に並べ，その累計比率から商品を3つのランクに分けて，売れ筋商品を把握する」場合にも用いられる。

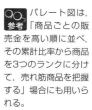
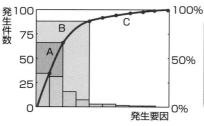

〔ABC分析〕
累積比率が70あるいは80％までの範囲にあるものをAランク，80～90％までをBランク，90～100％までをCランクとして，Aランクの要因を主要要因と判断する

▲ **図11.4.4** パレート図の例

一般に，「品質不良による損失額の80%は全不良原因の上位20%の原因に由来する」，又は「売上の80%は全商品の上位20%の売れ筋商品で構成される」という経験則があり，これをパレートの法則といいます。パレートの法則は，上位20%（ABC分析のAランク・グループ）に資源を集中させる方が費用対効果が高い

ことを意味しています。これに対してe-ビジネス分野で提唱されている考え方にロングテールがあります。**ロングテール**とは、インターネット販売の普及により、従来ならば"死に筋"と呼ばれた下位商品の売上合計が無視できない割合になっている現象のことで、売れ筋商品に絞り込んで販売するのではなく、多品種少量販売によって大きな売上や利益が得られるという考え方です。

散布図については
参照 はp.55も参照。

散布図

調査した2つの要素の標本点(x, y)をx−y平面上にプロットすることにより、2つの要素の分布状態や要素間の関係を把握するための図です。分布図又は**相関図**とも呼ばれます。

管理図

製造工程に異常がないか、また異常が認められた場合、それが偶発的なものか、あるいは何らかの見逃せない原因によるものかを判断し、異常原因の除去や再発防止に役立てるための一種の折れ線グラフです。

管理図は、管理するデータの平均値を表す中心線(CL)と、データのばらつき(分散σあるいはレンジR)から求めた管理範囲となる上下一対の管理限界線(UCL, LCL)から構成されます。このCLとUCL, LCLが引かれた図に、データをプロットしていき、点の並びに何らかの傾向(側注参照)が現れたとき、工程に異常が発生していると判断します。

管理図における
参考 異常の判断基準
①点が管理限界線の外側、又は線上にある
②連続3点中2点が管理限界線近くにある
③7点以上が連続して中心線の上側、又は下側にある場合の7点目以降
④7点以上が連続して上昇、又は下降する場合の7点目以降
⑤点が一定の周期で変動している

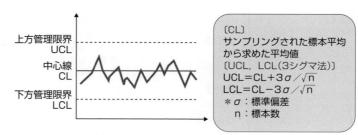

▲ **図11.4.5** 管理図の例

なお、管理図には多くの種類があり、管理するデータの種類によって、x管理図、x̄管理図、R(レンジ)管理図、p(不良率)管理図、pn(不良個数)管理図、c(欠点数)管理図などがあります。

▼ **表11.4.3** その他のQC七つ道具

特性要因図	特性（結果）とこれに影響を及ぼすと考えられる要因（原因）との関係を体系的にまとめた魚の骨のような図。漠然とした問題意識をはっきりさせ、原因と考えられる要素を整理し、本質的な原因を追求するのに有効	
ヒストグラム	収集したデータをいくつかの区間に分類し、各区間に属するデータの個数を棒グラフとして描いたもの。データのばらつきを捉えるのに有効	
層別管理	データを日時、地域、環境などに分類し、層グラフで表したもの。項目間の違いや問題のある項目が把握できる	
チェックシート	項目別にデータ件数を調べたり、確認のためのチェックを行うための表	

新QC七つ道具

　新QC七つ道具は、複雑な事象や漠然とした問題を解決するため、言語データを図などに整理する手法です。

▼ **表11.4.4** 新QC七つ道具

連関図法	問題に対する原因を矢印で結び、複雑に絡み合った問題の因果関係を明確にする技法
系統図法	目的を達成するための手段、さらにその手段を実施するための手段を、「目的－手段」の関係に段階的に展開し、最適な手段を見つけだす技法
PDPC法	PDPCは"Process Decision Program Chart"の略。事態の進展とともに様々な事象が想定される問題について、事前に考えられる状況や結果を予測し、対応策を検討して望ましい結果に至るプロセスを定める技法
親和図法	ブレーンストーミングなどを使用して、収集した情報を相互の関連によってグループ化し、解決すべき問題点を明確にする技法
アローダイアグラム法	多くの手段や方策をどの順番で実施するのかといった、問題解決のための日程計画を立てるときに使用する技法
マトリックス図法	行と列の交点に要素間の関連の有無や度合いを示し、要素間の関係を明確にする技法
マトリックスデータ解析法	マトリックス図の要素間の関連を数値データで表現できる場合、これを多変量解析により分析し、関連性や傾向を見る技法

用語 ブレーンストーミング
斬新なアイデアを幅広く創出することを目的に行われる討議方法。参加者が自由な意見を出しやすくするため、批判の禁止、自由奔放、質より量、結合・便乗というルールを定めて討議を行う。

用語 多変量解析
複数の数値データに対して、主成分分析や因子分析などの統計的解析を行うこと。

11.4.6 検査手法 AM/PM

抜取検査

用語 ロット 最小製造数単位。又は，検査対象となる製品の集まり（単位）。

製品品質を確実に保証するためには全数検査が最良ですが，製品によっては莫大な時間と費用がかかりますし，破壊や劣化を伴う場合の全数検査は不可能です。このような場合，抜取検査が行われます。**抜取検査**では，ロットの中から大きさnのサンプルを抜き取り，サンプル中の不良個数が合格判定個数c以下のときロットを合格とし，cを超えたときロットを不合格とします。

参考 nとcの決め方 抜取検査表を基に，ロット数からサンプル数nを，またサンプル数nと**合格品質水準（AQL）**から合格判定個数cを求める。

OC曲線

OC曲線（検査特性曲線：Operating Characteristic curve）は，ロットの不良率に対する，そのロットが合格する確率を表したものです。図11.4.6は，サンプルの大きさn＝50，合格判定個数c＝3としたときのOC曲線で，例えば，不良率が5％，10％であるロットの合格率は，それぞれ76％，25％であることを表しています。

ここで，不良率が5％以下のロットを合格とする場合，実際の不良率が5％であっても，そのロットの合格率は76％しかなく，24％の確率で不合格になります。このように，本来，合格となるべきロットが抜取検査で不合格となる確率を**生産者危険**といいます。一方，不合格とすべき不良率10％のロットの合格率は25％です。このように，本来なら不合格とすべきロットが合格になってしまう確率を**消費者危険**といいます。

参考 50個中，不良個数が0～3個であれば合格となるので，不良率がpであるときのロット合格の確率は，q＝1−pとおくと，

$$
\begin{aligned}
&{}_{50}C_0 \times p^0 \times q^{50-0}\\
&+{}_{50}C_1 \times p^1 \times q^{50-1}\\
&+{}_{50}C_2 \times p^2 \times q^{50-2}\\
&+{}_{50}C_3 \times p^3 \times q^{50-3}\\
&=\sum_{i=0}^{3}{}_{50}C_i \times p^i \times q^{50-i}
\end{aligned}
$$

参考 下図のA部分が生産者危険を表す領域，B部分が消費者危険を表す領域。

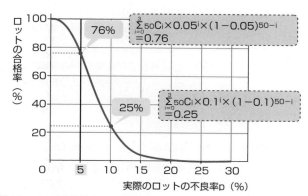

$$\sum_{i=0}^{3}{}_{50}C_i \times 0.05^i \times (1-0.05)^{50-i}=0.76$$

$$\sum_{i=0}^{3}{}_{50}C_i \times 0.1^i \times (1-0.1)^{50-i}=0.25$$

ロットの合格率（％）

実際のロットの不良率p（％）

▲ **図11.4.6** OC曲線（n＝50，c＝3）

11.5 企業会計

11.5.1 財務諸表分析 `AM`/`PM`

 用語 損益計算書
1会計期間に属するすべての収益と費用を記載し，算出した利益を示したもの。

財務諸表である貸借対照表と損益計算書を基に，その企業の経営内容の善し悪しを，関連する項目間の比率(割合)によって分析する方法を**関係比率法**といいます。ここでは，関係比率法における重要な指標を学習します。

資本利益率

資本利益率は，企業の収益性を把握するために用いられる指標で，資本に対する利益の割合，すなわち "その資本がどれだけの利益を生んだか" の割合を表します。

> **POINT 資本利益率の一般式**
> 資本利益率＝利益／資本
> ＝(利益／売上高)×(売上高／資本)
> ＝売上高利益率×資本回転率

● 自己資本利益率(ROE)

参考 自己資本が非常に少なくなってしまっている場合，少しの利益でもROEの値は大きくなってしまうので，ROEは自己資本比率など安全性指標と合わせて見ることが必要。

自己資本利益率(ROE：Return On Equity)は，自己資本に対する当期純利益の割合を表したもので，投下資本(自己資本)の投資効果を把握するために用いられる指標です。値が大きいほど，株主にとっては投資効果が高く魅力的ということになります。

> **POINT 自己資本利益率(ROE)**
> ROE(%)＝(当期純利益／自己資本)×100

● 投資利益率(ROI)

参考 情報戦略の投資対効果を評価するとき，ROIが用いられる。

投資利益率(ROI：Return On Investment)は，個々の投資額に対する利益の割合を表したもので，ROEに類似する指標です。ROIは，プロジェクト単位の収益性(投資対効果)の評価にも利用されます。

> **P O I N T** 投資利益率(ROI)の一般式
> ROI(%)＝(利益／投資額)×100

安全性指標

一般に30%以上が健全とされている。

自己資本比率は，経営の安全性，つまり財務体質の健全性を把握するために用いられる指標です。総資本に対する自己資本の割合を表し，一般にその値が大きいほど安全度が高いといえます。

総資本＝負債＋純資産

> **P O I N T** 自己資本比率
> 自己資本比率(%)＝(自己資本／総資本)×100

一般に，固定比率は100%未満，流動比率は200%以上が望ましい。

その他，自己資本に対する固定資産の割合を表した固定比率，流動負債に対する流動資産の割合を表した流動比率があります。

11
ストラテジ

COLUMN

貸借対照表

一定時点における企業の資産，負債及び純資産を表示し，企業の財政状態を明らかにする財務諸表です。「資産＝負債＋純資産」となることから，バランスシート (B/S：Balance Sheet) とも呼ばれています。

借　　方	貸　　方	
＜資産の部＞	＜負債の部＞	他人資本
・流動資産 　(現金・預金，売掛金，有価証券など) ・固定資産 　(建物，土地，機械など) ・繰延資産	・流動負債(買掛金，短期借入金など) ・固定負債(社債，長期借入金など)	他人資本
	＜純資産の部＞	自己資本
	・株主資本 　(資本金，資本剰余金，利益剰余金，自己株式) ・評価・換算差額等	自己資本
	・新株予約権	

▲ **図11.5.1**　貸借対照表の構成

キャッシュフロー計算書

会計期間における現金及び現金同等物の流れを，営業活動，投資活動，財務活動の3区分に分けて表した財務諸表です。例えば，

・商品の仕入れによる支出は，**営業活動**によるキャッシュフローに該当
・有形固定資産の売却による収入は，**投資活動**によるキャッシュフローに該当
・株式の発行による収入は，**財務活動**によるキャッシュフローに該当

11.5.2 損益分析 AM/PM

損益分岐点

参考 総費用線は，変動費線ともいい，固定費と変動費の和である。

損益分岐点とは，営業利益がゼロの(利益も損失も生じない)点のことで，このときの売上高のことを**損益分岐点売上高**といいます。売上高線と総費用線の交点が損益分岐点なので，損益分岐点売上高は，固定費と変動費の和に等しくなります。

用語 固定費
売上高や販売数に関わりなく一定の支出を要する費用。賃借料，保険料，マスコミ媒体広告費などが該当。
変動費
売上高や販売数にともなって増減する費用。直接材料費，商品の配送費用，販売数に応じた販売店へのリベートなどが該当。

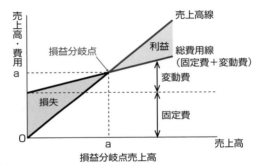

▲ **図11.5.2** 損益分岐図表

損益分岐点の求め方

損益分岐点は，次の式で求めることができます。

参考 変動費率は，「変動費÷売上高」で求められる。これは，総費用線の傾きを意味する。

P O I N T 損益分岐点

$$損益分岐点 = \frac{固定費}{1-変動費率} = \frac{固定費}{1-\dfrac{変動費}{売上高}}$$

例えば，次の損益計算資料から損益分岐点は，次のように求めることができます。

参考 売上高が損益分岐点売上高をどのくらい上回っているのかを示す比率を**安全余裕率**といい，売上高が何%落ちれば損益分岐点売上高になるかを表す。
安全余裕率＝(売上高－損益分岐点売上高)÷売上高×100

項　目	金　額(千円)
売上高	1,000
変動費	800
固定費	100
利　益	100

・変動費率
　＝800÷1,000＝0.8
・損益分岐点
　＝100÷(1−0.8)
　＝500 [千円]

▲ **図11.5.3** 損益分岐点の求め方

◯ 利益

売上高から変動費と固定費を引いた値，つまり図11.5.2の上部網掛け部分が利益です。また，売上高から変動費のみを引いた値を**限界利益**(貢献利益)といい，売上高に対する限界利益の割合を**限界利益率**といいます。

> **POINT 利益**
>
> 利益＝売上高－変動費－固定費
> 限界利益＝売上高－変動費
> 限界利益率＝限界利益／売上高＝1－変動費率

ここで，出題頻度の高い問題に挑戦してみましょう。

> ある商品の当期の売上高，費用，利益は表のとおりである。この商品の販売単価が5千円の場合，来期の利益を2倍以上にするには少なくとも何個販売すればよいか。
>
> 単位　千円
>
> | | |
> |---|---|
> | 売上高 | 10,000 |
> | 費用 | |
> | 　固定費 | 2,000 |
> | 　変動費 | 6,000 |
> | 利益 | 2,000 |

別解

参考

・変動費率
　＝変動費÷売上高
　＝0.6
・当期の売上個数
　＝10,000÷5
　＝2,000個
・1個当たりの変動費
　＝6,000÷2,000
　＝3千円
以上から，来期の利益を4,000千円以上とする販売個数をNとおき，次の式からNを求める。
　4,000＝5×N－
　(3×N＋2,000)
　N＝3,000個

まず，変動費率を求めます。

変動費率＝変動費÷売上高＝6,000÷10,000＝0.6

次に，来期の利益が2倍の4,000(＝2,000×2)となる売上高をAとし，利益と売上高Aの関係を式で表します。

利益＝売上高－変動費－固定費

4,000＝A－変動費－2,000

ここで，変動費は「変動費率×売上高」なので，上の式は，

4,000＝A－0.6×A－2,000

となり，この式をAについて整理すると，

A＝15,000 [千円]

となります。これを販売単価5千円で割ると，

15,000÷5＝3,000個

となり，必要販売個数は3,000個となります。

11.5.3 棚卸資産評価 AM/PM

棚卸資産の評価方法

用語 **棚卸資産**
販売する目的で
一時的に保有している
商品，製品などの総称
で，一般には"在庫"
ともいう。

棚卸資産の評価方法を，表11.5.1にまとめます。

▼ **表11.5.1** 棚卸資産の評価方法

先入先出法	先に仕入れたものから順に払出しを行ったものとして，棚卸資産の評価を行う
後入先出法	最後に仕入れたものから順に払出しを行ったものとして，棚卸資産の評価を行う
総平均法	期初在庫（繰越在庫）の評価額と取得した棚卸資産の総額との合計額をその総数量で割り，平均単価を算出し，それを基に評価を行う

参考 取得した棚卸資産の平均値を求め，その平均値によって棚卸資産の評価を行う方法を**平均原価法**といい，総平均法と移動平均法があるが，一般には総平均法が用いられることが多い。なお，**移動平均法**とは，棚卸資産の取得の都度，それまでの平均値を修正していく方法。

ここで，商品Aの4月末の在庫の評価額を先入先出法と総平均法でそれぞれ求めてみましょう。

▼ **表11.5.2** 商品Aの前月繰越と受払い

		個数（個）	単価（円）
	繰越在庫	10	100
4月 4日	購入	40	120
4月 5日	払出し	30	
4月 7日	購入	30	140
4月10日	購入	10	110
4月30日	払出し	30	
	次月繰越	30	

● 先入先出法

払出合計数量は60（＝30＋30）個なので，これに，繰越在庫の10個，4月4日購入の40個，4月7日購入のうちの10個を順に引き当てると，残りは，4月7日購入の20個（@140）と4月10日購入の10個（@110）となります。したがって，4月末の在庫の評価額は，

20個×@140＋10個×@110＝3,900円

● 総平均法

・繰越在庫の評価額＝10個×@100＝1,000円
・購入した商品Aの総額＝40個×@120＋30個×@140＋10個×@110
　　　　　　　　　　＝10,100円

・繰越在庫＋購入数量＝10＋40＋30＋10＝90個

以上から，平均単価は(1,000円＋10,100円)÷90個≒124円
となるので，4月末の在庫の評価額は，次のように計算します。

30個×@124＝3,720円

売上原価

売上分の仕入(購入)金額合計のことで，次の式で求めます。

> **P O I N T 当期の売上原価**
> 売上原価＝期首棚卸高＋当期商品仕入額−期末棚卸高

先の例において，先入先出法によって売上原価を算出すると，
次のようになります。

・期首棚卸高＝1,000円

・当期商品仕入額＝10,100円

・期末棚卸高＝3,900円

・売上原価＝1,000＋10,100−3,900＝7,200円

参考
・期首棚卸高
　＝繰越在庫
・当期商品仕入額
　＝購入した商品Aの
　総額
・期末棚卸高
　＝4月末の在庫の評
　価額

繰越在庫の10個×@100
＋4月4日購入の40個×@120
＋4月7日購入の10個×@140
＝7,200円

▲ **図11.5.4** 売上原価

利益の計算　　　　　　　　　　　　☕ **COLUMN**

・売上総利益(粗利益) ＝ 売上高 − 売上原価

・営業利益 ＝ 売上総利益 − 販売費及び一般管理費

・経常利益 ＝ 営業利益 ＋ 営業外収益 − 営業外費用

・税引前当期純利益 ＝ 経常利益 ＋ 特別利益 − 特別損失

・当期純利益 ＝ 税引前当期純利益 − 法人税など

　　　　　＊販売費：営業活動に要した費用（広告費など）
　　　　　　一般管理費：業務遂行に必要な経費（家賃や間接的な人件費など）

11.5.4 減価償却 AM/PM

減価償却は，固定資産について減価償却費を当期の費用として計上するとともに，固定資産の帳簿価格をそれぞれ減額させる会計方法です。

定額法

定額法は，次の式で計算される金額を償却限度額とし，耐用年数経過時に残存簿価1円まで償却を行えるというものです。

> **POINT 定額法における償却限度額**
> 償却限度額＝取得価額×定額法の償却率
> ＊定額法の償却率：耐用年数省令別表第八(側注)に規定される値

参考 最後の年度(8年目)においては，残存簿価が1円になるため，実際の償却限度額は74,999円。

例えば，取得価額60万円，耐用年数8年，償却率0.125の場合，毎年の償却額は，600,000×0.125＝75,000円となります。

定率法

定率法の償却限度額は，次の式で計算します。表11.5.3に先の例の場合の，定率法における償却限度額を示します。

> **POINT 定率法における償却限度額**
> 調整前償却額＝期首帳簿価額×定率法の償却率
> 償却保証額　＝取得価額×保証率
> ① 調整前償却額≧償却保証額の場合
> 　償却限度額＝調整前償却額
> ② 調整前償却額＜償却保証額の場合
> 　償却限度額＝改定取得価額×改定償却率

参考 耐用年数省令別表第八

耐用年数	定額法	定率法	改定償却率	保証率
2年	0.500	1.000		
3年	0.334	0.833	1.000	0.02789
4年	0.250	0.625	1.000	0.05274
5年	0.200	0.500	1.000	0.06249
6年	0.167	0.417	0.500	0.05776
7年	0.143	0.357	0.500	0.05496
8年	0.125	0.313	0.334	0.05111
9年	0.112	0.278	0.334	0.04731
10年	0.100	0.250	0.334	0.04448

＊法令では100年まで規定されている

用語 改定取得価額 「調整前償却額＜償却保証額」となる最初の年度の期首帳簿価額。

▼ **表11.5.3** 定率法における償却限度額(網掛け部分)

年数	1	2	3	4	5	6	7	8
期首帳簿価額	600,000	412,200	283,182	194,547	133,654	91,821	61,154	30,487
調整前償却額	187,800	129,018	88,635	60,893	41,833	28,739	19,141	9,542
償却保証額	30,666	30,666	30,666	30,666	30,666	30,666	30,666	30,666
改定取得価額×改定償却率						30,667	30,667	30,486

＊8年目においては残存簿価が1円となるため，30,486円が償却限度額となる

11.6 標準化と関連法規

11.6.1 共通フレーム AM / PM

共通フレーム(SLCP-JCF)

用語 SLCP-JCF
Software Life
Cycle Process-
Japan Common
Frameの略。

　ソフトウェアの開発及び取引において，作業標準や言葉の違いによる認識のずれがトラブルに発展するケースが少なくありません。**共通フレーム**は，言葉の違いによるトラブルを防止するため，ソフトウェア，システム，サービスに係わる人々が"同じ言葉"を話すことができるよう提供された"共通の物差し(共通の枠組み)"であり，システムやソフトウェアの構想から開発，運用，保守，廃棄に至るまでのライフサイクルを通じて必要な作業項目の1つひとつを包括的に規定し明確化(可視化)したガイドラインです。最新版は，2013年発行の**共通フレーム2013**です。

◯共通フレーム2013の構造

参考 共通フレーム2013は，ISO/IEC 12207:2008(JIS X 0160:2012)に基づいて作成されている。
現在，JIS X 0610規格は，JIS X 0610:2021に改訂されているが，これに伴った共通フレーム2013の改訂は様々な理由により見送られている。

　共通フレーム2013では，システム開発作業を図11.6.1に示す4階層で定義しています。"**プロセス**"は，システム開発作業を役割の観点でまとめたもので，必要に応じて組み合わせて実施できるようにモジュール化されています。このため，共通フレームをプロジェクトに採用する際は，当該プロジェクトの特性や開発モデルに合わせて必要なプロセスを選択できます。

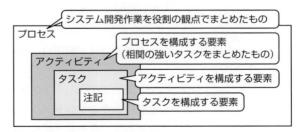

▲ **図11.6.1**　共通フレーム2013の構造

◯共通フレーム2013のプロセス

　共通フレーム2013は，合意プロセス，テクニカルプロセス，運用・サービスプロセス，支援プロセスなど8つの大きなプロセ

11 ストラテジ

スから構成されています。このうち試験で出題されるのは，テクニカルプロセスです。

テクニカルプロセスは，組織やプロジェクトの担当部門が技術的な決定及び行動の結果生じる利益を最適化し，リスクを軽減できるようにするアクティビティを定義したプロセスです。一連のシステム開発作業として，「企画・要件定義の視点」での2つのプロセス（企画，要件定義）と，「開発・保守の視点」での4つのプロセス（システム開発，ソフトウェア実装，ハードウェア実装，保守）から構成されています。

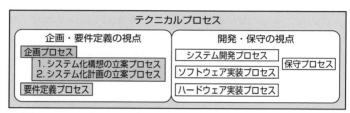

▲ **図11.6.2** テクニカルプロセスの構成

以下に，企画プロセス及び要件定義プロセスの概要を説明します。

企画プロセス

企画プロセスは，経営・事業の目的，目標を達成するために必要なシステムに関係する要求の集合とシステム化の方針，及びシステムを実現するための実施計画を得ることを目的とするプロセスです。企業（組織）がシステム化に関わるプロジェクトを発足させ，「システム化構想」，「システム化計画」の一連の作業を実施していくための作業項目が網羅的に規定されています。

●システム化構想の立案プロセス

参考 システム化構想の立案プロセスは，次のアクティビティから構成される。
・プロセス開始準備
・システム化構想の立案
・システム化構想の承認

システム化構想の立案プロセスは，経営上のニーズ，課題を実現，解決するために，置かれた経営環境を踏まえて，新たな業務の全体像とそれを実現するためのシステム化構想及び推進体制を立案することを目的とするプロセスです。

"**システム化構想の立案**"アクティビティでは，次ページに示す7つのタスクが規定されています。

> **P O I N T** 「システム化構想の立案」のタスク
> ① 経営上のニーズ，課題の確認
> ② 事業環境，業務環境の調査分析(市場，競争相手などの事業・業務環境を分析し，事業・業務目標との関係を明確にする)
> ③ 現行業務，システムの調査分析(現行業務の内容，流れを調査し，業務上の課題を分析，抽出する)
> ④ 情報技術動向の調査分析
> ⑤ 対象となる業務の明確化(検討対象となる新規業務，改善，改革の対象となる業務を識別する)
> ⑥ 業務の新全体像の作成(企業で将来的に必要となる最上位の業務機能と業務組織のモデルを検討し，その結果，目標とする業務の新しい全体像及び新システムの全体イメージを作成する)
> ⑦ 対象の選定と投資目標の策定

◆ システム化計画の立案プロセス

システム化計画の立案プロセスは，システム化構想を具現化するために，運用や効果などの実現性を考慮したシステム化計画，及びプロジェクト計画を具体化し，利害関係者の合意を得ることを目的とするプロセスです。"**システム化計画の立案**"アクティビティでは16のタスクが規定されていますが，その主な内容と手順は，図11.6.3に示すとおりです。

 システム化計画の立案プロセスは，次のアクティビティから構成される。
・プロセス開始準備
・システム化計画の立案
・システム化計画の承認

業務の全体像を具体化した**業務モデル**の作成には，次の作業が含まれる。
・業務プロセスの定義
・データクラスの定義
・業務モデルの定義
・業務モデルの分析
・レビュー，意思決定

QCD Quality(品質)，Cost(コスト)，Delivery(納期)の略。

業務処理と情報を情報システムの視点から整理し，対象業務の具体的な業務上の問題点を分析し，解決の方向性を明確化するとともにシステムを用いて解決すべき課題を定義する

↓

対象業務及び関連する全業務をシステム課題の定義に基づいて整理し，業務機能の再構築を行い，業務機能と組織のモデル化を行う(業務モデルの作成)

↓

作成された業務モデルを基に，対象とした業務機能を支援するシステム化機能を整理し，この機能を実現するためのシステム方式や，データベース，サーバ，ネットワークなどの構成概要を明確にする

↓

プロジェクト遂行の判断基準となるQCDの目標値と優先順位の設定を行い，技術的・経済的な面から実現可能か否かの検討を行い，対象となったシステム全体の開発スケジュールの大枠を作成する

↓

システム実現のための費用とシステム実現時の定量的・定性的効果を対比させ，システムへの投資効果を明確にする

▲ **図11.6.3** システム化計画の立案で実施する内容

要件定義プロセス

参考 要件定義プロセスは，次のアクティビティから構成される。
・プロセス開始準備
・利害関係者の識別
・要件の識別
・要件の評価
・要件の合意
・要件の記録

要件定義プロセスは，定義された環境において，利用者及び他の利害関係者が必要とするサービスを提供できるシステムに対する要件を定義することを目的とするプロセスです。

このプロセスでは，システムのライフサイクルの全期間を通して，システムに関わり合いをもつ利害関係者を識別し，利害関係者のニーズ及び要望，並びに取得する組織によって課せられる制約条件を識別・抽出します。そして，これら識別・抽出したものを分析し，業務要件や制約条件，運用シナリオなどの具体的な内容を定義していきます。

POINT 要件定義作業

① 業務要件の定義

　新しい業務のあり方や運用をまとめた上で，業務上実現すべき要件を明らかにする。業務要件には，業務内容(手順，入出力情報など)，業務特性(ルール，制約など)，業務用語，外部環境と業務の関係及び授受する情報などがある。

② 組織及び環境要件の具体化

　組織の構成，要員，規模などの組織に対する要件を具体化し，新業務を遂行するために必要な事務所や事務用の諸設備などに関する導入方針，計画及びスケジュールを明確にする。

③ 機能要件の定義

　①で明確にした業務要件を実現するために必要なシステム機能を明らかにする。

④ 非機能要件の定義

　③で明確にした機能要件以外の要件(非機能要件)を明確にする。非機能要件には，可用性，性能，保守性，セキュリティなどの品質要件，システム開発方式や開発基準・標準などの技術要件，運用・移行要件がある。

参考 品質要件には，JIS X 25010 (p.654参照) の品質特性が援用できる。

参考 要件定義作業による成果物は，システム化のベースラインとして利害関係者が合意することにより，契約の基本となる。

なお，要件定義に際しては，利用者や開発者をはじめ利害関係者間の対立が発生します。そのため，企画プロセスにおける経営上のニーズ・課題・投資目標を常に共有し，対立を回避することが重要です。また，要件定義後は，利害関係者のニーズ及び要望が正確に表現されていることを確実にするために，利害関係者へフィードバックし，合意・承諾を得る必要があります。

11.6.2 情報システム・モデル取引・契約書 AM / PM

"情報システム・モデル取引・契約書"は，情報システムの信頼性向上・取引の可視化に向けた取引・契約のあり方などを，経済産業省がまとめたものです。この中で試験対策として押さえておきたい事項は，図11.6.4に示した各工程における推奨される契約形態と，工程ごとに個別契約を締結する**多段階契約**の採用です。多段階契約の採用により，例えば，前工程の結果，後工程の見積前提条件に変更が生じた場合でも工程の開始のタイミングで再見積りが可能となり，ユーザ・ベンダ双方のリスク回避ができます。

参照 契約形態（準委任型／請負型）については，p.660を参照。

システム化計画	要件定義	システム外部設計	システム内部設計	ソフトウェア設計プログラミングソフトウェアテスト	システム結合	システムテスト	受入・導入支援
準委任	準委任・請負		請負			準委任・請負	準委任

▲ **図11.6.4** 開発フェーズにおける推奨される契約形態

情報システム調達における契約までの流れ　 ☕ COLUMN

情報システムの調達における，選定調達先（発注先ベンダ）との契約までの流れを，図11.6.5に示します。RFP（Request For Proposal：**提案依頼書**）は，調達対象システム，提案依頼事項，調達条件などが示されたもので，発注先の候補となっているベンダ各社に対し，提案書や見積書の提出を依頼するための文書です。RFI（Request For Information：**情報提供依頼書**）は，ユーザがRFP（提案依頼書）を作成するのに必要な情報の提供，例えば，現在の状況において利用可能な技術・製品，ベンダにおける導入実績，価格情報などの提供をベンダに要請する文書です。

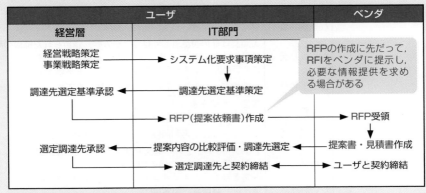

▲ **図11.6.5** 選定調達先との契約までの流れ

11 ストラテジ

11.6.3 システム開発に関連する規格，ガイドライン AM/PM

JIS X 25010:2013

JIS X 25010は，JIS X 0129-1 の後継規格。

JIS X 25010:2013は，システム及びソフトウェア製品の品質に関する規格です。品質モデルの枠組みを「利用時の品質モデル」と「製品品質モデル」に分け，**利用時の品質モデル**では，有効性，効率性，満足性，リスク回避性，利用状況網羅性の5個の品質特性を，**製品品質モデル**では次の表に示す8個の品質特性を規定しています。

▼ **表11.6.1** JIS X 25010(製品品質モデルの品質特性と副特性)

試験では，各特性が問われるが，選択肢には表11.6.1に示した規定文がそのまま掲載される。

機能適合性	明示された状況下で使用するとき，明示的ニーズ及び暗黙のニーズを満足させる機能を，製品又はシステムが提供する度合い
品質副特性	機能完全性，機能正確性，機能適切性
性能効率性	明記された状態(条件)で使用する資源の量に関係する性能の度合い
品質副特性	時間効率性，資源効率性，容量満足性
互換性	同じハードウェア環境又はソフトウェア環境を共有する間，製品，システム又は構成要素が他の製品，システム又は構成要素の情報を交換することができる度合い，及び／又はその要求された機能を実行することができる度合い
品質副特性	共存性，相互運用性
使用性	明示された利用状況において，有効性，効率性及び満足性をもって明示された目標を達成するために，明示された利用者が製品又はシステムを利用することができる度合い
品質副特性	適切度認識性，習得性，運用操作性，ユーザエラー防止性，ユーザインタフェース快美性，アクセシビリティ
信頼性	明示された時間帯で，明示された条件下に，システム，製品又は構成要素が明示された機能を実行する度合い
品質副特性	成熟性，可用性，障害許容性，回復性
セキュリティ	人間又は他の製品若しくはシステムが，認められた権限の種類及び水準に応じたデータアクセスの度合いをもてるように，製品又はシステムが情報及びデータを保護する度合い
品質副特性	機密性，インテグリティ，否認防止性，真正性，責任追跡性
保守性	意図した保守者によって，製品又はシステムが修正することができる有効性及び効率性の度合い
品質副特性	モジュール性，再利用性，解析性，修正性，試験性
移植性	1つのハードウェア，ソフトウェア又は他の運用環境若しくは利用環境からその他の環境に，システム，製品又は構成要素を移すことができる有効性及び効率性の度合い
品質副特性	適応性，設置性，置換性

機能適合性と性能効率性は，JIS X 0129-1における機能性，効率性がそれぞれ名称変更されたもの。また，互換性とセキュリティは，新たに追加された品質特性。

JIS X 0161:2008

JIS X 0161:2008は，ソフトウェアの保守を対象にした規格です。この規格では，ソフトウェア製品への修正依頼は「訂正」と「改良」に分類できるとし，ソフトウェア製品に対する保守を次の4つのタイプに分類しています。

▼ **表11.6.2** JIS X 0161による4つの保守タイプ

訂正	是正保守	ソフトウェア製品の引渡し後に発見された問題を訂正するために行う受身の修正。なお，是正保守実施までシステム運用を確保するために行う，計画外で一時的な緊急保守も是正保守の一部
	予防保守	引渡し後のソフトウェア製品の潜在的な障害が運用障害になる前に発見し，是正を行うための修正
改良	適応保守	引渡し後，変化した，又は変化している環境において，ソフトウェア製品を使用できるように保ち続けるために実施する修正
	完全化保守	引渡し後のソフトウェア製品の潜在的な障害が故障として表れる前に検出し，訂正するための修正

参考 予防保守はソフトウェア製品に潜在的な誤りが検出されたことによって余儀なくされた修正。一方，**完全化保守**は，より完全を目指して行われる，ソフトウェア製品の改良のための修正であり，"問題への対応"ではない。

WCAG

WCAG（Web Content Accessibility Guidelines）は，Webコンテンツを，よりアクセシブルにするための広範囲に及ぶ推奨事項をまとめたガイドラインです。WCAG 2.1では，Webアクセシビリティの土台となる4原則（知覚可能，操作可能，理解可能，堅牢）の下に，13のガイドラインを規定しています。これらのガイドラインに従うことで，障害者や高齢者などハンディをもつ人に対して，コンテンツをよりアクセシブルにすることができ，Webコンテンツが利用者にとってより使いやすいものにもなります。

用語 アクセシビリティ ソフトウェアや情報サービス，Webサイトなどを，高齢者や障害者を含む誰もが利用可能であること。またその度合い。

参考 "操作可能"のガイドラインの1つに，「利用者がナビゲートしたり，コンテンツを探し出したり，現在位置を確認したりすることを手助けする手段を提供すること」とある。この実現例の1つに**パンくずリスト**（Webサイトのトップページからそのページまでの経路情報を表示したもの）がある。

> **P O I N T** 試験に出るアクセシビリティに配慮した設計
> ・Webコンテンツを表現するに当たっては，色や形だけに依存せずテキストを併用する（**知覚可能**）
> ・仮名入力欄の前には"フリガナ（カタカナで入力）"のように，仮名の種類も明記する（**理解可能**）
> ・入力が必須な項目は，色で強調するだけでなく，項目名の隣に"（必須）"などと明記する（**理解可能**）
> ・キーボードだけでも操作ができるようにする（**操作可能**）

11 ストラテジ

JIS X 8341-1:2010

試験では，JIS X 8341-1:2010を適用する目的が問われる。答えは，「多様な人々に対して，利用の状況を理解しながら，多くの個人のアクセシビリティ水準を改善できるようにする」こと。

JIS X 8341-1:2010は，アクセシビリティ設計に関する規格です。この規格は，情報通信における機器，ソフトウェア及びサービスに対するアクセシビリティを確保し改善し，様々な能力をもつ最も幅広い層の人々が利用できるようにする指針として作成されたものです。ハードウェア，ソフトウェア，サービスに関する，企画から開発・運用までのアクセシビリティに配慮すべき事項(指針)が定められています。

なお，JIS X 8341-1:2010では，**アクセシビリティ**を「様々な能力をもつ最も幅広い層の人々に対する製品，サービス，環境又は施設(のインタラクティブシステム)のユーザビリティ」と定義し，**ユーザビリティ**を「ある製品が，指定された利用者によって，指定された利用の状況下で，指定された目的を達成するために用いられる場合の，有効さ，効率及び利用者の満足度の度合い(JIS Z 8521:1999の定義3.1を引用)」と定義しています。

JIS Z 8521:2020では，**ユーザビリティ**を「特定のユーザが特定の利用状況において，システム，製品又はサービスを利用する際に，効果，効率及び満足を伴って特定の目標を達成する度合い」と定義している。

ユーザビリティ評価手法

ここでは，ユーザインタフェースのユーザビリティを評価するときに用いられる主な手法を，表11.6.3にまとめておきます。

▼ **表11.6.3** ユーザビリティの評価に用いられる手法

アンケート	評価項目についての，選択式又は記述式の質問票を利用者に配布し，回答してもらうことでユーザビリティを評価する
ユーザビリティテスト	ターゲットユーザ(以下，被験者という)に使用してもらい，その言動を観察することで利用者視点でのユーザビリティ評価を行う。大きく次の2つに分けられる。 ・思考発話法：被験者に，考えていることを声に出しながら操作してもらい，行動と発話を観察する。被験者の思考発話をより多く引き出すため，モデレータは，被験者の行動に影響を及ぼさない(調査結果をゆがめない)範囲で簡単な質問を行う ・回顧法：被験者に操作してもらい，その行動を観察する。その後，質問に答えてもらうことでユーザビリティを評価する
ログデータ分析法	被験者の操作ログを分析し，利用時間や利用パターンなどからユーザビリティを評価する
認知的ウォークスルー法	評価者(専門家)がターゲットユーザになったつもりで操作を行いユーザビリティを評価する
ヒューリスティックス評価	評価者(専門家)が自身の経験則に照らしたり，あるいは様々なユーザインタフェース設計によく当てはまる経験則を基にしたりして，ユーザビリティの評価を行う

知識体系ガイド

　知識体系ガイドとは，成功に必要な知識やスキルを集約したものであり，"成功への道しるべ"となるものです。代表的なものにPMBOK（Project Management Body of Knowledge）がありますが，その他，表11.6.4に示した知識体系ガイドも押さえておきましょう。

PMBOKについては，p.556を参照。なお，PMBOKの最新版は2021年リリースの第7版。

▼ **表11.6.4**　知識体系ガイド

BABOK	Business Analysis Body of Knowledge。ビジネスアナリシスの計画とモニタリング，引き出し，要求アナリシス，基礎コンピテンシなど7つの知識エリアから成る知識体系
SQuBOK	Software Quality Body of Knowledge。ソフトウェア品質の基本概念，ソフトウェア品質マネジメント，ソフトウェア品質技術の3つのカテゴリから成る知識体系
SWEBOK	SoftWare Engineering Body of Knowledge。ソフトウェア要求，ソフトウェア設計，ソフトウェア構築，ソフトウェアテスティング，ソフトウェア保守など10の知識エリアから成る知識体系

データの標準化

　文字コードや画像ファイル（圧縮方式）など，試験での出題頻度が高いものを表11.6.5にまとめておきます。

▼ **表11.6.5**　出題頻度の高い標準化

Unicode	多くの言語を一元的に表現できるように設計された文字コード。UCS-2（2バイト），UCS-4（4バイト）がある。なお，Unicodeの文字符号化方式に，ASCIIと互換性をもたせたUTF-8があり，1〜6バイトの可変長で符号化する
バーコード	128種類のASCII文字コードを表現することができるCode128，数字のみを表すことができるITF（Interleaved Two of Five），そしてJANシンボルがある。JANシンボルは，JANコード（標準タイプ13桁，短縮タイプ8桁）をコンピュータなどに入力するために標準化されたもの。いずれも，その最終桁にチェックディジットが付加されている
QRコード	縦・横方向に情報をもたせることによって，バーコードよりも多くのデータ（バイナリ形式も含む）を記録することができる2次元コード。最大で英数字なら4,296文字，漢字なら1,817文字を表すことができる
JPEG	静止画像圧縮方式。写真等の自然色画像に適している
MPEG	動画像圧縮方式。MPEG-1（CD-ROMなどで利用），MPEG-2（高画質。DVD，放送などで利用），MPEG-4（携帯電話などで利用），H.264/MPEG-4 AVC（MPEG-2の2倍以上の圧縮効率を実現。携帯電話から高画質ハイビジョン放送に至るまで広い範囲に利用可能。H.264/AVCともいう）がある

画像データの圧縮方式は，次の2つに分けられる。
可逆符号化方式（可逆圧縮方式）：圧縮後のデータを伸張すると元のデータを完全に復元できる方式。
非可逆符号化方式（非可逆圧縮方式，不可逆圧縮方式）：圧縮率を高めるため，圧縮する際にある程度の情報欠落を許容した圧縮方式（JPEG，MPEGなど）。

11.6.4　関連法規　　AM/PM

不正競争防止法

　事業者間における公正な競争を確保するため，不適切な競争行為の防止を目的に設けられた法律です。不正競争防止法では，例えば，他社の商品を模倣した商品を販売する行為や，市場において広く知られている他社の商品表示と類似の商品表示を用いた新商品を販売する行為は，違法行為としています。

製造物責任法（PL法）

　製造物の欠陥によって身体・財産への被害が生じた場合における製造業者の損害賠償責任を定めた法律です。製造物責任法では，製造物を"製造又は加工された動産"とし，ソフトウェアやデータは無形のため製造物に当たらないとしています。

　ただし，ソフトウェアを内蔵した製品は，製造物責任法の対象となります。例えば，機器に組み込まれているROMに記録されたプログラムに瑕疵があり，その機器の使用者に大けがをさせた場合，製造業者は製造物責任を問われることになります。

製造物責任法〔免責と時効〕
・製造物を引き渡した時点の科学・技術の水準では欠陥の認識が不可能であったことを証明できれば，損害賠償責任は問われない。
・製造物の欠陥原因が，完成品メーカの設計に従って，部品メーカが製造して納品した部品の場合は，部品メーカには損害賠償責任が生じない。
・損害賠償の請求権は，製造物の引き渡し後10年，又，損害及び賠償義務者を知った時から3年間行使しないとき消滅する。

下請代金支払遅延等防止法（下請法）

　親事業者が下請事業者にソフトウェア開発などの業務委託をする場合，優越的地位にあるのは親事業者です。**下請代金支払遅延等防止法**は，優越的地位にある親事業者が一方的な都合で下請代金を発注後に減額したり，支払遅延するといった優越的地位の濫用行為を規制し，下請事業者の利益を保護するために制定された法律です。

　例えば，下請事業者の責に帰すべき理由がないのに受領を拒否したり，親事業者と顧客との間の委託内容が変更になり，既に受領していたプログラムが不要になったので返品するといった行為も禁止されています（親事業者の違法となる）。

　なお，下請代金支払遅延等防止法では，下請代金の支払期日を，ソフトウェアの受領日から起算して60日以内に定めなければいけないとしています。支払期日が定められなかったときは，受領日が支払期日と定められたものとみなされます。

著作権法

参考 著作権は登録の必要はなく，著作者が著作物を創作した時点で（著作権の表示がなくても）自動的に権利が発生する。著作権の保護期間は，著作者が個人の場合は死後70年間，著作権が法人に帰属している場合は公表後70年間。

著作物などに関する著作者などの権利を保護するための法律です。試験では，プログラムの著作権の帰属に関する問題がよく出題されています。下記にポイント事項をまとめておきます。

> **POINT** プログラムの著作権の帰属に関するポイント
> ・開発を委託したプログラムの著作権は，著作物の権利に関する特段の取決めがなければ，それを受託した企業に帰属する。
> ・法人の発意に基づき，その法人の従業員が職務上作成したプログラムの著作権は，著作物の権利に関する特段の取決めがなければ，その法人に帰属する。
> ・労働者派遣契約によって派遣された派遣労働者が，派遣先企業の指示の下に開発したプログラムの著作権は，著作物の権利に関する特段の取決めがなければ，派遣先企業に帰属する。

参考 プログラム作成に用いるプログラム言語やアルゴリズムは，著作権法によって保護されないが，プログラム設計書や原始プログラムをコンパイルした目的プログラム，プログラムの操作説明書は，保護対象となる。

セキュリティ関連法規

試験では，セキュリティ関連の法律も出題されます。ここでは，出題されやすい法律とその出題ポイントをまとめます。

▼ **表11.6.6** 試験で出題されるセキュリティ関連法規

電子署名法	電子署名及び認証業務に関する法律。電子署名が，民事訴訟法における押印と同様の扱いを受けることを可能にした法律。電子署名法では，電子署名を「電磁的記録に記録することができる情報について行われる措置であり，署名者本人の確認及び改ざんされていないことが確認できるもの」と定めている
特定電子メール法	特定電子メールの送信の適正化等に関する法律。特定電子メールとは，広告や宣伝を行うための手段として送信される電子メールのこと。広告宣伝メールを送信する場合，取引関係にあるなどの一定の場合を除き，あらかじめ送信に同意した者だけに対して送信する**オプトイン方式**をとることなどが定められている
不正アクセス禁止法	不正アクセス行為の禁止等に関する法律。不正アクセス行為の禁止，他人の識別符号（ID，パスワード）を不正に取得する行為の禁止，不正アクセス行為を助長する行為（業務その他正当な理由なく，他人の認証符号を正規の利用者及びシステム管理者以外の者に提供する行為）の禁止などが定められている
サイバーセキュリティ基本法	サイバーセキュリティに関する施策に関し，基本理念を定め，国や地方公共団体の責務などを定めた法律。基本的施策として12の事項が定められている。なお，サイバーセキュリティ基本法に基づき，内閣にサイバーセキュリティ戦略本部が，又内閣官房にNISC（内閣サイバーセキュリティセンター）が設置されている

11
ストラテジ

労働者派遣法

　派遣（労働者派遣）とは，派遣元企業と雇用関係をもつ労働者（派遣労働者）が，派遣先企業の指揮命令によって労働することをいいます。**労働者派遣法**は，この派遣元となる企業の適切な運営と，派遣労働者の保護を目的に設けられた法律です。

　労働者派遣法に基づいた労働者の派遣において，労働者派遣契約関係が存在するのは，派遣元企業と派遣先企業です。派遣労働者は，雇用条件などは派遣元企業と結びますが，その他の業務上の指揮命令は派遣先企業から出されることになります。なお，二重派遣は禁止されています。

請負契約

　派遣契約に似ているものに**請負契約**があります。請負契約は，請負元が発注主に対し仕事を完成することを約束し，発注主がその仕事の完成に対し報酬を支払うことを約束する契約です。派遣契約では，派遣先の企業に派遣労働者への指揮命令を認めていますが，請負契約ではこれを認めていません。したがって，請負契約をしていても，実際には雇用する労働者を，発注主の会社に常駐させるなどして，発注主の指揮命令下で業務に従事させているような場合は，「労働者派遣」と判断され職業安定法違反となります。このような行為を**偽装請負**といいます。

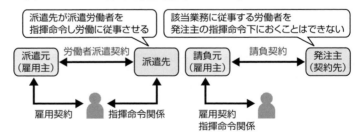

▲ **図11.6.4**　派遣契約と請負契約

　請負契約は，仕事を完成させる義務を負う契約です。もし，成果物が契約の内容に適合しなかった場合，請負元は**契約不適合責任**を負うことになり，発注主は追完や損害賠償の請求ができます。また，追完が期待できない場合などには報酬の減額請求ができ，また契約の目的を達成できないときは契約を解除することができます。

||| 得点アップ問題 |||

解答・解説はp.669

問題1 (H31春問1-AU)

システム管理基準(平成30年)において，ITガバナンスにおける説明として採用されているものはどれか。

ア　EDMモデル　　イ　OODAループ　　ウ　PDCAサイクル　　エ　SDCAサイクル

問題2 (H28春問61)

IT投資評価を，個別プロジェクトの計画，実施，完了に応じて，事前評価，中間評価，事後評価として実施する。事前評価について説明したものはどれか。

ア　事前に設定した効果目標の達成状況を評価し，必要に応じて目標を達成するための改善策を検討する。
イ　実施計画と実績との差異及び原因を詳細に分析し，投資額や効果目標の変更が必要かどうかを判断する。
ウ　投資効果の実現時期と評価に必要なデータ収集方法を事前に計画し，その時期に合わせて評価を行う。
エ　投資目的に基づいた効果目標を設定し，実施可否判断に必要な情報を上位マネジメントに提供する。

問題3 (R03春問68)

企業の競争戦略におけるフォロワ戦略はどれか。

ア　上位企業の市場シェアを奪うことを目標に，製品，サービス，販売促進，流通チャネルなどのあらゆる面での差別化戦略をとる。
イ　潜在的な需要がありながら，大手企業が参入してこないような専門特化した市場に，限られた経営資源を集中する。
ウ　目標とする企業の戦略を観察し，迅速に模倣することで，開発や広告のコストを抑制し，市場での存続を図る。
エ　利潤，名声の維持・向上と最適市場シェアの確保を目標として，市場内の全ての顧客をターゲットにした全方位戦略をとる。

問題4 (R01秋問67)

プロダクトポートフォリオマネジメント(PPM)における"花形"を説明したものはどれか。

ア　市場成長率，市場占有率ともに高い製品である。成長に伴う投資も必要とするので，資金創出効果は大きいとは限らない。
イ　市場成長率，市場占有率ともに低い製品である。資金創出効果は小さく，資金流出量も少ない。

ウ　市場成長率は高いが，市場占有率が低い製品である。長期的な将来性を見込むことはできるが，資金創出効果の大きさは分からない。

エ　市場成長率は低いが，市場占有率は高い製品である。資金創出効果が大きく，企業の支柱となる資金源である。

問題5 　(R02秋問67)

企業の事業活動を機能ごとに主活動と支援活動に分け，企業が顧客に提供する製品やサービスの利益は，どの活動で生み出されているかを分析する手法はどれか。

ア　3C分析

イ　SWOT分析

ウ　バリューチェーン分析

エ　ファイブフォース分析

問題6 　(R04秋問68)

ターゲットリターン価格設定の説明はどれか。

ア　競合の価格を十分に考慮した上で価格を決定する。

イ　顧客層，時間帯，場所など市場セグメントごとに異なった価格を決定する。

ウ　目標とする投資収益率を実現するように価格を決定する。

エ　リサーチなどによる消費者の値頃感に基づいて価格を決定する。

問題7 　(R03春問70)

バランススコアカードの四つの視点とは，財務，学習と成長，内部ビジネスプロセスと，もう一つはどれか。

ア　ガバナンス　　　イ　顧客　　　ウ　自社の強み　　　エ　遵法

問題8 　(R03秋問70)

SFAを説明したものはどれか。

ア　営業活動にITを活用して営業の効率と品質を高め，売上・利益の大幅な増加や，顧客満足度の向上を目指す手法・概念である。

イ　卸売業・メーカが小売店の経営活動を支援することによって，自社との取引量の拡大につなげる手法・概念である。

ウ　企業全体の経営資源を有効かつ総合的に計画して管理し，経営の効率向上を図るための手法・概念である。

エ　消費者向けや企業間の商取引を，インターネットなどの電子的なネットワークを活用して行う手法・概念である。

問題9 (R02秋問73)

EDIを実施するための情報表現規約で規定されるべきものはどれか。

ア　企業間の取引の契約内容 　　　イ　システムの運用時間
ウ　伝送制御手順 　　　　　　　　エ　メッセージの形式

問題10 (R03秋問73)

IoTの技術として注目されている，エッジコンピューティングの説明として，適切なものはどれか。

ア　演算処理のリソースをセンサ端末の近傍に置くことによって，アプリケーション処理の低遅延化や通信トラフィックの最適化を行う。
イ　人体に装着して脈拍センサなどで人体の状態を計測して解析を行う。
ウ　ネットワークを介して複数のコンピュータを結ぶことによって，全体として処理能力が高いコンピュータシステムを作る。
エ　周りの環境から微小なエネルギーを収穫して，電力に変換する。

問題11 (R03秋問75)

いずれも時価100円の株式A〜Dのうち，一つの株式に投資したい。経済の成長を高，中，低の三つに区分したときのそれぞれの株式の予想値上がり幅は，表のとおりである。マクシミン原理に従うとき，どの株式に投資することになるか。

単位 円

経済の成長 株式	高	中	低
A	20	10	15
B	25	5	20
C	30	20	5
D	40	10	−10

ア　A 　　　イ　B 　　　ウ　C 　　　エ　D

問題12 (H30秋問75)

横軸にロットの不良率，縦軸にロットの合格率をとり，抜取検査でのロットの品質とその合格率の関係を表したものはどれか。

ア　OC曲線 　　　　　　イ　バスタブ曲線
ウ　ポアソン分布 　　　　エ　ワイブル分布

問題13 (H24春問77)

表はある会社の前年度と当年度の財務諸表上の数値を表したものである。両年度とも売上高は4,000万円であった。前年度に比べ当年度に向上した財務指標はどれか。

単位 万円

	前年度	当年度
流動資産	1,100	900
固定資産	500	800
流動負債	700	800
固定負債	500	300
純資産	400	600

ア 固定比率
イ 自己資本比率
ウ 総資本回転率
エ 流動比率

問題14 (H29秋問4-ST)

IT投資効果の評価に用いられる手法のうち，ROIによるものはどれか。

ア 一定期間のキャッシュフローを，時間的変化に割引率を設定して現在価値に換算した上で，キャッシュフローの合計値を求め，その大小で評価する。
イ キャッシュフロー上で初年度の投資によるキャッシュアウトフローが何年後に回収できるかによって評価する。
ウ 金銭価値の時間的変化を考慮して，現在価値に換算されたキャッシュフローの一定期間の合計値がゼロとなるような割引率を求め，その大小で評価する。
エ 投資額を分母に，投資による収益を分子とした比率を算出し，投資に値するかどうかを評価する。

問題15 (R01秋問77)

損益分岐点分析でA社とB社を比較した記述のうち，適切なものはどれか。

単位 万円

	A社	B社
売 上 高	2,000	2,000
変 動 費	800	1,400
固 定 費	900	300
営 業 利 益	300	300

ア 安全余裕率はB社の方が高い。
イ 売上高が両社とも3,000万円である場合，営業利益はB社の方が高い。
ウ 限界利益率はB社の方が高い。
エ 損益分岐点売上高はB社の方が高い。

問題16　(R03春問80)

電子署名法に関する記述のうち，適切なものはどれか。

ア　電子署名には，電磁的記録ではなく，かつ，コンピュータ処理できないものも含まれる。

イ　電子署名には，民事訴訟法における押印と同様の効力が認められる。

ウ　電子署名の認証業務を行うことができるのは，政府が運営する認証局に限られる。

エ　電子署名は共通鍵暗号技術によるものに限られる。

問題17　(R04春問79)

A社はB社に対して業務システムの設計，開発を委託し，A社とB社は請負契約を結んでいる。作業の実態から，偽装請負とされる事象はどれか。

ア　A社の従業員が，B社を作業場所として，A社の責任者の指揮命令に従ってシステムの検証を行っている。

イ　A社の従業員が，B社を作業場所として，B社の責任者の指揮命令に従ってシステムの検証を行っている。

ウ　B社の従業員が，A社を作業場所として，A社の責任者の指揮命令に従って設計書を作成している。

エ　B社の従業員が，A社を作業場所として，B社の責任者の指揮命令に従って設計書を作成している。

チャレンジ午後問題 (R01秋問2抜粋)　　　　　　　　　　　　解答・解説：p.673

スマートフォン製造・販売会社の成長戦略に関する次の記述を読んで，設問1〜4に答えよ。

B社は，スマートフォンの企画，開発，製造，販売を手掛ける会社である。"技術で人々の生活をより豊かに"の企業理念の下，ユビキタス社会の実現に向けて，社会になくてはならない会社となる"というビジョンを掲げている。これまでは，スマートフォン市場の拡大に支えられ，順調に売上・利益を成長させてきたが，今後は市場の拡大の鈍化に伴い，これまでのような成長が難しくなると予測している。そこで，B社の経営陣は今後の成長戦略を検討するよう経営企画部に指示し，同部のC課長が成長戦略検討の責任者に任命された。

〔環境分析〕

C課長は，最初にB社の外部環境及び内部環境を分析し，その結果を次のとおりにまとめた。

11 ストラテジ

(1)外部環境

- 国内のスマートフォン市場は成熟してきた。一方、海外のスマートフォン市場は、国内ほど成熟しておらず、伸びは鈍化傾向にあるものの、今後も拡大は続く見込みである。日本から海外への販売機会がある。
- 国内では、国内の競合企業に加えて海外企業の参入が増えており、競争はますます激しさを増している。これによって、多くの企業が市場を奪い合う形となり、価格も下がり　　a　　となりつつある。
- 5Gによる通信、IoT、AIのような技術革新が進んでおり、これらの技術を活用したスマートフォンに代わる腕時計のようなウェアラブル端末や、家電とつながるスマートスピーカの普及が期待される。また、医療や自動運転の分野で、新しい機器の開発が期待される。一方で、技術革新は急速であり、製品の陳腐化が早く、市場への迅速な製品の提供が必要である。
- スマートフォンは、機能の豊富さから若齢者層には受け入れられやすい。一方で、操作の複雑さから高齢者層は使用することに抵抗があり、普及率は低い。
- スマートフォンへの顧客ニーズは多様化しており、サービス提供のあり方も重要になっている。

(2)内部環境

- B社は自社の強みを製品の企画、開発、製造の一貫体制であると認識している。これによって、顧客ニーズを満たす高い品質の製品を迅速に市場に提供できている。また、単一の企業で製品の企画、開発、製造をまとめて行うことで、異なる製品間における開発資源などの共有を実現し、複数の企業に分かれて企画、開発、製造するよりもコストを抑えている。
- B社は国内の販売に加えて海外でも販売しているが、マニュアルやサポートの多言語の対応などでノウハウが十分でなく、いまだに未開拓の国もある。
- B社はスマートフォンの新機能に敏感な若齢者層をターゲットセグメントとして、テレビコマーシャルなどの広告を行っている。広告は効果が大きく、売上拡大に寄与している。一方で、高齢者層は売上への寄与が少ない。
- B社は医療や自動運転の分野の市場には販売ルートをもっておらず、これらの市場への参入は容易ではない。
- 競合企業の中には製造の体制をもたない、いわゆるファブレスを方針とする企業もあるが、B社はその方針は採っていない。①今後の新製品についても、現在の方針を維持する予定である。

〔成長戦略の検討〕

　C課長は、環境分析の結果を基に、ビジネス　　b　　の一つである成長マトリクスを図1のとおり作成した。図1では、製品・サービスと市場・顧客を四つの象限に区分した。区分に際しては、スマートフォンを既存の製品・サービスとし、スマートフォン以外の機器を新

規の製品・サービスとした。また，現在販売ルートのある市場の若齢者層を既存の市場・顧客とし，それ以外を新規の市場・顧客とした。

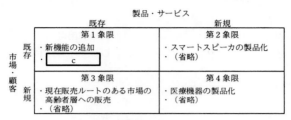

製品・サービス

図1　成長マトリクス

当初，C課長は，成長マトリクスを基に外部環境に加えて内部環境も考慮して検討した結果，第2象限と第4象限の二つの象限の戦略に力を入れるべきだと考えた。しかし，その後第4象限の戦略に関するB社の弱みを考慮し，第2象限の戦略を優先すべきだと考えた。

〔投資計画の評価〕

第2象限の一部の戦略については，すぐにB社で製品化できる見込みのものがある。内部環境を考慮すると，これについてもB社で企画，開発，製造を行うことで，　d　によるメリットが期待できる。

C課長は，この製品化について，複数の投資計画をキャッシュフローを基に評価した。投資額の回収期間を算出する手法としては，金利やリスクを考慮して将来のキャッシュフローを　e　に割り引いて算出する割引回収期間法が一般的な方法であるが，製品の陳腐化が早いので簡易的な回収期間法を使用することにした。また，回収期間の算出には，損益計算書上の利益に②減価償却費を加えた金額を使用した。製品化の投資計画は，表1のとおりである。

表1　製品化の投資計画

単位　百万円

年数[1]	投資年度	1年	2年	3年	4年	5年
投資額	1,000	0	0	0	0	0
利益[2]		200	300	300	200	100
減価償却費		200	200	200	200	200

注 [1]　投資年度からの経過年数を示す。
　　[2]　発生主義に基づく損益計算書上の利益を示す。

投資額は投資年度の終わりに発生し，利益と減価償却費は各年内で期間均等に発生するものとして，C課長は表1を基に，回収期間を　f　年と算出した。

設問1 本文及び図1中の ☐ a ☐ ～ ☐ d ☐ に入れる適切な字句を解答群の中から選び，
記号で答えよ。

　　aに関する解答群
　　　ア　寡占市場　　　　　　　　　　　イ　ニッチ市場
　　　ウ　ブルーオーシャン　　　　　　　エ　レッドオーシャン

　　bに関する解答群
　　　ア　アーキテクチャ　　　　　　　　イ　フレームワーク
　　　ウ　モデル化手法　　　　　　　　　エ　要求分析手法

　　cに関する解答群
　　　ア　ウェアラブル端末の製品化　　　イ　自動運転機器の製品化
　　　ウ　提供サービスの細分化　　　　　エ　未開拓の国への販売

　　dに関する解答群
　　　ア　アライアンス　　　　　　　　　イ　イノベーション
　　　ウ　規模の経済　　　　　　　　　　エ　範囲の経済

設問2 〔環境分析〕について，本文中の下線①の目的を解答群の中から選び，記号で答え
よ。

　　解答群
　　　ア　資金を開発投資に集中したい。
　　　イ　製造設備の初期投資を抑えたい。
　　　ウ　製品のブランド力を高めたい。
　　　エ　高い品質の製品をコストを抑えて製造したい。

設問3 〔投資計画の評価〕について，（1）～（3）に答えよ。
　（1）本文中の ☐ e ☐ に入れる適切な字句を6字以内で答えよ。
　（2）本文中の下線②の理由を，"キャッシュ"という字句を含めて，30字以内で述べよ。
　（3）本文中の ☐ f ☐ に入れる適切な数値を求めよ。答えは小数第2位を四捨五入して，
　　　小数第1位まで求めよ。

||| 解 説 |||

問題1
解答：ア

←p.603を参照。

　システム管理基準(平成30年)では，ITガバナンスにおける経営陣の行動について，「情報システムの企画，開発，保守，運用に関わるITマネジメントとそのプロセスに対して，経営陣が，評価(Evaluate)し，指示(Direct)し，モニタ(Monitor)する」と規定しています。この経営陣が果たすべき3つの行動を，その頭文字をとって**EDMモデル**といいます。

問題2
解答：エ

←p.604を参照。

　個別プロジェクトマネジメントにおける**事前評価**は，計画フェーズでの評価です。計画フェーズでは，全社IT投資計画を基にプロジェクトの実施計画を策定し，投資目的に基づいた効果目標の設定及び投資額の見積りを行い，実施可否判断に必要な情報を上位マネジメントに提供します。したがって，〔エ〕が事前評価の説明です。
ア，イ：実施フェーズでの中間評価の説明です。
ウ：完了フェーズでの事後評価の説明です。

問題3
解答：ウ

←p.611を参照。

　フォロワの基本戦略は，市場チャンスに素早く対応する**模倣戦略**です。したがって，〔ウ〕の「目標とする企業の戦略を観察し，迅速に模倣することで，開発や広告のコストを抑制し，市場での存続を図る」がフォロワ戦略の説明です。〔ア〕はチャレンジャ企業のとる戦略，〔イ〕はニッチャ企業のとる戦略，〔エ〕はリーダ企業のとる戦略です。

問題4
解答：ア

←p.612を参照。

　PPMでは，市場成長率と市場占有率の位置づけにより，事業・製品を4つに分類します。このうち"花形"に分類されるのは，「市場成長率が高く，市場占有率が高い製品」なので，〔ア〕が"**花形**"の説明です。
イ：「市場成長率，市場占有率ともに低い製品」とあるので，"負け犬"の説明です。
ウ：「市場成長率は高いが，市場占有率が低い製品」とあるので，"問題児"の説明です。
エ：「市場成長率は低いが，市場占有率は高い製品」とあるので，"金のなる木"の説明です。

問題5
解答：ウ

←p.615を参照。

　企業の事業活動を主活動と支援活動に分け，企業が顧客に提供する

製品やサービスの利益は，どの活動で生み出されているかを分析する手法は，**バリューチェーン分析**です。

問題6　　　　　　　　　　　　　　　　　　　解答：ウ　　←p.617を参照。

　ターゲットリターン価格設定とは，目標とする投資収益率(ROI)を実現するように価格を設定する方法です。〔ア〕は実勢価格設定，〔イ〕は需要価格設定の差別価格法，〔エ〕は需要価格設定の知覚価値法の説明です。

問題7　　　　　　　　　　　　　　　　　　　解答：イ　　←p.619を参照。

　バランススコアカードの4つの視点は，「財務，**顧客**，内部ビジネスプロセス，学習と成長」です。

問題8　　　　　　　　　　　　　　　　　　　解答：ア　　←p.620を参照。

　SFA(Sales Force Automation)とは，営業活動にITを活用して営業の効率と品質を高め，売上・利益の大幅な増加や，顧客満足度の向上を目指す手法，あるいは，そのための情報システムのことです。

イ：RSS(Retail Support System：リテールサポートシステム)の
　　説明です。　　　　　　　　　　　　　　　　　　　　　　　　　　※RSSは，選択肢に
ウ：ERP(Enterprise Resource Planning：企業資源計画)の説明です。　　よく出てくる。
エ：EC(Electronic Commerce：電子商取引)の説明です。

問題9　　　　　　　　　　　　　　　　　　　解答：エ　　←p.623を参照。

　EDI(Electronic Data Interchange)は，電子商取引に使用される，企業間でデータ交換を行う仕組みです。選択肢のうち情報表現規約で規定されるのは〔エ〕の「メッセージの形式」です。

ア：「企業間の取引の契約内容」は，基本取引規約で規定される内容です。
イ：「システムの運用時間」は，業務運用規約で規定される内容です。
ウ：「伝送制御手順」は，情報伝達規約で規定される内容です。

問題10　　　　　　　　　　　　　　　　　　　解答：ア　　←p.630を参照。

　エッジコンピューティングとは，データ処理のリソースを端末の近くに配置することによって，通信トラフィックやサーバの負荷を軽減する技術(コンピューティングモデル)です。

イ：ウェアラブルコンピュータの説明です。
ウ：クラスタリング又はグリッドコンピューティングの説明です。
エ：エネルギーハーベスティングの説明です。

問題11

解答：ア

←p.632を参照。

マクシミン原理とは，最悪でも最低限の利得を確保しようという考え方です。マクシミン原理に従った場合，各戦略の最小利得のうち，最大となるものを選択します。株式A，B，C，Dの最小予想値上がり幅は，

- 株式Aの最小予想値上がり幅＝10
- 株式Bの最小予想値上がり幅＝5
- 株式Cの最小予想値上がり幅＝5
- 株式Dの最小予想値上がり幅＝－10

なので，株式Aに投資することになります。

問題12

解答：ア

←p.641を参照。

抜取検査でのロットの品質とその合格率の関係を表すものは**OC曲線**です。なお，〔エ〕の**ワイブル分布**は，時間経過に対する故障率の推移を表す確率分布です。故障率関数のパラメータが，1より小さければ減少故障率で初期故障型，1なら一定故障率で偶発故障型，1より大きければ増加故障率で摩耗故障型となります。

※〔イ〕のバスタブ曲線についてはp.215，〔ウ〕のポアソン分布についてはp.53を参照。

問題13

解答：イ

←p.643を参照。

ア：**固定比率**は「固定資産÷自己資本」で求められ，**低いほどよい**とされる指標です。
- 前年度の固定比率＝(500÷400)×100＝125%
- 当年度の固定比率＝(800÷600)×100＝133.3%

※自己資本は，問題文の表にある純資産と同じ。

イ：**自己資本比率**は「自己資本÷総資本」で求められ，**高いほどよい**とされる指標です。
- 前年度の自己資本比率
  ＝(400÷(700+500+400))×100＝25%
- 当年度の自己資本比率
  ＝(600÷(800+300+600))×100＝35.3%

※総資本は「負債(流動負債，固定負債)＋純資産」で求められる。

ウ：**総資本回転率**は「売上高÷総資本」で求められ，**高いほど**資本を有効利用していることになります。
- 前年度の総資本回転率＝4,000÷(700+500+400)＝2.5
- 当年度の総資本回転率＝4,000÷(800+300+600)＝2.35

エ：**流動比率**は「流動資産÷流動負債」で求められ，**高いほどよい**状況を示します。
- 前年度の流動比率＝(1,100÷700)×100＝157%
- 当年度の流動比率＝(900÷800)×100＝112.5%

以上，前年度に比べ向上した財務指標は〔イ〕の自己資本比率です。

問題14
解答：エ
←p.642を参照。

ROI(Return On Investment：投資利益率)は，投資効果を評価する指標の1つで，投資額に対する利益の割合を表したものです。「利益÷投資額×100」で算出します。したがって，ROIの説明は〔エ〕です。

ア：NPV(Net Present Value：正味現在価値)法の説明です。

イ：PBP(Pay Back Period：回収期間)法の説明です。

※NPV法，PBP法，及びIRR法についてはp.605を参照。

ウ：IRR(Internal Rate of Return：内部収益率)法の説明です。IRRとは，NPV(正味現在価値)がゼロとなる割引率のことです。つまり，初期投資額をC_0，キャッシュフローをC_nとしたとき，次の式を満たすrがIRRです。

$$\{C_1／(1+r)\} + \{C_2／(1+r)^2\} + \cdots + \{C_n／(1+r)^n\} - C_0 = 0$$

IRRは投資の利回りであり，投資の収益性や効率性を図ることのできる指標です。

問題15
解答：ア
←p.644, 645を参照。

A社，B社それぞれにおける，損益分岐点売上高，安全余裕率，限界利益率，そして，売上高が3,000万円である場合の営業利益を求めてみます。

- **損益分岐点売上高**：固定費÷{1−変動費率}
  〔A社〕損益分岐点売上高=900÷{1−(800÷2,000)}=1,500[万円]
  〔B社〕損益分岐点売上高=300÷{1−(1,400÷2,000)}=1,000[万円]

※変動費率 ＝変動費÷売上高

- **安全余裕率**：(売上高−損益分岐点売上高)÷売上高×100
  〔A社〕安全余裕率=(2,000−1,500)÷2,000×100=25[%]
  〔B社〕安全余裕率=(2,000−1,000)÷2,000×100=50[%]

- **限界利益率**：(売上高−変動費)÷売上高×100
  〔A社〕限界利益率=(2,000−800)÷2,000×100=60[%]
  〔B社〕限界利益率=(2,000−1,400)÷2,000×100=30[%]

- **売上高が3,000万円である場合の営業利益**
  営業利益の算式は「営業利益=売上高−(変動費+固定費)」。
  〔A社〕営業利益=3,000−{3,000×(800÷2,000)+900}=900[万円]
  〔B社〕営業利益=3,000−{3,000×(1,400÷2,000)+300}=600[万円]

※変動費は，「売上高(＝3,000)×変動費率」で計算される値。

以上から，「安全余裕率はB社の方が高い」とした〔ア〕が正しい記述です。

問題16
解答：イ
←p.659を参照。

電子署名法は，電子文書，電子署名，特定認証業務を明確に定めることにより，電子署名付きの電子文書が民事訴訟法による印影の場合

と同様の扱いを受けることを可能にした法律です。

問題17

解答：ウ

←p.660を参照。

　請負契約の場合，請負元の従業員（B社従業員）を発注主（A社）の指揮命令下におくことはありません。したがって，B社の従業員が，A社を作業場として，A社の責任者の指揮命令に従って作業を行う行為は，**偽装請負**に該当します。

チャレンジ午後問題

設問1	a：エ　　b：イ　　c：ウ　　d：エ		
設問2	エ		
設問3	(1)	e：現在価値	
	(2)	減価償却費はキャッシュの移動がない費用だから	
	(3)	f：2.2	

●設問1

空欄a：「多くの企業が市場を奪い合う形となり，価格も下がり　 a 　となりつつある」とあるので，空欄aには，「市場競争が激しく，価格競争が行われている市場」を指す用語が入ります。そして，これに該当するのは〔**エ**〕の**レッドオーシャン**です。

空欄b：「環境分析の結果を基に，ビジネス　 b 　の一つである成長マトリクスを図1のとおり作成した」とあります。成長マトリクスは，成長戦略を検討する際に用いられる手法であり，ビジネスフレームワークの1つなので，〔**イ**〕の**フレームワーク**が入ります。

空欄c：空欄cは，図1の成長マトリクスの第1象限にあります。第1象限の戦略は，「既存の市場・顧客で，既存の製品・サービスを伸ばす」という市場浸透戦略なので，これに該当するのは〔**ウ**〕の**提供サービスの細分化**です。〔**ア**〕のウェアラブル端末の製品化は第2象限の戦略，〔**イ**〕の自動運転機器の製品化は第4象限の戦略，〔**エ**〕の未開拓の国への販売は第3象限の戦略です。

空欄d：「第2象限の一部の戦略については，すぐにB社で製品化できる見込みのものがある。内部環境を考慮すると，これについてもB社で企画，開発，製造を行うことで，　 d 　によるメリットが期待できる」とあります。〔環境分析〕の(2)内部環境を見ると，「B社の強みは，製品の企画，開発，製造の一貫体制であり，これによって，異なる製品間における開発資源などの共有を実現し，コストを抑えている」旨の記述があります。この記述から考えると，期待できる

※レッドオーシャンとは，血を血で洗う競争の激しい市場のこと。

※「提供サービスの細分化」とは，現在提供しているサービスをより細かく細分化し，顧客（若齢者層）のニーズに対応することで他社と差別化を図り，自社の売上・収益を伸ばす」という戦略。

11
ストラテジ

673

のは，〔エ〕の**範囲の経済**によるメリットです。"範囲の経済"とは，自社が既存事業において有する経営資源(販売チャネル，ブランド，固有技術，生産設備など)やノウハウを複数の事業に共用すれば，それだけ経済面でのメリットが得られることをいいます。

●**設問2**

下線①について，「今後の新製品についても，現在の方針を維持する目的」が問われています。"現在の方針"とは，製品の企画，開発，製造の一貫体制です。〔環境分析〕の(2)内部環境に記述されているように，B社では，製品の企画，開発，製造の一貫体制によって，顧客ニーズを満たす高い品質の製品を迅速に市場に提供でき，またコストも押さえられています。このことから考えると，今後の新製品についても現在の方針を維持する目的は，〔エ〕の「**高い品質の製品をコストを抑えて製造したい**」からだと判断できます。

●**設問3(1)**

「金利やリスクを考慮して将来のキャッシュフローを e に割り引いて算出する割引回収期間法」とあります。割引回収期間法は，将来のキャッシュインを現在価値に割り引いた上で回収期間を算出する方法です。したがって，空欄eには**現在価値**が入ります。

●**設問3(2)**

下線②について，「回収期間の算出に，損益計算書上の利益に減価償却費を加えた金額を使用した」理由が問われています。

減価償却とは，初期投資額を，使用期間にわたり毎年均等に費用化する処理のことです。減価償却費は，損益計算書に"費用"として計上されますが，キャッシュの移動がなく，キャッシュ自体は減少しません。このため，回収期間の算出の際には，利益に減価償却費を加えた金額を回収額(キャッシュイン)として捉えます。したがって，解答としては「**減価償却費はキャッシュの移動がない費用だから**」とすればよいでしょう。

●**設問3(3)**

空欄fに入れる回収期間が問われています。表1の直前に，「簡易的な回収期間法を使用することにした」とあるので，単純に，投資額の1,000百万円から各年の回収額(利益＋減価償却費)を減算していき，±0になる経過年月を求めればよいことになります。

・1年目：400(＝200＋200)百万円が回収でき，残りは600百万円
・2年目：500(＝300＋200)百万円が回収でき，残りは100百万円

となり，残りの100百万円は，日割り計算すると，0.2(＝100÷500)年で回収できます。したがって，回収期間は**2.2**(空欄f)年です。

応用情報技術者試験 サンプル問題

　　本サンプル問題は，これまでの学習の総仕上げのための問題です。試験本番を想定し，「問題を解く→解答を確認する→解説を読む」という流れで学習してください。本サンプル問題を活用することで，合格するために必要な知識を定着させ，さらに＋αの知識及び実力をつけましょう！

　　なお，午前問題，午後問題の解答問題数及び試験時間は，次のようになっています。

◇午前問題
　　問題番号：問1〜問80(多肢選択式)
　　解答数　：80問(すべて必須解答)
　　試験時間：2時間30分

◇午後問題
　　問題番号：問1〜問11(記述式)
　　解答数　：5問(問1必須解答，問2〜11より4問を選択し解答)
　　試験時間：2時間30分

〔午後問題一覧〕

問 1	情報セキュリティ	通信販売サイトのセキュリティインシデント対応
問 2	経営戦略	食品会社でのマーケティング
問 3	プログラミング	ウェーブレット木
問 4	システムアーキテクチャ	クラウドサービスの検討
問 5	ネットワーク	ネットワークの構成変更
問 6	データベース	宿泊施設の予約を行うシステム
問 7	組込みシステム開発	ワイヤレス防犯カメラの設計
問 8	情報システム開発	アジャイルソフトウェア開発手法の導入
問 9	プロジェクトマネジメント	プロジェクトのコスト見積り
問10	サービスマネジメント	変更管理
問11	システム監査	販売物流システムの監査

問1　ATM（現金自動預払機）が1台ずつ設置してある二つの支店を統合し，統合後の支店にはATMを1台設置する。統合後のATMの平均待ち時間を求める式はどれか。ここで，待ち時間はM/M/1の待ち行列モデルに従い，平均待ち時間にはサービス時間を含まず，ATMを1台に統合しても十分に処理できるものとする。

〔条件〕
(1)　統合後の平均サービス時間：T_S
(2)　統合前のATMの利用率：両支店とも ρ
(3)　統合後の利用者数：統合前の両支店の利用者数の合計

ア　$\dfrac{\rho}{1-\rho} \times T_S$　　　　　　イ　$\dfrac{\rho}{1-2\rho} \times T_S$

ウ　$\dfrac{2\rho}{1-\rho} \times T_S$　　　　　　エ　$\dfrac{2\rho}{1-2\rho} \times T_S$

問2　次のBNFにおいて非終端記号<A>から生成される文字列はどれか。

<R₀> ::= 0 | 3 | 6 | 9
<R₁> ::= 1 | 4 | 7
<R₂> ::= 2 | 5 | 8
<A> ::= <R₀> | <A> <R₀> | <B> <R₂> | <C><R₁>
<B> ::= <R₁> | <A> <R₁> | <B> <R₀> | <C><R₂>
<C> ::= <R₂> | <A> <R₂> | <B> <R₁> | <C><R₀>

ア　123　　　　　イ　124　　　　　ウ　127　　　　　エ　128

問3　製品100個を1ロットとして生産する。一つのロットからサンプルを3個抽出して検査し，3個とも良品であればロット全体を合格とする。100個中に10個の不良品を含むロットが合格と判定される確率は幾らか。

ア　$\dfrac{178}{245}$　　　　イ　$\dfrac{405}{539}$　　　　ウ　$\dfrac{89}{110}$　　　　エ　$\dfrac{87}{97}$

問4　AIにおけるディープラーニングに関する記述として，最も適切なものはどれか。

ア　あるデータから結果を求める処理を，人間の脳神経回路のように多層の処理を重ねることによって，複雑な判断をできるようにする。
イ　大量のデータからまだ知られていない新たな規則や仮説を発見するために，想定値から大きく外れている例外事項を取り除きながら分析を繰り返す手法である。
ウ　多様なデータや大量のデータに対して，三段論法，統計的手法やパターン認識手法を組み合わせることによって，高度なデータ分析を行う手法である。
エ　知識がルールに従って表現されており，演繹手法を利用した推論によって有意な結論を導く手法である。

問5 ハミング符号とは，データに冗長ビットを付加して，1ビットの誤りを訂正できるようにしたものである。ここでは，X_1，X_2，X_3，X_4の4ビットから成るデータに，3ビットの冗長ビットP_3，P_2，P_1を付加したハミング符号$X_1X_2X_3P_3X_4P_2P_1$を考える。付加したビットP_1，P_2，P_3は，それぞれ

$X_1 \oplus X_3 \oplus X_4 \oplus P_1 = 0$
$X_1 \oplus X_2 \oplus X_4 \oplus P_2 = 0$
$X_1 \oplus X_2 \oplus X_3 \oplus P_3 = 0$

となるように決める。ここで，$\oplus$は排他的論理和を表す。
　ハミング符号1110011には1ビットの誤りが存在する。誤りビットを訂正したハミング符号はどれか。

ア　0110011　　イ　1010011　　ウ　1100011　　エ　1110111

問6 自然数をキーとするデータを，ハッシュ表を用いて管理する。キーxのハッシュ関数$h(x)$を

$h(x) = x \bmod n$

とすると，キーaとbが衝突する条件はどれか。ここで，nはハッシュ表の大きさであり，$x \bmod n$はxをnで割った余りを表す。

ア　$a+b$がnの倍数　　　　　　イ　$a-b$がnの倍数
ウ　nが$a+b$の倍数　　　　　　エ　nが$a-b$の倍数

問7 リストには，配列で実現する場合とポインタで実現する場合とがある。リストを配列で実現した場合の特徴として，適切なものはどれか。ここで，配列を用いたリストは配列に要素を連続して格納することによってリストを構成し，ポインタを用いたリストは要素と次の要素へのポインタを用いることによってリストを構成するものとする。

ア　リストにある実際の要素数にかかわらず，リストに入れられる要素の最大個数に対応した領域を確保し，実際には使用されない領域が発生する可能性がある。
イ　リストの中間要素を参照するには，リストの先頭から順番に要素をたどっていくことから，要素数に比例した時間が必要となる。
ウ　リストの要素を格納する領域の他に，次の要素を指し示すための領域が別途必要となる。
エ　リストへの挿入位置が分かる場合には，リストにある実際の要素数にかかわらず，要素の挿入を一定時間で行うことができる。

問8 再入可能プログラムの特徴はどれか。

ア　主記憶上のどのアドレスから配置しても，実行することができる。
イ　手続の内部から自分自身を呼び出すことができる。
ウ　必要な部分を補助記憶装置から読み込みながら動作する。主記憶領域の大きさに制限があるときに，有効な手法である。
エ　複数のタスクからの呼出しに対して，並行して実行されても，それぞれのタスクに正しい結果を返す。

問9 画面表示用フレームバッファがユニファイドメモリ方式であるシステムの特徴はどれか。

ア　主記憶とは別に専用のフレームバッファをもつ。
イ　主記憶の一部を表示領域として使用する。
ウ　シリアル接続した表示デバイスに，描画コマンドを用いて表示する。
エ　表示リフレッシュが不要である。

問10　CPUにおける投機実行の説明はどれか。

ア　依存関係にない複数の命令を，プログラム中での出現順序に関係なく実行する。
イ　パイプラインの空き時間を利用して二つのスレッドを実行し，あたかも二つのプロセッサであるかのように見せる。
ウ　二つ以上のCPUコアによって複数のスレッドを同時実行する。
エ　分岐命令の分岐先が決まる前に，あらかじめ予測した分岐先の命令の実行を開始する。

問11　RAID1〜5の各構成は，何に基づいて区別されるか。

ア　構成する磁気ディスク装置のアクセス性能
イ　コンピュータ本体とのインタフェースの違い
ウ　データ及び冗長ビットの記録方法と記録位置との組合せ
エ　保証する信頼性のMTBF値

問12　システムが使用する物理サーバの処理能力を，負荷状況に応じて調整する方法としてのスケールインの説明はどれか。

ア　システムを構成する物理サーバの台数を増やすことによって，システムとしての処理能力を向上する。
イ　システムを構成する物理サーバの台数を減らすことによって，システムとしてのリソースを最適化し，無駄なコストを削減する。
ウ　高い処理能力のCPUへの交換やメモリの追加などによって，システムとしての処理能力を向上する。
エ　低い処理能力のCPUへの交換やメモリの削減などによって，システムとしてのリソースを最適化し，無駄なコストを削減する。

問13　1件のデータを処理する際に，読取りには40ミリ秒，CPU処理には30ミリ秒，書込みには50ミリ秒掛かるプログラムがある。このプログラムで，n件目の書込みと並行して$n+1$件目のCPU処理と$n+2$件目の読取りを実行すると，1分当たりの最大データ処理件数は幾つか。ここで，OSのオーバヘッドは考慮しないものとする。

ア　500　　　　　イ　666　　　　ウ　750　　　　エ　1,200

問14 ノードN₁とノードN₂で通信を行うデータ伝送網がある。図のようにN₁とN₂間にノードNを入れてA案，B案で伝送網を構成したとき，システム全体の稼働率の比較として適切なものはどれか。ここで，各ノード間の経路(パス)の稼働率は，全て等しく ρ (0＜ρ＜1)であるものとする。また，各ノードは故障しないものとする。

ア　A案，B案の稼働率の大小関係は，ρの値によって変化する。
イ　A案，B案の稼働率は等しい。
ウ　A案の方が，B案よりも稼働率が高い。
エ　B案の方が，A案よりも稼働率が高い。

問15 システムの信頼性向上技術に関する記述のうち，適切なものはどれか。

ア　故障が発生したときに，あらかじめ指定されている安全な状態にシステムを保つことを，フェールソフトという。
イ　故障が発生したときに，あらかじめ指定されている縮小した範囲のサービスを提供することを，フォールトマスキングという。
ウ　故障が発生したときに，その影響が誤りとなって外部に出ないように訂正することを，フェールセーフという。
エ　故障が発生したときに対処するのではなく，品質管理などを通じてシステム構成要素の信頼性を高めることを，フォールトアボイダンスという。

問16 一つのI²Cバスに接続された二つのセンサがある。それぞれのセンサ値を読み込む二つのタスクで排他的に制御したい。利用するリアルタイムOSの機能として，適切なものはどれか。

ア　キュー　　　　　　　　イ　セマフォ
ウ　マルチスレッド　　　　エ　ラウンドロビン

問17 プロセスのスケジューリングに関する記述のうち，ラウンドロビン方式の説明として，適切なものはどれか。

ア　各プロセスに優先度が付けられていて，後に到着してもプロセスの優先度が実行中のプロセスよりも高ければ，実行中のものを中断し，到着プロセスを実行する。
イ　各プロセスに優先度が付けられていて，イベントの発生を契機に，その時点で最高優先度のプロセスを実行する。
ウ　各プロセスの処理時間に比例して，プロセスのタイムクウォンタムを変更する。
エ　各プロセスを待ち行列の順にタイムクウォンタムずつ実行し，終了しないときは待ち行列の最後につなぐ。

問18 500kバイトの連続した空き領域に，複数のプログラムモジュールをオーバレイ方式で読み込んで実行する。読込み順序Aと読込み順序Bにおいて，最後の120kバイトのモジュールを読み込む際，読込み可否の組合せとして適切なものはどれか。ここで，数値は各モジュールの大きさをkバイトで表したものであり，モジュールを読み込む領域は，ファーストフィット方式で求めることとする。

〔読込み順序A〕
100 → 200 → 200解放 → 150 → 100解放 → 80 → 100 → 120
〔読込み順序B〕
200 → 100 → 150 → 100解放 → 80 → 200解放 → 100 → 120

	読込み順序 A	読込み順序 B
ア	読込み可能	読込み可能
イ	読込み可能	読込み不可能
ウ	読込み不可能	読込み可能
エ	読込み不可能	読込み不可能

問19 複数のクライアントから接続されるサーバがある。このサーバのタスクの多重度が2以下の場合，タスク処理時間は常に4秒である。このサーバに1秒間隔で4件の処理要求が到着した場合，全ての処理が終わるまでの時間はタスクの多重度が1のときと2のときとで，何秒の差があるか。

ア　6　　　　　　　イ　7　　　　　　　ウ　8　　　　　　　エ　9

問20 あるコンピュータ上で，異なる命令形式のコンピュータで実行できる目的プログラムを生成する言語処理プログラムはどれか。

ア　エミュレータ　　　　　　　　イ　クロスコンパイラ
ウ　最適化コンパイラ　　　　　　エ　プログラムジェネレータ

問21 ビッグエンディアン方式を採用しているCPUが，表のようにデータが格納された主記憶の1000番地から2バイトのデータを，16ビット長のレジスタにロードしたとき，レジスタの値はどれになるか。ここで，番地及びデータは全て16進表示である。

番地	データ
0FFE	FE
0FFF	FF
1000	00
1001	01

ア　0001　　　　　イ　00FF　　　　　ウ　0100　　　　　エ　FF00

問22 組込みシステムにおける，ウォッチドッグタイマの機能はどれか。

ア　あらかじめ設定された一定時間内にタイマがクリアされなかった場合，システム異常とみなしてシステムをリセット又は終了する。

イ　システム異常を検出した場合，タイマで設定された時間だけ待ってシステムに通知する。

ウ　システム異常を検出した場合，マスカブル割込みでシステムに通知する。

エ　システムが一定時間異常であった場合，上位の管理プログラムを呼び出す。

問23 真理値表に示す3入力多数決回路はどれか。

入力			出力
A	B	C	Y
0	0	0	0
0	0	1	0
0	1	0	0
0	1	1	1
1	0	0	0
1	0	1	1
1	1	0	1
1	1	1	1

ア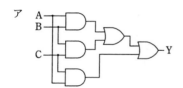
イ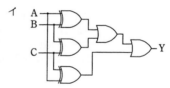

ウ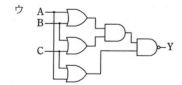
エ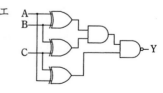

問24 FPGAの説明として，適切なものはどれか。

ア　電気的に記憶内容の書換えを行うことができる不揮発性メモリ

イ　特定の分野及びアプリケーション用に限定した特定用途向け汎用集積回路

ウ　浮動小数点数の演算を高速に実行する演算ユニット

エ　論理回路を基板上に実装した後で再プログラムできる集積回路

問25 ユーザインタフェースのユーザビリティを評価するときの，利用者が参加する手法と専門家だけで実施する手法との適切な組みはどれか。

	利用者が参加する手法	専門家だけで実施する手法
ア	アンケート	回顧法
イ	回顧法	思考発話法
ウ	思考発話法	ヒューリスティック評価法
エ	認知的ウォークスルー法	ヒューリスティック評価法

問26 ANSI/SPARC3層スキーマモデルにおける内部スキーマの設計に含まれるものはどれか。

ア　SQL問合せ応答時間の向上を目的としたインデックスの定義
イ　エンティティ間の"1対多"，"多対多"などの関連を明示するE-Rモデルの作成
ウ　エンティティ内やエンティティ間の整合性を保つための一意性制約や参照制約の設定
エ　データの冗長性を排除し，更新の一貫性と効率性を保持するための正規化

問27 "学生"表が次のSQL文で定義されているとき，検査制約の違反となるSQL文はどれか。

```
CREATE TABLE 学生(学生番号 CHAR(5) PRIMARY KEY,
            学生名 CHAR(16),
            学部コード CHAR(4),
            住所 CHAR(16),
            CHECK (学生番号 LIKE 'K%'))
```

学生

学生番号	学生名	学部コード	住所
K1001	田中太郎	E001	東京都
K1002	佐藤一美	E001	茨城県
K1003	高橋肇	L005	神奈川県
K2001	伊藤香織	K007	埼玉県

ア　DELETE FROM 学生 WHERE 学生番号 = 'K1002'
イ　INSERT INTO 学生 VALUES ('J2002','渡辺次郎','M006','東京都')
ウ　SELECT * FROM 学生 WHERE 学生番号 = 'K1001'
エ　UPDATE 学生 SET 学部コード = 'N001' WHERE 学生番号 LIKE 'K%'

問28 埋込みSQLにおいて，問合せによって得られた導出表を1行ずつ親プログラムに引き渡す操作がある。この操作と関係の深い字句はどれか。

ア　CURSOR　　イ　ORDER BY　　ウ　UNION　　エ　UNIQUE

問29　"部品"表のメーカコード列に対し，B$^+$木インデックスを作成した。これによって，"部品"表の検索の性能改善が最も期待できる操作はどれか。ここで，部品及びメーカのデータ件数は十分に多く，メーカコードの値は均一に分散されているものとする。また，"部品"表のごく少数の行には，メーカコード列にNULLが設定されている。ここで，実線の下線は主キーを，破線の下線は外部キーを表す。

　　部品(部品コード，部品名，メーカコード)
　　メーカ(メーカコード，メーカ名，住所)

　ア　メーカコードの値が1001以外の部品を検索する。
　イ　メーカコードの値が1001でも4001でもない部品を検索する。
　ウ　メーカコードの値が4001以上，4003以下の部品を検索する。
　エ　メーカコードの値がNULL以外の部品を検索する。

問30　CAP定理におけるAとPの特性をもつ分散システムの説明として，適切なものはどれか。

　ア　可用性と整合性と分断耐性の全てを満たすことができる。
　イ　可用性と整合性を満たすが分断耐性を満たさない。
　ウ　可用性と分断耐性を満たすが整合性を満たさない。
　エ　整合性と分断耐性を満たすが可用性を満たさない。

問31　ブラウザでインターネット上のWebページのURLをhttp://www.jitec.ipa.go.jp/のように指定すると，ページが表示されずにエラーが表示された。ところが，同じページのURLをhttp://118.151.146.137/のようにIPアドレスを使って指定すると，ページは正しく表示された。このような現象が発生する原因の一つとして考えられるものはどれか。ここで，インターネットへの接続はプロキシサーバを経由しているものとする。

　ア　DHCPサーバが動作していない。
　イ　DNSサーバが動作していない。
　ウ　デフォルトゲートウェイが動作していない。
　エ　プロキシサーバが動作していない。

問32　シリアル回線で使用するものと同じデータリンクのコネクション確立やデータ転送を，LAN上で実現するプロトコルはどれか。

　ア　MPLS　　　　イ　PPP　　　　ウ　PPPoE　　　　エ　PPTP

問33　IPv4で192.168.30.32/28のネットワークに接続可能なホストの最大数はどれか。

　ア　14　　　　　イ　16　　　　　ウ　28　　　　　エ　30

問34 図のように，2台の端末がルータと中継回線で接続されているとき，端末Aがフレームを送信し始めてから，端末Bがフレームを受信し終わるまでの時間は，およそ何ミリ秒か。

〔条件〕
フレーム長：LAN，中継回線ともに1,500バイト
LANの伝送速度：10Mビット／秒
中継回線の伝送速度：1.5Mビット／秒
1フレームのルータ処理時間：両ルータともに0.8ミリ秒

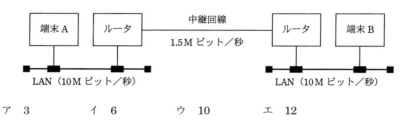

　ア　3　　　　　イ　6　　　　　ウ　10　　　　　エ　12

問35 CSMA/CD方式に関する記述のうち，適切なものはどれか。

　ア　衝突発生時の再送動作によって，衝突の頻度が増すとスループットが下がる。
　イ　送信要求が発生したステーションは，共通伝送路の搬送波を検出してからデータを送信するので，データ送出後の衝突は発生しない。
　ウ　ハブによって複数のステーションが分岐接続されている構成では，衝突の検出ができないので，この方式は使用できない。
　エ　フレームとしては任意長のビットが直列に送出されるので，フレーム長がオクテットの整数倍である必要はない。

問36 伝送速度30Mビット／秒の回線を使ってデータを連続送信したとき，平均して100秒に1回の1ビット誤りが発生した。この回線のビット誤り率は幾らか。

　ア　4.17×10^{-11}　　　　　　　イ　3.33×10^{-10}
　ウ　4.17×10^{-5}　　　　　　　エ　3.33×10^{-4}

問37 ファジングに該当するものはどれか。

　ア　サーバにFINパケットを送信し，サーバからの応答を観測して，稼働しているサービスを見つけ出す。
　イ　サーバのOSやアプリケーションソフトウェアが生成したログやコマンド履歴などを解析して，ファイルサーバに保存されているファイルの改ざんを検知する。
　ウ　ソフトウェアに，問題を引き起こしそうな多様なデータを入力し，挙動を監視して，脆弱性を見つけ出す。
　エ　ネットワーク上を流れるパケットを収集し，そのプロトコルヘッダやペイロードを解析して，あらかじめ登録された攻撃パターンと一致するものを検出する。

問38 メッセージにRSA方式のデジタル署名を付与して2者間で送受信する。そのときのデジタル署名の検証鍵と使用方法はどれか。

 ア 受信者の公開鍵であり，送信者がメッセージダイジェストからデジタル署名を作成する際に使用する。

 イ 受信者の秘密鍵であり，受信者がデジタル署名からメッセージダイジェストを算出する際に使用する。

 ウ 送信者の公開鍵であり，受信者がデジタル署名からメッセージダイジェストを算出する際に使用する。

 エ 送信者の秘密鍵であり，送信者がメッセージダイジェストからデジタル署名を作成する際に使用する。

問39 SIEM (Security Information and Event Management) の特徴はどれか。

 ア DMZを通過する全ての通信データを監視し，不正な通信を遮断する。

 イ サーバやネットワーク機器のMIB (Management Information Base) 情報を分析し，中間者攻撃を遮断する。

 ウ ネットワーク機器のIPFIX (IP Flow Information Export) 情報を監視し，攻撃者が他者のPCを不正に利用したときの通信を検知する。

 エ 複数のサーバやネットワーク機器のログを収集分析し，不審なアクセスを検知する。

問40 未使用のIPアドレス空間であるダークネットに到達する通信の観測において，送信元IPアドレスがA，送信元ポート番号が80/tcpのSYN/ACKパケットを受信した場合に想定できる攻撃はどれか。

 ア IPアドレスAを攻撃先とするサービス妨害攻撃

 イ IPアドレスAを攻撃先とするパスワードリスト攻撃

 ウ IPアドレスAを攻撃元とするサービス妨害攻撃

 エ IPアドレスAを攻撃元とするパスワードリスト攻撃

問41 DNSキャッシュポイズニングに分類される攻撃内容はどれか。

 ア DNSサーバのソフトウェアのバージョン情報を入手して，DNSサーバのセキュリティホールを特定する。

 イ PCが参照するDNSサーバに偽のドメイン情報を注入して，偽装されたサーバにPCの利用者を誘導する。

 ウ 攻撃対象のサービスを妨害するために，攻撃者がDNSサーバを踏み台に利用して再帰的な問合せを大量に行う。

 エ 内部情報を入手するために，DNSサーバが保存するゾーン情報をまとめて転送させる。

問42　サイバーキルチェーンの偵察段階に関する記述として，適切なものはどれか。

ア　攻撃対象企業の公開Webサイトの脆弱性を悪用してネットワークに侵入を試みる。

イ　攻撃対象企業の社員に標的型攻撃メールを送ってPCをマルウェアに感染させ，PC内の個人情報を入手する。

ウ　攻撃対象企業の社員のSNS上の経歴，肩書などを足がかりに，関連する組織や人物の情報を洗い出す。

エ　サイバーキルチェーンの2番目の段階をいい，攻撃対象に特化したPDFやドキュメントファイルにマルウェアを仕込む。

問43　オープンリダイレクトを悪用した攻撃に該当するものはどれか。

ア　HTMLメールのリンクを悪用し，HTMLメールに，正規のWebサイトとは異なる偽のWebサイトのURLをリンク先に指定し，利用者がリンクをクリックすることによって，偽のWebサイトに誘導する。

イ　Webサイトにアクセスすると自動的に他のWebサイトに遷移する機能を悪用し，攻撃者が指定した偽のWebサイトに誘導する。

ウ　インターネット上の不特定多数のホストからDNSリクエストを受け付けて応答するDNSキャッシュサーバを悪用し，攻撃対象のWebサーバに大量のDNSのレスポンスを送り付け，リソースを枯渇させる。

エ　設定の不備によって，正規の利用者以外からの電子メールやWebサイトへのアクセス要求を受け付けるプロキシを悪用し，送信元を偽った迷惑メールの送信を行う。

問44　内部ネットワークのPCからインターネット上のWebサイトを参照するときに，DMZに設置したVDI(Virtual Desktop Infrastructure)サーバ上のWebブラウザを利用すると，未知のマルウェアがPCにダウンロードされるのを防ぐというセキュリティ上の効果が期待できる。この効果を生み出すVDIサーバの動作の特徴はどれか。

ア　Webサイトからの受信データを受信処理した後，IPsecでカプセル化し，PCに送信する。

イ　Webサイトからの受信データを受信処理した後，実行ファイルを削除し，その他のデータをPCに送信する。

ウ　Webサイトからの受信データを受信処理した後，生成したデスクトップ画面の画像データだけをPCに送信する。

エ　Webサイトからの受信データを受信処理した後，不正なコード列が検知されない場合だけPCに送信する。

問45　基本評価基準，現状評価基準，環境評価基準の三つの基準で情報システムの脆弱性の深刻度を評価するものはどれか。

ア　CVSS　　　　イ　ISMS　　　　ウ　PCI DSS　　　　エ　PMS

問46 JIS Q 27000:2019(情報セキュリティマネジメントシステムー用語)における
"リスクレベル"の定義はどれか。

ア 脅威によって付け込まれる可能性のある，資産又は管理策の弱点
イ 結果とその起こりやすさの組合せとして表現される，リスクの大きさ
ウ 対応すべきリスクに付与する優先順位
エ リスクの重大性を評価するために目安とする条件

問47 次の流れ図において，判定条件網羅(分岐網羅)を満たす最少のテストケースの
組みはどれか。

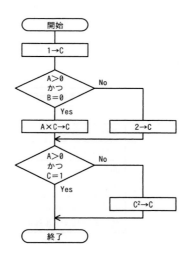

ア (1) A＝0，B＝0 (2) A＝1，B＝1
イ (1) A＝1，B＝0 (2) A＝1，B＝1
ウ (1) A＝0，B＝0 (2) A＝1，B＝1 (3) A＝1，B＝0
エ (1) A＝0，B＝0 (2) A＝0，B＝1 (3) A＝1，B＝0

問48 CRUDマトリクスの説明はどれか。

ア ある問題に対して起こり得る全ての条件と，各条件に対する動作の関係を表
　形式で表現したものである。
イ 各機能が，どのエンティティに対して，どのような操作をするかを一覧化し
　たものであり，操作の種類には生成，参照，更新及び削除がある。
ウ システムやソフトウェアを構成する機能(又はプロセス)と入出力データとの
　関係を記述したものであり，データの流れを明確にすることができる。
エ データをエンティティ，関連及び属性の三つの構成要素でモデル化したもの
　であり，業務で扱うエンティティの相互関係を示すことができる。

問49 問題は発生していないが，プログラムの仕様書と現状のソースコードとの不整合を解消するために，リバースエンジニアリングの手法を使って仕様書を作成し直す。これはソフトウェア保守のどの分類に該当するか。

ア 完全化保守　　　イ 是正保守　　　ウ 適応保守　　　エ 予防保守

問50 アジャイル開発手法の一つであるスクラムを適用したソフトウェア開発プロジェクトにおいて，KPT手法を用いてレトロスペクティブを行った。KPTにおける三つの視点の組みはどれか。

ア Kaizen, Persona, Try 　　　イ Keep, Problem, Try
ウ Knowledge, Persona, Test 　　　エ Knowledge, Practice, Team

問51 ソフトウェア開発プロジェクトにおいて，表の全ての作業を完了させるために必要な期間は最短で何日間か。

作業	作業の開始条件	所要日数（日）
要件定義	なし	30
設計	要件定義の完了	20
製造	設計の完了	25
テスト	製造の完了	15
利用者マニュアル作成	設計の完了	20
利用者教育	テストの完了及び 利用者マニュアル作成の完了	10

ア 80　　　　イ 95　　　　ウ 100　　　　エ 120

問52 ある組織では，プロジェクトのスケジュールとコストの管理にアーンドバリューマネジメントを用いている。期間10日間のプロジェクトの，5日目の終了時点の状況は表のとおりである。この時点でのコスト効率が今後も続くとしたとき，完成時総コスト見積り（EAC）は何万円か。

管理項目	金額（万円）
完成時総予算（BAC）	100
プランドバリュー（PV）	50
アーンドバリュー（EV）	40
実コスト（AC）	60

ア 110　　　　イ 120　　　　ウ 135　　　　エ 150

問53 プロジェクトのスケジュールを短縮するために，アクティビティに割り当てる資源を増やして，アクティビティの所要期間を短縮する技法はどれか。

ア　クラッシング　　　　　イ　クリティカルチェーン法
ウ　ファストトラッキング　　エ　モンテカルロ法

問54 サービスマネジメントシステムにおける問題管理の活動のうち，適切なものはどれか。

ア　同じインシデントが発生しないように，問題は根本原因を特定して必ず恒久的に解決する。
イ　同じ問題が重複して管理されないように，既知の誤りは記録しない。
ウ　問題管理の負荷を低減するために，解決した問題は直ちに問題管理の対象から除外する。
エ　問題を特定するために，インシデントのデータ及び傾向を分析する。

問55 プロジェクトマネジメントにおけるリスクの対応例のうち，PMBOKのリスク対応戦略の一つである転嫁に該当するものはどれか。

ア　あるサブプロジェクトの損失を，他のサブプロジェクトの利益と相殺する。
イ　個人情報の漏えいが起こらないように，システムテストで使用する本番データの個人情報部分はマスキングする。
ウ　損害の発生に備えて，損害賠償保険を掛ける。
エ　取引先の業績が悪化して，信用に不安があるので，新規取引を止める。

問56 あるシステムにおけるデータ復旧の要件が次のとおりであるとき，データのバックアップは最長で何時間ごとに取得する必要があるか。

〔データ復旧の要件〕
・RTO（目標復旧時間）：3時間
・RPO（目標復旧時点）：12時間前

ア　3　　　　　イ　9　　　　　ウ　12　　　　　エ　15

問57 監査調書に関する記述のうち，適切なものはどれか。

ア　監査調書には，監査対象部門以外においても役立つ情報があるので，全て企業内で公開すべきである。
イ　監査調書の役割として，監査実施内容の客観性を確保し，監査の結論を支える合理的な根拠とすることなどが挙げられる。
ウ　監査調書は，通常，電子媒体で保管されるが，機密保持を徹底するためバックアップは作成すべきではない。
エ　監査調書は監査の過程で入手した客観的な事実の記録なので，監査担当者の所見は記述しない。

問58 データの生成から入力，処理，出力，活用までのプロセス，及び組み込まれているコントロールを，システム監査人が書面上で又は実際に追跡する技法はどれか。

ア　インタビュー法　　　　　　イ　ウォークスルー法
ウ　監査モジュール法　　　　　エ　ペネトレーションテスト法

問59 監査証拠の入手と評価に関する記述のうち，システム監査基準(平成30年)に照らして，適切でないものはどれか。

ア　アジャイル手法を用いたシステム開発プロジェクトにおいては，管理用ドキュメントとしての体裁が整っているものだけが監査証拠として利用できる。
イ　外部委託業務実施拠点に対する監査において，システム監査人が委託先から入手した第三者の保証報告書に依拠できると判断すれば，現地調査を省略できる。
ウ　十分かつ適切な監査証拠を入手するための本調査の前に，監査対象の実態を把握するための予備調査を実施する。
エ　一つの監査目的に対して，通常は，複数の監査手続を組み合わせて監査を実施する。

問60 事業継続計画(BCP)について監査を実施した結果，適切な状況と判断されるものはどれか。

ア　従業員の緊急連絡先リストを作成し，最新版に更新している。
イ　重要書類は複製せずに，1か所で集中保管している。
ウ　全ての業務について，優先順位なしに同一水準のBCPを策定している。
エ　平時にはBCPを従業員に非公開としている。

問61 BPOの説明はどれか。

ア　災害や事故で被害を受けても，重要事業を中断させない，又は可能な限り中断期間を短くする仕組みを構築すること
イ　社内業務のうちコアビジネスでない事業に関わる業務の一部又は全部を，外部の専門的な企業に委託すること
ウ　製品の基準生産計画，部品表及び在庫情報を基に，資材の所要量と必要な時期を求め，これを基準に資材の手配，納入の管理を支援する生産管理手法のこと
エ　プロジェクトを，戦略との適合性や費用対効果，リスクといった観点から評価を行い，情報化投資のバランスを管理し，最適化を図ること

問62 PPMにおいて，投資用の資金源として位置付けられる事業はどれか。

ア　市場成長率が高く，相対的市場占有率が高い事業
イ　市場成長率が高く，相対的市場占有率が低い事業
ウ　市場成長率が低く，相対的市場占有率が高い事業
エ　市場成長率が低く，相対的市場占有率が低い事業

問63 投資効果を正味現在価値法で評価するとき，最も投資効果が大きい（又は損失が小さい）シナリオはどれか。ここで，期間は3年間，割引率は5％とし，各シナリオのキャッシュフローは表のとおりとする。

単位　万円

シナリオ	投資額	回収額		
		1年目	2年目	3年目
A	220	40	80	120
B	220	120	80	40
C	220	80	80	80
投資をしない	0	0	0	0

ア　A　　　　イ　B　　　　ウ　C　　　　エ　投資をしない

問64 情報戦略の投資効果を評価するとき，利益額を分子に，投資額を分母にして算出するものはどれか。

ア　EVA　　　イ　IRR　　　ウ　NPV　　　エ　ROI

問65 SOAの説明はどれか。

ア　会計，人事，製造，購買，在庫管理，販売などの企業の業務プロセスを一元管理することによって，業務の効率化や経営資源の全体最適を図る手法
イ　企業の業務プロセス，システム化要求などのニーズと，ソフトウェアパッケージの機能性がどれだけ適合し，どれだけかい離しているかを分析する手法
ウ　業務プロセスの問題点を洗い出して，目標設定，実行，チェック，修正行動のマネジメントサイクルを適用し，継続的な改善を図る手法
エ　利用者の視点から業務システムの機能を幾つかの独立した部品に分けることによって，業務プロセスとの対応付けや他ソフトウェアとの連携を容易にする手法

問66 アンゾフの成長マトリクスを説明したものはどれか。

ア　外部環境と内部環境の観点から，強み，弱み，機会，脅威という四つの要因について情報を整理し，企業を取り巻く環境を分析する手法である。
イ　企業のビジョンと戦略を実現するために，財務，顧客，内部ビジネスプロセス，学習と成長という四つの視点から事業活動を検討し，アクションプランまで具体化していくマネジメント手法である。
ウ　事業戦略を，市場浸透，市場拡大，製品開発，多角化という四つのタイプに分類し，事業の方向性を検討する際に用いる手法である。
エ　製品ライフサイクルを，導入期，成長期，成熟期，衰退期という四つの段階に分類し，企業にとって最適な戦略を立案する手法である。

問67 UMLの図のうち，業務要件定義において，業務フローを記述する際に使用する，処理の分岐や並行処理，処理の同期などを表現できる図はどれか。

　ア　アクティビティ図　　　　　イ　クラス図
　ウ　状態遷移図　　　　　　　　エ　ユースケース図

問68 バイラルマーケティングの説明はどれか。

　ア　顧客の好みや欲求の多様化に対応するために，画一的なマーケティングを行うのではなく，顧客一人ひとりの興味関心に合わせてマーケティングを行う手法
　イ　市場全体をセグメント化せずに一つとして捉え，一つの製品を全ての購買者に対し，画一的なマーケティングを行う手法
　ウ　実店舗での商品販売，ECサイトなどのバーチャル店舗販売など複数のチャネルを連携させ，顧客がチャネルを意識せず購入できる利便性を実現する手法
　エ　人から人へ，プラスの評価が口コミで爆発的に広まりやすいインターネットの特長を生かす手法

問69 リーダシップ論のうち，PM理論の特徴はどれか。

　ア　優れたリーダシップを発揮する，リーダ個人がもつ性格，知性，外観などの個人的資質の分析に焦点を当てている。
　イ　リーダシップのスタイルについて，目標達成能力と集団維持能力の二つの次元に焦点を当てている。
　ウ　リーダシップの有効性は，部下の成熟(自律性)の度合いという状況要因に依存するとしている。
　エ　リーダシップの有効性は，リーダがもつパーソナリティと，リーダがどれだけ統制力や影響力を行使できるかという状況要因に依存するとしている。

問70 ABC分析の説明はどれか。

　ア　顧客ごとの売上高，利益額などを高い順に並べ，自社のビジネスの中心をなしている顧客を分析する手法
　イ　商品がもつ価格，デザイン，使いやすさなど，購入者が重視している複数の属性の組合せを分析する手法
　ウ　同一世代は年齢を重ねても，時代が変化しても，共通の行動や意識を示すことに注目した，消費者の行動を分析する手法
　エ　ブランドがもつ複数のイメージ項目を散布図にプロットし，それぞれのブランドのポジショニングを分析する手法

問71 IoTで利用される通信プロトコルであり，パブリッシュ／サブスクライブ(Publish/Subscribe)型のモデルを採用しているものはどれか。

　ア　6LoWPAN　　イ　BLE　　ウ　MQTT　　エ　Wi-SUN

問72 ワークサンプリング法はどれか。

ア 観測回数・観測時刻を設定し，実地観測によって観測された要素作業数の比率などから，統計的理論に基づいて作業時間を見積もる。

イ 作業動作を基本動作にまで分解して，基本動作の時間標準テーブルから，構成される基本動作の時間を合計して作業時間を求める。

ウ 作業票や作業日報などから各作業の実施時間を集計し，作業ごとに平均して標準時間を求める。

エ 実際の作業動作そのものをストップウォッチで数回反復測定して，作業時間を調査する。

問73 半導体産業において，ファブレス企業と比較したファウンドリ企業のビジネスモデルの特徴として，適切なものはどれか。

ア 工場での生産をアウトソーシングして，生産設備への投資を抑える。

イ 自社製品の設計，マーケティングに注力し，新市場を開拓する。

ウ 自社製品の販売に注力し，売上げを拡大する。

エ 複数の企業から生産だけを専門に請け負い，多くの製品を低コストで生産する。

問74 ある期間の生産計画において，図の部品表で表される製品Aの需要量が10個であるとき，部品Dの正味所要量は何個か。ここで，ユニットBの在庫残が5個，部品Dの在庫残が25個あり，他の在庫残，仕掛残，注文残，引当残などはないものとする。

レベル0		レベル1		レベル2	
品名	数量（個）	品名	数量（個）	品名	数量（個）
製品A	1	ユニットB	4	部品D	3
				部品E	1
		ユニットC	1	部品D	1
				部品F	2

ア 80　　　イ 90　　　ウ 95　　　エ 105

問75 "かんばん方式"を説明したものはどれか。

ア 各作業の効率を向上させるために，仕様が統一された部品，半製品を調達する。

イ 効率よく部品調達を行うために，関連会社から部品を調達する。

ウ 中間在庫を極力減らすために，生産ラインにおいて，後工程が自工程の生産に合わせて，必要な部品を前工程から調達する。

エ より品質の高い部品を調達するために，部品の納入指定業者を複数定め，競争入札で部品を調達する。

問76 XBRLで主要な取扱いの対象とされている情報はどれか。

ア　医療機関のカルテ情報　　　イ　企業の顧客情報
ウ　企業の財務情報　　　　　　エ　自治体の住民情報

問77 今年度のA社の販売実績と費用(固定費，変動費)を表に示す。来年度，固定費が5％上昇し，販売単価が5％低下すると予測されるとき，今年度と同じ営業利益を確保するためには，最低何台を販売する必要があるか。

販売台数	2,500 台
販売単価	200 千円
固定費	150,000 千円
変動費	100 千円／台

ア　2,575　　　　イ　2,750　　　　ウ　2,778　　　　エ　2,862

問78 取得原価30万円のPCを2年間使用した後，廃棄処分し，廃棄費用2万円を現金で支払った。このときの固定資産の除却損は廃棄費用も含めて何万円か。ここで，耐用年数は4年，減価償却は定額法，定額法の償却率は0.250，残存価額は0円とする。

ア　9.5　　　　イ　13.0　　　　ウ　15.0　　　　エ　17.0

問79 A社は顧客管理システムの開発を，情報システム子会社であるB社に委託し，B社は要件定義を行った上で，設計・プログラミング・テストまでを，協力会社であるC社に委託した。C社ではD社員にその作業を担当させた。このとき，開発したプログラムの著作権はどこに帰属するか。ここで，関係者の間には，著作権の帰属に関する特段の取決めはないものとする。

ア　A社　　　　イ　B社　　　　ウ　C社　　　　エ　D社員

問80 ソフトウェアやデータに瑕疵がある場合に，製造物責任法の対象となるものはどれか。

ア　ROM化したソフトウェアを内蔵した組込み機器
イ　アプリケーションのソフトウェアパッケージ
ウ　利用者がPCにインストールしたOS
エ　利用者によってネットワークからダウンロードされたデータ

次の**問1**は必須問題です。必ず解答してください。

問1 通信販売サイトのセキュリティインシデント対応に関する次の記述を読んで，設問1〜4に答えよ。

　R社は，文房具やオフィス家具を製造し，店舗及び通信販売サイトで販売している。通信販売サイトでの購入には会員登録が必要である。通信販売サイトはECサイト用CMS(Content Management System)を利用して構築している。通信販売サイトの管理及び運用は，R社システム部門の運用担当者が実施していて，通信販売サイトに関する会員からの問合せは，システム部門のサポート担当者が対応している。

〔通信販売サイトの不正アクセス対策〕
　通信販売サイトはR社のデータセンタに設置されたルータ，レイヤ2スイッチ，ファイアウォール(以下，FWという)，IPS(Intrusion Prevention System)などのネットワーク機器とCMSサーバ，データベースサーバ，NTPサーバ，ログサーバなどのサーバ機器と各種ソフトウェアとで構成されている。通信販売サイトは，会員情報などの個人情報を扱うので，様々なセキュリティ対策を実施している。R社が通信販売サイトで実施している不正アクセス対策(抜粋)を表1に示す。

表1　通信販売サイトの不正アクセス対策（抜粋）

項番	項目	対策
1	ネットワーク	IPSによる，ネットワーク機器及びサーバ機器への不正侵入の防御
2		ルータ及びFWでの不要な通信の遮断
3	ログサーバ	各ネットワーク機器，サーバ機器及び各種ソフトウェアのログを収集
4	CMSサーバ データベースサーバ	不要なアカウントの削除，不要な　　a　　の停止
5		OS，ミドルウェア及びCMSについて修正プログラムを毎日確認し，最新版の修正プログラムを適用
6		CMSサーバ上のWebアプリケーションへの攻撃を，　　b　　を利用して検知し防御

　IPSは不正パターンをシグネチャに登録するシグネチャ型であり，シグネチャは毎日自動的に更新される。
　項番4の対策をCMSサーバ及びデータベースサーバ上で行うことで不正アクセスを受けにくくしている。R社では，①項番5の対策を実施するために，OS，ミドルウェア及びCMSで利用している製品について必要な管理を実施して，脆弱性情報及び修正プログラムの有無を確認している。また，項番6の対策で利用している　　b　　は，ソフトウェア型を導入していて，シグネチャはR社の運用担当者が，システムへの影響がないことを確認した上で更新している。

〔セキュリティインシデントの発生〕
　ある日，通信販売サイトが改ざんされ，会員が不適切なサイトに誘導される

というセキュリティインシデントが発生した。通信販売サイトを閉鎖し，ログサーバが収集したログを解析して原因を調査したところ，特定のリクエストを送信すると，コンテンツの改ざんが可能となるCMSの脆弱性を利用した不正アクセスであることが判明した。

R社の公式ホームページでセキュリティインシデントを公表し，通信販売サイトの復旧とCMSの脆弱性に対する暫定対策を実施した上で，通信販売サイトを再開した。

今回の事態を重く見たシステム部門のS部長は，セキュリティ担当のT主任に今回のセキュリティインシデント対応で確認した事象と課題の整理を指示した。

〔セキュリティインシデント対応で確認した事象と課題〕

T主任は関係者から，今回のセキュリティインシデント対応について聞き取り調査を行い，確認した事象と課題を表2にまとめて，S部長に報告した。

表2　セキュリティインシデント対応で確認した事象と課題（抜粋）

項番	確認した事象	課題
1	CMS の脆弱性を利用して不正アクセスされた。	CMS への修正プログラム適用は手順どおり実施されていたが，今回の不正アクセスに有効な対策がとられていなかった。
2	［　b　］のシグネチャが更新されていなかった。	［　b　］は稼働していたが，運用担当者がシグネチャを更新していなかった。
3	通信販売サイトが改ざんされてからサイト閉鎖まで時間を要した。	サイト閉鎖を判断し指示するルールが明確になっていなかった。
4		改ざんが行われたことを短時間で検知できなかった。
5	原因調査に時間が掛かり，R社の公式ホームページなどでの公表が遅れた。	ログサーバ上の各機器やソフトウェアのログを用いた相関分析に時間が掛かった。

S部長はT主任からの報告を受け，セキュリティインシデントを専門に扱い，インシデント発生時の情報収集と各担当へのインシデント対応の指示を行うインシデント対応チームを設置するとともに，今回確認した課題に対する再発防止策の立案をT主任に指示した。

〔再発防止策〕

T主任は，再発防止のために，表2の各項目への対策を実施することにした。

項番1については，CMSサーバを構成するOS，ミドルウェア及びCMSの脆弱性情報の収集や修正プログラムの適用は実施していたが，②今回の不正アクセスのきっかけとなった脆弱性に対応する修正プログラムはまだリリースされていなかった。このような場合，OS，ミドルウェア及びCMSに対する③暫定対策が実施可能であるときは，暫定対策を実施することにした。

項番2については，［　b　］の運用において，新しいシグネチャに更新した際に，デフォルト設定のセキュリティレベルが厳し過ぎて正常な通信まで遮断してしまう［　c　］を起こすことがあり，運用担当者はしばらくシグネチャを更新していなかったことが判明した。運用担当者のスキルを考慮して，運用担当者によるシグネチャ更新が不要なクラウド型［　b　］サービスを利用することにした。

項番3については，　　　d　　　がセキュリティインシデントの影響度を判断し，サイト閉鎖を指示するルールを作成して，サイト閉鎖までの時間を短縮するようにした。

項番4については，サイトの改ざんが行われたことを検知する対策として，様々な検知方式の中から未知の改ざんパターンによるサイト改ざんも検知可能であること，誤って検知することが少ないことから，ハッシュリスト比較型を利用することにした。

項番5については，④各ネットワーク機器，サーバ機器及び各種ソフトウェアからログを収集し時系列などで相関分析を行い，セキュリティインシデントの予兆や痕跡を検出して管理者へ通知するシステムの導入を検討することにした。

T主任は対策を取りまとめてS部長に報告し，了承された。

設問1 表1中の　　　a　　　に入れる適切な字句を5字以内で答えよ。

設問2 本文及び表1，2中の　　　b　　　に入れる適切な字句をアルファベット3字で答えよ。

設問3 本文中の下線①で管理するべき内容を解答群の中から全て選び，記号で答えよ。
解答群
　　ア　販売価格　　　　　　　イ　バージョン
　　ウ　名称　　　　　　　　　エ　ライセンス

設問4 〔再発防止策〕について，(1)～(5)に答えよ。
(1) 本文中の下線②の状況を利用した攻撃の名称を8字以内で答えよ。
(2) 本文中の下線③について，暫定対策を実施可能と判断するために必要な対応を解答群の中から選び，記号で答えよ。
　　解答群
　　　　ア　過去の修正プログラムの内容を確認
　　　　イ　修正プログラムの提供予定日を確認
　　　　ウ　脆弱性の回避策を調査
　　　　エ　同様の脆弱性が存在するソフトウェアを確認
(3) 本文中の　　　c　　　に入れる適切な字句を解答群の中から選び，記号で答えよ。
　　解答群
　　　　ア　過検知　　イ　機器故障　　　ウ　未検知　　　エ　予兆検知
(4) 本文中の　　　d　　　に入れる適切な組織名称を本文中の字句を用いて15字以内で答えよ。
(5) 本文中の下線④のシステム名称をアルファベット4字で答えよ。

次の**問2～問11**については**4問を選択**し，**答案用紙の選択欄の問題番号を○印で囲**んで解答してください。
なお，5問以上○印で囲んだ場合は，**はじめの4問**について採点します。

問2 食品会社でのマーケティングに関する次の記述を読んで，設問1～3に答えよ。

　　Q社は，スナック菓子の製造・販売会社である。Q社は，老舗のスナック菓子メーカとして知名度があり，長年にわたるファンはいるが，ここ5年間の売上は減少傾向であり，売上拡大が急務である。Q社の社長は，この状況に危機感を抱き，戦略の策定から実施までを行う戦略マーケティングプロジェクトを立ち上げ，営業企画部のR課長を戦略マーケティングプロジェクトの責任者に任命した。R課長は，商品開発担当者，営業担当者から成るプロジェクトチームを編成し，現状分析とマーケティング戦略の策定に着手した。

〔現状分析〕
　R課長は，次のような3C分析を実施した。
(1) 顧客・市場
・少子高齢化による人口減少で，菓子の需要は低下傾向である。
・従来，主要な顧客は中高生を中心とした子供だったが，大人のスナック菓子の需要が最近増加しており，今後も成長余地がある。
・オフィスでおやつとして食べたり，持ち歩いて小腹のすいたときに適宜食べたりするなど，スナック菓子に対する顧客ニーズが多様化している。
・顧客の健康志向が高まっており，自然の素材を生かすことが求められている。
(2) 競合
・競合他社からQ社の主力商品の素材と似た自然の素材を使った，味もパッケージも同じような新商品が発売され，売上を伸ばしている。
・海外大手メーカから，海外で人気のスナック菓子が発売される予定である。
(3) 自社
・日本全国に販売網をもつ。
・海外でもパートナーシップを通じて販路を拡大している。
・食品の素材に対する専門性が高く，自然の素材を生かした加工技術をもつ。
・新たな利用シーンに対応する商品開発力をもつ。
・商品の種類の多さや見た目のかわいさなどが中高生から支持されており，熱烈なファンが多い。

〔マーケティング戦略の策定〕
　R課長は，〔現状分析〕の結果を基に，戦略マーケティングプロジェクトのメンバと協議し，新商品のターゲティングとポジショニングについて，次のように定めた。
(1) Q社の主要な既存顧客に加えて，新たな顧客のターゲット　　　a　　　として，普段あまりスナック菓子を食べていない，健康志向の20～40代の女性を設定する。
(2) このターゲット　　　a　　　に対して，"素材にこだわるという付加価値"を維持しつつ，①"今までとは違う時間や場所で食べることができる機能性"というポジショニングを定める。

これらを踏まえて，R課長は今後のマーケティング戦略を，次のように定めた。
(1) 希少価値によって話題を集めることで，顧客の購買意欲を高める。
(2) 従来の実店舗や広告に加えて，インターネットを活用したデジタルマーケティングの採用によって，顧客との接点を増やす。

〔商品開発〕
　R課長は，マーケティング戦略に基づき，新商品のコード名を新商品Eとして開発することとし，健康志向の20～40代の女性を対象に，次の(1)アンケート調査と(2)商品コンセプトの検討を実施した。今後，(3)～(5)を実施予定である。
(1) アンケート調査
　・"大袋やカップは持ち運びにくい"，"今のスナック菓子の量は多すぎる"などの不満があることが分かった。
　・"健康のためにカロリーを少な目にしてほしい"などのニーズが強いことが分かった。
(2) 商品コンセプトの検討
　・商品コンセプトとして，"素材にこだわった健康志向で，蓋を閉めて持ち運びができる小さな1人用サイズ"を定めた。
　・顧客には"繰り返し密閉でき携行しやすい"というメリットがある。
(3) 試作品の開発
　・商品コンセプトにあわせて複数の味，素材，パッケージなどの試作品をつくる。
(4) テストマーケティング
　・ネット通販限定で，試作品を用いてテストマーケティングを実施する。ただし，他社にアイディアやネーミングを模倣されるリスクがあるので，テストマーケティングを実施する前にそのリスクに対処するための②施策を講じる。
(5) 新商品の市場導入
　・テストマーケティング後に，新商品Eを顧客向けに販売する。
　・③発売当初は，期間限定で出荷数量を絞った集中的なキャンペーンを実施する。

〔プロモーション〕
　R課長は，インターネットを活用したデジタルマーケティングを展開し，商品が売れる仕組みをデジタル技術を活用して作ることにした。消費者行動プロセスに沿ったプロモーションを，次のように設計した。
(1) 認知（Aware）
　・インタビューへの応対などを通じて雑誌のデジタル版などのメディアに自社に関する内容を取り上げてもらう　　b　　や，広告などの施策によって顧客のブランドへの認知度が高まる。
(2) 訴求（Appeal）
　・Q社の運営するSNSの強化に加えて，商品紹介の専用Webページを新設することで，顧客はQ社の商品に，より関心をもつようになる。
(3) 調査（Ask）
　・Q社が，オウンドメディア（自社で所有，運営しているメディア）を充実することで，顧客が，SNSや商品紹介のWebページ上でQ社の商品のレビュ

ーに触れる機会が増える。

(4) 行動（Act）
・Q社が，メールマガジンやデジタル広告などの施策を実施して顧客との接点を増やすことで，顧客の商品購入が促進される。

(5) 推奨（Advocate）
・顧客は，ブランドに対する　　c　　が高まり，他者へブランドを推奨する。例として，　　d　　が挙げられる。

　　R課長は，プロジェクトチームでSNSを担当するS主任に対して，“この消費者行動プロセスに沿ったプロモーションの施策に基づき，Q社の運営するSNS上で新商品Eの情報を公開してほしい。ただし，当社の評判を落とすことにつながる対応は避けるように十分に気を付けてほしい。”と指示をした。

　　Q社の運営するSNS上では顧客が直接書き込みできる。新商品Eの情報公開からしばらくして，Q社がSNSに投稿した内容に対して，ある顧客から“差別的な表現が含まれている”というクレームがあった。これに対して，S主任は投稿の意図や意味を丁寧に説明した。

　　その後，その顧客から再度クレームがあり，S主任はR課長にこれを報告した。R課長は“今後の対応を決める前に，④SNS特有の事態と，新商品Eの展開を阻害するおそれのあるリスクを慎重に検討するように”とS主任に指示をした。

設問1 〔マーケティング戦略の策定〕について，(1)，(2)に答えよ。
(1) 本文中の　　a　　に入れるマーケティングの用語として適切な字句を8字以内で答えよ。
(2) 本文中の下線①について，このポジショニングに定めた理由は何か。顧客・市場と自社の両方の観点から，本文中の字句を用いて40字以内で述べよ。

設問2 〔商品開発〕について，(1)，(2)に答えよ。
(1) 本文中の下線②について，リスクに対処するために事前に講じておくべき施策は何か。10字以内で答えよ。
(2) 本文中の下線③について，Q社がこの施策をとった狙いは何か。本文中の字句を用いて40字以内で述べよ。

設問3 〔プロモーション〕について，(1)〜(3)に答えよ。
(1) 本文中の　　b　　，　　c　　に入れる適切な字句を解答群の中から選び，記号で答えよ。
解答群
　　ア　カニバリゼーション　イ　サンプリング　　　　　ウ　パブリシティ
　　エ　ビジョン　　　　　　オ　ポートフォリオ　　　　カ　ロイヤルティ
(2) 本文中の　　d　　に入れる適切な字句を解答群の中から選び，記号で答えよ。
解答群
　　ア　SEO対策によって，顧客に検索してもらえること
　　イ　SNS上で，顧客自身に画像や動画などを公開してもらえること
　　ウ　インターネットに広告を出すことで，顧客にブランドが広まること
　　エ　顧客にワンクリックで商品を購入してもらえること
(3) 本文中の下線④について，クレーム対応によって想定される事態と，その結果生じるリスクを，あわせて40字以内で述べよ。

問3 ウェーブレット木に関する次の記述を読んで，設問1～4に答えよ。

　ウェーブレット木は，文字列内の文字の出現頻度を集計する場合などに用いられる2分木である。ウェーブレット木は，文字列内に含まれる文字を符号化して，それを基に構築される。特に計算に必要な作業領域を小さくできるので，文字列が長大な場合に効果的である。

　例えば，DNAはA（アデニン），C（シトシン），G（グアニン），T（チミン）の4種類の文字の配列で表すことができ，その配列は長大になることが多いので，ウェーブレット木はDNAの塩基配列（以下，DNA配列という）の構造解析に適している。

　ウェーブレット木において，文字の出現回数を数える操作と文字の出現位置を返す操作を組み合わせることによって，文字列の様々な操作を実現することができる。本問では，文字の出現回数を数える操作を扱う。

〔ウェーブレット木の構築〕
　文字の種類の個数が4の場合を考える。DNA配列を例に文字列Pを "CTCGAGAGTA" とするとき，ウェーブレット木が構築される様子を図1に示す。

　ここで，2分木の頂点のノードを根と呼び，子をもたないノードを葉と呼ぶ。根からノードまでの経路の長さ（経路に含まれるノードの個数−1）を，そのノードの深さと呼ぶ。各ノードにはキー値を登録する。

　図1では，文字列Pの文字Aを00，文字Cを01，文字Gを10，文字Tを11の2ビットのビット列に符号化して，ウェーブレット木を構築する様子を示している。また，図1の文字列の振り分けは，ウェーブレット木によって文字列Pが振り分けられる様子を示している。

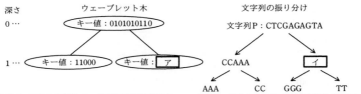

注記1　図中の実線はノードの親子関係を示す。　　注記2　図中の矢印は文字列の振り分けを示す。

図1　ウェーブレット木の構築

　ウェーブレット木は，次の(1)～(3)の手順で構築する。
(1) 根（深さ0）を生成し，文字列Pを対応付ける。
(2) ノードに対応する文字列の各文字を表す符号に対して，ノードの深さに応じて決まるビット位置のビットの値を取り出し，文字の並びと同じ順番で並べてビット列として構成したものをキー値としてノードに登録する。ここで，ノードの深さに応じて決まるビット位置は，"左から（深さ＋1）番目" とする。
　　ノードが根の場合は，ビット位置は左から（0＋1＝1）番目となるので，図2に示すように，文字列P "CTCGAGAGTA" に対応する根のキー値はビット列0101010110となる。

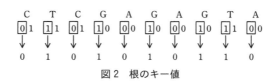

図2 根のキー値

(3) キー値のビット列を左から1ビットずつ順番に見ていき，キー値の元になった文字列から，そのビットに対応する文字を，ビットの値が0の場合とビットの値が1の場合とで分けて取り出し，それぞれの文字を順番に並べて新たな文字列を作成する。

　文字列Pに対応する根のキー値の場合は，ビットの値が0の場合の文字列として"CCAAA"を取り出し，ビットの値が1の場合の文字列として"　　イ　　"を取り出す。

　ビットの値が0の場合に取り出した文字列内の文字が2種類以上の場合は，その文字列に対応する新たなノードを生成して，左の子ノードとする。取り出した文字列内の文字が1種類の場合は，新たなノードは生成しない。

　ビットの値が1の場合に取り出した文字列内の文字が2種類以上の場合は，その文字列に対応する新たなノードを生成して，右の子ノードとする。取り出した文字列内の文字が1種類の場合は，新たなノードは生成しない。

　生成した子ノードに対して，(2)，(3)の処理を繰り返す。新たなノードが生成されなかった場合は，処理を終了する。

〔文字の出現回数を数える操作〕
　文字列P全体での文字C(=01)の出現回数は，次の(1)，(2)の手順で求める。
(1) 文字Cの符号の左から1番目のビットの値は0なので，文字Cは根から左の子ノードに振り分けられる。左の子ノードに振り分けられる文字の個数は，根のキー値の0の個数に等しく，　　ウ　　である。
(2) 文字Cの符号の左から2番目のビットの値は1である。(1)で振り分けられた左の子ノードのキー値の1の個数は2で，このノードは葉であるので，これが文字列P全体での文字Cの出現回数となる。

〔文字の出現回数を数えるプログラム〕
　与えられた文字列Q内に含まれる文字の種類の個数をσとするとき，あらかじめ生成したウェーブレット木を用いて，与えられた文字列内で指定した文字の出現回数を数えるプログラムを考える。ウェーブレット木の各ノードを表す構造体Nodeを表1に示す。左の子ノード，又は右の子ノードがない場合は，それぞれ，left，rightにはNULLを格納する。

表1　各ノードを表す構造体 Node

構成要素	説明
key	ノードのキー値をビット列として格納
left	左の子ノードへのポインタを格納
right	右の子ノードへのポインタを格納

文字列Qに対応して生成したウェーブレット木の根へのポインタをrootとする。

文字列Q内に存在する一つの文字(以下，対象文字という)をビット列に符号化して，整数(0〜σ−1)に変換したものをrとする。

このとき，文字列Qの1文字目からm文字目までの部分文字列で，対象文字の出現回数を数える関数rank(root, m, r)のプログラムを図3に示す。

文字の符号化に必要な最小のビット数は，大域変数DEPTHに格納されているものとする。

```
function rank(root,m,r)
    nodep ← root
    d ← 1     // 符号中の左からのビット位置の初期化
    n ← m     // 検索対象の文字列の長さの初期化
    while( nodep が NULL でない )
        count ← 0
        // r に対応するビット列の左から d 番目のビット位置のビットの値を b に格納
        x ← ( 1 を 左に [  エ  ] ビットシフトした値 )
        x ← ( x and [  オ  ] )     // and はビットごとの論理積
        b ← ( x を 右に [  エ  ] ビットシフトした値 )     // b は 0 か 1 の値
        for ( i を 1 から n まで 1 ずつ増やす )
            if ( b が nodep.key の左から i 番目のビット位置のビットの値と等しい)
                count ← count + 1
            endif
        endfor
        if ( b が [  カ  ] と等しい )
            nodep ← nodep.left
        else
            nodep ← nodep.right
        endif
        n ← [  キ  ]
        d ← d + 1
    end while
    return n
end function
```

図3　関数 rank のプログラム

〔ウェーブレット木の評価〕

文字列Qが与えられたとき，文字列Qの長さをN，文字の種類の個数をσとする。ここで，議論を簡潔にするためにσは2以上の2のべき乗とする。

文字列Qが与えられたときのウェーブレット木の構築時間は，文字ごとに$\log_2($[　ク　]$)$か所のノードで操作を行い，各ノードでの操作は定数時間で行うことができるので，合計で$O($[　ケ　]$\times \log_2($[　ク　]$))$である。

構築されたウェーブレット木が保持するキー値のビット列の長さの総和は，[　コ　]である。

設問1　図1中の[　ア　]，図1及び本文中の[　イ　]に入れる適切な字句を答えよ。
設問2　本文中の[　ウ　]に入れる適切な字句を答えよ。
設問3　図3中の[　エ　]〜[　キ　]に入れる適切な字句を答えよ。
設問4　本文中の[　ク　]〜[　コ　]に入れる適切な字句を答えよ。

問4 クラウドサービスの活用に関する次の記述を読んで，設問1〜4に答えよ。

　J社は自社のデータセンタからインターネットを介して名刺管理サービスを提供している。このたび，運用コストの削減を目的として，クラウドサービスの活用を検討することにした。

〔非機能要件の確認〕
　クラウドサービス活用後も従来のサービスレベルを満たすことを基本方針として，その非機能要件のうち性能・拡張性の要件について表1のとおり整理した。

表1　性能・拡張性の要件（抜粋）

中項目	小項目	メトリクス（指標）
業務処理量	通常時の業務量	オンライン処理 ・名刺登録処理　1,000 件／時間， 　データ送受信量 5M バイト／トランザクション ・名刺参照処理　4,000 件／時間， 　データ送受信量 2M バイト／トランザクション
		バッチ処理 ・BI ツール連携処理　1 件／日
	業務量増大度	オンライン処理数増大率 ・1 年の増大率　2.0 倍
性能目標値	オンラインレスポンス	・名刺登録処理　10 秒以内，遵守率 90% ・名刺参照処理　3 秒以内，遵守率 95%
	バッチレスポンス	・BI ツール連携処理　30 分以内

注記　BI：Business Intelligence

〔クラウドサービスの概要〕
　クラウドサービスの一覧を表2に示す。

表2　クラウドサービスの一覧

サービス	特徴	料金及び制約
FW	インターネットからの不正アクセスを防ぐことを目的として，インターネットと内部ネットワークとの間に設置する。	・料金 1 台当たり 50 円／時間
ストレージ	HTML，CSS，スクリプトファイルなどの静的コンテンツ，アプリケーションプログラム（以下，アプリケーションという）で利用するファイルなどを保存，送受信する。	・料金（次の合計額） 1G バイトの保存　10 円／月 1G バイトのデータ送信　10 円／月 1G バイトのデータ受信　10 円／月
IaaS	OS，ミドルウェア，プログラム言語，開発フレームワークなどを自由に選択できる。設定も自由に変更できるので，実行時間の長いバッチ処理なども可能である。ただし，OS やミドルウェアのメンテナンスをサービス利用者側が実施する必要がある。	・料金 1 台当たり 200 円／時間

（次ページに続く）

PaaS	OS，ミドルウェア，プログラム言語，開発フレームワークはクラウドサービス側が提供する。サービス利用者は開発したアプリケーションをその実行環境に配置して利用する。配置されたアプリケーションは常時稼働し，リクエストを待ち受ける。事前の設定が必要だが，トランザクションの急激な増加に応じて，□ a □できる。	・料金 1台当たり 200 円／時間 ・制約 1 トランザクションの最大実行時間は 10 分
FaaS	PaaS 同様，アプリケーション実行環境をサービスとして提供する。PaaS では，受信したリクエストを解析してから処理を実行し，結果をレスポンスとして出力するところまで開発する必要があるのに対して，FaaS では，実行したい処理の部分だけをプログラム中で□ b □として実装すればよい。また，□ a □は事前の設定が不要である。	・料金（次の合計額） 1 時間当たり 10 万リクエストまで0 円，次の 10 万リクエストごとに20 円 CPU 使用時間 1 ミリ秒ごとに 0.02円 ・制約 1 トランザクションの最大実行時間は 10 分。20 分間一度も実行されない場合，応答が 10 秒以上掛かる場合がある。
CDN	ストレージ，IaaS，PaaS 又は FaaS からのコンテンツをインターネットに配信する。ストレージからの静的コンテンツは，一度読み込むと，更新されるまで□ c □して再利用される。	・料金（次の合計額） 1 万リクエストまで 0 円，次の 1万リクエストごとに 10 円 1G バイトのデータ送信 20 円／月

注記　FW：ファイアウォール

〔システム構成の検討〕
　現在運用中のサービスは，OSやミドルウェアがPaaSやFaaSの実行環境のものよりも1世代古いバージョンである。アプリケーションに改修を加えずに，そのままのOSやミドルウェアを利用する場合，利用するクラウドサービスはIaaSとなる。
　しかし，①運用コストを抑えるためにオンライン処理はPaaS又はFaaSを利用することを検討する。PaaS又はFaaSでのアプリケーションは，Web APIとして実装する。そのWeb APIは，ストレージに保存されたスクリプトファイルが□ d □とFWを介してWebブラウザへ配信され，実行されて呼び出される。
　バッチ処理については，登録データ量が増加した場合，②PaaSやFaaSを利用することには問題があることから，IaaSを利用することにした。
　検討したシステム構成案を図1に示す。

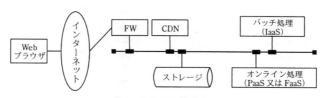

図1　システム構成案

〔PaaSとFaaSとのクラウドサービス利用料金の比較〕

アプリケーションの実行環境として，PaaS又はFaaSのどちらのサービスを採用した方が利用料金が低いか，通常時の業務量の場合に掛かる料金を算出して比較する。クラウドサービス利用料金の試算に必要な情報を表3に整理した。

表3　クラウドサービス利用料金の試算に必要な情報

項目	情報
PaaS 1台当たりの処理能力	性能目標値を満たす1時間当たりの処理件数 ・名刺登録処理 200件／台 ・名刺参照処理 500件／台
FaaSでオンライン処理を実行する場合のCPU使用時間	・名刺登録処理 50ミリ秒／件 ・名刺参照処理 10ミリ秒／件

PaaSの場合，通常時の業務量から，オンライン処理で必要な最小必要台数を求めると，名刺登録処理では5台，名刺参照処理では　　e　　台となる。したがって，1時間当たりの費用は，　　f　　円と試算できる。

FaaSの場合，通常時の業務量から1時間当たりのリクエスト数とCPU使用時間を求め，1時間当たりの費用を試算すると，その費用は　　g　　円となる。

試算結果を比較した結果，FaaSを採用した。

〔オンラインレスポンスの課題と対策〕

クラウドサービスを活用したシステムの運用が始まるとすぐに，早朝や深夜にシステムを利用した際，はじめの画面は表示されるが名刺登録や名刺参照を実行すると，データが表示されるまでに10秒以上の時間を要することがある，との課題が報告された。クラウドサービスで提供されている各サービスのログを確認したところ，　　h　　の制約が原因であることが判明した。そこで，採用したクラウドサービスを別のものには変更せずに，③ある回避策を施したことで，課題を解消することができた。

設問1　表2中の　　a　　～　　c　　に入れる適切な字句を答えよ。
設問2　〔システム構成の検討〕について，(1)～(3)に答えよ。
　(1)　本文中の下線①について，IaaSと比較して運用コストを抑えられるのはなぜか。40字以内で述べよ。
　(2)　本文中の　　d　　に入れる適切な字句を，表2中のサービスの中から答えよ。
　(3)　本文中の下線②にある問題とは何か。30字以内で述べよ。
設問3　本文中の　　e　　～　　g　　に入れる適切な数値を答えよ。
設問4　〔オンラインレスポンスの課題と対策〕について，(1)，(2)に答えよ。
　(1)　本文中の　　h　　に入れる適切な字句を，表2中のサービスの中から答えよ。
　(2)　本文中の下線③の回避策とは何か。40字以内で述べよ。

問5 ネットワークの構成変更に関する次の記述を読んで，設問1〜3に答えよ。

　P社は，本社と営業所をもつ中堅商社である。P社では，本社と営業所の間を，IPsecルータを利用してインターネットVPNで接続している。本社では，情報共有のためのサーバ(以下，ISサーバという)を運用している。電子メールの送受信には，SaaS事業者のQ社が提供する電子メールサービス(以下，Mサービスという)を利用している。ノートPC(以下，NPCという)からISサーバ及びMサービスへのアクセスは，HTTP Over TLS(以下，HTTPSという)で行っている。P社のネットワーク構成(抜粋)を図1に示す。

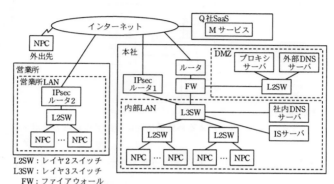

L2SW：レイヤ2スイッチ
L3SW：レイヤ3スイッチ
FW：ファイアウォール

注記1　Q社 SaaS 内のサーバの接続構成は省略している。
注記2　本社の内部 LAN の NPC，内部 LAN のサーバ，IPsec ルータ1，FW 及び DMZ は，それぞれ異なるサブネットに設置されている。

図1　P社のネットワーク構成(抜粋)

〔P社のネットワーク機器の設定内容と動作〕
　P社のネットワークのサーバ及びNPCの設定内容と動作を次に示す。
・本社及び営業所(以下，社内という)のNPCは，社内DNSサーバで名前解決を行う。
・社内DNSサーバは，内部LANのサーバのIPアドレスを管理し，管理外のサーバの名前解決要求は，外部DNSサーバに転送する。
・外部DNSサーバは，DMZのサーバのグローバルIPアドレスを管理するとともに，DNSキャッシュサーバ機能をもつ。
・プロキシサーバでは，利用者認証，URLフィルタリングを行うとともに，通信ログを取得する。
・外出先及び社内のNPCのWebブラウザには，HTTP及びHTTPS通信がプロキシサーバを経由するように，プロキシ設定にプロキシサーバのFQDNを登録する。ただし，社内のNPCからISサーバへのアクセスは，プロキシサーバを経由せずに直接行う。
・ISサーバには，社内のNPCだけからアクセスしている。
・外出先及び社内のNPCからMサービス及びインターネットへのアクセスは，プロキシサーバ経由で行う。

NPCによる各種通信時に経由する社内の機器又はサーバを図2に示す。ここで，L2SWの記述は省略している。

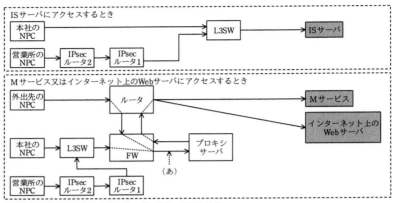

注記　網掛けは，アクセス先のサーバ又はサービスを示す。

図2　NPC による各種通信時に経由する社内の機器又はサーバ

FWに設定されている通信を許可するルール(抜粋)を表1に示す。

表1　FW に設定されている通信を許可するルール（抜粋）

項番	アクセス経路	送信元	宛先	プロトコル／宛先ポート番号
1	インターネット	any	a	TCP／53，UDP／53
2	→DMZ	any	プロキシサーバ	TCP／8080[1]
3	DMZ→インター	外部 DNS サーバ	any	TCP／53，UDP／53
4	ネット	b	any	TCP／80，TCP／443
5	内部 LAN→DMZ	c	外部 DNS サーバ	TCP／53，UDP／53
6		社内の NPC	プロキシサーバ	TCP／8080[1]

注記　FW は，応答パケットを自動的に通過させる，ステートフルパケットインスペクション機能をもつ。

注 [1]　TCP／8080 は，プロキシサーバでの代替 HTTP の待受けポートである。

　このたび，P社では，サーバの運用負荷の軽減と外出先からの社内情報へのアクセスを目的に，ISサーバを廃止し，Q社が提供するグループウェアサービス(以下，Gサービスという)を利用することにした。Gサービスへの通信は，Mサービスと同様にHTTPSによって安全性が確保されている。Gサービスを利用するためのネットワーク(以下，新ネットワークという)の設計を，情報システム部のR主任が担当することになった。

〔新ネットワーク構成と利用形態〕
　R主任が設計した，新ネットワーク構成(抜粋)を図3に示す。

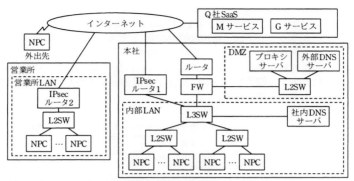

注記　Q社SaaS内のサーバの接続構成は省略している。

図3　新ネットワーク構成（抜粋）

新ネットワークでは，サービスとインターネットの利用状況を管理するために，外出先及び社内のNPCからMサービス，Gサービス及びインターネットへのアクセスを，プロキシサーバ経由で行うことにした。

R主任は，ISサーバの廃止に伴って不要になる，次の設定情報を削除した。
・①NPCのWebブラウザの，プロキシ例外設定に登録されているFQDN
・社内DNSサーバのリソースレコード中の，ISサーバのAレコード

〔Gサービス利用開始後に発生した問題と対策〕

Gサービス利用開始後，インターネットを経由する通信の応答速度が，時間帯によって低下するという問題が発生した。FWのログの調査によって，FWが管理するセッション情報が大量になったことによる，FWの負荷増大が原因であることが判明した。そこで，FWを通過する通信量を削減するために，Mサービス及びGサービス（以下，二つのサービスを合わせてq-SaaSという）には，プロキシサーバを経由せず，外出先のNPCはHTTPSでアクセスし，本社のNPCはIPsecルータ1から，営業所のNPCはIPsecルータ2から，インターネットVPNを経由せずHTTPSでアクセスすることにした。この変更によって，q-SaaSの利用状況は，プロキシサーバの通信ログに記録されなくなるので，Q社から提供されるアクセスログによって把握することにした。

外出先及び社内のNPCからq-SaaSアクセス時に経由する社内の機器を図4に示す。ここで，L2SWの記述は省略している。

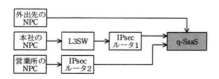

注記　網掛けは，アクセス先のサービスを示す。

図4　外出先及び社内のNPCからq-SaaSアクセス時に経由する社内の機器

　図4に示した経路に変更するために，R主任は，②L3SWの経路表に新たな経路の追加，及びIPsecルータ1とIPsecルータ2の設定変更を行うとともに，NPCのWebブラウザでは，q-SaaS利用時にプロキシサーバを経由させないよう，プロキシ例外設定に，Mサービス及びGサービスのFQDNを登録した。

　設定変更後のIPsecルータ1の処理内容(抜粋)を表2に示す。IPsecルータ1は，受信したパケットと表2中の照合する情報とを比較し，パケット転送時に一致した項番の処理を行う。

表2　設定変更後の IPsec ルータ 1 の処理内容（抜粋）

項番	照合する情報			処理
	送信元	宛先	プロトコル	
1	内部 LAN	d	HTTPS	NAPT 後にインターネットに転送
2	内部 LAN	e	any	インターネット VPN に転送

　IPsecルータ2もIPsecルータ1と同様の設定変更を行う。これらの追加設定と設定変更によってFWの負荷が軽減し，インターネット利用時の応答速度の低下がなくなり，R主任は，ネットワークの構成変更を完了させた。

設問1　〔P社のネットワーク機器の設定内容と動作〕について，(1)～(3)に答えよ。
　(1)　営業所のNPCがMサービスを利用するときに，図2中の(あ)を通過するパケットのIPヘッダ中の宛先IPアドレス及び送信元IPアドレスが示す，NPC，機器又はサーバ名を，図2中の名称でそれぞれ答えよ。
　(2)　外出先のNPCからインターネット上のWebサーバにアクセスするとき，L2SW以外で経由する社内の機器又はサーバ名を，図2中の名称で全て答えよ。
　(3)　表1中の　　a　　～　　c　　に入れる適切な機器又はサーバ名を，図1中の名称で答えよ。
設問2　本文中の下線①について，削除するFQDNをもつ機器又はサーバ名を，図1中の名称で答えよ。
設問3　〔Gサービス利用開始後に発生した問題と対策〕について，(1)，(2)に答えよ。
　(1)　本文中の下線②について，新たに追加する経路を，"q-SaaS"という字句を用いて，40字以内で答えよ。
　(2)　表2中の　　d　　，　　e　　に入れる適切なネットワークセグメント，サーバ又はサービス名を，本文中の名称で答えよ。

問6 宿泊施設の予約を行うシステムに関する次の記述を読んで，設問1~3に答えよ。

U社は，旅館や民宿などの宿泊施設の宿泊予約を行うWebシステム(以下，予約システムという)を開発している。予約システムの主な要件を図1に示す。

・利用者が予約システムを最初に利用する際には，氏名，住所，電話番号を入力し，利用者登録を行う。
・利用者は空き部屋照会のための条件入力の画面上で，希望する施設に対し，チェックインとチェックアウトの日付，予約したい部屋の種別及び部屋数を指定して空き状況を照会する。
・予約は部屋の種別ごとに行う。種別の違う部屋を予約したい場合は，部屋の種別ごとに分けて予約を行う。
・空き状況の照会を行った時点で，希望した種別の部屋に，希望した部屋数の空きがなかった場合は，部屋が空いていない旨を画面に表示する。
・空き状況の照会を行った時点で希望した部屋数の空きがあった場合は，予約手続の画面に遷移する。利用者は，宿泊人数を入力し，部屋の予約を確定する。
・部屋の予約を確定するまでの間に他の利用者が予約を入れてしまい，必要な部屋数を確保できなくなってしまった場合には，その旨を画面に表示して予約の処理を中断する。

図1　予約システムの主な要件

〔データベースの設計〕
予約システムを開発するに当たり，データベースの設計を行った。データベースのE-R図を図2に示す。

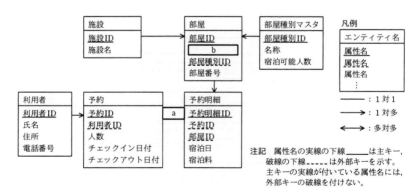

図2　データベースのE-R図（一部）

このデータベースでは，E-R図のエンティティ名を表名にし，属性名を列名にして，適切なデータ型で表定義した関係データベースによって，データを管理する。部屋IDは，全施設を通して一意な値である。また，予約ID，予約明細IDは，レコードを挿入した順に値が大きくなる。

〔部屋の予約の流れ〕
部屋の予約は，部屋の空き状況の確認と，予約確定の二つの処理から成る。部屋を予約する際には，希望した施設，部屋の種別，チェックイン日付，チェ

ックアウト日付，部屋数について，空き状況の照会を行う。照会の結果，部屋に空きがあった場合は，予約手続の画面を表示する。部屋に空きがなかった場合は，部屋が空いていない旨を画面に表示し，空き部屋照会のための条件入力の画面に戻って条件を変更するよう促す。

　部屋の空き状況の確認を行うためのSQL文を図3に示す。予約する部屋の施設ID，部屋種別ID，チェックイン日付，チェックアウト日付及び部屋数は，埋込み変数 “:施設ID”，“:部屋種別ID”，“:チェックイン日付”，“:チェックアウト日付” 及び “:部屋数” に設定されている。

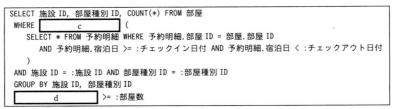

```
SELECT 施設ID, 部屋種別ID, COUNT(*) FROM 部屋
  WHERE [      c      ] (
    SELECT * FROM 予約明細 WHERE 予約明細.部屋ID = 部屋.部屋ID
      AND 予約明細.宿泊日 >= :チェックイン日付 AND 予約明細.宿泊日 < :チェックアウト日付
  )
  AND 施設ID = :施設ID AND 部屋種別ID = :部屋種別ID
  GROUP BY 施設ID, 部屋種別ID
  [     d     ] >= :部屋数
```

図3　部屋の空き状況の確認を行うための SQL 文

〔部屋の空き状況の確認の処理〕

　予約システムは，図3のSQL文の検索結果として，レコードが返された場合に予約可能であると判定し，予約手続の画面を表示する。レコードが返されなかった場合は，部屋が空いていない旨を画面に表示する。空き状況確認の処理の流れを図4に示す。

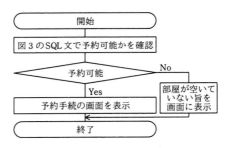

図4　空き状況確認の処理の流れ

〔予約確定の処理〕

　予約手続の画面が表示された後，利用者は予約の確定の操作を行うことで部屋の予約を確定させる。予約の確定の処理では，予約のレコードを挿入した後，各宿泊日について，予約明細に必要な部屋数分のレコードを挿入する。

　予約手続の画面が表示されてから，利用者が予約の確定の操作を行うまでの間に，他の利用者が先に予約を確定してしまうこともある。そこで，予約確定の処理では，レコードの挿入の前に図3のSQL文を再度実行し，まだ予約可能な状態であるかを確認してから挿入を行う。予約確定の処理の流れを図5に示す。

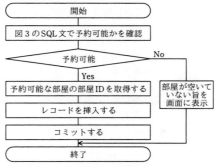

図5　予約確定の処理の流れ

〔不具合の報告と対応〕

　予約システムのテスト中に，同じ宿泊日の同じ部屋について，予約明細のレコードが重複して挿入されてしまう不具合が報告された。報告された事象について確認すると，別々の利用者が同じ時刻に予約確定の操作を行った際に発生していた。

　そこで，今後同じ宿泊日の同じ部屋の予約が重複して入らないようにするために，予約明細テーブルの　　e　　列と　　f　　列の複合キーに対して制約を追加することにした。このような制約のことを，　　g　　という。

　　g　　を追加するためには，既に重複して挿入されてしまったレコードを削除する必要がある。削除に当たっては，同じ宿泊日の同じ部屋の予約が重複した予約明細のレコードについて，最初に挿入された予約のレコードと，それに紐づく予約明細のレコードを残し，それ以外の予約明細，予約のレコードを削除することにした。

　予約明細について，削除するレコードを抽出するSQL文を図6に示す。図6で得られた該当の予約明細のレコードを削除するとともに，それらに紐づく予約のレコードを削除してからテストの作業を再開することにした。

　予約明細テーブルへの制約の追加後，当該の不具合について再度テストを行ったところ，追加した制約によって，重複が発生しなくなったことが確認できた。

```
SELECT t1.予約ID, t1.予約明細ID, t1.部屋ID, t1.宿泊日 FROM 予約明細 t1
    WHERE t1.予約ID > ( SELECT      h      FROM 予約明細 t2
                        WHERE      i      AND      j      )
```

図6　削除するレコードを抽出する SQL 文

設問1　図2中の　　a　　，　　b　　に入れる適切なエンティティ間の関連及び属性名を答え，E-R図を完成させよ。なお，エンティティ間の関連及び属性名の表記は，図2の凡例及び注記に倣うこと。

設問2　図3中の　　c　　，　　d　　に入れる適切な字句を答えよ。

設問3　〔不具合の報告と対応〕について，(1)～(3)に答えよ。

　(1) 本文中の　　e　　，　　f　　に入れる適切な列名を答えよ。

　(2) 本文中の　　g　　に入れる適切な字句を答えよ。

　(3) 図6中の　　h　　～　　j　　に入れる適切な字句を答えよ。

問7 ワイヤレス防犯カメラの設計に関する次の記述を読んで，設問1〜4に答えよ。

I社は有線の防犯カメラを製造している。有線の防犯カメラの設置には通信ケーブルの配線，電源の電気工事などが必要である。そこで，充電可能な電池を内蔵して，太陽電池と接続することで，外部からの電力の供給が不要なワイヤレス防犯カメラ(以下，ワイヤレスカメラという)を設計することになった。

ワイヤレスカメラは，人などの動体を検知したときだけ，一定時間動画を撮影する。撮影の開始時にスマートフォン(以下，スマホという)に通知する。また，スマホから要求することで，現在の状況をスマホで視聴することができる。

〔ワイヤレスカメラのシステム構成〕

ワイヤレスカメラのシステム構成を図1に示す。ワイヤレスカメラはWi-Fiルータを介してインターネットと接続し，サーバ及びスマホと通信を行う。

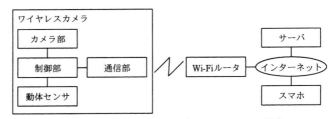

図1　ワイヤレスカメラのシステム構成

・カメラ部はカメラ及びマイクから構成される。動画用のエンコーダを内蔵しており，音声付きの動画データを生成する。
・動体センサは人体などが発する赤外線を計測して，赤外線の量の変化で人などの動体を検知する。
・通信部はWi-FiでWi-Fiルータを介してサーバ及びスマホと通信する。
・制御部は，カメラ部，動体センサ及び通信部を制御する。

〔ワイヤレスカメラの機能〕

ワイヤレスカメラには，自動撮影及び遠隔撮影の機能がある。

(1) 自動撮影
・動体を検知すると撮影を開始する。撮影を開始したとき，スマホに撮影を開始したことを通知する。
・撮影を開始してからTa秒間撮影する。ここで，Taはパラメタである。
・撮影した動画データは，一時的に制御部のバッファに書き込まれる。このとき，動画データはバッファの先頭から書き込まれる。Ta秒間の撮影が終わるとバッファの動画データはサーバに送信される。
・撮影中に新たに動体を検知すると，バッファにあるその時点までの動画データをサーバに送信し始めると同時に，更にTa秒間撮影を行う。このとき，動画データはバッファの先頭から書き込まれる。

(2) 遠隔撮影
- スマホから遠隔撮影開始が要求されると撮影を開始する。
- 撮影した動画データはスマホに送信され，そのままスマホで視聴することができる。
- スマホから遠隔撮影終了が要求される，又は撮影を開始してから60秒経過すると撮影を終了する。
- 撮影中に再度，遠隔撮影開始が要求されると，その時点から60秒間又は遠隔撮影終了が要求されるまで，撮影を続ける。
- ワイヤレスカメラとスマホが通信するときに通信障害が発生すると，データの再送は行わず，障害発生中の送受信データは消滅するが，撮影は続ける。

〔ワイヤレスカメラの状態遷移〕
(1) 状態
　ワイヤレスカメラの状態を表1に示す。

表1　ワイヤレスカメラの状態

状態名	説明
待機状態	カメラ部には電力が供給されておらず，撮影していない状態
自動撮影状態	自動撮影だけを行っている状態
遠隔撮影状態	遠隔撮影だけを行っている状態
マルチ撮影状態	自動撮影と遠隔撮影を同時に行っている状態

(2) イベント
　状態遷移のトリガとなるイベントを表2に示す。

表2　状態遷移のトリガとなるイベント

イベント名	説明
遠隔撮影開始イベント	スマホから遠隔撮影開始が要求されたときに通知されるイベント
遠隔撮影終了イベント	スマホから遠隔撮影終了が要求されたときに通知されるイベント
動体検知通知イベント	動体センサで動体を検知したときに通知されるイベント
動画データ通知イベント	カメラ部からのエンコードされた動画データが生成されたときに通知されるイベント
自動撮影タイマ通知イベント	自動撮影で使用するタイマで Ta 秒後に通知されるイベント
遠隔撮影タイマ通知イベント	遠隔撮影で使用するタイマで60秒後に通知されるイベント

(3) 処理
　状態遷移したときに行う処理を表3に示す。それぞれのタイマは新たに設定されると，直前のタイマ要求は取り消される。

表3　状態遷移したときに行う処理

項番	処理名	処理内容
①	カメラ初期化	撮影を開始するとき，カメラ部に電力を供給して初期化する。
②	撮影終了	カメラ部の電力の供給を停止して撮影を終了する。
③	撮影開始	バッファを初期化して，スマホに撮影を開始したことを通知する。
④	バッファに書込み	動画データをバッファに書き込む。
⑤	サーバに動画データ送信	バッファの動画データをサーバに送信する。
⑥	スマホに動画データ送信	動画データをスマホに送信する。
⑦	自動撮影タイマ設定	自動撮影時の Ta 秒のタイマを設定する。
⑧	遠隔撮影タイマ設定	遠隔撮影時の 60 秒のタイマを設定する。

ワイヤレスカメラの状態遷移図を図2に示す。

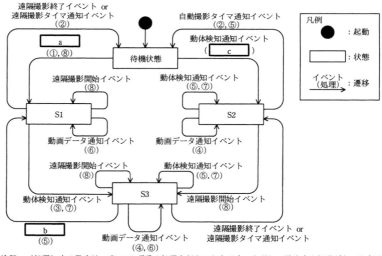

注記　（処理）内の数字は，表 3 の項番の処理を行うことを示す。ただし，該当する処理がないときは，（処理）は記述しない。

図2　ワイヤレスカメラの状態遷移図

〔サーバに送られた動画データの不具合〕

　自動撮影のテストを行ったとき，サーバに異常な動画データが送られてくる不具合が発生した。通信及びハードウェアには問題がなかった。

　この不具合は，自動撮影中に動体を検知したときに発生しており，バッファの使い方に問題があることが判明した。

　そこで，撮影中に新たに動体を検知した時点で，書き込まれているバッファの続きから動画データを書き込み，バッファの　d　まで書き込んだ場合は，バッファの　e　に戻る方式の　f　に変更した。

設問1　時刻t_1に動体を検知して自動撮影を開始した。時刻t_1から時刻t_2まで途切れることなく自動撮影を続けており，時刻t_2に最後の動体を検知した。このときの自動撮影は何秒間行われたか。時間を表す式を答えよ。ここで，処理の遅延及び通信の遅延は無視できるものとする。

設問2　スマホから要求を行い動画の視聴を開始した。その10秒後に送受信の通信障害が20秒間発生した。通信障害が発生してから5秒後にスマホから遠隔撮影開始を要求した。スマホでの視聴が終了するのは視聴を開始してから何秒後か。整数で答えよ。ここで，処理の遅延及び通信の遅延は無視できるものとする。

設問3　〔ワイヤレスカメラの状態遷移〕について，(1)～(3)に答えよ。

(1) 図2の状態遷移図の状態S1，S2に入れる適切な状態名を，表1中の状態名で答えよ。

(2) 図2中の　　a　　，　　b　　に入れる適切なイベント名を，表2中のイベント名で答えよ。

(3) 図2中の　　c　　に入れる適切な処理を，表3中の項番で全て答えよ。

設問4　〔サーバに送られた動画データの不具合〕について，(1)～(3)に答えよ。

(1) 不具合が発生した理由を40字以内で述べよ。

(2) 本文中の　　d　　，　　e　　に入れる適切な字句を答えよ。

(3) 本文中の　　f　　に入れるバッファの名称を答えよ。

〔メモ用紙〕

問8 アジャイルソフトウェア開発手法の導入に関する次の記述を読んで，設問1〜3
に答えよ。

　H社は，電車や飛行機などの移動手段と宿泊施設をセットにしたパッケージ
ツアーをインターネットで販売している。このサービスを提供している現行シ
ステムに，移動途中や宿泊先近辺の商業施設と提携して，観光地の情報提供や
クーポン配布を行うサービスを追加することになった。その開発手法として，
アジャイルソフトウェア開発(以下，アジャイル開発という)手法の一つである
スクラムを採用する。

〔開発体制の検討〕
　本開発を通してH社でアジャイル開発経験者を育成するために，プロジェク
トメンバに求められる役割と割り当てるメンバ(M1〜M7)について検討した。
その開発体制を表1に示す。

表1　開発体制

役割	役割の説明	メンバ	メンバの経験
a	提携する商業施設との調整を行い，追加するサービスに必要な機能を定義し，その機能を順位付けする。	M1	アジャイル開発経験はなく，知識もほとんどない。
スクラムマスタ	メンバ全員が b に協働できるように支援，マネジメントする。	M2	アジャイル開発経験はあるがスクラムマスタの経験はない。
アジャイルコーチ	週に2日，社外から招へいされ，メンバに対してアジャイル開発手法の導入や改善を支援する。	M3	スクラムマスタの経験が豊富である。
開発チーム	実際に開発を行う。	M4, M5	アジャイル開発経験はないが，現行システムをウォータフォールで開発した経験はある。
		M6, M7	アジャイル開発経験はあるが，現行システムを開発した経験はない。

〔開発プロセスの検討〕
　アジャイル開発経験者からアジャイル開発経験のないメンバに経験を伝える
ために，プランニングポーカやペアプログラミングなどのプラクティスを幾つ
か導入することにした。検討した開発プロセスを表2に示す。

表2　開発プロセス

大分類	小分類	実施項目
プロジェクト立上げ	(1) プロジェクト方針の検討	追加するサービスの目標，あるべき姿，基本的価値観の共有を図る。
プロダクトバックログの決定	(2) システムの目的の合意	システムの目的やゴールの共有を行う。
	(3) リリース計画	プロダクトバックログのグルーピングを行い，プロダクトバックログアイテムを決定する。
スプリント	(4) スプリント計画（イテレーション計画）	プランニングポーカを用いて，チーム全員の知識や経験を共有しながらストーリポイントを用いた見積りを行う。実施するタスクをスプリントバックログに追加する。
	(5) スプリント	タスクを実施する。プロダクトコードを開発する際は，①ペアプログラミングを行う。デイリースクラム（日次ミーティング）でチームの状況を共有する。
	(6) スプリントレビュー（デモ）	スプリントの成果物を　a　にデモする。その結果を，次のスプリント計画のインプットにする。
	(7) レトロスペクティブ（ふりかえり）	スプリント中の改善事項を検討し，次回以降のスプリントで取り組むべき課題にする。

　週に2日，社外から招へいするアジャイルコーチが効果的にプロジェクトに参画できるようにするため，招へいするタイミングを　c　及び　d　のファシリテータを依頼するタイミングに合わせてもらうことにした。

　また，プロジェクトの進捗状況を可視化するためにバーンダウンチャートをホワイトボードに書き，　e　ためにスプリントごとのベロシティを計測することにした。

〔レトロスペクティブの実施〕

　初回のスプリントのレトロスペクティブにおいて，二つの問題点が取り上げられた。

　一つ目は，②デイリースクラムに目安の倍以上の時間を掛けてしまう問題点である。状況を確認したところ，このミーティングはメンバの出社時間がバラバラなので夕方に実施していた。また，その日の問題を解消するために解決方法まで議論することにしていた。さらに，進捗状況を共有するために，タスクボードを作成し，その周囲に集まって立った状態で実施していた。

　二つ目は，スプリント計画どおりにタスクを全て終わらせることができなかった問題点である。③スプリントバックログ管理上の課題を分析するために，バーンダウンチャートを用いてポイントと考えられる箇所について確認した。バーンダウンチャートを図1に，確認したポイントを図2に示す。

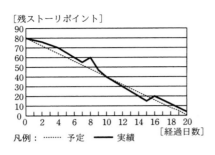

[残ストーリポイント]

凡例： ……… 予定 ── 実績 [経過日数]

図1　バーンダウンチャート

・スプリント開始直後はメンバがスクラム開発の進め方に慣れていないために実績が少なかった。
・8日経過時点で，提携する商業施設からの要望でスプリントバックログにタスクが追加された。
・8日経過時点からの7日間，類似機能の開発のため予定より速くタスクを消化できた。
・16日経過時点で，考慮していないテストシナリオのタスクが見つかったので，そのタスクが追加された。

図2　確認したポイント

　二つの問題点それぞれについて原因と解決策，課題を分析して，次回以降のスプリントで改善に取り組んだ結果，それらの問題点を解決できた。

設問1 表1及び表2中の [　　a　　] に入れる適切な字句を答えよ。また，表1中の [　　b　　] に入れる最も適切な字句を解答群の中から選び，記号で答えよ。

bに関する解答群
　　ア　具体的　　　　イ　自律的　　　　ウ　組織的　　　　エ　段階的

設問2 〔開発プロセスの検討〕について，(1)，(2)に答えよ。
(1) 表2中の下線①を行う際のメンバの割当て例として最も適切なものを解答群の中から選び，記号で答えよ。
　　解答群
　　　　ア　M4がドライバ，M5がナビゲータを担う。
　　　　イ　M4がドライバ，M6がナビゲータを担う。
　　　　ウ　M4がナビゲータ，M6がドライバを担う。
　　　　エ　M4とM5がドライバとナビゲータを交代で担う。
　　　　オ　M4とM6がドライバとナビゲータを交代で担う。
(2) 本文中の [　　c　　]，[　　d　　] には，表2中の小分類のいずれかが入る。(1)～(7)から選び，その番号で答えよ。また，本文中の [　　e　　] に入れる適切な字句を解答群の中から選び，記号で答えよ。
　　eに関する解答群
　　　　ア　開発チームが現在1スプリントで開発できるタスク量を測定する
　　　　イ　開発チームがこれまでのスプリントで完了させたストーリポイントを測定する
　　　　ウ　各プロジェクトメンバのアジャイルスキル習得度合いを測定する
　　　　エ　各プロジェクトメンバの生産性を測定する

設問3 〔レトロスペクティブの実施〕について，(1)，(2)に答えよ。
(1) 本文中の下線②の問題点の原因と解決策を，それぞれ25字以内で述べよ。
(2) 本文中の下線③にある，スプリント内におけるスプリントバックログ管理上の課題について，35字以内で述べよ。

問9 プロジェクトのコスト見積りに関する次の記述を読んで，設問1～4に答えよ。

　L社は大手機械メーカQ社のシステム子会社であり，Q社の様々なシステムの開発，運用及び保守を行っている。このたび，Q社は，新工場の設立に伴い，新工場用の生産管理システムを新規開発することを決定した。この生産管理システム開発プロジェクト（以下，本プロジェクトという）では，業務要件定義と受入れをQ社が担当し，システム設計から導入までと受入れの支援をL社が担当することになった。L社とQ社は，システム設計と受入れの支援を準委任契約，システム設計完了から導入まで（以下，実装工程という）を請負契約とした。

　本プロジェクトのプロジェクトマネージャには，L社システム開発部のM課長が任命された。本プロジェクトは現在Q社での業務要件定義が完了し，これからL社でシステム設計に着手するところである。L社側実装工程のコスト見積りは，同部のN君が担当することになった。

　なお，L社はQ社の情報システム部が，最近になって子会社として独立した会社であり，本プロジェクトの直前に実施した別の新工場用の生産管理システム開発プロジェクト（以下，前回プロジェクトという）が，L社独立後にQ社から最初に受注したプロジェクトであった。本プロジェクトのL社とQ社の担当範囲や契約形態は前回プロジェクトと同じである。

〔前回プロジェクトの問題とその対応〕
　前回プロジェクトの実装工程では，見積り時のスコープは工程完了まで変更がなかったのに，L社のコスト実績がコスト見積りを大きく超過した。しかし，①L社は超過コストをQ社に要求することはできなかった。本プロジェクトでも請負契約となるので，M課長はまず，前回プロジェクトで超過コストが発生した問題点を次のとおり洗い出した。
・コスト見積りの機能の範囲について，Q社が範囲に含まれると認識していた機能が，L社は範囲に含まれないと誤解していた。
・予算確保のためにできるだけ早く実装工程に対するコスト見積りを提出してほしいというQ社の要求に応えるため，L社はシステム設計の途中でWBSを一旦作成し，これに基づいてボトムアップ見積りの手法（以下，積上げ法という）によって実施したコスト見積りを，ほかの手法で見積りを実施する時間がなかったので，そのまま提出した。その後，完成したシステム設計書を請負契約の要求事項として使用したが，コスト見積りの見直しをせず，提出済みのコスト見積りが契約に採用された。
・コスト見積りに含まれていた機能の一部に，L社がコスト見積り提出時点では作業を詳細に分解し切れず，コスト見積りが過少となった作業があった。
・詳細に分解されていたにもかかわらず，想定外の不具合発生のリスクが顕在化し，見積りの基準としていた標準的な不具合発生のリスクへの対応を超えるコストが掛かった作業があった。

　次に，今後これらの問題点による超過コストが発生しないようにするため，M課長は本プロジェクトのコスト見積りに際して，N君に次の点を指示した。
・　　　a　　　を作成し，L社とQ社で見積りの機能や作業の範囲に認識の相違が

ないようにすること。その後も変更があればメンテナンスして，Q社と合意すること

・実装工程に対するコスト見積りは，Q社の予算確保のためのコスト見積りと，契約に採用するためのコスト見積りの2回提出すること

（i）1回目のコスト見積りは，システム設計の初期の段階で，本プロジェクトに類似したシステム開発の複数のプロジェクトを基に類推法によって実施して，概算値ではあるが，できるだけ早く提出すること

（ii）2回目のコスト見積りは，システム設計の完了後に②積上げ法に加えてファンクションポイント（以下，FPという）法でも実施すること

・積上げ法については，次の点について考慮すること

（i）作業を十分詳細に分解してWBSを完成すること

（ii）標準的なリスクへの対応に基づく通常のケースだけでなく，特定したリスクがいずれも顕在化しない最良のケースと，特定したリスクが全て顕在化する最悪のケースも想定してコスト見積りを作成すること

〔1回目のコスト見積り〕

　これらの指示を基に，N君はまず，Q社の業務要件定義の結果を基に　　a　　を作成し，Q社とその内容を確認した。

　次に，1回目のコスト見積りを類推法で実施し，その結果をM課長に報告した。その際，L社が独立する前も含めて実施した複数のプロジェクトのコスト見積りとコスト実績を比較対象にして，概算値を見積もったと説明した。

　しかし，M課長は，"③自分がコスト見積りに対して指示した事項を，適切に実施したという説明がない"とN君に指摘した。

　N君は，M課長の指摘に対して漏れていた説明を追加して，1回目のコスト見積りについてL社内の承認を得た。M課長は，この1回目のコスト見積りをQ社に提出した。

〔2回目のコスト見積り〕

　N君は，システム設計の完了後に，積上げ法とFP法で2回目のコスト見積りを実施した。

(1)積上げ法によるコスト見積り

　N君は，まず作業を，工数が漏れなく見積もれるWBSの最下位のレベルである　　b　　まで分解してWBSを完成させた後，工数を見積もり，これに単価を乗じてコストを算出した。

　次に，この見積もったコストを最頻値とし，これに加えて，最良のケースを想定して見積もった楽観値と，最悪のケースを想定して見積もった悲観値を算出した。楽観値と悲観値の重み付けをそれぞれ1とし，最頻値の重み付けを4としてコストに乗じ，これらを合計した値を6で割って期待値を算出することとした。例えば，最頻値が100千円で，楽観値は最頻値－10％，悲観値は最頻値＋100％となった作業のコストの期待値は　　c　　千円となる。

　　b　　のコストの期待値を合計して，本プロジェクトの積上げ法によるコスト見積りを作成した。

（2）FP法によるコスト見積り

　N君は，FP法によってFPを算出して開発　　d　　を見積もり，これを工数に換算し単価を乗じて，コスト見積りを作成した。表1〜3は，本プロジェクトにおけるある1機能でのFPの算出例である。表1，表2を基に，表3でFPを算出した。

表1　データファンクションの一覧表

データファンクション	ファンクションタイプ	レコード種類数	データ項目数	複雑さの評価
D1	EIF：外部インタフェースファイル	1	4	低
D2	ILF：内部論理ファイル	1	3	低
D3	EIF：外部インタフェースファイル	1	5	中
D4	ILF：内部論理ファイル	1	4	低
D5	ILF：内部論理ファイル	1	6	中

表2　トランザクションファンクションの一覧表

トランザクションファンクション	ファンクションタイプ	関連ファイル数	データ項目数	複雑さの評価
T1	EQ：外部照会	1	5	低
T2	EI：外部入力	2	7	中
T3	EO：外部出力	1	6	低
T4	EI：外部入力	2	8	中
T5	EQ：外部照会	1	5	低
T6	EQ：外部照会	3	10	高

表3　FPの算出表

ファンクションタイプ	複雑さの評価 低 個数	重み	複雑さの評価 中 個数	重み	複雑さの評価 高 個数	重み	合計
EIF	1	×3	1	×4	0	×6	7
ILF	―	×4	―	×5	―	×7	
EI	―	×3	―	×4	―	×6	
EO	―	×7	―	×10	―	×15	
EQ	2	×5	0	×7	1	×10	20
総合計（FP）							e

注記　表中の＿部分は，一部を除いて省略されている。

　N君は，M課長に積上げ法とFP法によるコスト見積りの差異は許容範囲であることを説明し，積上げ法のコスト見積りを2回目のコスト見積りとして採用することについて，L社内の承認を得た。M課長は，承認された2回目のコスト見積りをQ社に説明し，Q社の合意を得た。その際Q社に，業務要件の仕様変更のリスクを加味し，L社のコスト見積りの総額に　　f　　を追加して予算を確定するよう提案した。

設問1 本文中の ⬚ a ⬚ , ⬚ b ⬚ , ⬚ f ⬚ に入れる適切な字句を解答群の
中から選び，記号で答えよ。
解答群
　　ア　EVM　　　　　　　　　　　イ　活動
　　ウ　コンティンジェンシ予備　　　エ　スコープ規定書
　　オ　スコープクリープ　　　　　　カ　プロジェクト憲章
　　キ　マネジメント予備　　　　　　ク　ワークパッケージ

設問2 〔前回プロジェクトの問題とその対応〕について，(1)，(2)に答えよ。
　　(1)　本文中の下線①の理由を，契約形態の特徴を含めて30字以内で述べよ。
　　(2)　本文中の下線②について，積上げ法に加えてもう一つ別の手法で見積りを
　　　　行う目的を，30字以内で述べよ。

設問3 〔1回目のコスト見積り〕について，本文中の下線③で漏れていた説明の内容を
40字以内で答えよ。

設問4 〔2回目のコスト見積り〕について，(1)～(3)に答えよ。
　　(1)　本文中の ⬚ c ⬚ に入れる適切な数値を答えよ。計算の結果，小数第1
　　　　位以降に端数が出る場合は，小数第1位を四捨五入せよ。
　　(2)　本文中の ⬚ d ⬚ に入れる適切な字句を，2字で答えよ。
　　(3)　表3中の ⬚ e ⬚ に入れる適切な数値を答えよ。

〔メモ用紙〕

問10 変更管理に関する次の記述を読んで，設問1～3に答えよ。

　B社は，中堅の物流企業である。B社のシステム部は，物流管理システムを開発・保守・運用している。物流管理システムは，物流管理サービスとして，B社のサービス利用部署に提供されている。物流管理サービスは，週1回設けているサービス停止時間帯以外であれば，休日，夜間も利用可能である。近年，事業の拡大に伴い，物流管理サービスへの変更要求(以下，RFCという)の件数が増加し，変更管理に関する問題が顕在化してきた。

〔変更管理の現状〕
　システム部では，RFCに基づいて，物流管理サービスの変更を行っている。変更を適用するリリースを稼働環境に展開する作業(以下，展開作業という)は，サービス停止時間帯に行われる。RFCは，事業環境の変化などに対応する適応保守と不具合の修正などの是正保守に大別される。適応保守には，売上げや利益を改善するための修正や法規制対応などが含まれる。変更の費用は，変更管理部署であるシステム部が一旦負担し，その費用をB社の全部署に人数割りで配賦している。
　現在顕在化している変更管理に関する主な問題点は，次のとおりである。
(1) RFCの依頼者は，決められた書式の文書を電子メールに添付してシステム部の変更管理担当に提出する。RFCの依頼者は，依頼部署の上司を写し受信者として，電子メールで提出すればよいので，依頼者の個人的な見解に基づくRFCもある。
(2) 適応保守のうち，法規制対応のRFCは，RFCの依頼者が法規制の施行に基づいて設定した実施希望日に変更が実施されるが，法規制対応以外のRFCは，RFCを受け付けた順に対応しており，システム部の要員の稼働状況によって変更実施日が決められる。RFC件数の増加によって，システム部の要員はひっ迫しており，重要なRFCの変更実施日がRFCの実施希望日を過ぎてしまう場合があって，依頼者からクレームが発生している。
(3) 展開作業の計画が不十分であったり，展開作業中に障害が発生したりするなどの要因で，予定時間内に展開作業が完了しない場合がある。また，展開作業が予定時間に完了しない場合を想定しておらず，終了予定時刻を超過しても展開作業を継続し，サービス開始を遅延させてしまうことがある。
(4) 経営層からは，変更管理について次の指示が出ているが，対応できていない。
　(a) 変更決定者を定め，売上げや利益を改善するための修正は，ROIを考慮してRFCの承認を行うこと。
　(b) 変更の費用は，変更の実施によって利益を受ける受益者が負担すること。その場合，関係する部署でRFCを協議して，費用の取扱いを決定すること。
　(c) 変更実施後の実現効果を利害関係者と確認し，必要に応じて利害関係者と合意した処置をとること。

〔変更管理プロセスの手順案の作成〕
　システム部のC部長は，変更管理の問題点を解決するため，システムの保守・運用の管理を担当しているD課長に，変更管理の改善に着手するよう指示した。D課長は，表1に示す変更管理プロセスの手順案を作成した。

表1　変更管理プロセスの手順案

手順	内容
RFC の提出	・変更依頼者は，RFC の内容を取りまとめて，①自部署の部長の承認を得た後，変更管理マネージャに提出する。 ・変更管理マネージャは，D課長が担当する。
RFC の受付	・変更管理マネージャは，受け付けた RFC に RFC 番号を割り当てる。 ・変更管理マネージャは，表2の優先度割当表の内容に従って優先度を割り当てる。
RFC の評価	変更決定者が招集する，指名された代表で組織する変更諮問委員会（以下，CAB という）が，変更の影響について助言する。 ・CAB の構成メンバ（以下，CAB 要員という）は，変更管理マネージャ，RFC を提出した依頼者，依頼部署の部長，開発担当者，及び運用担当者である。 ・CAB は適宜開催する。 ・変更管理マネージャは，CAB 要員に RFC の内容を事前に送付し，CAB の開催を通知する。 ・システム部は，RFC の優先度と実施希望日を考慮して，RFC の承認に必要となる　　 a 　　を作成する。
RFC の承認	RFC の承認及び差戻しは，変更決定者が決定権限をもつ。変更決定者の役割は次のとおりである。 ・RFC の受付で設定した優先度が妥当かを判断する。 ・CAB に出席し，CAB 要員による評価を考慮して，RFC の承認及び差戻しを決定する。 ・RFC の承認及び差戻しの判断基準には，ROI と実現可能性を考慮する。 変更決定者は，C部長が担当する。 RFC が承認された場合は，変更の実施を行う。承認されない場合は，RFC の依頼者に RFC を差し戻し，クローズする。
変更の実施	システム部の担当者が，変更を実施する。 ・承認された変更の詳細計画を作成し，開発（構築）及び試験する。 ・試験された変更を，稼働環境に展開する。
クローズ	変更管理マネージャは変更の実施を確認して，問題がなければ RFC をクローズする。

表2　優先度割当表

優先度	内容	件数割合
高	多くのサービス利用者に対して影響を与える RFC，又は緊急性が高い RFC	20%
低	優先度 "高" 以外の RFC	80%

〔C部長の指摘〕

　D課長は，C部長に変更管理プロセスの手順案を説明したところ，次の指摘を受けた。

(1)　適応保守の中には，②ROIと実現可能性だけで判断すべきではないRFCもあるので，RFCの承認及び差戻しの意思決定には，この点も考慮すること。

(2)　経営層からの指示に基づき，③変更の費用の費用負担方法を変更すること。これに伴い，CAB要員として必ず　　 b 　　を参加させること。

(3)　変更管理プロセスの手順案では，変更決定者は自身が務めることになっているが，RFC件数が増加傾向にあるので，迅速な意思決定ができる仕組みを構築し，自身は優先度の高いRFCの意思決定に専念できるようにすること。

(4)　現状，"展開作業がサービス停止時間帯内に完了しない事例" が発生してい

る。変更管理プロセスの手順案の｜　a　｜では，サービス開始を遅延させ
ないための④展開作業時に実施する可能性のある作業を計画すること。
(5) 変更を実施した後に，変更実施後のレビュー（以下，PIRという）を行い，
変更の有効性をレビューすること。PIRの実施時期については，RFCの承認
の際に決定すること。
(6) 現状の変更管理の問題点が解決されたかを確認するために，変更管理プロ
セスを評価するKPIを設定すること。KPIは，依頼者からのクレームが減っ
たことが確認できるものとすること。

〔変更管理プロセスの手順案の修正〕
　D課長は，C部長の指摘に漏れなく対応するように，変更管理プロセスの手順
案を修正した。そのうち，迅速な意思決定に関する修正，及びKPIの設定は次
のとおりである。
(1) 迅速な意思決定については，表2に示す優先度が"低"のRFCの承認及び
差戻しの決定は，｜　c　｜とする。
(2) 変更管理プロセスを評価するKPIとして，次の(a)〜(c)を設定する。
　(a) 失敗した展開作業数の削減率
　(b) 変更に起因するインシデント数の削減率
　(c) 実施希望日どおりに変更が実施できたRFCの割合の増加率

設問1　〔変更管理プロセスの手順案の作成〕について，(1)，(2)に答えよ。
(1) 表1中の下線①の狙いを，25字以内で答えよ。
(2) 表1中の｜　a　｜に入れる適切な字句を解答群の中から選び，記号で答
えよ。
　解答群
　　　ア　エスカレーションフロー　　　イ　サービスカタログ
　　　ウ　トレーニング資料　　　　　　エ　変更スケジュール
設問2　〔C部長の指摘〕について，(1)〜(3)に答えよ。
(1) 本文中の下線②について，該当するRFCを本文中の字句を用いて，10字以
内で答えよ。
(2) 本文中の下線③の費用負担方法について，現在の方法をどのように変更す
るのか。変更前と変更後の方法を含めて，40字以内で述べよ。また，本文中
の｜　b　｜に入れる適切な字句を解答群の中から選び，記号で答えよ。
　解答群
　　　ア　インフラ構築担当者
　　　イ　サービスデスク要員
　　　ウ　変更の実施によって利益を受ける部署の代表者
　　　エ　変更の内容に応じた専門技術をもつシステム部員
(3) 本文中の下線④の内容を，20字以内で答えよ。
設問3　〔変更管理プロセスの手順案の修正〕について，本文中の｜　c　｜に入れる
適切な修正内容を30字以内で答えよ。

問11 販売物流システムの監査に関する次の記述を読んで，設問1～4に答えよ。

　食品製造販売会社であるU社は，全国に10か所の製品出荷用の倉庫があり，複数の物流会社に倉庫業務を委託している。U社では，健康食品などの個人顧客向けの通信販売が拡大していることから，倉庫業務におけるデータの信頼性の確保が求められている。

　そこで，U社の内部監査室では，主として販売物流システムに係るコントロールの運用状況についてシステム監査を実施することにした。

〔予備調査の概要〕
　U社の販売物流システムについて，予備調査で入手した情報は次のとおりである。
(1) 販売物流システムの概要
　① 販売物流システムは，顧客からの受注情報の管理，倉庫への出荷指図，売上・請求管理，在庫管理，及び顧客属性などの顧客情報管理の機能を有している。
　② 物流会社は，会社ごとに独自の倉庫システム(以下，外部倉庫システムという)を導入し，倉庫業務を行っている。外部倉庫システムは，物流会社や倉庫の規模などによって，システムや通信の品質・性能・機能などに大きな違いがある。したがって，販売物流システムと外部倉庫システムとの送受信の頻度などは必要最小限としている。
　③ 販売物流システムのバッチ処理は，ジョブ運用管理システムで自動実行され，実行結果はログとして保存される。
　④ 販売物流システムでは，責任者の承認を受けたID申請書に基づいて登録された利用者IDごとに入力・照会などのアクセス権が付与されている。また，利用者IDのパスワードは，セキュリティ規程に準拠して設定されている。
　⑤ 倉庫残高データは，日次の出荷作業後に外部倉庫システムから販売物流システムに送信されている。倉庫残高データは，倉庫ごとの当日作業終了後の品目別の在庫残高数量を表したものである。当初はこの倉庫残高データを利用して受注データの出荷可否の判定を行っていた。しかし，2年前から販売物流システムの在庫データに基づいて出荷判定が可能となったので，現状の倉庫残高データは製品の実地棚卸などで利用されているだけである。
(2) 販売物流システムの処理プロセスの概要
　販売物流システムの処理プロセスの概要は，図1のとおりである。

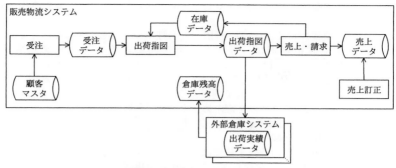

図1　販売物流システムの処理プロセスの概要

① 顧客からの受注データは，自動で在庫データと照合される。その結果，出荷可能と判定されると受注分の在庫データが引当てされ，出荷指図データが生成される。出荷指図データには，出荷・納品に必要な顧客名，住所，納品情報などが含まれている。

② 出荷指図データは，販売物流システムから外部倉庫システムに送信される。送信処理が完了した販売物流システムの出荷指図データには，送信完了フラグが設定される。

③ データの送受信を必要最小限とするために販売物流システムは出荷実績データを受信せず，出荷指図データに基づいて，日次バッチ処理で売上データの生成及び在庫データの更新を行っている。

④ 出荷間違い，単価変更などの売上の訂正・追加・削除は，売上訂正処理として行われる。この売上訂正処理では，売上データを生成するための元データがなくても入力が可能である。現状では，売上訂正処理権限は，営業担当者に付与されている。

〔監査手続の検討〕

システム監査担当者は，予備調査に基づき，表1のとおり監査手続を策定した。

表1　監査手続

項番	監査要点	監査手続
1	利用者IDに設定されている権限とパスワードが適切に管理されているか。	① 利用者IDに設定されている権限が申請どおりであるか確かめる。 ② 利用者IDのパスワード設定がセキュリティ規程と一致しているか確かめる。
2	顧客情報が適切に保護されているか。	① 販売物流システムの顧客情報の参照・コピーなどについて，利用者及び利用権限が適切に制限されているか確かめる。
3	出荷指図に基づき倉庫で適切に出荷されているか。	① 1か月分の出荷指図データと売上データが一致しているか確かめる。
4	倉庫の出荷作業結果に基づき売上データが適切に生成されているか。	① 売上データ生成の日次バッチ処理がジョブ運用管理システムに正確に登録され，適切に実行されているか確かめる。

内部監査室長は，表1をレビューし，次のとおりシステム監査担当者に指摘
した。

(1) 項番1の①について，権限の妥当性についても確かめるべきである。特に
売上訂正処理は，日次バッチ処理による売上データ生成とは異な
り，　　a　　がなくても可能なので，不正のリスクが高い。このリスクに
対して①現状の運用では対応できない可能性があるので，運用の妥当性につ
いて本調査で確認する必要がある。

(2) 項番2の監査要点を確かめるためには，販売物流システムだけを監査対象
とすることでは不十分である。　　b　　についても監査対象とするかどう
かを検討すべきである。

(3) 項番3の①の監査手続では，出荷指図データどおりに出荷されていること
を確かめることにならない。また，この監査手続は，倉庫の出荷作業手続が
適切でなくても　　c　　と　　d　　が一致する場合があるので，コン
トロールの運用状況を評価する追加の監査手続を策定すべきである。

(4) 項番4の①の監査手続は，　　e　　と　　f　　が一致していることを
前提とした監査手続となっている。したがって，項番4の監査要点を確かめ
るためには，項番4の①の監査手続に加えて，販売物流システム内のデータ
のうち，　　g　　と　　h　　を照合するコントロールが整備され，有効
に運用されているか，本調査で確認すべきである。

設問1 〔監査手続の検討〕の　　a　　，　　b　　に入れる適切な字句をそれぞれ
10字以内で答えよ。

設問2 〔監査手続の検討〕の(1)において，内部監査室長が下線①と指摘した理由を25
字以内で述べよ。

設問3 〔監査手続の検討〕の　　c　　，　　d　　に入れる適切な字句をそれぞれ
10字以内で答えよ。

設問4 〔監査手続の検討〕の　　e　　～　　h　　に入れる最も適切な字句を解答
群の中から選び，記号で答えよ。
解答群
ア　ID申請書　　　　　　イ　売上訂正処理　　　　ウ　売上データ
エ　在庫データ　　　　　オ　受注データ　　　　　カ　出荷指図データ
キ　出荷実績データ　　　ク　倉庫残高データ　　　ケ　利用者IDの権限

サンプル問題　午前問題の解答・解説

問1
解答：エ

2台のATM（現金自動預払機）が統合後1台になり，利用者数は両支店の利用者数の合計になるので，統合後の利用率ρは2倍になります。したがって，統合前の平均待ち時間（下記左式）のρを2ρで置き換えた式（下記右式）が統合後の平均待ち時間になります。

$$W_{前}=\frac{\rho}{1-\rho}\times T_s \qquad W_{後}=\frac{2\rho}{1-2\rho}\times T_s$$

問2
解答：ア

各選択肢の文字列を見ると，いずれも最初の文字（記号）が1で，2番目の文字が2です。このことに着目し，文字1，2がどのように評価されていくのかを考えます。

まず，最初の文字1は$<R_1>$と評価され，$<R_1>$は$<B>$と評価されます。次に，2番目の文字2は$<R_2>$と評価されるので，この時点で文字列12は$<B><R_2>$，さらに$<A>$と評価されます。

そこで，次の3番目の文字も含めた文字列が$<A>$と評価されるためには，3番目の文字が$<R_0>$と評価される必要があり，0，3，6，9のいずれかでなければなりません。このことから，$<A>$と評価される，すなわち$<A>$から生成される文字列は，〔ア〕の123です。

問3
解答：ア

製品100個中に10個の不良品を含むロットが合格となるのは，抽出した3個がすべて良品である場合なので，合格と判定される確率は，

$$\frac{90}{100}\times\frac{89}{99}\times\frac{88}{98}=\frac{178}{245}$$

※別解
製品100個中，良品は90個なので，次の式でも求められる。

$$\frac{{}_{90}C_3}{{}_{100}C_3}=\frac{178}{245}$$

問4
解答：ア

ディープラーニングは，人間が自然に行う意思決定や行動などをコンピュータに学習させる機械学習の一種です。従来の機械学習とは異なり，人間の脳神経細胞（ニューロン）の回路網を模倣したニューラルネットワークを多層化し，それに大量のデータを与えることで，コンピュータ自身がデータの特徴やパターンなどを自動的に学習していきます。

※〔イ〕，〔ウ〕はデータマイニングなどに利用される手法。〔エ〕はエキスパートシステムの説明。

問5
解答：ア

1ビットの誤りが存在するハミング符号1110011の各ビットを，与えられた式に当てはめると，すべての式の値が1になります（次ページ参照）。したがって，3つの式に共通に使用されているX_1の値（＝1）が誤っていることになり，X_1を訂正したハミング符号は0110011となります。

$$X_1 \oplus X_3 \oplus X_4 \oplus P_1 = 1 \oplus 1 \oplus 0 \oplus 1 = 1$$
$$X_1 \oplus X_2 \oplus X_4 \oplus P_2 = 1 \oplus 1 \oplus 0 \oplus 1 = 1$$
$$X_1 \oplus X_2 \oplus X_3 \oplus P_3 = 1 \oplus 1 \oplus 1 \oplus 0 = 1$$

1ビットの誤りが存在する
ハミング符号

X_1	X_2	X_3	P_3	X_4	P_2	P_1
1	1	1	0	0	1	1

問6
解答：イ

キーaとbが衝突するのは，aをnで割ったときの余りと，bをnで割ったときの余りが同じときです。この余りをrとすると，a，bはそれぞれ次の式で表すことができます。ここで，Q_1及びQ_2は商を表します。

$$a = Q_1 \times n + r$$
$$b = Q_2 \times n + r$$

そこで，この2つの式の差を求めると，

$$a - b = (Q_1 - Q_2) \times n$$

となり，$a-b$はnの倍数であることがわかります。つまり，$a-b$がnの倍数であれば，キーaとbは衝突します。

$$a = Q_1 \times n + r$$
$$-b = Q_2 \times n + r$$
$$\overline{a - b = (Q_1 - Q_2) \times n}$$

問7
解答：ア

リストを配列で実現する場合，最大要素数に応じた領域をあらかじめ確保する必要があり，実際の要素数がそれより少ない場合は未使用領域が発生します。一方，ポインタで実現する場合は，領域を動的に確保することができるため無駄な未使用領域は発生しません。

以上，リストを配列で実現する場合の特徴は〔ア〕です。その他の選択肢は，ポインタで実現する場合の特徴です。

問8
解答：エ

再入可能とは，複数のプログラムが共有して実行しても，互いに干渉することなく並行実行できる性質です。したがって，〔エ〕が再入可能プログラムの特徴です。〔ア〕は再配置可能，〔イ〕は再帰可能，〔ウ〕はオーバレイの特徴です。

問9
解答：イ

ユニファイドメモリ方式とは，主記憶をCPU以外でも使用できるメモリ構造にした方式のことです。通常，画面表示用データの記憶にはVRAM（Video RAM）やグラフィックスメモリと呼ばれるグラフィック専用のメモリが使用されますが，ユニファイドメモリ方式では，主記憶の一部を表示領域として使用します。

※ユニファイドメモリ方式は "Unified Memory Architecture：UMA" とも呼ばれる。

問10
解答：エ

投機実行は，パイプラインの性能を向上させるための技法の1つです。「分岐条件の結果が決定する前に，分岐先を予測して実行する」ことで性能向上を図ります。

問11 解答：ウ

RAID1〜5の各構成は，データ及びエラー訂正情報（冗長ビット）の書き込み方法と，その位置の組み合わせによって分類されます。

問12 解答：イ

サーバの処理能力を負荷状況に応じて調整する方法のうち，サーバの台数を減らすことでリソースを最適化し，無駄なコストを削減することをスケールインといいます。逆に，サーバの台数を増やすことで処理能力を向上させることをスケールアウトといいます。

※〔ア〕はスケールアウト，〔ウ〕はスケールアップ，〔エ〕はスケールダウンの説明。

問13 解答：エ

n件目の書込み（50ミリ秒）と並行して$n+1$件目のCPU処理（30ミリ秒）と$n+2$件目の読取り（40ミリ秒）を実行するので，下図に示すようにCPU処理（E）と読取り（R）は，書込み（W）の時間内で完了できます。

したがって，1分（60×10^3ミリ秒）当たりの最大データ処理件数は，おおよそ，（60×10^3ミリ秒）÷50ミリ秒＝1200［件］となります。

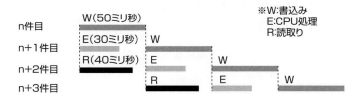

問14 解答：エ

A案とB案をシステム構成図に書き換え，稼働率を求めると次のようになります。ここで，図中の　　　　はノード間の経路を表します。

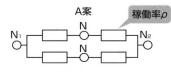
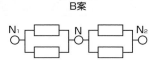

$$\text{A案の稼働率} = 1-(1-\rho^2)^2$$
$$= 2\rho^2 - \rho^4$$

$$\text{B案の稼働率} = (1-(1-\rho)^2)^2$$
$$= (2\rho - \rho^2)^2$$
$$= 4\rho^2 - 4\rho^3 + \rho^4$$

※〔公式〕
$(a+b)^2$
$= a^2 + 2ab + b^2$

次に，A案の稼働率とB案の稼働率の差を求めると，

$$(2\rho^2 - \rho^4) - (4\rho^2 - 4\rho^3 + \rho^4)$$
$$= -2\rho^4 + 4\rho^3 - 2\rho^2$$
$$= -2\rho^2(\rho^2 - 2\rho + 1)$$
$$= -2\rho^2(\rho - 1)^2 < 0$$

※A−B＜0なら常にA＜Bが成立。

となり，B案の稼働率の方が常にA案よりも高いことがわかります。

問15
解答：エ

ア：フェールセーフの説明です。

イ：フォールバック(縮退運転)の説明です。

ウ：フォールトマスキングの説明です。

エ：正しい記述です。フォールトアボイダンスは，システム構成要素の品質を高めて故障そのものの発生を防ぐことで，システム全体の信頼性を向上させようという考え方です。

問16
解答：イ

I^2C(Inter-Integrated Circuit)バスに接続された2つのセンサ値を読み込むタスク間の排他制御には，セマフォ機能を利用します。セマフォは，タスク間の排他制御及び同期制御を行う仕組みです。

※I^2Cバスは，複数のデバイスを接続する2線式のシリアルインタフェース。

問17
解答：エ

ラウンドロビン方式は，実行可能待ち行列の先頭のプロセスから順にタイムクウォンタムずつ実行し，終了しないときは実行を中断して，待ち行列の末尾に戻し，次のプロセスを実行するという方式です。

※〔ア〕は優先順位方式，〔イ〕はイベントドリブンプリエンプション方式，〔ウ〕は処理時間順方式の説明。

問18
解答：イ

ファーストフィット方式に従って，読み込む領域を割り当てていくと，それぞれ次のようになります。

〔読込み順序A〕

① ② ③ ④ ⑤ ⑥ ⑦ ⑧
100 → 200 → 200解放 → 150 → 100解放 → 80 → 100 → 120

	100	200	300	400	500
①100 ⑤解放		②200 ③解放			
⑥80		④150		⑦100	⑧120

〔読込み順序B〕

① ② ③ ④ ⑤ ⑥ ⑦ ⑧
200 → 100 → 150 → 100解放 → 80 → 200解放 → 100 → 120

	100	200	300	400	500
①200 ⑥解放		②100 ④解放		③150	
⑦100	100	⑤80	20		50

読込み順序Aにおいては，最後の120kバイトのモジュールの読込が可能ですが，読込み順序Bにおいては，120kバイト以上の連続した空き領域がないため読込は不可能です。

問19
解答：イ

タスクの多重度が1の場合，1秒間隔で到着した4件の処理要求は到着順に1件ずつ処理されます。タスク処理時間は常に4秒なので，すべての処理が終わるまでの時間は4×4＝16秒になります。一方，タスクの多重度が2の場合，下図のように処理ができるため処理時間は9秒ですみます。したがって，処理時間の差は16－9＝7秒です。

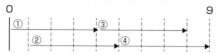

※①～④処理要求

問20
解答：イ

命令形式が異なるコンピュータ用の目的プログラムを生成する言語処理プログラムを，クロスコンパイラといいます。

問21
解答：ア

ビッグエンディアン方式を採用しているCPUでは，複数バイトのデータは低いアドレスから順に格納されます。したがって，主記憶の1000番地から格納されている2バイトデータの値は0001であり，これを16ビット長のレジスタにロードするわけですからレジスタの値は0001です。

※リトルエンディアン方式を採用しているCPUでは，主記憶の1000番地から格納されている2バイトデータは0100と評価される。

問22
解答：ア

〔ア〕がウォッチドッグタイマの機能です。最初にセットされた値から一定時間間隔でタイマ値を減少あるいは増加させ，タイマ値の下限値あるいは上限値に達したとき，割込みを発生させて例外処理(システムをリセットあるいは終了させる)ルーチンを実行します。

問23
解答：ア

3入力多数決回路は，3つの入力のうち2つ以上が1であるとき，1を出力する回路です。まず，真理値表と等価な論理式を求めます。この論理式は，出力Yが1になる入力(真理値表の4，6，7，8行目)の条件の論理和(加法標準形)をとることで求められるので，

$\overline{A}\cdot B\cdot C+A\cdot\overline{B}\cdot C+A\cdot B\cdot\overline{C}+A\cdot B\cdot C$

です。次に，この論理式に「A・B・C」を2項加え簡略化すると，

$\overline{A}\cdot B\cdot C+A\cdot\overline{B}\cdot C+A\cdot B\cdot\overline{C}+A\cdot B\cdot C+\mathbf{A\cdot B\cdot C+A\cdot B\cdot C}$ …①
$=B\cdot C\cdot(\overline{A}+A)+A\cdot C\cdot(\overline{B}+B)+A\cdot B\cdot(\overline{C}+C)$ …②
$=B\cdot C+A\cdot C+A\cdot B$ …③

になります。つまり，論理式③が3入力多数決回路を表す論理式です。ここで，論理式③は，3つの論理積(AND)と2つの論理和(OR)から構成されることに着目すれば，これと等価な回路は〔ア〕だとわかります。

※式①の1項と4項をB・Cでくくり，2項と5項をA・Cでくくり，3項と6項をA・Bでくくると，式②になる。

735

問24　　　　　　　　　　　　　　　　　　　　　解答：エ

FPGA（Field Programmable Gate Array）は，内部論理回路の構成を何度も繰り返し変更（再プログラム）できる集積回路です。〔ア〕はフラッシュメモリ，〔イ〕はASSP（Application Specific Standard Product），〔ウ〕はFPU（Floating Point Unit）の説明です。

問25　　　　　　　　　　　　　　　　　　　　　解答：ウ

選択肢に挙げられている手法を，利用者が参加するものと専門家だけで実施するものに分けると，次のようになります。

利用者が参加する手法	専門家だけで実施する手法
・アンケート	・認知的ウォークスルー法
・回顧法	・ヒューリスティック評価法
・思考発話法	

※各評価法については，p.656を参照のこと。

問26　　　　　　　　　　　　　　　　　　　　　解答：ア

内部スキーマは，概念スキーマをコンピュータ上に具体的に実現させるための記述です。ブロック長や表領域サイズ，インデックス定義などが内部スキーマ定義に相当します。

問27　　　　　　　　　　　　　　　　　　　　　解答：イ

検査制約は，列に対して入力（登録）できる値の条件を指定するものです。検査制約が定義されている場合，データの挿入又は更新時にその値が検査され，条件を満たしていなければ制約違反となります。

CREATE TABLE文を見ると，「CHECK（学生番号 LIKE 'K%'）」とあります。これは，「学生番号は，'K'から始まる文字列」であることを意味し，'K'から始まらない（先頭が'K'でない）学生番号は登録できません。したがって，〔イ〕のINSERT文は，学生番号に'J2002'を登録するSQL文であるため，これを実行すると検査制約違反になります。

※本問では，検査制約を表制約定義で行っているが，これを列制約定義で行うと次のようになる。
学生番号 CHAR（5）
　PRIMARY KEY
　CHECK（学生番号
　　　　LIKE 'K%'）

問28　　　　　　　　　　　　　　　　　　　　　解答：ア

埋込みSQLにおいて，問合せで得られた結果（導出表）が複数行になる場合は，得られた導出表からFETCH文を用いて1行ずつ取り出し，それを親プログラムに渡します。これをカーソル（CURSOR）処理といい，カーソルは「DECLARE CURSOR」文で宣言します。

問29　　　　　　　　　　　　　　　　　　　　　解答：ウ

B$^+$木インデックスは，B$^+$木の構造を利用したインデックスです。根から節をたどっていくことで目的のデータを検索でき，大量のデータでも検索パフォーマンスが得られます。また，値一致検索だけでなく，

"<" や ">", BETWEENなどを用いた範囲検索に優れているのも特徴の1つです。したがって，検索の性能改善が最も期待できる操作は〔ウ〕です。その他の選択肢は「〜以外の検索」であり，結果的には全件検索に近くなるため効果は期待できません。

問30
解答：ウ

CAP定理とは，「一貫性(Consistency)，可用性(Availability)，分断耐性(Partition Tolerance)のうち同時に満たせるのは2つまでである」という理論です。CAP定理におけるAとPの特性をもつ分散システムは，可用性(A)と分断耐性(P)を満たしますが，整合性すなわち一貫性(C)は満たしません。

問31
解答：イ

WebページのURLをhttp://118.151.146.137/のようにIPアドレスを使って指定するとページが表示され，http://www.jitec.ipa.go.jp/のようにドメイン名を指定すると表示されないのは，ドメイン名からIPアドレスへの変換(名前解決)に問題があります。原因の1つとしては「DNSサーバが動作していない」ことが考えられます。

※プロキシサーバは，WebサーバのIPアドレスを取得するため，DNSサーバに問い合わせて名前解決を行う。

問32
解答：ウ

シリアル回線を使って，ポイントツーポイント(1対1)で通信するためのプロトコルがPPP(Point to Point Protocol)です。PPPはコネクション型の通信であるため，通信を開始するときはコネクション確立を行ってから，データ転送を行います。このPPPと同等の機能をLAN(イーサネット)上で実現するプロトコルがPPPoE(PPP over Ethernet)です。PPPフレームをイーサネットフレームでカプセル化することで実現します。

問33
解答：ア

192.168.30.32/28の「/28」はプレフィックス値と呼ばれ，IPアドレスの先頭から28ビット目までがネットワークアドレスであることを表します。IPv4のアドレスは32ビットで，このうち28ビットがネットワークアドレスであるということは，ホストアドレスに割り当てることができるビット数は32−28＝4ビットです。

4ビットで表現できる値は0000〜1111の16(＝2^4)種類ですが，ホストアドレスが「0000」となるアドレスはネットワークアドレスです。また，「1111」となるアドレスはブロードキャストアドレスです。そのため，この2つのアドレスはホストアドレスとして割り当てることはできません。したがって，接続可能なホストの最大数は16−2＝14です。

・ネットワークアドレス　　　：192.168.30.<u>0010</u>0000
・ブロードキャストアドレス：192.168.30.<u>0010</u>1111

※網掛け部分がネットワークアドレス。なお，下位8ビットのみ2進表記している。

問34

解答：エ

端末Aがフレームを送信し始めてから，端末Bがフレームを受信し終わるまでの時間は，次のとおりです。

・端末AからA側のルータへのデータ転送時間
　LANの伝送速度が10Mビット／秒，フレーム長が1,500バイトなので，
　データ転送時間＝（1,500×8ビット）÷10Mビット／秒
　　　　　　　　＝12,000ビット÷10,000,000ビット／秒
　　　　　　　　＝0.0012秒 ＝ 1.2ミリ秒
・A側のルータのフレーム処理時間：0.8ミリ秒
・A側のルータからB側のルータへのデータ転送時間
　中継回線の伝送速度が1.5Mビット／秒なので，
　データ転送時間＝（1,500×8ビット）÷1.5Mビット／秒
　　　　　　　　＝12,000ビット÷1,500,000ビット／秒
　　　　　　　　＝0.008秒 ＝ 8ミリ秒
・B側ルータでのフレーム処理時間：0.8ミリ秒
・B側ルータから端末Bへのデータ転送時間：1.2ミリ秒
　以上，端末Bがフレームを受信し終わるまでの時間は，
　　1.2 ＋ 0.8 ＋ 8 ＋ 0.8 ＋ 1.2 ＝ 12ミリ秒

※B側ルータから端末Bへのデータ転送時間は，端末AからA側のルータへのデータ転送時間と同じ。

問35

解答：ア

　CSMA/CD方式では，伝送路使用率の増加に伴ってフレームが衝突する確率が高くなり再送が増えてきます。これにより伝送路使用率がある値（30％程度）を超えると，伝送遅延が急激に大きくなりスループットは低下します。

イ：各ステーションは伝送路上にフレームが流れていないことを確認した後，送信を開始しますが，ほぼ同時に複数のステーションが送信を開始してしまうと衝突が発生します。

ウ：ハブを使った接続でも衝突を検知でき，CSMA/CD方式を使用できます。

エ：CSMA/CD方式で使用されるフレームの長さはオクテットの整数倍です。

※オクテットとは，8ビットのこと。

問36

解答：イ

　ビット誤り率とは，送信したデータ量に対する発生したビット誤りの割合です。本問では，伝送速度30Mビット／秒の回線を使ってデータを連続送信したとき，平均して100秒に1回の1ビット誤りが発生したとあります。100秒間に送信できるデータ量は30M×100ビットなので，このときのビット誤り率は，次のようになります。

　　1ビット÷（30M×100ビット）
　＝1ビット÷（30×1,000,000×100ビット）
　≒0.0333・・・×10^{-8}
　＝3.33×10^{-10}

※ビット誤り率
単位時間当たりに発生したビット誤り数を，単位時間当たりの送信量で除算する。

問37
解答：ウ

ファジングはソフトウェアのテスト手法であり，ソフトウェア製品における未知の脆弱性を検出する方法の1つです。ソフトウェアのデータの入出力に注目し，問題を引き起こしそうなデータを大量に多様なパターンで入力して挙動を観察し，脆弱性を見つけます。

〔ア〕はFINスキャン，〔イ〕はホスト型IDS，〔エ〕はシグネチャ方式のネットワーク型IDSの説明です。

問38
解答：ウ

RSAは公開鍵暗号の代表的な方式です。RSA方式のデジタル署名では，署名者(送信者)の秘密鍵で暗号化したメッセージダイジェスト(すなわち，デジタル署名)を，署名者の公開鍵で復号することによって検証します。したがって，デジタル署名の検証鍵は，署名者(送信者)の公開鍵であり，〔ウ〕が正しい記述です。

ア，イ：デジタル署名では，送信者の秘密鍵を署名鍵，公開鍵を検証鍵として使用します。受信者の秘密鍵や公開鍵は使用しません。

エ：送信者の秘密鍵は自身が秘密に保管するものであり，受信者が送信者の秘密鍵を検証鍵として使用することはありません。

問39
解答：エ

SIEM(Security Information and Event Management)は，サーバやネットワーク機器などのログデータを一元的に管理し，分析して，セキュリティ上の脅威となる事象を発見し，通知するセキュリティシステムです。

〔ア〕はIPS(Intrusion Prevention System)，〔イ〕はSNMP(Simple Network Management Protocol)，〔ウ〕はシスコ社のNetFlowの特徴です。

問40
解答：ア

ダークネットの観測において，送信元IPアドレスがAのSYN/ACKパケットを受信したということは，攻撃者が自身の送信元IPアドレスを未使用のIPアドレスに詐称して，IPアドレスAのサーバにTCPコネクション確立要求のSYNパケットを送信し，サーバからSYN/ACKパケットが返信されたケースと考えられます。この場合，想定できる攻撃は，IPアドレスAを攻撃先とするSYN Flood攻撃(サービス妨害攻撃)です。

問41
解答：イ

DNSキャッシュポイズニングは，DNS問合せに対して，本物のコンテンツサーバの回答よりも先に偽の回答を送り込み，DNSキャッシュサーバに偽の情報を覚え込ませるというDNS応答のなりすまし攻撃です。攻撃が成功すると，DNSキャッシュサーバは偽の情報を提供してしまうため，利用者は偽装されたサーバに誘導されてしまいます。

※ダークネット
ダークネットには，本問のような送信元IPアドレスが詐称されたパケットへの応答パケットの他，マルウェアが攻撃対象を探すために送信するパケットなど相当数の不正パケットが送られている。このためダークネットを観測することでマルウェアの活動傾向などを把握することができる。

ア：フットプリンティングに関する説明です。

ウ：DNSリフレクタ（リフレクション）攻撃に関する説明です。

エ：ゾーン転送を悪用した攻撃の説明です。DNSサーバは通常，ゾーン情報（DNS情報）のマスタを管理する「プライマリサーバ」と，冗長化のために設置される「セカンダリサーバ」の2台で構成されます。ゾーン情報の設定はプライマリサーバで行い，プライマリサーバからセカンダリサーバへゾーン情報を複写して運用します。この複写のための仕組みをゾーン転送といい，第三者がセカンダリサーバを装ってゾーン転送を行わせることでドメイン内にあるサーバの名前やIPアドレスなどが漏えいしてしまいます。

※ゾーン転送
DNSサーバがもつゾーン情報（DNS情報）を他のDNSサーバに転送する仕組み。

問42

解答：ウ

サイバーキルチェーンの偵察段階とは，攻撃対象企業の事情調査（情報収集）を行う段階です。〔ウ〕の「攻撃対象企業の社員のSNS上の経歴，肩書などを足がかりに，関連する組織や人物の情報を洗い出す」が該当します。〔ア〕は配送段階，〔イ〕は配送〜目的実行段階，〔エ〕は武器化段階に関する記述です。

問43

解答：イ

Webサイトにアクセスした利用者を，自動的に他のWebサイト（URL）に誘導・転送する機能をリダイレクトといいます。オープンリダイレクトとは，外部から指定されたURLパラメータなどに基づいてリダイレクト先を指定する処理のことです。この処理に脆弱性がある場合，例えば，攻撃者が悪意あるWebサイトにリダイレクトするURLを記載したメールを攻撃対象の利用者に送信し，利用者にそのURLをクリックさせることで悪意あるWebサイトに誘導することができてしまいます。

※〔ア〕はフィッシングメール攻撃，〔ウ〕はDNSリフレクタ（リフレクション）攻撃，〔エ〕はプロキシ機能を悪用した不正中継に該当。なお，プロキシ機能を悪用した攻撃には踏み台攻撃もある。

問44

解答：ウ

VDI（Virtual Desktop Infrastructure）を利用したとき，Webサイトと実際にHTTP通信を行うのはVDIサーバ上の仮想PCで動作するWebブラウザです。VDIサーバは，Webサイトからの受信データを受信処理した後，仮想PCのディスクトップ画面の画像データだけをPCに送信します。これにより，未知のマルウェアがPCにダウンロードされるのを防ぐというセキュリティ上の効果が期待できます。

問45

解答：ア

基本評価基準，現状評価基準，環境評価基準の三つの基準で情報システムの脆弱性の深刻度を評価するものはCVSSです。CVSSは“Common Vulnerability Scoring System”の略で，共通脆弱性評価システムのことです。

問46
解答：イ

JIS Q 27000:2019(情報セキュリティマネジメントシステム―用語)では，"リスクレベル"を，「結果とその起こりやすさの組合せとして表現される，リスクの大きさ」と定義しています。〔ア〕は"脆弱性"，〔エ〕は"リスク基準"の定義です。なお，〔ウ〕に該当する用語定義はありません。

問47
解答：イ

判定条件網羅(分岐網羅)では，各判定条件において，結果が真になる場合と偽になる場合の両方がテストできるテストケースを設計します。

最初に，1つ目の判定条件「A＞0 かつ B＝0」が真となるテストケースを考えます。解答群にあるテストケースのなかで，この判定条件が真となるテストケースは「A＝1，B＝0」だけです。このテストケースで実行すると「A×C→C」によりCの値は1になるので，2つ目の判定条件「A＞0 かつ C＝1」は真になります。

次に，1つ目の判定条件「A＞0 かつ B＝0」が偽となるテストケースは，「A＝0，B＝0」，「A＝0，B＝1」，「A＝1，B＝1」の3つです。これらのテストケースで実行すると「2→C」によりCの値は2になるので，2つ目の判定条件「A＞0 かつ C＝1」は偽になります。

したがって，「A＝1，B＝0」と，「A＝0，B＝0」，「A＝0，B＝1」，「A＝1，B＝1」の3つのうちいずれか1つをテストケースとすれば，判定条件網羅(分岐網羅)を満たすことができます。このことから最少のテストケースは〔イ〕の「(1)A＝1，B＝0 (2)A＝1，B＝1」です。

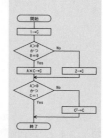

問48
解答：イ

CRUDマトリクスは，どのエンティティがどの機能によって，「生成(Create)，参照(Read)，更新(Update)，削除(Delete)」されるかをマトリクス形式で表した図です。したがって，〔イ〕が正しい記述です。
〔ア〕はデシジョンテーブル(決定表)，〔ウ〕はDFD，〔エ〕はE-R図の説明です。

問49
解答：ア

問題文に示された「問題は発生していないが，現状のソースコードとの不整合を解消するためにプログラム仕様書を作成し直す」ことは，"訂正"ではなく"改良"です。JIS X 0161(ソフトウェア技術―ソフトウェアライフサイクルプロセス―保守)では，"改良"に分類される保守には，適応保守と完全化保守の2つのタイプがあるとし，このうち完全化保守については注記として，「完全化保守は，利用者のための改良，プログラム文書の改善を提供し，ソフトウェアの性能強化，保守性などのソフトウェア属性の改善に向けての記録を提供する」と記載されています。この注記から，問題文に示された保守は〔ア〕の完全化保守に該当します。

※JIS X 0161については p.655を参照のこと。

問50　　　　　　　　　　　　　　　　　　　　　解答：イ

　KPT手法は，ふりかえり（レトロスペクティブ）方法の1つで，Keep（うまくいったことや今後も継続すること），Problem（うまくいかなかったことや今後はやめた方がいいこと，直したいこと）を洗い出し，それを基に，Try（問題点や課題の解決策，新たに実施すること）を考えるというものです。

※KPT手法は，主にチームの振り返りに活用されている。これに対し，主に個人の振り返りに活用される手法にYWT（やったこと，わかったこと，つぎにやること）がある。

問51　　　　　　　　　　　　　　　　　　　　　解答：ウ

　与えられた表を基にアローダイアグラムを書くと次のようになります。

※凡例
　　　　作業名
⟍◯⟋
　　　　所要日数
--→：ダミー作業

　まずクリティカルパスを求めます。利用者マニュアル作成は，製造及びテストと並行作業が可能です。このことに着目して，各作業の所要日数を見ると，利用者マニュアル作成の所要日数が20日であるのに対して，製造及びテストの所要日数が40（＝25＋15）日です。このことから，利用者マニュアル作成には20（＝40−20）日の余裕があり，クリティカルパス上の作業ではないことがわかります。したがって，クリティカルパスは「要件定義−設計−製造−テスト−利用者教育」であり，プロジェクトの最短所要日数は30＋20＋25＋15＋10＝100（日）です。

※クリティカルパス
余裕のない作業を結んだ経路。

問52　　　　　　　　　　　　　　　　　　　　　解答：エ

　完成時総コスト見積り（EAC）は，次の式で求めることができます。
　　EAC＝実コスト＋残作業コスト予測
　　　　＝AC＋ETC
　ここで，ETCは「（BAC−EV）÷CPI」，CPIは「EV÷AC」で求められるので，EACは次のようになります。
　　EAC＝60＋（100−40）／（40／60）
　　　　＝60＋60／（40／60）
　　　　＝60＋60×（60／40）
　　　　＝150［万円］

※問題文に与えられた各管理項目の金額
BAC：100万円
PV：50万円
EV：40万円
AC：60万円

問53　　　　　　　　　　　　　　　　　　　　　解答：ア

　クリティカルパス上のアクティビティの所要期間を短縮すれば，プロジェクトのスケジュールも短縮できます。この点に着目した技法がクラッシングです。クリティカルパス上のアクティビティに割り当てる資源を増やして，アクティビティの所要期間を短縮します。

問54
解答：エ

JIS Q 20000-1:2020の"問題管理"の項目に,「組織は,問題を特定するために,インシデントのデータ及び傾向を分析しなければならない」と記載されています。したがって,〔エ〕が正しい記述です。

ア：「必ず恒久的に解決する」との記述が誤りです。JIS Q 20000-1:2020では,「可能であれば,解決する」としています。

イ：JIS Q 20000-1:2020には,「既知の誤りは,記録しなければならない」と記載されています。

ウ：JIS Q 20000-1:2020には,「問題解決に関する最新の情報は,必要に応じて,他のサービスマネジメント活動において利用可能にしなければならない」と記載されています。

問55
解答：ウ

プロジェクト目標にマイナスの影響を及ぼすリスクへの対応戦略には,回避,転嫁,軽減,受容の4つがあります。このうち転嫁に該当するのは,〔ウ〕の「損害の発生に備えて,損害賠償保険を掛ける」です。〔ア〕は受容,〔イ〕は軽減,〔エ〕は回避に該当します。

問56
解答：ウ

RTO(目標復旧時間)が3時間なので,障害が発生した場合,3時間以内に復旧させる必要があります。また,RPO(目標復旧時点)が12時間前なので,少なくとも12時間前の状態にデータを復旧させる必要があります。そのためには12時間以内に取得したバックアップが必要なので,データのバックアップは最長で12時間ごとに取得しなければなりません。

問57
解答：イ

監査調書とは,システム監査人が行った監査業務の実施記録であり,監査意見表明の根拠となるべき監査証拠やその他関連資料をまとめたものです。したがって,〔イ〕の「監査調書の役割として,監査実施内容の客観性を確保し,監査の結論を支える合理的な根拠とすることなどが挙げられる」が正しい記述です。

ア：監査調書には,組織の重要情報や機密情報が含まれているため,無条件に公開すべきではありません。

ウ：監査調書は適切に保管する必要があります。電子媒体で保管される場合は,適切なバックアップ対策を講じる必要があります。

エ：監査調書には,システム監査人が発見した事実(事象,原因,影響範囲等)及び発見事実に関するシステム監査人の所見も記載されます。

問58
解答：イ

問題文に示された技法は,〔イ〕のウォークスルー法です。

※システム監査技法については p.582を参照のこと。

※JIS Q 20000規格
・JIS Q 20000-1：サービスマネジメントシステム要求事項
・JIS Q 20000-2：サービスマネジメントシステムの適用の手引き

※RTOとRPO
・RTO(目標復旧時間)：どのくらいの時間で復旧させるかの目標値
・RPO(目標復旧時点)：障害発生前のどの時点の状態に復旧させるかの目標値

問59　　　　　　　　　　　　　　　　　　　　解答：ア

　システム監査基準(平成30年)には，アジャイル手法を用いたシステム開発プロジェクトなど，精緻な管理ドキュメントの作成に重きが置かれない場合の監査証拠の入手について，「必ずしも管理用ドキュメントとしての体裁が整っていなくとも監査証拠として利用できる場合がある」と記載されています。したがって，〔ア〕は適切な記述ではありません。

問60　　　　　　　　　　　　　　　　　　　　解答：ア

　事業継続計画(BCP)は，その有効性を維持するため，必要に応じて見直し及び更新を行う必要があり，BCPの監査は，最新性及び実効性の観点から実施されます。〔ア〕の「従業員の緊急連絡先リストを作成し，最新版に更新している」ことは，BCPが適切に維持・管理されているものと判断できます。
イ：重要書類を複製せずに1か所で集中保管した場合，その保管場所が災害にあうと重要書類を一度に失ってしまう可能性があります。
ウ：事業継続及び早期の事業再開の観点から，重要度・緊急度に応じて優先順位付けを行い段階的に復旧範囲を拡大していくことも考慮すべきです。
エ：BCPを有効に機能させるためには，平時から従業員にBCPを周知徹底し，確実に実行できるようにしておく必要があります。

問61　　　　　　　　　　　　　　　　　　　　解答：イ

　BPOは "Business Process Outsourcing" の略で，社内業務のうちコアビジネス以外の業務の一部又は全部を，外部の専門業者に委託することをいいます。〔ア〕は事業継続計画(BCP：Business Continuity Plan)，〔ウ〕はMRP(Material Requirements Planning)，〔エ〕はIT投資マネジメントに関する記述です。

問62　　　　　　　　　　　　　　　　　　　　解答：ウ

　PPMにおいて，投資用の資金源と位置付けられるのは "金のなる木" に位置する事業，すなわち〔ウ〕の「市場成長率が低く，相対的市場占有率が高い事業」です。

問63　　　　　　　　　　　　　　　　　　　　解答：イ

　割引率が5%なので，各シナリオの正味現在価値(NPV)は次のようになります。
・A：$(40/1.05)+(80/1.05^2)+(120/1.05^3)-220=-5.7$万円
・B：$(120/1.05)+(80/1.05^2)+(40/1.05^3)-220=1.4$万円
・C：$(80/1.05)+(80/1.05^2)+(80/1.05^3)-220=-2.1$万円
　したがって，最も投資効果が大きいシナリオはBです。

※別解
本問の場合，各シナリオの投資額及び回収額の合計が同じなので，より早く大きく回収できるシナリオBのNPVが最も高くなると判断できる。

問64   解答：エ

情報戦略の投資効果を評価するとき，利益額を分子に，投資額を分母にして算出するのはROI（Return On Investment：投資利益率）です。

ア：EVA（Economic Value Added）は，「税引後営業利益－投下資本×資本コスト」で算出される，経済的付加価値と呼ばれる指標です。

イ：IRR（Internal Rate of Return：内部収益率）は，NPVがゼロになる割引率のことです。

ウ：NPV（Net Present Value：正味現在価値）は，投資対象が生み出す将来のキャッシュインを現在価値に換算した合計金額から，投資額を引いた金額のことです。

問65   解答：エ

SOAは，システムをサービス（部品）の組合せで構築するという設計手法なので，適切なのは〔エ〕です。〔ア〕はERP，〔イ〕はフィットギャップ分析，〔ウ〕はBPMの説明です。

問66   解答：ウ

〔ウ〕がアンゾフの成長マトリクスの説明です。〔ア〕はSWOT分析，〔イ〕バランススコアカード（BSC），〔エ〕はプロダクトライフサイクル戦略の説明です。

問67   解答：ア

UMLの図のうち，処理の分岐や並行処理，処理の同期などを表現できる図はアクティビティ図です。

問68   解答：エ

バイラルマーケティングとは，人から人へと“口コミ”で評判が伝わることを積極的に利用して，商品の告知や顧客の獲得を低コストで効率的に行うマーケティング手法です。したがって，〔エ〕が正しい記述です。

〔ア〕はワントゥワンマーケティング，〔イ〕はマスマーケティング，〔ウ〕はオムニチャネルの説明です。

問69   解答：イ

PM理論とは，「リーダシップは目標達成機能（P機能）と集団維持機能（M機能）の2つの要素で構成される」という理論です。したがって，〔イ〕が正しい記述です。〔ア〕は特性理論，〔ウ〕はSL理論，〔エ〕は状況適合理論（コンティンジェンシ理論）の特徴です。

問70   解答：ア

〔ア〕がABC分析の説明です。ABC分析は，パレート分析ともいい，

※資本コスト
投じた資金の調達コスト（配当金，利息など）のこと。

物事の優先順位付けに役立つ分析法です。

イ：コンジョイント分析の説明です。商品がもつ各属性がそれぞれどの
　　くらい選好に影響を与えているかを調べることができます。

ウ：世代別の消費動向を分析するコーホート分析の説明です。

エ：多変量解析の1つであるコレスポンデンス分析の説明です。

問71　　　　　　　　　　　　　　　　　　　　解答：ウ

　IoTで利用される通信プロトコルで，パブリッシュ／サブスクライブ
型のモデルを採用しているのは〔ウ〕のMQTTです。

問72　　　　　　　　　　　　　　　　　　　　解答：ア

　ワークサンプリング法は，観測回数及び観測時刻を設定し，実地観測
によって観測された要素作業数の比率（総観測回数に対する観測された
同一作業数の比率）などから，統計的理論に基づいて作業時間を見積も
る方法です。

　〔イ〕はPTS法（規定時間標準法），〔ウ〕は実績資料法，〔エ〕はスト
ップウォッチ法（時間観測法）の説明です。

問73　　　　　　　　　　　　　　　　　　　　解答：エ

　ファウンドリ企業とは，他社から委託を受けて半導体製品の生産だけ
を専門に行う企業です。多くの企業から生産委託を受けることによって
生産規模を確保し，低コストの製品を提供できるという特徴があります。

問74　　　　　　　　　　　　　　　　　　　　解答：イ

　製品Aを10個生産するのに必要となるユニットB，ユニットCの正味
所要量は，ユニットBの在庫残5個を考慮すると，

　　ユニットB：$10 \times 4 - 5 = 35$〔個〕　　ユニットC：$10 \times 1 = 10$〔個〕

　次に，ユニットBを35個，ユニットCを10個生産するのに必要となる
部品Dの正味所要量は，在庫残25個を考慮すると，

　　部品D：$35 \times 3 + 10 \times 1 - 25 = 90$〔個〕

問75　　　　　　　　　　　　　　　　　　　　解答：ウ

　かんばん方式は，中間在庫を極力減らすため，「必要なものを，必要
なときに，必要な量だけ生産する」というJIT（Just In Time）生産を実
現するための方式で，〔ウ〕が正しい記述です。

問76　　　　　　　　　　　　　　　　　　　　解答：ウ

　XBRLは "eXtensible Business Reporting Language" の略であり，
文書情報やデータの構造を記述するためのマークアップ言語である
XMLを，財務情報の交換に応用したデータ記述言語のことです。

※コンジョイント分析
各属性の好ましさの度
合いを数値化すること
で定量的に分析する。
直交表を利用すること
で少ない組合せパター
ンから最も好まれる属
性の組の推測が可能。

※選択肢の各プロトコ
ルについてはp.629，
630を参照のこと。

※〔ア〕〜〔ウ〕はフ
ァブレス企業が採用す
るビジネスモデルの特
徴。ファブレス企業と
は，自社では生産設備
をもたず，製品の企画
や設計などを自社で行
い，製品の生産につい
ては外部に委託する企
業のこと。

問77
解答：エ

今年度の営業利益は，次のとおりです。

営業利益＝（販売価格－変動費）×販売台数－固定費

$\quad$＝（200－100）×2,500－150,000＝100,000［千円］

来年度，固定費が5%上昇し，販売単価が5%低下すると，

固定費＝150,000×1.05＝157,500［千円］

販売単価＝200×0.95＝190［千円］

となるので，今年度と同じ営業利益が確保できる販売台数をNとすると，

（190－100）×N－157,500＝100,000

N＝2,861.111…［台］

となり，最低2,862台を販売する必要があります。

問78
解答：エ

PCの取得単価は30万円で，減価償却は定額法，償却率は0.250，残存価額は0円なので，1年あたりの減価償却額は，

減価償却額＝取得原価×定額法の償却率＝30×0.250＝7.5万円

そこで，PCを2年間使用した時点での固定資産額は，

固定資産額＝30万円－7.5万円×2年＝15万円

であり，これを廃棄処分にし，廃棄費用として2万円を現金で支払ったので，固定資産の除却損は廃棄費用も含めて，

固定資産の除却損＝15万円＋2万円＝17万円

問79
解答：ウ

関係者の間に，著作権の帰属に関する特段の取決めがない場合，開発を委託したソフトウェアの著作権は，それを受託した企業に帰属します。また，法人に雇用されている社員が職務上作成したプログラムの著作権は，その法人に帰属します。したがって，本問におけるプログラムの著作権は，C社に帰属することになります。

問80
解答：ア

製造物責任法（Product Liability：PL法）は，製造物の欠陥によって身体・財産への被害が生じた場合における製造業者の損害賠償責任を定めた法律です。製造物責任法では，製造物を「製造又は加工された動産」とし，ソフトウェアやデータは無形のため製造物にあたらないとしていますが，ソフトウェアを内蔵した製品（組込み機器）は製造物責任法の対象となります。

したがって，〔ア〕のROM化したソフトウェアを内蔵した組込み機器は，製造物責任法の対象となります。

サンプル問題　午後問題の解答・解説

問1　情報セキュリティ

設問1	a：サービス	
設問2	b：WAF	
設問3	イ，ウ	
設問4	（1）	ゼロデイ攻撃
	（2）	ウ
	（3）	c：ア
	（4）	d：インシデント対応チーム
	（5）	SIEM

●設問1

表1項番4の対策にある空欄aが問われています。表1の直後に，「項番4の対策をCMSサーバ及びデータベースサーバ上で行うことで不正アクセスを受けにくくしている」とあります。不正アクセスを受けにくくするという観点から考えると，「不要な　a　の停止」の空欄aは，**サービス**です。通常，サーバ上では様々なサービスを稼動させますが，不要なサービスを稼働させていると，そのサービスの脆弱性を悪用する不正アクセスを受ける可能性があります。そのため不要なサービスを停止し，不正アクセスの可能性を軽減するというのが，セキュリティ向上の基本対策になります。

●設問2

表1項番6の対策に，「CMSサーバ上のWebアプリケーションへの攻撃を，　b　を利用して検知し防御する」とあり，空欄bに入れる字句が問われています。Webアプリケーションへの攻撃を検知し防御するという特徴から，空欄bは**WAF**です。

●設問3

下線①に関する設問です。項番5の対策を実施するために，OS，ミドルウェア及びCMSで利用している製品について管理するべき内容が問われています。項番5の対策は，「OS，ミドルウェア及びCMSについて修正プログラムを毎日確認し，最新版の修正プログラムを適用する」というものです。当然ではありますが，現在使用している製品に脆弱性が見つかっているか否かの確認や，脆弱性に対する措置としてバージョンアップや修正パッチが公開されているかといった情報を確認するためには，その製品の名称とバージョンを知っておく必要があります。したがって，管理するべき内容は〔**イ**〕の**バージョン**と〔**ウ**〕の**名称**です。

●設問4(1)

下線②の，「今回の不正アクセスのきっかけとなった脆弱性に対応する修正プログラムはまだリリースされていなかった」状況を利用した攻撃の名称が問われています。午前試験でもよく出題されますが，脆弱性

※不要なサービスへのアクセスは，通常，ルータやFWでブロックされる。しかし，アクセスが許されている別のサーバが侵入され，そのサーバを踏台に悪用された場合，不要なサービス経由で更なる侵入を許す恐れがある。

に対応する修正プログラム(セキュリティパッチ)が提供される前に，その脆弱性を悪用する攻撃は**ゼロデイ攻撃**と呼ばれます。

●**設問4(2)**

脆弱性に対応する修正プログラムがまだリリースされていない場合に実施する暫定対策についての設問です。暫定対策が実施可能かどうかを判断するために必要な対応が問われています。

修正プログラムがリリースされていない状況で実施する対策としては，脆弱性の悪用を困難にする「脆弱性の回避」が挙げられます。例えば，あるアプリケーション機能に脆弱性が発見された場合，修正プログラムがリリースされるまでの間，その機能を無効化するといった臨時の対策をとり，脆弱性を回避します。したがって，修正プログラムがリリースされていない状況では，脆弱性の回避策があるかを調査し，回避策があれば実施することになります。

以上，暫定対策が実施可能かどうかを判断するために必要な対応とは，〔**ウ**〕の**脆弱性の回避策を調査**です。

●**設問4(3)**

「デフォルト設定のセキュリティレベルが厳し過ぎて正常な通信まで遮断してしまう　　c　　を起こすことがあり…」と記述されています。正常な通信であるにもかかわらず，それを攻撃の通信だと判断してしまうことを誤検知(False Positive：フォールスポジティブ)といいます。しかし，解答群に「誤検知」がありません。そこで，空欄cには，誤検知とほぼ同様の意味である〔**ア**〕の**過検知**を入れます。

●**設問4(4)**

「項番3については，　　d　　がセキュリティインシデントの影響度を判断し，サイト閉鎖を指示するルールを作成して，サイト閉鎖までの時間を短縮するようにした」とあります。

項番3(表2)の課題に，「サイト閉鎖を判断し指示するルールが明確になっていなかった」とあり，表2の直後には，「S部長はT主任からの報告を受け，セキュリティインシデントを専門に扱い，インシデント発生時の情報収集と各担当へのインシデント対応の指示を行うインシデント対応チームを設置する」とあります。これらの記述から，セキュリティインシデントの影響度を判断し，サイト閉鎖を指示するルールを作成する組織は，**インシデント対応チーム**(空欄d)です。

●**設問4(5)**

下線④の，「各ネットワーク機器，サーバ機器及び各種ソフトウェアからログを収集し時系列などで相関分析を行い，セキュリティインシデントの予兆や痕跡を検出して管理者へ通知するシステム」のシステム名称が問われています。「ログの収集(一元管理)」，「セキュリティインシデントの検出・分析」といった特徴から，これに該当するシステムは**SIEM**(Security Information and Event Management)です。

※**過検知**とは，"グレー"を"黒"と過剰判定すること。つまり，攻撃とは断定できないような通信を過剰に検知することを過検知という。

問2　経営戦略

設問1	(1)	a：セグメント
	(2)	顧客ニーズの多様化に対して，新たな利用シーンに対応する商品開発力をもつから
設問2	(1)	特許や商標の出願
	(2)	希少価値によって話題を集めることで，顧客の購買意欲を高めること
設問3	(1)	b：ウ　　c：カ
	(2)	d：イ
	(3)	クレームが拡散して，デジタルマーケティングが機能しない

●設問1(1)

　「新たな顧客のターゲット　　a　　として，… 健康志向の20～40代の女性を設定する」とあります。これは，市場細分化（セグメンテーション）を行い，ターゲットとするセグメントを健康志向の20～40代の女性に設定したという意味です。したがって，空欄aには**セグメント**が入ります。

●設問1(2)

　ターゲットセグメント（健康志向の20～40代の女性）に対して，下線①の「今までとは違う時間や場所で食べることができる機能性」というポジショニングに定めた理由が問われています。

　設問文に，「顧客・市場と自社の両方の観点から」という条件が付加されているので，まず〔現状分析〕の(1)顧客・市場を確認すると，「オフィスでおやつとして食べたり，持ち歩いて小腹のすいたときに適宜食べたりするなど，スナック菓子に対する顧客ニーズが多様化している」とあります。次に，(3)自社を確認すると，「新たな利用シーンに対応する商品開発力をもつ」とあります。

　これらの記述から，「今までとは違う時間や場所で食べることができる機能性」というポジショニングに定めたのは，オフィスで食べたり，持ち歩いて食べたりするといった**「顧客ニーズの多様化に対して，新たな利用シーンに対応する商品開発力をもつから」**だと考えられます。

●設問2(1)

　下線②について，リスクに対処するために事前に講じておくべき施策が問われています。ここでいうリスクとは，他社にアイディアやネーミングを模倣されるリスクなので，事前に講じておくべき施策は**「特許や商標の出願」**になります。

●設問2(2)

　Q社が，下線③の「発売当初は，期間限定で出荷数量を絞った集中的なキャンペーンを実施する」という施策をとった狙いが問われています。

　〔マーケティング戦略の策定〕にある，R課長が定めた今後のマーケティング戦略の(1)に，「希少価値によって話題を集めることで，顧客の購買意欲を高める」とあります。これが下線③の施策をとった狙いです。

※マーケティング戦略については，p.616を参照。なお，市場細分化の際に用いる基準変数を**セグメンテーション変数**といい，次のものがある。

・**地理的変数**（地域，都市規模，人口密度，気候など）

・**人口統計的変数**（年齢，性別，家族構成，所得，職業など）

・**心理的変数**（社会階層，ライフスタイル，性格・個性など）

・**行動的変数**（購買契機，購買頻度，追求便益など）

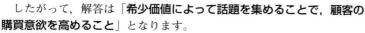
　したがって，解答は「**希少価値によって話題を集めることで，顧客の購買意欲を高めること**」となります。

●設問3(1)，(2)

　5A理論に関する設問です。5A理論とは，インターネットを活用したデジタルマーケティングを展開する上で有用となる理論であり，「認知（Aware）→訴求（Appeal）→調査（Ask）→行動（Act）→推奨（Advocate）」という消費者行動プロセスにふさわしいプロモーション戦略をとるべきであるという考え方です。

空欄b：空欄bに入る字句は，「インタビューへの応対などを通じて雑誌のデジタル版などのメディアに自社に関する内容を取り上げてもらう」ものであり，この施策によって「顧客のブランドへの認知度が高まる」ものが入ります。解答群の中でこれに該当するのは〔**ウ**〕の**パブリシティ**です。パブリシティとは，自社に関する情報をメディアに提供し，メディアを通じてその情報を報道してもらう広報活動のことです。

空欄c：「顧客は，ブランドに対する　　c　　が高まり」とあります。ブランドに対して高まるものは〔**カ**〕の**ロイヤルティ**です。ブランドに対するロイヤルティとは，顧客のブランドに対する信頼度，愛着度のことです。

空欄d：空欄dは，「顧客が，"他者へブランドを推奨する"」例です。これに該当するのは，〔**イ**〕の「**SNS上で，顧客自身に画像や動画などを公開してもらえること**」のみです。

●設問3(3)

　下線④について，クレーム対応によって想定される事態と，その結果生じるリスクが問われています。

　Q社がSNSに投稿した内容に対する，ある顧客からのクレームに対してS主任は，投稿の意図や意味を丁寧に説明していますが，その後，再度クレームが入っています。この報告を受けたR課長は，今後の対応を決める前に，下線④の「SNS特有の事態と，新商品Eの展開を阻害するおそれのあるリスク」を慎重に検討するようにとS主任に指示をしています。

　SNS特有の事態とは，SNS上での情報拡散のことです。したがって，クレーム対応によって想定される事態としては，誤ったクレーム対応による「クレームの拡散」が考えられます。そしてクレームの拡散は，新商品Eの評判を落とすことにつながるため，R課長が考えていたデジタルマーケティングでの展開を難しくします。つまり，新商品Eの展開を阻害するおそれのあるリスクとは，デジタルマーケティングでの展開が難しくなること，すなわちデジタルマーケティングが機能しないというリスクです。

　以上，解答としては「**クレームが拡散して，デジタルマーケティングが機能しない**」とすればよいでしょう。

※他の選択肢については，以下のとおり。
ア：「SEO対策によって，顧客に検索してもらえること」は，調査（Ask）の例
ウ：「インターネットに広告を出すことで，顧客にブランドが広まること」は，認知（Aware）の例
エ：「顧客にワンクリックで商品を購入してもらえること」は，行動（Act）の例

サンプル問題【午後問題の解答・解説】

問3　プログラミング

設問1	ア：10001　　イ：TGGGT
設問2	ウ：5
設問3	エ：DEPTH−d　　オ：r　　カ：0　　キ：count
設問4	ク：σ　　ケ：N　　コ：N log$_2$(σ)

●設問1

図1中の空欄ア，図1及び本文中の空欄イが問われています。〔ウェーブレット木の構築〕に示された構築手順に従って操作を行うと，次のようになります。

①：文字列Pに対応する，深さ0（根）のノードを生成する。

②：文字列Pの各文字を表す符号（以下，文字符号という）の左から1番目のビットの値を取り出し，それを深さ0（根）のノードのキー値とする。

※文字列Pは4種類の文字から構成されるので，文字を符号化するために必要な最小のビット数は「4＝2²」により2ビット。本問の場合，文字AをOO，文字CをO1，文字Gを10，文字Tを11の2ビットで符号化している。

```
文字列P→      C    T    C    G    A    G    A    G    T    A
             01   11   01   10   00   10   00   10   11   00
根（深さ0）の
ノードのキー値→  0    1    0    1    0    1    0    1    1    0
```

③：深さ0のノードのキー値を左から順番に見ていき，「ビットの値が0に対応する文字」と「ビットの値が1に対応する文字」に振り分ける。

```
ビットの値が0に対応する文字      ビットの値が1に対応する文字
      CCAAA                      TGGGT（空欄イ）
```

④：③で振り分けた各文字列内の文字がそれぞれ2種類以上なので，各文字列に対応する深さ1のノード（左の子，右の子）を生成する。

⑤：③で振り分けた，ビットの値が0の場合の文字列 "CCAAA" の各文字符号の左から2番目のビットの値を取り出し，それを深さ1の左の子ノードのキー値とする。

```
C     C     A     A     A
01    01    00    00    00     ─────→   左の子ノードのキー値
                                            11000
```

また，ビットの値が1の場合の文字列 "TGGGT" の各文字符号の左から2番目のビットの値を取り出し，それを深さ1の右の子ノードのキー値とする。

```
T     G     G     G     T
11    10    10    10    11     ─────→   右の子ノードのキー値
                                         10001（空欄ア）
```

⑥：左の子ノードのキー値を左から順番に見ていき，「ビットの値が0に対応する文字」と「ビットの値が1に対応する文字」に振り分ける。

```
ビットの値が0に対応する文字      ビットの値が1に対応する文字
       AAA                            CC
```

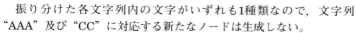

　振り分けた各文字列内の文字がいずれも1種類なので，文字列"AAA"及び"CC"に対応する新たなノードは生成しない。

⑦：右の子ノードのキー値を左から順番に見ていき，「ビットの値が0に対応する文字」と「ビットの値が1に対応する文字」に振り分ける。

ビットの値が0に対応する文字	ビットの値が1に対応する文字
G G G	T T

　振り分けた各文字列内の文字がいずれも1種類なので，文字列"GGG"及び"TT"に対応する新たなノードは生成しない。

⑧：処理を終了する。

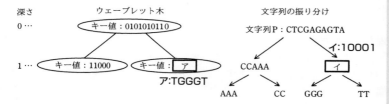

●設問2

　「文字Cは根から左の子ノードに振り分けられる」とあり，左の子ノードに振り分けられる文字の個数が問われています。図1(上図)からもわかりますが，左の子ノードの文字列は"CCAAA"であり，文字数は**5**(空欄ウ)です。

●設問3

　図3の関数rank(文字の出現回数を数えるプログラム)の空欄が問われています。

　空欄を考える前に，「深さDのノードのキー値は，そのノードに対応する文字列の各文字符号の左からD+1番目のビットの値で構成されたビット列」であることを確認しておきましょう。例えば，深さ0のノードのキー値は，根(root)ノードに対応する文字列の各文字符号の左から1番目のビットの値で構成されたビット列です。

　プログラムを見ると，文字符号の左からのビット位置を表す変数にdを使用し(初期値は1)，while内の処理が1回終了した時点でdの値を+1しています。このことからプログラムでは，whileの1回目のループで深さ0のノードのキー値を調べ，2回目のループで深さ1のノードのキー値を調べるといった処理を繰り返していることがわかります。

　ここで，ノードのキー値を調べるとは，深さ0のノードの場合であれば，出現回数を数える対象文字の符号中の左から1番目のビットの値と等しいビットを調べ，その個数を数えることを意味します。

※深さ1のノードのキー値は，それに対応する文字列の各文字符号の左から2番目のビットの値で構成されたビット列。

※変数dと深さの関係

変数d	深さ
1	0
2	1
3	2
:	:

空欄エ，オ：プログラムの注釈に，「rに対応するビット列の左からd番目のビット位置のビットの値をbに格納」とあることから，空欄エ，オを含む処理では，ノードのキー値を調べるビット値をbに求めることになります。

※rは，対象文字をビット列に符号化して，それを整数に変換した値。例えば，文字列P全体での文字C（＝01）の出現回数を数える場合，rは1（＝01）。

rに対応するビット列（以下，rビット列という）の左からd番目のビットの値を求めるためには，シフト演算とand（論理積）演算を使います。例えば，rビット列が1011であり，このビット列の左から1番目のビット値を求める場合，次の処理を行います。

① 取り出したいビットの位置のみを1にしたビット列1000を作る。これを行うため，1を左に3ビットシフトする。

② ①で作成したビット列1000とrビット列1011とのandを求める。

③ ②で求められた1000を右に3ビットシフトし，1を得る。

※and（論理積）演算
```
      1 0 0 0
and   1 0 1 1
      1 0 0 0
   └ 得たい値
```

では，上記の処理を参考に空欄エ，オを考えましょう。

取り出したいビットの位置は変数dに設定されています。また，rビット列のビット数はDEPTHに格納されています。したがって，1を左に**DEPTH−d**（空欄エ）ビットシフトすることで取り出したいビットの位置のみを1にしたビット列を作ることができます。

次に，上記処理で得られた値をxに格納し，xと**r**（空欄オ）とのandを求めます。そして，求められたビット列を右に**DEPTH−d**（空欄エ）ビットシフトすれば，bの値（0 or 1）が得られます。

※問題文に，「文字の符号化に必要な最小のビット数は，大域変数DEPTHに格納されているものとする」とあるので，rビット列のビット数＝DEPTH。

```
            ① 左に(DEPTH−d)ビットシフト
DEPTH          0 0 0 1
              ↓      ③ 右に(DEPTH−d)ビットシフト
1 0 1 1  and 1 0 0 0 = 1 0 0 0 → 0 0 0 1
  └ d番目  ②
```

空欄カ：「if（bが　カ　と等しい）」とき，「nodep←nodep.left」を行っています。nodep.leftは左の子ノードへのポインタなので，この代入文では，次に調べるノードを左の子ノードに設定していることになります。次のノードを左の子ノードとするのは「bが0と等しい」ときなので，空欄カには0が入ります。

空欄キ：変数nに代入する値が問われています。変数nの初期値には，検索対象の文字列の長さ（すなわち深さ0のキー値のビット列の長さ）が設定されています。また，while内のfor文では，変数iの値を1からnまで1ずつ増やしながら，現在参照しているノード（以下，nodepのノードという）のキー値のビット列を左から順番に調べ，bの値と等しいビットの個数をcountに求めています。このことから，変数nは，nodepのノードのキー値のビット列の長さを表していることになります。

※bが0のときの処理

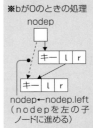

nodep←nodep.left
（nodepを左の子ノードに進める）

現在参照しているnodepのノードの処理が終わり，次のノードを調べるためには，そのノードのキー値のビット列の長さをnに設定する必要があります。ここで，変数countに求められた値は，次に調べるノードのキー値のビット列の長さに等しいことに着目します。つまり，**count**(空欄キ)の値をnに設定すれよいわけです。

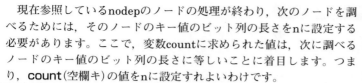

●設問4　〔ウェーブレット木の評価〕に関する設問です。

空欄ク：「文字ごとに$\log_2($ ［ク］ $)$か所のノードで操作を行う」とあります。文字列Qの長さはN(すなわち，文字数はN)，文字の種類の個数はσです。σは2以上の2のべき乗なのでこれを$\sigma = 2^k$ (k≧1)とすると，ウェーブレット木の葉の深さはk−1です。そして，葉の深さがk−1であれば，文字ごとに，「深さ0(根)のノード，次に，根の左あるいは右の子ノード，…，最後に，深さk−1(葉)のノード」の順に全部でkか所のノードで操作を行うことになります。

このことから，「$\log_2($ ［ク］ $)$=k」が成り立ちます。ここで「$\sigma = 2^k$」を「k=」の式に変形すると，

$$\sigma = 2^k$$
$$\log_2 \sigma = \log_2 2^k \qquad \text{底を2として両辺の対数をとる}$$
$$\log_2 \sigma = k$$

となります。したがって，空欄クにはσが入ります。

空欄ケ：文字数がNで，文字ごとに$\log_2 \sigma$か所のノードで操作を行うため，操作回数は全部でN×$\log_2 \sigma$となります。このとき，各ノードでの操作を定数時間Tで行うことができる場合，ウェーブレット木の構築に掛かる合計時間はT×N×$\log_2 \sigma$と表すことができます。これをO記法で表すと，定数Tは省略されO(N×$\log_2 \sigma$)となります。したがって，空欄ケには**N**が入ります。

空欄コ：ウェーブレット木が保持するキー値のビット列の長さの総和が問われています。

文字列Qの長さがNであるとき，いずれの深さのノードにおいても，そのキー値のビット列の長さの和はNになります。また，文字の種類の個数がσであれば，ウェーブレット木の葉の深さは$\log_2 \sigma - 1$です。したがって，キー値のビット列の長さの総和は，

$$N \times (\log_2 \sigma - 1 + 1) = \mathbf{N \times \log_2 \sigma} \text{（空欄コ）}$$

となります。

〔文字列P"CTCGAGAGTA"の場合：N=10，σ=4〕

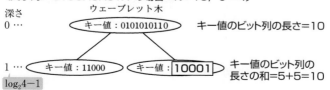

※$\sigma = 2^k$とすると，葉の深さはk−1。k=$\log_2 \sigma$なので，葉の深さは$\log_2 \sigma - 1$となる。

問4　システムアーキテクチャ

設問1	a：スケールアウト　　b：関数　　c：キャッシュ		
設問2	(1)	PaaSやFaaSでは，OSやミドルウェアのメンテナンスが不要だから	
	(2)	d：CDN	
	(3)	バッチ実行時間が上限の10分を超えてしまう問題	
設問3	e：8　　f：2,600　　g：1,800		
設問4	(1)	h：FaaS	
	(2)	20分未満の間隔でFaaS上のアプリケーションを定期的に呼び出す	

●設問1

表2中の空欄a，b及びcに入れる字句が問われています。

空欄a： 空欄aは，PaaSとFaaSの特徴の項目にあります。このうちPaaSの特徴の項目には，「事前の設定が必要だが，トランザクションの急激な増加に応じて，　a　できる」とあるので，空欄aには，トランザクションの急激な増加によって，システムにかかる負荷が急激に増加しても対応できる「**スケールアウト**」が入ります。

※FaaSの特徴の項目には，「　a　は事前の設定が不要である」とある。

　また，FaaSの特徴の項目にも空欄aがあります。FaaSは，必要なときに使用できるイベント駆動型で，使用に応じてリソース割り当てが管理されるサービスです。FaaSでは，スケールアウトやスケールインは自動的に行われるため，スケールアウト（空欄a）の事前の設定は不要です。

空欄b： 空欄bは，FaaSの特徴の項目にある「PaaSでは，受信したリクエストを解析してから処理を実行し，結果をレスポンスとして出力するところまで開発する必要があるのに対して，FaaSでは，実行したい処理の部分だけをプログラム中で　b　として実装すればよい」との記述中にあります。

※〔システム構成の検討〕に，「PaaS又はFaaSでのアプリケーションは，Web APIとして実装する。そのWeb APIは，ストレージに保存されたスクリプトファイルが　d　とFWを介してWebブラウザへ配信され，実行されて呼び出される」とある。

　PaaSやFaaSでのアプリケーションに関する記述は，〔システム構成の検討〕にあります。この記述によると，PaaS，FaaSどちらのアプリケーションも，Webブラウザからリクエストを受けるWeb APIとして実装されることになります。また，空欄bを含む記述（上記）から，アプリケーションは，「リクエストの解析→処理→レスポンスの出力」の3つの部分で構成されていることがわかります。

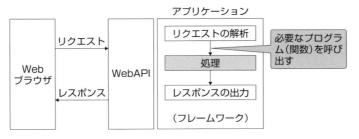

表2のFaaSの特徴の項目に，「PaaS同様，アプリケーション実行環境をサービスとして提供する」とありますが，PaaSとFaaSでは利用者が開発すべきアプリケーション部分が異なります。つまり，PaaSでは，一連の処理すべてを利用者がアプリケーションとして開発する必要がありますが，FaaSでは，実行したい処理(すなわち機能)を実現する関数だけを開発すればよく，その他の処理(リクエストを解析する処理や，関数からの結果をレスポンスとして出力する処理)は開発フレームワークに用意された既存の処理に任せることができます。

以上，空欄bには「**関数**」が入ります。

空欄c：空欄cは，CDNの特徴の項目にある「ストレージからの静的コンテンツは，一度読み込むと，更新されるまで　　c　　して再利用される」との記述中にあります。

読み込んだコンテンツを再利用するためには，そのコンテンツを一時的に保持する必要があります。一時的に保持することをキャッシュというので，空欄cには，「**キャッシュ**」を入れればよいでしょう。

なお，CDN(Content Delivery Network)とは，複数のキャッシュサーバを用いてコンテンツを効率的に配信する仕組みのことです。CDNでは，本来のサーバ(オリジンサーバという)に代わって，キャッシュサーバがコンテンツを配信することでネットワークやサーバの負荷を軽減します。

●設問2(1)

下線①の「運用コストを抑えるためにオンライン処理はPaaS又はFaaSを利用する」について，IaaSと比較して運用コストを抑えられる理由が問われています。

表2のIaaSの特徴の項目に，「OSやミドルウェアのメンテナンスを利用者側が実施する必要がある」とあります。この記述から，IaaSではOSやミドルウェアのメンテナンスコストが発生することが確認できます。

これに対してPaaSやFaaSでは，特徴の項目にあるように，アプリケーション実行環境がサービスとして提供されているため，利用者はそれを使うだけです。したがって，利用者側にてOSやミドルウェアのメンテナンスを実施する必要はなく，メンテナンスコストも発生しません。

以上から，IaaSと比較して運用コストを抑えられる理由は，「PaaSやFaaSでは，OSやミドルウェアのメンテナンスコストが発生しないから」あるいは「**PaaSやFaaSでは，OSやミドルウェアのメンテナンスが不要だから**」です。なお，試験センターでは後者を解答例としています。

●設問2(2)

空欄d：空欄dは，「そのWeb APIは，ストレージに保存されたスクリプトファイルが　　d　　とFWを介してWebブラウザへ配信され，実行されて呼び出される」との記述中にあります。

図1のシステム構成を見ると，FWのほかにCDNがあります。CDN

※FaaSは，"Function as a Service" の略で，Function(機能，関数)の実行環境がサービスとして提供される。利用者は，実行したい機能(関数)をクラウドにアップロードし，それを起動させるトリガを設定するだけ。

※キャッシュサーバは，Webサーバのコンテンツを一時的に保持し，利用者からのアクセスを代理で応答するプロキシサーバの一種。

※PaaSの特徴に「OS，ミドルウェア，プログラム言語，開発フレームワークはクラウドサービス側が提供する」とあり，FaaSの特徴には「PaaSと同様，アプリケーション実行環境をサービスとして提供する」とある。

は，設問1の空欄cで説明したように，キャッシュサーバを用いてコンテンツを効率的に配信する仕組みです。表2中のCDNの特徴の項目に，「ストレージ，IaaS，PaaS又はFaaSからのコンテンツをインターネットに配信する」とあるので，ストレージ，IaaS，PaaS又はFaaSからのコンテンツはCDNのキャッシュサーバにキャッシュされ，FWを介してWebブラウザへ配信されることになります。したがって，空欄dには「**CDN**」が入ります。

●設問2(3)

「バッチ処理については，登録データ量が増加した場合，②PaaSやFaaSを利用することには問題があることから，IaaSを利用することにした」とあり，下線②にある問題とは何か問われています。

表1の性能目標値のバッチレスポンスを見ると，「BIツール連携処理 30分以内」とあります。つまり，バッチ処理は30分以内に実行が終了すればよいわけです。しかし，表2のPaaS及びFaaSの制約には「1トランザクションの最大実行時間は10分」とあり，10分を超える処理は実行できません。そのため，登録データ量が増加しバッチ実行時間がPaaS及びFaaSの制約である上限10分を超えてしまった場合，PaaS及びFaaSでは処理ができないことになります。したがって，PaaSやFaaSを利用することの問題とは「**バッチ実行時間が上限の10分を超えてしまう問題**」です。

●設問3

〔PaaSとFaaSとのクラウドサービス利用料金の比較〕にある空欄e～gに入れる数値が問われています。

空欄e, f：空欄e，fは「PaaSの場合，通常時の業務量から，オンライン処理で必要な最小必要台数を求めると，名刺登録処理では5台，名刺参照処理では ___e___ 台となる。したがって，1時間当たりの費用は，___f___ 円と試算できる」との記述中にあります。

まず空欄eを考えます。表1を見ると，名刺参照処理の通常時の業務量は1時間当たり4,000件です。また表3を見ると，PaaS1台当たりの名刺参照処理能力は1時間当たり500件です。したがって，名刺参照処理で必要になる最小台数は4,000÷500＝8(空欄e)台になります。

次に空欄fを考えます。表2を見ると，PaaSの料金は1台当たり200円／時間とあります。名刺登録処理と名刺参照処理で最小5＋8(空欄e)＝13台必要になりますから，1時間当たりの費用は13×200＝**2,600**(空欄f)円になります。

空欄g：空欄gは，「FaaSの場合，通常時の業務量から1時間当たりのリクエスト数とCPU使用時間を求め，1時間当たりの費用を試算すると，その費用は ___g___ 円となる」との記述中にあります。

最初に，1時間当たりのリクエスト数と，それに応じた料金を計算します。表1を見ると，1時間当たりの処理件数は，名刺登録処理1,000件，名刺参照処理4,000件なので，リクエスト数は5,000件です。表2を

※名刺登録処理の通常時の業務量は1,000件／時間，PaaSの1時間当たりの処理件数が200件／台なので，最小必要台数は1,000÷200＝5台。

※FaaSの場合の料金は，「リクエスト数に応じた料金＋CPU使用時間に応じた料金」となる。

見ると，FaaSでは1時間当たり10万リクエストまで0円です。したがって，リクエスト数に対する料金は0円です。

　次に，1時間当たりのCPU時間に応じた料金を計算します。表3を見ると，名刺登録処理及び名刺参照処理のCPU時間は，それぞれ50ミリ秒／件，10ミリ秒／件なので，1時間当たりのCPU使用時間は，

・名刺登録処理：50ミリ秒／件×1,000件＝50,000ミリ秒
・名刺参照処理：10ミリ秒／件×4,000件＝40,000ミリ秒

となり，合計で90,000ミリ秒になります。FaaSでは，CPU使用時間1ミリ秒ごとに0.02円掛かるので，1時間当たりの料金は90,000×0.02＝1,800円です。

　以上，通常時の業務量から試算した1時間当たりの料金は，

　　リクエスト数に応じた料金＋CPU使用時間に応じた料金
　　＝0＋1,800＝**1,800**（空欄g）円

になります。

●設問4(1)

空欄h：空欄hは，「早朝や深夜にシステムを利用した際，… データが表示されるまでに10秒以上の時間を要することがある，… 各サービスのログを確認したところ，　　h　　の制約が原因であることが判明した」との記述中にあります。

　FaaSの制約を表2で確認すると，「20分間一度も実行されない場合，応答が10秒以上掛かる場合がある」と記述されています。早朝や深夜はシステムの利用が少なく，20分間一度もアプリケーションが実行されないことも考えられます。つまり，この問題はFaaS（空欄h）の制約が原因です。

●設問4(2)

　下線③の回避策，すなわち「20分間一度も実行されない場合，応答が10秒以上掛かる」問題に対する回避策が問われています。

　この問題は，20分間一度もアプリケーションが実行されないという状況を回避すれば解決できます。ここで，「FaaSは，イベントの発生をきっかけに機能を起動し実行するイベント駆動型のサービス」であることに着目します。つまり，PaaSではアプリケーションを常時稼働させてリクエスト待ちをしますが，FaaSではリクエストを受信したタイミングでアプリケーションが起動されます。したがって，リクエストがない場合でも20分未満の間隔で（定期的に）ダミーのリクエストをFaaSに送信するようにすればアプリケーションが起動されるため，この問題は解決できます。

　以上，解答としては「20分未満の間隔でダミーのリクエストをFaaSに送信する」などとすればよいでしょう。なお試験センターでは解答例を「**20分未満の間隔でFaaS上のアプリケーションを定期的に呼び出す**」としています。

問5 ネットワーク

設問1	(1)	宛先IPアドレスが示す，NPC，機器又はサーバ名：プロキシサーバ
		送信元IPアドレスが示す，NPC，機器又はサーバ名：営業所のNPC
	(2)	ルータ，FW，プロキシサーバ
	(3)	a：外部DNSサーバ　　b：プロキシサーバ　　c：社内DNSサーバ
設問2		ISサーバ
設問3	(1)	q-SaaS宛の通信のネクストホップがIPsecルータ1となる経路
	(2)	d：q-SaaS　　e：営業所LAN

●設問1(1)

　営業所のNPCがMサービスを利用するときに，図2中の(あ)を通過するパケットのIPヘッダ中の宛先IPアドレス及び送信元IPアドレスが示す，NPC，機器又はサーバ名が問われています。

　営業所のNPCからMサービスへのアクセスは，プロキシサーバ経由で行われます。そのため，営業所のNPCは，IPヘッダの宛先IPアドレスに**プロキシサーバ**のIPアドレスを設定し，送信元IPアドレスには自身のIPアドレス(すなわち，**営業所のNPC**のIPアドレス)を設定したIPパケットを送信することになります。

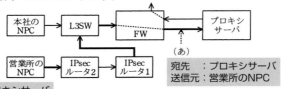

●設問1(2)

　外出先のNPCからインターネット上のWebサーバにアクセスするとき，L2SW以外で経由する社内の機器又はサーバ名が問われてます。

　図2を見ると，外出先のNPCからインターネット上のWebサーバにアクセスするときの経路は，「外出先のNPC→ルータ→FW→プロキシサーバ→FW→ルータ→インターネット上のWebサーバ」となっています。したがって，解答は「**ルータ，FW，プロキシサーバ**」です。

●設問1(3)

　表1中の空欄a，b，cに入れる機器又はサーバ名が問われています。

空欄a：アクセス経路が"インターネット→DMZ"であること，ポート番号が"53"であることから，項番1の通信は，インターネット(any)からDMZ上にある外部DNSサーバ宛に送られる名前解決要求です。したがって，空欄aは**外部DNSサーバ**です。

空欄b：項番4は，インターネット(any)へ送られるHTTP及びHTTPS通信です。P社では，HTTP及びHTTPS通信は，プロキシサーバ経由となるので，空欄bは**プロキシサーバ**です。

※(あ)の区間に限らず，右図の太線区間を通過するパケットは，宛先：プロキシサーバ送信元：営業所のNPCのパケットである。IPsecルータ2とIPsecルータ1の間は暗号化されたVPN区間なので，IPsecルータ2で暗号化されたパケットに新たなIPヘッダが付加され，IPsecルータ1に送られる。このため，この区間では，宛先：IPsec2ルータ送信元：IPsec1ルータとなる。

※UDPあるいはTCPのポート番号53を使うサービスはDNS。

※TCP／80はHTTP，TCP／443はHTTPSの通信。

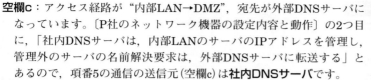

空欄c：アクセス経路が“内部LAN→DMZ”，宛先が外部DNSサーバになっています。〔P社のネットワーク機器の設定内容と動作〕の2つ目に，「社内DNSサーバは，内部LANのサーバのIPアドレスを管理し，管理外のサーバの名前解決要求は，外部DNSサーバに転送する」とあるので，項番5の通信の送信元（空欄c）は**社内DNSサーバ**です。

●**設問2**

下線①について，NPCのWebブラウザの，プロキシ例外設定から削除するFQDNをもつ機器又はサーバ名が問われています。

プロキシ例外設定とは，“プロキシサーバを使用しない”という設定です。〔P社のネットワーク機器の設定内容と動作〕の5つ目にある，「ただし，社内のNPCからISサーバへのアクセスは，プロキシサーバを経由せずに直接行う」との記述から，NPCのWebブラウザには，“ISサーバの利用時にプロキシサーバを経由させない”という設定がされていることが確認できます。つまり，下線①の「NPCのWebブラウザの，プロキシ例外設定に登録されているFQDN」とは，ISサーバのFQDNです。そして，この設定情報は，ISサーバの廃止に伴って不要になるので，削除するFQDNをもつ機器又はサーバ名とは**ISサーバ**です。

●**設問3(1)**

下線②について，L3SWの経路表に新たに追加する経路が問われています。変更前の，本社のNPCからq-SaaS（Mサービス及びGサービス）アクセス時の経路は，「NPC→**L3SW**→FW→プロキシサーバ→FW→ルータ→q-SaaS」なので，L3SWの経路表には，q-SaaS宛のパケットの送信先（ネクストホップ）がFWとなる経路が設定されていることになります。

※経路上のL2SWは省略。

これに対して，変更後の経路は，「本社のNPC→**L3SW**→IPsecルータ1→q-SaaS」となるため，q-SaaS宛のパケットはIPsecルータ1に転送する必要があります。したがって，L3SWの経路表に新たに追加する経路とは，「q-SaaS宛のパケットをIPsecルータ1に転送する経路」です。なお試験センターでは解答例を「**q-SaaS宛の通信のネクストホップがIPsecルータ1となる経路**」としています。

●**設問3(2)**

表2（設定変更後のIPsecルータ1の処理内容）中の空欄d，eに入れる，ネットワークセグメント，サーバ又はサービス名が問われています。

IPsecルータ1で処理するパケットは，次の2つです。

①インターネットVPNを経由してIPsecルータ2（営業所LAN）へ送るパケット

②インターネットを経由してq-SaaSへ送るパケット

空欄d：処理欄に「NAPT後にインターネットに転送」とあるので，項番1は，上記②のパケットに対する処理です。宛先（空欄d）は**q-SaaS**です。

空欄e：処理欄に「インターネットVPNに転送」とあるので，項番2は，上記①のパケットに対する処理です。宛先（空欄e）は**営業所LAN**です。

※IPsecルータ1を経由する通信は，次の2つ。
・内部LAN－営業所LAN間の通信
・内部LANからq-SaaS宛の通信

問6　データベース

設問1	a：⟶
	b：施設ID
設問2	c：NOT EXISTS
	d：HAVING COUNT(*)
設問3	(1)	e：宿泊日　　f：部屋ID　　※e, fは順不同

設問3	(2)	g：UNIQUE制約
	(3)	h：MIN(t2.予約ID)
		i：t1.宿泊日 = t2.宿泊日
		j：t1.部屋ID = t2.部屋ID　　※i, jは順不同

●設問1

図2のE-R図を完成させる問題です。

空欄a：予約エンティティと予約明細エンティティの関連が問われています。予約明細エンティティの予約IDは，予約エンティティの主キー(予約ID)を参照する外部キーです。また，図1「予約システムの主な要件」の3つ目に「予約は部屋の種類ごとに行う」との記述があるので，1つの予約レコードに対して，予約明細レコードが1つ以上存在することがわかります。これらのことから，予約エンティティと予約明細エンティティの関連は「1対多」であり，空欄aには「⟶」が入ります。

空欄b：部屋エンティティの属性が問われています。部屋エンティティは，施設エンティティ及び部屋種別マスタエンティティと「1対多」に関連するエンティティです。そのため部屋エンティティには，それぞれのエンティティの主キーを参照する外部キーをもたせる必要があります。E-R図を確認すると，部屋種別マスタエンティティの主キー(部屋種別ID)を参照する外部キー「部屋種別ID」はあるので，空欄bは，施設エンティティの主キー(施設ID)を参照する外部キー「施設ID」ということになります。

　ここで，施設IDを主キーに含めるべきかを確認するため，部屋エンティティの主キーに関する記述を探してみます。すると，図2の直後の段落に「部屋IDは，全施設を通して一意な値である」とあり，部屋エンティティの主キーは部屋IDのみであることが確認できます。したがって，施設IDを主キーに含める必要はないので，空欄bは「**施設ID**」です。

●設問2

図3の「部屋の空き状況の確認を行うためのSQL文」を完成させる問題です。

空欄c：WHERE句にある副問合せを確認すると，FROM句に指定されている参照表は予約明細テーブルのみですが，WHERE句では主問合せの部屋テーブルの部屋IDを参照しています。このことから，この副問合せは相関副問合せです。

　したがって，WHERE句にある副問合せは，主問合せの部屋テーブルの1レコードごとに実行され，主問合せの部屋テーブルの部屋IDに一致し，宿泊日がチェックイン日付以上で，チェックアウト日付未満のレコードを主問合せに返すことになります。つまり，副問合せから返されるのは，宿泊希望期間に予約が入っている予約明細レコードです。図3のSQL文では，部屋の空き状況を確認したいわけですから，副問合せから結果が返されないとき，部屋テーブルの当該レコードを抽出対象にする必要があります。このことから，空欄cには，副問合せからの結果がなければ"真"，結果があれば"偽"と判定できる「**NOT EXISTS**」を入れます。

　なお，主問合せのWHERE句に，「AND 施設ID = :施設ID AND 部屋種別ID = :部屋種別ID」とありますが，これは，副問合せの結果"真"と判定された部屋テーブルのレコードのうち，希望した施設であり，希望した部屋の種別である部屋レコードを絞り込むための条件です。

空欄d：空欄dの直前にあるGROUP BY句では，WHERE句で抽出された部屋レコードを，施設IDごと，部屋種別IDごとにグループ化しています。また，SELECT句では「施設ID, 部屋種別ID, COUNT(*)」を指定しています。このことからCOUNT(*)は，施設IDごと，部屋種別IDごとにグループ化されたグループのレコード数，すなわち，「希望した施設，部屋の種別で，宿泊希望期間に予約が入っていない部屋の部屋数」です。

　図3のSQL文では，この部屋数が希望部屋数以上なら「予約可能である」として結果を返す必要があります。そして，この判定を行うためには「HAVING COUNT(*) >= :部屋数」の記述が必要です。したがって，空欄dは「**HAVING COUNT(*)**」です。

```
SELECT 施設ID, 部屋種別ID, COUNT(*) FROM 部屋
  WHERE c:NOT EXISTS (        相関副問合せ
    SELECT * FROM 予約明細
      WHERE 予約明細.部屋ID = 部屋.部屋ID
        AND 予約明細.宿泊日 >= :チェックイン日付
        AND 予約明細.宿泊日 <: チェックアウト日付 )
  AND 施設ID = :施設ID AND 部屋種別ID = :部屋種別ID
GROUP BY 施設ID, 部屋種別ID
  d:HAVING COUNT(*) >= :部屋数
```

結果が返されれば「予約可能」と判定

希望した施設，部屋の種別で，宿泊希望期間に予約が入っていない部屋のレコードを抽出

宿泊日
チェックイン日付　チェックアウト日付

※WHERE句で「施設ID = :施設ID AND 部屋種別ID = :部屋種別ID」により部屋レコードを絞り込んでいるため，グループ化した後のグループは，「希望した施設，部屋の種別で，宿泊希望期間に予約が入っていない部屋レコード」のグループただ1つ。

●設問3(1), (2)

〔不具合の報告と対応〕に関する問題です。「今後同じ宿泊日の同じ部屋の予約が重複して入らないようにするために，予約明細テーブルの   e   列と   f   列の複合キーに対して制約を追加することにした。このような制約のことを，   g   という」との記述中にある空欄e，f及び空欄gが問われています。

同じ宿泊日の同じ部屋のレコードが重複して挿入されないようにする制約としては，PRIMARY KEY制約とUNIQUE制約が考えられます。しかし，PRIMARY KEY制約は主キーに対して設定する制約であり，予約明細テーブルにはすでに予約明細IDが主キーとして設定されています。したがって，UNIQUE制約を使って，同じ宿泊日の同じ部屋のレコードの重複を許さない設定をします。つまり，予約明細テーブルの**宿泊日**(空欄e) 列と**部屋ID**(空欄f)列を組にした複合キーに対して，**UNIQUE制約**(空欄g)を追加すればよいわけです。なお，UNIQUE制約の追加方法については，次ページの〔補足〕を参照してください。

この組に対して UNIQUE 制約 を設定

予約明細
予約明細ID
予約ID
部屋ID
宿泊日
宿泊料

●設問3(3)

図6の「削除するレコードを抽出するSQL文」を完成させる問題です。削除するレコードについては，〔不具合の報告と対応〕に，「削除に当たっては，同じ宿泊日の同じ部屋の予約が重複した予約明細のレコードについて，最初に挿入された予約のレコードと，それに紐づく予約明細のレコードを残し，それ以外の予約明細，予約のレコードを削除する」と記述されています。

ここでの注意点は，図6のSQL文は，削除する予約明細のレコードを抽出するSQL文であることです。例えば，予約明細テーブルが下図の場合，同じ宿泊日の同じ部屋の予約が重複したレコードは①と③です。このうち，最初に挿入されたレコード(すなわち，予約IDが最も小さいレコード)は残すので，③のレコードを抽出することになります。

※ 〔データベースの設計〕に，「予約ID，予約明細IDは，レコードを挿入した順に値が大きくなる」とあるので，予約IDが最も小さいレコードが最初に挿入されたレコードである。

予約明細　　　　　　　　　※宿泊料列は省略

	予約明細ID	予約ID	部屋ID	宿泊日	
①	1	1	R01	2023/04/10	
②	2	1	R05	2023/04/10	
③	3	2	R01	2023/04/10	←削除対象
④	4	3	R01	2023/05/21	

このことを念頭に，SQL文を確認していきます。主問合せの参照表はt1(予約明細の相関名)，副問合せの参照表はt2(予約明細の相関名)です。このことから，予約明細テーブルを論理的に2つのテーブル(t1，t2)として扱っていることがわかります。このSQL文で特に着目すべきは，主問合せにおいてt1の予約IDと副問合せから返される結果を比較し，t1の予約IDが大きいとき，t1のレコードを削除対象レコードとし

て出力していることです。この点に着目すると、副問合せが返すべき値は、「主問合せのt1の宿泊日及び部屋IDに一致するレコードのうち、最も小さい値の予約ID」ということになります。

つまり、空欄iには「t1.宿泊日 = t2.宿泊日」、空欄jには「t1.部屋ID = t2.部屋ID」、そして空欄hには「MIN(t2.予約ID)」を入れればよいでしょう。なお、空欄i, jは順不同です。

```
SELECT t1.予約ID, t1.予約明細ID, t1.部屋ID, t1.宿泊日 FROM 予約明細 t1
                                                          相関副問合せ
  WHERE t1.予約ID > (SELECT  h：MIN(t2.予約ID)  FROM 予約明細 t2
                    WHERE  i：t1.宿泊日 = t2.宿泊日
                    AND   j：t1.部屋ID = t2.部屋ID  )
```

t1の1レコードごとに副問合せを実行し、副問合せから返された予約IDより大きければ、そのレコードを「削除対象」とする

〔補足〕制約の追加

テーブルを作成した後に制約を追加する場合、ALTER TABLE文のADD CONSTRAINT句を使用します。例えば、予約明細テーブルの部屋IDと宿泊日の複合キーに対してUNIQUE制約を追加する場合は、下記のように記述します。

> ※ALTER TABLE文
> 既存のテーブルの定義を変更するSQL文。

```
〔基本構文〕
  ALTER TABLE テーブル名
    ADD CONSTRAINT 制約名 制約(列名リスト)
〔例〕
  ALTER TABLE 予約明細
    ADD CONSTRAINT not_duplication UNIQUE(部屋ID,宿泊日)
```

「CONSTRAINT 制約名」は、制約に名前を付けるための句です。省略可ですが、一般には省略せずに記述します。なお、CREATE TABLE文においても、制約に名前を付けることができます。例えば、予約明細テーブルの主キーに対して「pk_1」という制約名を付ける場合、次のように記述します。
・列制約として定義する場合
　　予約明細ID データ型 CONSTRAINT pk_1 PRIMARY KEY
・表制約として定義する場合
　　CONSTRAINT pk_1 PRIMARY KEY(予約明細ID)

> ※制約の種類
> PRIMARY KEY制約
> UNIQUE制約
> REFERENCES制約
> NOT NULL制約
> CHECK制約

問7 組込みシステム開発

設問1		$(t_2-t_1)+Ta$
設問2		60
設問3	(1)	S1：遠隔撮影状態　　S2：自動撮影状態
	(2)	a：遠隔撮影開始イベント　　b：自動撮影タイマ通知イベント
	(3)	c：①，③，⑦
設問4	(1)	書込みと読込みが同時に行われ，バッファの先頭のデータが上書きされた
	(2)	d：終端　　e：始端
	(3)	f：リングバッファ

●設問1

　自動撮影が行われた時間を表す式が問われています。時刻t_1に動体を検知して自動撮影を開始した後，時刻t_2まで途切れることなく自動撮影を続けているので，ここまでの時間はt_2-t_1です。そして，最後の動体を検知した時刻t_2からTa秒間撮影した後，自動撮影は終了するので，自動撮影が行われた時間を表す式は，**$(t_2-t_1)+Ta$**です。

●設問2

　遠隔撮影に関する設問です。設問文に示された状況において，スマホでの視聴が終了するのは視聴開始から何秒後か問われています。

　スマホでの視聴は，遠隔撮影開始要求を行うと開始され，遠隔撮影終了要求を行うか又は撮影開始から60秒経過すると終了します。本設問では，通信障害が発生してから5秒後に遠隔撮影開始要求を行っていますが，〔ワイヤレスカメラの機能〕(2)の5つ目に，「通信障害が発生すると，データの再送は行わず，障害発生中の送受信データは消滅するが，撮影は続ける」とあるので，この遠隔撮影開始要求はワイヤレスカメラに届きません。しかし，通信障害発生中も撮影は続けられるため，障害復旧後には再び視聴ができます。したがって，視聴終了となるのは視聴開始から**60秒経過後**です。

●設問3(1)

　図2中の状態S1，S2に入れる状態名が問われています。ワイヤレスカメラの状態には，「待機状態，自動撮影状態，遠隔撮影状態，マルチ撮影状態」の4つがあります。このうち待機状態は，図2に記載されています。またマルチ撮影状態は，自動撮影と遠隔撮影を同時に行っている状態であり，待機状態から直接に遷移することはありません。このことから，S1，S2は，自動撮影状態，遠隔撮影状態のいずれかです。

※〔ワイヤレスカメラの機能〕(1)自動撮影の4つ目に，「撮影中に新たに動体を検知すると…（中略）…更にTa秒間撮影を行う」とある。

※設問に示された状況
・スマホからの要求（遠隔撮影開始要求）で動画の視聴を開始
・10秒後に通信障害が20秒間発生
・通信障害が発生してから5秒後にスマホから遠隔撮影開始を要求

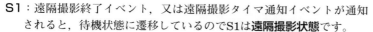

S1：遠隔撮影終了イベント，又は遠隔撮影タイマ通知イベントが通知されると，待機状態に遷移しているのでS1は**遠隔撮影状態**です。

S2：自動撮影タイマ通知イベントが通知されると，待機状態に遷移しているのでS2は**自動撮影状態**です。

●設問3(2)

図2中の空欄a，bに入れるイベント名が問われています。

空欄a：空欄aのイベントが通知されると，①の「カメラ初期化」と⑧の「遠隔撮影タイマ設定」処理が行われ，S1(すなわち遠隔撮影状態)に遷移しています。このことから空欄aのイベントは，**遠隔撮影開始イベント**です。

空欄b：空欄bはS3(マルチ撮影状態)からS1(遠隔撮影状態)への状態遷移のトリガとなるイベントです。この状態遷移に伴い⑤の処理が行われます。⑤の処理内容は，「バッファの動画データをサーバに送信する」です。ここで，マルチ撮影状態から遠隔撮影状態へ遷移したということは，自動撮影が終了したということです。そこで，〔ワイヤレスカメラの機能〕(1)自動撮影を確認すると，2つ目に「撮影を開始してからTa秒間撮影する」とあり，3つ目に「Ta秒間の撮影が終わるとバッファの動画データはサーバに送信される」とあります。この記述から空欄bのイベントは，Ta秒間の撮影が終わったときに通知されるイベントであることがわかります。そして，これに該当するイベントを表2から探すと，自動撮影タイマ通知イベント(自動撮影で使用するタイマでTa秒後に通知されるイベント)が該当します。したがって，空欄bは**自動撮影タイマ通知イベント**です。

●設問3(3)

空欄c：空欄cは，動体検知通知イベントにより待機状態からS2(自動撮影状態)へ遷移するときに行われる処理です。

〔ワイヤレスカメラの機能〕(1)自動撮影の1つ目に，「動体を検知すると撮影を開始する」とあるので，③の「撮影開始」処理を行う必要があります。なお，待機状態からの遷移であるため，③の処理を行う前に①の「カメラ初期化」を行う必要があります。

また，(1)自動撮影の2つ目及び3つ目に記述されている「撮影を開始してからTa秒間撮影し，Ta秒間の撮影が終わるとバッファの動画データをサーバに送信する」処理を行うためには，撮影を開始した時点でTa秒のタイマ設定を行う必要があります。この処理は⑦の「自動撮影タイマ設定」が該当します。

以上，空欄cに入れる処理は**①，③，⑦**です。

●設問4(1)

サーバに異常な動画データが送られてくる不具合が発生した理由が問われています。この不具合は，自動撮影中に動体を検知したときに発生しています。〔ワイヤレスカメラの機能〕(1)自動撮影の4つ目の記述に

※マルチ撮影状態は，自動撮影と遠隔撮影を同時に行っている状態。

よると，撮影中に新たに動体を検知すると，バッファにあるその時点までの動画データをサーバに送信し始めると同時に，更にTa秒間の動画データをバッファの先頭から書き込んでいます。動体を検知するたびに，その動画データをバッファの先頭から書き込んでしまうと，送信すべき動画データが上書きされてしまう可能性があります。これが，不具合発生の理由です。

つまり，サーバに異常な動画データが送られたのは，「新たな動画データがバッファの先頭から書き込まれ，送信する動画データが上書きされた」ことが原因です。したがって，この旨を解答すればよいでしょう。なお試験センターでは解答例を「**書込みと読込みが同時に行われ，バッファの先頭のデータが上書きされた**」としています。

●設問4(2)，(3)

不具合への対策として，「そこで，撮影中に新たに動体を検知した時点で，書き込まれているバッファの続きから動画データを書き込み，バッファの　d　まで書き込んだ場合は，バッファの　e　に戻る方式の　f　に変更した」とあります。

バッファは，FIFO構造のキューで実現されるメモリ上の領域です。データはバッファの始端(先頭)から順番に書き込まれることになりますが，バッファ領域の大きさは固定長であるため，データ書き込みがバッファの終端(末尾)まで達するとそれ以上データの書込みはできず，オーバフローが発生します。

※組込みシステム開発の問題ではよく**リングバッファ**(循環バッファ)が出題される。

そこで，バッファの先頭にある処理済みのデータに着目し，この領域を再利用しようという方式がリングバッファです。具体的には，バッファの終端と始端を論理的につなげたリング構造のバッファと考えて，バッファの終端まで書き込んだら，バッファの始端に戻って書き込むという方式です。リングバッファを用いることでオーバフローを起こさずに，続けてデータを書き込むことができます。

〔リングバッファのイメージ〕

```
始端                終端
  0 1 2 3 4  …  N-1
┌─┬─┬─┬─┬─┬─┬─┐
│ │ │ │ │ │…│ │
└─┴─┴─┴─┴─┴─┴─┘
```

＊リングバッファにおいて，次に書き込む位置を求める式は「(i+1) mod N」
　例えば，1番目にデータを書き込んだら，次に書き込む位置は「(1+1) mod N=2」，
　N-1番目にデータを書き込んだら，次に書き込む位置は「(N-1+1) mod N=0」
　ここで，mod(a, b)はaをbで割った余りを返す関数

以上のことを本設問に照らし合わせて考えると，空欄dには**終端**，空欄eには**始端**，空欄fには**リングバッファ**を入れればよいでしょう。

※試験センタでは別解を示していないが，「空欄d：末尾，空欄e：先頭，空欄f：循環バッファ」としても正解だと思われる。

問8　情報システム開発

設問1	a：プロダクトオーナ
	b：イ
設問2	(1)	オ
	(2)	c：(4)　　　d：(7)　　※c, dは順不同
		e：ア
設問3	(1)	原因：問題の解決方法まで議論してしまった点
		解決策：問題解決のための会議体を別途設ける
	(2)	スプリント期間中に外部からの変更要求を受け入れてしまった点

●設問1(1)

空欄a：表1及び表2中の空欄aに入れる字句が問われています。表1の空欄aに該当する役割の説明を見ると，「追加するサービスに必要な機能を定義し，その機能を順位付けする」とあります。スクラムでは，この役割（ロール）はプロダクトオーナと呼ばれるので，空欄aには**プロダクトオーナ**が入ります。

空欄b：スクラムマスタの役割の説明中にある空欄bに入れる字句が問われています。

スクラムマスタは，スクラム全体をうまく回すことに責任をもつキーパーソンです。スクラムチーム全体が自律的に協働できるように，場作りをするファシリテータ的な役割を担ったり，ときにはコーチとなってメンバの相談に乗ったり，開発チームが抱えている問題を取り除いたりします。以上，空欄bには〔**イ**〕の**自律的**が入ります。

●設問2(1)

表2中の下線①「ペアプログラミングを行う」際の，最適な割当て例が問われています。ペアプログラミングでは，2人ペアとなり相互に役割を交代しチェックし合いながらプログラム開発を行います。この点から，ドライバとナビゲータを固定化している〔ア〕，〔イ〕，〔ウ〕は除外できます。つまり正解は〔エ〕，〔オ〕のいずれかです。

ここで，表1に記載されているM4，M5及びM6の経験を確認すると，M4とM5はアジャイル開発の経験はありませんが，現行システムの開発経験はあります。一方，M6はアジャイル開発経験はありますが，現行システムの開発経験はありません。このことから，〔**オ**〕の「**M4とM6がドライバとナビゲータを交代で担う**」のが最適です。

●設問2(2)

空欄c，d：「週に2日，社外から招へいするアジャイルコーチが効果的にプロジェクトに参画できるようにするため，招へいするタイミングを　c　及び　d　のファシリテータを依頼するタイミングに合わせてもらうことにした」とあり，空欄c及びdが問われています。

ファシリテータは，本来スクラムマスタが担いますが，スクラムマ

※開発チームは，開発プロセスを通して完全に自律的である必要があり，スクラムではこの自律したチームのことを「自己組織化された」チームと呼ぶ。

※ペアプログラミングでは，プログラムコードを書く人を「**ドライバ**」といい，ドライバに対して指示・アドバイスする人を「**ナビゲータ**」という。

スタであるM2にはスクラムマスタの経験がありません。そのため，外部からスクラムマスタの経験が豊富であるM3をアジャイルコーチとして招へいしているわけです。

アジャイルコーチの役割は，アジャイル開発手法の導入や改善の支援です。週に2日の招へいであることを考えると，アジャイルコーチには，計画時と改善検討時，すなわち(4)の「スプリント計画(イテレーション計画)」と(7)の「レトロスペクティブ(ふりかえり)」にファシリテータとして参画してもらうのが効果的です。

以上，空欄c及びdには，(4)，(7)が入ります。

空欄e：「　e　ためにスプリントごとのベロシティを計測する」とあり，空欄eに入れる字句が問われています。

ベロシティとは，スクラムチームの生産性の測定単位であり，1スプリントにおける生産量(成果物の量)を示すものです。したがって，空欄eには，〔ア〕の**開発チームが現在1スプリントで開発できるタスク量を測定する**が入ります。

※表1のアジャイルコーチの役割の説明に，「メンバに対してアジャイル開発手法の導入や改善を支援する」とある。

※ベロシティ(velocity)
一般には，"速さ"や"速度"を意味する用語。

●設問3(1)

下線②の「デイリースクラムに目安の倍以上の時間を掛けてしまう問題点」の原因と解決策が問われています。

表2の(5)「スプリント」の実施項目に，「デイリースクラム(日次ミーティング)でチームの状況を共有する」とあるので，デイリースクラム実施の目的はチーム状況の共有です。これに対して，〔レトロスペクティブの実施〕には，「その日の問題を解消するために解決方法まで議論することにしていた」とあります。これが，倍以上の時間を掛けてしまう問題点の原因です。

つまり，本来の目的であるチーム状況の共有だけでなく，**問題の解決方法まで議論してしまった点**が原因です。そしてこの問題点は，**問題解決のための会議体を別途設ける**ことで解決できます。

●設問3(2)

スプリント計画どおりにタスクを全て終わらせることができなかった問題点について，下線③の「スプリントバックログ管理上の課題」が問われています。

図1を見ると，8日経過時点の残ストーリポイントが増えています。また図2を見ると，「8日経過時点で，提携する商業施設からの要望でスプリントバックログにタスクが追加された」とあります。このことから，スプリント期間中に計画外のタスクをスプリントバックログに追加してしまったことが原因で，スプリント計画どおりにタスクを全て終わらせることができなかったものと考えられます。

したがって，スプリントバックログ管理上の課題とは，「スプリント期間中に計画外のタスクを追加してしまった点」です。なお試験センターでは解答例を「**スプリント期間中に外部からの変更要求を受け入れてしまった点**」としています。

※一般的には，スプリント期間中に発生した計画外のタスクは，スプリントバックログではなく，プロダクトバックログに追加して次回以降のスプリントで実施する。ただし，優先度が高いタスクの場合には，スプリント内で実施予定のタスクの一部をプロダクトバックログに移し，優先度が高いタスクを実施することもある。

問9　プロジェクトマネジメント

設問1	a：エ　　b：ク　　f：キ	
設問2	(1)	請負契約は仕事の完成に対して報酬が支払われるから
	(2)	複数の手法を併用して見積りの精度を高めるため
設問3	本プロジェクト類似の複数のシステム開発プロジェクトと比較していること	
設問4	(1)	c：115
	(2)	d：規模
	(3)	e：55

●設問1

空欄a：1つ目の空欄aは「　a　を作成し，L社とQ社で見積りの機能や作業の範囲に認識の相違がないようにすること。その後も変更があればメンテナンスして，Q社と合意すること」との記述中にあり，2つ目は「Q社の業務要件定義の結果を基に　a　を作成する」との記述中にあります。作業の範囲，すなわちスコープの合意であること，業務要件定義の結果を基に作成することから，空欄aは〔エ〕の**スコープ規定書**です。

空欄b：「作業を，工数が漏れなく見積もれるWBSの最下位のレベルである　b　まで分解してWBSを完成させた」とあります。WBSの最下位のレベルは〔ク〕の**ワークパッケージ**です。

空欄f：「業務要件の仕様変更のリスクを加味し，L社のコスト見積りの総額に　f　を追加して予算を確定するよう提案した」とあります。リスクを加味して追加される予算には，コンティンジェンシ予備とマネジメント予備がありますが，本問の場合，どの業務要件の仕様変更なのか特定されていないので空欄fは〔キ〕の**マネジメント予備**です。

●設問2(1)

　下線①の直前に「前回プロジェクトの実装工程では，見積り時のスコープは工程完了まで変更がなかったのに，L社のコスト実績がコスト見積りを大きく超過した」とあり，本設問では「L社は超過コストをQ社に要求することはできなかった」理由が問われています。

　着目すべきは，前回プロジェクトの実装工程における契約形態が，請負契約であったことです。請負契約は，請負元が発注主に対し仕事を完成することを約束し，発注主がその仕事の完成に対し報酬を支払うことを約束する契約です。スコープ(作業範囲)が変わらない場合のコスト増加分は請負側の責任となり，これを発注主に要求することはできません。

　以上，解答としては「**請負契約は仕事の完成に対して報酬が支払われるから**」とすればよいでしょう。

●設問2(2)

　下線②について，積上げ法に加えてもう一つ別の手法で見積りを行う目的が問われています。前回プロジェクトで超過コストが発生した問題

※〔オ〕の**スコープクリープ**とは，プロジェクト開始後に，プロジェクトのスコープが(管理されずに)拡大していく現象のこと。

※コンティンジェンシ予備は，事前に特定(認識)されているリスクに対する予備予算。

点として，「ボトムアップ見積りの手法（積上げ法）によって実施したコスト見積りを，ほかの手法で見積りを実施する時間がなかったので，そのまま提出した」ことが挙げられています。つまり，積上げ法のみで見積りを行ったことが前回プロジェクトのコスト超過の一因だったわけです。

コスト見積り手法には様々なものがありますが，見積りを実施するタイミングや見積りのための材料，基準などによって，それぞれに見積りの精度が異なります。そのため一般的には，複数の見積り手法を併用することで見積りの精度を高めます。したがって，積上げ法に加えてもう一つ別の手法で見積りを行う目的は，**複数の手法を併用して見積りの精度を高めるため**」です。

●設問3

下線③で漏れていた説明の内容が問われています。下線③は，M課長のN君への指摘であり，「自分がコスト見積りに対して指示した事項を，適切に実施したという説明がない」というものです。

M課長はN君に，「本プロジェクトに類似したシステム開発の複数のプロジェクトを基に類推法によって実施すること」と指示しています。これに対してN君は，「L社が独立する前も含めて実施した複数のプロジェクトのコスト見積りとコスト実績を比較対象にして，概算値を見積もった」と説明しています。しかしこの説明では，見積りの比較対象としたプロジェクトが，本プロジェクトに類似したシステム開発のプロジェクトであったのか判断できません。つまり，**本プロジェクト類似の複数のシステム開発プロジェクトと比較していること**」の説明が漏れていたわけです。

●設問4(1), (2), (3)

空欄c：最頻値が100千円で，楽観値は最頻値−10％，悲観値は最頻値＋100％なのでコストの期待値は，次のようになります。

（楽観値＋悲観値＋最頻値×4）÷6
$= ((100-100×0.1) + (100+100×1) + 100×4) ÷ 6$
$= (90+200+400) ÷ 6 = \mathbf{115}〔千円〕$

空欄d：「FP法によってFPを算出して開発 d を見積もり」とあります。FP法は，開発**規模**（空欄d）を見積もる手法です。

空欄e：表1及び表2を基に，表3を完成させると，次のようになります。

ファンクションタイプ	複雑さの評価						合計
	低		中		高		
	個数	重み	個数	重み	個数	重み	
EIF	1	×3	1	×4	0	×6	7
ILF	2	×4	1	×5	0	×7	13
EI	0	×3	2	×4	0	×6	8
EO	1	×7	0	×10	0	×15	7
EQ	2	×5	0	×7	1	×10	20
総合計（FP）							e:55

※問題文に，「楽観値と悲観値の重み付けをそれぞれ1とし，最頻値の重み付けを4としてコストに乗じ，これらを合計した値を6で割って期待値を算出する」とある。

※参考
・ILFに該当するのは，表1のD2（低），D4（低）及びD5（中）
・EIに該当するのは，表2のT2（中），T4（中）
・EOに該当するのは，表2のT3（低）
*（ ）内は複雑さの評価

問10　サービスマネジメント

設問1	(1)	依頼者の個人的な見解に基づくRFCの撲滅
	(2)	a：エ
設問2	(1)	法規制対応のRFC
	(2)	費用負担方法：全部署への人数割り配賦を，利益を受ける受益者負担に変更する b：ウ
	(3)	切り戻し計画の作成
設問3	c：変更管理マネージャに権限委譲すること	

●設問1(1)

　RFCの提出について，表1中の下線①「自部署の部長の承認を得た後，変更管理マネージャに提出する」ことの狙いが問われています。

　〔変更管理の現状〕(1)に「RFCの依頼者は，依頼部署の上司を写し受信者として，電子メールで提出すればよい」とあり，また「依頼者の個人的な見解に基づくRFCもある」とあります。これらの記述から，提出されたRFCの中には上司の承認を得ない不必要なRFCもあることが読み取れます。ここで(2)を見ると，「RFC件数の増加によって，システム部の要員はひっ迫しており」とあり，RFC件数の増加には，不必要なRFCが影響していると考えられます。

　したがって，RFCの提出には自部署の部長の承認を得る仕組みにして，依頼者の個人的な見解に基づく(不要な)RFCをなくそうというのが下線①の狙いです。解答としては，この旨を記述すればよいでしょう。なお試験センターでは解答例を「**依頼者の個人的な見解に基づくRFCの撲滅**」としています。

●設問1(2)

　「RFCの優先度と実施希望日を考慮して，RFCの承認に必要となる　a　を作成する」とあります。解答群の中で，RFCの優先度と実施希望日を考慮して作成されるものは，〔**エ**〕の**変更スケジュール**だけです。

●設問2(1)

　〔C部長の指摘〕(1)にある，「適応保守の中には，②ROIと実現可能性だけで判断すべきではないRFCもある」について，下線②に該当するRFCが問われています。

　〔変更管理の現状〕に，「適応保守には，売上げや利益を改善するための修正や法規制対応などが含まれる」とあります。また(4)(a)には，「売上げや利益を改善するための修正は，ROIを考慮してRFCの承認を行うこと」とあります。これは，売上げや利益を改善するための修正ではない法規制対応などはROIを考慮しなくてよいということです。したがって，下線②に該当するRFCとは，「**法規制対応のRFC**」です。

●設問2(2)

　費用負担方法：〔C部長の指摘〕(2)に，「経営層からの指示に基づき，③

変更の費用の費用負担方法を変更すること」とあり，下線③の費用負担
方法について，現在の方法をどのように変更するのか問われています。

〔変更管理の現状〕を確認すると，現在，「変更の費用をB社の全部署
に人数割りで配賦している」ことがわかります。また，(4)(a)には，
「変更の費用は，変更の実施によって利益を受ける受益者が負担するこ
と。その場合，関係する部署でRFCを協議して，費用の取扱いを決定す
ること」との指示が，経営層から出ている旨が記述されています。

C部長の指摘は，「経営層からの指示に基づき，変更の費用の費用負
担方法を変更すること」ですから，変更の費用を，全部署に人数割り
で配賦する方法から，変更の実施によって利益を受ける受益者が負担
する方法に変更することになります。解答は，「**全部署への人数割り配
賦を，利益を受ける受益者負担に変更する**」とすればよいでしょう。

空欄b：変更の費用を，利益を受ける受益者負担に変更する場合，関係
する部署でRFCを協議して，費用の取扱いを決定しなければなりませ
ん。したがって，CAB要員として必ず〔**ウ**〕の「**変更の実施によ
って利益を受ける部署の代表者**」を参加させる必要があります。

●設問2(3)

下線④に「展開作業時に実施する可能性のある作業を計画する」とあ
り，その内容が問われています。

展開作業時に実施する可能性のある作業とは，サービス開始を遅延さ
せないための作業のことです。サービス開始の遅延については，〔変更
管理の現状〕(3)に，「展開作業が予定時間に完了しない場合を想定し
ておらず，終了予定時刻を超過しても展開作業を継続し，サービス開始
を遅延させてしまうことがある」と記述されています。通常，展開作業
が予定時間に完了しない場合や変更が失敗した場合，展開作業を一旦中
止し，システムを変更前の状態に戻す"切り戻し"を行います。つま
り，展開作業時に実施する可能性のある作業とは切り戻し作業です。し
たがって，解答は「**切り戻し計画の作成**」になります。

※切り戻し計画
切り戻し条件（どんな
時に切り戻しを行うの
か）と，切り戻し手順
を事前に計画したも
の。

●設問3

「表2に示す優先度が"低"のRFCの承認及び差戻しの決定は，
[c]とする」とあり，空欄cに入れる修正内容が問われています。

〔C部長の指摘〕(3)には，「変更管理プロセスの手順案では，変更決
定者は自身が務めることになっているが，RFC件数が増加傾向にある
ので，迅速な意思決定ができる仕組みを構築し，自身は優先度の高い
RFCの意思決定に専念できるようにすること」とあります。この記述
を踏まえて考えると，優先度の低いRFCについては，C部長ではなく変
更管理マネージャが変更決定者となり，承認及び差戻しの決定を行うの
がベストです。この場合，承認及び差戻しの決定権限を変更管理マネー
ジャに委譲することになるため，空欄cには「**変更管理マネージャに権
限委譲すること**」などを入れればよいでしょう。

問11　システム監査

設問1	a：出荷指図データ　　b：外部倉庫システム
設問2	営業担当者に売上訂正処理権限があるから
設問3	c：出荷指図データ　　d：売上データ　　※c, dは順不同
設問4	e：カ　　f：キ　　※e, fは順不同 g：ク　　h：エ　　※g, hは順不同

●設問1

空欄a：空欄aは，内部監査部長による指摘(1)にある，「特に売上訂正処理は，日次バッチ処理による売上データ生成とは異なり，　a　がなくても可能なので，不正のリスクが高い」との記述中にあります。

　　売上訂正処理については，〔予備調査の概要〕(2)④に，「売上訂正処理では，売上データを生成するための元データがなくても入力が可能である」との記述があります。売上データを生成するための元データとは，図1及び〔予備調査の概要〕(2)③の記述から「出荷指図データ」です。したがって，空欄aには**出荷指図データ**が入ります。

空欄b：空欄bは，指摘(2)の「項番2の監査要点を確かめるためには，販売物流システムだけを監査対象とすることでは不十分である。　b　についても監査対象とするかどうかを検討すべきである」との記述中にあります。

　　項番2の監査要点は「顧客情報が適切に保護されているか」です。ここで"顧客情報"をキーワードに問題文を確認すると，〔予備調査の概要〕(2)①に，「出荷指図データには，出荷・納品に必要な顧客名，住所，納品情報などが含まれている」とあります。また，②には「出荷指図データは，販売物流システムから外部倉庫システムに送信される」とあります。これらのことから，外部倉庫システムでも，顧客名，住所といった顧客情報を管理していることがわかります。

　　したがって，項番2の監査要点「顧客情報が適切に保護されているか」の監査に当たっては，**外部倉庫システム**(空欄b)についても監査対象とするかどうかを検討すべきです。

●設問2

　　指摘(1)中に，「このリスクに対して①現状の運用では対応できない可能性があるので，運用の妥当性について本調査で確認する必要がある」とあり，内部監査室長が下線①と指摘した理由が問われています。

　　このリスクとは，前文の内容から，売上訂正処理における不正入力のリスクです。入力処理に関しては，入力内容を確認・承認するプロセスがなかったり，確認・承認のプロセスがあっても入力者と承認者が同一人物だった場合，不正入力のリスクが高まります。

　　ここで，〔予備調査の概要〕を確認すると，(2)④に，「現状では，売上訂正処理権限は，営業担当者に付与されている」との記述はありますが，売上訂正入力の確認及び承認に関する記述はありません。売上訂正

※〔予備調査の概要〕(2)③に，「出荷指図データに基づいて，日次バッチ処理で売上データの生成及び在庫データの更新を行っている」とある。

※下線①の前文に，「特に売上訂正処理は，日次バッチ処理による売上データ生成とは異なり，出荷指図データ(空欄a)がなくても可能なので，不正のリスクが高い」とある。

入力の確認及び承認プロセスがなければ，営業担当者が不正な入力を行ったとしてもそれを検知することができません。

内部監査部長は指摘(1)で，「項番1の①について，権限の妥当性についても確かめるべきである。特に売上訂正処理は，… 不正のリスクが高い」と指摘していますが，これは「営業担当者による不正を懸念し，売上訂正処理権限の妥当性の確認が必要である」と考えたからです。

しかし現状では，営業担当者に売上訂正処理権限を付与し運用しているため，権限の妥当性の確認だけでは，リスク対応ができない可能性があります。そこで内部監査部長は，「売上訂正入力の確認及び承認を行うコントロールが整備され，有効に運用されているか，運用の妥当性について本調査で確認する必要がある」と指摘したものと考えられます。

以上，「現状の運用では対応できない可能性がある」と指摘した理由は**「営業担当者に売上訂正処理権限があるから」**です。

●設問3

空欄c，d：空欄c，dは，指摘(3)の「項番3の①の監査手続では，出荷指図データどおりに出荷されていることを確かめることにならない。また，この監査手続は，倉庫の出荷作業手続が適切でなくても　c　と　d　が一致する場合があるので，コントロールの運用状況を評価する追加の監査手続を策定すべきである」との記述中にあります。

項番3の監査要点は「出荷指図に基づき倉庫で適切に出荷されているか」であり，①の監査手続は「1か月分の出荷指図データと売上データが一致しているか確かめる」というものです。

内部監査部長は，「この監査手続は，　c　と　d　が一致する場合がある」と指摘しているので，空欄c，dは，監査手続で一致を確かめるとされている**出荷指図データ**と**売上データ**です。なお，空欄c，dは順不同です。

●設問4

指摘(4)中にある，空欄e～空欄hに入れる字句が問われています。

空欄e，f：空欄e，fは，「項番4の①の監査手続は，　e　と　f　が一致していることを前提とした監査手続となっている」との記述中にあります。

項番4の監査要点は「倉庫の出荷作業結果に基づき売上データが適切に生成されているか」であり，①の監査手続は「売上データ生成の日次バッチ処理がジョブ運用管理システムに正確に登録され，適切に実行されているか確かめる」というものです。

本設問のポイントは，〔予備調査の概要〕(2)③に記述されている，「販売物流システムは出荷実績データを受信せず，出荷指図データに基づいて，日次バッチ処理で売上データの生成を行っている」ことです。本来，売上データは出荷実績データに基づいて生成すべきですが，販売物流システムでは，出荷指図データを基に生成しています。

※出荷指図データに基づいて売上データの生成を行っているため，売上訂正処理が行われていなければ出荷指図データと売上データは一致する。

つまり，出荷指図データが，本来売上データ生成の基になるべき出荷実績データと一致していることを前提として，売上データの生成処理を行っているわけです。この前提のもとであれば，項番4の①の監査手続によって，項番4の監査要点「倉庫の出荷作業結果に基づき売上データが適切に生成されているか」の確認は可能です。

以上，項番4の①の監査手続は，出荷指図データと出荷実績データが一致していることを前提とした監査手続です。したがって，空欄eには〔**カ**〕の**出荷指図データ**，空欄fには〔**キ**〕の**出荷実績データ**が入ります。なお，空欄e，fは順不同です。

空欄g，h：空欄g，hは，「項番4の監査要点を確かめるためには，項番4の①の監査手続に加えて，販売物流システム内のデータのうち，　g　と　h　を照合するコントロールが整備され，有効に運用されているか，本調査で確認すべきである」との記述中にあります。

項番4の①の監査手続は，出荷指図データ（空欄e）と出荷実績データ（空欄f）が一致していることを前提とした監査手続であることがポイントです。つまり，内部監査部長は，この2つのデータが一致していることの確認が必要だと考えたわけです。したがって，空欄g，hには，これらを照合することによって，出荷指図データと出荷実績データの一致が確認できるものが入ります。

ここで，〔予備調査の概要〕(1)⑤にある「倉庫残高データは，日次の出荷作業後に外部倉庫システムから販売物流システムに送信されている」との記述と，〔予備調査の概要〕(2)③にある「出荷指図データに基づいて，日次バッチ処理で在庫データの更新を行っている」との記述に着目します。この2つの記述から，出荷指図どおりに出荷作業が行われていれば，倉庫残高データと在庫データが一致することがわかります。そして，この2つのデータの一致が確認できれば，出荷指図データと出荷実績データが一致していることが確認できます。したがって，照合すべきは倉庫残高データと在庫データなので，空欄gには〔**ク**〕の**倉庫残高データ**，空欄hには〔**エ**〕の**在庫データ**が入ります。なお，空欄g，hは順不同です。

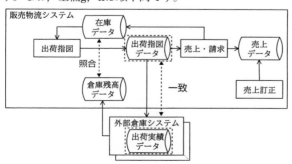

※右図は，図1を一部抜粋したもの。

索　引

INDEX

INDEX

INDEX

● 大滝 みや子（おおたき みやこ）

IT企業にて地球科学分野を中心としたソフトウェア開発に従事した後，日本工学院八王子専門学校ITスペシャリスト科の教員を経て，現在は資格対策書籍の執筆に専念するかたわら，IT企業における研修・教育を担当するなど，IT人材育成のための活動を幅広く行っている。

著書：「応用情報技術者 試験によくでる問題集【午前】」，「応用情報技術者 試験によくでる問題集【午後】」，「要点・用語早わかり 応用情報技術者 ポケット攻略本（改訂4版）」，「［改訂新版］基本情報技術者【科目B】アルゴリズム×擬似言語 トレーニングブック」（以上，技術評論社），「かんたんアルゴリズム解法－流れ図と擬似言語（第4版）」（リックテレコム）ほか多数。

● 岡嶋 裕史（おかじま ゆうし）

中央大学大学院総合政策研究科博士後期課程修了。博士（総合政策）。富士総合研究所，関東学院大学准教授，同大学情報科学センター所長を経て，中央大学国際情報学部教授／政策文化総合研究所所長。基本情報技術者試験（FE）科目A試験免除制度免除対象講座管理責任者，情報処理安全確保支援士試験免除制度 学科責任者。

著書：「ネットワークスペシャリスト合格教本」「情報処理安全確保支援士合格教本」（技術評論社），「5G」「ブロックチェーン」（講談社），「実況！ビジネス力養成講義 プログラミング／システム」（日本経済新聞出版社），「サイバー戦争 終末のシナリオ」（早川書房／監訳）ほか多数。

◇ カバーデザイン　　　小島 トシノブ（NONdesign）
◇ 本文デザイン　　　　萩原 弦一郎（デジカル）
◇ 本文レイアウト　　　株式会社トップスタジオ

令和06年【春期】【秋期】
応用情報技術者 合格教本

2009年	1月 5日	初 版	第1刷発行
2023年	12月27日	第16版	第1刷発行
2024年	8月31日	第16版	第4刷発行

著　者　　大滝 みや子，岡嶋 裕史
発行者　　片岡 巌
発行所　　株式会社技術評論社
　　　　　東京都新宿区市谷左内町21-13
　　　　　電話　03-3513-6150　販売促進部
　　　　　　　　03-3513-6166　書籍編集部
印刷／製本　昭和情報プロセス株式会社

定価はカバーに表示してあります。

ISBN978-4-297-13865-3　C3055
Printed in Japan

● お問い合わせについて

　本書に関するご質問は，FAXか書面でお願いいたします。電話での直接のお問い合わせにはお答えできませんので，あらかじめご了承ください。また，下記のWebサイトでも質問用フォームを用意しておりますので，ご利用ください。

　ご質問の際には，書籍名と質問される該当ページ，返信先を明記してください。e-mailをお使いになられる方は，メールアドレスの併記をお願いいたします。ご質問の際に記載いただいた個人情報は質問の返答以外の目的には使用いたしません。

　お送りいただいたご質問には，できる限り迅速にお答えするよう努力しておりますが，場合によってはお時間をいただくこともございます。なお，ご質問は，本書に記載されている内容に関するもののみとさせていただきます。

◆ お問い合わせ先
〒162-0846　東京都新宿区市谷左内町21-13
　　　株式会社技術評論社　書籍編集部
　　　「令和06年【春期】【秋期】
　　　　応用情報技術者 合格教本」係
　　　FAX：03-3513-6183
　　　Web：https://gihyo.jp/book/